生物地球化学
全球变化分析

（原书第四版）

Biogeochemistry
An Analysis of Global Change

（Fourth Edition）

〔美〕W. H. 施莱辛格（William H. Schlesinger）
〔美〕E. S. 伯恩哈特（Emily S. Bernhardt） 编著

俞 慎 译

科学出版社
北 京

内 容 简 介

本书以地球生命起源到现代的时间跨度和从分子到全球的空间尺度为视角，系统阐述了地球地质历程的生物学过程与物质循环。全书前半部分为大气、陆地、淡水水体、海洋等系统的生物和化学过程，后半部分综合诠释了相关的机制以及大尺度的生物地球化学循环过程。全书引用文献5000多篇，展示了丰富的图、表，较全面地呈现了生物地球化学领域的历史进程和研究前沿，并为读者勾勒出一幅地球运行的全景图。

本书可供生物学、环境科学、生态学、地质学、农业科学等领域的本科生、研究生及相关研究人员阅读参考。

审图号：GS 京（2025）0980 号

图书在版编目（CIP）数据

生物地球化学：全球变化分析：原书第四版/（美）W. H. 施莱辛格（W. H. Schlesinger），（美）E. S. 伯恩哈特（E. S. Bernhardt）编著；俞慎译. -- 北京：科学出版社，2025.6

书名原文：Biogeochemistry: An Analysis of Global Change（Fourth Edition）

ISBN 978-7-03-077621-1

Ⅰ.①生… Ⅱ.①W… ②E… ③俞… Ⅲ.①生物地球化学 Ⅳ.①P593

中国国家版本馆 CIP 数据核字（2024）第 016729 号

责任编辑：王海光 刘 晶 / 责任校对：郑金红
责任印制：肖 兴 / 封面设计：无极书装

科学出版社 出版
北京东黄城根北街 16 号
邮政编码：100717
http://www.sciencep.com

北京九州迅驰传媒文化有限公司印刷
科学出版社发行 各地新华书店经销

*

2025 年 6 月第 一 版 开本：787×1092 1/16
2025 年 6 月第一次印刷 印张：28 1/2
字数：676 000
定价：228.00 元

（如有印装质量问题，我社负责调换）

译 者 简 介

俞 慎 土壤学博士，中国科学院城市环境研究所研究员、博士生导师。2007 年入选中国科学院知识创新国外杰出青年科学家计划，2008 年回国参与中国科学院城市环境研究所创建。兼任福建省生态学会副理事长、中国环境科学学会沉积物环境专业委员会副主任委员、中国土壤学会土壤环境专业委员会委员、中国地理学会湖泊与湿地分会委员、学术期刊 *Watershed Ecology and the Environment* 创刊主编。

从事环境地理学研究，探索人类活动影响下环境质量和生态演变机制及其生物地球化学适应机理，构建了基于人类活动源氮、磷、重金属、持久性有机污染物、人畜药物及环境耐药性、WADA 禁用化合物等环境残留污染物谱的区域和流域环境质量演变及湿地生态响应的研究体系。

译 者 的 话

非常荣幸能够再次执笔翻译由威廉·H. 施莱辛格和艾米莉·S. 伯恩哈特合著的经典教材《生物地球化学——全球变化分析》第四版。

相较于第三版，新版内容进行了全面系统的更新，正如两位作者在前言中所说，每个章节均经过结构性调整和内容更新，均融入了近5～10年大量的最新研究成果。全书篇幅也从第三版的60万字扩充至65万字，内容更为丰富翔实。

古人云"温故而知新"，每一次翻译和修订都是对我自身知识体系的梳理与提升。我曾对研究生们说过，开展一项研究需要阅读大量文献来构建该领域的自我知识体系，就像建造一座个人专属的图书馆。而这本书于我就是一座生物地球化学领域的图书馆，正如两位作者所言"本书力求勾勒出一个关于地球运行的全景图"。在全球变化研究深入各个领域的今天，该书无疑能为地学、生态学、生物学、地理学等领域的本科生、研究生和青年学者们提供一个全球的视野。

得益于第三版翻译的经历、经验和基础，本次独立完成第四版翻译工作相对顺利。在此，我要特别感谢参与第三版翻译的各位同事、合作者和研究生们。同时，衷心感谢科学出版社的审稿老师，她们非常仔细地审读稿件，以至于我在修订时又逐字逐句重新审校了一遍，极大地减少了翻译漏洞，还修正了原书中公式与图表的引用错误。

本版引用文献5000余篇，我们仍沿用第三版的方式，将参考文献置于二维码中，如需查阅，请扫封底二维码获取。此外，为方便读者学习，本书保留了英文原版插图，并将图中的英文翻译附在图注下方。

在本版翻译过程中，我力求确保翻译质量，但受限于本人知识体系和语言能力，疏漏在所难免，恳请各位读者不吝指正，有任何问题可与我联系（syu@iue.ac.cn）。

最后，衷心感谢各位读者的支持——不仅感谢您选择本书，更感谢您对我和原书作者们所从事研究领域的关注与传承。谨祝各位在学术道路上收获满满，前程似锦！

俞 慎

于厦门杏林湾畔

2025 年 4 月 27 日

前　言

在本版中，我们力求提供一本能够汇集生物地球化学领域最新研究成果的教材和参考书。与前三版（分别于 1991 年、1997 年和 2013 年出版）一样，本书聚焦于"生物调控地球表面化学环境"的主题。人类对地球的影响日益增强，如不加以管控，地球环境将发生改变，进而威胁生物圈和人类社会的可持续发展。

本书延用了前三版的编排结构。前八章探讨了不同时空尺度下的生物地球化学过程，后四章在其基础上进行整合，力求勾勒出一个关于地球运行的全景图。基于该领域最新研究进展，本版对文本和图表进行了修订，并大幅更新了近年来发表的参考文献。

希望本书能激发出学生们投身于生物地球化学领域的热情，为地球的可持续管理和人类世代福祉做出贡献。

W. H. 施莱辛格
美国纽约州米尔布鲁克

E. S. 伯恩哈特
美国北克罗来纳州达勒姆

致　　谢

在本书四个版本的编写过程中，全球同行给我们提供了宝贵的数据、资料和建议，其中许多人已在前三版中致谢。在此，我们特别感谢过去 40 年（1980～2019 年）在杜克大学学习生物地球化学课程的学生们，他们不断激励我们以更清晰、有效的方式阐释生物地球化学的概念。我们还要感谢在本版编写过程中给予帮助的很多朋友，包括审阅部分章节的 Ron Amundson 和 Richard Philips，以及提供宝贵建议、数据、图表和照片的 Alex Glass、Dan Binkley、Evan DeLucia、Guy Dovrat、Adrien Finzi、Chris Geron、Jackie Gerson、Kevin Griffin、Pat Hatcher、Kirsten Hofmockel、Ben Houlton、Lu Hu、Stephen Jasinski、Heike Knicker、Ed Laws、Jochen Nuester、Sasha Reed、Bill Reiners、Phil Taylor 和 Kevin Trenberth。此外，Jennifer Rocca 协助我们编辑文稿并整理参考文献，Laura Turcotte 则为本书的编写工作提供了很多行政支持，在此一并表示感谢。

书中如有任何错误，责任皆由我们承担。欢迎读者随时提出宝贵意见，联系方式为：schlesingerw@caryinstitute.org 或 emily.bernhardt@duke.edu。

W. H. 施莱辛格

美国纽约州米尔布鲁克

E. S. 伯恩哈特

美国北克罗来纳州达勒姆

目　　录

第1篇　过程与反应

第 2 篇　全 球 循 环

第1篇　过程与反应

第 1 章 简 介

1.1 什么是生物地球化学？

今天，我们可以在世界最深的大洋海沟和最高的喜马拉雅山上空的大气层找到生命，可以在世界高热高盐的智利沙漠和最冷的北冰洋雪中找到生命，也可以在极酸性的矿区尾水（pH<1.0）和极碱性的地下水（pH>12）中找到生命。早在 35 亿年前，地球上的生命已经开始了进化的步伐，遍布了大大小小不同的栖息地。这些生命以废弃产物、副产物或残体等不同形式在环境中留下痕迹。

如果仔细端详每一锹土壤，我们所看到的有机物质就是生命的证据，这与没有生命的火星上光秃秃的表面完全不一样。世界上任何实验室的检测都表明地球大气含有近 21%的氧气（O_2）。这非同寻常的高浓度 O_2 使地球存在大量的有机物质，如木头，可用于生火。所有的证据表明，地球大气层 O_2 的产生和浓度的维持源自绿色植物的光合过程。确切地说，O_2 是地球生命的标志（Sagan et al.，1993；McKay，2014）。

生物地球化学之父 Valdimir Vernadsky 认识到地球上生命的影响是无所不在的，以至于在地球表面无法找到纯的、无生物影响的地球化学（Vernadsky，1998）。实际上，现在和历史上地球生命的丰富度，使得现代地球具备适应生命的众多特征（Reiners，1996）。地球的一些固有特征，如重力、季节和来自太阳的辐射等，决定了它在太阳系中的大小和位置。但众多其他特性，包括气候、液态水、自由态氧、富氮大气等，部分为生命所致。生命将"生物"（bio）放入了"生物地球化学"中。

现在，大量的证据表明我们人类（*Homo sapiens*）在地球化学中遗留了非同寻常的印迹。人类燃烧矿石燃料正在不断提高地球大气层 CO_2 的浓度，达到了过去至少 500 万年来未见的高值（Stap et al.，2016）。同时，人类释放的一系列如氯氟碳类的工业化合物正在不断消耗大气臭氧层，而这些臭氧保护着地球表面免受紫外线的伤害（Rowland，1989）。为了养活全球 70 亿人口，我们生产和施用了大量的氮、磷肥料，结果导致养分随地表径流流失，污染地表和滨海水体（详见第 12 章）。煤燃烧和其他人类活动使得新鲜捕获的鱼体内汞含量较一个世纪前显著升高（Monteiro and Furness，1997），导致许多品种的鱼无法被人类正常食用。在追求舒适生活过程中，人类以高于人口增长的速度不断产生各种非自然化合物（图 1.1；Bernhardt et al.，2017b）。

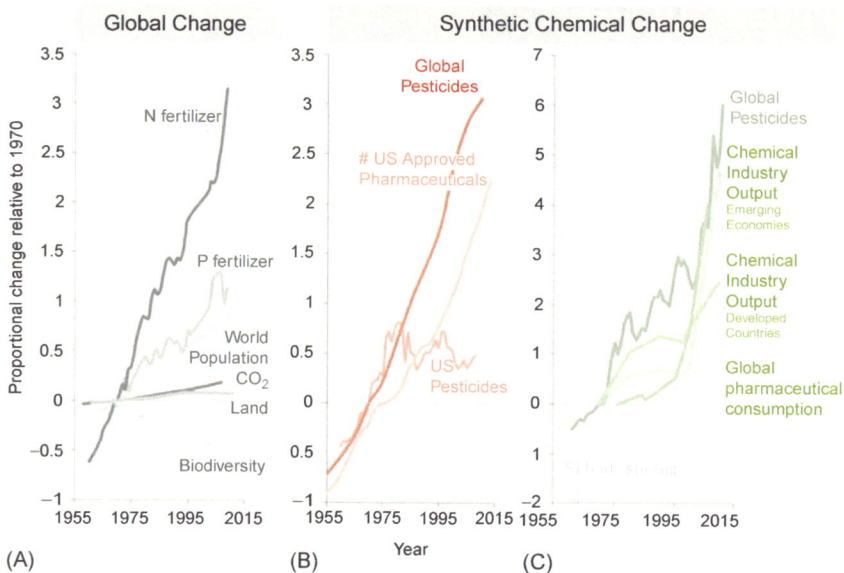

图 1.1 （A）全球环境变化驱动因素的时间轨迹；（B）美国批准的药物化合物数及美国和全球农药使用增量；（C）全球合成化合物贸易额（美元计）变化趋势及农药和药物化合物全球贸易额变化趋势。为了易于比较，均换算为相对于 1970 年的价值
来源　Bernhardt 等（2017b）
图中文字　Global change: 全球变化；Synthetic chemical change: 合成化合物变化；Proportional change relative to 1970: 相对于 1970 年的比例变化；Year: 年份；N fertilizer: 氮肥；P fertilizer: 磷肥；World population: 世界人口；CO_2: 二氧化碳；Land: 土地；Biodiversity: 生物多样性；Global pesticides: 全球农药；# US Approved pharmaceuticals: 美国批准的药物化合物数；US pesticides: 美国农药；Chemical industry output: 化学企业产量；Emerging economies: 新兴经济体；Developed countries: 发达国家；Global pharmaceutical consumption: 全球药物消费量；Silent spring: 《寂静的春天》出版

当然，人类并非是最早改变地球化学环境的生物种群。源于地球化学变化的环境退化正影响着人类对更高生活质量的追求，我们的创新性工作能否直接减缓这些环境退化进程将具有十分重要的意义。

1.2　地球是一个化学系统

就像实验室化学家在一支封闭的试管中观察和认知化学反应一样，生物地球化学家试图认知一个具有固态、液态、气态反应物的自然复杂体系的化学过程。在很多情况下，生物地球化学对一个传统实验室化学家来说是一场梦魇，如反应物不纯、浓度低、系统温度多变等。除了少数流星进入和卫星离开，一般认为地球化学系统是一个质量封闭的系统。这一封闭的化学系统由来自太阳的能量驱动，使生命在不同栖息地繁衍（Falkowski et al.，2008）。

生物地球化学家们经常通过构建模型来描述是什么控制着地球表面化学，以及地球化学怎样随时间变化。不同于实验室化学家，我们没有可重复的星球来做实验，所以我们的模型必须在推论中检验和证实。例如，海洋沉积物中有机物质积累与石膏（CaSO$_4$·2H$_2$O）沉积相关的假设模型就需要通过采集相关沉积物记录来验证这种相关性是否曾在地质年代发生（Garrels and Lerman，1981）。寻找这种相关性并不是简单地为了证明相关模型，而是增加我们对地球演变规律的认知程度，也就是对生物地球化学的认知。当观测结果与模型预测结果不一致时，必须修正模型。

基于充分实证观测而构建的数学模型，能刻画出生态系统的功能过程。例如，数学方程能描述生态系统中生物体或单个组分（如土壤）对能量流动和物质运动的控制。这些模型使我们明确哪些过程调控着生态系统生产力和生物地球化学循环，以及哪些领域尚需完善。模型通过重构过去动态过程来探索生态系统应对来自系统外环境变化干扰的未来响应行为。

在众多情况下，地球是年复一年缓慢变化的，如大气组成的变化。因此，我们用稳态假设来模拟生物圈的活动，并定义生物圈是地球上所有生和死物质的总和[①]。一个稳态的大气模型将来自生物圈的气体输入和损失进行年度平衡；大气层单组分气体分子是变化的，但其总量是相对不变的。

有些循环行为模式，如地球每日绕地轴自转和每年绕太阳公转，在人类历史进程的相当长时期，对哲学家和科学家来说是非常神秘的。这些循环影响生物圈过程的稳态模型模拟。例如，夏季植物总的光合固碳量超过分解者的呼吸消耗量，使得碳暂时储存于植物组织中；同时大气层 CO$_2$ 浓度呈季节性下降，北半球大气层 CO$_2$ 最低浓度一般出现在每年的 8 月（图 1.2）。这种年度循环在冬季得以闭合，大气层 CO$_2$ 浓度恢复到较高的水平，此时许多植物已经休眠或者落叶，但有机物分解仍在持续。因此，仅以春季变化来模拟生物圈活动是错误的，一个以年度某个时期作为基线条件来模拟数十年变化的稳态模型会忽略其年度循环的节律。

稳态模型为我们认知地球化学过程带来了一定的条理性，尤其是那些调控地球性质特征的长周期循环行为。耶鲁大学 Robert Berner 和同事在长周期地质年代尺度下精确刻画了碳酸盐-硅酸盐循环对地球气候变化及大气化学的稳定作用（Berner and Lasaga，1989）。该模型的构建基于 CO$_2$ 和地壳的相互作用关系。大气层 CO$_2$ 溶于雨水中形成碳酸（H$_2$CO$_3$），与地表矿物发生反应，即岩石风化（详见第 4 章）。岩石风化产物则随河水输入海洋（图 1.3）。在海洋中，石灰石（碳酸钙）和有机物质沉积于海洋沉积物中，因地层俯冲进入地球上层地幔。在地幔中经历变质成岩过程，钙和硅被转化为硅酸盐矿物，碳以 CO$_2$ 经火山喷发释放回大气层（Drewitt et al.，2019）。整个地球海洋地壳在过去 2 亿年内通过这一过程得以循环（Muller et al.，2008）。地球生命的出现并没有加速

---

① 一些研究者将生物圈定义为地球存在生命的区域或空间。我们对生物圈的定义是将其与海洋、大气层和地壳表面区分开来。我们的生物圈定义不但认知其物质性，也包括现存物种所具有的功能属性。

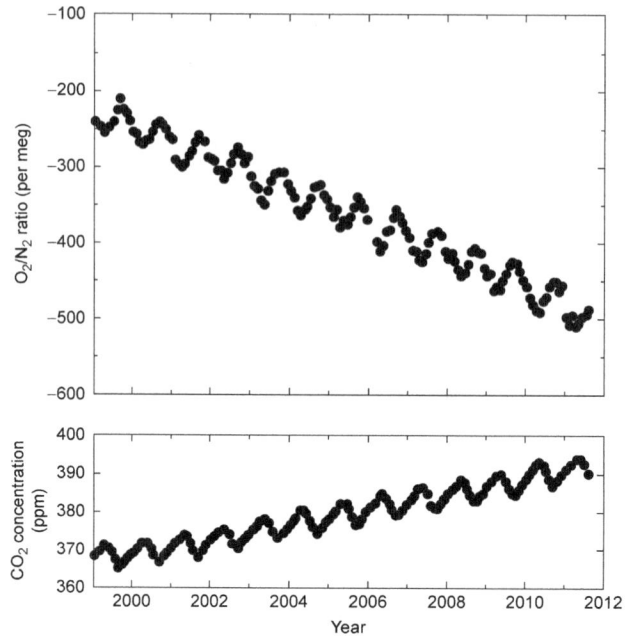

图 1.2　大气层 CO_2 和 O_2 浓度的年变化。O_2 浓度的变化以其与同一样本中 N_2 浓度比值来表示。注意大气层 O_2 浓度峰值与夏末最低 CO_2 浓度相对应，可能是由于北半球光合强度季节性变化所致
来源　Ralph Keeling，未发表数据，已获作者授权
图中文字　O_2/N_2 ratio：O_2/N_2 值；per meg：百万分之一；CO_2 concentration：CO_2 浓度；ppm：百万分之一；Year：年份

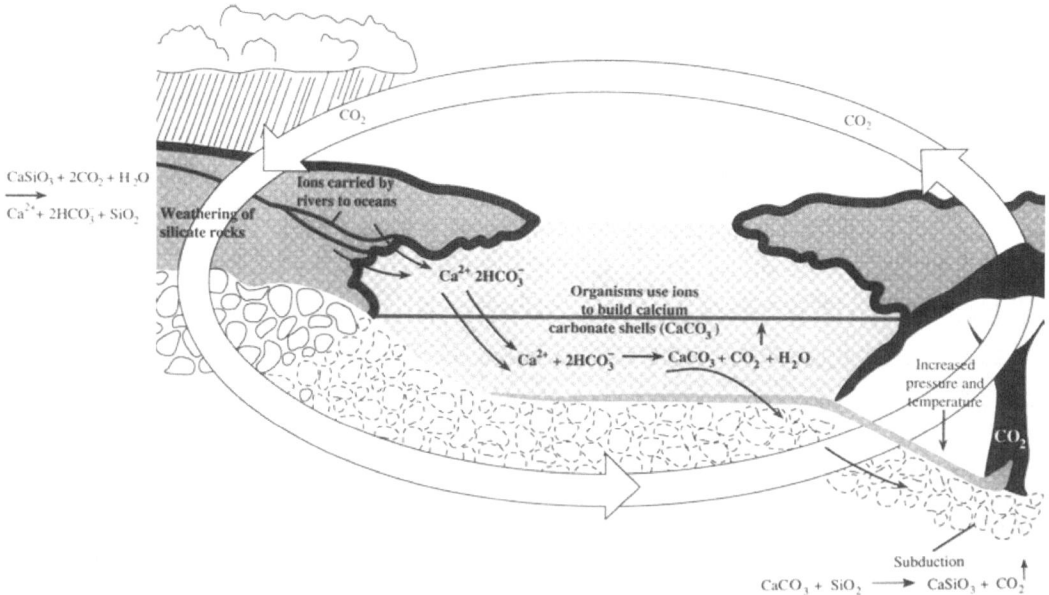

图 1.3　地球表面碳酸盐和硅酸盐循环的相互作用。岩石风化过程中 CO_2 溶于地表水并沉积是大气层 CO_2 浓度得以长期调控的重要机制。这些碳以重碳酸盐（HCO_3^-）形式输入海洋，形成碳酸盐沉积物，最后被埋藏在海洋地壳中。当这些岩石在地球深层高温和高压下发生变质反应时，CO_2 被释放回大气层
来源　改自 Kasting 等（1988）
图中文字　Weathering of silicate rock：硅酸岩矿化；Ions carried by rivers to ocean：离子随河流进入海洋；Organisms use ions to build calcium carbonate shells（$CaCO_3$）：生物利用离子生成碳酸盐贝壳；Increased pressure and temperature：升高的压力和温度；Subduction：地层潜没（俯冲）

这一循环，但是生物可能通过加快陆地岩石风化速率和海洋碳酸盐沉积速率，从而提高了各途径物质迁移通量。

　　碳酸盐-硅酸盐模型是一个稳态模型，假设在不同流动途径中物质传输是均一的，并且不同空间之间物质质量没有因时间而发生变化。实际上，这样的模型是一个自我调控的系统，火山喷发的高 CO_2 排放期引起岩石高风化速率，以减少大气层 CO_2 浓度，使系统恢复平衡。

1.2.1　稳态的干扰

　　稳态模型通常很有用，但生物地球化学家也应清楚有些稳态假设并不成立，如在非线性行为和快速变化的瞬态期。例如，陆地储存的有机碳在约 3 亿年前的石炭纪得以快速增加，多数大型煤炭矿床形成于此时。我们对石炭纪的独特环境知之甚少，且不与已知的任何循环过程相关。相似的是，4000 万年前始新世火山活动高发，影响稳态环境，导致大气层 CO_2 浓度暂时性提高和引发短时期的全球变暖（Owen and Rea，1985）。

　　更新世大气 CO_2 浓度变化的最好记录来自被冰封于南极洲东方岛附近冰芯中的气泡所记录的 80 万年间 CO_2 浓度的周期变化（图 1.4）。整个 80 万年间大气层 CO_2 在温暖期高浓度（约 280 ppm）和冰川期低浓度（约 200 ppm）间振荡。冰川周期导致地球地轴发生很小的波动，但改变了对太阳辐射的接收（Hays et al.，1976）。在末次冰期高峰期（2 万年前），大气层 CO_2 浓度在 180～200 ppm；在其末期（1 万年前），CO_2 浓度急剧升高到 280 ppm 左右，稳定保持至工业革命前。末次冰期结束后，大气层 CO_2 浓度的急速增加可能加剧了全球变暖，导致大陆冰盖融化（Shakun et al.，2012；Parrenin et al.，2013）。

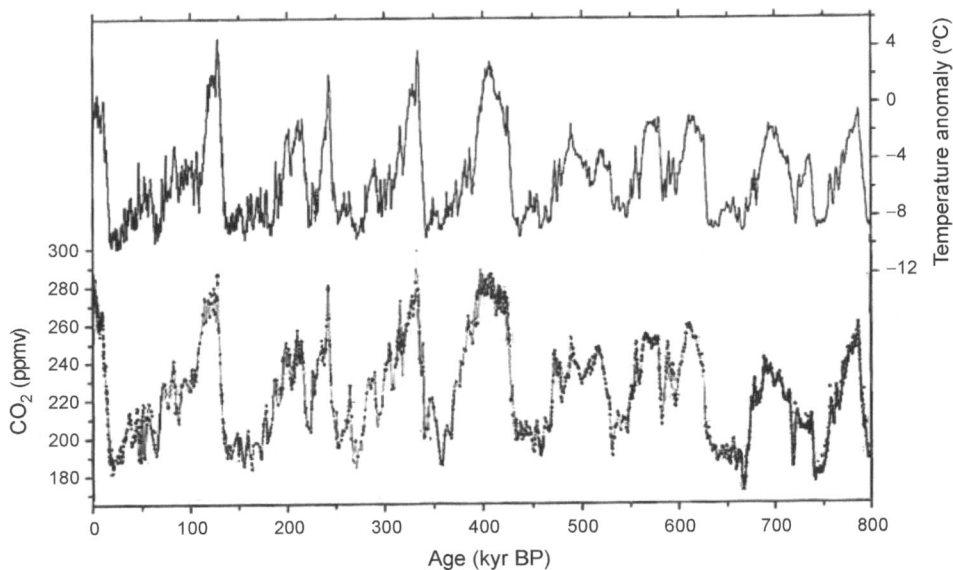

图 1.4　至今 80 万年以来大气层 CO_2 浓度和温度记录，显示了更新世冰期近 120 000 个周期的最低温度和最低 CO_2 浓度的响应循环
来源　Lüthi 等（2008）
图中文字　CO_2（ppmv）：二氧化碳（体积百万分之一）；Temperature anomaly（℃）：温度变化（摄氏度）；Age（kyr BP）：年龄（距今千年）

大气层 CO_2 浓度经历了超常的增长速率，目前已超过 400 ppm，这是现代人类社会和经济体系自约 8000 年前农业文明兴起以来从未达到过的。(Fluckiger et al.，2002)。工业革命以来，每年人类活动排放进入大气层的 CO_2 超过了碳酸盐-硅酸盐循环或海洋吸收量（图 1.3）。我们已经扰乱了地球的稳态环境。如果应用过去的变化可以精确预测未来，更高的大气层 CO_2 浓度将导致全球变暖。然而，评估现在或未来的地球气候变化，需在一个长周期气候循环情景下综合考量各种潜在诱因。(Crowley，2000；Stott et al.，2000)。

大气非常容易混合均匀，因此大气组成的变化可能是人类对地球表面化学改变的最好证据。当我们看到大气组成中 CO_2、甲烷（CH_4）和氧化亚氮（N_2O）大幅增加，且这是地质记录中很少见或从未有过先例的增长时，全球变化便受到广泛关注。这些气体是由生物产生的，因此其全球浓度的变化必然反映了生物圈组成或活性的巨大变化。

人类还改变着地球的自然生物地球化学的其他方面。例如，当人类活动增加了土壤侵蚀时，改变了沉积物输送到海洋的自然速率和沉积物在海床的沉积过程（Syvitski et al.，2005；Wilkinson and McElroy，2007）。与大气层 CO_2 浓度变化一样，因人类活动引起的全球侵蚀也应在长周期波动的背景下考虑气候和海平面变化引起的地壳暴露、风化和沉积等速率变化（Worsley and Davies，1979；Zhang et al.，2001）。

人类开采化石燃料和金属矿石使得生物圈对物质可利用率实质性地增加，远高于依赖地质抬升和地表风化等自然过程（Bertine and Goldberg，1971；Sen and Peuchker-Ehrenbrink，2012）。例如，铅矿开采和工业使用使铅（Pb）在全球河流的输送量较历史增加了 10 倍之多（Martin and Meybeck，1979）。近年来，滨海沉积物中 Pb 含量的变化与人类 Pb 使用量的变化直接相关，尤其是含 Pb 汽油（Trefry et al.，1985），已远远超出了 Pb 在地球表面迁移的自然和历史变化（Marteel et al.，2008；Pearson et al.，2010；McConnell et al.，2018）。

估算表明，众多金属元素的全球循环因人类非故意活动显著加速（表 1.1）。一些金属被释放到大气中，被传输到边远地区沉降（Boutron et al.，1994）。例如，过去近一个世纪的煤燃烧提高了格陵兰（Greenland）冰层的汞（Hg）沉降量（Weiss et al.，1971）。过去 34 000 年间北极冰盖的 Hg 沉降变化巨大（Vandal et al.，1993），须在历史大气循环的 Hg 传输背景下估算现代 Hg 大气沉降的增加量。同样，因人类活动引起的经大气循环的物质传输变化也必须在地球系统自然循环背景下去认知（Nriagu，1989）。

表 1.1　经大气传输的一些地壳元素 （$10^9\ g\cdot yr^{-1}$）

元素	陆地尘埃	海浪飞沫	火山喷发	生物质燃烧	挥发 自然源	人为源	工业粉尘	化石燃料燃烧	人为源/自然源值
钒（V）	155	0.52	7	5				287	1.71
汞（Hg）	0.12	0.009	0.5	0.6	3.2	3.5		3.4	1.55
铅（Pb）	32	5	4.1	38			32	85	1.48
铜（Cu）	50	14	9	27			43	4	0.47
锌（Zn）	100	51	10	147			88	5	0.30
银（Ag）	2.3	0.01	0.01	1.2			0.44	0.05	0.14
铁（Fe）	55 000	200	8 800	830			641	4 200	0.07
铝（Al）	96 000	810	4 500	2 125			397	5 900	0.06

来源：Rauch 和 Pacyna（2009），除钒（Schlesinger et al.，2017）和汞（Selin，2009；Sen and Peucker-Ehrenbrink，2012）外。

人类活动威胁着全球淡水水量和水质（Rodell et al.，2018）。仅有约 20%的易获得河流淡水被人类使用（Jaramillo and Destouni，2015）。世界各地地下水资源持续枯竭，而令人担忧的是很多地下水补充长达数千年之久（Gleeson et al.，2012）。重要河流上构筑的众多大坝已经改变了陆地和海洋间水文连通及沉积物输送（Nilsson et al.，2005；Syvitski et al.，2005）。

其他人类活动，如商品国际贸易影响全球的生物地球化学循环。国际航运已接近每年 25 亿吨。食品和化肥携带了大量的氮和磷，导致这些元素在各大洲间再分布（Lassaletta et al.，2014）。广泛使用的杀虫剂现已在远离使用地点的地区成为外来化合物富集（Simonich and Hites，1995）。

1.2.2 大尺度试验

生物地球化学家经常进行大尺度试验来评估自然生态系统对人类干扰的响应。Schindler（1974）在加拿大湖泊中加磷来验证关键元素限制下的湖泊藻类生长（图 1.5）。Bormann 等（1974）在美国新英格兰地区将整个流域的树砍去来验证植被对生态系统养分蓄存的重要性（详见第 6 章）。还有的研究在森林、草地和沙漠生态系统中设置多个重复试验，以模拟地球未来环境高浓度 CO_2 对植物生长的影响（详见第 5 章）。海洋地理学家也在大面积的海域加铁来验证铁是否限制海洋浮游植物的生长（详见第 9 章）。大多数情况下，这些大规模野外试验用于验证相关模型预测结果并加以校正。

图 1.5　生态系统水平的大尺度试验，湖被分为两部分，一半（远处）加入磷，而近端的湖泊作为对照。施用磷的一半湖泊出现固氮光合细菌水华

来源　Schindler（1974）：www.sciencemag.org/content/184/4139/897.short. 授权使用

1.3 研 究 尺 度

作为一门学科,生物地球化学具有相当广阔的空间和时间尺度,包括了绝大部分地球历史的地质年代(见附录2)。地质学家研究岩石和土壤的矿物化学风化,以及通过采自湖泊、海洋和大陆冰盖等沉积柱芯来分析地球历史记录。微生物学家在地球无处不在的栖息地研究微生物群落和功能活性。大气科学家认知大气层不同气体间的化学反应和地球辐射特征等细节。同时,应用卫星和飞行器的遥感技术使得生物地球化学家能在最大尺度观测地球,测量全球光合作用(Running et al.,2004)和跟踪沙漠灰尘绕地传输的过程(Uno et al.,2009;Zhang et al.,2015b)。

另外,分子生物学家利用化学结构和生物化学分子的空间构象解释了为什么有些生物化学反应比其他反应更容易发生(Newman and Banfield,2002)。基因测序使生物地球化学家能进一步鉴别土壤和沉积物中活跃的微生物种群,并揭示其基因表达的调控因素(Fierer et al.,2007)。生理学家测试生物活性变化,而生态学家则在景观单元尺度研究物质和能量的迁移。

事实上,现代生物地球化学家需要具备的技能非常多面,以至于许多学生刚涉猎这一新领域时有些不知所措。学生可找到他们进入这一新领域的切入点,但一名生物地球化学家的乐趣源自于整合不同学科以构建一门新学科的挑战。幸运的是,这一挑战还是有一些基本规律可循。

1.3.1 热力学

物理化学的两个基本定律,即热力学第一、第二定律,告诉我们能量可以从一种形式向另一种形式转化,在环境中与化学反应同时发生,形成最低自由能态(G)。化学反应的最低自由能态代表一种平衡,当化合物混合时表现为组分间最大键合强度和最大无序状态。根据这些基本定律,生命系统则创建了不平衡状态,即生物通过获取能量来抵消那些导致无序状态最大化的自发反应。

即使是一个最简单的细胞也是一个有序的系统:细胞膜将细胞内部和外部分开,细胞内包括了一系列特殊的生物分子。生物分子是一类键合能相对较弱的物质。例如,打开两个碳原子间的共价键需要 83 kcal[①]·mol^{-1},而打开 CO_2 碳氧双键需要 192 kcal·mol^{-1}(Morowitz,1968;Davies,1972)。生物活组织的主要生物化学元素碳(C)、氢(H)、氮(N)、氧(O)、磷(P)和硫(S)间大部分双键键能被降低,或者是键能相对较低的"富电子"键(详见第 7 章)。在强氧化剂 O_2 存在的大气中,生物分子弱键合能键的存在明显违背了热动力学定律。热动力学可预测这些元素自发反应生成 CO_2、H_2O 和 NO_3^- 等高键合能的分子。实际上,当生物死去后这些反应确实是存在的。活的生物体必须持续地产生能量来抵抗热动力学基本定律,以防生成高键合能氧化分子而引发无序系统。

植物吸收太阳能进行光合过程,将高键合能的 CO_2 碳氧键弱化,降低有机物质的生物化学键合能。异养生物如食草动物摄取植物,利用电子从低键合能有机物质向氧化物

---

① 1 cal = 4.184 J

质（如 O_2）流动的自然途径来获得植物存储的太阳能。异养过程通过氧化有机物质的碳碳键，将碳转化成 CO_2 以获得能量。还有一系列其他物质转化的代谢途径（详见第 2 章和第 7 章），任一代谢途径都是通过电子在物质氧化态或还原态间流动获得生物能。代谢反应之所以能发生，是因为生物在环境中合成了高浓度的氧化态和还原态物质。热动力学可能预测一个没有细胞膜隔离保护生物细胞的均匀混合体系，但不可能预测能量转换（如呼吸作用）。

地球表面某一个时刻出现游离 O_2 是源于自养光合生物的出现（详见第 2 章）。游离 O_2 是已知最强的氧化剂，电子从还原物质向 O_2 的流动释放大量的自由能。因此，好氧代谢途径释放大量自由能，包括高效代谢的真核细胞。真核细胞的出现经历了漫长的进化过程，化石记录表明从简单活细胞出现到真核细胞经历了约 15 亿年（Knoll，2003）。可以推论的是，真核细胞的进化可能是地表环境 O_2 浓度能满足好氧代谢系统后才发生的。当大气层有游离 O_2 后，好氧代谢途径才能支持多细胞（肉质）生物和食肉动物的进化和优势化，以及火的发生（Belcher and McElwain，2008；Sperling et al.，2013；Judson，2017）。

虽然好氧代谢途径可提供足够的能量支持高级生物复杂结构和活性，但也不是全部。真核细胞能进行更快、更高效的生物化学反应，但所有已知的生物化学转化在原核生物界均有发现。

1.3.2　计量学

生物地球化学的第二个科学基石是构建生物分子（如纤维素、蛋白质等）化学结构的多个元素耦合。Redfield（1958）发现浮游植物生物量的 C、N、P 组成呈一定比例，也就是以他名字命名的 Redfield 比值（Redfield ratio，详见第 9 章）。Reiners（1986）将这一可预测的计量比值概念扩展到生物圈的各种生物，通过测定一种元素可以预测另一种元素在生态系统中的迁移。Sterner 和 Elser（2002）则将计量学作为生态系统结构和功能的主要调控因素。

虽然生物量化学计量学可以预测生物活体中元素浓度，但其元素比值并不像试剂瓶中丙氨酸的碳氮比那么恒定。例如，一个浮游植物样品由一系列氮磷比不同的物种组成，其氮磷比的加权平均值接近 Redfield 比值（Klausmeier et al.，2004）。当然，大型生物由不同元素组成的可代谢化合物（主要为蛋白质）和结构性化合物（如木头或骨头）构成（Reiners，1986；Elser et al.，2010）。从某种意义上来说，生物体取决于吃了什么，但是分解者则能通过调控它们的代谢（Manzoni et al.，2008）和酶量（Sinsabaugh et al.，2009）来适应不同的基质，保持其生物量的化学计量学稳定性。

我们常说的某栖息地生物生产力或活性受到某单一元素的"限制"，其实这样的说法太过简单，有时几种元素供不应求也可导致生物活性出现协同受限的现象（Kaspari and Powers，2016）。多数情况下生物体对一系列生物化学重要元素的可利用比率产生响应（Zechmeister-Boltenstern et al.，2015）；有时一个生态系统的某一部分（如植物）存在特定元素的缺乏，而其他部分则呈现其他元素的不足（Kaspari and Powers，2016）。陆生植物的生长往往取决于其叶片含氮量和土壤氮有效性（详见第 6 章），而磷的有效性则很好地解释了湖泊藻类的生物量（详见第 8 章）。一些动物群落分布繁衍取决于必需元素钠，因为其食物含钠量远低于组织需求。

有时微量元素调控着大量元素循环（如氮），微量元素可作为元素循环的催化剂和相关酶合成及酶活性的辅因子。当氮供应水平低时，磷可促进信号转导来激发细菌固氮基因表达（Stock et al.，1990）。参与固氮过程的固氮酶（nitrogenase）含有铁和钼的辅因子。在广袤海洋中，Falkowski 等（1998）发现来自陆地沙漠土壤风蚀传输降尘中的铁调控着受固氮过程限制的海洋生产力。同样，当磷供应水平低时，植物和微生物会合成含锌的碱性磷酸酶，通过降解死亡的生物质释放磷（Shaked et al.，2006）。因此，一些生态系统的生产力可通过加入限制元素或加入某一微量元素来满足其养分元素需求（Arrigo，2005）。

生物化学计量学应用于新陈代谢过程，相关元素必须以准确比例有效地供给以驱动产能反应（Helton et al.，2015）。新陈代谢过程耦合的元素生物地球化学通过氧化还原反应的电子传输获得能量驱动所有的生物生命（Morowitz，1968；Falkowski et al.，2008）。表 1.6 列出了耦合代谢矩阵，列中的元素被还原而相交行中的元素被氧化。地球上所有的代谢反应都可以放入到这个矩阵中，一些相邻方格可以与其他微量元素相关联。如果条件合适，这个矩阵包括了一系列地球上可能发生的代谢反应（Bartlett，1986）。在全球尺度上，耦合代谢与元素生物地球化学相连接（Reinhold et al.，2019）。

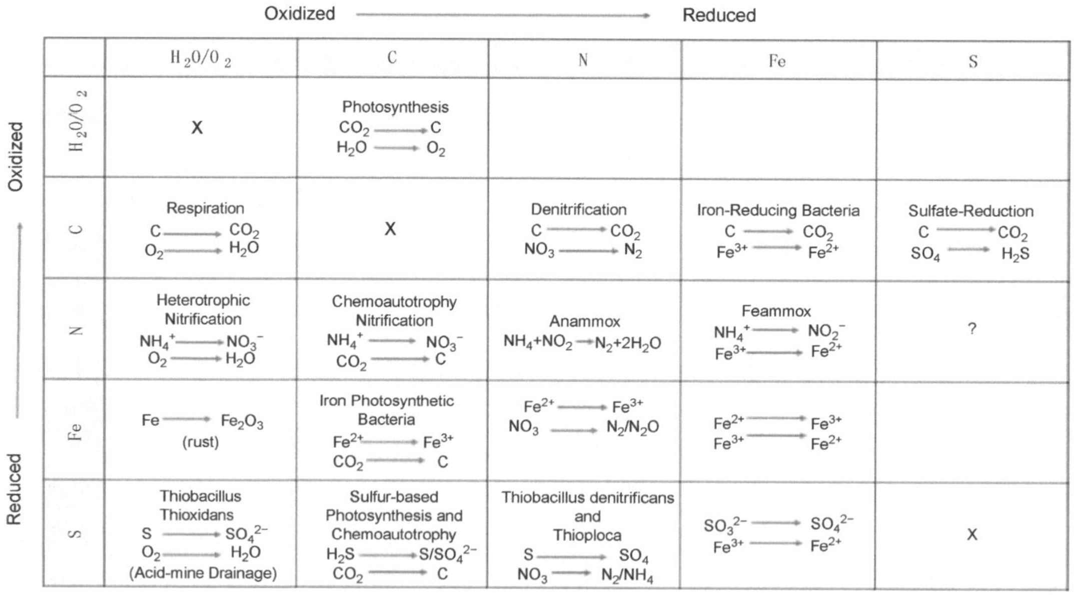

	Oxidized ⟶ Reduced				
	H_2O/O_2	C	N	Fe	S
Oxidized / H_2O/O_2	X	Photosynthesis $CO_2 \longrightarrow C$ $H_2O \longrightarrow O_2$			
C	Respiration $C \longrightarrow CO_2$ $O_2 \longrightarrow H_2O$	X	Denitrification $C \longrightarrow CO_2$ $NO_3 \longrightarrow N_2$	Iron-Reducing Bacteria $C \longrightarrow CO_2$ $Fe^{3+} \longrightarrow Fe^{2+}$	Sulfate-Reduction $C \longrightarrow CO_2$ $SO_4 \longrightarrow H_2S$
N	Heterotrophic Nitrification $NH_4^+ \longrightarrow NO_3^-$ $O_2 \longrightarrow H_2O$	Chemoautotrophy Nitrification $NH_4^+ \longrightarrow NO_3^-$ $CO_2 \longrightarrow C$	Anammox $NH_4 + NO_2 \longrightarrow N_2 + 2H_2O$	Feammox $NH_4^+ \longrightarrow NO_2^-$ $Fe^{3+} \longrightarrow Fe^{2+}$	?
Fe	$Fe \longrightarrow Fe_2O_3$ (rust)	Iron Photosynthetic Bacteria $Fe^{2+} \longrightarrow Fe^{3+}$ $CO_2 \longrightarrow C$	$Fe^{2+} \longrightarrow Fe^{3+}$ $NO_3 \longrightarrow N_2/N_2O$	$Fe^{2+} \longrightarrow Fe^{3+}$ $Fe^{3+} \longrightarrow Fe^{2+}$	
Reduced / S	Thiobacillus Thioxidans $S \longrightarrow SO_4^{2-}$ $O_2 \longrightarrow H_2O$ (Acid-mine Drainage)	Sulfur-based Photosynthesis and Chemoautotrophy $H_2S \longrightarrow S/SO_4^{2-}$ $CO_2 \longrightarrow C$	Thiobacillus denitrificans and Thioploca $S \longrightarrow SO_4$ $NO_3 \longrightarrow N_2/NH_4$	$SO_3^{2-} \longrightarrow SO_4^{2-}$ $Fe^{3+} \longrightarrow Fe^{2+}$	X

图 1.6　耦合氧化还原反应的胞内代谢矩阵图。矩阵方格中的生物或生物群可还原第一行的元素，同时氧化第一列的元素

来源　Schlesinger 等（2011）

图中文字　Reduced：还原；Oxidized：氧化；Respiration：呼吸作用；Heterotrophic nitrification：异养硝化作用；rust：生锈；Thiobacillus/Thioxidans：硫代菌/硫氧化菌；Acid-mine drainage：酸性矿尾水；Photosynthesis：光合作用；Chemoautotrophy nitrification：化学自养硝化作用；Iron photosynthetic bacteria：铁光合细菌；Sulfur-based photosynthesis and chemoautotrophy：化能自养硫光合作用；Denitrification：反硝化作用；Anammox：厌氧氨氧化作用；Thiobacillus denitrificans and Thioploca：反硝化硫杆菌和硫丝菌；Iron-reducing bacteria：铁还原细菌；Feammox：铁氨氧化作用；Sulfate-reduction：硫酸盐还原作用

1.4　地球是一个生物体

出版于 1979 年颇具争议的《盖亚假说》一书中，詹姆斯·洛夫洛克（James Lovelock）专注于当今地球的化学现状（尤其是大气），认为当今地球处于极端不寻常的热动力学不平衡状态。大气中 21% 的 O_2 含量具有最鲜明的生命特征，但其他还原性气体（如 NH_3 和 CH_4）则在一个富含 O_2 的大气层呈高浓度存在（详见第 3 章）。已知岩石圈矿物和有机碳的众多反应消耗 O_2，但地球大气层 O_2 浓度仍保持不变。洛夫洛克进一步认为地球反照率（反射率）一定受生物圈调控，因为地球生命历史上太阳辐射发生过巨大的变化，但地表温度变化相对较小（Waston and Lovelock，1983）。

洛夫洛克认为地球众多不寻常的状态主要是生物圈活动的结果。事实上，"盖亚假说"认为生物圈进化调控着地球状态以满足生命的延续。在洛夫洛克看来，地球如同一个"超级生物体"维持着自身的稳定状态。面对这么一个欣欣向荣和令人激动的新科学领域，其他学科研究者虽强烈反对但并不否定生物因素强烈地影响地球现状，只是不能接受地球有目的的自我调控假设（Lenton，1998；Tyrrell，2013）。

与所有模型的假设一样，"盖亚假说"颇受争议，但需要警惕人类改变生物圈的快速进程。一些生态学家已经注意到生态系统的功能发生了质变的趋势。转折点，也称为临界点（tipping point），即人类停止相关影响施加，而系统仍回不到其起始状态，呈不可逆趋势（Scheffer et al.，2009）。其他科学家试图来定量这些临界点阈值，以便能及时识别（Rockstrom et al.，2009；Steffen et al.，2015）。在众多努力中，政策制定者迫切需要生物地球化学家们清晰地阐明世界是如何运行的、人类干扰的影响和程度，以及应对措施。

第 2 章 起　　源

2.1　引　　言

氢（H）、碳（C）、氮（N）、氧（O）、磷（P）和硫（S）六大元素是生物组织必需的大量元素，约为生物圈总质量的 95%。还有 25 种其他元素至少是某一生命体所必需的。随着我们对微量元素生物化学作用的认知，这个生命必需元素清单有可能继续增加（da Silva and Williams，2001）[①]。在元素周期表中（见附录 1），几乎所有原子数小于碘（53）的元素都是生物所必需的。虽然生物能影响一些更重元素的分布和丰度，但生物圈主要由较"轻"的元素组成（Deevey，1970；Wackett et al.，2004）。

最终，银河系化学元素的相对丰度以及这些元素在地球表面含量水平和再分布决定了生命承续的环境和当今生物化学的研究领域。在本章中，我们将验证天体物理学家提出的元素来源模型，然后探讨太阳系及其行星形成的模型。有证据表明，地球形成之初的 10 亿年，即生命出现之前，其表面发生了巨大变化。地球早期分化、地表冷却及原始海洋的形成决定了生命起源地，之后的生命进化和增殖极大地决定了地球今天的状态。在本章中，我们将学习表征生命和影响生物地球化学的关键代谢途径起源，最后将通过比较近邻火星和金星来讨论地球上发生的行星演化。

---

① 已知砷是一些生物的必需微量元素，最近有研究表明细菌以砷替代磷生长（Wolfe-Simon et al.，2011），但这一观点已被质疑（Erb et al.，2012）。

2.2　元　素　起　源

所有关于化学元素起源的模型都源自元素的宇宙相对丰度。对元素丰度的估算基于遥远银河系恒星的辐射光谱,尤其是太阳辐射光谱(Asplund et al., 2009)。陨石分析也提供了太阳系元素组成的重要信息(图 2.1)。以下两点是显而易见的:①除了锂(Li)、铍(Be)和硼(B)以外,原子序数小于 30 的"轻"元素在陨石中要比"重"元素丰度高;②尤其在"轻"元素中,相似原子质量的偶数原子序数元素比奇数原子序数元素丰度更高。

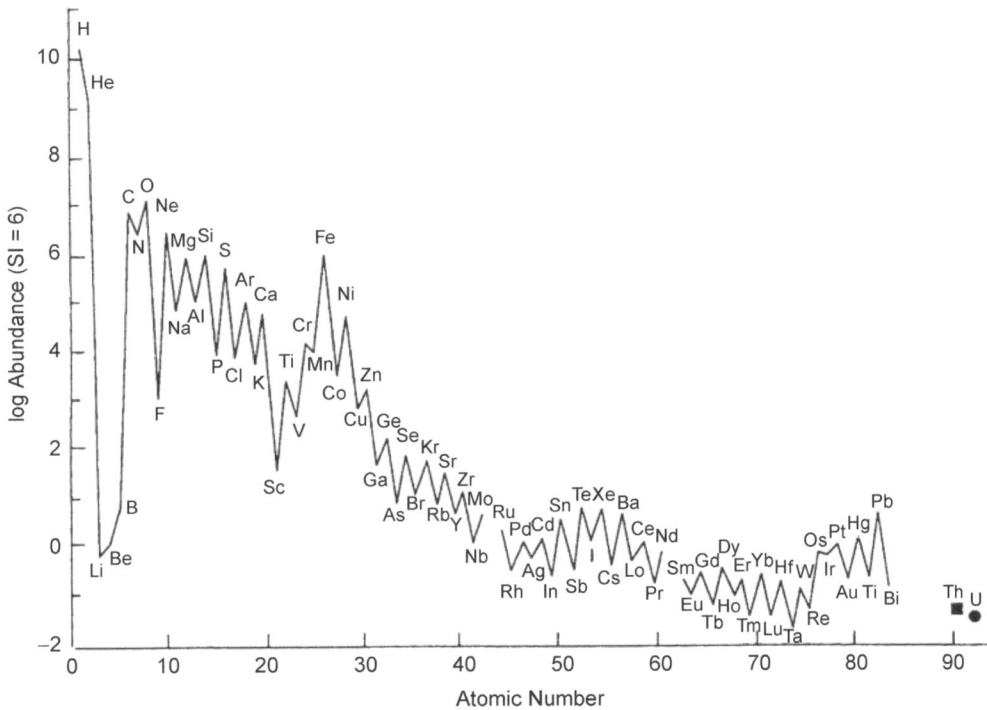

图 2.1　太阳系元素相对丰度,即宇宙丰度。本图横坐标为元素原子序数,纵坐标为相对于硅(1 000 000)元素丰度(对数值)

来源　Brownlee(1992)基于 Anders 和 Grevesse(1989)数据绘制

图中文字　log Abundance(Si=6):丰度对数(Si = 6);Atomic number:原子序数;各元素缩写请参照本书封面内页元素周期表

天体物理学的中心理论认为宇宙始于约 138 亿年前的大爆炸(The Big Bang)(Mac Low,2013)。大爆炸产生理论基础粒子(即夸克),经核聚变形成质子(^1H)和中子,质子和中子进一步核聚变形成一些简单的原子核(^2H、^3He、^4He 和小部分 ^7Li;Malaney and Fowler,1988;Pagel,1993)。大爆炸导致宇宙向外扩张,其温度和压力迅速降低,在星际空间经核聚变产生更重的元素。此外,原子质量为 5 和 8 的元素不稳定,故大爆炸产生的高丰度元素(即 ^1H 和 ^4He)不会通过核聚变产生可观的持久性重元素。因此,大爆炸理论只能解释原子质量最大至 ^7Li 的元素起源,更重元素起源于大爆炸 10 亿年后宇宙恒星的形成。

大爆炸将其核聚变产物投射到不断膨胀的宇宙空间中。虽然对这一过程知之甚少，但局部氢聚集产生的引力可能在太空聚集更多此类物质形成星系和恒星。当聚集足够的质量（主要是氢）和压力时，恒星被"点燃"，发生氢聚变反应形成氦（Mac Low，2013）。

随着恒星进化，核内氢（H）不断核聚变转化为氦（He），随着氢丰度逐渐降低，核聚变释放的热能也逐渐减少，恒星冷却，在其自身重力作用下向内坍缩。根据这些推测，Burbidge 等于 1957 首先提出了重元素合成模型，概述了大质量恒星进化过程中内部发生的一系列过程（Fowler，1984；Wallerstein，1988）。当恒星发生坍缩时，其内部温度和压力不断增加，氦（He）开始发生两步聚变反应形成碳（C），即所谓的"三重阿尔法过程"（triple-alpha process）。首先：

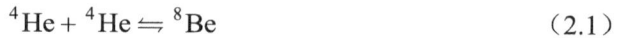

$$^4He + {}^4He \rightleftharpoons {}^8Be \tag{2.1}$$

然而 ^8Be 不稳定，多数同时快速分裂回氦（^4He），但是少量的 ^8Be 能短暂存在，在合适的条件下与氦（^4He）发生聚变反应产生碳（^{12}C）：

$$^8Be + {}^4He \rightarrow {}^{12}C \tag{2.2}$$

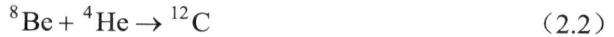

氦"燃烧"反应的主要产物是 ^{12}C，这一反应的速率决定了宇宙的碳丰度（Oberhummer et al.，2000）。^{16}O 由一个 ^{12}C 和一个 ^4He 聚变生成，而氮（^{14}N）则是一个 ^{12}C 持续与质子聚合形成。当氢的供应开始下降时，第二阶段的恒星坍缩开始，大质量恒星内发生进一步系列核聚变反应（Fowler，1984）。首先，两个 ^{12}C 原子聚变成 ^{24}Mg（镁），部分镁丢失一个α粒子（^4He）形成 ^{20}Ne（氖）；接着，氧燃烧产生 ^{32}S，相当部分硫丢失一个α粒子生成 ^{28}Si（硅）（Woosley，1986）。

大质量恒星发生的一系列核聚变反应是宇宙偶数原子序数元素至铁元素的主要合成途径，即所谓的"星体核合成反应"（Fowler，1984；Trimble，1997）。较小的恒星，如太阳，没有经历上述所有反应并持续燃烧，逐渐演变成白矮星。核聚变反应释放能量[①]并产生越来越稳定的原子核（Friedlander et al.，1964）。然而，生成比铁元素重的原子核需要更多能量，因此当恒星核主要由铁组成时，恒星就不再燃烧了。铁的累积解释了其异常高的宇宙丰度（图 2.1）。由于缺乏进一步的核聚变，恒星发生重力坍缩和爆炸，产生我们所命名的超新星。更重元素是通过铁（Fe）连续捕获中子而形成的，这一过程或发生在恒星内部深处（S 过程），或在超新星爆发期间发生（R 过程）（Woosley and Phillips，1988；Burrows，2000；Cowan and Sneden，2006）。超新星将所有的恒星组成成分以热气体形式散入宇宙空间（Chevalier and Sarazin，1987）。重元素也可在中子星碰撞中形成（Drout et al.，2017；Watson et al.，2019）。

这一模型诠释了一系列关于宇宙化学元素丰度的观测现象。首先，除了宇宙起始的基础元素氢和氦以外，元素丰度随其原子序数增加呈对数下降。然而，随着宇宙的进化，恒星进化过程将越来越多的氢转化成更重的元素。天体物理学家认为年轻的第二代恒星，如太阳，形成于以前超新星的残留物，这是因为相较于更古老的第一代恒星（其内部仍以氢燃烧反应为主），这些恒星含有丰度更高的铁元素及更重的元素（Penzias，1979）。我们应该感激大质量恒星的核聚变反应，形成了大多数生命所必需

---

① 当两个轻原子核发生聚变反应时，它们的质量（m）会损失一小部分，释放出的能量（E）转变成光速（c），可以用著名的爱因斯坦方程表达：$E = mc^2$。

的化学元素。

　　其次，由于第一阶段通过核聚变形成的所有元素（除锂外）都具有偶数原子质量（如 ^{4}He 和 ^{12}C），宇宙中偶数原子序数轻元素相对丰富。奇数原子序数的轻元素是在大质量恒星内部（S 过程）的偶数原子序数元素原子核捕获一个中子形成的，或者偶数原子序数较重元素原子核分裂形成的。大多数情况下，奇数原子序数原子核的稳定性要比相邻的偶数原子序数原子核弱，因此，我们可以预测奇数原子序数原子核丰度相对要小些。例如，磷形成于大质量恒星的多个核聚变反应（Woosley and Weaver，1995），并随超新星爆炸分散进入宇宙（Koo et al.，2013）。作为奇数原子序数元素，磷在太阳系的丰度远低于元素周期表中相邻元素硅（Si）和硫（S）（图 2.1）。有意思的是，由核聚变产生的低宇宙丰度的磷元素也是现今地球生物圈常缺乏的元素（Macia et al.，1997；Koo et al.，2013）。

　　最后，低宇宙丰度的 Li、Be 和 B 是由于初始核聚变反应通过原子质量为 5～8 的原子核来生成 ^{12}C，如反应式（2.1）和式（2.2）所示。显然，大多数的 Li、Be 和 B 形成于星际空间较重元素受到宇宙射线轰击产生的裂变（Reeves，1994）。

　　这一关于元素起源和宇宙丰度的模型为生物地球化学设置了一些基本原则。在所有条件相同的情况下，可以预期有生命的化学环境应接近元素的宇宙丰度。因此，生物化学分子的进化也可能会利用原始环境中那些丰度较高的轻元素。除了成岩元素（Fe、Al、Si），生物组织的元素组成与太阳非常相似（图 2.2）。因此，不难理解生物组织中没有比铁更重的常量元素，在生物化学必需的轻元素中也没有 Li 和 Be，但有痕量的 B（Wackett et al.，2004）。生命的组成与宇宙的组成惊人一致，正如 Fowler（1984）说的那样，我们就是"一颗小小的星尘"。

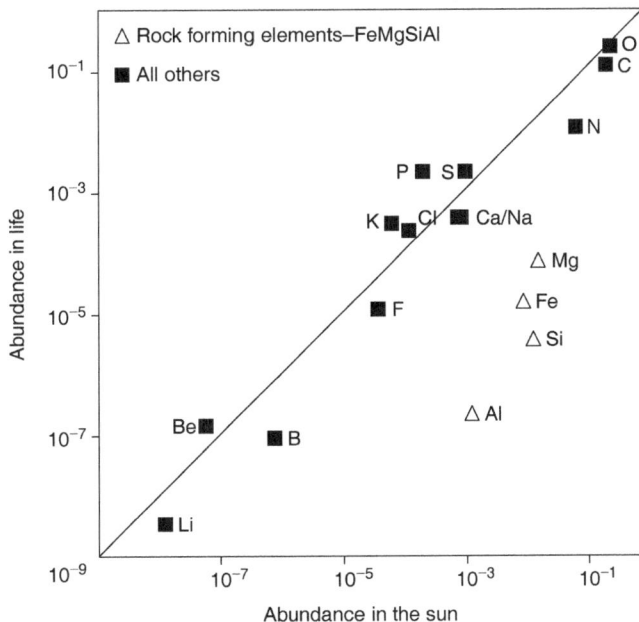

图 2.2　生物组织元素相对丰度和太阳元素丰度的比较
来源　Langmuir 和 Broecker（2012），采用了 Asplund 等（2009）的数据
图中文字　Abundnce in life：生命组织中的丰度；Abundance in the sun：太阳中的丰度；Rock froming elemnets-FeMgSiAl：成岩元素-铁镁硅铝；All others：其他元素；各元素缩写请参照本书封面内页元素周期表

2.3 太阳系和固体地球起源

大约 125 亿年前银河系形成（Dauphas，2005），这表明第一批恒星和星系形成于大爆炸后 10 亿年内（Cayrel et al.，2001）。作为第二代恒星，我们的太阳形成于约 45.7 亿年前（Baker et al.，2002；Bouvier and Wadhawa，2010；Wang et al.，2017a）。现有的太阳系起源模型认为太阳及其行星起源于星际间由气体和尘埃形成的星云，极可能包括了超新星的残骸（Chevelier and Sarazin，1987）。这一物质星云可能是宇宙元素混合体（图 2.1）。当太阳及其行星开始收缩，就形成一个个重力场，捕获物质增加各自个体质量。聚集于太阳的物质收缩形成压力重启氢变氦的核聚变反应。

太阳系的行星形成于初始太阳系星云中由尘埃聚合的小行星（Beckwith and Sargent，1996）。小行星相互碰撞形成我们今天看到的行星，这一过程可能非常快速。一些证据表明小行星形成于太阳系形成的第一个百万年（Yin et al.，2002；Alexander et al.，2001；Wang et al.，2017a），多数恒星在其初形成的 4 亿年间失去了由气体和尘埃形成的行星盘（Habing et al.，1999）。最近的观测表明，相似的过程正在银河系另一颗恒星（绘架座 β 星，β Pictoris）上发生（Lagage and Pantin，1994；Lagrange et al.，2010），并且银河系有不计其数的恒星被地球大小或更大的行星环绕（Quintana et al.，2014；Gillon et al.，2017）。

总的来说，初始太阳星云可能由 98% 的气态元素（H、He 和其他惰性气体）、1.5% 的冰状固体（H_2O、NH_3 和 CH_4），以及 0.5% 的岩石固体物质组成，但是不同行星的组成成分则取决于其相对于太阳的位置及其演化速率（McSween，1989）。"内圈"行星 [水星（mercury）、金星（venus）、地球（earth）和火星（mars）] 形成于太阳星云中很热的区域，温度可能接近 925℃（Boss，1988）。与宇宙轻元素丰度相比，金星、地球和火星失去了轻元素，以高温收缩过程产生的硅酸盐矿物为主 [1500～2000℃，详见 Langmuir 和 Broecker（2012）的第 94 页]，还包括大量的 FeO（McSween，1989）。

表 2.1 行星的性质

行星名	直径 (10^8cm)	体积 (10^{26}cm^3)	质量 (10^{27}g)	平均密度 (g·cm^{-3})	校正密度* (g·cm^{-3})
水星	2.44	0.61	0.33	5.43	5.40
金星	6.05	9.29	4.87	5.24	4.30
地球	6.38	10.83	5.97	5.52	4.20
火星	3.38	1.63	0.64	3.93	3.70
木星	71.49	14 313	1 898.6	1.34	<1.3
土星	60.26	8 271	568.4	0.69	<0.69
天王星	25.56	683	87.0	1.28	<1.28
海王星	24.76	625	102.40	1.64	<1.64

*校正密度是行星缺失重力压缩的密度。
注：太阳质量为 $1.99×10^{33}$g，是木星的 1000 倍。
来源：Langmuir 和 Broecker（2012）。

地球的平均密度大约为 5.5 g·cm^{-3}。"内圈"行星的高密度与个体较大的"外圈"行星（即气态巨行星）的较低平均密度差异显著，后者保留了大比例的初始太阳云较轻组分（表 2.1）。木星（Jupiter）的平均密度为 1.3 g·cm^{-3}，其全部的组成与太阳系元素丰度几乎没有区别（Lunine，1989；Niemann et al.，1996）。一些天文学家指出，木星富氢大气与从未被"点燃"的"棕矮星"（brown dwarfs）组成相似（Kulkarni，1997）。

地球的大部分质量似乎聚积于约 45 亿年前，即在太阳系起源约 1 亿年内（Allegre et al.，1995）。地球可能捕获了组成成分广泛的微行星和陨石（Dauphas，2017）。小行星碰撞产生的动能（Wetherill，1985）和内部放射性衰变释放的热量（Hanks and Anderson，1969）将原始地球加热到铁、镍及其他金属的熔点，形成岩浆海洋。那些被称为亲铁的重元素（或称为嗜铁剂，siderophile）[①]来自于太空与铁"熔化"，沉入地球内部形成内核（Newsom and Sims，1991；Wood et al.，2006；Stevenson，2008；Norris and Wood，2017）。

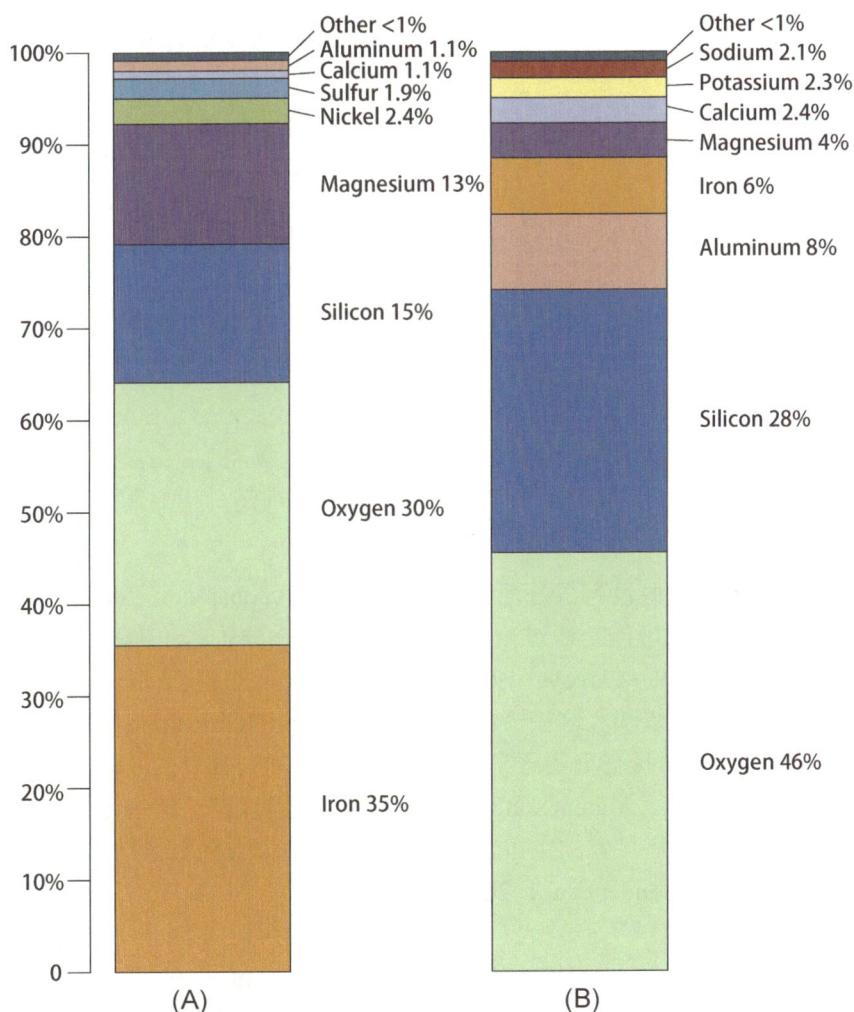

图 2.3　整个地球（A）和地壳（B）中元素的重量相对丰度
来源　引自 *Earth*（第 4 版），Frank Press 和 Raymond Siever（1986），W.H. Freeman and Company，授权使用
图中文字　Other：其他元素；元素名称，请查封面内页元素周期表

---

① 嗜铁剂（siderophile）术语上表达为"亲铁"或具有铁亲和性。

随着地球冷却，较轻的矿物逐渐固化形成以钙钛矿（perovskite，$MgSiO_3$，Hirose et al.，2017）为主、间有橄榄石（$FeMgSiO_4$）的地幔，以及以低密度铝硅酸盐矿物（基本为长石）为主的地壳（详见第 4 章）。因此，不论在宇宙和整个地球中铁的丰度如何，地壳主要由 Si、Al 和 O 组成（图 2.3）。地壳铝硅酸盐岩石"漂浮"在富铁地幔较重的半流体岩石上（图 2.4；Bowring and Housh，1995）。

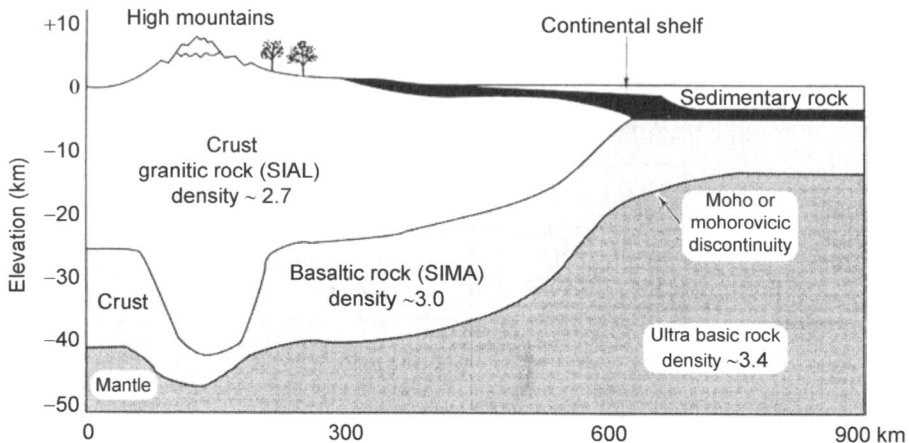

图 2.4　地球表面地质剖面。陆地地壳以花岗岩为主，大部分含 Si 和 Al（详见第 4 章）。海洋地壳以玄武岩为主，大部分含 Si 和 Mg。花岗岩和玄武岩密度均小于由超基性岩橄榄石（$FeMgSiO_4$）为主要矿物的上层地幔

来源　Howard 和 Mitchell（1985）

图中文字　Elevation：深度；High mountains：高山；Continental shelf：大陆架，Crust granitic rock density：地壳花岗岩密度；SIAL：硅铝带；Crust basaltic rock density：地壳玄武岩密度；SIMA：硅镁带；Mantle：地幔；Moho or mohorovicic discontinuity：地壳与地幔间的不连续界限；Ultra basic rock density：超基性岩

这一聚积模型的假设并没有很好地考虑地球挥发物（Albarède，2009）。地球"轻"元素清单中的多数元素很可能是通过一类特殊的陨石——碳质球粒陨石——以硅酸盐矿物成分的形式输送到地球的（Javoy，1997；Sarafian et al.，2014）。即使现在，地幔中许多硅酸盐矿物晶格也存在氧和氢这些"轻"元素（Bell and Rossman，1992；Meade et al.，1994）。对于生物地球化学具有重要意义的是，碳质球粒陨石含有的 0.5%～3.6% C（碳）和 0.01%～0.28% N（氮）（Anders and Owen，1977）可能代表了这些元素在生物圈的起始来源。在地球表面晚期所接收的宇宙输送物质中，碳质球粒陨石特别丰富（Wetherill，1994；Javoy，1997；Alexander et al.，2001）。

在聚积过程晚期，地球可能被大星体撞击过，即忒伊亚（Theia）原始行星，撞击产生的部分原始行星碎片进入地球轨道，形成月球（Lee et al.，1997）。月球年龄估计约为 45.1 亿年（Barboni et al.，2017）。地球早期可能有被多次撞击的历史，但基于月球陨石坑年龄分布推算，多数大撞击约发生在 20 亿年前（Neukum，1977；Cohen et al.，2000；Sleep，2018）。虽然地球仍不断接收宇宙物质（图 2.5），但近代地球接收的地外物质（$8×10^9$～$38×10^9 \, g \cdot yr^{-1}$；Taylor et al.，1998；Love and Brownlee，1993；Cziczo et al.，2001）相对于地球质量（$6×10^{27}g$）是非常小的，即便整个地球历史时期的接收量也非常小。

多重证据表明，原始地球的初始大气层并非来自太阳系星云。早期地球由于其重力

场（引力场）太弱，无法在其聚积过程中保留气态元素，并且接收的撞击小行星因过小并且很热，也无法携带挥发性元素。忒伊亚（Theia）原始行星的撞击反而可能将原始地球大气层中累积的挥发性物质带走。现今火山喷发的一些惰性气体，如来自于太阳系星云的 ^{3}He（氦）、^{20}Ne（氖）和 ^{36}Ar（氩），可能来自于持续脱气过程导致的深地幔岩浆溶解原始挥发性物质释放（Williams and Mukhopadhyay，2019），或来自于在后期聚积过程中被岩浆包被（流体内含物）的球粒陨石（Lupton and Craig，1981；Burnard et al.，1997）；否则，地球大气层可能有第二起源。

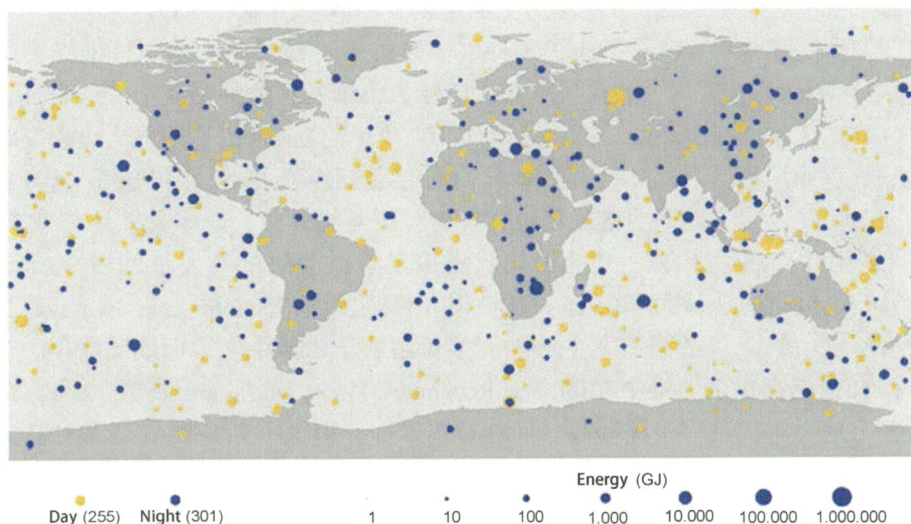

图 2.5　美国宇航局近地天体（NEO）观测项目（1994～2013 年）记录的现代地球接收到的大型流星（直径大于 1 m 火流星）。最大的流星坠落事件发生于 2013 年 2 月俄罗斯车里雅宾斯克，释放出超过 100 万 GJ 的能量

图中文字　day：白天；night：晚上；energy（GJ）：能量（千兆焦耳）

　　如果现代地球大气层主要部分来源于太阳系星云，大气层气体应具有部分太阳系元素丰度（图 2.1）。^{20}Ne 是非常有意思的气体元素，与已知的放射性衰变无关，同时因其自身太重无法逃离地球重力场，并且是惰性气体，不大可能被任何地壳矿物反应所消耗（Walker，1977）[①]。因此，现今大气层的 ^{20}Ne 丰度可能代表其来自太阳系星云的原始丰度。假设其他太阳系星云气体能和 ^{20}Ne 一样到达地球，我们就能通过现今大气层 ^{20}Ne 质量乘以太阳系其他气体丰度与 ^{20}Ne 之比来计算原始地球大气层的总质量。例如，太阳系星云氮气与氖气比例是 0.91（图 2.1），如果现今地球大气氖气质量（$6.5×10^{16}$g）全部来自原始太阳系星云，那么 $0.91×6.5×10^{16}$g 是地球大气氮气来自太阳系星云的质量。但是这一氮气质量（$5.9×10^{16}$g）远小于现今地球大气的氮气质量（$39×10^{20}$g）。因此，现今地球大气中氮气一定有其他来源，可能来自地幔矿物中所含的氮的脱气作用。

---

① ^{20}Ne 是氖的一种同位素。一种元素的同位素具有相同的质子数、不同的中子数，因此其原子质量不同。自然产生的元素一般是多种同位素的混合物，它们标注的原子质量是该混合物的平均值。在元素周期表中，大部分元素有 2 个或更多的同位素，前 80 种元素具有 254 种稳定性（即非放射性）同位素。

2.4 大气和海洋起源

地球大气层的起源与其地壳外形及演变密切相关，地壳与地幔的区别在于因大碰撞与内部放射衰变产生的热融化和密度分层（Fanale，1971；Stevenson，1983）。在热融化过程中，H、O、C 和 N 等元素以火山气形式从地幔中溢出。众多证据表明陆地地壳已存在了 44 亿年（Wilde et al.，2001；O'Neil et al.，2008；Greber et al.，2017），其体积在地球形成过程中不断增加（Abbott et al.，2006；Hawkesworth and Kemp，2006）。所以，第二来源的大气积累开始于地球历史的早期（Kunz et al.，1998）。

现代地球表面的火山爆发释放了各种气体。由于不易受俯冲的年轻地壳物质所污染，大洋中脊和岛屿玄武岩（如在夏威夷）地区火山爆发释放的物质很好地表征了地幔脱气组成成分（Charlou et al.，2002；Marty，2012）。表 2.2 给出了不同火山爆发时释放气体的组成。就组成而言，水汽是主要成分，此外还包括少量的 C、N 和 S 等气体（Tajika，1998）。火山喷发表明了地球内部脱气过程，与观测结果一致，地球大气具有第二来源，主要来自于固体物质。上层地幔的氧化状态决定了被脱气的挥发性物质（Armstrong et al.，2019）。最早的地球大气由 H_2、H_2O 和 CO_2 组成（Schaefer and Fegley，2010；Marty et al.，2013）。包括 H 在内的一些元素可溶解于岩浆中，因而地球清单中客观的 H_2O、C 和 N 仍然存在于地幔中（Bell and Rossman，1992；Murakami et al.，2002；Marty，2012）。整个地质年代过程中地幔脱气的总量尚未知，但根据地幔 ^{40}Ar 含量估计约达到 50%（Marty，2012）。

表 2.2　火山喷发气体组成（假定为地幔来源）　（单位：摩尔百分比）

地点	H_2O	H_2	CO_2	SO_2	H_2S	HCl
坦桑尼亚奥尔多伊尼奥·伦加尔	75.6		24.2	0.02		
刚果尼利拉贡戈	70.5		23.7	4.55		0.26
埃塞俄比亚额尔塔阿莱	79.4	1.49	10.4	6.78	0.62	0.42
南极洲埃里布斯	57.9		36.4	1.4		0.69
美国夏威夷基拉韦厄	37.1	0.49	48.9	11.87		0.08

来源：Oppenheimer（2003）。

地球氩气同位素比值（$^{40}Ar/^{36}Ar$）表明现代大气部分来自于地幔脱气过程。地球 ^{40}Ar 同位素全部来自于地幔中 ^{40}K 的衰变（Farley and Neroda，1998），而 ^{36}Ar 同位素则全部来自于原始太阳系星云，和惰性元素 ^{20}Ne 一样由于太重而没有逃逸地球重力场。因此，地球大气 ^{36}Ar 含量代表了原始大气（即太阳系星云）的残留部分，而 ^{40}Ar 含量则表明地壳脱气的部分[①]。地球大气 $^{40}Ar/^{36}Ar$ 值接近 300，表明现代大气层 99.7%的氩来自于地球内部。自地球形成后，其大气一直累积 ^{40}Ar，有研究表明 35 亿年前 $^{40}Ar/^{36}Ar$ 值仅为 143（Pujol et al.，2013）。相反，Viking 空间望远镜观测到金星大气层 $^{40}Ar/^{36}Ar$ 比值高达 1900（Mahaffy et al.，2013）。该观测结果支持一个新假设，即金星损失了其大部分原始大气，现存金星大气来源于内部脱气（Carr，1987；Atreya et al.，2013）。

地球地幔 N_2 和 ^{40}Ar 比值与当今地球大气比值非常相近（约 80），表明地球表面这

[①] 大气中很少一部分 ^{40}Ar 可被宇宙射线轰击衰变成 ^{35}S（Tanaka and Turekian，1991）。

两种元素来源一致（Marty，1995）。火山喷发和地幔脱气无疑在地球历史早期最为强烈；现代火山释放的氮通量（$0.78\times10^{11}\sim1.23\times10^{11}\mathrm{g\cdot yr^{-1}}$；Sano et al.，2001；Tajika，1998）太低，即使在地球 45 亿年的整个历史中持续释放，也无法解释现代地球表面现有的氮存量（大约 $50\times10^{20}\mathrm{g}$；表 2.3）。此外，在整个地质时期部分氮随俯冲作用（或地壳潜没，subduction）返回地幔（Zhang and Zindler，1993）。

表 2.3　地球表面挥发性物质清单 [a]

库	H_2O	CO_2	C	O_2	N	S	Cl	Ar	合计（取整）
大气（详见表 3.1）	1.3	0.31	—	119	387	—	—	6.6	514
海洋	135 000	19.3[b]	0.07	256[c]	2[d]	128[e]	2 610	—	138 000
陆地植物	0.1	—	0.06	—	0.0004	—	—	—	0.16
土壤	12	0.40[f, g]	0.15	—	0.0095	—	—	—	12.6
淡水（包括冰和地下水）	4 850	—	—	—	—	—	—	—	4 850
沉积岩	15 000[h]	30 000[g]	1 560	4 745[i]	200[j]	744[k]	500[h]	—	52 750
合计（整数）	155 000	30 000	1 560	5 120	590	872	3 100	7	196 000
详见	图 10.1	图 11.1	图 11.1	图 2.8		表 13.1			

a. 表内所有数据为 $\times10^{19}$g，除非另有说明。b. 假设无机碳库以 HCO_3^- 存在。c. 水溶性 SO_4^{2-} 中的氧含量。d. 水溶性 N_2。e. 水溶性 SO_4^{2-} 中的硫含量。f. 沙漠土壤碳酸盐。g. 假设 $CaCO_3$ 中 60% 为碳和氧。h. Walker（1977）。i. 沉积物 Fe_2O_3 和蒸发物 $CaSO_4$ 中的 O_2。j. Goldblatt 等（2009）。k. $CaSO_4$ 和 FeS_2 中的 S 含量。

后期彗星撞击可能增加地球气体库存（Chyba，1990a）。即便如此，其增量也很小，因为在海尔波普彗星（Hale Bopp）和其他彗星冰尘中测得的氢（H）同位素比值与地球水的氢同位素比值不相符（Meier et al.，1998）。然而，月球表面存在冰、有机物和氮仍无法解释，即使包括晚期彗星撞击导致的脱气，月球表面仅经历了轻微的脱气（Thomas-Keprta et al.，2014；Füri et al.，2015；Li et al.，2018a）。当今地球至少 22% 的氙气（xenon）来源于彗星（Marty et al.，2017）。

地球非常热时，挥发性物质存在于大气中；但当地球表面温度冷却到水凝结点时，水从原始大气中凝结出来形成了原始海洋。这一定有一场如《圣经》描述的暴雨！相关证据指出地球表面存在液态水达 43 亿年（Mojzsis et al.，2001；Wilde et al.，2001）。虽然后期大型陨星撞击产生热量使原始海洋液态水暂时再蒸发（Sleep et al.，1989，Abramov and Mojzsis，2009），但地质记录表明地球表面在过去 38 亿年间持续存在液态水。确切地说，无论是否有这些陨星的撞击，地球拥有温带气候近 34 亿年之久（Hren et al.，2009；Blake et al.，2010）。

各种气体具有很高的水溶性，所以可很快溶入原始海洋。例如下列反应：

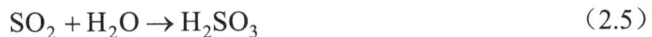

$$CO_2 + H_2O \rightarrow H_2CO_3 \rightarrow H^+ + HCO_3^- \tag{2.3}$$

$$HCl + H_2O \rightarrow H_3O^+ + Cl^- \tag{2.4}$$

$$SO_2 + H_2O \rightarrow H_2SO_3 \tag{2.5}$$

这些反应使得大气损失大量水溶性气体，正如亨利定律（Henry Law）所描述的气体在气相和液相间的分配：

$$S = kP \tag{2.6}$$

式中，S 为某一气体在液相的溶解度；k 为溶解度常数；P 为液相上的大气压。在一个大气压分压和25℃条件下，CO_2、HCl 和 SO_2 在水中的溶解度分别为 1.4 g·L^{-1}、700 g·L^{-1} 和 94.1 g·L^{-1}。当溶解于水中时，所有这些气体都会形成酸，可被地球表面矿物中和。因此，地球冷却时，原始大气可能以 N_2 为主，因为 N_2 在水中的溶解度较小（0.018 g·L^{-1}，25℃）。

由于大多数气体可溶解于水，在估算地质年代地壳气体损失总量时必须考虑大气质量、海洋质量和现有沉积矿物包含的挥发性元素质量，如来自海水沉积的 $CaCO_3$（Li，1972）。根据这一计算，现今大气质量（5.14×10^{21} g；Trenberth and Guillemot，1994）不到地球地质时期地幔总脱气量的 1%（表 2.3）。海洋及其不同沉积物包括所有残留物，一些挥发性物质通过地球海洋地壳俯冲（潜没）返回上层地幔（Zhang and Zindler，1993；Plank and Langmuir，1998；Kerrick and Connolly，2001）。

地球原始大气组成尽管尚不确定，但一些证据表明在生命出现时，大气层以 N_2、CO_2 和 H_2O 为主（Holland，1984），并与海洋保持平衡，火山喷发释放其他痕量气体在当时持续存在（Hunten，1993；Yamagata et al.，1991）。非常确定的是那时没有 O_2，上层大气层中少量由水光解产生的 O_2 被还原气体和地壳矿物经氧化作用快速消耗（Walker，1977；Kasting and Walker，1981）。

在恒星演化早期，太阳亮度比现在要暗 30%。由此我们可以推断原始地球比现在冷，但化石记录表明地球表面持续存在液态水 38 亿年。一种解释认为原始大气包括了较现在大气浓度高得多的水蒸气、CO_2、CH_4 和其他温室气体（Walker，1985）。这些气体捕获红外辐射，通过温室效应使全球变暖（详见图 3.2）。事实上，当今地球大气层的水蒸气和 CO_2 导致了显著的温室效应，其中水蒸气贡献约 75%、CO_2 贡献约 25%（Lacis et al.，2010；Schmidt et al.，2010a）。如果没有这些气体，地球温度将下降 33℃左右，地球表面被冰覆盖（Ramanathan，1988）。

关于原始海水成分的直接证据很少。与现存的海水一样，前寒武纪海洋可能含有大量氯化物。火山喷发的 HCl 和 Cl_2 溶于水形成 Cl$^-$［反应式（2.4）］。这些气体和其他气体溶于水产生酸［如反应式（2.4）～式（2.6）］，可与地壳矿物质发生反应，经化学风化释放出 Na$^+$、Mg^{2+} 和其他阳离子（第 4 章）。原始海洋 pH 可能为 6.5～7.0，表明气体溶解酸中和反应引起了岩石风化（Halevy and Bachan，2017）。经河流输送，这些阳离子在海水中聚积，浓度升高至沉淀生成次生矿物水平（Sleep，2018）。例如，前寒武纪 $CaCO_3$ 累积沉积表明原始海洋含有丰富的 Ca^{2+}（Walker，1983）。因此，主要阳离子（Na$^+$、Mg^{2+}和Ca^{2+}）和主要阴离子（Cl$^-$）在前寒武纪海水中的浓度与当今海水相似（Holland，1984；Morse and Mackenzie，1998），除了 SO_4^{2-}浓度可能低于当今海水（Grotzing and Kasting，1993；Habicht et al.，2002；Crowe et al.，2014）。

2.5 生 命 起 源

当今生命系统特征是我们对生命起源认知的基础。原始地球生命进化理论和时间表的研究取决于我们对化石沉积物和实验室合成有机物产物的部分或全部生命特征的认知能力。这些生命特征包括生理膜、从环境获得能量的代谢机制和可遗传的基因物质。这些基础特征将生命与非生物有机物质区分开来。

即使最简单细胞的原生质膜也可分隔出一个生物化学系统,有 30 种元素在浓度和组成上与周边环境有实质性的不同。细胞内生物膜,如线粒体膜,也能将细胞内物质加以分割,以利用环境中富电子(还原态)物质向贫电子(氧化态)物质传递的电子流来获得能量(详见图 1.6)。自养生物从太阳(光合自养型)或外部化合物(化学自养型)获取能量合成自身有机物质;而异养生物则消耗其他生物产生有机物质。遗传物质使这些过程具有可重复性和可遗传性,生物体得以生存和繁衍。

原始地球上生命进化的瓶颈是缺乏有机分子。1871 年,达尔文假设原始大气中阳光和海洋盐分相互作用可能产生原始的有机构件[①]。20 世纪 50 年代初,斯坦利·米勒(Stanley Miller)与哈罗德·尤里(Harold Urey)合作进行了一项实验,在实验室将原始大气和海洋的可能成分添加到烧瓶中,混合后用电击模拟闪电。几天后,米勒发现简单的还原性有机分子产生了(Miller,1953,1957;Johnson et al.,2008b)。这个实验模拟了原始地球的可能条件,表明生物体有机成分可能通过非生物过程合成。

这一实验被众多实验室在不同条件下重复(Chang et al.,1983)。紫外线可替代放电作为能量源;原始大气平流层无臭氧(O_3)的屏蔽,高通量的紫外线可达到原始地球表面(详见第 3 章)。非生物合成的其他能量可能来自后续飞入地球大气层的流星和彗星(Chyba and Sagan,1992;McKay and Borucki,1997),或者来自深海火山周边的热液口(Russell,2006)。

原始大气混合成分的最佳组成尚有争议。NH_3 和 H_2 可能是地球原始大气的重要组成(Tian et al.,2005;Li and Keppler,2012),并且在如此强还原条件下有机物合成产量是很高的。即使在由 CO_2、H_2O 和 N_2 组成的轻度还原大气中(极有可能是原始地球大气组成;Trail et al.,2011),简单有机分子的产量也是相当可观的(Pinto et al.,1980)。然而,当有自由氧气存在时,该实验从来没有成功过,氧气在这些简单有机物得以积累前已将其快速氧化。

星际尘埃颗粒和彗星冰屑含有一系列简单的有机分子(Busemann et al.,2006;Sloan et al.,2009;Oberg et al.,2015),并且在碳质球粒陨石和小行星中发现了各种氨基酸(Kvenvolden et al.,2009;Cooper et al.,2001;Herd et al.,2011;De Sanctis et al.,2017)。这表明非生物合成有机分子的现象可能在银河系广泛存在(Orgel,1994;Irvine,1998)。值得注意的是,球粒陨石和彗星中一小部分有机分子可能在穿过地球大气层时残留下来,贡献于地球表面有机分子原始库(Anders,1989;Chyba and Sagan,1992)。即使获得的总量很小,外源有机分子也是非常重要的,它们可能作为化学模板,加速了地球有机分子的非生物合成和组装速率。

现在,已经有一系列简单有机分子在实验室得以非生物合成(Dickerson,1978;Ruiz-Mirazo et al.,2014)。在很多合成实验中,氢氰酸和甲醛是重要初始产物,它们聚合后产生简单的糖,如核糖及更复杂的氨基酸和核苷酸等分子。甚至甲硫氨酸(一种含

[①] 在 1871 年查尔斯·达尔文(Charles Darwin)给约瑟夫·胡克(Joseph Hooker)的一封信中写道:"但是如果(噢,这是多么伟大的如果)我们设想在一些温暖的小池塘中具有所需的铵盐和磷酸盐、光、热、电等,一种蛋白质化合物被化学合成,可用于进一步的复杂转化。这些有机物质在现今环境中会被瞬间吞噬或吸收,但这样的吞噬或吸收在生命形成之前不会发生。"

硫氨基酸）也可非生物合成（Van Trump and Miller，1972）。火山气体中硫化碳（COS）可催化氨基酸聚合形成多肽（Leman et al.，2004），短链氨基酸可在磷酸盐作用下通过缩合反应得以连接（Rabinowitz et al.，1969；Lohrmann and Orgel，1973）。二氨基磷酸盐（diamidophosphate）可促进简单有机分子经磷酸化组装成更复杂的形式（Gibard et al.，2018）。有机多磷酸盐的早期非生物合成，对作为现今一切生物化学反应的能量载体腺苷三磷酸（adenosine triphosphate，ATP）的起源具有十分重要的意义（Dickerson，1978）。

黏土矿物因其表面电荷和重复晶体结构可聚集原始海洋中简单极性有机分子，将其组装成复杂结构，如像 RNA 和蛋白质这样的复杂分子（Cairns-Smith，1985；Ferris et al.，1996；Hanczyc et al.，2003；Bu et al.，2019）。锌和铜等金属离子可增强核苷酸和氨基酸与黏粒的结合（Lawless and Levi，1979；Huber and Wachtershauser，1998，2006）。一个有意思的问题是，非生物合成左旋（L-）和右旋（R-）氨基酸对映体的概率是均等的，为什么自然形成的蛋白质只组装左旋氨基酸（图 2.6）。恒星发射偏振光，使得星际环境中有机合成作用产生大量左旋（L-）对映体（Engel and Macko，2001）。流星可能携带了不成比例的丰富的左旋（L-）对映体，成为地球有机物分子合成的化学模板（Engel and Macko，1997；Bailey et al.，1998；Pizzarello and Weber，2004）。

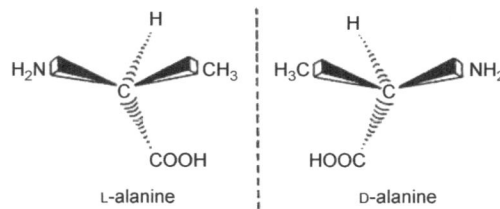

图 2.6　丙氨酸（alanine）的左旋（L-）和右旋（D-）对映体。这些分子的不可旋转性使其无法相互聚合。虽然两种对映体在碳质球粒陨石中均有发现，但是地球所有生命的蛋白质仅有左旋（L-）氨基酸
来源　Chyba（1990）

近年来，研究生命起源的学者将注意力集中于洋底热液口系统，该系统富集的多种生命形式可能与地球最早期生命相似（Kelley et al.，2002；Russell，2006）。洋底热液口显然支持简单有机分子的非生物合成，包括甲酸、乙酸（Liang et al.，2010）、丙酮酸（Cody et al.，2000）和氨基酸（Huber and Wächtershäuser，2006；Barge et al.，2019）。确实，这样的环境满足氨基酸合成热力学（Amend and Shock，1998；Ménez et al.，2018）。原始生命栖息地的高温、极端 pH 和高盐度环境也就解释了现代生命可以在如此广阔的极端环境中存在的原因（Rothschild and Mancinelli，2001；Marion et al.，2003）。

正如食用油滴在水表面形成"油珠"一样，人们很早就知道一些有机聚合物可以自发形成凝聚层，这些凝聚层由小到可以悬浮在水中的胶体液滴组成。凝聚层可能是最为简单的、可"束缚"的系统，如膜一样区分内部和外部。Yanagawa 等（1988）报道了几个实验室构建具有脂蛋白包膜的原始细胞结构实验。在这样的结构中，膜内（疏水）和膜外（亲水）的物质浓度不同，这是由于物质在有机介质和水中溶解

度不一样。Mansy 等（2008）演示了带电物质如何运输进入原始细胞内部，这可促进异养代谢进化。Huang 等（2013）报道了蛋白聚合酶（protein-polymer）自组装进入原始细胞的选择性渗透腔内，表明原始细胞具有封装分子和响应刺激改变膜孔隙的能力。

实验室合成的一些有机分子具有自我复制能力，表明可能存在促进非生物合成有机分子初始产量的潜在机制（Hong et al.，1992；Orgel，1992；Lee et al.，1996）。部分实验室合成了称为"胶束"（micelle）的简单有机结构，可自我复制其外部框架（Bachmann et al.，1992）。可以确定的是，调控复制的最早遗传物质不一定是 DNA，但可能是具有催化活性的相关分子 RNA（de Duve，1995；Robertson and Miller，1995）。

研究表明，RNA 前体非生物合成取得了一些成功，将支持长链 RNA 分子非生物合成（Unrau and Bartel，1998；Powner et al.，2009）。黏粒周边形成的小囊泡被发现可增强 RNA 的聚合反应（Hanczyc et al.，2003）。Gibson 等（2010）成功地将细菌 DNA 替换为合成 DNA 并得以增殖。这项工作使我们更接近将简单有机分子组装成一个完全自我复制、自我代谢、膜包被的生命体，即实验室合成的生命。

传统观点认为生命起源于海洋，海水含有丰富的生物化学反应所需的组分物质。例如，Banin 和 Navrot（1975）指出现代生物体内元素丰度与海水中元素溶解度间存在惊人的相关性。海水中具有低离子势（即离子电荷/离子半径值）的元素，如水溶性阳离子（Na^+、K^+、Mg^{2+}、Ca^{2+}），是重要的生物化学反应组分。其他元素（包括 C、N 和 S）在海水中形成水溶性含氧阴离子（HCO_3^-、NO_3^- 和 SO_4^{2-}），也是生物化学反应的丰富组分。钼在生物圈的丰度远高于其在地壳中的丰度，在海水中形成水溶性钼酸根离子（MoO_4^{2-}）。相反，Al 和 Si 在海水中形成不可溶的氢氧化物，虽然其地壳含量相对较高，但生物组织的含量很低（Hutchinson，1943）。确实，海水中许多稀有元素是常见的生命系统有毒物质（如 Be、As、Hg、Pb 和 Cd）。

虽然磷可在海水中形成水溶性含氧阴离子 PO_4^{3-}，但容易与其他矿物结合，尤其铁氧化物，使其浓度从未达到丰富水平（Griffith et al.，1977）。部分活性磷可能随含铁镍矿物（施赖伯石，schreibersite）的陨石到达地球，在原始海洋中可释放出磷进入海水（Pasek et al.，2013）。虽然地球上磷的地球化学丰度较低，但磷的这一特性决定了其在生物化学中的重要地位。磷酸具有三个离子化功能团，在 DNA 中连接两个核苷酸，保留一个负电荷功能团防止水解并将分子保留在细胞膜内（Westheimer，1987）。这些离子特性还使得磷参与 ATP 的中间代谢和能量传递。

总之，如果元素宇宙丰度为初始条件、地球形成过程中元素分配为第二条件，那么，元素水溶性是决定生物生存的地球化学环境中元素相对丰度的最后条件。海水中丰富的元素是生物化学的重要组分。磷是生物化学的一个重要组分，然而在整个地质历史时期，地球生物圈大部分区域呈缺磷状态，这可能是一个重要的例外。

2.6　代谢途径进化

在距今 37 亿年（Dodd et al.，2017；Hassenkam et al.，2017）或更早（Tashiro et al.，2017）的浅海和热液口沉积岩石中发现的最老化石可能代表了地球最早的生命，但这一解释并非没有争议（Allwood et al.，2018；Javaux，2019）。地球上最早的生物体可能类似于至今仍存活的在 pH 9～11 和温度高于 90℃缺氧热液环境下生存的产甲烷古菌（Rasmussen，2000；Huber et al.，1989；Kelley et al.，2005）。古菌与细菌的不同是其细胞壁缺乏胞壁酸成分及独特的 rRNA 序列（Fox et al.，1980）。已知的古菌具有嗜盐（耐盐）、嗜酸（耐酸）和嗜热（耐热）特征（图 2.7）。Kashefi 和 Lovley（2003）报道了北太平洋深海热液口附近 121℃下生长的铁还原古菌，该生境可能是地球上最早的生命栖息地之一。

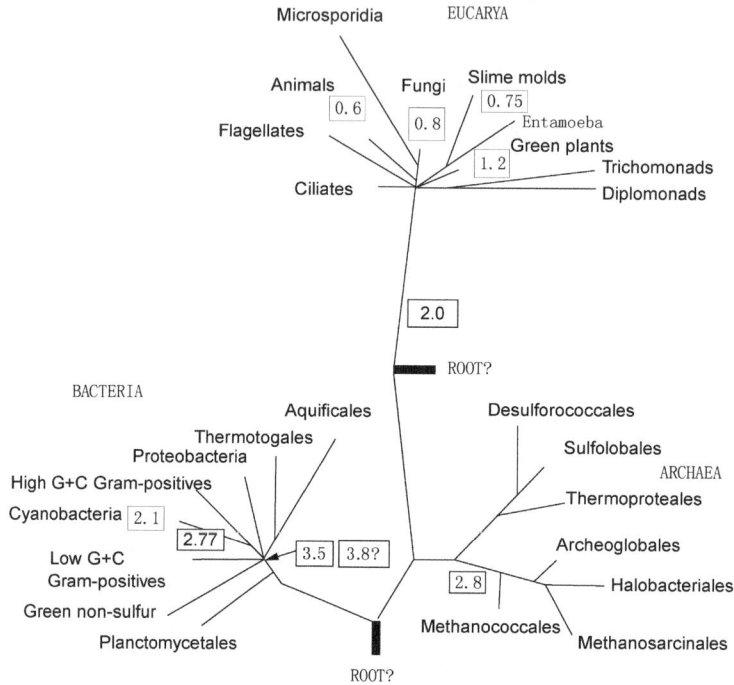

图 2.7　三大微生物群落的生命树。方框内数字为各类生物首次出现的估计年代（单位为"10 亿年"）
来源　Javaux（2006）
图中文字　Eucarya：真核生物；Microsporidia：微孢子虫；Animals：动物；Fungi：真菌；Slime molds：黏菌；Flagellates：鞭毛虫；Cillates：颤动虫；Entamoeba：内阿米巴虫；Green plants：绿色植物；Trichomonads：滴虫；Diplomonads：双单胞菌；Root：根；Bacteria：细菌；Aquificales：产水菌目；Thermotogales：嗜热菌目；Proteobacteria：变形菌门；High G+C gram-positives：高 G+C 的革兰氏阳性菌；Cyanobacteria：蓝藻/光合细菌；Low G+C gram-positives：低 G+C 的革兰氏阳性菌；Green non-sulfur：绿色无硫菌目；Planctomycetales：浮霉菌目；Archaea：古菌；Desulforocccales：脱硫球菌目；Sulfolobales：硫叶菌目；Thermoproteales：嗜热变形菌目；Archeoglobales：古球菌目；Halobacteriales：嗜盐菌目；Methanococcales：甲烷球菌目；Methanosarcinales：甲烷八叠球菌目

最原始的代谢途径可能包括分解简单有机分子（如乙酸盐）产生甲烷，这些海水中的有机分子来自于非生物合成：

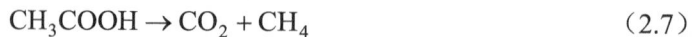

$$CH_3COOH \rightarrow CO_2 + CH_4 \quad\quad (2.7)$$

具有这一代谢机制的生物体是非生物合成产物的"消耗者"，属专性异养生物，有时被归类为化学异养生物，现今的甲烷杆菌目（Methanobacteriales）的发酵细菌可能是与之最为类似的微生物。

随着酶系精细化和特异性的提升，可能出现更长的无氧代谢途径，如糖酵解（glycolysis）。在厌氧呼吸过程中，简单有机分子的氧化作用与环境无机物质还原过程相耦合。例如，在乙酸分解产甲烷代谢机制出现后，CO_2 也可还原产生甲烷：

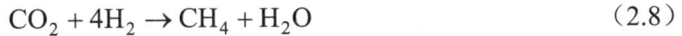

$$CO_2 + 4H_2 \rightarrow CH_4 + H_2O \tag{2.8}$$

这可能出现于早期异养微生物群中。一般来说，这一反应分为两步：发酵细菌将有机物转化为乙酸、H_2 和 CO_2，然后古菌将它们转化为甲烷 [反应式（2.8）]（Wolin and Miller，1987；Kral et al.，1998）。需指出的是，这一产甲烷反应要比乙酸分解过程复杂得多，需要一个更为复杂的酶催化体系。

最早的产甲烷生物证据发现于 35 亿年前的岩石中（Ueno et al.，2006）。现代栖息于湿地和滨海沉积物中的发酵细菌拥有上述的两条产甲烷途径（详见第 7 章和第 9 章）。在没有 O_2 的大气层，这些早期的微生物代谢作用使甲烷大量积累，导致地球温室效应增强（Catling et al.，2001）。

现今还原 CO_2 产甲烷的微生物群落仍存在于具有地质 H_2 源的地球深处（Stevens and McKinley，1995；Chapelle et al.，2002；Kietäväinen et al.，2017；Sherwood-Lollar et al.，2014；Worman et al.，2016）。这些微生物群落在功能上区别于生物圈的其他群落，表明地球早期生命存在另一个潜在的栖息地（Sleep，2018）。实际上，大量的原核生物可在全球陆地深处和海洋沉积物中以极低的代谢活性存在（Krumholz et al.，1997；Fisk et al.，1998；Røy et al.，2012；Orsi et al.，2013）。这些微生物的总生物量可达到 44×10^{15} g C，约占当前地球总生物量的 8%（Kallmeyer et al.，2012；Bar-On et al.，2018）。

在大气层 O_2 出现之前，原始海洋可能含有低浓度的有效氮，主要以硝态盐存在（NO_3^-；Kasting and Walker，1981）。因此，原始生物用于蛋白质合成的氮供给非常有限。固氮（diazotrophy）作用可追溯到 32 亿年前，其中相关细菌可断开 N_2 惰性三键，并将氮还原为 NH_3（Stueken et al.，2015）。如今，这一反应由细菌在局部严格厌氧条件下进行。该反应如下：

$$N_2 + 8H^+ + 8e^- + 16ATP \rightarrow 2NH_3 + H_2 + 16ADP + 16P_i \tag{2.9}$$

以上反应由固氮酶系催化，即由两个含铁和钼蛋白质组成固氮酶分子结构（Kim and Rees，1992；Chan et al.，1993；Čorić et al.，2015）。铁基固氮酶可能首先得以进化；现今含钼固氮酶可能仅在 22 亿年前至 15 亿年前出现，从较古老的产甲烷细菌进化而来（Boyd et al.，2011）。某些菌种中钒（V）可替代钼（Zhang et al.，2016b）。含钴的维生素 B_{12} 作为辅因子也是必需的（Palit et al.，1994；O'Hara et al.，1988）。固氮作用需要消耗大量能量，断开 N_2 化学键需 226 kcal/mol（Davies，1972）。现代固氮蓝细菌将固氮作用与其光合作用反应耦合，其他固氮生物常与高等植物共生（详见第 6 章）。固氮作用的进化可能加剧了原始海洋支持生命增殖的磷有限可利用性（Olson et al.，2016）。

2.6.1　光合作用：地球氧气起源

虽然厌氧代谢具有多条途径，但在只能非生物合成有机分子的世界，异养生物生存机会极其有限。自然选择强烈倾向于由自身产生还原有机分子供代谢的自养系统。一些最早的自养代谢可能依赖于 H_2（Schidlowski，1983；Tice and Lowe，2006；Canfield et al.，2006）。代谢氢的自养蓝藻也已从地壳中分离出来（Puente-Sánchez et al.，2018），即

$$2H_2 + CO_2 \rightarrow CH_2O + H_2O \tag{2.10}$$

我们还可预测另一早期的光合作用反应可能基于强还原气体的氧化作用，如硫化氢（H_2S）（Schidlowski，1983；Xiong et al.，2000）。硫化氢氧化反应如下：

$$2H_2S + CO_2 \rightarrow CH_2O + 2S + H_2O \tag{2.11}$$

这一反应可能是由硫细菌完成的，不像是现代的厌氧绿硫细菌和紫硫细菌（详见图 1.6）。这些细菌在排放还原性气体（包括 H_2S）的浅海海底火山周围可能特别丰富。

一些间接证据表明光合作用始于 38 亿年前的古海洋。光合作用产生有机碳，其 ^{13}C 丰度较可溶性重碳酸（HCO_3^-）贫化，尚没有已知其他过程产生如此强的碳同位素分馏作用[①]。在格陵兰岛岩石中发现的有机物化石存在 ^{13}C 贫化现象，至少有 38 亿年（Mojzsis et al.，1996；Rosing，1999；Schidlowski，2001；图 2.8）。

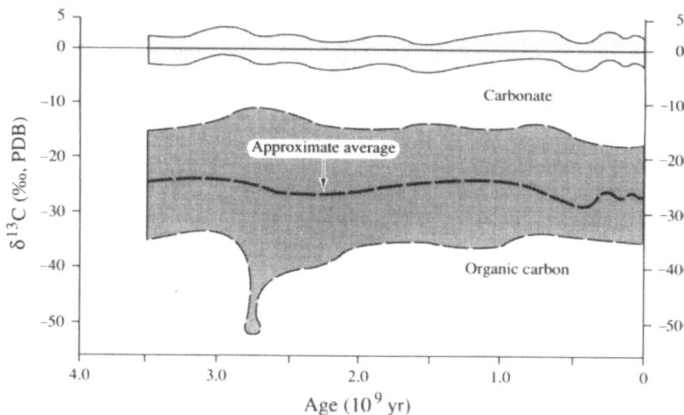

图 2.8　化石有机质和海洋碳酸盐碳同位素组成的地质年代演变，包括各地质年代样本间的范围（阴影部分）。同位素组成以相对于任一标准品（PDB 箭石，即 0.00‰）的 $^{13}C/^{12}C$ 值表征。有机质中碳的 ^{13}C 比 PDB 标准低 2.8%，这一贫化率表达为-28‰ $\delta^{13}C$（详见第 5 章）

来源　Schidlowski（1983）

图中文字　Carbonate：碳酸盐；Aprroximate average：大致平均；Organic carbon：有机碳；Age：年龄

现今光合作用主要产物 ^{13}C 丰度大约为-2.8%（-28‰），这一分馏作用是由于 $^{13}CO_2$ 扩散相对慢于 $^{12}CO_2$，与碳同化酶（核酮糖二磷酸羧化酶）亲和性更高，从而使 $^{12}CO_2$ 丰度更高（详见第 5 章）。一些研究者认为在岩石中观测到的碳同位素贫化是变质成岩作用引起的（van Zuilen et al.，2002），但光合作用发生的其他证据也存在于 38 亿年前的岩石中，即所熟知的"带状铁矿床（banded iron formation，BIF；图 2.9）。

在原始地球的缺氧环境下，岩石风化释放和海底热液口喷出的 Fe^{2+} 溶解并累积于海水中。带状铁矿床的形成表明首次出现厌氧 Fe^{2+} 氧化细菌的铁基光合作用（Kappler et al.，2005；Widdel et al.，1993；Li et al.，2013），即

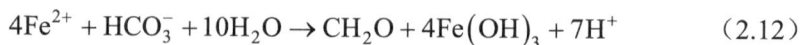

$$4Fe^{2+} + HCO_3^- + 10H_2O \rightarrow CH_2O + 4Fe(OH)_3 + 7H^+ \tag{2.12}$$

事实上，一些学者认为不产氧铁基光合作用［反应式（2.12）］主导了原始海洋的初级生产（表 2.4）。

[①] 当两种同位素存在时（即 ^{12}C 和 ^{13}C），大多数生物化学过程通常利用丰度高且较轻的同位素。这种优先利用方式被称为质量依赖性分馏，使得代谢产物具有与周围环境不同的同位素比值。例如，碳质球粒陨石富含 ^{13}C（Engel et al.，1990；Herd et al.，2011）；而光合作用产物 ^{13}C 则贫化。

图 2.9　来自南非巴伯顿绿岩矿带的沉积变质型铁矿（成矿于 32.5 亿年前）
来源　美国得克萨斯农工大学的 M.M. Tice 收集。Lisa M. Dellwo 摄影于 2010 年

表 2.4　35 亿年前海洋初级生产力估算

过程	年产量（$g\ C\cdot yr^{-1}$）	反应式
H_2 基不产氧光合过程	0.35×10^{15}	式（2.10）
S 基不产氧光合过程	0.03×10^{15}	式（2.11）
Fe 基不产氧光合过程	4.0×10^{15}	式（2.12）
现代产氧光合过程	约 50.0×10^{15}	式（2.13），详见第 5 章

来源：改自 Canfield 等（2006）。

产氧光合作用随蓝细菌出现而出现，与现今的产氧光合作用一致（Soo et al.，2017），即

$$H_2O + CO_2 \rightarrow CH_2O + O_2 \uparrow \tag{2.13}$$

随着产氧光合过程的出现，O_2 氧化 Fe^{2+}，Fe_2O_3 在原始海洋中沉积（Czaja et al.，2013），即：

$$4Fe^{2+} + O_2 + 4H_2O \rightarrow 2Fe_2O_3 \downarrow + 8H^+ \tag{2.14}$$

因此，38 亿年前全球大量 Fe_2O_3 沉积形成的带状铁矿床与铁基光合过程和利用阳光分解水产氧光合过程同期出现。需指出的是，带状铁矿床形成的两个途径［反应式（2.12）和式（2.14）］并不相互排斥；铁基光合作用细菌和蓝细菌在现今海洋环境中仍参与铁氧化物沉积（Trouwborst et al.，2007）。

尽管产氧光合过程反应存在较大的能量障碍，但分解水产氧的光合过程是强烈自然选择的结果（Schidlowski，1983）。产氧光合过程比其他自养代谢过程产生更多的能量（Judson，2017），且水是取之不尽、用之不竭的底物（Walker et al.，1983）。有确切证据表明，光合微生物至少在 34 亿年前就存在（Tice and Lowe，2004），这一时间点距离地球吸积（accretion）期最后一次大碰撞约 4 亿年。带状铁矿床广泛分布于世界各地海洋，持续了约 20 亿年（Johnson and Molnar，2019）。美国（明尼苏达）、澳大利亚和南非的大部分铁矿床形成于该时期（Meyer，1985）。可推测，当地球原始海洋中 Fe^{2+} 都被氧化完后，过量的氧就扩散到大气中，此时带状铁矿床沉积结束。

尽管 30 亿年岩层存在一些游离 O_2 证据（Crowe et al.，2013；Planavsky et al.，2014a），但许多证据表明，地球大气层在 24.5 亿年前～23.2 亿年前基本上呈缺氧状态（Farquhar et al.，2000，2011；Bekker et al.，2004；Sessions et al.，2009）。绝大多数学者将 O_2 积累的延滞指向海水中还原态铁（Fe^{2+}）的氧化反应和带状铁矿床的 Fe_2O_3 沉积（Cloud，1973）。其他还原物质（如硫化物，S^{2-}）的氧化反应也消耗部分 O_2，前寒武纪海水 SO_4^{2-} 浓度的缓慢升高就是例证（Walker and Brimblecombe，1985；Habicht et al.，2002；Blättler et al.，2018）。也许在早期带状铁矿床氧化铁沉积使得磷浓度保持在较低水平，迟滞了光合生物的增殖（Bjerrum and Canfield，2002；Reinhard et al.，2017）。有研究推测好氧呼吸过程的早期进化与局域 O_2 产量密切相关，当时 O_2 浓度保持在较低水平（Castrsana and Saraste，1995）。27 亿年前甲烷有氧氧化过程可能使 O_2 浓度以低水平存在（Konhauser et al.，2009）。

直到海洋还原性物质（如 Fe^{2+}、S^{2-} 和 CH_4）都被氧化清除后，多余的 O_2 才会在海水中积聚并扩散到大气中。因此，所谓的"重大氧化事件"（great oxidation event）大约始于 24 亿年前，在 20 亿年前大气的 O_2 浓度大概达到当今的 0.1%～1%（Lyons et al.，2014；Canfield，2014）。

2.6.2 化学自养过程

氧还促进了对全球生物化学循环具有重要意义一些生物化学新途径的进化（Raymond and Segrè，2006）。化学自养过程由两个好氧生物化学过程组成。一是基于硫或 H_2S：

$$2S + 2H_2O + O_2 \rightarrow 2SO_4^{2-} + 4H^+ \tag{2.15}$$

该反应由硫杆菌属（*Thiobacilli*）不同菌种参与（Ralph，1979）。产能反应耦合电子释放，固碳（CO_2）产生有机质（详见图 1.6）。在原始地球上，这些生物体利用来自厌氧光合过程产生的元素硫［反应式（2.12）］，如今它们存在于有元素硫或 H_2S 的局域环境，包括一些深海热液口（详见第 9 章）、洞穴（Sarbu et al.，1996）、湿地（详见第 7 章）和湖泊沉积物（详见第 8 章）。

同样重要的是，化学自养反应还包括了由亚硝化单胞菌属（*Nitrosomonas*）和硝化杆菌（nitrobacter）[1]参与的氮转化过程，分别为

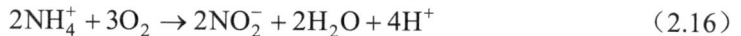

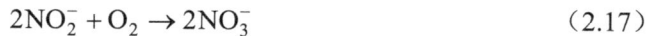

$$2NH_4^+ + 3O_2 \rightarrow 2NO_2^- + 2H_2O + 4H^+ \tag{2.16}$$

$$2NO_2^- + O_2 \rightarrow 2NO_3^- \tag{2.17}$$

两步连续反应组成完整的硝化过程，能量释放伴随着低效率的固碳过程；也就是说硝化细菌是化学自养型[2]。以 O_2 作为反应物，硫化物氧化过程和氨氧化（硝化）过程为地球存在 O_2 提供了间接证据。

2.6.3 有氧世界的厌氧呼吸过程

随着化学自养过程产物 SO_4^{2-} 和 NO_3^- 的出现，其他代谢途径也可能得以进化。依赖于 SO_4^{2-} 的硫酸盐还原途径：

$$2CH_2O + 2H^+ + SO_4^{2-} \rightarrow H_2S + 2CO_2 + 2H_2O \tag{2.18}$$

该途径在距今 27 亿年前至 24 亿年前的古菌中存在，沉积岩封存的 S 同位素比值可作为

---

[1] 有两个实验室独立鉴定了硝化螺菌（*Nitrospira*）属细菌能进行完整的硝化反应（van Kessel et al.，2015；Daims et al.，2015）。

[2] 这些化能自养生物的固碳量相对有限，在现代森林土壤中大约 0.02 mol C·mol^{-1} NH_4^+ 被氧化为硝酸盐（Norman et al.；2015）。另参考 Sayavedra-Soto 和 Arp（2011）的文献。

证据（Cameron，1982；Parnell et al.，2010）。硫酸盐还原途径晚于光合过程出现，可能是由于海水累积足够 SO_4^{2-} 需要时间来氧化硫化物，以满足这一代谢途径（Habicht et al.，2002；Kah et al.，2004；Crowe et al.，2014）。这一生物化学途径存在于分离自地中海热液口沉积物的一群嗜热古菌中，热液口的高温、厌氧和酸性微环境可能与原始地球环境相似（Setter et al.，1987；Jorgensen et al.，1992；Elsgaard et al.，1994）。在南非，分离自地下 2.8 km 深的简单微生物群落包括了固氮硫酸盐还原古菌，其与地球表面太阳光辐射能完全隔离（Lin et al.，2006；Chivian et al.，2008）。

现今称为"反硝化过程"（denitrification）的厌氧异养反应也是由细菌参与的，常见为假单胞球菌属（*Pseudomonas*），存在于土壤和湿地沉积物中（Knowles，1982），即

$$5CH_2O + 4H^+ + 4NO_3^- \rightarrow 2N_2 + 5CO_2 + 7H_2O \qquad (2.19)$$

反硝化反应以 NO_3^- 为反应物，优先利用 $^{14}NO_3^-$，$^{15}NO_3^-$ 残留海水呈富集状态。化石样品表明这一富集过程至少可追溯到 20 亿年前（Beaumont and Robert，1999；Papineau et al.，2005），甚至更早（Godfrey and Falkowski，2009；Zerkle et al.，2017）。当时，硝态氮是硝化作用的必然产物［反应式（2.16）和式（2.17）］，也是地球存在 O_2 的另一间接证据。光合、硝化和反硝化过程一起耦合了地球碳和氮循环（Busigny et al.，2013）。

尽管反硝化反应发生于厌氧环境中，但反硝化细菌是兼性好氧的，在 O_2 存在时可以进行好氧呼吸。与其他系列证据一致，反硝化途径要晚于产甲烷和硫酸盐还原等严格厌氧途径出现（Betlach 1982）。原始海洋起始 NO_3^- 浓度很低，只有当其 NO_3^- 累积到相对高浓度时，反硝化反应才发生（Kasting and Walker，1981）。

因此，反硝化过程进化可能迟滞至环境 O_2 浓度足以触发硝化反应之后［反应式（2.16）和式（2.17）］。有意思的是，现今 O_2 充足环境中进化的反硝化生物酶系没有被 O_2 破坏，只是有少量失活（Bonin et al.，1989；McKenney et al.，1994）。

当第一个 O_2 分子溢入大气时，它可能立即参与了大气中还原态气体和裸露地表地壳矿物的氧化反应（Holland et al.，1989；Kump et al.，2011）。18 亿年前至 8 亿年前之间的沉积物铬同位素研究表明，当时大气中 O_2 含量可能仅为现今浓度的 0.1%（Planavsky et al.，2014b；Colwyn et al.，2019）。黄铁矿（FeS_2）等还原性矿物的氧化消耗 O_2，氧化产物 SO_4^{2-} 和 Fe_2O_3 随河流进入海洋（Konhauser et al.，2011）。陆源沉积物和 Fe_2O_3 交替沉积形成"红砂岩层"（red beds），最早可追溯到 20 亿年前，是陆地有氧风化的证据，即地表风化（Van Houten，1973）。值得注意的是，最早沉积的红砂岩层与最迟形成的带状铁矿床同时发生，有少许重叠，进一步证明 O_2 扩散溢入大气前，原始海洋中还原态 Fe 已被清除。

Canfield（1998）认为当大气层出现 O_2 后，约 20 亿年前海洋可能由氧化态的表层水和还原态的底层水组成，最后形成了通体氧化的水体（Reinhard et al.，2009；Sperling et al.，2015）。海床玄武岩分析结果表明 O_2 到达深海约在 5.4 亿年前（Stolper and Keller，2018）。根据这一假设，海洋底层海水可能还有大量的硫化物，是硫酸盐还原菌利用有氧层传输下来的 SO_4^{2-} 还原产生的。

当由光合过程产 O_2 速率高于还原态物质氧化反应的 O_2 消耗速率时，O_2 逐步累积至现今大气 21% 的水平。大气 O_2 水平约在 4.3 亿年前的志留纪（Silurian）就达到了 21%

（详见附录 2），之后大气 O_2 水平仅在 15%～35%徘徊（Berner and Canfield，1989；Scott and Glasspool，2006）。是什么维持如此稳定的大气 O_2 浓度呢？Walker（1980）测定了所有能影响大气 O_2 浓度的氧化还原反应，他认为这样的平衡是 O_2 和沉积岩长期净包埋有机物间相互作用负反馈的结果。当大气 O_2 浓度增加时，逃脱降解的有机物减少，阻止了 O_2 浓度进一步上升。我们将在第 3 章和第 11 章详细讨论这些过程，但在这里有必要强调一下当今大气 21% O_2 含量的重要性。Lovelock（1979）指出，当 O_2 浓度小于 15%时，无法生火；当 O_2 浓度大于 25%时，即使潮湿的有机物也容易燃烧（Watson et al.，1978；Belcher and McElwain，2008）。上述任一情形都会彻底改变我们现有的世界。

光合过程释放 O_2 可能是单一生命对地球表面化学最为重要的影响（Raymond and Segrè，2006；Judson，2017）。在过去 20 亿年内地球大气层游离 O_2 的累积使得地球表面大部分区域均呈氧化态。然而，迄今为止仅有约 2%的光合过程释放 O_2 残留在当今大气层中，其余的被埋藏在各种形式氧化沉积物中，包括带状铁矿床和红砂岩层（图 2.10，表 2.3）。地球表面至今所有释放的自由 O_2 总量是根据地壳中储藏的还原态碳化学计量平衡计算得到的，包括煤、油和其他生物源还原态有机物（如沉积黄铁矿）。目前，地球有机碳沉积储藏量估计达到 1.56×10^{22}g（Des Marais et al.，1992；表 2.3），代表了自生命起源以来的生物地球化学的净累积产量。

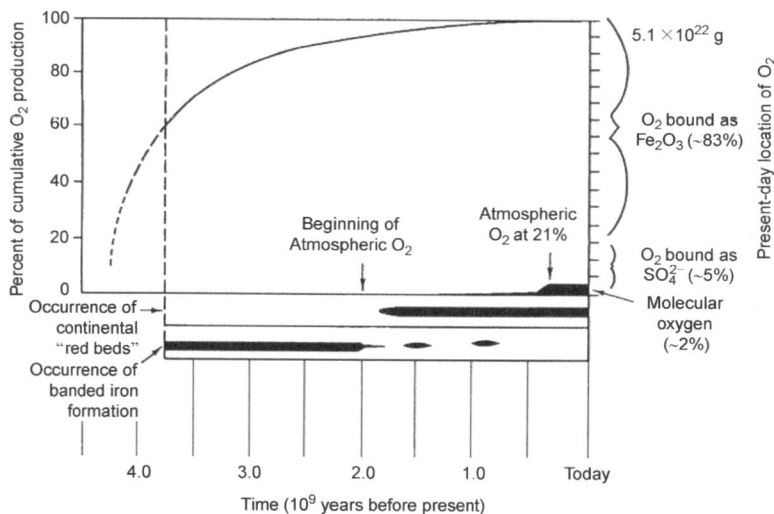

图 2.10 地质年代光合过程产生 O_2 的累积历史。估计共有＞5.1×10^{22}g O_2 释放，其中约 98%存在于海水和沉积岩中，至少始于 35 亿年前的带状铁矿床形成期。虽然 O_2 大概在 20 亿年前溢入地球大气层，但在红砂岩床形成的陆地风化过程中被消耗，使得积累至当今大气层 O_2 水平推迟了 4 亿年
来源 改自 Schidlowski（1980）
图中文字 Percent of cumulative O_2 production：累积 O_2 产生百分数；Present-day location of O_2：现代 O_2 去向；Time（10^9 years before present）：时间（距今 10 亿年前）；Occurrence of continental "red beds"：大陆 "红砂岩床" 形成；Occurrence of banded iron formation：沉积变质带状铁矿成矿过程；Beginning of atmospheric O_2：大气 O_2 起始点；Atmospheric O_2 at 21%：大气 O_2 含量 21%；O_2 bound as Fe_2O_3（～83%）：以 Fe_2O_3 存在的 O_2（约 83%）；O_2 bound as SO_4^{2-}（～15%）：以 SO_4^{2-} 存在的 O_2（约 15%）；Molecular oxygen（～2%）：分子氧（约 2%）

来自光合副产物自由 O_2 的释放强烈地改变了地球生命的进化。产甲烷细菌厌氧呼吸途径［反应式（2.7）］和硫细菌光合途径［反应式（2.11）］被 O_2 所抑制。这些生物

一般缺失过氧化氢酶，仅有低浓度的过氧化物歧化酶；这两种酶保护细胞结构不受强氧化剂（如 O_2）的伤害（Fridovich，1975）。产氧光合过程损害了这些生物的生存环境，其代谢过程被限制在湿地和沉积物局域厌氧环境中。

真核生物代谢过程可能在当今大气层 O_2 浓度 1% 的水平下存在（Berkner and Marshall，1965；Chapman and Schopf，1983）。化石证据表明真核生物发现于 19 亿年前至 17 亿年前形成的岩石中（Knoll，1992；图 2.5），也许在 21 亿年前（Han and Runnegar，1992）。大型群落生物在 21 亿年前的岩石中发现（El Albani et al.，2010）。主要群落生物体的氨基酸序列进化速率表明，原核生物和真核生物在 23 亿年前至 20 亿年前开始分化（Doolittle et al.，1996；Gold et al.，2017）。所有的这些历史时期与带状铁矿床成矿期结束和以红砂岩层形为标志的大气层 O_2 出现时期相一致（表 2.5）。

表 2.5　地球形成历史的里程碑

里程碑	发生时间（亿年）
宇宙起源	138
银河系起源	125
太阳起源	45.6
地球吸积（基本完成） [注：45.27 亿年前忒伊亚（Theia）撞击地球形成月球]	45
液态水出现在地球	43
最后一次大碰撞	38
光合过程的早期证据 ^{13}C 贫化过程和带状铁矿床成矿过程	38
细胞结构最早证据	37
蓝细菌出现的第一证据	27
大气层出现 O_2 的第一证据	24.5
海水中 SO_4^{2-} 出现，然后是 O_2 的出现证据	24
反硝化过程及 NO_3^- 和 O_2 的出现证据	23
有氧岩石风化证据（红砂岩层）	20
真核生物出现的第一证据	20
带状铁矿床成矿过程结束	18
陆地植物出现	4.3
人类出现	0.02

环境中 O_2 的存在使真核生物线粒体进行异养呼吸，提高代谢效率，使高等生物得以快速增殖。同样，真核植物细胞叶绿体的光合效率更高，可能提高了 O_2 的产量并在大气中进一步积累。

大气平流层 O_2 会发生光化学反应形成臭氧（O_3）（详见第 3 章）。如今，平流层臭氧成为一个高效屏障，阻挡了过度的太阳紫外线辐射，防止其到达地球表面而损伤大多数生命（详见第 3 章）。在臭氧层形成之前，地球陆地表面最早的殖民者可能是现生长于沙漠岩石上的微生物和藻类（Friedmann，1982；Bell，1993；Phoenix et al.，2006；Marlow et al.，2015；图 2.11）。虽然一些化石证据表明前寒武纪期间地球陆地表面分布有大量微生物群落（Horodyski and Knauth，1994；Knauth and Kennedy，2009；Strother et al.，2011），但在臭氧保护层形成之前，不太可能有更高等的生物出现。

图 2.11　来自加利福尼亚州莫哈韦（Mojave）沙漠的石英岩石，蓝细菌生长在岩石下，利用穿过这些半透明岩石的阳光进行光合过程
摄影：Lisa M. Dellwo（2017）
来源　Schlesinger 等（2003）

距今约 6.8 亿年前海洋沉积物中发现多细胞生物，但陆地高等植物的出现要延迟到志留纪（Kenrick and Crane，1997；Morris et al.，2018）。随着木质化木本组织的发育（Lowry et al.，1980），以及菌根真菌-植物共生体可利用难以溶解的土壤磷，陆地植物逐渐增殖（Pirozynski and Malloch，1975；Simon et al.，1993；Yuan et al.，2005；详见第 6 章）。原始陆地植物可能促进了黏土矿物形成，黏土矿物保护有机物质不被降解，使大气中 O_2 得以累积（Kennedy et al. 2006；详见第 4 章）。一个富氧的大气层可能是高等动物，尤其是食草动物进化和生殖所必需的。

2.7　行星历史比较：地球、火星和金星

大气层游离 O_2 的存在使得生命深刻地影响着地球表面特征。如果没有生命，地球将会是什么样呢？我们的邻居行星——火星和金星的一些证据是地球上基础地球化学环境的最佳复制品。我们相当确定这两个行星上从未有过生命，所以它们的表面组成代表了 45 亿年以来非生物过程的累积效应。从 1976 年"海盗号"（Viking）火星航天器开始，直到 2012 年 8 月 6 日"好奇号"（Curiosity）着陆器（图 2.12）等各种机器人装置着陆火星表面，我们对火星大气层的认知显著提高。

图 2.12　火星表面，左为"海盗号 2"（Viking 2）着陆器 1976 年照片，右为"好奇号"（Curiosity）着陆器 2018 年照片

2.7.1　火星

表 2.6 比较了地球、火星（Mars）和金星（Venus）的一些性质及状况。表征行星大气层有两个指标：总质量（或压力）和各组分丰度比例。目前火星大气层质量仅为地球大气层的 0.76% 左右（Hess et al.，1976）。我们预测火星大气质量要小于地球，是因为越小的星球具有越弱的重（引）力场。因此，火星在其形成过程中可能捕获了较小的太阳星云，我们之所以这样预测是因为小行星形成后内部仅有很少的热能来驱动构造运动和地幔排气（脱气）过程（Anders and Owen，1977；Owen and Biemann，1976）。据估算，火星岩浆累积产量（$0.17\ km^3 \cdot yr^{-1}$）远低于地球（$26 \sim 34\ km^3 \cdot yr^{-1}$）或金星（$< 19\ km^3 \cdot yr^{-1}$）（Greeley and Schneid，1991）。因此，火星缺乏构造运动，导致俯冲物质携带的水分无法返回行星表面（Wade et al.，2017）。

表 2.6　行星的相关内部特征

	火星	地球	金星
距太阳的距离（$10^6\ km$）	228	150	108
表面温度（℃）	−71	15	464
半径（km）	3 380	6 380	6 050
大气压力（bar）	0.007	1	92
大气质量（g）	2.4×10^{19}	5.3×10^{21}	5.3×10^{23}
大气组成（% 质量）			
CO_2	96	0.04	98
N_2	1.89	78	2
O_2	0.145	21	0
H_2O	0.10	1	0.05
$^{40}Ar/^{36}Ar^c$	1 900	296	1

注：$1\ bar = 10^5\ Pa$。
来源：整理自 Haberle（2013），Langmuir 和 Broecker（2012），Mahaffy 等（2013），Nozette 和 Lewis（1982），Owen 和 Biemann（1976），Wayne（1991）。

因为火星离太阳更远些，可以预测其表面温度要比地球低。"海盗号"（Viking）在火星表面着陆点的平均温度为 −53℃（Kieffer，1976），可以确认火星表面所有季节的水都是冰冻的。在火星两极和其他区域的土壤中都发现有冰（Mustard et al.，2001；Titus et al.，2003；Smith et al.，2009）。在没有液态水的火星，预计其大气组成主要为 CO_2，在地球上 CO_2 可溶解于海水［反应式（2.4）］。事实上，CO_2 是火星稀薄大气的主要组成，并观测到火星南极冰盖的波动与大气中 CO_2 冻结量的季节性变化有关，冻结的 CO_2 像雪一样落下（Leighton and Murray，1966；James et al.，1992；Phillips et al.，2011a；Hayne et al.，2014）。

一些火星的属性是不寻常的。第一，火星表面现有大量的水和 CO_2，为什么其大气层中 N_2 含量很少？第二，为什么根据现在的火星表面特性可认定其表面曾有液态水存在的时期（Williams et al.，2013；Grotzinger et al.，2014，2015）？是否火星早期大气质量更重并产生显著的"温室效应"，且其表面温度比现在高得多（Pollack et al.，1987）？这一情景可解释火星早期零星存在液态水的可能，那为什么火星会失去大气层并且冷却到现在的表面温度（-71℃）（Haberle，2013）？

火星大气层气体损失可能由几个过程引起。火星厚实的大气层可能由于历史上灾难性撞击而消散到太空中（Carr，1987；Melosh and Vickery，1989），或随太阳风驱动的"溅射"过程而损失（Kass and Yung，1995；Jakosky et al.，2017）。相对于碳质球粒陨石和太阳惰性气体浓度，这些影响与火星惰性气体低丰度是一致的（Hunten，1993；Pepin，2006）。早期大气层灾难性消失与现今观测到的火星整个大气层是次生的结果相一致，$^{40}Ar/^{36}Ar$ 值达 1900 就是证据（Mahaffy et al.，2013；Atreya et al.，2013），相对于太阳系其他星体，火星的 $^{36}Ar/^{38}Ar$ 值呈贫化状态（Atreya et al.，2013）。火星近期火山活动提供了相关证据（Neukum et al.，2004），其稀薄大气组成有很大一部分形成于 10 亿年之内（Niles et al.，2010；Gillmann et al.，2011）。

火星大气层水蒸气在紫外线作用下光解，这也是其水分损失的原因。地球上类似过程具有启发性。地球上层大气的少量水蒸气被光解并释放 H_2 进入太空。然而，由于上层大气很冷，几乎不存在水蒸气，故这一过程在地球历史上贡献很小（详见第 10 章）。如果这一过程在火星上非常显著，可以预测 ^1H 的损失要快于 ^2H，即大量的 ^2H_2O 富集在火星上。Owen 等（1988）发现火星上 $^2H/^1H$ 值大约是地球的 6 倍，表明火星可能在历史上曾经有大量的水通过这一过程损失进入太空（de Bergh，1993；Krasnopolsky and Feldman，2001；Villanueva et al.，2015）。随着时间的推移，火星上 ^2H 相对丰度可能持续增加（Greenwood et al.，2008；Mahaffy et al.，2015）。事实上，根据 ^2H 富集量可推算火星上曾经有超过 100 m 深的海洋（Villanueva et al.，2015）。尽管火星大气中发现少量的 O_2（表 2.6），但水光解过程产生的 O_2 可能大部分被火星壳矿物氧化所消耗，即：

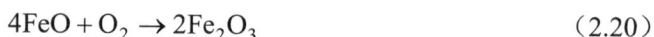

$$4FeO + O_2 \rightarrow 2Fe_2O_3 \tag{2.20}$$

使得火星呈红色（图 2.12）。

氮损失也可能在火星发生，N_2 在上层大气被光解形成单体 N。这一过程在地球上也发生，但即使是单体 N 也因过重无法逃脱地球重（引）力场，很快地被重新聚合成为 N_2。由于火星个体较小，单体 N 易逃逸损失。相对于地球，火星大气层高丰度的 ^{15}N 就证明了这一过程的存在，^{15}N 损失慢于原子质量轻的 ^{14}N（McElroy et al.，1976；Murty and Mohapatra，1997；Wong et al.，2013）。地球和火星的 ^{15}N 相对丰度均高于太阳，火星更高一些（Marty et al.，2011）。

随着 H_2O 和 N_2 损失进入太空，火星大气以 CO_2 为主也不难理解了。但令人惊讶的是火星大气质量竟如此低。大约有相当于 3 bar 的 CO_2 已从火星内部释放，但只有约 10% CO_2 被冻结在极地冰盖和火壤中（Kahn，1985）。一些 CO_2 可能已经流失入太空（Kass and Yung，1995），但是在早期潮湿环境下，CO_2 和火星壳反应风化岩石在表面形成碳酸盐矿物（Ehlmann et al.，2008；Morris et al.，2010；Bultel et al.，2019），尽管"好奇号"（Curiosity）报告的碳酸盐矿物证据较少。

总之，众多的证据表明早期火星有大量的挥发性物质，但大部分大气已流失太空或者与火星壳反应消失。火星上水的存在可能曾经为生命进化提供了适宜的环境，地球上生命的快速出现表明了这一可能性。地下和热液环境可能是火星原始生命的重要栖息地（Squyres et al.，2008），近期研究报道一些火星冰川下方存在液态水（Orosei et al.，2018）。

一些研究表明火星大气层存在高浓度的甲烷（CH_4，21 ppb[①]；Webster et al.，2018），但后续测量未能证实（Korablev et al.，2019），可能 CH_4 仅是火星大气的一种短命分子。氮固定，即 NO_3（Stern et al.，2015）、NH_3（Villanueva et al.，2013）和有机分子（Leshin et al.，2013；Freissinet et al.，2015；Eigenbrode et al.，2018；Frantseva et al.，2018）存在于火星表面，但可能是陨石输入。火星表面有机分子可能被太阳紫外线氧化（Kminek and Bada，2006）。因此，火星历史上存在生命的证据相当匮乏（McKay et al.，1996），且当今火星上没有生命存在。

在整个地质时期，火星水流失同时消耗了该行星温室效应的很大一部分热量（Jakosky et al.，2018）。现今火星残留的稀薄大气以 CO_2 为主，但其温室效应有限，仅较没有大气火星的表面温度高 10℃ 左右（Houghton，1986）。根据现有最合理的估算，冻藏在火星极地冰盖（100 mbar）和土壤（300 mbar）的 CO_2 体积不足以满足利用温室效应提升火星表面温度达到水冰点的 2 bar 大气 CO_2 需求（Pollack et al.，1987）。因此，很难通过行星级工程来建立一个大规模自持的火星大气温室效应，供人类殖民火星（Mckay et al.，1991）。

2.7.2 金星

与地球不同，金星表面温度高达 474℃，使得挥发性物质均被气化进入其大气层。金星大气压几乎是地球的 100 倍（表 2.6），其大气质量与金星质量之比（$1.09×10^{-4}$）仅略低于地球可挥发物质质量与地球质量之比（$3.3×10^{-4}$）（表 2.3）。这些数据表明这两颗行星具有相当的行星壳脱气程度。事实上，金星上至今仍能观测到火山喷发（Smrekar et al.，2010；Bondarenko et al.，2010），其大气组成与碳质球粒陨石所含挥发性物质的平均组成非常相似（Pepin，2006）。尽管有脱气发生证据，但金星 $^{40}Ar/^{36}Ar$ 值接近 1，相对于地球，金星在其吸积过程中保留了更多的来自太阳星云的气体（Pollack and Black，1982）。

高温和高压环境使得进行金星表面探测的航天器难以着陆。以 CO_2 为主的巨大质量使金星大气产生显著的温室效应，其表面温度远超过距太阳相同距离非反射天体的估计温度（54℃；Houghton，1986）[②]。金星大气组成中 CO_2 和 N_2 的相对丰度与地球大气总挥发性物质组成相似（Oyama et al.，1979；Pollack and Black，1982；Lecuyer et al.，2000）。金星的不同之处是其大气水分丰度很低。那金星历史上有水吗？

金星 $^2H/^1H$ 值是地球的 100 倍以上（Donahue et al.，1982；McElroy et al.，1982；de Bergh et al.，1991），表明金星和火星一样，曾经有大量水的存在，经氢同位素分馏过程导致水分流失。金星的高温环境使得大量水汽进入大气而被光解离，干旱贯穿了其历史进程（Kasting et al.，1988；Lecuyer et al.，2000）。水光解离过程产生的 O_2 可能与火星壳矿物反应而被消耗（Donahue et al.，1982；McGill et al.，1983）。

在已知的金星表面温度下，CO_2 很少与金星壳发生反应（比较图 1.3），因此其大气 CO_2 保持高浓度（Nozette and Lewis，1982）。各种气体，如在地球海水中溶解的 SO_2，

[①] 1 ppb = $1×10^{-9}$。
[②] 联合国政府间气候变化专门委员会（IPCC）一个被广泛引用的报告指出，如果没有温室效应，金星表面温度将为 47℃（Houghton et al.，1990）。这一温度低于我们给出的估值，这是因为 IPCC 包括了金星厚实大气的反射，而我们的估值仅仅是金星轨道中一个黑体吸收物的平衡温度。详见 Lewis 和 Prinn（1984）的论文。

也存在于金星大气中（Vandaele et al.，2017）。火山持续喷发 CO_2 进入金星大气，累积产生强烈的温室效应，持续升温使大气滞留更多的 CO_2 和其他气体（Walker，1977）。因此，现今金星表面温度（474℃）比预测的没有大气层金星表面要高得多，正如我们所知，如此高温不利于生命存在。

2.7.3　月亮和太阳系外行星

随着其他恒星的行星不断被发现以及对星际尘埃和陨石有机分子的观测，对银河系及其以外太空的外星生命存在与否急需进一步探索（Quintata et al.，2014；Gillon et al.，2017）。太阳系外缘行星由于存在厚重大气层，不适于生命生存，但木卫二（Europa）和木卫三（Ganymede）及其他木星和土星卫星均显示表面冰层下存在亚层海洋（Bell，2012；Nimmo and Pallalardo，2016）。这样的一些环境可能存在热液活动，为有机物质非生物合成和简单代谢过程提供海底条件（Gaidos et al.，1999；Marion et al.，2003）。在木卫二（Europa）大气层检测到少量 O_2（约为地球大气的 10^{-11}），这可能产生与火星和金星水损失相似的光解过程（Hall et al.，1995）。

土星卫星泰坦（Titan）大气由 N（96%）和 CH_4（3%）组成，其 $^{40}Ar/^{36}Ar$ 值为 154，表明存在次生脱气来源（Yung and DeMore，1999；Niemann et al.，2005）；其表面存在较为稳定的巨大液态 CH_4 湖（Stofan et al.，2007；Lorenz et al.，2008；Dhingra et al.，2019），液态 CH_4 如降雨一般从其大气层落下（Hueso and Sànchez-Lavega，2006；Turtle et al.，2011）。土星卫星恩克拉多斯（Enceladus）大部分表面被冰水覆盖（Brown et al.，2006a），并由间歇泉将水汽喷射入大气中（Waite et al.，2006；Postbcrg ct al.，2011）。近期观测检测到喷射羽流中存在氢，可能来自热液过程，也可能源自微生物产甲烷过程的前体 [反应式（2.8）；Waite et al.，2017]。

太阳系内外的行星及其卫星上存在液态水、热流活动和还原气体（特别是 CH_4）的区域，可能是存在地外生命的热点（Swain et al.，2008）。地球南极洲冰下湖泊与陆地栖息地类似（Priscu et al.，1998）。

当然，地球生命的重要指标是其大气含有丰富的 O_2，这是一个非常不同寻常的特征（Sagan et al.，1993；McKay，2014）。在认知了太阳系火星、金星和其他星体的环境条件后，我们预测没有生命地球的一些环境条件。假设不考虑太阳辐射的反射，远离太阳 150×10^6 km 的地球表面温度应接近水的冰点（Houghton，1986）。如此冷的环境可以预见地球大气不可能有太多水分，故通过大气上层光解离流失入太空的水分损失较少。尽管地球大气有少量水，大气温室效应使得地球大多数历史时期保有液态海洋。因此，即使在没有生命的地球，大多数可挥发物质也存在于海洋中。没有生命的地球大气以微溶于水的 N_2 为主。地球的大小和重力场使得 N_2 在光解过程中不会导致 N 损失。另外，在没有 O_2 的大气层因闪电引起的 N 固定量非常少，不可能有显著数量的大气 N_2 进入海洋（Kasting and Walker，1981；详见第 12 章）。因此，生命对地球最大的作用在于产生大量的 O_2，稀释了以 N_2 为主的原始大气（Walker，1984）。

地球生命还能延续多久？除了不可预见的大灾难之外，我们预测只要地球表面有液态水，生物圈将持续。然而，不断增强的太阳亮度（辐射）将使地球增温，使得上层大气水分光解流失，不可逆转地氧化地球表面，最后，可能在未来 25 亿年后生命灭绝

（Lovelock and Whitfield，1982；Caldeira and Kasting，1992）。太阳自身将于 100 亿年后燃烧殆尽。如果我们能妥善管理地球，生物地球化学研究将有长远的前景。

2.8　小　　结

在这一章，我们回顾了原始地球形成和分化的理论。在行星形成过程中，部分元素富集于其近表面，只有部分元素溶于海水中。因此，生命诞生的环境是一个具有地球化学丰度元素的特殊混合体。简单有机分子可在实验室通过物理过程合成，可假设同样的反应在原始地球高能栖息地（如热液口）发生。

生命可能是由这些非生物合成组分组装而成的简单形式，类似于我们如今所认知的最原始细菌。生命系统最关键的功能是利用能量，这可能始于环境中有机分子的异养消耗。由于这些有机分子长期稀缺，多途径的自养能量产生过程极可能得以选择进化。

自养光合过程贡献了几乎所有的 O_2 产生量，在近 20 亿年间不断积累于地球大气中。地球主要的生物地球化学循环是由生物介导的，其代谢活动与环境游离物质的氧化和还原过程相耦合。

第 3 章 大 气 层

3.1 引 言

　　由于以下原因，我们的生物地球化学课程始于大气。首先，大气组成是地球生命历史的进化产物（详见第 2 章），且随当今人类活动快速改变。大气层调控着全球气候，进而决定了人类赖以生存的食物和水供给、健康及经济等。另外，大气层组分混合相对均一，故大气组成的变化可作为全球尺度生物地球化学过程变化的首要指标。大气环流在海洋和陆地间传输着生物地球化学组成成分，贡献于化学元素全球循环。

　　我们将从大气层结构、大气环流及大气组成简介讲起，然后研究不同气体间的化学反应，尤其底层大气。众多化学反应将一些成分移出大气，沉降于陆地和海洋表面。向大气层输送各种气体的生物过程维持着持续损失的组分。本章我们将简单地讲述大气层不同气体的来源，更具体的内容将在后面的章节中介绍，特别是在土壤、湿地和海洋沉积物中进行的微生物过程。最后，我们介绍人类活动对全球大气的影响，包括臭氧（O_3）损失和气候变化。

3.2 大气层结构与大气环流

大气层是被重力（引力）吸持在地球表面的大气组分形成的。在任一高度，向下的引力（F）与该高度点之上的大气质量（M）相关：

$$F = Mg \tag{3.1}$$

式中，g 为重力加速度（在海平面为 $980\ cm \cdot s^{-2}$）。气压（单位面积上的压力）会随着大气高度的升高而降低，这是因为其上覆盖的大气质量随高度减小（Walker，1977）。在整个大气层中，随海拔（A，单位为 km）升高，大气压力降低（P，单位为 bar），两者呈对数关系：

$$\log P = -0.06(A) \tag{3.2}$$

如图 3.1 所示。

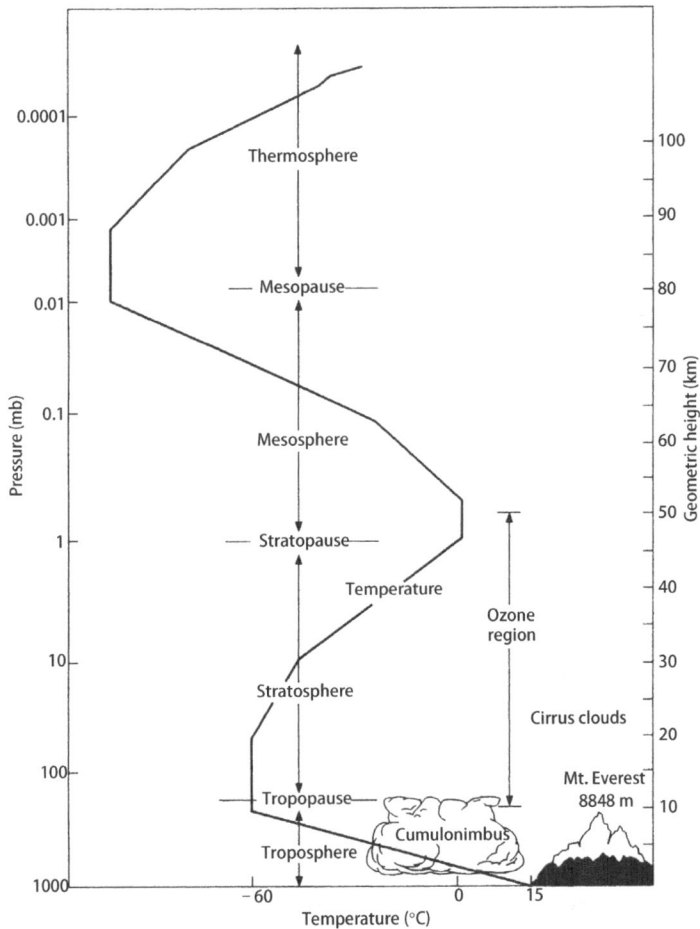

图 3.1 大气层垂直结构与分层以及 100 km 内海拔的温度变化曲线。注意左纵坐标大气压力对数降低为海拔函数

图中文字 Pressure：气压；Temperature：温度；Geometric height：几何高度；Troposphere：对流层；Tropopause：对流层顶；Stratosphere：平流层；Stratopause：平流层顶；Mesophere：中间层；Mesopause：中间层顶；Thermosphere：热层；Cumulonimbus：积雨云；Ozone region：臭氧区；Mt. Everest：珠穆朗玛峰；Cirrus clouds：卷云

尽管大气层化学组成相对均匀，但当登顶高山时，我们经常说空气好像要比海平面"稀薄"。大气组成成分相同，由于上层大气的压力压缩，海平面大气单位体积分子丰度更大。因此，大气底层（即对流层）大约构成大气层总质量的80%（Warneck，2000）。这也是喷气式飞机在高空飞行时需要为旅客提供机舱增压的原因。

大气的某些组分，如 O_3、气溶胶和云等，能够吸收和散射部分太阳投向地球的辐射，因此，仅约一半的太阳辐射穿透大气层达到地球表面被吸收或反射（图3.2）。地球总反射率或者反照率（albedo）可通过"云层和地球辐射能量系统"（Clouds and the Earth's Radiant Energy System，CERES）卫星和月球接收到的"地球光"测量，约为29%（Goode et al.，2001；Kim and Ramanathan，2012）。反照率则受地球表面的反射率影响，在海水、森林和冰盖表面均不相同。大气层中的颗粒物可吸收或反射 5%～10%的太阳辐射。虽然有些区域因空气污染呈现出高于自然地表的反照率，但地球总反照率在过去数十年间未发生明显变化（Pallé et al.，2016）。反照率越高，到达地球表面的太阳辐射量越小，导致"全球变暗"。

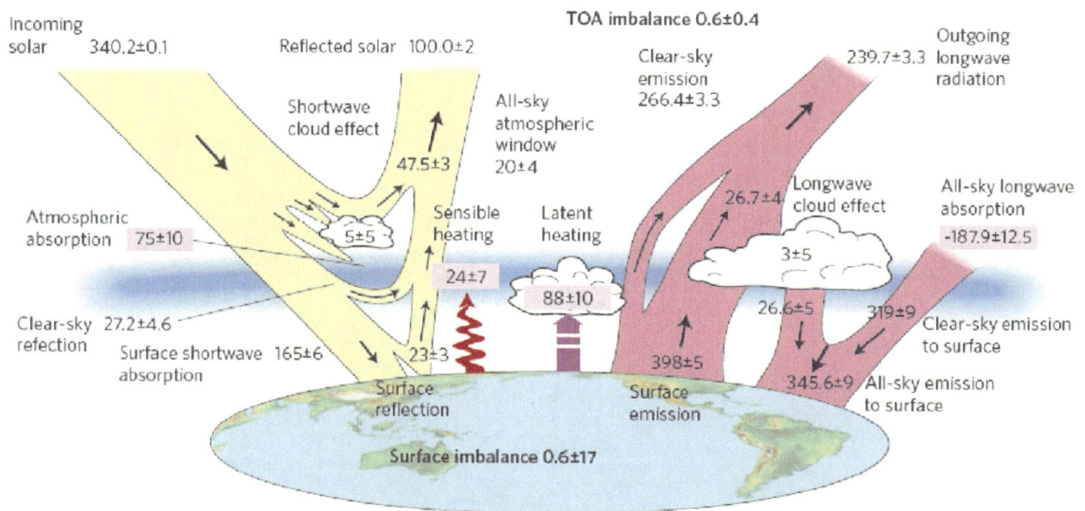

图3.2 地球的辐射收支，即地球接收来自太阳能量（约340 W·m^{-2} 短波为主的辐射）的收支平衡比例。大约 1/3 的辐射量被反射回太空，其余大气吸收23%或到达地表吸收46%。地球地表发射的长波辐射（红外）一部分被大气层气体吸收，导致大气变暖（即温室效应）。大气层也发射长波辐射，使得其接收到的总辐射能量与地球发射的总能量达到收支平衡

来源 Stephens 等（2012）

图中文字 Incoming solar：入射太阳辐射；Reflected solar：反射太阳辐射；Shortwave cloud effect：短波云层效应；All-sky atmospheric window：全空大气窗口；Clear-sky emission：无云天空发射；Outgoing longwave radiation：长波输出辐射；Atmoshperic adsorption：大气吸收；Sensible heating：显热量；Latent heating：潜热量；Longwave cloud effect：长波云层效应；All-sky longwave absorption：全空长波辐射吸收；Clear-sky refection：无云天空反射；Surface shortwave absorption：地表短波辐射吸收；Clear -sky emission to surface：无云天空向地表发射；Surface reflection：地表反射；Surface emission：地表发射；All-sky emission to surfce：全空向地表发射；Surface imbalance：地表不平衡收支；Top of the atmosphere（TOA）imbalance：大气层顶层不平衡收支

陆地和海洋表面向大气层发射长波辐射（热能），大气层底部被加热，即近地球表面的大气温度最高（图3.1）。热空气由于密度低而上升，对流层大气得以均匀混合。大

气对流层的高度范围为 8～17 km，随季节和纬度变化。对流层上层温度约为–60℃，使得 10 km 以上大气含有很少量的水汽和冰粒，尤其在南极洲上空。

对流层以上为平流层，属于温度随着高度增加而升高的区域，高程可达 50 km（图 3.1）。对流层大气温度升高主要是由于 O_3 吸收紫外线引起的。平流层大气的垂直混合非常有限，就如对流层和平流层间界面（对流顶层，tropopause）一样气体交换有限。因此，进入平流层的物质将滞留很长时间，可在高空进行全球传输。

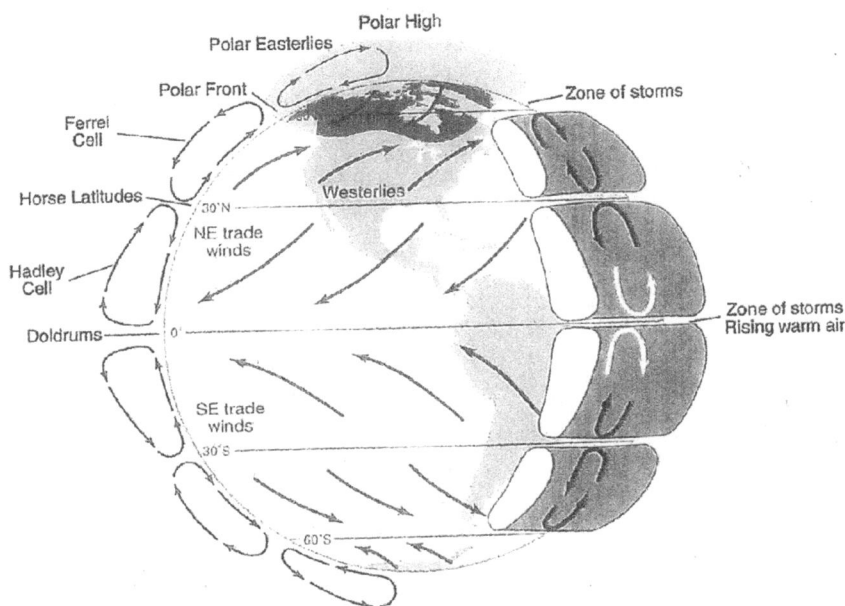

图 3.3　全球大气环流概化模式，包括地表模式、垂直模式和科里奥利（惯性）力（Coriolis force）分布。当气团在不同维度间运动时，受科里奥利力偏转，这是因为纬度不同时地球自转表面速率不同而产生的。例如，当你坐上在北纬 30° 匀速向南移动的气团时，你将看到以时速 1446 km 的地表速率向东运动的地球表面；当气团到达赤道时，向东运动的地表速度达到每小时 1670 km。因此，匀速向南到达赤道时，你会发现所到达地点较预想向西偏离了 214 km。科里奥利力使得北半球气团向右偏移，而南半球气团向左偏移

来源　根据 Berner 和 Berner（2012）修订
图中文字　Polar high：极地高压；Polar easterlies：极地东风带；Polar front：极锋；Ferrel cell：费雷尔环流；Horse latitudes：马纬度（无风带）；Doldrums：低气压；Zone of storms：风暴区；Rising warm air：上升暖气团；Westerlies：西风带；NE trade winds：东北信风

大气全球循环主要由对流层的热量混合作用贡献，并受地域气候模式影响（图 3.3）。地球赤道每年接受大量的太阳辐射，导致大气温度（显热）升高，促进热带海洋和雨林大量水分蒸发（潜热）。随着暖湿空气上升，其温度逐渐降低，在赤道区域形成了丰沛的降雨。随着降雨失去水分，上升气团在科里奥利（惯性）力（Coriolus force）作用下向两极偏流。在以北纬和南纬约 30° 为中心的地带，这些干燥气团下沉到地球表面，产生压缩加热。全世界大多数主要沙漠均与这一纬度带的干热气团下行运动有关。在赤道上升的逐渐变冷气团和在南北纬 30° 带下行的高温气团循环形成了所谓的"哈得来环流圈"（Hadley cell）。相似但强度较弱的大气环流可在两极观察到，冷空

气下沉后沿地表向北或南低纬度运动。极地环流和哈得来环流间的摩擦阻力驱动了南北半球纬度 40°～60° 的间接大气环流，在温带形成区域风暴系统和西风区[①]。

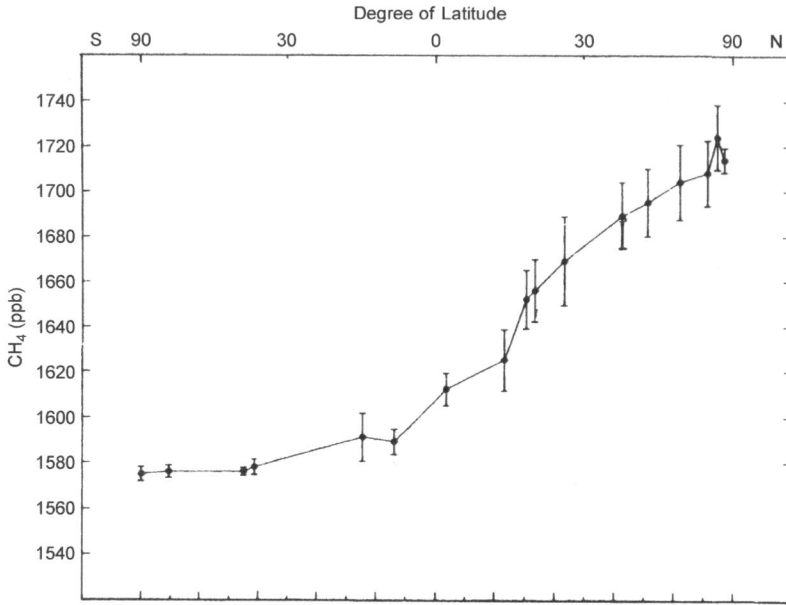

图 3.4 地球大气甲烷（CH_4）平均浓度的纬度变化

来源 Steele 等（1987）

图中文字 Degree of latitude：纬度；S：南；N：北；ppb：十亿分之一

　　南北半球对流层大气混合的时间尺度为几个月（Warneck，2000），大气污染物在区域内传输可达数天。例如，1995 年加拿大森林火灾产生的一氧化碳（CO）增加了美国东部大气污染物负荷（Wotawa and Traiber，2000）。2010 年 4 月 13～14 日冰岛埃亚菲亚德拉冰盖（Eyjafjallajökull）火山爆发数天后，波兰上空出现火山灰云（Pietruczuk et al.，2010；Langmann et al.，2012），使大部分欧洲地区民航运输瘫痪数周。对流层大气垂直混合受对流驱动，尤其是雷暴，因此对流层上层多数大气寿命一般不到 1 周（Brunder et al.，1998；Bertram et al.，2007）。南、北半球对流层大气每年也通过热带辐合带（intertropical convergence zone，ITCZ）得以充分混合。如果某一气体在单一半球呈较高浓度，可推断在该半球区域一定存在大量的自然或人为来源，未能被大气混合过程所均一化（图 3.4）。

　　对流层和平流层间大气交换由多个过程驱动（Warneck，2000）。在热带哈得来环流中，上升气团将一些对流层大气带入平流层（Holton et al.，1995；Fueglistaler et al.，2004）。上升气团的强弱随太阳辐射量呈季节性变化。当对流层顶高度下降时，对流层气体被滞留在平流层，反之亦然。大规模的风运动、雷暴和涡流扩散也能跨对流层进行气体交换。

　　大气科学家通过跟踪大气对流层的工业污染物和平流层来自 20 世纪五六十年代核爆试验的放射性物质，研究对流层和平流层间气团交换过程（Warneck，2000）。基于上述研究，平均滞留时间（mean residence time，MRT）概念是非常重要的指标。在任一

----

① 美国航空航天局（NASA）构建了可视化地球表面风模式（https://youtu.be/w3SmRTh5wJ4）。

稳态体系内，平均滞留时间定义为

$$MRT = Mass / flux$$ （即平均滞留时间为气体质量和通量之比）   （3.3）

式中，flux 为该体系内输入或输出通量[①]。由于平流层大气垂直混合有限，平流层大气的平均滞留时间随着高度升高而增加（Waugh and Hall，2002）。然而，从平流层返回对流层的大气量每年为 4×10^{17} kg·yr^{-1}（Seo and Bowman，2002），大约为平流层大气总质量的 40%，因此平流层大气平均滞留时间为 2.6 年。所以，当一座大型火山喷发将二氧化硫注入平流层时，2 年后约一半二氧化硫存留在平流层，7.5 年后仍存留约 5%。

3.3 大气层组成

3.3.1 气体

表 3.1 列举了大气层主要气体的全球平均浓度。氮气、氧气和氩气 3 种气体占大气总质量（5.14×10^{21} g）的 99%（Trenberth and Guillemot，1994）。这些气体的平均滞留时间远长于大气混合速率。由于它们的长滞留时间，大气层中氮气、氧气和所有惰性气体（He、Ne、Ar、Kr 和 Xe）浓度在全球范围内是均一的，与时间无关。

表 3.1   均匀混合大气组分的全球平均浓度 [a]

化合物	分子式	浓度	总质量（g）
主要成分（%）			
氮气	N_2	78.084	3.87×10^{21}
氧气	O_2	20.946	1.19×10^{21}
氩气	Ar	0.934	6.59×10^{19}
ppm 级成分（10^{-6}）			
二氧化碳	CO_2	400	3.11×10^{18}
氖气	Ne	18.2	6.49×10^{16}
氦气	He	5.24	3.70×10^{15}
甲烷	CH_4	1.83	5.19×10^{15}
氪气	Kr	1.14	1.69×10^{16}
ppb 级成分（10^{-9}）			
氢气	H_2	510	1.82×10^{14}
一氧化二氮	N_2O	320	2.49×10^{13}
氙气	Xe	87	2.02×10^{15}
ppt 级成分（10^{-12}）			
羰基硫化物	COS	500	5.30×10^{12}
氟氯昂			
CFC11	CCl_3F	280	6.79×10^{12}
CFC12	CCl_2F_2	550	3.12×10^{13}
氯代甲烷	CH_3Cl	620	5.53×10^{12}
甲基溴化物	CH_3Br	11	1.84×10^{11}

a. 仅列出平均滞留时间 1 年以上的气体组分。假设干燥大气的平均分子质量为 28.97 g，大气总质量为 5.14×10^{21} g。
来源：更新自 Trenberth 和 Guillemot（1994）。

[①] 假设在一个充分混合的稳态系统中示踪物呈指数曲线衰减，每年损失量（$-k$）为年平均滞留时间的倒数（即 1/MRT）。任一时间（t，年）该系统中滞留的示踪物量是其起始含量的 e^{-kt}，半衰期（年）为 0.693/k，在 3/k 后 95% 以上消失。

　　大气层还存在数百种微量气体，包括多种挥发性有机物（VOC）。植物源最多的挥发性有机物是异戊二烯（isoprene），通常由针叶林等物种释放（Guenther et al.，2000）。表 3.2 列举了世界不同生物群落代表性物种的有机化合物挥发释放通量用于比较。植物源各种挥发性有机物（VOC）包括非甲烷碳氢化合物（NMHC）和含氧有机分子，如甲醇（Park et al.，2013）。人类活动还释放众多痕量有机气体进入大气，包括乙烷和含氧有机气体，如丙酮和乙醇等（Piccot et al.，1992；Huang et al.，2015）。在城市地区，有机气体还来自不同产品，包括油漆、杀虫剂、清洁剂和个人护理品（McDonald et al.，2018）。

表 3.2　植物叶的生物源挥发性有机碳排放通量　（单位：$\mu g\ C \cdot g^{-1} \cdot h^{-1}$）

植物	异戊二烯	α-蒎烯	β-蒎烯	莰烯	D-柠檬烯	单萜总量	参考文献
沙漠物种							
豚草 *Ambrosia dumosa*	<0.1	1.6	3.0	0.06	2.0	7.9	
臭金菊 *Chrysothamnus nauseosus*	<0.1	0.28	0	0	0.21	0.65	Geron et al.，2006a
盐生膜果芹 *Hymenoclea salsola*	<0.1	1.4	0.06	0.02	0.30	2.6	
三齿拉雷亚灌木 *Larrea tridentata*	<0.1	0.37	0.12	0.44	0.74	2.0	
寒带物种							
胶冷杉 *Abies balsamea*	<0.1	0.61	1.9	0.51	0	3.4	Ortega et al.，2008
白云杉 *Picea glauca*	14.9	0.25	0.19	0.07	0.44	1.4	Kempf et al.，1996
欧洲赤松 *Pinus sylvestris*	<0.1	0.34	0.02	0.02	0.03	0.8	Janson，1993
温带物种							
红花槭 *Acer rubrum*	<0.1	0.18	0.53	0.04	0.04	1.4	Ortega et al.，2008
火炬松 *Pinus taeda*	<0.1	0.08	0.02	0.01	0.01	0.14	
西黄松 *Pinus ponderosa*	<0.1	0.58	0.33	0.04	0.11	1.6	Helmig et al.，2013
北美红橡 *Quercus rubra*	67	0.28	0.10	0.05	0.20	1.7	Geron et al.，2001 Ortega et al.，2008
热带物种							
蒂布尔布木 *Apeiba tibourbou*	0	1.0	0.43	0	0.14	3.6	
蓝桉 *Eucalyptus globules*	56	1.0	0.4	0	0.14	3.6	Kuhn，2002
孪叶豆 *Hymenaea courbaril*	46	0	0	0	0	0	
伞冠蚁栖树 *Cecropia sciadophylla*	<0.1	6.5	2.2	0	0	155	Jardine et al.，2015a
橡胶树 *Hevea brasiliensis*	<0.1	2.6	2.1	0	0	30	Geron et al.，2006b

续表

植物	异戊二烯	α-蒎烯	β-蒎烯	莰烯	D-柠檬烯	单萜总量	参考文献
印度苦楝树 *Azadirachta indica*	<0.1	0	0.15	0.9	0.38	2.43	Singh et al.，2011
菩提树 *Ficus religiosa*	77	0	0	0	0	0	Warshney and Singh，2003
柠檬 *Citrus limon*	0.61	0.6	1.1	0	3.8	7.9	

注：经标准温度和光照条件换算（Guenther et al.，1933）。
来源：数据由 Chris Geron 整理提供。

大多数痕量气体活性强、平均滞留时间短，因此其大气含量低（Atkinson and Arey，2003）。这些气体浓度随空间和时间变化。例如，我们预期城市上空存在一些高浓度污染物（O_3、CO_2、CO 等）（Kort et al.，2012；Pommier，2013）、畜牧养殖场附近地区有高浓度的氨（NH_3）（Leifer et al.，2017）、在沼泽和其他厌氧降解区域上空存在高浓度的一些还原性气体（CH_4 和硫化氢）（Harriss et al.，1982；Steudler and Peterson，1985）。卫星遥感可以从太空测定 CO_2、CH_4、NH_3、NO_2 和其他气体的浓度及空间变化，识别其空间"热点"地区（Frankenberg et al.，2011；Hakkarainen et al.，2016；Jacob et al.，2016；Warner et al.，2017；Van Damme et al.，2018；Griffin et al.，2019）。风能将这些气体在其局域源下风向很短距离内迅速混合成对流层平均背景浓度。在偏远区域开展长期观测可以很好地认知大气组成的全球变化，如近期 CH_4 浓度的增加。

Junge（1974）将大气层各种气体浓度的地理空间变化与其平均滞留时间进行相关分析（图 3.5）。平均滞留时间短的气体地理空间分布变化很大，而平均滞留时间长的气体则空间变异相对较小。例如，任一时间大气层水分平均体积约 13 000 km^3 或者任一地点地表水深 24.6 mm（Trenberth，1998）。假如降雨在全球平均分配的话，平均日降雨量约 2.73 $mm \cdot d^{-1}$。由此推算，大气层水分的平均滞留时间为

$$\frac{24.6 \text{ mm}}{2.73 \text{ mm} \cdot \text{d}^{-1}} = 9.1 \text{ d} \tag{3.4}$$

这一平均滞留时间短于对流层大气循环，因此，我们可预测大气水分（水汽）浓度在时空上变异性很大（图 3.5）。大多数挥发性有机物在大气层滞留时间很短，因此在偏远地区其浓度很低，如南极（Beyersdorf et al.，2010）。大气层中化合物浓度和滞留时间间的关系可推论到痕量有机分子（如丙烷），一般滞留时间仅几天（Jobson et al.，1999）。

大气层 CO_2 平均滞留时间大约为 3 年，仅比大气层完全混合时间略长[①]。由于植物的 CO_2 吸收具有季节性，全球 CO_2 浓度（大约 400 ppm）呈现较小的季节性和纬度变化（约±1%）（图 1.1 和图 3.6）。相反，大气层 O_2 浓度高且平均滞留时间达约 4000 年，远长于大气层完全混合时间，故分析大气 O_2 浓度变化时需非常小心（Keeling and Shertz，1992）。

[①] 在全球大气层年度 CO_2 混合循环可视化模拟中，主要工业区的 CO_2 排放贡献清晰可见，详见 https://youtu.be/x1SgmFa0r04。

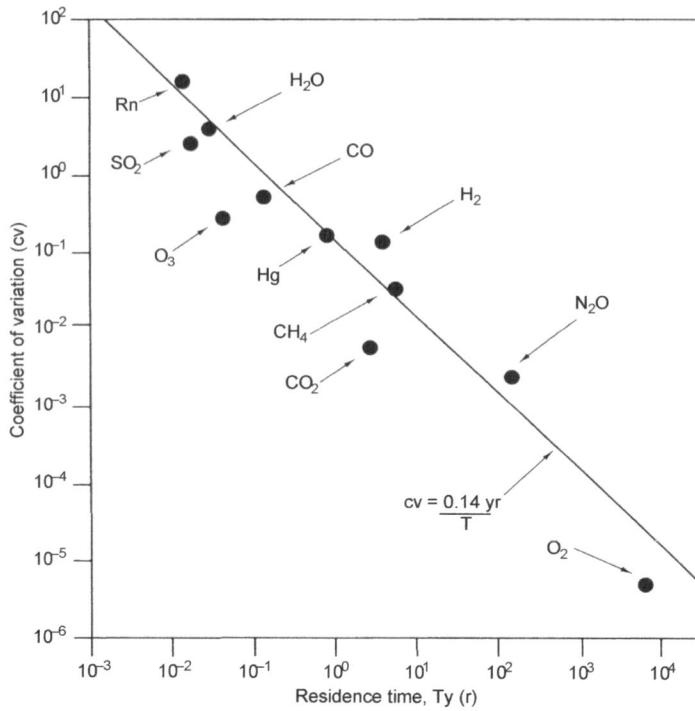

图 3.5　大气层各种气体浓度的变化度与其估算的平均滞留时间的关系以多次检测的变异系数表达
来源　修订于 Junge（1974），更新如 Slinn（1988）
图中文字　Coefficent of variation (CV)：变异系数；Residence time：滞留时间

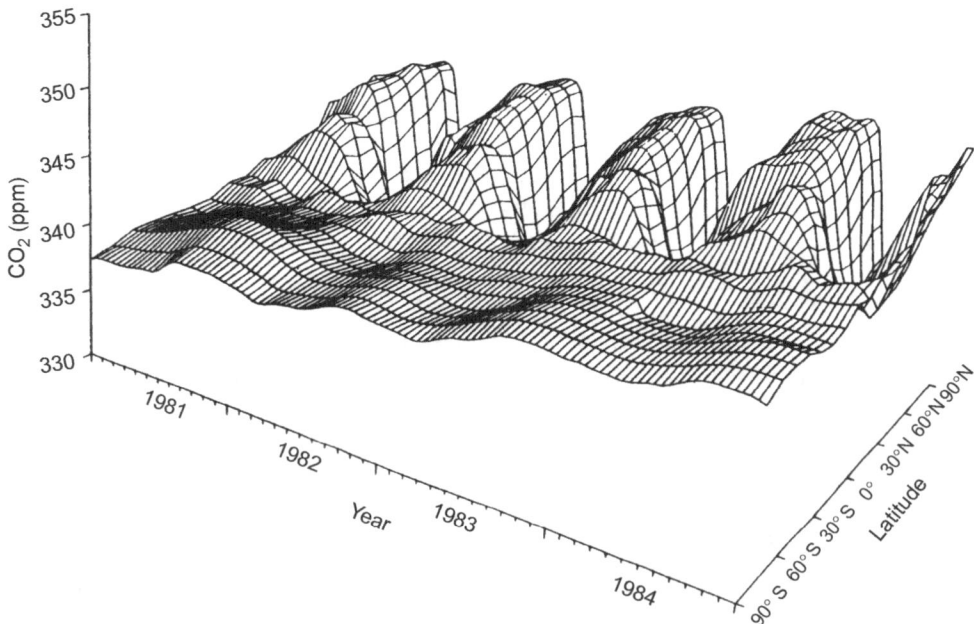

图 3.6　地球不同纬度带（每 10° 间隔）大气层 CO_2 浓度的季节性变化（1981～1984 年）（Conway et al.，1988）。注意南半球大气层 CO_2 浓度变化幅度较小，在北半球冬季时达到峰值
图中文字　Latitude：纬度；Year：年

平均滞留时间小于 1 年的气体因滞留时间过短，不大可能通过大气混合进入平流层。然而，氯氟烃类（CFC）[①]的高价值但非常危险的工业特性是化学惰性，使其在对流层长时间滞留（Rowland，1989），从而通过大气混合进入平流层，导致 O_3 被紫外线破坏［详见反应式（3.54）～式（3.57）］。

3.3.2　气溶胶

除各种气体组分外，大气层还有不同来源的颗粒物，即气溶胶（表 3.3）。随着认知的深入，大气颗粒浓度严重影响生物地球化学（Lelieveld et al.，2015）、人群健康（Mahowald，2011）和气候（Mahowald，2011）。大气层气溶胶的总浓度以其光学厚度（aerosol optical depth，AOD）表征，现在可通过卫星从太空进行测量（图 3.7）[②③]。

表 3.3　全球自然和人为来源的气溶胶产量和大气负荷

	排放质量 （10^{12} g·yr^{-1}）	质量负荷 （Tg）	年排放颗粒浓度 （个·cm^{-3}·yr^{-1}）	颗粒浓度负荷 （个·cm^{-3}）
含碳气溶胶				
初级有机物（0～2 μm）	95	1.2	—	$310×10^{24}$
生物质燃烧	54	—	$7×10^{27}$	—
化石燃料	4	—	—	—
生物源	35	0.2	—	—
黑炭（0～2 μm）	10	0.1	—	$270×10^{24}$
露天焚烧和生物燃料	6	—	—	—
化石燃料	4.5	—	—	—
二次有机物	28	0.8	—	—
生物源	25	0.7	—	—
人为源	3.5	0.08	—	—
硫酸盐	200	2.8	$2×10^{28}$	—
生物产生	57	1.2	—	—
火山	21	0.2	—	—
人为	122	1.4	—	—
硝酸盐	18	0.49	—	—
工业灰尘等	100	1.1	—	—
海盐				
$d<1$ μm	180	3.5	$7.4×10^{26}$	—
$d=1～16$ μm	9 940	12	$4.6×10^{26}$	—
总量	10 130	15	$1.2×10^{27}$	$27×10^{24}$
土壤灰尘				
<1 μm	165	4.7	$4.1×10^{25}$	—
$1～2.5$ μm	496	12.5	$9.6×10^{25}$	—
$2.5～10$ μm	992	6	—	—
总量	1 600	18±5	$1.4×10^{26}$	$11×10^{24}$

来源：Andreae 和 Rosenfeld（2008）。

[①] CFC 分子以氟原子数为个位数，十位数为氢原子数加 1，百位数为碳原子数减 1（详见表 3.1；Rowland，1989）。
[②] 气溶胶光学厚度（AOD）为入射光和透射光比的自然对数值，为无纲量值。
[③] 美国航空航天局（NASA）的可视化模型显示气溶胶的全球排放和循环过程，包括来自工业和火山源的土壤尘埃（红色）、海盐（蓝色）、烟雾（绿色）和硫酸盐颗粒（白色）。详见 https://www.nasa.gov/multimedia/imagegallery/image_feature_2393.html。

　　干旱和半干旱区域土壤颗粒经风蚀（即风蚀风化或风力搬运）分散进入大气层（Pye，1987；Ravi et al.，2011）。粒径小于 1.0 μm 的颗粒物被湍流悬浮于高层得以长距离传输。现估计裸露的干旱农业土壤每年有 $2×10^{15}$ g 土壤颗粒进入大气层（Zender et al.，2004），其中 20%颗粒物参与长距离传输。全球灰尘排放的自然来源达 81%（Chen et al.，2018a），大气层土壤尘埃通量随耕种活动增加，尤其是半干旱区农田（Tegen et al.，2004；Multiza et al.，2010；Routson et al.，2019），在旱期增加明显。中亚沙漠尘埃沉降进入太平洋（Duce et al.，1980），为海洋浮游藻类提供了丰富的必需铁元素（Mahowald et al.，2005b；详见第 9 章）。同样，撒哈拉沙漠尘埃为大西洋浮游藻类提供营养物质（Talbot et al.，1986；Jickells et al.，2005），并为亚马孙热带雨林输送磷（Swap et al.，1992；Okin et al.，2014；Yu et al.，2015）。美国西部的一些颗粒污染来自于中国沙漠（Yu et al.，2012）和科罗拉多高原排放，影响着落基山脉森林的生物地球化学过程（Field et al.，2010）。沙漠尘埃已被相关卫星监测，包括美国航空航天局（NASA）的 MODIS 卫星（Tanre et al.，2001；Kaufman et al.，2002；图 3.7）。一般而言，土壤尘埃在大气运输过程中会升高陆地上空大气温度但降低海洋上空大气温度，因为土壤尘埃具有较低的表面反射率（Ackerman and Chung，1992；Kellogg，1992；Yang et al.，2009）。

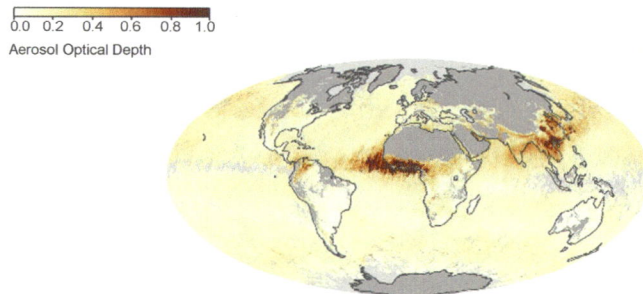

图 3.7　地球大气层气溶胶分布，美国国家航空航天局（NASA）MODIS 卫星于 2010 年 3 月测定的气溶胶光学厚度（AOD）。AOD 定义详见第 51 页脚注②。请注意：非洲撒哈拉南部地区高浓度气溶胶向西传输到亚马孙地区，中国沙漠地区高浓度气溶胶向东传输至太平洋
来源　http://earthobservatory.nasa.gov/GlobalMaps/view.php?dl=MODAL2_M_AER_OD

　　海洋表面泡沫破裂产生的细小水滴进入大气（MacIntyre，1974；Wu，1981）。当泡沫水滴的水分蒸发后，盐分结晶形成海盐气溶胶，包括了几乎所有的海水化学组成（Glass and Matteson，1973；Möller，1990）。与土壤尘埃一样，大多数海盐气溶胶因粒径较大而快速沉降回海洋，但很大一部分仍悬浮于大气层参与全球传输。Lewis 和 Schwartz（2004）汇算了全球海盐产量平均每年为 $5×10^{15}$ g·yr^{-1}，而 Andreae 和 Rosenfeld（2008；表 3.3）估算为 $10×10^{15}$ g·yr^{-1}，包括将约 $200×10^{12}$ g·yr^{-1} 氯从海洋传输到陆地（详见图 3.17）。

　　气溶胶有机颗粒来源广泛，包括花粉、植物碎片和细菌等（Després et al.，2012）。部分植物源气溶胶含有丰富的钾（Crozat，1979；Pöhlker et al.，2012）。森林火灾产生的木炭颗粒悬浮于大气对流层中，而森林火灾烟雾的挥发性碳水化合物经冷凝后形成粒径更小的有机颗粒物（烟尘）（Hahn，1980；Cachier et al.，1989）。据估算，亚马孙区域森林火灾每年向大气输送 $1×10^{13}$ g 的颗粒物（Kaufman et al.，1990）。由于热带地区

较高的生物质燃烧率，可能导致全球森林火灾产生的气溶胶量显著增加（Andreae，1991；Cahoon et al.，1992）。森林火灾源气溶胶影响着区域降雨格局（Cachier and Ducret 1991）和全球气候（Penner et al.，1992）。美国西部近期的灾难性火灾加剧了大气气溶胶负荷，影响区域人群健康（McClure and Jaffe，2018；Ford et al.，2018）。

火山定期通过喷发将超细分散的岩石物质（火山灰）喷射至大气层，在很大的区域沉降（表 3.4），在大型火山喷发下风向区域影响其土壤发育（Watkins et al.，1978；Zobel and Antos，1991；Dahlgren et al.，1999）。剧烈的火山喷发会将火山气体和火山灰输送到平流层，经全球传输影响全球气候数年（Sigl et al.，2015）[①][②]。在过往的数个世纪中，火山源气溶胶远弱于流星撞击地球产生的气溶胶，在地质年代流星源气溶胶是植物养分的潜在来源，如铁（Fe）（Reiners and Turchyn，2018）。

表 3.4　美国华盛顿州圣海伦斯火山 1980 年 5 月 19 日喷发的火山灰样品化学组成

成分	颗粒物样品	火山灰
大量元素（%）		
SiO_2	~65.0	65.0
Fe_2O_3	6.7	4.81
CaO	3.0	4.94
K_2O	2.0	1.47
TiO_2	0.42	0.69
MnO	0.054	0.077
P_2O_5	–	0.17
微量元素（ppm）		
S	3220	940
Cl	1190	660
Cu	61	36
Zn	34	53
Br	<8	~1
Rb	<17	32
Sr	285	460
Zr	142	170
Pb	36	8.7

来源：Fruchter 等（1980）和 Hooper 等（1980）。

大气层气体间反应生成的细小颗粒，定义为二次气溶胶。例如，当大气层 SO_2 被氧化成硫酸（H_2SO_4）后，与氨气（NH_3）反应生成富含 $(NH_4)_2SO_4$ 的颗粒物（Behera and Sharma，2011；Kirby et al.，2011）：

$$2NH_3 + H_2SO_4 \rightarrow (NH_4)_2 SO_4 \tag{3.5}$$

（大气中氨气来源很多，最主要的是农业活动来源；详见第 12 章）。硫酸盐气溶胶也有海洋来源，即二甲基硫化物氧化生成硫酸盐气溶胶（详见第 9 章）。硫酸盐气溶胶增加

---

① 参阅 https://arstechnica.com/science/2012/07/berkeley-earth-project-is-back-to-re-re-confirm-earth-is-warming/。
② 气溶胶可折射太阳光，在大型火山喷发后数年内落日特别红，如 19 世纪（1800s）风景画无意记录的那样（Zerefos et al.，2014）。

地球大气层反照率，因此大气层硫酸盐气溶胶丰度估算是全球气候模型的重要组成（Kiehl and Briegleb，1993；Mitchell et al.，1995）。

植物释放的挥发性有机物质也可生成二次气溶胶，如异戊二烯（Kavouras et al.，1998；Jimenez et al.，2009；Zhang et al.，2018b）。硫酸蒸气氧化挥发性有机物产生二次气溶胶，从而参与云形成（Riccobono et al.，2014）。

最后，大量颗粒物来自于人类工业活动过程，尤其是煤炭燃烧（Hulett et al.，1980；Shaw，1987）。全球范围内，化石燃料燃烧释放的颗粒物与地球表面岩石风化引起的元素迁移相当（Bertine and Goldberg，1971；详见表1.1）。总体而言，人类活动可能贡献了现今大气层10%的气溶胶负荷（表3.3）。细颗粒物大气污染严重影响人体健康（Samet et al.，2000；Pope et al.，2009；Lelieveld et al.，2015）。来源于自然和人为源的纳米颗粒物（<0.3 μm；Kumar et al.，2010；Hendren et al.，2011）尤其值得关注。

幸运的是，众多发达国家因控制污染而使工业气溶胶排放量呈递减趋势。最为广泛的人为源气溶胶——汽车尾气铅颗粒，因含铅汽油使用量的减少，在过去40年间其全球丰度显著下降（Boutron et al.，1991）。在大气污染未得到控制的地区，气溶胶则呈上升趋势（Streets et al.，2008；Dey and Di Girolamo，2011），影响全球变暗（global dimming）的地区观测。观测到的最大变化发生于东亚和非洲（Mao et al.，2014；He et al.，2018）。

虽然大气层中细颗粒物（<1.0 μm）[①]比大颗粒物数量多得多，但大颗粒物是大气颗粒物总质量的重要贡献者（Warneck，2000；Raes et al.，2000）。气溶胶质量随海拔升高而降低，地球表面未污染区域的气溶胶质量范围为 $1\sim50$ μg·m^{-3}。尽管气溶胶颗粒粒径与其大气层滞留持久性呈相反关系，但对流层气溶胶平均滞留时间约为5天（Warneck，2000）。因此，气溶胶在大气层分布并不均匀。细颗粒气溶胶因具有较长的平均滞留时间，对地球气候影响最大，是大气层每年携带量最大的。

对流层气溶胶的化学组成取决于与大陆、海洋或人为源等排放源的距离远近（Heintzenberg，1989；Murphy et al.，1998）。在陆地上空，气溶胶通常以土壤矿物和人为源污染物等为主（Shaw，1987；Gillette et al.，1992）；在海洋上空，气溶胶是陆源硅酸盐矿物和海洋源海盐的混合物（Andreae et al.，1986）。很多研究者通过气溶胶不同元素组成比例来源解析不同源对气溶胶的相对贡献率（如 Moyers et al.，1977；Rahn and Lowenthal，1984）。

气溶胶对大气层气体化学反应非常重要，同时也是雨滴凝结核，被称为云凝结核（cloud condensation nuclei，CCN）。当大气层水汽在直径大于0.1 μm的气溶胶上凝结时，雨滴就形成了。在雨滴逐渐增大降落至地面的过程中，其与其他颗粒碰撞并吸收大气层气体。土壤尘埃常含有大量不溶性物质（Reheis and Kihl，1995），而海盐气溶胶和来自污染源的气溶胶通常可溶，成为雨水的主要水溶性化学成分。大气层气体与气溶胶或雨滴的反应被称为非均相（heterogeneous）反应或多相（multiphase）反应（Ravishankara，1997）。这些反应可去除大气层多种活性气体。

---

① 美国环境保护署（US EPA）定义 PM2.5 为直径小于 2.5 μm 的小颗粒气溶胶。

3.4　对流层生物地球化学反应

3.4.1　主要组成——N_2

大气层主要组成 N_2、O_2 和 Ar（氩气）的浓度几乎均匀，并具有很长的平均滞留时间。氩气是惰性气体，自地壳排气初始便在地球大气层累积（详见第 2 章）。从生物地球化学的角度来看，氮气实际上也是惰性气体，活性氮仅存在于 NH_3 和 NO 等气态分子中。活性氮气体有时称为"奇数"氮，因为这些气态活性氮分子中 N 原子数是奇数（相对于 N_2 或 N_2O）[①]。尽管大气层 N_2 丰富，但其惰性使得"奇数"或活性氮的产生量是陆地和海洋植物生长的基础性限制因子（LeBauer and Treseder，2008）。在所有大气层气体中，只有氩气和其他惰性气体较氮气的活性更低。

将 N_2 转变为活性氮的过程被称为固氮过程，通常发生在闪电中。但由闪电产生的全球 NO 量非常低（$<9 \times 10^{12}$ g N·yr^{-1}；详见第 12 章），无法诠释大气层显著的 N_2 转化。目前，生物圈最重要的固氮过程是由细菌将 N_2 转变为 NH_3 [详见反应式（2.9）]。由于从小尺度测量扩展到整个地球表面存在难度，故目前全球生物固氮量尚不清楚（详见第 6 章和第 9 章）。包括人工固氮在内，全球（陆地+海洋）固氮量不超过 430×10^{12} g N·yr^{-1}，其中目前人工合成氮肥占近 1/3 固氮量（Battye et al.，2017；详见第 12 章）。

自然固氮率可在 900 万年内将大气层所有 N_2 消除[②]。幸运的是，反硝化过程将 N_2 返还到大气层 [详见反应式（2.19）]。目前，尚没有证据表明固氮或反硝化速率随着大气层 N_2 浓度显著变化。在整个地质时期，生物圈维持着地球大气层 N_2 浓度，但在较短时间尺度，其对大气层 N_2 浓度的作用非常微小，这是因为大气层巨大 N_2 库所致（Walker，1984）。

3.4.2　O_2

在第 2 章，我们讨论了地球生命进化过程中大气层 O_2 的积累。目前大气层 O_2 量仅为地质年代以来光合过程产生总 O_2 量的很小部分（详见图 2.10）。然而，大气层 O_2 量远高于现今地球陆地植物碳储量。如果将陆地所有有机物瞬时燃烧，仅降低大气层 O_2 量的 0.45%（详见第 5 章）。大气层 O_2 的积累是海洋沉积物还原性碳长期深埋的结果（Berner，1982），几乎相当于地球还原性有机碳的总储量（详见表 2.3）。碳埋储率取决于缺氧海床的面积和深度（Walker，1977；Hartnett et al.，1998）。海床面积和深度与大气层 O_2 浓度成反比，有机质埋储和氧化之间的平衡维持着大气层约 21% O_2 浓度的稳定状态（另见第 9 章和第 11 章）。

在漫长的地质年代，大量的 O_2 被还原性地壳矿物风化所消耗，尤其是 Fe 和 S（详见图 2.10）；按照目前矿物暴露速率，大气层 O_2 将在 7000 万年内耗尽（Lenton，2001；详见图 11.8）。然而，还原性矿物暴露速率并不随大气层 O_2 浓度发生显著变化，因此，岩石风化不是大气层 O_2 浓度的主控因子（Bolton et al.，2006）。尽管 O_2 具有潜在反应

[①] "奇数氮"的定义不清。在实际应用时，它是指大气层氮的不同氧化态，包括 N_2O_5，但不包括虽然也是奇数氮原子的 NH_3。
[②] 大气层氮质量（表 3.1）除以全球生物固氮速率（430×10^{12} g N·yr^{-1}）得到 N_2 在大气层平均滞留时间约为 900 万年。因此，$k=1.1 \times 10^{-7}$，3/k=2700 万年。

活性，但与还原性化合物的反应速率相当缓慢，因此，O_2 是大气层的稳定组成。在过去80 万年，大气层 O_2 浓度仅降低了 0.7%，推测为低速率的有机质埋藏和风化所致（Stolper et al., 2016）。大气层 O_2 平均滞留时间约为 4000 年，主要取决于与生物圈的交换（对比图 3.5 和图 11.8）。因此，大气层 O_2 充分混合均一。每年光合过程和呼吸过程引起大气层 O_2 浓度的季节性变化约为 0.002%（详见图 1.2）。

3.4.3 CO_2

二氧化碳与大气层其他气体发生反应。CO_2 浓度受地表交互作用的影响，包括碳酸盐-硅酸盐循环（详见图 1.3）、基于亨利定律的海面水气体交换 [详见反应式（2.4）]，以及异养生物经光合过程和呼吸过程对 CO_2 的消费与产生（图 1.2 和图 3.6）。在地球陆地表面，植物年吸收 CO_2 的最佳估算量为 120×10^{15} g C（详见第 5 章），以此推算陆地植物通过光合过程捕获一个假定的 CO_2 分子前，其在大气层平均滞留时间约为 6 年。海面 CO_2 年交换主要发生在具有沉降流和高生产力的寒冷海区，约为陆地植物年 CO_2 吸收量的 1.5 倍。陆地和海洋的 CO_2 吸收量可随大气层 CO_2 浓度升高而增加，缓冲了大气层 CO_2 浓度波动（详见第 5 章、第 9 章和第 11 章）。根据式（3.3），大气层 CO_2 平均滞留时间取决于其大气层通量（即陆地和海洋 CO_2 总吸收量），约为 3 年，因此，大气层 CO_2 浓度的季节性和纬度变化较小（图 1.1 和图 3.6）。

碳酸盐-硅酸盐循环（图 1.3）也缓冲了大气层 CO_2 浓度的变化，但在 10 万年内不会显著影响大气层 CO_2 浓度（Hilley and Porder, 2008；Colbourn et al., 2015）。我们将在第 11 章全球碳循环中对这些过程的相对重要性进行详细讲述。目前由化石燃料燃烧和陆地植被破坏引起的大气层 CO_2 浓度升高并不是一个稳态。这些过程释放 CO_2 的速率比陆地植被和海洋吸收 CO_2 速率要快。如果这些活动被停止，大气层 CO_2 浓度会重新回到稳态，几百年后人类活动所释放的所有 CO_2 都将深埋在海洋（Laurmann, 1979）。同时，大气层 CO_2 浓度升高可能通过"温室效应"导致大气显著变暖（图 3.2）。

3.4.4 痕量生物源气体

火山是地球大气层挥发性物质的原始来源（详见第 2 章），包括现今还原性气体（H_2S、H_2、NH_3 和 CH_4）的少量持续性来源（详见表 2.2）。多数情况下，当今大气层还原性气体主要来源于生物圈，尤其是微生物活动（Monson and Holland, 2001）。CH_4 主要产生于湿地厌氧分解过程（详见第 7 章和第 11 章），氮氧化物来自于化石燃料燃烧和土壤微生物转化（详见第 6 章和第 12 章），CO 来自于生物质和化石燃料燃烧（详见第 5 章和第 11 章），而挥发性碳氢化合物（尤其是异戊二烯）则由植被和工业活动产生（详见第 5 章）。生物圈调控的含 N 和 S 痕量气体有助于相关元素的全球循环（Crutzen, 1983）。这些气体和其他痕量气体的大气层监测浓度均远超基于 21% O_2 大气层地球化学平衡的估算值（表 3.5）。

与大气层主要气体组成不同，众多痕量生物源气体具有很高活性，表现为较短的大气平均滞留时间和变化的时空浓度（图 3.5）。大气层这些气体的浓度取决于当地排放源与去除这些气体的化学反应（即汇）之间的平衡。汇主要受氧化反应和反应产物降雨捕获所驱动。目前，大气层这些气体的浓度几乎都因为人为活动而提升，即人类正在全球范围内影响生物地球化学（Prinn，2003）。

表 3.5 大气层一些生物源痕量气体

化合物	化学式	浓度（ppb）		平均滞留时间	与羟基自由基反应的汇百分比（%）
		预测值 [a]	实测值 [b]		
含碳化合物					
甲烷	CH_4	10^{-148}	1830	9 年	90
一氧化碳	CO	10^{-51}	45~250	60 天	80
异戊二烯	$CH_2=C(CH_3)CH=CH_2$		0.2~10.0	<1 天	100
含氮化合物					
一氧化二氮	N_2O	10^{-22}	320	120 年	0
氮氧化物	NO_x	10^{-13}	0.02~10.0	1 天	100
氨气	NH_3	10^{-63}	0.08~5.0	5 天	<2
含硫化合物					
二甲基硫	$(CH_3)_2S$		0.004~0.06	1 天	50
硫化氢	H_2S		<0.04	4 天	100
羰基硫化物	COS	0	0.5	5 年	20
二氧化硫	SO_2	0	0.02~0.10	3 天	50

a. 基于 21% O_2 大气层平衡估算浓度（Chameides and Davis，1982）。
b. 对于滞留时间短的气体，数据范围是偏远未污染区域的测定值。

3.4.5 大气层氧化反应

尽管大气层 O_2 丰度很高，但不会直接氧化还原性气体。相反，在太阳辐射下一小部分 O_2 经一系列反应转变为大气层强氧化物——O_3 和羟基自由基（·OH）（Logan，1985；Thompson，1992）。O_3 和·OH 将众多痕量气体氧化成 CO_2、HNO_3 和 H_2SO_4。

认知大气层 O_3 的自然产量、发生和反应过程非常重要。我们几乎每天都会读到平流层 O_3 层破坏和对流层 O_3 污染等危害的看似矛盾的报道。两者均表明人类活动影响着对大气层生物地球化学至关重要的 O_3 自然浓度。

平流层 O_2 在太阳光下反应产生 O_3，这将在下一节讲述。部分 O_3 随平流层和对流层的气体混合过程被传输到地球表面（如 Hocking et al.，2007），影响对流层 O_3 收支（表 3.6）。然而，在城市（如洛杉矶）污染烟雾可检测到高浓度 O_3，提醒大气化学家对流层也存在产 O_3 的化学反应（Warneck，2000）。

表 3.6 对流层 O_3 收支

源	O_3量	汇	O_3量
化学反应生成量	4 960	化学损失	4 360
平流层下行输入	325	干沉降	908
		湿沉降	19
合计	5 285	合计	5 287

注：所有数据单位为 Tg（10^{12} g）O_3·yr^{-1}。
来源：Hu 等（2017）。

当大气层存在 NO_2 时，被太阳光（$h\nu$）分解：

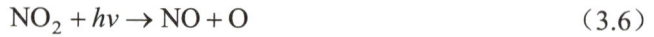

$$NO_2 + hv \rightarrow NO + O \tag{3.6}$$

进一步反应生成了 O_3：

$$O + O_2 \rightarrow O_3 \tag{3.7}$$

这一反应顺序是典型的同相气体反应（homogeneous gas reaction），即大气层气体组成间的气相反应。总反应式为

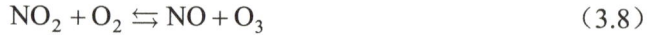

$$NO_2 + O_2 \leftrightarrows NO + O_3 \tag{3.8}$$

这是一个可逆平衡反应，因此高浓度 NO 会使反应向左发生。太阳光是这些 O_3 生成途径的关键，故称之为光化学反应。在夜间，O_3 与 NO_2 反应生成硝酸而被消耗（Brown et al.，2006b）。

NO_2 和 NO 统称为 NO_x，常见于污染大气中，主要来自于工业和机动车排放[①]。这两种气体在自然大气中也有少量存在，来自森林火灾、闪电放电和土壤微生物过程（详见第 6 章和第 12 章）。因此，对流层 NO_2 生成 O_3 的反应可能一直存在，由于工业活动提高了大气层 NO_2 和其他 O_3 前体的浓度，使得对流层 O_3 的浓度升高（Lelieveld et al.，2004；Cooper et al.，2010；Schneider and van der A，2012）。中国大部分地区大气 NO_x 浓度有所增加（图 3.8）。随着大气污染法规要求削减 NO_x 排放，欧洲和美国大气 O_3 浓度有所下降（Kim et al.，2006；Butler et al.，2011）。

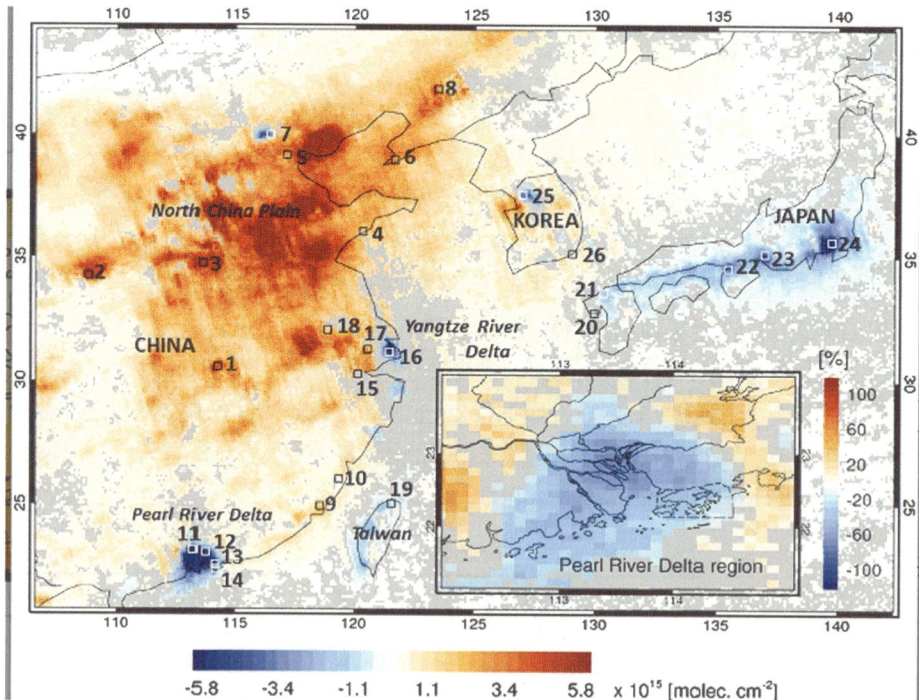

图 3.8 2005～2014 年东亚地区 NOx 浓度变化的卫星监测
来源 Duncan 等（2016）
图中文字 North China Plain：中国华北平原；Yangtze River Delta：中国长江三角洲；Korea：韩国；Japan：日本；Pearl River Delta：中国珠三角；Taiwan：中国台湾；China：中国

[①] NO_x（发音为"诺克斯"）是 NO 和 NO_2 的总和；NO_y 则表示 NO_x 和其他氮氧化物的总和，如 HNO_3 和 $CH_3C(O)O_2NO_2$（过氧乙酰硝酸酯，简称 PAN）。

对流层 O_3 进一步发生光化学反应：

$$O_3 + h\nu \rightarrow O_2 + O(^1D) \tag{3.9}$$

式中，$h\nu$ 为波长 <318 nm 的紫外光；$O(^1D)$ 为激发态氧原子。$O(^1D)$ 与水反应生成·OH：

$$O(^1D) + H_2O \rightarrow 2\cdot OH \tag{3.10}$$

羟基自由基（·OH）产生量与紫外辐射量显著相关（Rohrer and Berresheim，2006）。·OH 进一步反应生成 HO_2 和 H_2O_2，是大气层短期存在的氧化剂（Thompson，1992；Crutzen et al.，1999）：

$$2\cdot OH + 2O_3 \rightarrow 2HO_2 + 2O_2 \tag{3.11}$$

$$2HO_2 \rightarrow H_2O_2 + O_2 \tag{3.12}$$

大气层·OH 平均含量约为 $1\times10^6\,mol\cdot cm^{-3}$（Prinn et al.，1995；Wolfe et al.，2019）。·OH 最高浓度出现在水汽含量最高的热带地区（Hewitt and Harrison，1985）白天的大气层（Platt et al.，1988；Mout，1992）。·OH 在大气层平均滞留几秒钟，其浓度变化很大。区域·OH 浓度可应用激光束测量，激光通路中·OH 个数是其吸收光量的函数（Dorn et al.，1988；Mount et al.，1997）。

由于平均滞留时间短，对全球大气层·OH 浓度的估算必然是间接的。为了估算其浓度，大气化学家借助于唯一人为源的甲基氯仿（亦名三氯乙烷）。甲基氯仿在大气层平均滞留时间约为 4.8 年（Prinn et al.，1995），使得其在大气层很好地混合。在实验室，甲基氯仿与·OH 反应：

$$\cdot OH + CH_3Cl_3 \rightarrow H_2O + CH_2CCl_3 \tag{3.13}$$

该反应速率常数（K）在 25℃时为 $0.85\times10^{-14}\,cm^3\cdot mol^{-1}\cdot s^{-1}$（Talukdan et al.，1992）。已知甲基氯仿工业产量（prodution）及其大气层累积量（accumulation），在大气层·OH 浓度可计算如下：

$$\cdot OH = (\text{production} - \text{accumulation})/K \tag{3.14}$$

·OH 是对流层氧化能力的主要来源。例如，在未受污染大气层，·OH 通过一系列反应分解甲烷：

$$CH_4 + \cdot OH \rightarrow CH_3 + H_2O \tag{3.15}$$

$$CH_3 + O_2 \rightarrow CH_3O_2 \tag{3.16}$$

$$CH_3O_2 + HO_2 \rightarrow CH_3O_2H + O_2 \tag{3.17}$$

$$CH_3O_2H \rightarrow CH_3O + \cdot OH \tag{3.18}$$

$$CH_3O + O_2 \rightarrow CH_2O + HO_2 \tag{3.19}$$

总反应为

$$CH_4 + O_2 \rightarrow CH_2O + H_2O \tag{3.20}$$

需注意的是，·OH 作为催化剂启动 CH_4 氧化反应，副产物为 O_2。其他挥发性有机物也通过这一途径被氧化生成甲醛（CH_2O；Atkinson，2000；Atkinson and Arey，2003）。甲醛浓度的变化可作为大气层天然和污染来源有机气体负荷的指标（Zhu et al.，2017）。

这些反应生成的 CH_2O 进一步氧化为 CO：

$$CH_2O + \cdot OH + O_2 \rightarrow CO + H_2O + HO_2 \tag{3.21}$$

然后，CO 进一步被 $\cdot OH$ 氧化生成 CO_2：

$$CO + \cdot OH \rightarrow H + CO_2 \tag{3.22}$$

$$H + O_2 \rightarrow HO_2 \tag{3.23}$$

$$HO_2 + O_3 \rightarrow \cdot OH + 2O_2 \tag{3.24}$$

总反应为：

$$CO + O_3 \rightarrow CO_2 + O_2 \tag{3.25}$$

因此，$\cdot OH$ 能清除大气层多种还原性含碳气体，最终将其碳原子氧化成 CO_2。

$\cdot OH$ 也通过同相反应与 NO_2 和 SO_2 发生反应：

$$NO_2 + \cdot OH \rightarrow HNO_3 \tag{3.26}$$

$$SO_2 + \cdot OH \rightarrow SO_3 + \cdot HO_2 \tag{3.27}$$

后续进一步与雨滴发生异相反应：

$$SO_3 + H_2O \rightarrow H_2SO_4 \tag{3.28}$$

该反应将大气层 SO_2 去除，形成酸雨。SO_2 也可被过氧化氢氧化（Chandler et al.，1988）：

$$SO_2 + H_2O_2 \rightarrow H_2SO_4 \tag{3.29}$$

$\cdot OH$ 与 NO_2 的反应非常快，生成的硝酸与雨滴经异相反应得以从大气层去除（Munger et al.，1998）。$\cdot OH$ 与 SO_2 的反应速率要慢得多，因此 SO_2 成为在大气层长距离迁移的污染物（Rodhe，1981）。厌氧土壤（详见第 7 章）和海洋表面（详见第 9 章）释放的硫化氢（H_2S）和二甲基硫醚 [$(CH_3)_2S$] 也会被 $\cdot OH$ 和其他氧化剂氧化去除，导致 H_2SO_4 沉降（Toon et al.，1987）。因此，$\cdot OH$ 将大气层痕量含 N 和 S 气体氧化为酸根阴离子（NO_3^- 和 SO_4^{2-}）。

大气层绝大部分的 $\cdot OH$ 为 CO 和 CH_4 所消耗。虽然在未污染大气层 CH_4 浓度要远高于 CO，但 $\cdot OH$ 与 CO 的反应更快。由于 CO 与 $\cdot OH$ 的快速反应使得 CO 的大气平均滞留时间很短（表 3.5）。CH_4 的平均滞留时间要长得多，因此其大气层分布更为均一（图 3.5）。目前大气层 CH_4 浓度升高的一种解释是人类活动释放的 CO 增多，消耗了用于氧化 CH_4 的 $\cdot OH$（Khalil and Rasmussen，1985；Rigby et al.，2017）。与大气层 $\cdot OH$ 汇相对分布一致，北半球大气层 $\cdot OH$ 浓度略低（Wolfe et al.，2019），但综合各种估算数据，近年来全球大气层 $\cdot OH$ 浓度下降有限（或可能根本没有变化）（Prinn et al.，1995，2005；Montzka et al.，2011b）。格陵兰岛积雪甲醛沉降量增加表明大气层 CH_4 的氧化过程同步增强 [反应式（3.20）；Staffelbach et al.，1991]。

在未受污染大气层所有这些反应都消耗 $\cdot OH$。在"脏"大气层，一系列不同反应会发生，还原性气体氧化过程净产出 O_3，进一步转化为 $\cdot OH$（Jenkin and Clemitshaw，2000；Sillman，1999）。当大气层 NO 浓度超过 10 ppt 时，我们定义为"脏"大气层（Jacob and Wofsy，1990），CO 先与 $\cdot OH$ 发生氧化反应（Crutzen and Zimmermann，1991）：

$$CO + \cdot OH \rightarrow CO_2 + H \tag{3.30}$$

$$H + O_2 \rightarrow HO_2 \tag{3.31}$$

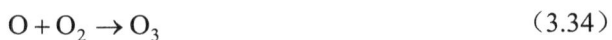

$$HO_2 + NO \rightarrow \cdot OH + NO_2 \tag{3.32}$$

$$NO_2 + h\nu \rightarrow NO + O \tag{3.33}$$

$$O + O_2 \rightarrow O_3 \tag{3.34}$$

总反应为

$$CO + 2O_2 \rightarrow CO_2 + O_3 \tag{3.35}$$

同样，在高浓度 NO 大气层，CH_4 氧化也需通过一系列的多步反应，总反应为：

$$CH_4 + 4O_2 \rightarrow CH_2O + H_2O + 2O_3 \tag{3.36}$$

在上述两反应途径中，NO 作为催化剂使还原性气体被 O_2 氧化。

图 3.9 给出了清洁和受污染大气层 CO 氧化途径的对比。Crutzen（1988）指出，在 NO 浓度较低大气层氧化 1 分子 CH_4 需要消耗 3.5 个·OH 分子和 1.7 个 O_3 分子；而在污染大气层则会净产生 0.5 个·OH 分子和 3.7 个 O_3 分子（Wuebbles and Tamaresis，1993）。

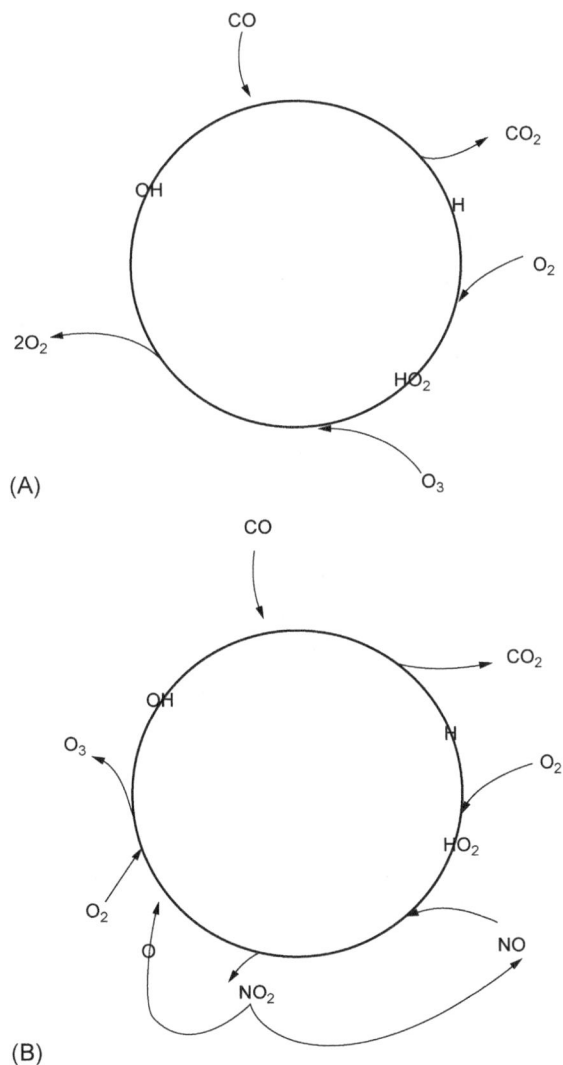

图 3.9 清洁（A）和受污染（B）大气层 CO 氧化反应过程

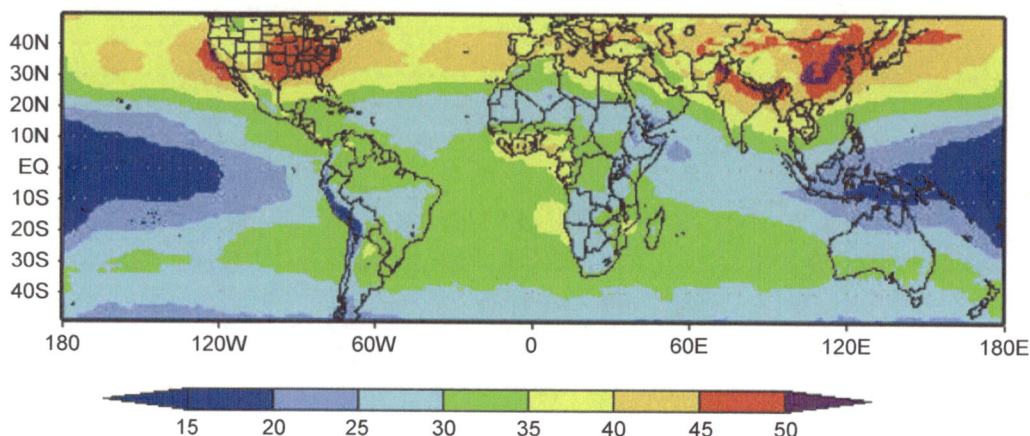

图 3.10　大气层 O_3 全球分布图（1979～1991 年夏季月份平均值）。美国东部和中国大气层具有高浓度 O_3。数据单位为 Dobson 单位，详见本页脚注
来源　Fishman 等（2003）。欧洲地学联盟（European Geosciences Union）授权使用

尽管在城市上空受污染大气层发现上述反应，但这一反应可能在自然大气层也广泛存在。自然界 NO 主要来源于土壤微生物（详见第 6 章）和森林火灾，地球大部分陆地表面大气层 NO 浓度＞10 ppt（Chameides et al.，1992；Levy et al.，1999）。在 NO 存在下，植物源挥发性碳氢化合物与植被和森林火灾释放 CO 的氧化反应是引起美国东南部农村（图 3.10；Jacob et al.，1993；Kleinman et al.，1994；Kang et al.，2003）[①]和热带偏远地区（Crutzen et al.，1985；Zimmerman et al.，1988；Jacob and Wofsy，1990；Andreae et al.，1994）大气层 O_3 浓度过高的重要原因。在城市（尤其是工业源）大气层 NO_x 高浓度地区，O_3 浓度可被挥发性碳氢化合物有效调控（Chameides et al.，1988；Seindeld，1989）。在农村地区，O_3 产生量受 NO_x 限制，尤其是在植物挥发性有机物释放活跃的生长季节（图 3.11；Aneja et al.，1996）。

　　认知·OH 和其他氧化剂在大气层的浓度变化对预测痕量气体浓度（如可引发温室效应的 CH_4 等）的未来变化趋势至关重要。由于人为排放 NO 量增加，使全球大部分地区大气层变"脏"，相关模型预测大气层 O_3 浓度升高（Isaksen and Hov，1987；Hough and Derwent，1990；Thompson，1992；Prinn，2003）。即使全球大气层 O_3 仅有 40% 或更少的增加（Yeung et al.，2019），模型预测结果仍与自 19 世纪以来欧洲 O_3 浓度上升的观测结果相吻合（Volz and Kley，1988；Marenco et al.，1994）。过去 200 年间格陵兰岛冰层记录的源自·OH 的 H_2O_2 浓度增加，表明北半球人类活动增强了大气层氧化能力（图 3.12）。模型预测也与间接观测结果相一致，即近年来全球大气层·OH 浓度相当稳定，尽管消耗·OH 的还原性气体排放量不断增加（Prinn et al.，1995，2005；Montzka et al.，2011b）。未来气候变暖可能导致大气层氧化自由基浓度进一步增加（Geng et al.，2017）。

---

① 柱状大气层 O_3 分子总数常用单位为多布森（Dobson），相当于单位地球表面 2.69×10^{16} mol·cm^{-2}。

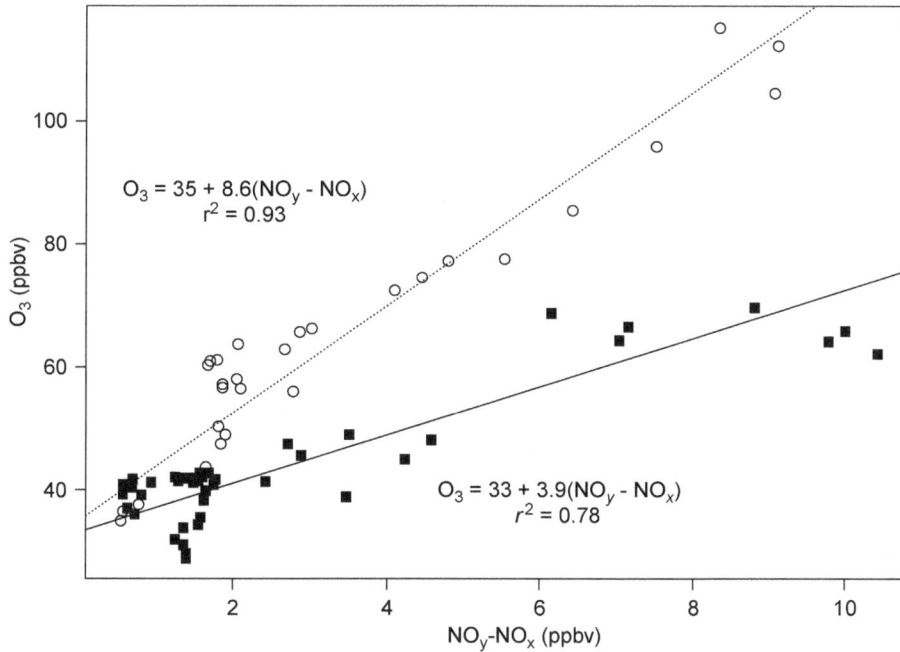

图 3.11　美国马萨诸塞州北部哈佛林地（Harward forest）周边大气 O_3 浓度与 NO_y-NO_x 浓度差的线性关系。1990 年 5 月 6～12 日（黑点）和 1992 年 8 月 24～30 日（空白点）
来源　Hirsch 等（1996），美国物理地球联盟授权使用

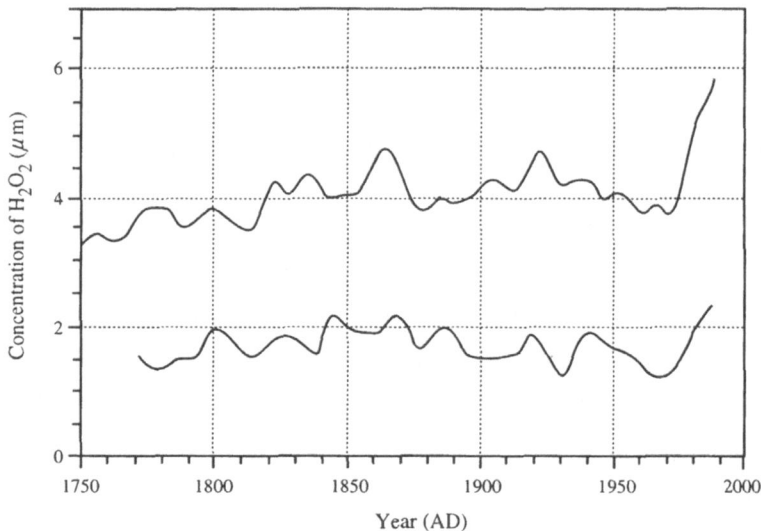

图 3.12　格陵兰岛两个冰芯样品过氧化氢（H_2O_2）浓度的 200 年变化趋势
来源　修改自 Sigg 和 Neftel（1991）
图中文字　Concentration：浓度；Year：年；AD：公元

　　·OH 还存在其他生成途径（Li et al.，2008；Hofzumahaus et al.，2009），因此，·OH 产生量并不局限于光化学反应［反应式（3.8）～式（3.10）］。产生亚硝酸根（NO_2^-）的土壤微生物可能是大气层亚硝酸（HONO）和·OH 的潜在来源（Su et al.，2011）。

　　O_3 在对流层平均滞留时间约为 24 天（Hu et al.，2017）。在陆地生成的部分 O_3 会进行长距离输运（Jacob et al.，1993；Parrish et al.，1993；Cooper et al.，2010；Brown-Steiner and Hess，2011），使 O_3 及其副产物在远离排放源的区域出现（图 3.10）。在部分农村地区，本地生成的和附近城市输送而来的 O_3 抑制了农作物及树木的生长（Chameides et al.，1994）。有学者持相反意见，认为局地大气条件决定了全球大部分地区大气层氧化能力，而不是来自污染区域的全球输送（Oltmans and Levy，1992；Ayers et al.，1992；Kang et al.，2003）。

3.5　大　气　沉　降

生物地球化学相关的元素通过降水、干沉降和直接吸收气体至地球表面。每一过程的重要性因地区和元素而不同（Gorham，1961）。

在多数森林中，每年植被吸收和内部循环的营养元素很大一部分可能来自于大气（Miller et al.，1993；Availa et al.，1998；Kenndey et al.，2002a）。在陆地生态系统循环的氮和硫几乎全部来自于大气层，岩石风化仅提供了很少的一部分（详见表 4.5 和第 6 章）。由于普遍担心引发"酸雨"的水溶性成分，降水的化学组成也受到极大的关注。

3.5.1　过程

降水的水溶性组分通常分为两部分。"雨除"（rainout）组分来自于成云过程的组成，如雨滴凝结核。"冲刷"（washout）组分来自于云层下，是雨滴在降落过程中捕获的气溶胶颗粒和溶解性气体（Brimblecombe and Dawson，1984；Shimshock and de Pena，1989）。有研究报道，"雨除"贡献了约 1/3 的 NO_3^- 和 50%～80% 的 SO_4^{2-}，SO_4^{2-} 通常是成云凝结核（Aikawa et al.，2014）。这两部分的溶解成分含量代表了大气层气体和雨滴间的异相反应结果。

"雨除"和"冲刷"两部分的相对贡献率取决于降水时长。"冲刷"的大气层越低，雨水水溶性组分含量越小。因此，降水水溶性组分浓度分别与降水强度（Gatz and Dingle，1971）和降水量（体积）呈负相关（Likens et al.，1984；Lesack and Melack，1991；Minoura and Iwasaka，1996）。降水水溶性组分浓度也与雨滴平均大小呈负相关（Georgii and Wötzel，1970；Bator and Collett，1997）。这一负相关解释了为什么雾具有极高浓度的水溶性组分（Waldman et al.，1982；Weathers et al.，1986；Clark et al.，1998；Elbert et al.，2000）。植物捕获雾和云水分获取大气沉降营养元素是一些高海拔和滨海生态系统的重要养分来源（Lovett et al.，1982；Waldman et al.，1985；Weathers et al.，2000；Templer et al. 2015）。

降水相对清除率通常以"冲刷"率来表示：

$$\text{"冲刷"率} = \frac{\text{雨水离子浓度}(mg \cdot L^{-1})}{\text{大气离子浓度}(mg \cdot m^{-3})} \quad (3.37)$$

这个比例（$m^3 \cdot L^{-1}$）表示每升降水所清洁大气层体积的一个指标。"冲刷"率高值一般出现在大粒径气溶胶或高溶解度气体组成的大气层。降雪的"冲刷"率一般低于降雨。

通过降水的养分沉降通常称为湿沉降，干沉降则是指无降水条件下大气颗粒物受重力作用沉降（Hidy，1970；Wesely and Hicks，2000）。干旱区下风向的尘埃干沉降是非常惊人的，Liu 等（1981）报道在 1980 年 4 月 18 日沙尘暴时，中国北京的降尘量达到 100 $g \cdot m^{-2} \cdot h^{-1}$。在一些地区，冰河时期大量的风成土（黄土）来源于半干旱区大面积的风力侵蚀（Simoson，1985；Pye，1987；Muhs et al.，2001）。如今植物生长所需的各种营养元素均来自于这些沉积土壤的矿物化学风化（详见第 4 章）。

大部分地区干沉降中有很大一部分组分易被土壤水溶解，可供植物快速吸收。尽管美国东南部地区降雨丰沛，但 Swank 和 Henderson（1976）报道 19%～64%的大气离子年沉降量（Ca、Na、K 和 Mg）和高达 89%的总 P 年沉降量来自于干沉降。在岩石风化 P 供给水平很低的地区，大气 P 干沉降对植物生长具有非常重要的意义（Newman，1995；Chadwick et al.，1999；Okin et al.，2004）。干沉降贡献了美国新罕布什尔州 30%～60%的硫沉降（Likens et al.，1990；Tanaka and Turekian，1995）。同样，哈佛林地（马萨诸塞州）34%的大气 N 输入量来自于干沉降（Munger et al.，1998）。大气沉降的有机氮经土壤微生物降解后为植物生长提供了额外养分（Neff et al.，2002a；Mace et al.，2003；Zhang et al.，2012c）。

干沉降通常用降雨时可自动关闭的收集器来测量。当收集器在大气中打开时，可捕获垂直沉降的颗粒物，即所谓的"沉降"。在自然生态系统中，干沉降也可用植被表面捕获颗粒物来表征。当植物捕获颗粒物随气流进行水平移动时，这一过程被称为"碰撞"（impaction）（Hidy，1970）。"碰撞"过程是捕获近海海盐气溶胶的一个非常重要的过程（Art et al.，1974；Potts，1978）。

除了光合过程利用 CO_2 外，植被也直接吸收大气层含 N 和 S 的气体（Hosker and Lindberg，1982；Lindberg et al.，1986；Sparks et al.，2003；Turnipseed et al.，2006）。在高湿度地区植物气孔长时间开放，这对植物直接吸收 O_3、SO_2 和 NO_2 等污染物十分重要（McLaughlin and Taylor，1981；Rondon and Granat，1994）。Lovett 和 Lindberg（1986，1993）发现，美国田纳西州落叶林区的干沉降接近其年大气 N 沉降总量的一半，植物直接吸收 HNO_3 蒸气占其年干沉降氮总量（4.8 kg $N \cdot hm^{-2}$）的 75%。在全球范围内，NO_2 和 SO_2 干沉降是陆地氮和硫总沉降量的重要组成（Nowlan et al.，2014；Jaegle et al.，2018）。植被可以是大气 NH_3 的源或汇，这取决于周边大气层环境 NH_3 浓度（Langford and Fehsenfeld，1992；Sutton et al.，1993；Pryor et al.，2001）；植物也能去除大气挥发性有机物质（Simonich and Hites，1994）。

陆地植物捕获干颗粒物和气体的总量很难被测定。在林中收集的雨水包含了沉降于植物表面的物质和植物自身释放的大量元素（Parker，1983；详见第 6 章）。人工模拟收集器（模拟表面）常被用来估算植被的捕获量（White and Turner，1970；Vandenberg and Knoerr，1985；Lindberg and Lovett，1985）。在已知面积表面捕获的大气元素与其大气浓度相比可计算沉降速率（Sehmel，1980）：

$$沉降速率 = \frac{干沉降通量(mg \cdot cm^{-2} \cdot s^{-1})}{大气浓度(mg \cdot cm^{-3})} \quad (3.38)$$

将沉降速率（$cm \cdot s^{-1}$）乘以估算的植被面积（cm^2）和大气浓度，可获得某一生态系统的总沉降量。例如，Lovett 和 Lindberg（1986）以沉降速率（2.0 $cm \cdot s^{-1}$）、叶面积指数①（5.8 m²·m⁻²）及硝酸蒸气浓度 0.82 μg N·m⁻³，估算某林地氮沉降量为 3.0 kg·hm⁻²·yr⁻¹。至今仍不很确定是否能通过模拟表面代替自然表面（如树皮）来计算沉降速率，而精确测量植被表面积非常困难（Whittaker and Woodwell，1968）。显然，干沉降有待进一步研究（Lovett，1994；Petroff et al.，2008）。

海面大气沉降通常根据偏远海岛的干、湿沉降收集来估算（Duce et al.，1991）。海面也存在与大气层的气体交换（Liss and Slater，1974），是大气层 CO_2（Sabine et al.，2004）和 SO_2（Beilke and Lamb，1974）的汇，以及 NH_3（Paulot et al.，2016）和二甲硫醚（详见第 9 章）的源。

3.5.2 区域特征与变化趋势

美国的区域雨水化学特征模式反映了不同地区化学组分来源和沉降过程的相对重要性（Munger and Eisenreich，1983）。沿海区域以海洋大气输入为主，包括大量海盐气溶胶组分 Na、Mg、Cl 和 SO_4（Junge and Werby，1958；Hedin et al.，1995）。干旱和半干旱区雨水含有高浓度的土壤组分（如 Ca）（图 3.13；Young et al.，1988；Sequeira，1993；Gillette et al.，1992）。污染地区的下风向区域雨水 pH 非常低，含有高浓度的 SO_4^{2-} 和 NO_3^-（Schwartz，1989；Ollinger et al.，1993），而农业区有高浓度的 NH_4^+ 沉降（Stephen and Aneja，2008）。

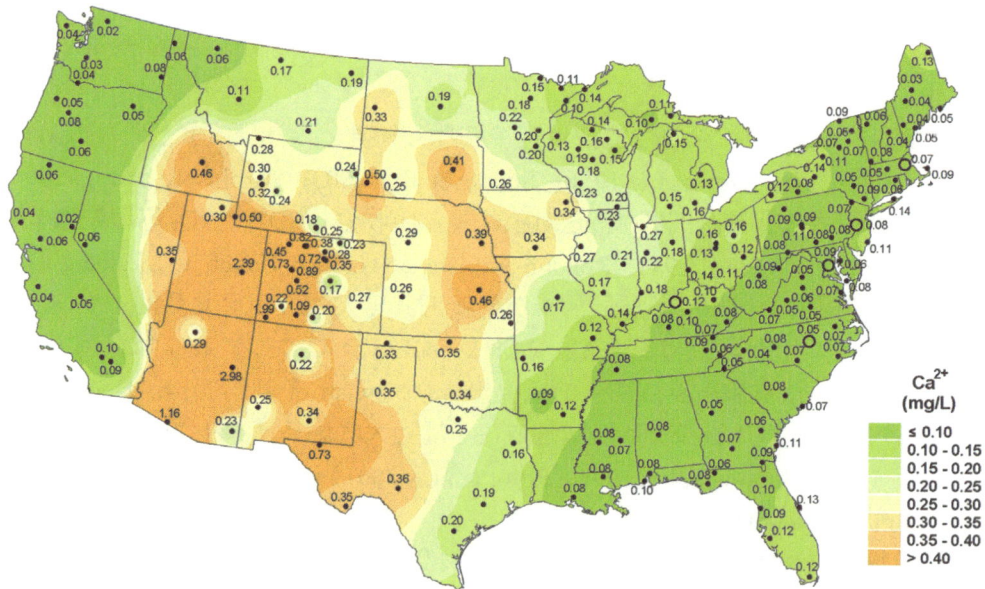

图 3.13　美国 2017 年湿沉降钙（Ca^{2+}）平均浓度
来源　美国大气沉降项目，http://nadp.slh.wisc.edu/maplib/pdf/2017/Ca_conc_2017.pdf

降水各种离子组分比例被用于源解析。除特殊情况外，雨水的钠（Na）含量几乎都来自海洋。如果雨水 Mg 含量与 Na 的比例为 0.12（海水比例；参见表 9.1），我们可以推断大部分雨水 Mg 也来自海洋源。然而，美国东南部雨水 Mg/Na 值为 0.29～0.76（Swank and Henderson，1976）。雨水 Mg 含量较 Na 相对增加的可能原因是在该区域发生降水的

---

① 叶面积指数（leaf area index，LAI）指单位地表面积（通常为 1 m²）的叶总面积（m²）。

水汽流穿越了美国大陆，携带了沿途土壤尘埃和其他源的 Mg。Schlesinger 等（1982）应用这一方法推断美国加利福尼亚州沿海地区雨水 Ca 和 SO_4^{2-} 含量并非海洋源（图 3.14）。

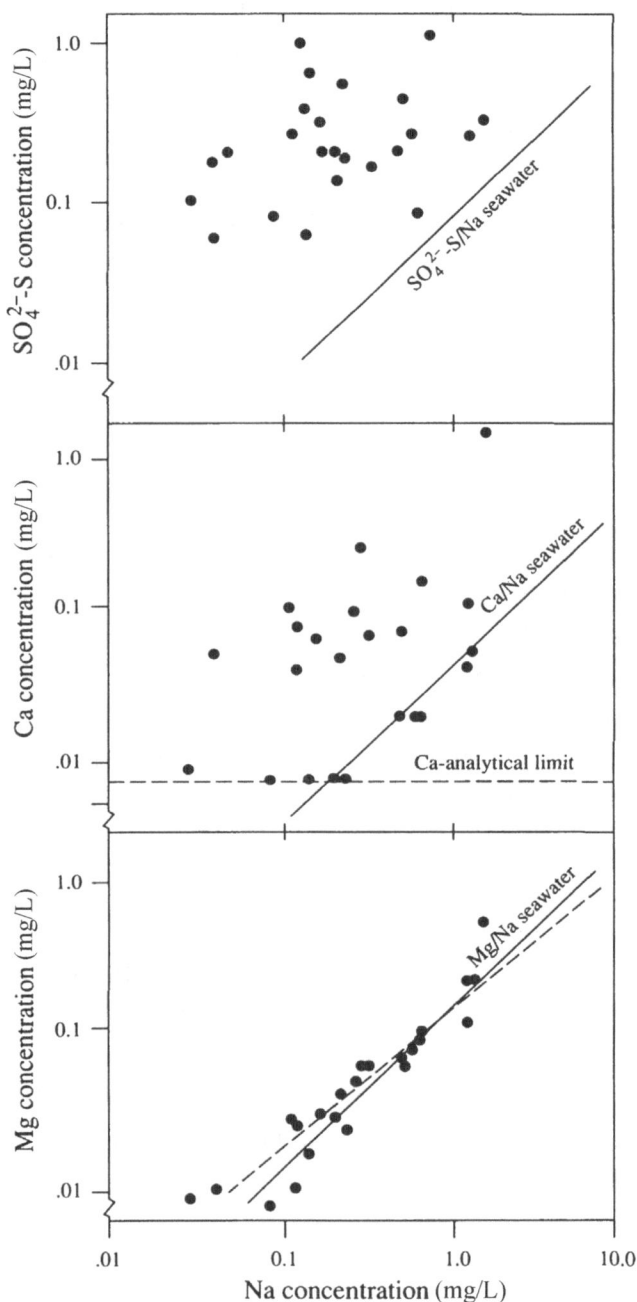

图 3.14　美国加利福尼亚州圣巴巴拉（Santa Barbara）附近地区湿沉降 SO_4^{2-}、Ca 和 Mg 含量与 Na 的相互关系（数据经对数转换）（Schlesinger et al.，1982）

图中实线为海水 SO_4^{2-}、Ca 和 Mg 离子与 Na 离子的比例。湿沉降 SO_4^{2-} 和 Ca 含量较海水富集，而其 Mg 与 Na 对数线性关系（虚线）同海水没有显著差异

图中文字　Ca-analytical limit：钙分析下限；Concentration：浓度；Seawater：海水

铁（Fe）和铝（Al）主要来源于土壤，土壤中不同离子与这两个元素的比例可预测

以土壤尘埃为主要来源的雨水离子浓度（Lawson and Winchester，1979；Warneck，2000）。美国夏威夷地区高浓度 Al 干沉降被溯源来自中国中部平原的春季沙尘暴（Parrington et al.，1983）。在格陵兰岛冰芯层沉降的降尘与美国大平原地区 20 世纪 30 年代的沙尘暴土壤矿物学特性一致（Donarummo et al.，2003）。源于土壤和植被的风载（windborne）颗粒物对大气层微量金属元素的全球迁移具有重要贡献（Nriagu，1989；详见表 1.1）。

在污染区下风向区域，SO_2 氧化并溶于雨水生成 H_2SO_4，使其 H^+ 和 SO_4^{2-} 含量显著相关 [反应式（3.27）和式（3.28）；Cogbill and Likens，1974；Irwin and Williams，1988]。硝酸根（NO_3^-）也贡献了雨水强酸组分（HNO_3）。这些组分使雨水 pH 低于 5.6，与大气 CO_2 达到平衡（Galloway et al.，1976）。相反，氨（NH_3）是雨水碱性的净来源，溶于水产生 OH^-：

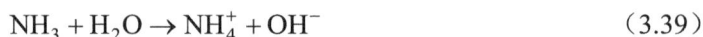

$$NH_3 + H_2O \rightarrow NH_4^+ + OH^- \tag{3.39}$$

雨水的 pH 取决于未被 NH_4^+ 和 Ca^{2+}（来自 $CaCO_3$）平衡的强酸根阴离子，即（Gorham et al.，1984）：

$$H^+ = \left[NO_3^- + 2SO_4^{2-} \right] - \left[NH_4^+ + 2Ca^{2+} \right] \tag{3.40}$$

在印度坎普尔，湿季雨水主要由 NH_3 中和酸度，而干季则由大气层的土壤尘埃 Ca 中和雨水酸度（Shukla and Sharma，2010）。欧洲低 pH 雨水部分被来自非洲撒哈拉沙漠尘 Ca 和农业源挥发 NH_3 所缓解（Lajtha and Jones，2013）。

全球约 37% 的大气酸度被 NH_3 中和（详见第 13 章），工业污染较少的南半球这一比例更高（Savoie et al.，1993）。近年来，美国因《清洁空气法》的执行，NO_x 排放量降低，使得各地风载 NH_3 浓度和 NH_4^+ 沉降组成显著增加（Li et al.，2016a；Kharol et al.，2018）。还原态氮（即 NH_4^+）在中国也非常重要（Zhan et al.，2015）。高塔监测（Griffis et al.，2019）和遥感卫星应用（Van Damme et al.，2015，2018；Warner et al.，2017；Kharol et al.，2018）均表明大气层氨负荷已得以改善。

美国东部雨水酸度通常与 SO_4^{2-} 浓度直接相关，受上风污染区 SO_2 排放影响（Likens et al.，2005）。NO_x 排放与雨水 NO_3^- 含量也存在相似关系（Butler et al.，2003，2005）。在美国西部地区，因存在与含 $CaCO_3$ 土壤气溶胶反应，雨水酸度与致酸阴离子关系尚不明确（Young et al.，1988）。

在近 100 年间，格陵兰岛和中国西藏积雪的 NO_3^- 和 SO_4^{2-} 含量增加，反映了北半球工业活动改变了人为源污染物的丰度（Mayewski et al.，1986，1990；Thompson et al.，2000）。南极冰芯记录表明这些离子在南半球的沉降无明显变化（Langway et al.，1994）。同样，北半球湖泊和泥炭沼泽最上层沉积物含有较高浓度的多种微量金属元素，疑是工业来源（Galloway and Likens，1979；Swain et al.，1992；Allan et al.，2013）。

长期降水化学记录很少见，但美国新罕布什尔州中部和田纳西州东部哈伯德溪（Hubbard Brook）生态系统的研究表明，近期 SO_4^{2-} 浓度下降趋势是排放控制的结果（Likens et al.，1984，2002；Kelly et al.，2002；Zbieranowski and Aherne，2011；Lutz et al.，2012b）。1990 年《清洁大气法》（Clean Air Act）实施后，美国和加拿大东部地区大气质量得以改善，雨水酸度显著下降（图 3.15 和图 13.2；Hedin et al.，1987；Lajtha and Jones，2013）。同样，可能由于近几年上风向地区污染排放的控制，法国阿尔卑斯山脉和格陵兰岛冰川表层 SO_4^{2-} 和 NO_3^- 浓度降低 (Fischer et al.，1998；Preunkert et al.，2001，2003)。

Sulfate ion concentration, 1985

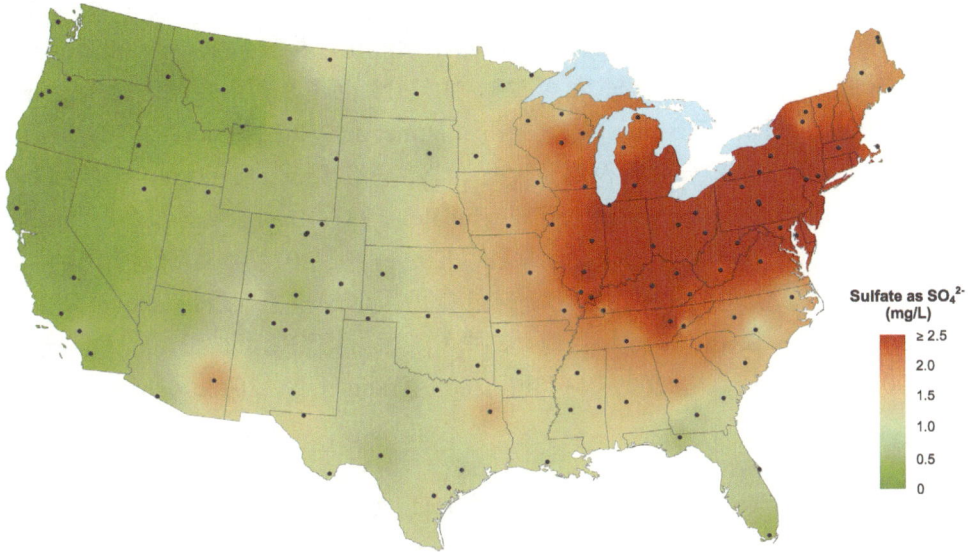

(A)

Sulfate ion concentration, 2017

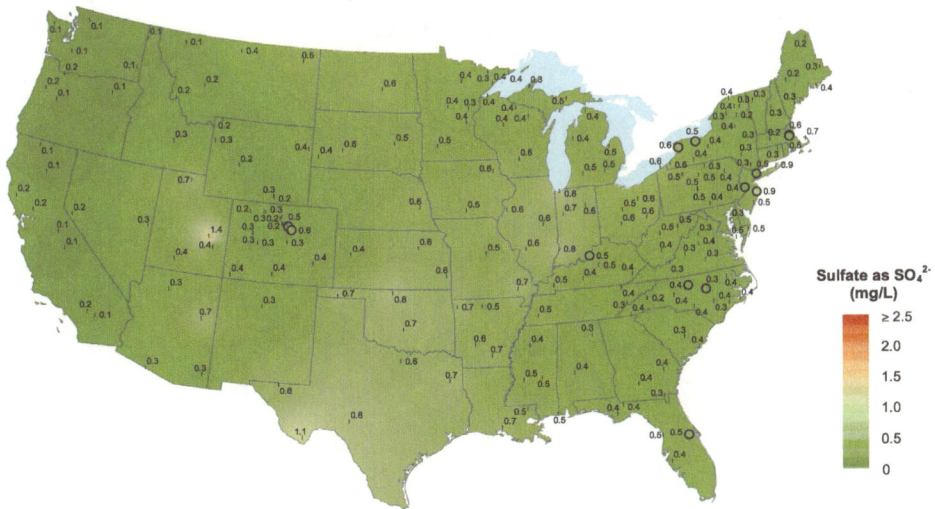

(B)

图 3.15 美国湿沉降 SO_4^{2-} 浓度 ($mg·L^{-1}$) 的空间分布。比较 1985 年 (A) 和 2017 年 (B) 显示 1990 年《清洁大气法》(*Clean Air Act*) 实施后 SO_2 排放和 SO_4^{2-} 沉降量减少的效果

来源 美国国家大气沉降项目 (National Atmospheric Deposition Program)

图中文字 Sulfate ion concentration：硫酸盐离子浓度；Sulfate as SO_4^{2-}：以 SO_4^{2-} 计

虽然污染物排放有所减少，但长期记录表明，众多自然生态系统正接收着比人类活动大量排放前更多的 N、S 和其他生物地球化学相关重要元素。污染物排放使得全球大气层含 S 气体年输入量翻倍（详见第 13 章）。1984~2016 年，全球无机氮沉降量增加了约 8%（Ackerman et al.，2019），主要为 NH_4^+ 增量（Li et al.，2016a；Kharol et al.，2018）。高氮沉降可能促进森林生长，但伴随土壤酸化，将导致 P、Mg 和其他植物营养元素的相对匮乏（详见第 4 章和第 6 章）。大气 N 沉降显著影响湖泊（Bergström and Jansson，2006）、河口（Nixon et al.，1961；Latimer and Charpentier，2010）和近海水体（Paerl et al.，1999）的养分负荷及富营养化。北美东部排放的 20%~40%硫和氮氧化物进入北大西洋西部水体（Galloway and Whelpdale，1987；Liang et al.，1998；Jaegle et al.，2018），并且北太平洋氮沉降记录不断增加（Kim et al.，2014）。尽管北美洲和欧洲的污染排放量已减少，但印度和中国的污染排放量仍呈增加趋势（Lelieveld et al.，2001；Richter et al.，2005；Stern，2006）。目前，多种大气污染物浓度可被卫星技术监测（Richter et al.，2005；Clarisse et al.，2009；Martin，2008；Yang et al.，2013a，2014；Griffin et al.，2019）。

3.6 平流层生物地球化学反应

3.6.1 O_3

O_3 是平流层 O_2 在太阳短波辐射下解离氧原子生成。该反应吸收波长为 180~240 nm 的大部分紫外线（$h\nu$），反应如下：

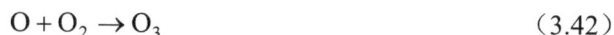

$$O_2 + h\nu \rightarrow O + O \tag{3.41}$$
$$O + O_2 \rightarrow O_3 \tag{3.42}$$

部分平流层 O_3 经大气混合作用向下进入对流层，对流层由于紫外线辐射较弱，其 O_3 生成反应受限。平流层滞留的 O_3 多数通过一系列反应被消耗。波长 200~320 nm 的紫外线（$h\nu$）辐射能破坏 O_3：

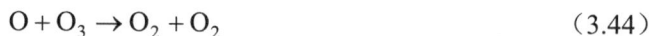

$$O_3 + h\nu \rightarrow O_2 + O \tag{3.43}$$
$$O + O_3 \rightarrow O_2 + O_2 \tag{3.44}$$

吸收该波长紫外线可加热平流层（图 3.1），并保护地球表面不被对生物组织伤害最大的太阳辐射谱中这一紫外波段（uvB）所伤害。平流层 O_3 也可与·OH 反应而被消耗（Wennberg et al.，1994），

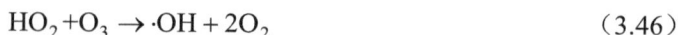

$$O_3 + \cdot OH \rightarrow HO_2 + O_2 \tag{3.45}$$
$$HO_2 + O_3 \rightarrow \cdot OH + 2O_2 \tag{3.46}$$

以及与对流层混合上行的氧化亚氮（N_2O）反应而被消耗。对流层 N_2O 存在多生成途径（详见第 6 章和第 12 章），但在大气层下层 N_2O 是惰性的。N_2O 唯一重要的汇是平流层光解过程。到达平流层的 N_2O，其中约 80%经光解反应生成 N_2（Warneck，2000）：

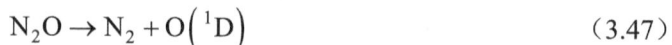

$$N_2O \rightarrow N_2 + O\left(^1D\right) \tag{3.47}$$

约 20%的 N_2O 与反应式（3.47）生成的 $O\left(^1D\right)$ 进一步反应，即

$$N_2O + O\left(^1D\right) \rightarrow N_2 + O_2 \tag{3.48}$$

但一小部分反应生成 NO：

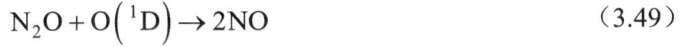

$$N_2O + O\left(^1D\right) \rightarrow 2NO \tag{3.49}$$

反应式（3.49）生成的 NO 经一系列反应破坏 O_3：

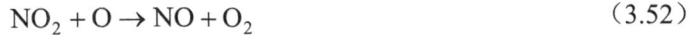

$$NO + O_3 \rightarrow NO_2 + O_2 \tag{3.50}$$

$$O_3 \rightarrow O + O_2 \tag{3.51}$$

$$NO_2 + O \rightarrow NO + O_2 \tag{3.52}$$

总反应为

$$2O_3 \rightarrow 3O_2 \tag{3.53}$$

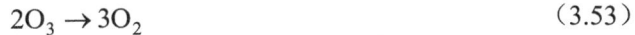

需注意的是，对流层 NO 平均滞留时间非常短，不可能有大量 NO 经混合作用上行进入平流层来消耗 O_3。几乎所有的平流层 NO 都是由 N_2O 生成的，仅有一小部分来自高空飞行器。

最后，平流层 NO_2 与·OH 反应生成硝酸［反应式（3.26）］，经混合下行到对流层，与雨滴发生异相反应而被去除[1]。

最终，平流层 O_3 被氯催化破坏：

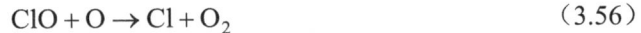

$$Cl + O_3 \rightarrow ClO + O_2 \tag{3.54}$$

$$O_3 + h\nu \rightarrow O + O_2 \tag{3.55}$$

$$ClO + O \rightarrow Cl + O_2 \tag{3.56}$$

总反应为

$$2O_3 + h\nu \rightarrow 3O_2 \tag{3.57}$$

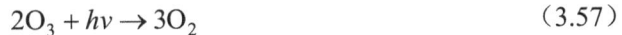

单个 Cl 原子通过上述循环反应破坏多个 O_3 分子，最后 Cl 转化为 HCl 经混合下行进入对流层，与雨滴发生异相反应被去除（Rowland，1989；Solomon，1990）。

O_3 生成量［参见反应式（3.41）和式（3.42）］与各途径消耗量间的平衡维持了平流层 O_3 浓度的稳态，海拔 30 km 大气层 O_3 浓度峰值约为 7×10^{18} 分子·m^{-3}（Warneck，2000）。尽管赤道大气层光化学反应生成 O_3 量最大，但 O_3 层在两极密度最厚。

自 20 世纪 80 年代中期以来，野外监测发现南极大气层 O_3 总密度显著下降，在很大区域形成 O_3 "洞"（Farman et al.，1985；图 3.16）[2]。南极大气层 O_3 总密度下降速率空前（达 0.3%·yr^{-1}），表征了全球生物地球化学的扰动。O_3 层破坏可能导致地球表面紫外线辐射通量增加（Correll et al.，1992；Kerr and McElroy，1993；McKenzie et al.，1999），从而增加人群皮肤癌和白内障患病率（Norval et al.，2007）。地球表面接受更多 uvB 辐射可能降低环绕南极洲南大洋上层水体的海洋生产力（Smith et al.，1992b；Meador et al.，2002；Arrigo et al.，2003）。紫外辐射也对陆地植物造成损伤（Caldwell and Flint，1994；Day and Neale，2002）。自然光化学反应的 O_3 产生和消耗平衡维系着大气层 O_3 浓度的早期稳态，因此，我们需要关注的是人类活动如何干扰了这一平衡（Cicerone，1987；Rowland，

---

① 大气化学家将这一反应称为"反硝化作用"。但不能混淆厌氧土壤和沉积物中微生物参与的将 NO_3^- 还原为 N_2 的"反硝化作用"（详见第 7 章）。

② O_3 "洞"指大气层 O_3 浓度低于 220 多布森（Dobson）单位的区域（详见第 62 页脚注①）。

1989；Hegglin et al.，2015）。

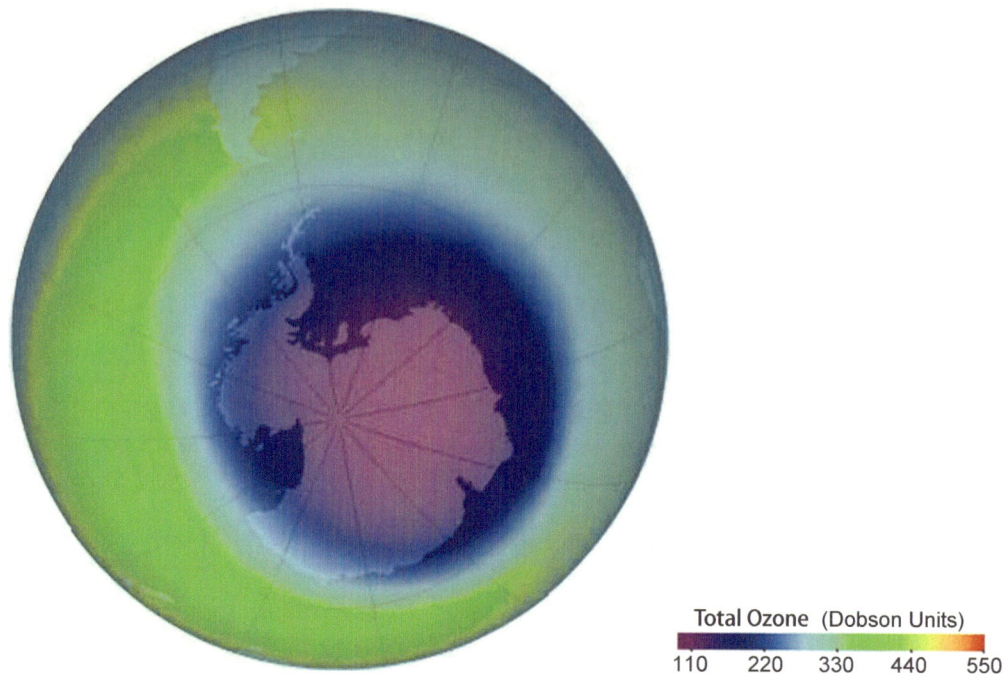

图 3.16　2006 年 10 月南半球大气层平均 O_3 丰度。O_3 "洞"（蓝色和紫色部分）平流层 O_3 丰度低于 220 多布森（Dobson）单位，可能描述为 O_3 层变薄比 O_3 "洞" 更合适。整个大气层数据以多布森（Dobson）为单位，详见第 62 页脚注①
来源　http://ozonewatch.gsfc.nasa.gov/monthly/monthly_2006-10.html
图中文字　Total ozone（Dobson units）：O_3 总丰度（多布森为单位）

　　氯氟烃（氟利昂）是气溶胶喷雾剂、制冷剂和溶剂，非天然来源（Prather，1985）。这类化合物在对流层呈化学惰性，经大气混合上行进入平流层，光化学分解反应生成活性氯（Molina and Rowland，1974；Rowland，1989，1991）：

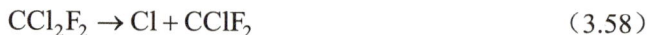

$$CCl_2F_2 \rightarrow Cl + CClF_2 \tag{3.58}$$

　　进一步以系列反应［式（3.54）～式（3.56）］消耗 O_3。该系列反应在冰颗粒上大幅增强，是南极洲上空春季首次出现臭氧 "洞" 的原因（Farman et al.，1985；Solomon et al.，1986）。在无冰颗粒的大气层，ClO 与 NO_2 反应生成惰性化合物 $ClONO_2$，将两种破坏 O_3 的气体去除。在冰云存在时，$ClONO_2$ 分解：

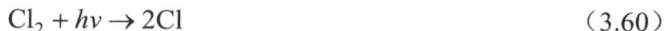

$$ClONO_2 + HCl \rightarrow Cl_2 + HNO_3 \tag{3.59}$$

$$Cl_2 + h\nu \rightarrow 2Cl \tag{3.60}$$

释放活性氯消耗 O_3（Molina et al.，1987；Solomon，1990）。在过去的 40 多年，南极洲大气层活性氯增加量与平流层 O_3 损失量相当（Solomon，1990）。北极平流层温度高于南极，因此冰颗粒较少，臭氧消耗相应较小。

　　相对于自然源氯，平流层氯氟烃对全球氯收支非常重要（图 3.17）。海盐气溶胶是对流层氯最大自然来源，但其平均滞留时间短，故对平流层氯贡献有限。也没有迹象表明过去几十年海盐气溶胶丰度有所增加。同样，对流层工业排放 HCl 也被降雨迅速去除。

火山强烈喷发能直接将气体射入平流层，有时可增加其 Cl 含量（Johnston，1980；Mankin and Coffey，1984；Cadoux et al.，2015）。然而，多数情况下仅有很少的氯能到达平流层，众多过程可去除火山上升烟流携带的 HCl（Tabazadeh and Turco，1993；Textor et al.，2003）。皮纳图博火山（Mount Pinatubo）喷发时释放了 4.5×10^{12} g HCl，但平流层氯浓度增加不到 1%（Mankin et al.，1992）。

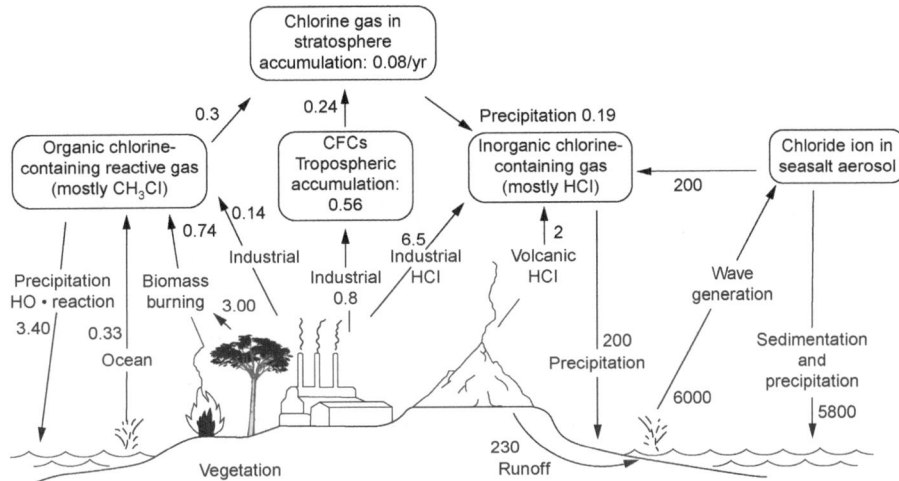

图 3.17　对流层和平流层全球氯收支。数据单位为 10^{12} g Cl·yr^{-1}

来源　修改和更新自 Möller（1990）、Graedel 和 Crutzen（1993）、Graedel 和 Keene（1995）；新数据来自 McCulloch 等（1999）；其他来源列于表 3.7

图中文字　Organic chlorine-containing reactive gas：含氯有机活性气体；Precipitation：降水；·OH reaction：羟基自由基反应；Biomass burning：生物质燃烧；Industrial：工业的；Tropospheric accumulation：对流层累积量；Chlorine gas in stratosphere accumulation：平流层含氯气体累积量；Inorganic chlorine-containing gas：无机含氯气体；Volcanic HCl：火山源氯化氢；Chlorine ion in seasalt aerosol：海盐气溶胶氯离子；Wave generation：光照生成；Sedimentation and precipitation：沉积和降水；Ocean：海洋；Vegetation：植被；Runoff：径流

平流层唯一重要的自然源氯（Cl）来自于海洋表面、植物（尤其热带植被）、森林火灾等产生的甲基氯①（CH$_3$Cl，表 3.7）。全新世时期氯甲烷浓度呈波动状态（Verhulst et al.，2013），但近 100 年南极洲冰层 CH$_3$Cl 含量升高（Butler et al.，1999；Saltzman et al.，2009）或南北半球大气 CH$_3$Cl 浓度显著差异（Beyersdorf et al.，2010）所表征的工业源贡献均未表现出强烈的影响。目前，CH$_3$Cl 收支略有不平衡，源高于汇。CH$_3$Cl 的大气平均滞留时间约为 1.3 年，故仅有一小部分随大气混合上行进入平流层。

表 3.7　大气层 CH$_3$Cl 和 CH$_3$Br 收支　　　　　　　　（单位：Tg·yr^{-1}）

	CH$_3$Cl	CH$_3$Br	文献
源			
海洋	0.70	0.0015	Hu et al.，2012，2013
海岸带植被	0.03～0.17	0.001～0.008	Rhew et al.，2014；Hu et al.，2010；Deventer et al.，2018
旱地植被	2.20		Verhulst et al.，2013；Bahlmann et al.，2019
淡水湿地	0.74	0.035	Hardacre and Heal，2013
生物质燃烧	0.73	0.034	Andreae，2019；Verhulst et al.，2013

————————————

① 也称氯甲烷。

续表

	CH₃Cl	CH₃Br	文献
工业利用	0.11~0.16	0.05	McCulloch et al.，1999；Thompson et al.，2002
最大总排放量	4.60	0.12	最佳估算量
汇			
海洋吸收	0.37	0	Hu et al.，2013
土壤吸收	0.25	0.022~0.042	Shorter et al.，1995；Serca et al.，1998
与•OH 反应	3.37	0.09	Thompson et al.，2002
上行平流层	0.28	0.006	Thompson et al.，2002
最大总汇量	4.27	0.24	最佳估算量

在全球氯收支平衡中，相对小产量的工业氯氟烃（在对流层呈惰性）是平流层氯的主要来源（图 3.17；Russell et al.，1996）。平流层含氯氟烃类浓度的增加与 O_3 去除密切相关（Rowland，1989；Butler et al.，1999）。幸运的是，随着 1987 年《蒙特利尔议定书》实施，全球范围内限制氯氟烃使用[①]，已有一些证据表明其大气层浓度增长率已放缓（Elkins et al.，1993；Montzka et al.，1996；Solomon et al.，2006），并且 O_3 层空洞可能已开始缓慢修复（图 3.18；Solomon et al.，2016；Chipperfield et al.，2017）[②]。事实上，人类活动对平流层 O_3 的持续影响可能来自持续上升的大气层 N_2O 浓度（Ravishankara et al.，2009；详见第 12 章）。

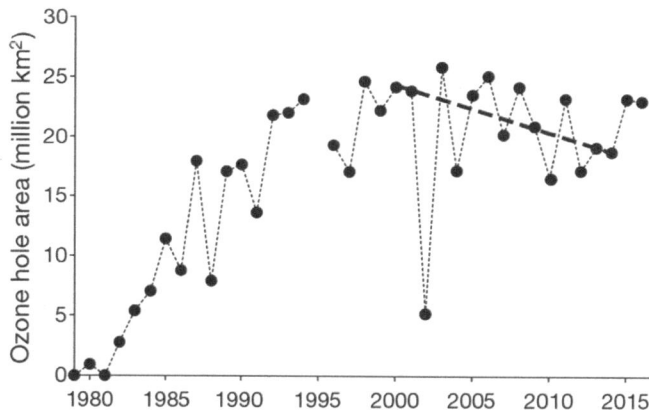

图 3.18 O_3 "洞"大小，即自 20 世纪 80 年代以来南极洲大气层 O_3 浓度＞220 多布森（Dobson）的区域面积。自 1987 年《蒙特利尔议定书》签订后，近期趋于稳定
来源 改编和更新自 Solomon 等（2016）
图中文字 Ozone hole area：臭氧洞面积；Million km²：百万平方千米

类似反应也可能发生在含溴化合物上。实际上，溴化物对平流层 O_3 的破坏能力要强于 Cl（Wennberg et al.，1994）。工业源甲基溴（CH_3Br）作为农业熏蒸剂历史悠久（Yagi et al.，1995）。海洋表面、植被和生物质燃烧也会释放 CH_3Br（表 3.7）。CH_3Br 的汇包

[①] 消耗 O_3 的其他含氯化合物也在《蒙特利尔议定书》中被禁，但有证据表明仍存在秘密地持续性排放 CCl_4（Liang et al.，2014）和 CFC-11（Montzka et al.，2018；Rigby et al.，2019）。
[②] 不幸的是，一些 CFC 替代化合物显著加剧地球温室效应（Wuebbles et al.，2013；Rigby et al.，2014），近期的国际协议限制其使用。

括海洋和土壤吸收以及被·OH 氧化。工业革命时期大气层 CH_3Br 浓度不断增加（Saltzman et al.，2008；Khalil et al.，1993a），之后其浓度于近几年出现了下降（Yvon-Lewis et al.，2009）。CH_3Br 的全球收支及其大气层平均滞留时间（约 0.8 年；Colman et al.，1998）使其难以滞留，呈汇大于源状态（表 3.7）。然而，部分 CH_3Br 的滞留时间足以到达平流层消耗 O_3。

其他含卤气体包括海洋浮游植物产生的三溴甲烷（$CHBr_3$；Quack and Wallace，2003；Stemmler et al.，2015）和碘甲烷（CH_3I；Bell et al.，2002，Yokouchi et al.，2012；Stemmler et al.，2015）以及各种有机氟化物（如 CH_3F），其大气平均滞留时间非常短，难以通过混合上行进入平流层。平流层氟含量增加似乎完全来自于氯氟烃的混合上行传输，可被平流层紫外线分解是其存在的独立证据（Russell et al.，1996）。然而，氟（F）不是有效的 O_3 消耗催化剂。

卫星观测有助于了解平流层 O_3 变化。大气层 O_3 损失监测始于 1979 年首个总臭氧测绘光谱仪（TOMS）的使用，记录了从大气层底部至顶层气体柱内 O_3 的丰度（图 3.18）。O_3 层面积和最小大气柱丰度在记录初期快速下降后，近几年渐趋于稳定[①]。北极地区 O_3 损失趋势相似，但幅度较小（Solomon et al.，2007；Manney et al.，2011），导致欧洲暴露在更强的 uvB 辐射下（Petkov et al.，2014）。

3.6.2 平流层硫化物

平流层硫酸盐气溶胶对地球反照率十分重要（Warneck，2000）。在海拔 20～25 km 的平流层存在一个称为容格（Junge）层的硫酸盐气溶胶层。硫酸盐气溶胶具双重来源。大型火山喷发将 SO_2 直接注入平流层，进一步氧化成硫酸盐［反应式（3.27）和式（3.28）］。大型火山喷发可增加平流层硫酸盐丰度达 100 倍（Arnold and Buhrke，1983；Höfmann and Rosen，1983），硫酸盐气溶胶在平流层滞留时间达数年，可冷却地球（McCormick et al.，1995；Briffa et al.，1998；Sigl，2015）。印度尼西亚坦博拉火山喷发后，1816 年在新英格兰和欧洲大部分地区被称为"没有夏天的一年"。

在没有火山活动的时期，平流层硫酸盐主要来源于对流层混合上行的硫化碳（COS）[②]（Sheng et al.，2015）。COS 是大气层丰度最高的含硫气体，平均浓度约为 500 ppt（表 3.1）。大气层硫库约为 2.8×10^{12} g S（Chin and Davis，1995）。根据全球硫收支（表 3.8），COS 的大气平均滞留时间约为 5 年。大多数含硫气体活性强，平均大气滞留时间远短于 1 年，因此，COS 的平均滞留时间使其有 1/3 的年排放量随大气混合上行平流层。大型野火烟羽可能输入额外的 COS 到平流层（Notholt et al.，2003）。

全球大气层 COS 收支表在过去数十年不断被修订，当前 COS 收支呈现源略大于汇。收支表中包括海洋净吸收量等几部分估算具有局限性（表 3.8）。在工业革命期间大气层 COS 浓度增加（Aydin et al.，2002；Montzka et al.，2004），但近几十年略有下降（Sturges et al.，2001；Rinsland et al.，2002），可能是由于植物吸收的增加（Campbell et al.，2017）。

---

① 详见 http://ozonewatch.gsfc.nasa.gov/.

② 也缩写为 OCS。

大气层 COS 大部分来源是厌氧土壤和工业排放的二硫化碳（CS_2）氧化而来的。海洋是 COS 的间接来源，来自于浮游植物排放的二甲硫醚的氧化（详见第 9 章和第 13 章）。在 COS 全球收支表（表 3.8）中，直接海洋源的少量 COS 是净值，包括了海水对 COS 的吸收（Weiss et al.，1995）。湿地土壤是很小的 COS 源，全球盐沼湿地排放的 COS 量受其较小的分布范围所限制（Aneja et al.，1979；Steudler and Peterson，1985；Carroll et al.，1986）。其他 COS 源包括了生物质燃烧源（Nguyen et al.，1995；Andreae，2019）和含燃煤燃烧的直接工业排放源（Du et al.，2016；Zumkehr et al.，2017）。人类活动源可能贡献了一半的全球大气层年度 COS 含量（Zumkhr et al.，2018）。

表 3.8　大气层硫化碳（COS）全球支出

	COS（10^{12} g S·yr^{-1}）	文献
源		
海洋	0.04[a]	Kettle et al.，2002
还原性土壤	0.03	Kettle et al.，2002
生物质燃烧	0.31～0.60	Andreae，2019；Stinecipher et al.，2019
工业	0.26	Campbell et al.，2015
火山	0.02	Chin and Davis，1993
自然 CS_2 氧化	0.14[b]	Kettle et al.，2002；Campbell et al.，2015
DMS 氧化	0.15	Kettle et al.，2002
源总量	0.95～1.25	
汇		
植被吸收	0.24～0.74	Kettle et al.，2002；Berry et al.，2013
土壤吸收（好氧）	0.13	Kettle et al.，2002
·OH 氧化	0.09	Kettle et al.，2002
平流层光解	0.02	Kettle et al.，2002
汇总量	0.48～0.98	

a. 净含量。

b. 假设工业源每年贡献了全球 44% 的 CS_2。

部分 COS 在平流层被·OH 氧化，但对流层 COS 主要的汇可能是植被和旱地土壤吸收（Kuhn et al.，1999；Simmons et al.，1999；Steinbacher et al.，2004），首次被 Goldan 等（1988）报道。大气层 COS 浓度与 CO_2 一起呈季节性波动，可能与植物生长活动有关（Geng and Mu，2006；Montzka et al.，2004，2007；Campbell et al.，2008）。Kesselmeier 和 Merk（1993）发现当 COS 环境浓度大于 150 ppt 时，多种作物可吸收 COS。目前认为，植被吸收贡献了全球年度 COS 损失（表 3.8），有学者建议通过测定大气层 COS 丰度变化来间接表征全球光合过程强度的变化（Blonquist et al.，2011；详见第 5 章）。

少量 COS 经大气混合上行至平流层，与·OH 等发生光化学反应产生 SO_4^{2-}，形成 Junge 层。事实上，除大型火山喷发外，COS 是平流层 SO_4^{2-} 气溶胶的主要来源（Hofmann and Rosen，1983；Servant，1986）。最后，这些平流层气溶胶通过大气混合下行到对流层被去除。

有证据表明，近年来平流层硫酸盐气溶胶浓度有所增加（Hofmann，1990）。这些气溶胶影响对流层的太阳辐射量，是地球辐射收支的重要组分（Turco et al.，1980）。比较 CS_2 直接和间接来源，人类对 COS 收支贡献巨大（表 3.8），平流层 COS 源气溶胶的增加可能潜在影响全球变暖模型的未来预测（Hofmann and Rosen，1980）。相应地，全球变暖和地球表面 uvB 辐射通量增强可能增加海水 COS 产量（Najjar et al.，1995）。

火山喷发将 SO_2 射入平流层的影响非常巨大，有研究者建议组织相关研究计划，在平流层"播种"硫酸盐气溶胶应对全球气候变化（Crutzen，2006）。由于对地球系统其他功能方面存在潜在的影响，这一地球工程计划受到质疑（Robock et al.，2009；Keith et al.，2016）。

3.7 大气层和全球气候模型

已有大量模型被开发来诠释大气层物理特性和化学反应。用于预测单一大气层柱特征的模型被称为一维辐射（1D）-对流模型。例如，图 3.2 是一个简单温室效应一维模型，假设全球表面大气层变化可用平均值来近似表征。二维模型（2D）包括以垂直尺度和单一水平尺度（如纬度）描述地球表面一定距离的大气层特征变化（Brasseur and Hitchman，1988；Hough and Derwent，1990）。在区域尺度上，二维模型对排放污染物的去向跟踪十分有用（Rodhe，1981；Asman and van Jaarsveld，1992；Berge and Jacobsen，1998）。三维模型（3D）可描述特定气团在大气层水平和垂直方向运动的去向，如已知的全球环流模型（general circulation model，GCM）（图 3.19）。

已有的许多模型同时包括化学反应和物理现象，如温差驱动的大气环流。在本章介绍的相关反应速率和平衡常数将化学转化参数化。由于包括大量反应过程，多数模型非常复杂（如 Logan et al.，1981；Isaksen and Hov，1987；Lelieveld and Crutzen，1990），但是输入同步变化的不同变量，这些模型能给出未来大气层组成变化的有用预测。

几乎所有的气候模型均预测随着大气层 CO_2、N_2O、CH_4 和氯氟烃浓度的升高，大气层变暖（2～4.5℃）（IPCC，2013）[①]。由于大量化石燃料的燃烧，目前大气层 CO_2 浓度比过去 500 万年间任何时候都高（Stap et al.，2016）。近 150 年大气层 CO_2、N_2O 和 CH_4 浓度比过去 1 万年涵盖整个人类文明时期的任何时期都要高（Flückiger et al.，2002）。大气层变暖来自于吸收来自地球表面的红外（热）辐射，即温室效应或辐射力效应（图 3.2）。预测未来气候暖化最激烈的区域发生在极地地区，其近红外辐射（相对于太阳光入射）损失最大（Manabe and Wetherald，1980）。近年来北极海洋冰川的消融已证明这些预测是正确的（Serreze et al.，2007；Notz and Stroeve，2016；详见第 10 章）。基于同样的原因，未来全球夜晚和冬季温度的变化可能要比现在的更大。可假设海洋变暖比大气变暖要慢得多，但最终变暖的海水将会提高蒸发速率，加速全球水文循环的水分环流（详见第 10 章）。水蒸气也会吸收红外辐射，可能进一步加速潜在的温室效应

[①] 作为工业溶剂，三氟化氮（NF_3）是全球温室效应的重要贡献者之一，但是大多数气候变化评价时没有将其考虑在内（Prather and Hau，2008；Weiss et al.，2008）。

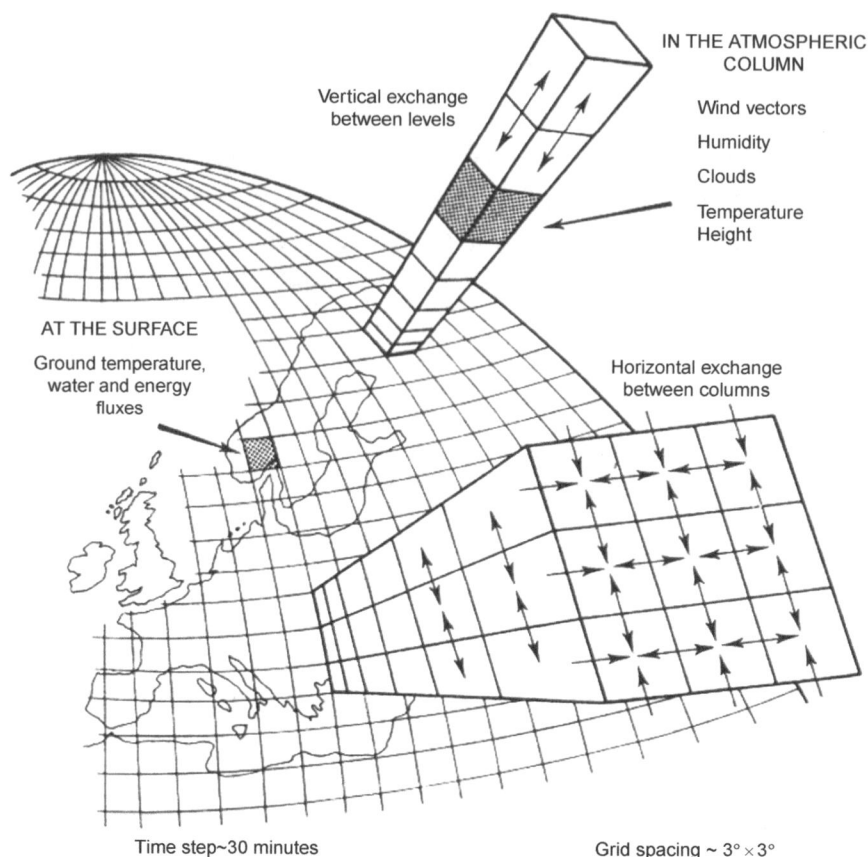

图 3.19　地球大气层动态三维环流模型的概念结构及模型运行必需参数

来源　Henderson-Sellers 和 McGuffie（1987），John Wiley and Sons Ltd.授权使用

图中文字　At the surface：地表；Ground temperature：地表温度；Water：水体；Energy：能量；Fluxes：通量；Vertical exchange between levels：不同高度间的垂直交换；Horizontal exchange between columns：不同气柱间的水平交换；In the atmospheric column：在一个气柱中；Wind vector：风速；Humidity：湿度；Clouds：云；Temperature：温度；Height：海拔；Time step～30 minutes：时间步长为 30 分钟；Grid spacing～3° × 3°：网格空间尺度为 3° × 3°

（Raval and Ramanathan，1989；Rind et al.，1991；Soden et al.，2005；Willett et al.，2007）。因此，大多数模型预测大气层 CO_2 和其他痕量气体浓度的升高会使地球变成一个更温暖和潮湿的行星。

　　地球接收太阳辐射约 340 $W \cdot m^{-2}$（图 3.2）[1]。自然温室效应截留 153 $W \cdot m^{-2}$ 的输出辐射，提高地球温度 33℃（Ramanathan，1988）[2]。在过去 30 年左右，太阳光照强度仅有微量增加（+0.12～0.16 $W \cdot m^{-2}$）（Foukal et al.，2006；Pinker et al.，2005；IPCC，2013），但人类活动通过提升大气痕量气体浓度影响辐射力，较自然温室效应增加了约 2.3 $W \cdot m^{-2}$（IPCC，2013），地球输出辐射光谱分布发生了可测量的改变（Harries et al.，2001）。气溶胶可为大气层降温，因人为活动增加的气溶胶浓度可降低全球辐射力约 1.2 $W \cdot m^{-2}$（即全球冷化；Bellouin et al.，2005；Mahowald，2011；IPCC，2013）。非常有意思的是，

---

① 在地球大气层外测定的太阳辐射为 1379 $W \cdot m^{-2}$，为太阳辐射常量（McElroy，2002）。根据地球辐射收支的一维模型计算，每年地球接受太阳辐射约为 340 $W \cdot m^{-2}$，这是因为同一时间地球仅 1/4 表面接收太阳照射。

② 地球温室效应是由 H_2O 和 CO_2 主导的。O_2 和 N_2 对地球辐射收支贡献很少，两者总和只贡献 0.28 $W \cdot m^{-2}$ 的温室效应（Hopfner et al.，2012）。

在最近的冰河时期大气层气溶胶浓度更高（Patterson et al.，1999；Lambert et al.，2008），而 CO_2 浓度和温度更低（详见图 1.4）。

树木年轮和冰芯的长期记录表明全球气候实质性变暖与 CO_2 浓度升高相一致（Mann et al.，1999；Thompson et al.，2000）。欧洲目前气温比过去 500 年任一时间点都高（Luterbacher et al. 2004）。这样的气候变化不能仅以自然现象来解释（Crowley，2000；Stott et al.，2000）。这些快速的气候变化其发生速度将被全球海洋的热缓冲量所缓解，海洋可吸收大量的热能。目前，数个长期记录表明全球海洋温度已提高（Levitus et al.，2001；Barnett et al.，2005）。

大气层和海洋不同的变暖模式改变降水和水分蒸发的全球格局（Manabe and Wetherald，1986；Rind et al.，1990；Zhang et al.，2007），实质性地影响热带以外地区的土壤湿度。干旱区域，如美国西南部，极可能加剧干旱（Cook et al.，2004；Seager et al.，2007），与该地区近期降雨变化趋势一致（Milly et al.，2005），将在第 10 章进一步讨论。

气候变化和生物地球化学在各个方面相互影响。陆地植物和海水从大气层吸收了大量的 CO_2，潜在地减缓了气候变化（详见第 5 章、第 9 章和第 11 章）。清除植被可改变地球陆地表面反照率，潜在地影响辐射力（Forzieri et al.，2017）。温度升高可能加速现储存于北极永冻土的土壤碳分解速率（Dorrepaal et al.，2009；Schuur et al.，2009），并促使现冷冻在海洋沉积物中的甲烷释放，为进一步全球变暖提供正反馈（详见第 11 章）。气候变化可能影响众多植物和动物的分布，导致物种灭绝（Thomas et al.，2004）；同时也会影响与人类健康和经济活动密切相关的众多条件（Hsiang et al.，2017）。

3.8 小 结

在这一章我们讨论了大气层物理结构、环流及其组成。大气层主要组成（如 N_2）活性低且平均滞留时间长。CO_2 主要受地球表面植物光合过程吸收和水体溶解的控制。大气层还含有各种微量组成，其中多数为还原性气体。这些气体具有很高的活性，与羟基自由基（·OH）发生同相反应、与气溶胶和云滴发生异相反应，从而将它们从大气层清除。大气层众多痕量气体浓度的变化指示着全球变化，可导致进一步的气候变暖和地表紫外辐射通量增加。这些气体的氧化产物沉降到陆地和海洋生态系统，增加了 N、S 和其他元素输入的生物地球化学意义。人为活动排放含 N 和 S 的氧化性气体污染大气层，导致下风向生态系统的酸沉降。增强的 N 和 S 沉降预示着区域和全球尺度生物地球化学循环的改变。平流层 O_3 浓度和全球气候变化是对人类活动影响地球大气层的早期警告。

第4章 岩　石　圈

4.1　引　　言

自地质年代早期以来，裸露的地壳与大气相互作用，引起岩石风化。地球原始大气层大量火山气体溶解于水产生酸，与表层岩石发生反应（详见第 2 章）。随着大气层氧气的累积，暴露在地球表面的黄铁矿等还原态矿物发生氧化，引起岩石风化。至少陆地植物出现后，岩石矿物也暴露在由土壤微生物和植物根系新陈代谢活动产生的高浓度 CO_2 中。CO_2 溶解于土壤水形成的碳酸（H_2CO_3）是当今多数生态系统岩石风化的主要原因。地球大气层高浓度的 CO_2 预期可增加全球岩石风化率。近年来，人类活动向大气层排放了大量的 NO_x 和 SO_2，在众多区域引起酸雨（详见第 3 章）和提高岩石风化速率（Cronan，1980）。

Siever（1974）提出了一个基本方程来概括地球大气层与地壳间的紧密关系：

$$岩浆岩+酸性挥发物=沉积岩+盐化海洋 \tag{4.1}$$

该公式表明整个地质年代地壳原生矿物暴露在活性、产酸的含 C、N 和 S 等气体的大气层中。这些化学反应产物被输运到海洋，以水溶性盐或海洋沉积物等方式累积（Li

1972）。在整个地质年代形成了大量的沉积岩；事实上，目前约 2/3 的陆地暴露岩石是沉积岩，由构造运动隆起到陆地表面（Durr et al.，2005；Suchet et al.，2003；Hartmann and Moosdorf，2012）。正如西韦特（Siever）定律所描述的，隆起的沉积岩与酸性挥发物间发生进一步风化反应。最终，地层潜没（俯冲）等地质过程将这些沉积岩输送到地球深处，CO_2 被释放的同时，固体组分在高温和高压下被转化为原生矿物（详见图 1.3；另见 Siever，1974）。

本章将综述陆地岩石风化的基本类型和驱动风化反应的过程。岩石风化对无气态元素的生物有效性至关重要（如 Ca、K、Fe 和 P；表 4.1）。风化过程是土壤肥力、生物多样性和农业生产的基础（Houston，1993）。土壤水分与固态物质之间的反应决定了生物必需元素的有效性及其径流损失。反之，陆地植物和土壤微生物也影响岩石风化和土壤发育，潜在地调控全球生物地球化学和地球气候。在本章中，我们阐述地球主要生态系统的土壤发育，最后我们将估算全球岩石风化速率，尝试推算陆地生物化学元素的年供给（新）量，以及向河流和海洋输送的风化产物总量。

表 4.1　地球陆地地壳的平均组成

组分	组成（%）
Si	28.8
Al	7.96
Fe	4.32
Ca	3.85
Na	2.36
Mg	2.20
K	2.14
Ti	0.40
P	0.076
Mn	0.072
S	0.070

来源：Wedepohl（1995）（详见图 2.3）。

4.2　岩　石　风　化

随地层隆起和地球表面暴露，所有的岩石都被风化，风化过程是包括了一系列岩石分解过程的通用术语。机械风化过程是指岩石材料在没有化学反应作用下的破碎化或损失过程，用实验室术语来说，机械风化等同于物理变化。机械风化在极端和强季节性气候下有大量裸露岩石的地区尤其重要。风蚀是干旱环境机械风化的一种形式，而岩石裂隙中水结冰膨胀（通常导致岩石破裂）是寒冷气候地区机械风化的一种重要形式。生长于岩石裂隙中的植物根系也会破碎岩石。构造力则引起深层基岩破裂（St Clair et al.，2015）。人类通过采矿和道路建设极大地加速了机械风化速率。

当机械风化产物未被侵蚀快速运移时，会发育成土层深厚的土壤，这一景观被称为"运输限制型"（如 Brosens et al.，2020）。在其他区域，岩石细颗粒和土壤被侵蚀搬离，即生态系统固态颗粒物损失。机械风化产物也通过诸如山体滑坡等灾难性事件而损失

（Swanson et al.，1982）。流经山区的河流经常携带大量的沉积物，表明高海拔地区存在高强度机械风化和侵蚀（Milliman and Syvitski，1992）。

4.2.1 化学风化

岩石和土壤的矿物与酸性氧化性物质发生的反应是化学风化。化学风化通常有水参与，部分矿质元素以水溶性离子释放，可被生物吸收或随地表水损失。多数情况下机械风化对岩石矿物暴露并发生化学风化十分重要（如 Miller and Drever，1977；Anbeek，1993；Hilley et al.，2010）。较慢的机械风化速率会限制化学风化强度，降低土壤肥力（Gabet and Mudd，2009）。基岩裂隙增加 CO_2 和 O_2 扩散以及地下水入渗，使化学风化在深层发生，改变地下水水流和化学组成，运输至坡下表面（Kim et al.，2017）。土壤科学家所谓的"关键带"（critical zone）或风化层向下延伸至平均深度 80 m（Xu and Liu，2017），即岩石风化和地下水水流层。

化学风化速率取决于岩石的矿物组成。岩浆岩和变质岩含有在地球深处高温、高压环境下形成的原生矿物（如橄榄石和斜长石）。这些原生硅酸盐矿物具有晶体结构，根据其晶体结构及晶格的镁/铝值可分为两类：铁镁质或铁镁质矿物系和斜长石或长英石系（图 4.1）。这些矿物的风化速率与岩石矿物原始冷却和结晶顺序相反，即最早凝结的矿物最易发生风化反应（Goldich，1938）。

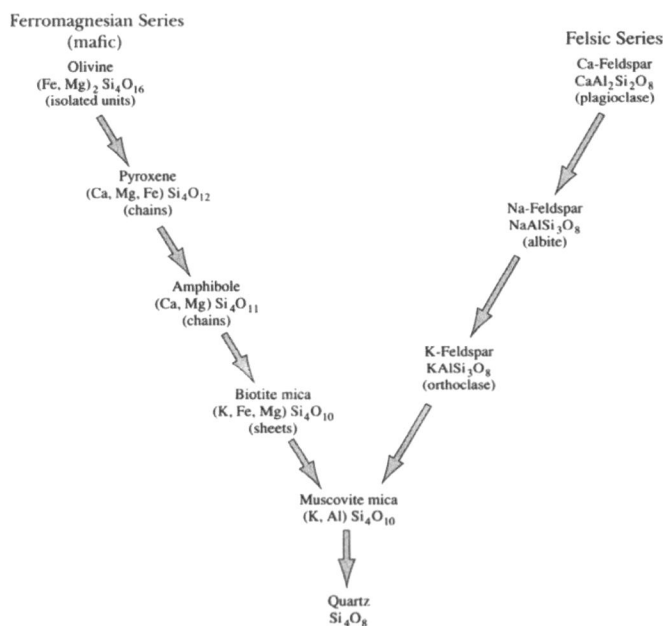

图 4.1 硅酸盐矿物分为两类，根据晶格中 Mg 和 Al 的存在分为铁镁质矿物类和长英石矿物类。在铁镁质矿物类中，单一晶体单元矿物（如橄榄石）非常容易被风化；当矿物晶体单元相互联结并具有较低 O/Si 值时则不易被风化。在长英石矿物类中，Ca-长石（斜长石）要比 Na-长石（钠长石）和 K-长石（正长石）更易被风化。石英是这些矿物中最稳定的。这一风化次序与岩浆冷却时这些矿物的沉积顺序相反

图中文字 Ferromagnesian series：铁镁矿物类；Mafic：基性岩；Olivine：橄榄石；Isolated unites：单晶；Pyroxene：辉石；Chains：链状；Amphibole：闪石；Biotite mica：黑云母；Sheets：片状；Muscovite mica：白云母；Quartz：石英；Felsic series：长英矿物类；Plagioclase；Na-Feldspar（albite）：钠长石（钠长石）；K-Feldspar（orthoclase）：钾长石（正长石）

形成于高温、快速结晶的矿物几乎没有连接其晶体结构单元间的化学键。这些矿物晶格中经常存在各种阳离子（如 Ca、Na、K、Mg 和微量金属 Fe、Mn）的同晶置换，扭曲矿物晶体形状从而增强其风化敏感性。例如，在地球深处高温和高压下形成的橄榄石，当其暴露在地球表面时可被快速风化。

在岩石和土壤的复杂组分中，化学风化通常发生在相对不稳定的矿物，而其他矿物可能不受影响（April et al.，1986；White et al.，1996，2001）。基岩（bedrock）的一些组分溶解和损失可降低其密度，但很少引起结构崩塌或岩石体积损失，被称为"等容积风化"（isovolumetric weathering）。等容积风化产物，即"腐烂"岩石（术语为腐泥岩或砂砾），存在于许多地区的土壤剖面底部，特别是在美国东南部（Gardner et al.，1978；Velbel，1990；Stolt et al.，1992；Oh and Richter，2005）。另外，基岩部分组分的损失伴随着土壤剖面崩塌，显著增加土壤残留元素的体积浓度（如 Zr、Ti 和 Fe；Brimhall et al.，1991）。

石英具有很强的抗化学风化能力，通常是在其他矿物都损失后仍会残留的矿物（图 4.1）。石英是相对简单的硅酸盐矿物，是由硅（Si）和氧构建的四面体三维晶体结构。多数情况下，土壤砂粒组分主要是石英晶体，来自土壤发育过程中化学风化和其他组成损失后的残留（Brimhall et al.，1991）。

除矿物学外，岩石风化也取决于气候条件（White and Blum，1995；Gislason et al.，2009）。化学风化包含了众多化学反应，因此在较高温度和降水量条件下化学风化速率较快（White et al.，1998；West et al.，2005；Dere et al.，2013）。热带森林化学风化速率高于温带森林，而绝大多数林地化学风化速率高于草地或沙漠。即便在寒冷的南极环境中，化学风化依然发生，但其速率较低（Hodson et al.，2010）。White 和 Blum（1995）的研究表明，地表径流的 Si 损失量是化学风化很好的指标，与地球表面大部分地区的降水和温度直接相关（图4.2）。随着全球气候持续变化，未来可能的气温升高和降水增加将加速全球化学风化速率（Cotton et al.，2003；Raymond，2017）。

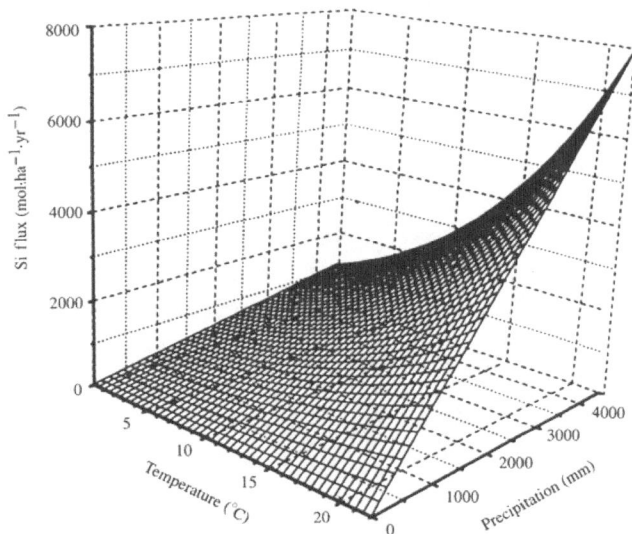

图 4.2 径流 Si 流失量（SiO_2）与全球不同地区年均气温和降水量的函数关系
来源 改自 White 和 Blum（1995）
图中文字 Si flux：Si 通量；Temperature：温度；Precipitation：降水量

化学风化的主要途径是碳酸化反应（carbonation reaction），由土壤溶液中形成的碳酸（H_2CO_3）驱动：

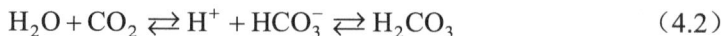

$$H_2O + CO_2 \rightleftharpoons H^+ + HCO_3^- \rightleftharpoons H_2CO_3 \qquad (4.2)$$

由于植物根系和土壤微生物呼吸过程向土壤释放 CO_2，因此土壤水中 H_2CO_3 浓度要显著高于大气层 400 ppm（即 0.04%）CO_2 的平衡浓度（Castelle and Galloway，1990；Amundson and Davidson，1990；Pinol et al.，1995）。Buyanovsky 和 Wagner（1983）报道美国密苏里州小麦田土壤 CO_2 浓度季节性差异达 7% 以上。高浓度 CO_2 沿土壤剖面向下扩散到相当深处，影响关键带底层岩石风化（Sears and Langmuir，1982；Richter and Markewitz，1995）。Wood 和 Petraitis（1994）发现在 36 m 深处 CO_2 浓度为 1%，他们认为这与有机物向下传输并在深层土壤分解有关。Smith 和 Cerling（1987）发现山区积雪覆盖土壤累积了高浓度 CO_2，潜在地增加了冬季风化过程（另见 Berner and Rao，1997）。

温暖潮湿气候下植物生长速率最快。在植物根系生长和作用下，根际土壤保持最高的 CO_2 浓度和最快的碳酸化风化速率（Johnson et al.，1977）。综合各生态系统的数据，Brook 等（1983）发现土壤 CO_2 平均浓度随实际蒸散发量[①]（即温度和土壤有效湿度的综合指标）变化而变化（图 4.3）。然而，即使在干旱地区岩石风化似乎也受碳酸化风化过程调控（如 Routson et al.，1977）。植物和土壤微生物通过维持土壤高 CO_2 浓度调控岩石风化过程是一个很好的地表"生物"地球化学案例。碳酸化风化将 CO_2（一种酸性挥发气体）从大气层转移到地下水（Kessler and Harvey，2001）。

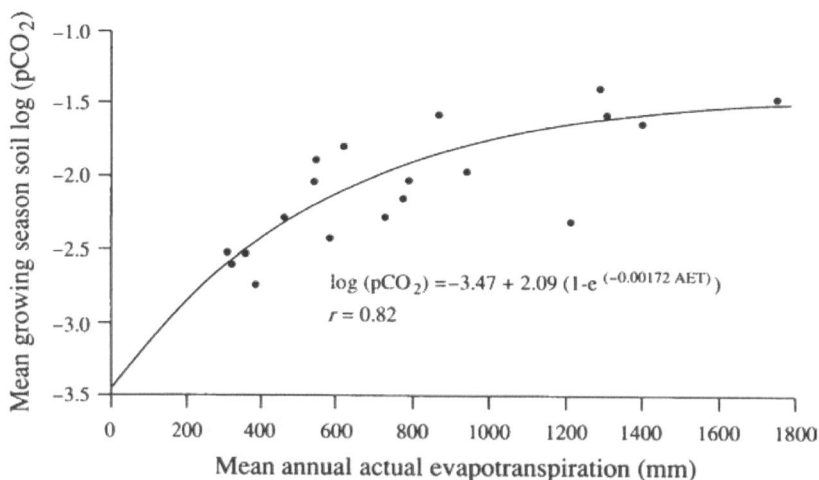

图 4.3 全球各生态系统土壤孔隙 CO_2 平均浓度与当地实际蒸散发量关系
来源 Brook 等（1983）
图中文字 Mean growing season soil log（pCO_2）：生长季平均土壤 CO_2 浓度对数值（pCO_2）；Mean annual actual evapotranspiration：平均年实际蒸散发量

碳酸能腐蚀硅酸盐岩石。例如，钠长石（albite）的风化过程如下：

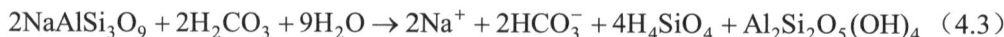

$$2NaAlSi_3O_9 + 2H_2CO_3 + 9H_2O \rightarrow 2Na^+ + 2HCO_3^- + 4H_4SiO_4 + Al_2Si_2O_5(OH)_4 \qquad (4.3)$$

[①] 地球陆地表面直接蒸发水分和植物吸收土壤水通过蒸腾作用进入大气层的水分总量（详见第 5 章和第 10 章）。

在钠长石碳酸化风化过程中，原生矿物失去 Na^+ 和可溶性二氧化硅，转化成次生矿物高岭石。碳酸化风化过程的特征标识是 HCO_3^- 成为地表径流主要阴离子（Ohte and Tokuchi，1999）。综合美国纽约至波多黎各横断面关键带的 Na 贫化作用，Dere 等（2013）发现长石风化速率随温度呈指数增加且随降水呈线性增长。次生矿物高岭石的形成涉及 H^+ 和水分子的水合作用。次生矿物具较低的硅铝比，这是因为一部分 Si 的流失。由于仅有部分原生矿物组成损失，这一风化反应类型被称为"非全等溶解"（incongruent dissolution）。在强降水条件下，如在湿润的热带地区，高岭石会发生二次"非全等溶解"形成另一种次生矿物三水铝石（gibbsite）：

$$Al_2Si_2O_5(OH)_4 + 5H_2O \rightarrow 2H_4SiO_4 + Al_2O_3 \cdot 3H_2O \qquad (4.4)$$

部分风化反应是"全等溶解"（congruent dissolution）。在湿润环境下，石灰岩在碳酸化风化过程中相对快速地"全等溶解"：

$$CaCO_3 + H_2CO_3 \rightarrow Ca^{2+} + 2HCO_3^- \qquad (4.5)$$

橄榄石（$FeMgSiO_4$，olivine）在水中也会发生"全等溶解"，解析出 Fe、Mn 和 Si（Grandstaff，1986）。Mg 和 Si 随径流损失，但 Fe 通常与氧反应，在土壤剖面形成 Fe_2O_3 沉积。同样，黄铁矿（FeS_2）在其氧化过程发生"全等溶解"：

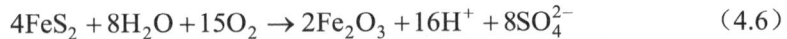

$$4FeS_2 + 8H_2O + 15O_2 \rightarrow 2Fe_2O_3 + 16H^+ + 8SO_4^{2-} \qquad (4.6)$$

这一产 H^+ 反应诠释了众多采矿作业引起径流酸化的原因（Ross et al.，2018）。与橄榄石风化一样，黄铁矿风化释放的 Fe 以 Fe_2O_3 沉积在土壤剖面或河床中（Bloomfield，1972；Johnson et al.，1992）。这一反应通常有化能自养型细菌参与，即氧化亚铁硫杆菌（*Thiobacillus ferrooxidans*）[详见反应式（2.15）；Temple and Colmer，1951；Ralph，1979；Schrenk et al.，1998]。含 Fe^{2+} 矿物的风化是化能自养微生物的能量来源，将 Fe^{2+} 氧化为 Fe^{3+} 导致基岩裂解（Napieralski et al.，2019）。

除了碳酸外，生物产生一系列有机酸释放到土壤溶液中，参与硅酸盐矿物的风化（Ugolini and Sletten，1991）。植物根系释放多种简单有机酸，如乙酸和柠檬酸（Smith，1976；Tyler and Ström，1995；Jones，1998）。植物凋落物降解产生酚酸（即单宁酸），土壤微生物在分解植物残体时会产生多种有机酸[1]。众多真菌产生草酸参与化学风化（Cromack et al.，1979；Welch and Ullman，1993；Cama and Ganor，2006；Li et al.，2016c）。植物根系和微生物产生的有机酸能风化黑云母释放钾（K）（Boyle and Voigt，1973；April and Keller，1990）。微生物和植物根系会优先定植和风化含有其生长及繁殖所缺元素（如磷）的矿物表面（Rogers et al.，1998；Banfield et al.，1999；Teodoro et al.，2019）。

除了贡献于土壤总酸度外，有机酸通过与风化产物结合加速风化反应，即"螯合作用"（chelation）[2]。当 Fe、Al 与有机酸结合时，可随下渗水迁移到土壤剖面下层（Dahlgren

---

[1] 根据土壤腐殖质在酸和碱溶液中的溶解性，可溶性有机酸传统上分为黄腐酸（fulvic acid）和腐殖酸（humic acid）。虽然根据操作分类仍然有用，但随着对腐殖质分子结构的认知，多数土壤科学家弃用这些术语（（Sutton and Sposito，2005；DiDonato et al.，2016；Kögel-Knabner and Rumpel，2018）。

[2] 来源希腊语言中的"螯"，螯合作用是有机分子通过两个或更多的共价键与无机离子（通常是金属）结合，使其溶解于溶液中。

and Walker，1993；Lundström，1993）。当这些元素被螯合后，土壤溶液中其无机态离子呈低浓度，使溶解产物和矿物失衡，化学风化持续进行（Berggen and Mulder，1995；Zhang and Bloom，1999）。Grandstaff（1986）研究发现，当向橄榄石风化溶液添加少量乙二胺四乙酸（EDTA；一种有机螯合剂）时，其溶解度较纯无机条件增加 110 倍。有机酸促进了包括石英在内的各种硅酸盐矿物的风化反应，尤其当土壤溶液为中性或弱酸性时（Tan，1980；Bennett et al.，1988；Wogeliusm and Watther，1991；Welch and Ullman，1993）。

有机酸通常主导土壤剖面上层酸度，碳酸则主要影响下层土壤酸度（Ugolinid et al.，1977b）。一般来说，植物凋落物降解过程缓慢和不完全的寒温带森林土壤风化受有机酸主导，而在植物凋落物降解后有机酸残留浓度较低的热带森林土壤化学风化受碳酸驱动（Johnson et al.，1977；Ohte and Tokuchi，1999）。

整个地质年代化学风化速率的变化存在争议，特别是陆地维管束植物进化的影响（Berner and Kothavala，2001；Drever，1994）。更强的岩石风化始于陆地原始植物的定植，可能与大约 3 亿～4 亿年前大气层 CO_2 浓度下降有关，碳酸化风化消耗 CO_2（Knoll and James，1987；Berner，1997；Mora et al.，1996）。众多研究者发现植被覆盖下化学风化速率更高的大量证据（Moulton et al.，2000），表明植物通过根系新陈代谢和微生物对其残体的降解作用大幅度提高了土壤 CO_2 浓度（Kelly et al.，1998；Perez-Fodich and Derry，2019）。这一观点认为光合过程加速酸性挥发性气体（CO_2）从大气向土壤剖面传输。即使在维管束植物出现之前，地球表面被藻类和地衣覆盖也产生相对较高的土壤 CO_2 浓度（Keller and Wood，1993；Retallack，1997）。

不同意上述观点的研究者认为构造隆升和侵蚀等过程加速了机械风化，决定性地调控着化学风化速率（Hilley and Porder，2008；Dixon et al.，2012；Maher and Chamberlain，2014）。也有学者认为温度和降水是调控化学风化的主要因素，而植物作用相对较小（Gislason et al.，2009；Ohte and Tokuchi，1999；Kump et al.，2000）。总之，构造、矿物学、植物、气候和微生物等多重因素调控着岩石风化速率，而非单一因素决定（Gaillardet et al.，1999；Gabet and Mudd，2009；Anderson et al.，2002）。

由于碳酸化风化消耗大气层 CO_2，因此地球岩石风化速率对全球气候具有重大的长期效应。仅硅酸盐风化就可在约 50 万年内消耗完大气层和海洋中的 CO_2（Moon et al.，2014；Colbourn et al.，2015；详见第 11 章）。Schwartzman 和 Volk（1989）认为如果没有 CO_2 参与化学风化，除了最原始微生物外，地球温度对于大多数物种来说都太高了。随着大气层 CO_2 浓度增加，岩石风化预期也会加速。这一风化过程直接受土壤 CO_2 浓度增加和间接受全球温度升高驱动（比较图 4.2）。一些试验表明，当植物生长在高浓度 CO_2 下，土壤剖面 CO_2 浓度会增加（Andrews and Schlesinger，2001；Bernhardt et al.，2006；Williams et al.，2003；Karberg et al.，2005；图 4.4）。土壤加温试验表明微生物活性的增加提高了土壤孔隙 CO_2 浓度，可能强化了碳酸化风化过程（图 4.5）。

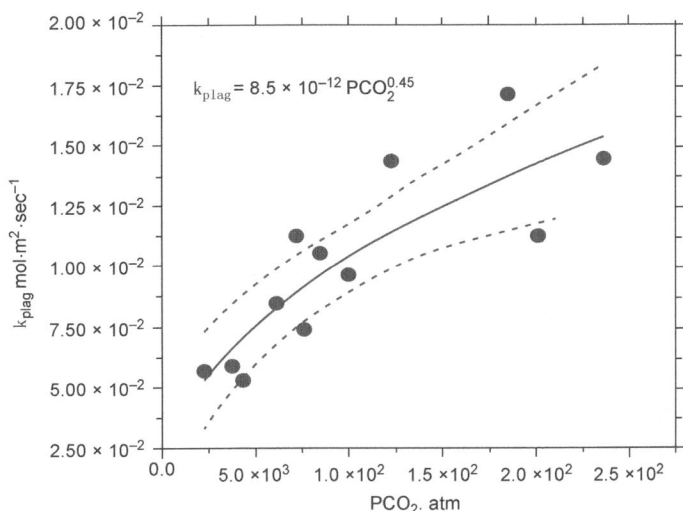

图 4.4 美国加利福尼亚州内华达山脉（the Sierrra Nevada，California）流域土壤 CO_2 浓度与钙长石（斜长石）溶解度的函数关系受不同水热活动影响

来源 Navarre-Sitchler 和 Thyne（2007）

图中文字 PCO_2：CO_2 分压；atm：标准大气压（单位）；K_{plag}：溶解系数

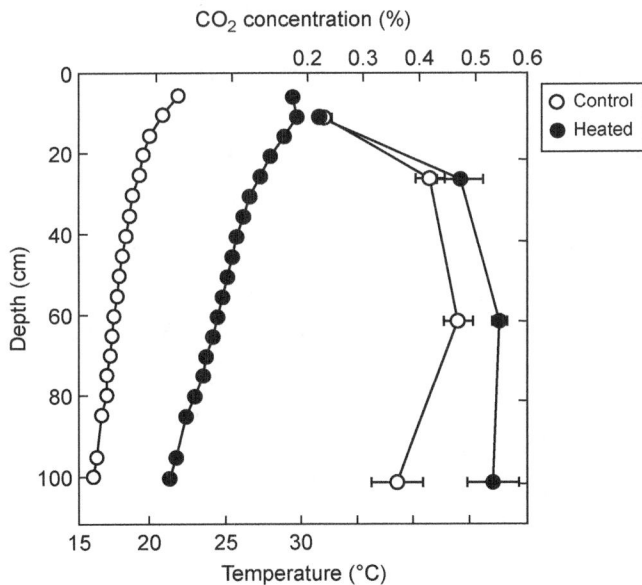

图 4.5 美国马萨诸塞州硬木林加温 5℃ 处理和对照试验地中不同深度土壤温度与孔隙 CO_2 浓度（平均值±SE）变化

来源 Megonigal 未发表的数据

图中文字 Temperature（℃）：温度（℃）；Depth（cm）：深度（cm）；CO_2 concentration（%）：CO_2 浓度（%）；Control：对照；Heated：加热

4.2.2 次生矿物

次生矿物是地球表面风化过程的伴生产物。通常，次生矿物在原生矿物风化位置附

近，也可能是晶体表面包被层（Casey et al.，1993；Nugent et al.，1998）。尽管风化过程导致 Si 溶解随径流流失（图 4.2），但次生矿物通常仍残留部分 Si［反应式（4.3）］。

化学风化过程在土壤中形成不同类型的次生矿物。温带森林土壤次生矿物通常以层状硅酸盐或"黏土"矿物为主。这些以细小颗粒存在的次生矿物（<0.002 mm）调控着土壤结构和化学性质。通常情况下，次生铝硅酸盐黏土矿物晶体可由两类层状结构表征，即含 Si 层和含 Al、Fe、Mg 等为主的层。层状结构通过共享（共用）氧原子结合在一起。黏土矿物及其晶体单元大小可根据层状结构的数量、排列顺序和比例来识别（Birkeland，1984）。中度风化土壤通常以 2∶1 型（Si∶Al）的蒙脱石和伊利石等为主要次生矿物。强风化土壤（如美国东南部地区）则以 1∶1 型高岭石为主要次生矿物，表明更多的 Si 损失。

由于次生矿物可结合重要生物化学意义的元素，故不能假设原生矿物风化释放离子可直接增加植物可利用离子库。Mg 通常固定在蒙脱石晶格中，而伊利石则含有钾（Martin and Sparks，1985；Harris et al.，1988）。蒙脱石和伊利石是温带土壤常见次生矿物。同样，虽然原生矿物含氮量很低，一些 2∶1 型黏土矿物晶格可掺入铵氮（NH_4^+）（Holloway and Dahlgren，2002）。铵氮固定在一些土壤中占总氮的 10%以上（Stevenson，1982；Smith et al.，1994；Johnson et al.，2012）。沉积岩风化会释放大量远古铵固定黏土矿物的氮进入地表径流（Holloway et al.，1998）。由于陆地生态系统普遍呈氮限制状态（详见第 6 章），岩石风化的氮释放对一些地区植物生长氮有效性具有重要的意义（Baethgen and Alley，1987；Morford et al.，2011；Houlton et al.，2018）。

与 Si 和其他阳离子（如 Ca 和 Na）径流损失相比，Fe 和 Al 在土壤中相对难溶解，除非与土壤有机酸螯合（Ross and Bartlett，1966；Huang，1988；Alvarez et al.，1992；Allan and Roulet，1994）。如果没有螯合反应，Fe 和 Al 以氧化物积聚在土壤中（Perez-Fodich and Derry，2019）。最初，游离 Fe 以无定形态和弱晶型态（如水铁矿，ferrihydrite）积累，这一部分常用弱草酸溶液提取定量（Shoji et al.，1993；Birkeland，1984）。随时间老化，多数 Fe 以晶型氧化物和氢氧化物（hydroxides）存在，传统上用还原性的柠檬酸-过二硫酸盐溶液提取定量（Chorover et al.，2004）。自然界中这些矿物转化过程有细菌参与，即生物地球化学过程（Fassbinder et al.，1990）。次生 Fe 和 Al 矿物以及被黏土矿物吸附的这些元素螯合物极大地降低了径流中 Fe 和 Al 的损失（Ferro-Vázquez et al.，2014；Fuss et al.，2011）。

晶型和水合氧化铁（如针铁矿和赤铁矿）、晶型和水合氧化铝（如三水铝石和勃姆石）是热带土壤常见矿物，高温和丰沛降雨使植物碎屑残体快速降解，几乎没有残留有机酸参与螯合及溶解 Fe 和 Al。在这样的气候条件下，典型温带土壤次生黏土矿物易风化，几乎彻底导致 Si、Ca、K 和其他盐基阳离子损失于地表径流（图 4.6）。然而，作为一个土壤发育生物重要性的例子，Lucas 等（1993）发现高岭石能在热带雨林表层土壤中持续存在，其原因是植物吸收土壤剖面下层的 Si，经凋落物将 Si 送回到土壤表层（另见 Alexandre et al.，1997；Markewitz and Richter，1998；Gerand et al.，2008；Conley，2002）。类似的"植物泵"也使一些土壤表层保持较高水平的 K（Jobbagy and Jackson，2004；Barre et al.，2009）。

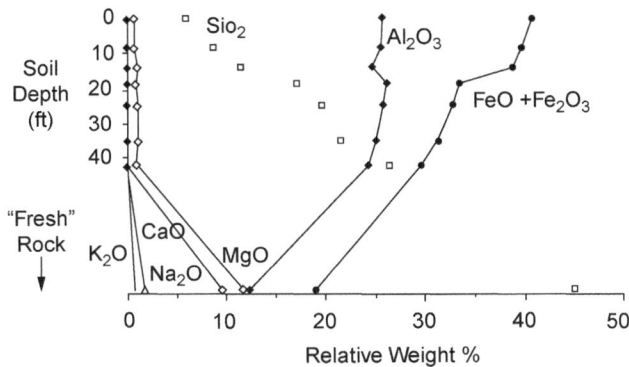

图 4.6 美国夏威夷考艾岛（Kauai）玄武岩基岩发育土壤不同成岩矿物含量（质量百分比）
来源 Bluth 和 Kump（1994）
图中文字 "Fresh" rock："新鲜"岩石；Soil depth：土壤深度；Relative weight：相对重量

4.3 土壤化学反应

生物化学必需元素经风化不断释放，但其生物有效性受一系列化学反应调控，调控这些元素在土壤溶液浓度和在土壤矿物或有机质含量间的动态平衡。不同于风化反应动力学，土壤交换反应相对快速（Ferrer et al.，1989；Maher，2010）。径流中离子浓度变化取决于土壤溶液与土壤矿物间达到化学平衡的时间与径流迁移时间的关系（Wlostowski et al.，2018）。

4.3.1 阳离子交换量

温带土壤主要组分为带净负电荷的层状硅酸盐黏土矿物，可吸附和固持土壤溶液阳离子。负电荷有多种来源，多数负电荷来自硅酸盐矿物的离子同晶替换，特别是 2∶1 型黏土矿物（即页硅酸盐，phyllosilicates）。例如，Mg^{2+} 替换蒙脱石晶格中的 Al^{3+} 后，在晶格内部产生不饱和负电荷。该负电荷来自晶体结构内部，是永久负电荷，不会被土壤溶液阳离子共价键中和。永久电荷使土壤黏粒表面形成负电荷区或"环"。

负电荷另一来源为黏土颗粒边缘暴露于土壤溶液的羟基团（–OH）。根据土壤溶液 pH，H^+ 或多或少地与羟基团结合。大多数情况下，相当数量的 H^+ 解离产生负电荷（–O–），吸附和固持其他阳离子（如 Ca^{2+}、K^+ 和 NH_4^+）。这样的阳离子交换量被称为 pH 依赖性电荷（pH-dependent charge）。这一结合是可逆的，与土壤溶液离子浓度保持平衡。

多数温带土壤阳离子交换量大部分也来自于土壤有机质（Yuan et al.，1967）。这些 pH 依赖性电荷来自土壤腐殖质酚类（–OH）和有机酸（–COOH）。部分砂质土壤（如佛罗里达中部地区）和众多高度风化土壤的阳离子交换量几乎全部来自土壤有机质（如 Daniels et al.，1987；Richter et al.，1994）。由于有限的化学风化，沙漠土壤含有很少的次生黏土矿物，因此，有机质也是沙漠土壤阳离子交换量的主要来源。

土壤总负电荷量以 mEq 100 g^{-1} 或 cmol（+）kg^{-1} 土壤来表征，构成土壤阳离子交换量（CEC）。阳离子交换是土壤溶液化学质量平衡的结果。土壤化学家构建了精确的离子交换模型（Sposito，1989）。一般来说，交换位点阳离子吸持和置换顺序如下：

$$Al^{3+}>H^+>Sr^{2+}>Ca^{2+}>Mg^{2+}>Rb^{2+}>K^+>NH_4^+>Na^+>Li^+ \tag{4.7}$$

（Sparks，2004；Sahai，2000）。这一顺序假设初始土壤溶液含有相同摩尔浓度的离子，可通过大量弱吸附离子来改变顺序。例如，农田施用石灰就是尝试超量增加土壤溶液 Ca^{2+}，以"淹没"（替换）吸附位点 Al^{3+}。大多情况下，阳离子交换位点很少被 H^+ 占据，H^+ 能快速风化土壤矿物，释放 Al^{3+} 和其他阳离子到土壤溶液中，进一步输出到地表水和地下水。

除 Al^{3+} 和 H^+ 外的阳离子通常称为盐基阳离子，其进入土壤溶液可形成盐（碱）基，如 $Ca(OH)_2$（Birkeland，1984）。盐基阳离子占总阳离子交换量的百分比称为盐基饱和度（base saturation）。在新裸露母质发育的原始土壤，阳离子交换量和盐基饱和度均增加。然而，随着土壤矿物组分的持续风化，阳离子交换量和盐基饱和度逐渐降低（Bockheim，1980）。2∶1 型黏土矿物为主的温带森林土壤阳离子交换量高于 1∶1 型黏土矿物（如高岭石）为主的温带森林土壤。在热带湿润地区，高度风化土壤以铝水合矿物为主，在自然 pH 下不具阳离子交换量。

4.3.2 土壤缓冲能力

阳离子交换量可缓冲多数温带土壤的酸度。当 H^+ 进入土壤溶液，交换黏土和矿物有机质吸附的阳离子，尤其是 Ca^{2+}（Bache，1984；James and Riha，1986）。在较宽的 pH 范围内，温带土壤有一被称为"石灰位"的常数，表达为

$$pH - \frac{1}{2}(pCa) = k \tag{4.8}$$

当土壤溶液 H^+ 增加（pH 降低），土壤溶液 Ca^{2+} 浓度增加（pCa 降低），常数 k 值保持不变。1/2 为 Ca^{2+} 和 H^+ 的价态比。当盐基饱和度足够时（如 >15%），因阳离子交换量产生的缓冲性可解释温带土壤 pH 受酸雨影响较小的原因（Federer and Hornbeck，1985；David et al.，1991；Johnson et al.，1994；Likens et al.，1996）。

热带湿润区域的强酸性土壤阳离子交换量很小，几乎不能缓冲土壤溶液。这些土壤通过各种 Al 参与的地球化学反应来缓冲（图 4.7）。铝不是盐基离子，因为 Al^{3+} 进入土壤溶液产生 H^+，Al^{3+} 则以氢氧化铝沉淀：

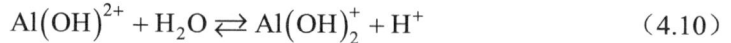

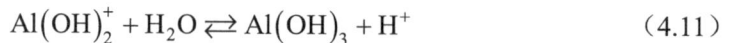

$$Al^{3+} + H_2O \rightleftharpoons Al(OH)^{2+} + H^+ \tag{4.9}$$

$$Al(OH)^{2+} + H_2O \rightleftharpoons Al(OH)_2^+ + H^+ \tag{4.10}$$

$$Al(OH)_2^+ + H_2O \rightleftharpoons Al(OH)_3 + H^+ \tag{4.11}$$

这些反应是热带潮湿地区众多土壤酸化的成因（Sanchez et al.，1982a）。应注意的是，这些反应是可逆的，当土壤溶液 H^+ 增加时，可通过溶解氢氧化铝来缓冲。美国东北地区酸雨使森林土壤的三水铝石 [$Al(OH)_3$] 溶解，导致高海拔地区湖泊和径流 Al^{3+} 浓度大幅提高，毒害鱼类。随径流流向低海拔地区，径流 H^+ 被各种硅酸盐矿物风化反应消耗，pH 增加，氢氧化铝沉淀（Johnson et al.，1981）。在其他地区，铝-有机复合物（不是三水铝石）的溶解调控土壤溶液水溶态 Al^{3+} 的浓度（Mulder and Stein，1994；Allan and Roulet，1994）。

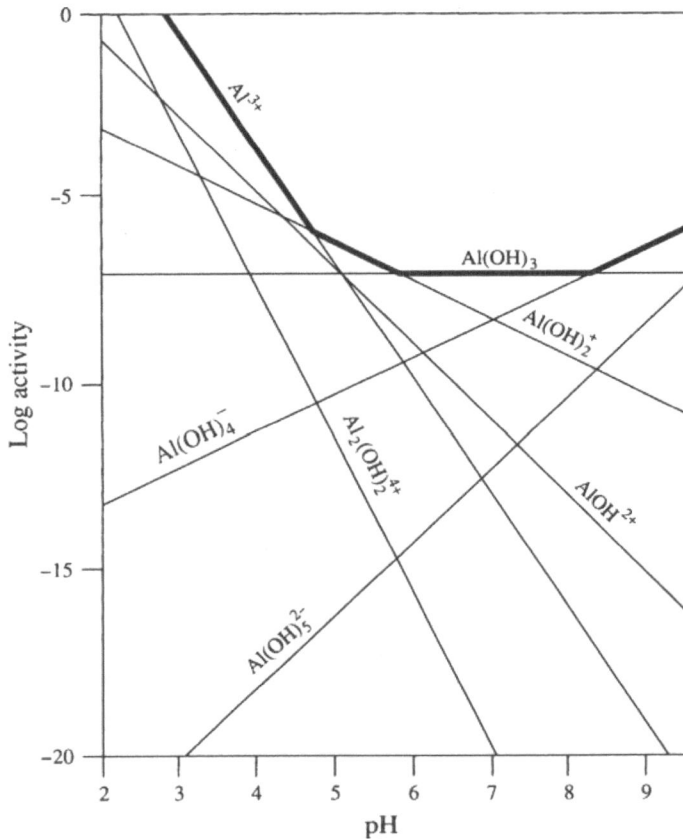

图 4.7 不同 pH 下的铝溶解度。pH 中性时三水铝石［Al(OH)₃］调控 Al 溶解度，溶液 Al^{3+} 浓度几乎没有；pH<4.7 时 Al^{3+} 溶解度增加

来源 Lindsay（1979）

图中文字 Log activity：活度对数值

4.3.3 阴离子吸附量

与温带土壤带永久负电荷不同，热带土壤矿物以铁和铝氧化物及水合氧化物为主，矿物表面带可变电荷，土壤 pH 决定其电荷正负（Uehara and Gillman，1981；Sollins et al.，1988；Arai and Sparks，2007）。酸性条件下 H^+ 和矿物表面羟基结合使热带土壤带正电荷（图 4.8）。在增加 pH 的实验中，可变电荷土壤都会达到一个电荷零点（zero point of charge，ZPC），即阳离子和阴离子交换位点数量相等。可变电荷土壤只在高 pH 下具有阳离子交换能力。三水铝石的电荷零点为 pH 9.0 左右，因此，多数田间条件下，热带酸性土壤具有显著的阴离子吸附能力（anion adsorption capacity，AAC）。

土壤有机质也具有 AAC，但其 ZPC 为 pH<2.0，所以在多数环境下其 AAC 很小。温带土壤层状硅酸盐矿物也是如此（Sposito，1989；Polubesova et al.，1995）。原状土 ZPC 取决于不同矿物和有机质的相对比例（Chorover and Sposito，1995）。哥斯达黎加热带土壤 ZPC 为 pH 4.0 左右，是土壤有机质和三水铝石混合物（Sollins et al.，1988）。温带土壤剖面下层铁、铝氧化物及水合氧化物沉积时，也表现出一定的阴离子吸附量（Johnson et al.，1981，1986）。

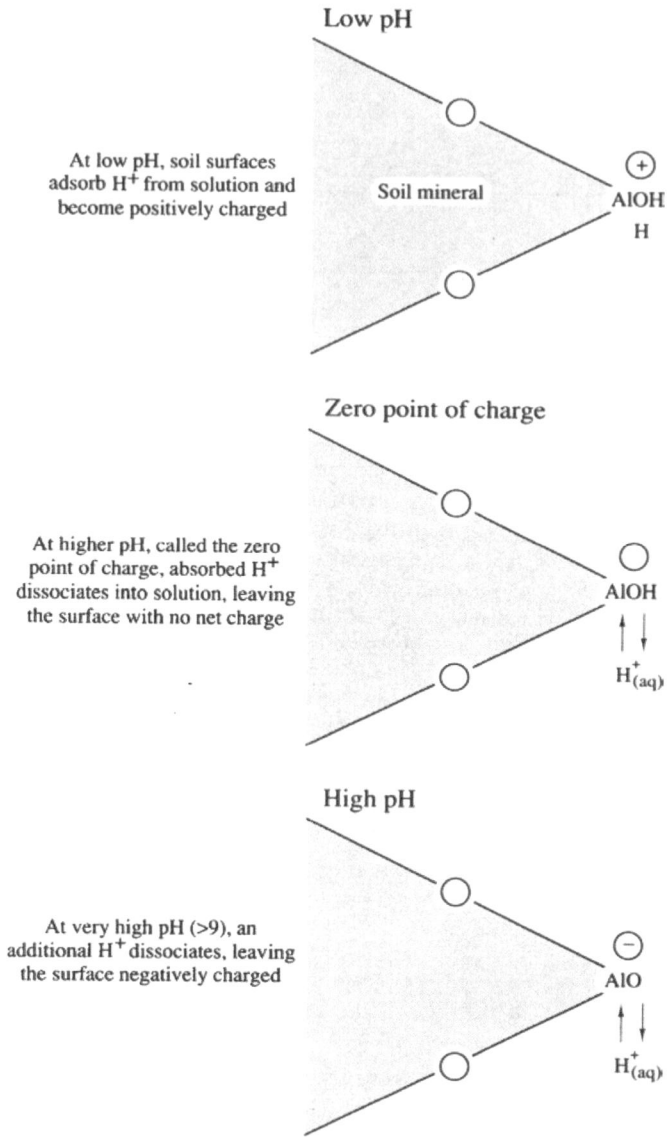

图 4.8　不同土壤溶液 pH 下铁和铝水合氧化物表面电荷的变化

来源　Johson 和 Cole（1980）

图中文字　At low pH，soil surfaces adsorb H⁺ from solution and become positively charged：在低 pH 时，土壤表面从溶液中吸附 H⁺而带正电荷；Low pH：低 pH；Soil mineral：土壤矿物；Zero point of charge：电荷零点；High pH：高 pH；
At higher pH，called the zero point of charge，absorbed H⁺ dissociates into solution，leaving the surface with no net charge：当 pH 当达到零电荷点时，吸附的 H⁺解吸进入溶液使土壤表面净电荷为零；
At very high pH（＞9），an additional H⁺ dissociates，leaving the surface negatively charged：在 pH＞9 时，H⁺进一步解离，土壤表面带负电荷

　　弱晶态（无定形）Fe 和 Al 氧化物（草酸提取态）常具有较高的阴离子吸附量，相对于其晶态（连二亚硫酸盐提取态）具有更大的表面积（Parfit and Smart，1978；Johnson et al.，1986；Chorover et al.，2004）。一系列土壤对不同阴离子（包括酸雨硫酸根）的潜在吸附量与草酸提取态 Al 呈正相关（Harrison et al.，1989；Courchesne and Hendershot，1989；MacDonld and Hart，1990；Walbridge et al.，1991）。

阴离子吸附能力遵循以下顺序：

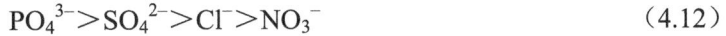

$$PO_4^{3-} > SO_4^{2-} > Cl^- > NO_3^- \tag{4.12}$$

这一阴离子吸附顺序很好地解释了热带土壤磷有效性较低的原因（Strahm and Harrison，2007）。Langmuir 模型常用来描述阴离子交换，吸持于土壤交换位点上的阴离子量与其土壤溶液浓度呈函数关系（Travis and Etnier，1981；Reuss and Johnson，1986；Autry and Fitzgerald，1993）。磷、硫酸根和硒酸根（SeO_4^{2-}）被土壤强烈吸持，称为专性吸附（specific adsorption）或配位体交换吸附（ligand exchange），取代了矿物表面的羟基（–OH）官能团（图 4.9；Hingston et al.，1967；Guadalix and Pardo，1991；Bhatti et al.，1998）。吸附酸雨源 SO_4^{2-} 导致土壤 pH 升高、表观 ZPC 降低及阳离子交换量升高（如 Marcano-Martinez and McBride，1989；Davie et al.，1991）。所有这些阴离子也可参与非专性吸附，随其土壤溶液浓度变化，该吸附可逆。

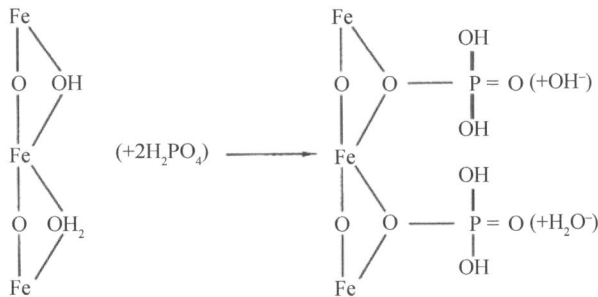

图 4.9　Fe_2O_3 对磷酸根专性吸附向土壤溶液释放 OH 或 H_2O
来源　Binkley（1986）

土壤阴离子吸附量受有机质抑制，尤其是有机阴离子，可吸附在 Fe 和 Al 矿物的反应表面（Johnson and Todd，1983；Hue，1991；Karltun and Gustafsson，1993；Gu et al.，1995）。富有机质土壤或土层的阴离子吸附效率要低于仅以 Fe 和 Al 氧化物及水合氧化物矿物为主的土壤或土层。渗透水常携带 SO_4^{2-} 从富有机质土壤上层向深层移动，SO_4^{2-} 被深层土壤 Fe 和 Al 矿物捕获（Dethier et al.，1988；Vance and David，1991）。因此，阴离子吸附量取决于有机质对各土壤性质的影响：通过抑制 Fe 和 Al 矿物结晶以增强 AAC，但通过占据阴离子交换位点来降低 AAC（Johnson et al.，1986；Kasier and Zech，1998）。

4.3.4　含磷矿物

由于植物 P 供应常受限制，值得特别关注。磷灰石是唯一高含磷的原生矿物，经全等溶解反应（碳酸化风化）释放 P：

$$Ca_5(PO_4)_3OH + 4H_2CO_3 \rightarrow 5Ca^{2+} + 3HPO_4^{2-} + 4HCO_3^- + H_2O \tag{4.13}$$

虽然磷可被植物吸收（转化为有机磷），但大部分可利用磷参与其他土壤矿物反应，以不可利用态沉淀（Weihrauch and Opp，2018）。

如图 4.10 所示，虽然植物根系最大磷吸收量通常出现在低 pH 时，但在土壤溶液 pH 7.0 左右时有效磷浓度最高（Barrow，2017）。酸性土壤磷的有效性受其与 Fe 和 Al 的直接沉淀反应调控（Linday and Moreno，1960；Arai and Sparks，2007），而碱性土壤磷通常与含 Ca 矿物产生沉淀（Cole and Olsen，1959；Lajtha and Bloomer，1988），因此在植物最佳生长期出现磷缺乏（Tyler，1994）。热带土壤磷有效性低与 Fe 和 Al 氧化物对磷的固定相关（Sanchez et al.，1982a；Smeck，1985；Agbenin，2003）。当磷被 Fe 和 Al 氧化物晶格捕获时，通常称为闭蓄态磷，不能被生物利用。

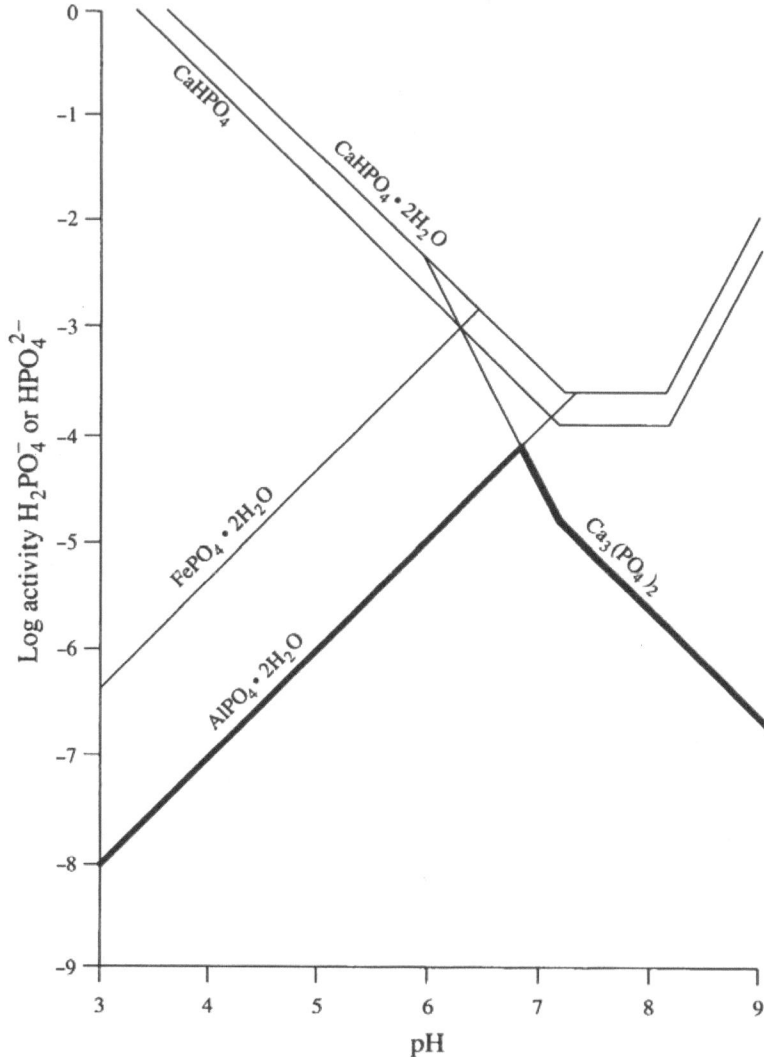

图 4.10　土壤溶液磷溶解度与其 pH 的函数关系。低 pH 时与 Al 沉淀决定了水溶态磷酸根的上限值（粗线）；高 pH 时则与钙沉淀决定其上限值。pH 约为 7.0 时磷有效性最大
来源　改自 Lindsay 和 Vick（1977）
图中文字　Log activity $H_2PO_4^-$ or HPO_4^{2-}：$H_2PO_4^-$ 或 $H_2PO_2^-$ 活度对数值

　　Walker 和 Syers（1976）绘制了含磷灰石岩石风化过程中磷有效性的一般变化规律示意图（图 4.11）。起初磷有效性有限（如 Schlesinger et al.，1998；Darcy et al.，2018）。然而，磷灰石很快风化，产生各种形式的磷，随径流损失导致系统总磷水平下降（Singleton and Lavkulich，1987a；Filipelli and Souch，1999；Selmant and Hart，2010；

Zhou et al.，2018）。非闭蓄态磷包括土壤矿物表面经各种反应吸附（如阴离子吸附）的磷形态。随着时间推移，结晶态氧化物矿物逐渐积累，磷以闭蓄态积累。在矿物风化和土壤发育后期，闭蓄态磷和有机磷是土壤系统残留磷的主要形态（Cross and Schlesinger，1995；Crews et al.，1995；Richardson et al.，2004；Yang and Post 2011）。在这一阶段，几乎所有的可利用磷都以有机态累积在土壤剖面上层，而深层土壤磷大部分与次生矿物结合（Yanai，1992；Werner et al.，2017）。植物生长几乎完全依赖于死亡有机物（如凋落物）的磷释放，即土壤表层磷的生物地球化学循环（Wood et al.，1984；Robertes et al.，2015）。在漫长的地质时期，侵蚀和地质隆起通过暴露新母质来恢复土壤磷的初始来源（Porder et al.，2007；Eger et al.，2018）。

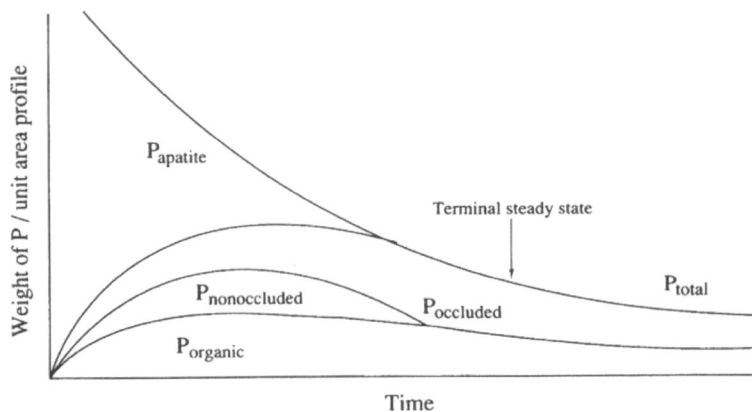

图 4.11　新西兰沙丘土壤发育过程中磷形态变化
来源　改自 Walker 和 Syers（1976）
图中文字　Weight of P/unit area profile：单位面积土壤剖面磷权重；$P_{apatite}$：磷灰石形态磷；$P_{nonoccluded}$：非闭蓄态磷；$P_{occluded}$：闭蓄态磷；$P_{organic}$：有机态磷；P_{total}：总磷；Terminal steady state：最终稳定状态

　　例如，硅酸盐矿物风化，有机酸也影响岩石风化过程中磷的释放。Jurinak 等（1986）呈现了植物根系分泌的草酸（$H_2C_2O_4$）如何促进磷灰石风化而释放磷（参见 Rosling et al.，2007）。美国佛罗里达砂质土壤草酸含量与磷有效性直接相关（图 4.12）。有机酸可抑制

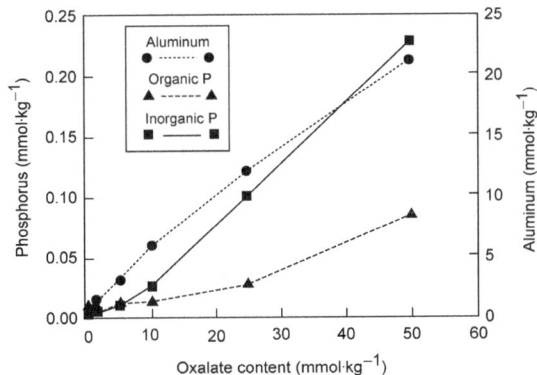

图 4.12　佛罗里达松林土壤灰化淀积层添加不同水平草酸对无机磷、有机磷和 Al 的释放
来源　Fox 和 Commerford（1992）。美国农学会授权使用
图中文字　Phosphorus：磷；Oxalate content：草酸含量；Aluminum：铝；Organic P：有机磷；Inorganic P：无机磷

Al 和 Fe 氧化物矿物结晶,减少闭蓄态磷含量(Schwertmann,1966;Kodama and Schnitzer,1977,1980),而非晶态(无定形)氧化物吸附态主导土壤磷吸附容量(Walbridge et al.,1991;Yuan and Lavkulich,1994)。

此外,有机酸存在时土壤磷有效性增加。例如,草酸通过螯合和沉淀过程去除土壤溶液中 Fe 和 Ca(Graustein et al.,1977;Welch et al.,2002;Wang et al.,2008)。菌根真菌分泌和释放草酸(详见第 6 章)解释了它们对高等植物磷营养的重要性(Bolan et al.,1984;Cromack et al.,1979)以及真菌垫下磷有效性高的原因(Fisher,1972,1977)。部分研究者认为共生真菌增加磷移动性是陆地植物得以繁衍的前提(详见第 2 章)。

4.4　土　壤　发　育

土壤通常由多个土层或水平层组成,共同构成完整的土壤剖面或土体单元(pedon)。在不同气候条件下,岩石风化、水分运动和有机质分解等均影响土壤剖面发育。Jenny(1941,1980)指出,土壤剖面在气候、生物、地形、母质和时间等多要素相互作用下发育。Jenny(1941,1980)认为土壤剖面发育可被一个多元函数表达:

$$土壤 = (f)气候 + 生物 + 地形 + 母质 + 时间 \tag{4.14}$$

如今,人类是影响不同地区土壤发育的生物之一(Amundson and Jenny,1991;Richter,2007)。认知土壤不同土层发育过程是理解陆地生物地球化学循环的基础。化学风化过程在土壤剖面上部和底层碎裂岩石即关键带同时发生。在本节,我们将介绍森林、草原和沙漠的土壤发育。

4.4.1　森林

森林地表有机质层(即枯枝落叶层或 O 层)与其下方的矿质土壤层通常很容易分开。森林枯枝落叶层有无及其厚度全年均有变化,尤其在植物凋落物季节性显著的地区。有些热带森林新鲜枯枝落叶快速分解,地表几乎没有凋落物(Olson,1963;Vogt et al.,1986)。另外,针叶林凋落物分解速率慢,尤其是在北方地区常有厚厚的枯枝落叶层(粗腐殖质,mor),与下方的矿质土壤差异明显(Romell,1935)。北极多数地区为渍水土壤,其根层区都是有机质,这种泥炭土壤被称为有机土(histosols)。我们将在第 7 章介绍渍水有机土的特性。

矿质土壤上层被称为 A 层。经枯枝落叶层渗入的土壤水携带了凋落物微生物分解产生的多种有机酸(Vance and David,1991;Strobel,2001)。这些有机酸主导 A 层土壤矿物的风化。A 层下方收集的土壤溶液含有风化反应产生的阳离子和硅酸盐(表 4.2)。A 层土壤 Fe 和 Al 与枯枝落叶层下渗小分子(LMW)有机酸螯合而被去除(Antweiler and Drever,1983;Driscoll et al.,1985;Zysset et al.,1999;Fuss et al.,2011);有些向下迁移以胶体形式[①]发生(Ugolini et al.,1977a;Bazilevskaya et al.,2018)。矿物组分从 A 层移除被称为淋溶过程(eluviation),与有机酸螯合的 Fe 和 Al 向下迁移的过程称为土壤灰化过程(podzolization)(Chesworth and Macias-Vasquez,1985;Lundström et al.,

---

① 这些胶体为有机-矿物复合物,其颗粒过小,无法通过重力从土壤溶液中沉积出来。

2000；Ferro-Vázquez et al.，2014）。

表 4.2　美国华盛顿州北部 175 年树龄冷杉林地的降水、土壤溶液和地下水化学组成

溶液	pH	阳离子总量 (mEq·L^{-1})	溶解态离子（mg·L^{-1}）			全量（mg·L^{-1}）	
			Fe	Si	Al	N	P
降水							
林冠上	5.8	0.03	<0.01	0.09	0.03	0.60	0.01
林冠下	5.0	0.10	0.02	0.09	0.06	0.40	0.05
枯枝落叶层	4.7	0.14	0.04	3.50	0.79	0.54	0.04
土壤							
15 cm E	4.6	0.12	0.04	3.55	0.50	0.41	0.02
30 cm Bs	5.0	0.08	0.01	3.87	0.27	0.20	0.02
60 cm B3	5.6	0.25	0.02	2.90	0.58	0.37	0.03
地下水	6.2	0.26	0.01	4.29	0.02	0.14	0.01

来源：Ugolini 等（1977b），版权（1977）属于 Williams & Wilkins 出版社。

　　灰化过程在世界各地土壤中广泛存在，但在亚北极（北方）和冷温带森林土壤中特别强烈（如 De Kimpe and Martel，1976；Ugolini et al.，1987；Langley-Turnbaught and Bockheim，1998）。这些地区多为针叶林，其凋落物富含酚类化合物和有机酸（Cronan and Aiken，1985；Strobel，2001）。这些生态系统凋落物分解速率慢且不完全，大量有机酸从枯枝落叶层渗入到 A 层。土壤溶液 pH 可降至 4.0（Dethier et al.，1988；Vance and David，1991）。

　　当发生强烈的 Fe、Al 和有机质淋溶过程时，土壤 A 层下方有明显的浅色层（图 4.13）。该土层有时被称为 A$_e$ 或 E 层（淋溶层），可能完全由酸性条件下耐风化且相对不溶解的石英颗粒组成（Pedro et al.，1978）。这一淋溶层诠释了生物在土壤发育过程中的重要性；在缺乏有机螯合过程时，风化产物 Fe 和 Al 累积，而 Si 成为从土壤剖面上层损失的主要组分。

图 4.13　瑞典北部 Nyanget 的 Svartberget 森林研究站土壤剖面的 E 层（发白）和 B 层。皮尺单位为分米。灰化过程的生物作用例证，Al 和 Fe 矿物与有机酸复合物从 E 层淋移，以氧化物淀积在 B 层
来源　Lundström 等（2000）

土壤发育过程从 A 层和 E 层淋出的物质在下方 B 层沉积（Jersak et al.，1995；Langley-Turnbaugh and Bockheim，1998），B 层被称为沉积层或淀积层（illuvial horizon），次生矿物在此层累积。黏土矿物捕获携带 Fe 和 Al 下移的可溶性有机化合物（Greenland，1971；Chesworth and Macias-Vasquez，1985；Cronan and Aiken，1985；Schulthess and Huang，1991；Jansen et al.，2005）。通常 Fe 氧化物和水合氧化物优先沉淀，Al 则向土壤剖面下层移动（Adams et al.，1980；Olsson and Melkerud，1989；Law et al.，1991；Lundström et al.，2000；Ferro-Cázquez et al.，2014）。

强灰化土壤（灰土，spodosols）的特征是具有一个富含 Fe 和有机质的暗色灰化层（B_{hs}）。新鲜母质的灰化层发育需要 350～1000 年（Singleton and Lavkulich，1987b；Protz et al.，1984，1988；Barrett and Schaetzl，1992）。新英格兰森林土壤灰化层有机质积累，减少了可溶性有机碳经地表水的损失（McDowell and Wood，1984）。土壤剖面 B 层的大部分 Fe 和 Al 以结晶态氧化物存在（如 Fe_2O_3），但靠近根通道和包埋有机质的 Fe^{3+} 会被还原成 Fe^{2+} 淋出（Fimmen et al.，2008；Dubinsky et al.，2010；Fuss et al.，2011）。磷可从灰色的土壤 B 层溶出（Chacon et al.，2006）。

在温暖气候下凋落物分解过程较快，仅少量有机酸入渗 A 层，灰化过程强度减弱，E 层不明显（Pedro et al.，1978）。大部分热带地区凋落物分解非常彻底，几乎没有可溶性有机酸入渗土壤剖面（Johnson et al.，1977）。缺失少灰化过程使得土壤剖面上层 Fe 和 Al 不发生螯合迁移，而是以氧化物或水合氧化物积聚在风化区。除了进入植被循环，阳离子和 Si 随径流损失，只在少数热带砂质母岩发育的土壤可见灰化现象（Bravard and Righi，1989）。

热带洼低区森林土壤剖面深达数米，这些土壤发育数百万年间未受冰川等干扰（Bikeland，1984）。缺乏明显淋溶和淀积过程的土壤很难区分 A 层和 B 层。长时间的强风化过程将阳离子和 Si 从整个土壤剖面中淋除。多数热带地区的强降水气候，使土壤 Si 溶解度随温度升高而增加（图 4.2）。众多热带土壤属于氧化土（oxisols），其整个土壤剖面含大量的 Fe 和 Al 氧化物（Richter and Babbar，1991）。热带雨林洼地大部分土壤为酸性（Al 缓冲体系）、盐基阳离子含量低且贫瘠缺磷（Sanchez et al.，1982b）。极端条件使这些土壤成为俗称的砖红壤（laterite）。

土壤发育和灰化程度的可比较表征指标为土壤剖面的 Si 与三氧化物（Fe 和 Al）的比值（硅铝铁率，SiO_2/R_2O_3）（表 4.3）。寒带森林土壤 Si 相对固定，但其 Fe 和 Al 向下迁移，使得 A 层呈高硅铝铁率。美国冰川地区的中度风化土壤次生矿物（如蒙脱石）累积，其晶格 Si/Al 值决定了土壤的硅铝铁率，一般为 2～4。高度风化土壤硅铝铁率较低。美国东南部土壤发育过程中以 1:1 型高岭石为主的次生矿物累积，老土壤特征为低硅铝铁率（图 4.14）。热带氧化土和极育土（ultisols）剖面各土层以高岭石和铁铝矿物为主，其硅铝铁率非常低。

土壤剖面 B 层之下为 C 层，由粗碎屑类土壤物质组成，有机质含量很少。碳酸化风化在土壤 C 层占主导地位，可形成厚厚的腐泥土（Ugolini et al.，1977b）。碳酸化风化可达数百米深的关键带土壤剖面（Richter and Markewitz，1995），影响地下水化学特性。在波多黎各雨林中，土壤剖面上层几乎所有的 Al 经风化释放，径流 50%的 Si

则主要来自 C 层风化（Riebe et al.，2003）。由原位母质发育的土壤 C 层呈现与其母岩层相似的矿物学特性。相反，当母质为搬运沉积的物质，则土壤 C 层与其下基岩无矿物学特性对应关系。世界上最肥沃的农业土壤往往发育于搬运沉积的母质，如冰碛物、河漫滩沉积物和火山灰。

表 4.3　不同气候区土壤 A 层和 B 层的硅/三氧化物（$Al_2O_3+Fe_2O_3$）值（硅铝铁率）

区域	样地数	硅/三氧化物（硅铝铁率）平均值		参考文献
		A 层	B 层	
寒带	1	12.0	8.1	Wright et al.，1959
寒带	1	9.3	6.7	Leahey，1947
寒温带	4	4.07	2.28	Mackney，1961
暖温带	6	3.77	3.15	Tan and Troth，1982
热带	5	1.47	1.61	Tan and Troth，1982

注：寒带和寒温带土壤（特别是 A 层）因 Al 和 Fe 向下迁移导致硅铝铁率较高。热带土壤因长期风化过程将 Si 从土壤剖面移除，使其具有较低的硅铝铁率，且层间无差异。

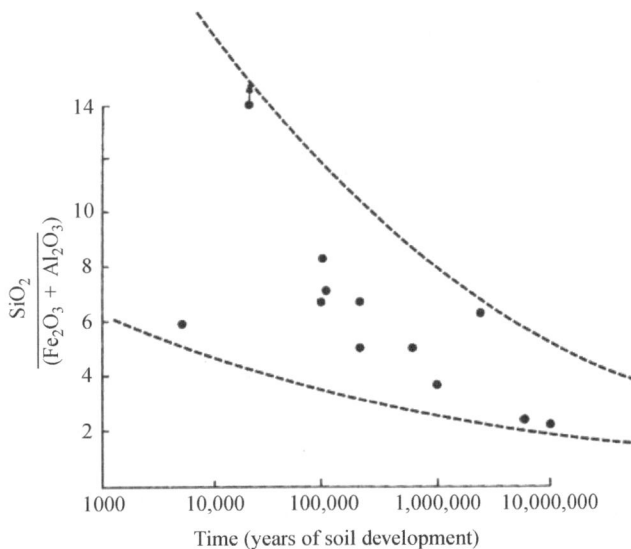

图 4.14　美国东南部长期发育土壤 SiO_2/R_2O_3 值（硅铝铁率）的时间变化（Markewitz and Pavich 1991）
来源　根据 Markewitz et al.（1989）数据重新计算
图中文字　Time（years of soil development）：土壤发育时间（年）

　　土壤在广袤地理空间呈连续梯度分布。例如，相同地理区域落叶林和针叶林土壤灰化程度呈梯度变化（De kimpe and Martel，1976；Stanley and Ciolkosz，1981）。陡坡区土壤剖面发育受滑坡和其他机械风化过程影响，通常是不连续的。冲积平原和有火山灰沉降的土壤会有"埋藏"层（Dahlgren et al.，1999）。在新沉积区域，土壤往往很少或没有剖面发育，分别被称为始成土（Inceptisols）或新成土（Entisols）。必须明确的是，土壤剖面发育要比植被变化慢得多。

土壤剖面发育同样也会受人类活动影响。美国东南部皮德蒙特山区森林土壤剖面的枯枝落叶层直接覆盖于 B 层，A 层在过去农业生产活动中已侵蚀消失。过去的定居点通常在土壤剖面中残留人类活动痕迹（如 Hejcman et al.，2013；Smejda et al.，2017），而军事活动会形成炸弹扰动土壤（Hupy and Schaetzl，2006）。

美国东北部森林灰化土已受酸雨直接影响数十年。高海拔区域入渗枯枝落叶层和 A 层的土壤溶液酸度由如 H_2SO_4 的"强"酸降低土壤 pH，而非有机酸或碳酸（详见第 13 章）。类似的现象也发生在中国和俄罗斯的大气污染下风向区（Lapenis et al.，2004；Yang et al.，2015）。正常土壤酸度下 Al 以有机螯合态迁移并沉积在 B 层。而高酸度下 Al 则以 Al^{3+}（潜在毒性形态）迁移至土壤剖面底部进入水体，SO_4^{2-} 为其平衡阴离子（图 4.7；Johnson et al.，1972；Cronan，1980；Reuss et al.，1987）。Ca、K 和其他阳离子也从土壤剖面流失（Likens，2013）。总体化学风化速率已增强（Cronan，1980；April et al.，1986）。值得庆幸的是，随着 20 世纪 90 年代初《清洁大气法》的实施，美国大气酸度和 SO_4^{2-} 沉降量、径流 Al^{3+} 流失量已开始下降（Clow and Mast，1999；Likens et al.，2002；Palmer and Driscoll，2002）。

4.4.2 草原

由于草原降水量远大于蒸散发量，为森林土壤发育提供了充足水分进行土壤淋溶并形成径流，而草原土壤则在相对干旱的条件下发育。由于化学风化产物不能快速从土壤剖面淋失，草原土壤盐基饱和度高，pH 呈中性。草原土壤剖面上层大量的 Ca 和其他阳离子与黏土矿物和有机酸发生絮凝[①]（Oades，1988），从而限制风化产物的向下运输及灰化过程发生。在土壤剖面上层 Ca 被全部淋失，草原土壤发育通常很少形成富含黏土层（B_t 层）。总之，草原土壤化学风化和灰化过程的强度要远低于森林土壤（Madsen and Nornberg，1995）。

美国中部地区草原横断面很好地展示了草原土壤发育梯度。年均降水量从密西西比河河谷的高草草原向西至落基山山脚的矮草草原逐渐降低。Honeycutt 等（1990）发现基于土壤剖面黏粒含量峰值测量的土壤剖面深度，沿着年均降水量梯度由东向西逐渐下降（图 4.15）。而土壤盐基饱和度、pH 及 Ca 含量则沿着这一梯度增加（Ruhe，1984；Gunal and Ransom，2006）。在非洲东部热带草原呈现随年均降水量梯度下降的相似趋势（Scott，1962）。当年均降水量小于潜在蒸散发量时，径流很少，土壤 pH 会突然增加（Slessarev et al.，2016）。美国西部大平原土壤剖面淋溶过程有限，Ca 以 $CaCO_3$ 沉积在土壤剖面底部形成含钙层（B_k 层），俗称钙质层（caliche）。

草原特有的气候条件使其植物的年生长率低于森林，每年进入土壤的植物凋落物也很少。然而，由于可利用水分的限制，有机质分解速率低，草原土壤含有大量的有机质（详见第 5 章）。草原土壤有机质主要来自于根，有研究表明植物源生物质在地下土层的降解速率要慢于地表添加（Sokol and Bradford，2019）。Ca 也可稳定草原土壤有机质持续性（Rowley et al.，2018）。温带多数草原土壤分类为软土（Mollisols），以表层土壤具

---

① 物质以胶体形态形成不溶的团聚体的过程被称为絮凝作用，通常为亲水表面电荷中和反应。

有丰富有机碳和高盐基饱和度为特征。

与森林土壤一样，草原土壤性质因其下母质和山坡位置不同而具有地域差异。Schimel 等（1985）诠释了物质顺坡迁移导致坡地形成薄层土壤，局部洼地累积有机质和氮。同样，Aguilar 和 Heil（1988）发现发育自砂岩的草原土壤比发育自细颗粒母质（如含有较多黏土矿物的页岩）的土壤含有更少的有机碳、氮和总磷。有机态磷在砂岩发育土壤中比例很高。这些土壤性质差异强烈地影响当地草原生产力。

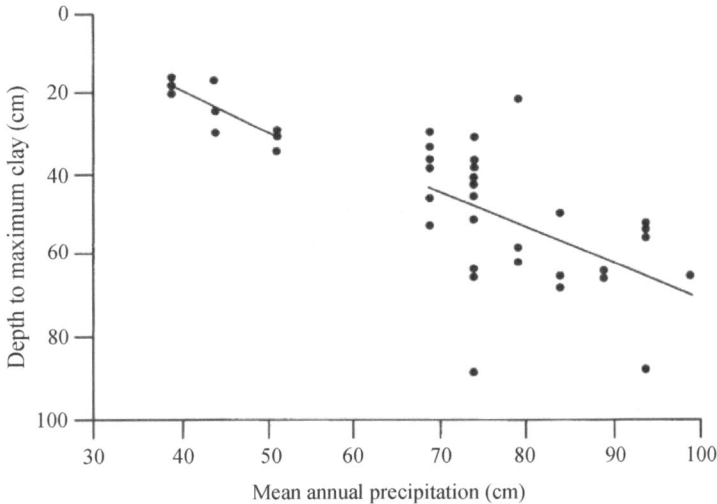

图 4.15　以土壤剖面黏土含量峰值深度为指标的风化和土壤发育程度，由东向西横穿美国大平原随年均降水量降低而降低
来源　Honeycutt 等（1990），美国农学会授权使用
图中文字　Depth to maximum clay：黏土含量峰值土壤剖面深度；Mean annual precipitation：年均降水量

4.4.3　沙漠

随草原干旱程度的增加，土壤发育最终到达极端干旱的沙漠状态。沙漠土壤通常含有黏土矿物和黏土层，其黏土来自高风化的风成尘埃（Singer，1989；Reheis and Kihl，1995）。实际上，沙漠土壤发育速率非常缓慢，受制于土壤剖面中有限的风化和淋溶过程。面对有限的风化和径流，众多沙漠土壤净接收大气沉降物质（Michalski et al.，2004a；Ewing et al.，2006；Schlesinger et al.，2000b）。

尽管沙漠化学风化有限，但少量水分入渗可在土壤剖面垂直方向和在景观水平方向运送物质。当水被植物体吸收利用时，溶质沉积。发育良好的沙漠土壤含有 $CaCO_3$ 层，表征了其逐渐发育和胶结（cementation）的时序过程（Gile et al.，1966）。当沙漠土壤出现不同土层时，被称为干旱土（Aridisols）（Dregne，1976）。

由于沙漠土壤 $CaCO_3$ 沉积与植物根系呼吸释放 CO_2 保持平衡：

$$2CO_2 + 2H_2O \rightarrow 2H^+ + 2HCO_3^- \tag{4.15}$$

$$Ca^{2+} + 2HCO_3^- \rightarrow CaCO_3 \downarrow + H_2O + CO_2 \tag{4.16}$$

并且碳酸根具有碳同位素指纹，可利用碳同位素追踪光合过程（详见第 5 章），因此可

作为气候和植被历史变化的表征指标（Quade et al., 1989）。尽管沙漠土壤发育过程表面上为非生物过程主导，但植物根系（Schlesinger, 1985）和土壤微生物活性的季节性变化影响着 $CaCO_3$ 沉积和沙漠土壤发育等其他方面。例如，在沙漠灌木丛覆盖下土壤 $CaCO_3$ 沉积受土壤溶液溶解态有机质抑制（Inskeep and Bloom, 1986；Reddy et al., 1990；Suarez et al., 1992），其富钙层在土壤剖面更深层才出现。

沙漠土壤剖面 $CaCO_3$ 层出现深度与年均降水量和土壤剖面湿度直接相关（Arkley, 1963）。在 $CaCO_3$ 层之下可能存在富含 $CaSO_4·2H_2O$（石膏）或 NaCl 的土层，表明这些盐类具有更大的溶解度和向下迁移距离（Yaalon, 1965；Marion et al., 2008）。在景观尺度上可发现类似模式，Na、Cl 和 SO_4^{2-} 被流失到盆地低洼的间歇湖，而 Ca 则残留在坡地旱地土壤中（Drever and Smith, 1978；Eghbal et al., 1989；Amundson et al., 1989）。

虽然植被覆盖稀疏，但沙漠生态系统大部分养分循环均由生物调控。沙漠灌木通过其发达根系从很大面积范围吸收养分，而仅在冠层区域土壤累积凋落有机物。这些沙漠"肥沃岛屿"的绝大多数 N、P 和其他元素的年周转量受生物地球化学过程调控（Schlesinger et al., 1996；Titus et al., 2002）。

4.4.4 土壤发育模型

土壤剖面发育的过程可被模型模拟。土壤化学模型包括本章前面已讨论的风化反应，以及土壤溶液与矿物间阳离子和阴离子交换的平衡常数（Furrer et al., 1989）。根据模拟时间尺度，土壤化学模型通常以日或年降水量入渗土壤剖面，各土层土壤溶液和土壤矿物间达到平衡。土壤剖面水分损失估算包括土壤表面蒸发量、植物吸收量和入河径流等。用于预测土壤剖面发育和计算酸雨引起森林土壤可溶性组分损失的土壤过程模型已被建立（Reuss, 1980；Cosby et al., 1986；David et al., 1988；Perez-Fodich and Derry, 2019）。

Marion 等（1985）构建了干旱区土壤长期发育的 CALDEP 模型，模拟日降水入渗土壤剖面与碳酸盐的生物地球化学平衡。在模型中，植物根系呼吸呈季节性变化，并随土壤深度变化。植物也通过蒸散发过程调控土壤表面水分损失。模拟结果表明，粗质地母质发育土壤允许更多水分入渗土壤剖面，使得 $CaCO_3$ 层在其更深土层出现，同时植物根系呼吸呈季节性变化，生长季节土壤 CO_2 分压高。

以现今气候条件对降水量和蒸发量参数化，应用 CALDEP 模型模拟 500 年的土壤剖面发育过程（图 4.16）。模型预测的沙漠土壤剖面 $CaCO_3$ 层平均深度显著浅于美国亚利桑那州 16 个沙漠土壤剖面的实际观测深度。如果以最近一次更新世冰期盛行的冷湿气候条件来参数化，土壤剖面 $CaCO_3$ 层预测深度与野外观测值高度吻合。这样的气候条件允许更多土壤水分入渗和降低土壤表面蒸发率。模型模拟结果的好坏取决于所使用的参数（数据），但无法明确相关过程的重要性。然而，模型对于假说发展和研究优先次序组织十分有用。CALDEP 模型认为多数 $CaCO_3$ 层形成于更新世，当时沙漠降水量要显著高于当今，与土壤碳酸盐年龄一致（Schlesinger, 1985）。美国西南部沙漠土壤多数富钙层均超过 10 000 年，其 $CaCO_3$ 累积速率达 $1.0\sim5.0$ $g·m^{-2}·yr^{-1}$，主要来自大气沉降的富钙矿物在土壤剖面向下迁移（Schlesinger, 1985；Capo and Chadwick, 1999；Van der Hovern and Quade, 2002）。

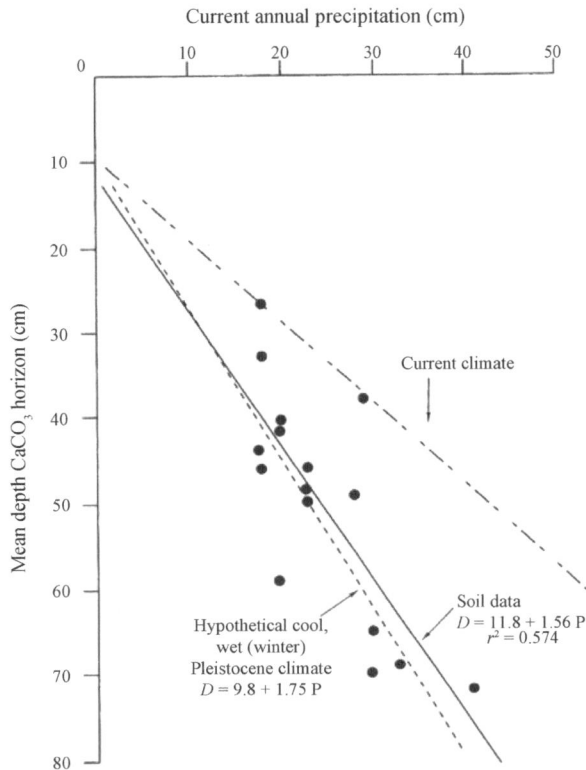

图 4.16 美国亚利桑那州沙漠土壤 $CaCO_3$ 层埋深与年均降水量的函数关系。虚线指基于当今降水模式的 CALDEP 模型预测；实线是野外实验观测深度的最佳模拟；点线基于最近一次冰川时期气候的模拟预测

来源 改自 Marion 等（1985）

图中文字 Mean depth $CaCO_3$ horizon：$CaCO_3$ 层平均深度；Current annual precipitation：当今降水量；Hypothetical cool，wet（winter）Pleistocene climate：理论冰川冷湿气候（冬季）；Soil data：土壤数据；Current climate：当今气候

4.5 风 化 速 率

由于岩石风化和土壤发育过程非常缓慢，并且无法在不干扰众多感兴趣化学反应的情况下采集土壤剖面，使得相关研究很难开展。然而，由于生命必需元素均来自于下层岩石，估算风化作用需充分认知当地流域的生物地球化学（详见第 6 章）。通常我们根据土壤剖面残留物和河水溶质来推算风化速率（Likens，2013）。通过对河水可溶性和悬浮组分的估算，可计算为陆地和海洋生物圈提供营养元素的全球化学风化速率。

4.5.1 化学风化速率

河水可溶性离子浓度的变化与径流量、水来源和化学风化相关（Johnson et al.，1969；Maher，2011）。在一个简单的地球化学体系中，大部分水来自于土壤剖面与各类岩石风化和离子交换反应平衡的排水，故可预测在低流量期河水离子浓度最高（Raymond，2017）。随降水和地表径流输入导致河流流量增加，并且未能与土壤矿物相平衡或很少，可预测河水离子浓度降低。这一简单地球化学模型常用于解释河水主要离子（Ca、Mg、Na、Si、Cl、SO_4^{2-} 和 HCO_3^-）行为，这些离子易溶于水并超过生物所需（Meyer et al.，1988）。

在降雨或季节性洪水期，相同流量下水位上涨时河水水溶性离子浓度通常高于消退期（Whitfield and Schreier，1981；McDiffett et al.，1989）。这一效应被称为"滞后现象"（hysteresis），是初期雨（洪）水径流将低流量时期土壤孔隙积累的高浓度离子冲刷出来所致。并非所有离子都呈现一致的滞后现象，因此，在计算流域水溶性离子年度流失量时，必须将每日河水流量乘以当日河水离子浓度，365 天的乘积总和即为年度流失量。

即使大流量时浓度较低的元素，在河流高流量年份从汇水流域流失量也是最大的（图 4.17），也就是说，流量增加速率超过了可溶性物质的预期稀释效应。在一个大尺度地理空间，集水区径流有限的河流中河水可溶性物质浓度是最高的，而集水区大径流的河流可溶性物质的总流失量则更大（图 4.18；Bluth and Kump，1994；Gaillardet et al.，1999）。

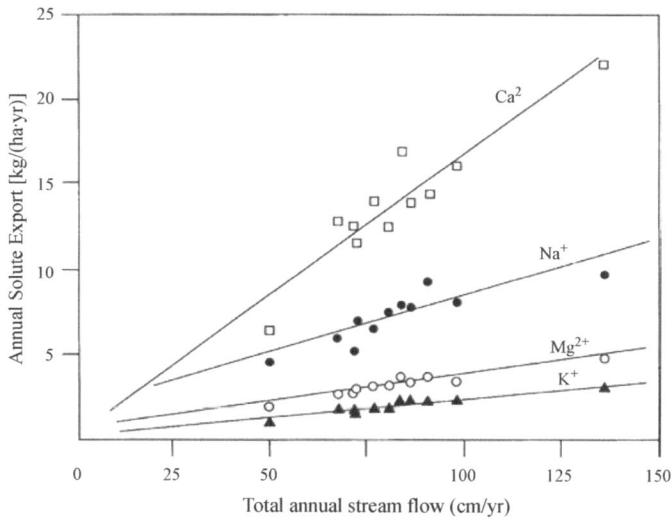

图 4.17 美国新罕布什尔州哈伯德布鲁克实验林不同年份河水总流量与主要阳离子年度流失量的线性关系
来源 Likens 和 Bormann（1995a）
图中文字 Annual solute export：溶质年输出量；Total annual stream flow：年度河流总流量

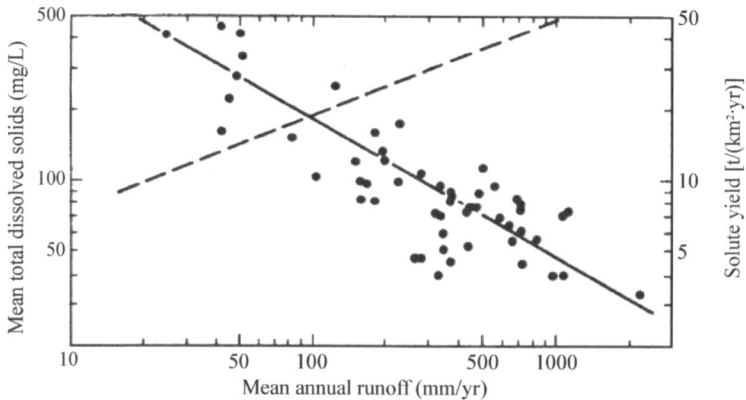

图 4.18 肯尼亚不同河流可溶性固形物平均总浓度（实线）和水溶性物质年流失量（虚线，未显示数据）的变化与年均径流量的线性关系
来源 Dunne 和 Leopold（1978），Springer-Verlag 授权使用
图中文字 Mean total dissolved solids：平均总可溶性固形物；Solute yield：溶质产量；Mean annual runoff 年均径流量

Jennings（1980）发现，新西兰石灰岩地区河水 Ca 和 Mg 浓度随径流量增加而被稀释，从夏季到冬季，其稀释曲线斜率略有变化，表明夏季植物根系呼吸活跃导致石灰岩风化增强（另见 Laudelou and Robert，1994）。当土壤溶液平均滞留时间很短时，植物通过吸收必需营养元素来调控河水化学性质。在大部分地区，受微生物活性和植物根系吸收的调控，植物必需养分（如 K 和硝态氮）的河水浓度与其流量没有相关性（Lewis and Grant，1979；Feller and Kimmins，1979；McDowell and Asbury，1994）。例如，在美国新罕布什尔州落叶林中，河水 K 和硝态氮最低浓度出现在生物需求量最大的夏季低流量时期（枯水期）（Johnson et al.，1969；Likens et al.，1994）。

植物吸收必需营养元素和土壤矿物吸附阳离子，使得以河水离子浓度计算短期化学风化速率复杂化（Gardner，1990；Taylor and Velbel，1991）。然而，河流阳离子最终流失量解释了土壤发育过程中盐基饱和度和 pH 下降的原因（Bockheim，1980）。陆地生态系统水溶性组分损失量代表了化学风化产量和流域（景观）的化学风化作用。

化学风化速率计算最著名的研究之一始于 1963 年，Gene Likens、Herbert Bormann 和 Noye Johnson 等定量计算了美国新罕布什尔州哈伯德溪森林的化学收支（Likens and Bormann，1995a）。该地区有众多具有不透水基岩的类似流域，没有明显的入渗流进入地下水。这些研究者认为，如果将大气沉降的化学元素部分从其河流流失量中减去，该差值为岩石风化作用的年释放量。他们用以下方程来计算岩石风化率：

$$风化率 = \frac{河水 Ca 流失量 - Ca 大气沉降量}{母质 Ca 含量 - 土壤残余 Ca 量} \tag{4.17}$$

如果以不同成岩元素计算，用该方程式计算出的风化量有很大差异（表 4.4）。以河水 Ca 和 Na 监测值计算的风化率要高于以 Mg 和 K 计算的风化率。Johnson 等（1968）认为这是由于 Mg 和 K 被土壤次生矿物（伊利石和蛭石）累积所致。另外，树木吸收必需元素并储存在长寿命组织（即树木生长）中，暂时减少部分元素的河水流失（Taylor and Velbel，1991；详见第 6 章）。

表 4.4　利用阳离子元素的河水流失量及其矿物浓度计算的原生矿物风化率

元素	年净流失量 （kg·hm^{-2}·yr^{-1}）	岩石浓度 （kg·kg^{-1} 岩石）	土壤浓度 （kg·kg^{-1} 土壤）	岩石风化率计算值 （kg·hm^{-2}·yr^{-1}）
Ca	8.0	0.014	0.004	800
Na	4.6	0.016	0.010	770
K	0.1	0.029	0.024	20
Mg	1.8	0.011	0.001	180

来源：Johnson 等（1968）。

估算流域 Cl 和 Si 收支对计算风化率非常有用。几乎在所有情形下，大气 Si 沉降微乎其微，化学风化是河水 Si 的唯一来源，即河水 Si 浓度是净化学风化的指标（如图 4.2）。相反的，岩石 Cl 含量通常很低。几乎所有的河水 Cl$^-$ 都来自大气，不受生态系统中生物活动或地球化学反应影响（参见 Lovett et al.，2005；Oberg et al.，2005）。Cl 收支平衡通常作为流域水文收支的精准指标（Juang and Johnson，1967；Svensson et al.，2012）。

美国哈伯德溪实验林河水 Ca、Mg、K、Fe 和 P 等元素主要来自于岩石风化释放，而岩石中含量较少的 Cl、S、N 则主要来自大气沉降（表 4.5）。在不受区域性酸雨影响的林地，其大气 S 沉降比例要低于哈伯德河实验林（如 Mitchell et al.，1986）。已有大量的流域研究允许对一系列生态系统进行相似的风化率计算（表 4.6；Henderson et al.，1978；Feller and Kimmins，1979；Vebel，1992；Likens，2013）。

表 4.5　美国哈伯德溪实验林元素输入和输出比例

	输入（%）		输出占输入的百分比（%）
	大气	风化作用	
Ca	9	91	59
Mg	15	85	78
K	11	89	24
Fe	0	100	25
P	1	99	1
S	96	4	90
N	100	0	19
Na	22	78	98
Cl	100	0	74

来源：Likens 等（1981）。

表 4.6　森林覆盖生态系统不同流域主要离子、水溶性 SiO_2 和悬浮颗粒物的
净迁移量（输出减去大气沉降）

流域特征	委内瑞拉考拉河	西非甘比亚河	美国马里兰州凯托克廷山河	美国新罕布什尔州哈伯德河
面积（km^2）	47 500	42 000	5.5	2
降水量（cm）	450	94	112	130
植被	热带	稀树草原	温带	温带
净水溶态迁移量（$kg \cdot hm^{-2} \cdot yr^{-1}$）				
Na	19.4	3.9	7.3	5.9
K	13.6	1.4	14.1	1.5
Ca	14.2	4	11.9	11.7
Mg	5.7	2	15.6	2.7
HCO_3^-	124	23.3	78.1	7.7
Cl^-	−1.4	0.6	16.6	−1.6
SO_4^{2-}	1.5	0.4	21.2	14.8
SiO_2	195.7	15	56.1	37.7
总运输量（$kg \cdot hm^{-2} \cdot yr^{-1}$）	372.7	47.6	220.9	80.4

来源：修改自 Lemis 等（1987），Springer 授权使用。

化学风化相对指数可通过将经河水流失的各种元素年损失总量相加来获得。比较全球各生态系统可以发现，化学剥蚀作用随径流增加而增强（图 4.2）。表 4.6 列出的流域总水溶性元素迁移量为 47.6～372.7 $kg \cdot hm^{-2} \cdot yr^{-1}$，而 Alexander（1988）在不同气候带 18 个未受干扰生态系统中发现化学剥蚀强度为 20～200 $kg \cdot hm^{-2} \cdot yr^{-1}$。巴西东南

部化学风化估计每年损失 280 kg·hm^{-2}·yr^{-1}（Fernandes et al.，2016）。通常，风化率计算存在显著的地域差异（Nezat et al.，2004；Schaller et al.，2010），但从全球范围来看，河流每年输送约 4×10^{15}g 水溶性物质进入海洋，以地球陆地表面计相当于 267 kg·hm^{-2}·yr^{-1}（详见表 4.8）。

在大多数硅酸岩地区，经河水流失的元素量与其基岩含量有关，如以下顺序：

$$Ca＞Na＞Mg＞K＞Si＞Fe＞Al \tag{4.18}$$

但这一排序受基岩固有组成和土壤剖面的次生矿物影响（Holland，1978；Harden，1988；Hudson，1995）。这一排序反映了 Ca-和 Na-硅酸岩容易被风化，并且次生矿物对 Ca 和 Na 的固持作用有限。个别河流河水元素组成因局地条件不同，可能与这一排序差异很大。例如，碳酸岩地区河流河水富含 Ca^{2+}和 HCO$_3^-$（如 Laudelout and Robert，1994），而蒸发岩（evaporite）矿物裸露地区河水含有高浓度的 Na$^+$、Cl$^-$和 SO$_4^{2-}$（Stallard and Edmond，1983）。通常，Fe 和 Al 以稳定的氧化物和水合氧化物沉积在土壤剖面下层（Chesworth et al.，1981；Lichter，1998；Olsson and Melkerud，2000）。

因为温带森林土壤以带有永久负电荷的黏土矿物为主，因此阳离子损失量取决于"携带"阳离子穿越土壤剖面进入河水的阴离子有效性（Terman，1977；Gorham et al.，1979；Johnson and Cole，1980；Christ et al.，1999）。通常情况下土壤溶液主要阴离子是碳酸氢根（HCO$_3^-$），因此，植物根系和土壤生物活性调控着化学风化及河水化学组成。委内瑞拉雨林河水高浓度的 HCO$_3^-$（表 4.6）反映了碳酸化风化作用对热带生态系统的重要性（参考图 4.3 和图 4.4）。委内瑞拉雨林河水中阳离子和硅的总迁移量也很高，与我们对热带气候下快速化学风化的预测相一致（图 4.2）。第 6 章将探讨外部干扰下（如森林砍伐），易迁移阴离子 NO$_3^-$有效性的增加如何影响阳离子流失（详见图 6.15）。

在美国东北部和欧洲大部分地区，由于酸雨输入大量的 H$^+$和 SO$_4^{2-}$，土壤盐基阳离子流失量增加（Wright et al.，1994；Fernandez et al.，2003；Blake et al.，1999；Lapenis et al.，2004；Warby et al.，2009）。部分阳离子通过阳离子交换损失，而另一部分则因强酸提高化学风化率（Miller et al.，1993；Likens et al.，1996）。SO$_4^{2-}$作为平衡阴离子，携带阳离子从土壤剖面迁移到河水。美国新英格兰地区经历数十年酸雨影响后，土壤阳离子大量损失，致使径流阳离子浓度几乎为零（Likens and Buso，2012）。随着近年来酸雨减弱，土壤阳离子浓度正逐渐恢复（Lawrence et al.，2015）。相比之下，美国东南部高度风化土壤因酸雨引起的阳离子损失并不严重，这是因为这些土壤具有更高的 AAC，SO$_4^{2-}$被土壤矿物吸附而不能充当移动阴离子（Reuss and Johnson，1986；Harrison et al.，1989；Cronan et al.，1990）。Johnson 等（1981）发现在一座建于 1890 年房子下的土壤 SO$_4^{2-}$含量为 67 mg·kg^{-1}，低于周边整个 20 世纪暴露于酸雨下的土壤（195 mg·kg^{-1}），这一数值已作为美国田纳西州阴离子吸附的历史指标。

湿润热带土壤以可变电荷的矿物为主，也许可推测移动阳离子的丰度决定了吸附位点上阴离子的损失。事实上，当水流经热带火山土壤实验柱时 NO$_3^-$损失受阻（Wong et al.，1990；Bellini et al.，1996；Maeda et al.，2008；Strahm and Harrison，2006）；同样，哥斯达黎加森林土壤 NO$_3^-$损失量因高阴离子吸附量而减少（Matson et al.，1987；Reynolds-Vargas et al.，1994；Ryan et al.，2001）。在众多研究中，热带土壤对 SO$_4^{2-}$

的吸附降低了它在河水和地下水中作为移动阴离子的重要性（Szikszay et al.，1990；表 4.6）。

  河水有机化合物（特别是有机酸）对 Fe 和 Al 的溶解迁移十分重要。因为这些金属可与有机酸形成络合物，可以"携带"超过溶解度的 Fe 和 Al 水合氧化物量（Perdue et al.，1976）。水溶性有机酸在金属元素迁移到海过程的重要性是陆地生物影响简单地球化学过程的一个很好例子，也决定了地球表面的物质迁移。

  Livingstone（1963）根据众多河流测定结果计算出河水"平均"组成（表 4.7，另见表 9.1）。Livingstone 的全球水溶性物质迁移总量估算为 $3.76 \times 10^{15} g \cdot yr^{-1}$，已被众多研究证实（如 Meybeck，1979；表 4.8）。河水中几乎所有的 Ca、Mg 和 K 都来自岩石风化（表 4.9）。碳酸化风化是 Ca 的主要来源，而 Mg 和 K 主要来自硅酸岩的风化（Holland，1978）。火成岩原生矿物化学风化贡献了 30%输送到海洋的水溶性组分，略低于火成岩地表暴露比例（Durr et al.，2005）。沉积岩化学风化（特别是碳酸岩）贡献了剩余的组分（Li，1972；Blatt and Jones，1975；Suchet et al.，2003）。

表 4.7 全球各洲河流水溶性离子组分平均浓度   （单位：$mg \cdot L^{-1}$）

大洲	HCO_3^-	SO_4^{2-}	Cl^-	NO_3^-	Ca^{2+}	Mg^{2+}	Na^+	K^+	Fe	SiO_2	总计
北美洲	68	20	8	1	21	5	9	1.4	0.16	9	142
南美洲	31	4.8	4.9	0.7	7.2	1.5	4	2	1.4	11.9	69
欧洲	95	24	6.9	3.7	31.1	5.6	5.4	1.7	0.8	7.5	182
亚洲	79	8.4	8.7	0.7	18.4	5.6	9.3		0.01	11.7	142
非洲	43	13.5	12.1	0.8	12.5	3.8	11		1.3	23.2	121
大洋洲	31.6	2.6	10	0.05	3.9	2.7	2.9	1.4	0.3	3.9	59
全球	58.4	11.2	7.8	1	15	4.1	6.3	2.3	0.67	13.1	120
阴离子[a]	0.958	0.233	0.22	0.017							1.428
阳离子[a]					0.75	0.342	0.274	0.059			1.425

a. 高度离子化组分的毫当量。
来源：Livingstone（1963b）。

表 4.8 全球各洲化学和机械剥蚀作用

大洲	化学剥蚀[a]		机械剥蚀[b]		机械剥蚀/化学剥蚀
	总计 ($10^{14} g \cdot yr^{-1}$)	每单位面积 ($kg \cdot hm^{-2} \cdot yr^{-1}$)	总计 ($10^{14} g \cdot yr^{-1}$)	每单位面积 ($kg \cdot hm^{-2} \cdot yr^{-1}$)	
北美洲	7.0	330	14.6	840	2.1
南美洲	5.5	280	17.9	1000	3.3
亚洲	14.9	320	94.3	3040	6.3
非洲	7.1	240	5.3	350	0.7
欧洲	4.6	420	2.3	500	0.5
大洋洲	0.2	20	0.6	280	3.0
总计	39.3	267	135.0	918	3.4

a. 来源：Garrels 和 MacKenzie（1971）。

b. 来源：Milliman 和 Meade（1982）。

表 4.9 世界河流河水主要元素的来源（实际浓度百分比）

元素	大气循环盐	风化作用			
		碳酸岩	硅酸岩	蒸发岩	污染
Ca^{2+}	0.03	65	18	8	9
HCO_3^-	$\ll 1$	61	37	0	2
Na^+	0.9	0	21	50	28
Cl^-	1.7	0	0	68	30
SO_4^{2-a}	0.2	0	0	29	28
Mg^{2+}	0.11	36	54	$\ll 1$	8
K^+	0.04	0	87	5	7
H_4SiO_4	0	0	99+	0	0

a. SO_4^{2-} 也来源于黄铁矿风化。
来源：Berner and Berner（2012）。

河流河水组分并非都源自岩石风化作用。HCO_3^- 对碳酸化风化作用至关重要，约 2/3 的河水 HCO_3^- 来源于大气，或直接来自于 CO_2，或间接来自于土壤剖面有机物分解过程和植物根系呼吸释放的 CO_2（Holland，1987；Meybeck，1987；Moosdorf et al.，2011）。因为化学风化作用涉及大气组成和岩石矿物间的反应，100 kg 火成岩风化后产生 113 kg 沉积物进入海洋，同时产生约 2.5 kg 的盐分溶入海水（Li，1972）。因此，河流水溶性物质总量中相当一部分来自大气，不能代表实际的陆地化学剥蚀作用（Berner and Berner，2012）。河水 Na^+、Cl^- 和 SO_4^{2-} 等小组分也来源于大气，是海洋气溶胶（"循环盐"，详见第 3 章）的陆地沉降[1]。

人类活动（如采矿）增加了河流一些水溶性离子浓度，加速了地球地壳裸露和岩石风化的自然速率（Bertine and Goldberg，1971；Martin and Meybeck，1979；Raymond and Neung-Hwan，2009）。广泛使用的道路除冰盐（融冰剂）大幅增加了径流 Cl 浓度（Kaushal et al.，2005），而农业区因施肥导致径流高浓度 NO_3 损失（详见第 12 章）。受农业施用石灰和地球大气层 CO_2 浓度增加的影响，在过去一个世纪美国密西西比河河水 HCO_3^- 通量显著增加（Raymond et al.，2008；Raymond and Hamilton，2018）。从更长的时间维度来看，现今河流的化学风化和溶质迁移可能低于 18 000 年前末次大陆冰川时被冰川运动磨细的大量颗粒物质暴露引起的化学风化（Vance et al.，2009）。

Gibbs（1970）根据世界主要河流河水离子浓度来解析其水溶性组分来源。以降水为主要补给的河流水溶性物质浓度低，并且 $Cl/(Cl+HCO_3)$ 值高，表明降水是 Cl 的重要来源（图 4.19 A 区）。以化学风化为水溶性物质主要来源的河流，其水溶性物质浓度高且 HCO_3^- 是主要阴离子（图 4.19 B 区），表明碳酸化风化对多数土壤的重要性。河流流经干旱地区，在其入海前因蒸发损失大量的水分。这些河流（图 4.19 C 区）水溶性离子浓度最高且 $Cl/(Cl+HCO_3^-)$ 值高，是因为 HCO_3^- 形成 $CaCO_3$ 沉积于土壤和河床（Holland，1978）。以此为假设，海水是河水经蒸发浓缩后的结果。如果在图 4.19 中以 Na 和 Ca 作为 x 轴，并以 Na 相对浓度为降雨指标、以 Ca 相对浓度作为化学风化指标时，这些相似

[1] 河水中来自大气的 Cl 量尚存争议。Stallard 和 Edmond（1981，1983）在亚马孙流域的研究结果（表 4.9）表明，河流仅有少量 Cl 是"循环"的。另外一些研究者认为全球河流大部分 Cl 来源于海洋，其比例从 85%（Dobrovolsky，1994）到近 100%（Möller，1990；参见图 3.17）。

关系也存在（Gaillardet et al.，1999）。

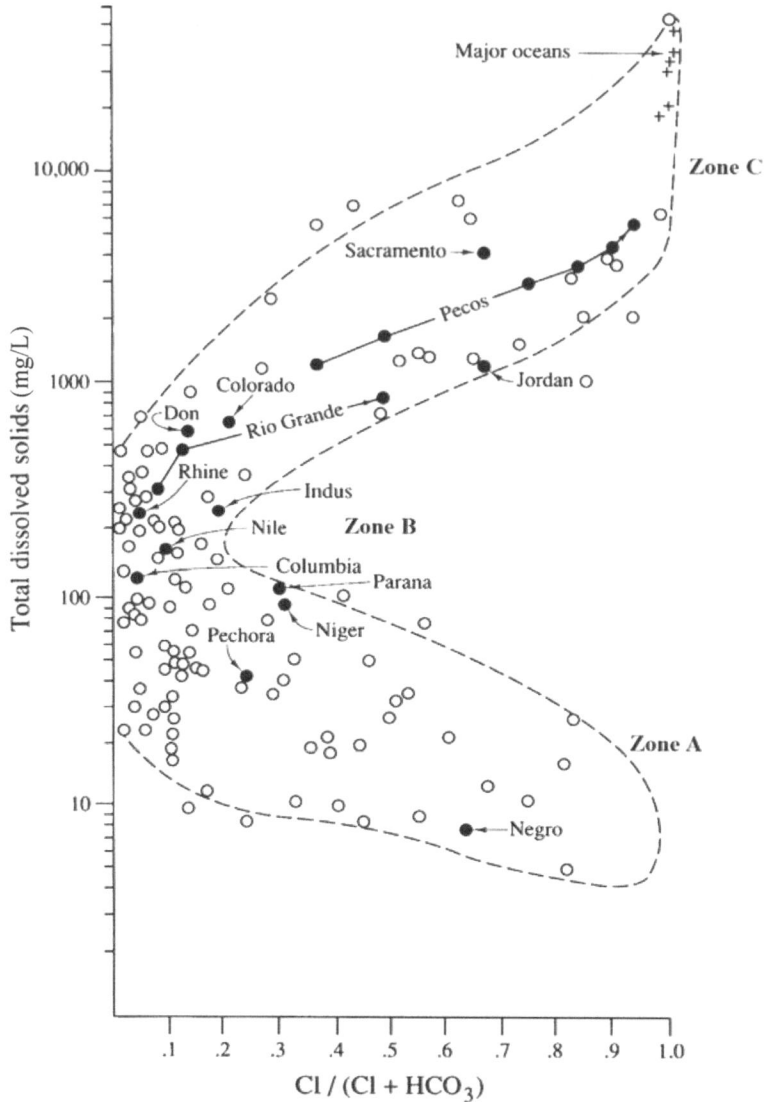

图 4.19　全球河流和湖泊中水溶性固形物总量变化与 Cl/(Cl+HCO₃)值的关系

来源　Gibbs（1970），美国科学促进会（AAAS）授权使用

图中文字　Total dissolved solids：总矿化度；Zone A：A 区；Zone B：B 区；Zone C：C 区；Major oceans：多数海洋；Sacramento：萨克拉门托河；Pecos：佩科斯河；Jordan：约旦河；Colorado：科罗拉多河；Rio Grande：格兰德河；Don：顿河；Rhine：莱茵河；Indus：印度河；Nile：尼罗河，Colombia：哥伦比亚河；Parana：巴拉那河；Niger：尼日尔河；Pechora：伯朝拉河；Negro：内格罗河

4.5.2　机械风化

　　除化学剥蚀作用外，大量机械风化产物从陆地侵蚀以颗粒态或悬浮态负荷进入河流（Jeandel and Oelkers，2015）。由于这些物质中的元素不能被生物直接利用，生物地球化学家们对其关注较少。总而言之，基于机械风化的土壤发育平均速率约为 0.1 mm·yr^{-1}（Stockmann et al.，2014）。

河流悬浮颗粒物浓度通常与流量呈曲线关系，高流量河流的悬浮颗粒物浓度以指数函数增加（Parker and Troutman，1989；图 4.20）。低流量河流的悬浮颗粒物主要以有机物为主，但土壤侵蚀最严重时，随着高流量河流悬浮颗粒物增加而有机物比例减少（Meybeck，1982；Ittekkot and Arain，1986；Paolini，1995）。长期监测表明，偶发极端事件期间沉积物输送量往往超过了正常状况下长期累积的迁移总量（Van Sickle，1981；Swanson et al.，1982）。沙漠地区间歇洪水伴随着高浓度的悬浮沉积物（Baker，1977；Fisher and Minckley，1978；Laronne and Reid，1993）。虽然植被可增加土壤化学风化率，但会延缓机械风化产物的迁移（McMahon and Davis，2018）。在没有植被的区域，多数山坡土壤是贫瘠的（Amundson et al.，2015）。

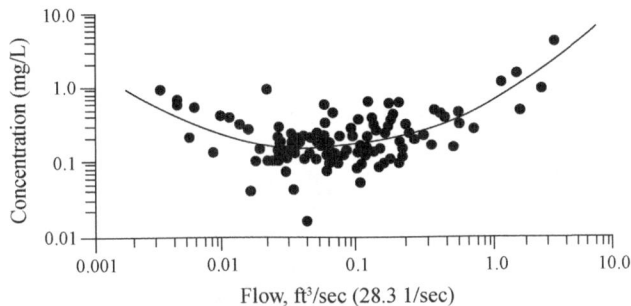

图 4.20　美国新罕布什尔州哈伯德河实验林河流流量与其颗粒物含量关系
注：1 ft³ = 2.83 × 10² m³
来源　Bormann 等（1974），美国生态学会授权使用
图中文字　Concentration：浓度；Flow：流量

全球河流悬浮颗粒物迁移受海拔、地貌和流域径流等多因素的影响（Gaillardet et al.，1999）。山区的颗粒物输送率较高，但主导地球陆地表面的低地势地区对总颗粒物（沉积物）输送量贡献不成比例（Willenbring et al.，2013）。虽然流经干旱地区的河流悬浮颗粒物浓度高，但总流量有限，其单位流域（景观）土壤物质损失量相当低（Milliman and Meade，1983）。流向南亚的河流承载了全球 70% 的悬浮颗粒物输送量，即 13.5 × 10^{15} g·yr^{-1}（表 4.8）。中国河流输送的大量悬浮颗粒物来自于流域内大量的风蚀沉积土壤（黄土）的侵蚀。相反，亚马孙河承载了全球 20% 的流量，但每年仅输送 600 × 10^{12}～900 × 10^{12} g 悬浮沉积物，约为全球总量的 5%（Mikhailov，2010；Wittmann et al.，2011）。亚马孙流域大部分位于地势起伏较小的低高程地区，故其悬浮颗粒物量相对较低（Meybeck，1977）。

大量来自旱地侵蚀的颗粒物在河流下游的河道和洪泛漫滩沉积（Trimble，1977；Longmore et al.，1983；Gurtz et al.，1988）。因此，单位流域面积颗粒物（沉积物）产量随着流域面积增加而减少（Milliman and Meade，1983）。尽管流量季节性差异巨大，亚马孙河日颗粒物（沉积物）输送量相对稳定，这是由于沉积物在丰水期被储存在洪泛区，在洪水消退时被再次搬运（Meade et al.，1985）。

当植被被破坏时，侵蚀加剧（Bormann et al.，1974），因此，全球因农业、采矿和建设等人类活动破坏植被，导致很多地区悬浮沉积物迁移急剧增加（Hooker et al.，

2000；Wilkinson and McElroy，2007；Haff，2010；Vanmaercke et al.，2015）。例如，
美国东部煤炭以远超地壳物质自然搬运的速率被开采（图 4.21）。在全球范围内，人
类活动使河流悬浮物质迁移量增加近 2 倍，但由于水坝和水库的建设，最终到达海
洋的被迁移物质反而减少（Syvitski et al.，2005；Li et al.，2019a）。大量的悬浮颗粒
物（沉积物）被截留在湖泊、洪泛区以及水坝和其他人类构筑物后（Dynesius and
Nilsson，1994；Vörösmarty et al.，2003；Walling and Fang，2003）。

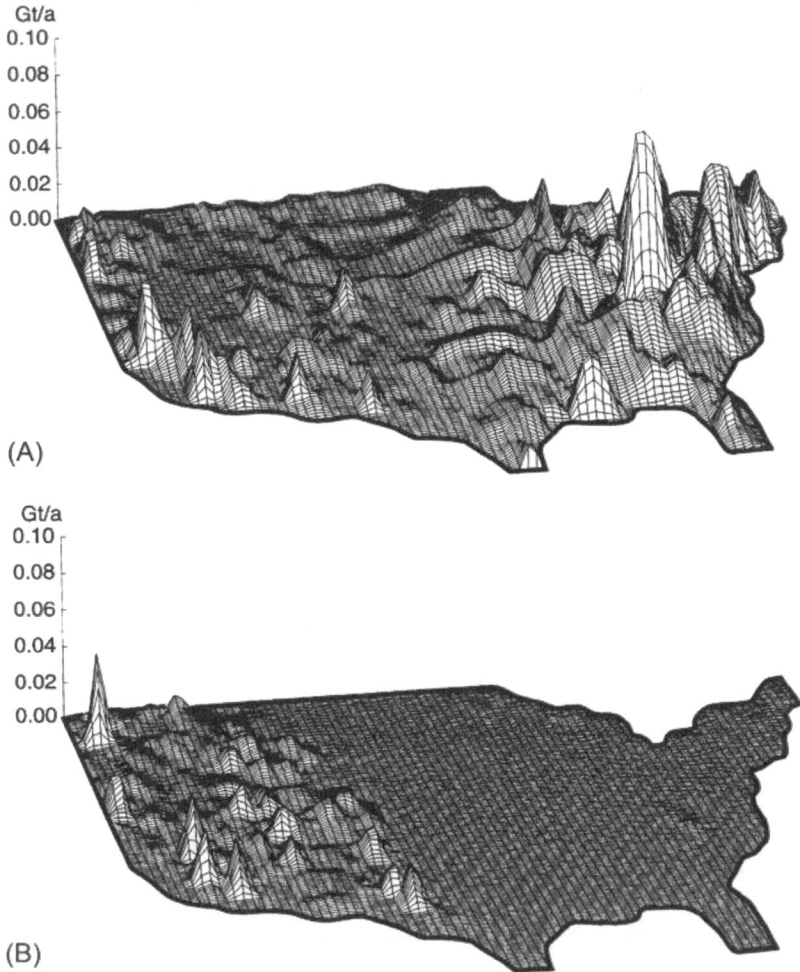

图 4.21　人类活动（A）和河流（B）将物质从地壳搬移至地表的速率（Gt·yr^{-1} = 10^{15} g·yr^{-1}）（经纬度
1°×1° 网格）。美国东部地壳物质大规模搬移是露天采煤活动（Hooke，1999）

4.5.3　总剥蚀率

全球陆地剥蚀总量以机械风化产物为主，超过化学风化产量的 3～4 倍（表 4.8）。
全球陆地年平均剥蚀率约为 1000 kg·hm^{-2}·yr^{-1}，其中近 75% 剥蚀量以悬浮颗粒物（沉积
物）通过河流输送（Alexander，1988；Tamrazyan，1989；Wakatsuki and Rasyidin，1992；
Gaillardet et al.，1999）。机械风化的重要性随高程增加而增加（如 Gaillardet et al.，1999；

Reiners et al.，2003），各大洲平均高程差异诠释了其机械风化作用变化的大部分（表 4.8）。

世界所有河流悬浮物质输送总量估计为 $12.6 \times 10^{15} \sim 13.5 \times 10^{15}$ $g \cdot yr^{-1}$（Milliman and Meade，1983；Syvitski et al.，2005）。假设悬浮沉积物的密度为 2.5 $g \cdot cm^{-3}$，上述估算悬浮沉积物总量是陆源深海沉积物估算量（1.27 $km^3 \cdot yr^{-1}$）（Howell and Murray，1986）的 4～5 倍，也高于当今地幔地层潜没沉积物量（1.3×10^{15} $g \cdot yr^{-1}$；Plank，2014）和体积（0.73 $km^3 \cdot yr^{-1}$；Plank and Langmuir，1998）。我们可以假设，大量颗粒物沉积在近岸大陆架（Rea and Ruff，1996）。Gregor（1970）认为在陆地表面被植物占据之前，基于机械风化总量测算全球沉积物迁移速率约高 4 倍（参见 Wilkinson and McElroy，2007；McMahon and Davies，2018）。确实，流经植被稀少的干旱和半干旱区河流具有非常高的悬浮沉积物（Milliman and Meade，1983）。

由于 Fe、Al 和 Mn 只微溶于水，颗粒物和悬浮沉积物是这些元素从陆地生态系统输出的主要原因（表 4.10；Benoit and Rozan，1999）。表 4.10 比较了基岩和风化残留物（河流颗粒物）中这些元素的浓度（以 Al 浓度标准化）。由于水溶态磷与不同土壤矿物发生化学反应，致使悬浮沉积物也富含磷（Avnimelech and McHenry，1984；Sharpley，1985）。由于人类活动的影响，现今河流多种金属元素的迁移量（如 Cu、Pb 和 Zn）要高于工业化前（表 4.11），有意思的是，最近河流 Pb 浓度有所下降，可能与机动车含铅汽油使用量减少有关（Trefry et al.，1985；Smith et al.，1987）。

表 4.10   化学风化过程中主要元素的得与失

元素	重量百分比（%）		得失百分比（%）
	地表岩石	风化的河流颗粒物	
Al	6.93	10.6	0
Fe	3.59	5.75	0
Mn	0.072	0.25	+230
Na	1.42	0.27	−88
Ca	4.5	0.63	−91
Mg	1.64	0.63	−75
K	2.44	2.25	−40
Si	27.5	27.0	−36

注：元素浓度均以 Al 浓度标准化。
来源：Canfield（1997）。

表 4.11   入海河流某些元素输出通量估算   （单位：$10^{12} g \cdot yr^{-1}$）

	Ca	Na	Mg	Si	Fe	Cu	Pb	Zn
河流颗粒负荷	345	110	209	4430	733	1.55	2.3	5.4
河流溶解负荷	495	131	129	203	1.5	0.37	0.04	1.1
河流总负荷	840	241	338	4630	734	1.9	2.3	6.5
理论负荷[a]	946	298	345	5780	754	0.67	0.33	2.6
差异	N.S.	N.S.	N.S.	N.S.	N.S.	+1.2	+2.0	+3.9
全球采矿量	—	—	—	—	—	4.4	3.0	3.9

注：N.S.表示差异不显著。
a. 基于多种岩石平均风化强度。
来源：Martin 和 Meybeck（1979）。

4.6 小 结

本章我们认识到生物强烈影响土壤风化速率和土壤发育,特别是碳酸化风化和土壤剖面有机酸产量(Kelly et al.,1998)。根据逻辑可推测的是,在陆地植被出现前碳酸化风化速率很低,仅依靠大气 CO_2 沿土壤剖面垂直下行扩散。然而,在地球早期历史时期,大气 CO_2 浓度肯定高于现代,可能产生高碳酸化风化率。风化作用也受水分可利用性驱动。由于金星表面干燥,其高浓度 CO_2 对风化并不起作用(Nozette and Lewis,1982)。

从地壳开采矿物和抽取深埋的化石燃料等人类活动,增加了全球化学风化和机械风化速率,并将大量的水溶性物质输入全球河流。目前,从地壳攫取化石燃料移动和氧化的碳量达到 10×10^{15} g·yr^{-1},超过全球自然化学风化作用的总和(表 4.8)。农业生产引起的土壤暴露和侵蚀使得机械风化倍增了全球剥蚀量(Syvitski et al.,2005),导致河口和河流三角洲沉积物累积速率增加(详见第 8 章)。

化学风化是生命生物化学必需元素的来源,但河流径流将这些元素从地表移除。土壤组分间的化学反应和生物吸收影响了这些元素的损失速率,但这些阳离子被不可逆地去除导致土壤 pH 和盐基饱和度随时间降低(Bockheim,1980;Huston,2012)。磷是非常关键的土壤养分,不但在地壳岩石中丰度不高,并且在土壤中容易形成难利用形态而沉淀。高度风化的古老土壤由稳定的残渣态 Fe 和 Al 氧化物组成,这些土壤通常缺磷,以至于大气沉降极少量的磷对植物生长也极为重要(Chadwick et al.,1999;详见第 6 章)。

CHAPTER 5

第 5 章　陆地生态系统碳循环

5.1　引　　言

　　光合作用是植物生长过程中把碳从其氧化态（CO_2）转变为还原（有机）态（即碳水化合物）的过程。光合作用[①]直接或者间接地为生物圈所有其他生命体提供能量，而植物产品作为食物、燃料、居所等使用将光合作用带入了人类日常生活。驱动现代社会的化石燃料来自于地质年代的植物光合作用（Dukes，2003）。植物生长影响了大气组成（第 3 章）和土壤发育过程（第 4 章）以及排水的养分损失（第 6 章），使光合作用与全球生物地球化学诸多过程相关。事实上，土壤和沉积物中有机碳以及大气氧气（O_2）的存在是区别地球生物地球化学过程与相邻行星简单星球化学过程（第 2 章）的鲜明证据。

　　本章我们将认知净初级生产量（net primary production，NPP）的测量，即陆地植物有机碳累积速率。相应地，全球湖泊、河流（第 8 章）和海洋（第 9 章）的光合作用

[①] 化能自养作用产生的能量（第 2 章）与光合作用间接相关，因为化能自养作用利用的 O_2 是光合作用的产物，否则化能自养作用不会在地球上显著发生。

NPP 得以估算。地球陆地表面植物生长速率差异很大。沙漠和陆地冰原可能有极少或无 NPP，而热带雨林年 NPP 达 $1000\ g\cdot C\cdot m^{-2}$ 以上（Malhi，2012）。

各种环境因素影响着陆地净初级生产力速率，以及植物组织（生物量）、凋亡植物组织（碎屑）和土壤有机质的有机碳总储量。正如所有的家庭园丁所知，除了重要的光照与水分外，植物生长还取决于土壤可利用养分的储量。这些养分最终来源于大气或下部基岩（表 4.5）。陆地总碳储量是初级生产和分解作用的平衡，分解作用将碳以 CO_2 形式返回大气。

5.2 光 合 作 用

叶绿素分子中心螯合一个镁原子，是植物如何利用丰富的岩石风化物作为其生物化学过程必需元素的典型例子（图 5.1）。光合色素吸收太阳光，叶绿素分子被氧化释放电子，经一系列蛋白质传递最终将电子传递到高能分子，即烟酰胺腺嘌呤二核苷酸磷酸（$NADP^+$），将其还原成 NADPH。而叶绿素分子则通过解离水分子重获电子，水分子解离过程由具有复杂三维结构并含锰、钙、氯的酶所催化（Yano et al.，2006；Cox et al.，2014；Suga et al.，2019）。这一反应是地球大气 O_2 的起源：

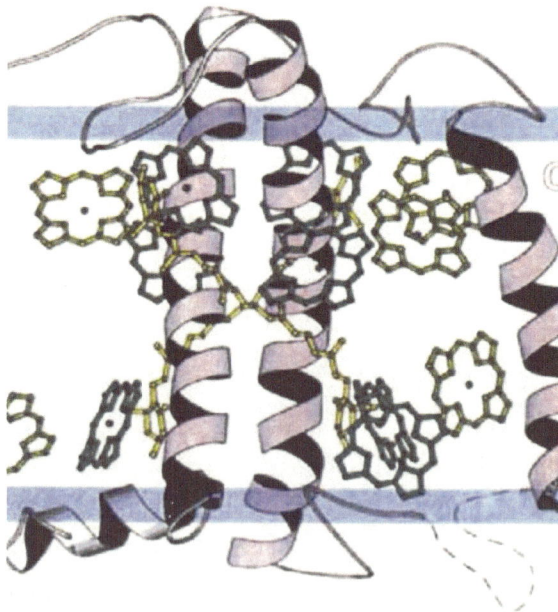

$$2H_2O \rightarrow 4H^+ + 4e^- + O_2 \uparrow \tag{5.1}$$

图 5.1 光系统 II 光捕获复合物分子结构，黑点为镁-卟啉复合结构的位点
来源 Kuhlbrandt 等（1994）

已知情况下，光合色素和光合蛋白质均嵌入细胞膜，在膜一侧质子 [式（5.1）中的 H^+] 高浓度累积，而这一膜内外势能被高能化合物 [腺苷三磷酸（ATP）] 捕获。高等植物的质子累积发生在叶细胞叶绿体内，而光合细菌的这一反应是跨细胞膜发生。

高能化合物 NADPH 和 ATP 随后被一系列酶利用还原 CO_2，合成碳水化合物分子。

这一反应由核酮糖二磷酸羧化酶（非正式命名为 Rubisco）催化启动，将 CO_2 添加到碳水化合物基本单元中[①]。光合作用总反应如下式所示，

$$CO_2 + H_2O \rightarrow CH_2O + O_2 \uparrow \tag{5.2}$$

但这一反应分两步进行。首先，捕获光能促使水分子解离形成高能分子，进一步驱动第二步反应，把 CO_2 经 Rubisco 酶催化转化为碳水化合物。Rubisco 酶可能是地球上最为丰富的酶[②]，合成 Rubisco 酶需要氮，导致许多栖息地光合作用呈现氮限制（第 6 章）。第二步反应可在实验室中发生，只需提供必需的反应物以及 Rubisco 酶和其他酶作为催化剂，即人工光合作用（Schwander et al.，2016）。

光合作用效率取决于叶绿素对阳光的吸收，称为"量子产生效率"（quantum yield efficiency），在土壤水分及其他环境因素理想条件下，每摩尔（1 mol）光子一般可捕获 0.081 mol CO_2 合成碳水化合物（Singsaas et al.，2001）。光合作用在弱光环境中也能发生，如在雪和冰覆盖及半透明岩石下（Starr and Oberbauer，2003；Schlesinger et al.，2003；Hancke et al.，2018），但月光强度不足以进行光合作用（Raven and Cockell，2006）。

光合作用所需的 CO_2 经植物叶面孔隙，即气孔（stomates）[③]，扩散到叶内，一般分布在阔叶植物叶背面。光合作用效率的一个决定因素是气孔开度，植物生理学家称之为气孔导度（stomatal conductance，g），单位为 $cm \cdot s^{-1}$。气孔导度主要受光和水分的植物有效性以及叶内可供光合作用的 CO_2 浓度调控。在水分条件充足的植物进行活跃的光合作用时，叶内 CO_2 浓度相对较低，气孔达到最大导度。在这样的条件下，Rubisco 酶量和活性决定了光合速率（Sharkey，1985）。

5.2.1　水分利用率

光合作用存在一个交换平衡（trade-off），即当植物气孔打开允许 CO_2 扩散进入叶内时，O_2 和 H_2O 则经气孔扩散到大气。通过气孔损失水分的过程，即"蒸腾作用"（transpiration），是土壤水分重回大气的主要机制（第 10 章）。美国新罕布什尔州哈伯德溪试验林地（第 4 章）约 25%年降水量通过植物吸收和蒸腾作用损失；林地砍伐后，溪流径流量增加 26%～40%（Likens，2013）。全球约 39%的陆地降水经植物蒸腾作用重返大气（Schlesinger and Jasechko，2014）。由于植物生长常处于供水不足（Kramer，1982；Green et al.，2019）的状态，经植物损失如此大的水量令人吃惊。自然选择可使植物获得更有效的水分利用率。

植物生理学家将相对于光合作用的水分损失表达为水分利用率（water use efficiency，WUE），即

$$WUE = 每摩尔 H_2O 损失所固定的毫摩尔 CO_2 \tag{5.3}$$

[①] 为了理解全球生物地球化学循环，我们重点关注 C3 植物光合作用。C3 植物生产了绝大部分地球植物生物量和净初级生产力。C3 植物因其光合作用始于由 3 个碳原子组成的碳水化合物而得名。然而，部分植物种（以温暖气候区草本植物为主）的光合作用通过另一生物化学途径，即 C4 光合作用（Ehleringer and Monson，1993）。C4 植物贡献了高达 23%的全球 NPP（Lloyd and Farquhar，1994；Still et al.，2003），但对全球生物量贡献较小，这是由于大部分种类不是木本植物。总光合反应均可用式（5.2）表示，但 C4 植物具有不同的水分利用率和组织碳同位素分馏特征（平均丰度为−12‰）。因此，通过土壤残留植物碎屑的同位素比值可追踪 C3 和 C4 植物的历史分布（如 Quade et al.，1989；Ambrose and Sikes，1991）。

[②] 由于人类依赖于绿色植物提供食物，对地球植被 Rubisco 酶进行估算发现，大约 5 kg Rubisco 酶就可以为人类提供足够的光合作用产物（Philips and Milo，2009）。

[③] 也拼写为 stomata。

对于大多数植物来说，水分利用率通常在 0.86～1.50 mmol·mol^{-1}，受环境条件影响（Osmond et al.，1982）。水分利用率高时，植物气孔导度较低，其估算对空间尺度敏感（如一片叶或生态系统）（Medlyn et al.，2017）。

随着大气 CO_2 浓度上升，植物在低气孔导度下可获得更多的 CO_2，从而提高了水分利用率（Bazzaz，1990；Celemans and Mousseau，1994）。一些证据也表明，工业革命期间单位叶面积气孔数量随大气 CO_2 浓度上升而下降（Woodward，1987，1993；Peñuelas and Matamala，1990）。在图坦卡蒙法老（King Tut，公元前 1327 年）墓中保存的橄榄树叶气孔密度要比埃及现今生长的同一物种叶片更高（Beerling and Chaloner，1993）。

式（5.3）主要适用于实验室的短期试验。在自然界中，物种间水分利用的时空变化使得区域水分利用率和植物生产力在水分有效性变化下保持一定稳定性（Anderegg et al.，2018）。生物地球化学家根据植物组织的碳同位素组成估算长期平均水分利用率，尤其是通过树木年轮。这一方法基于 $^{12}CO_2$ 较 $^{13}CO_2$ 分子质量略小而扩散速率更快的观测。因此，在一定时间内进入叶组织的 $^{12}CO_2$ 量高于 $^{13}CO_2$ 量。在叶内，核酮糖二磷酸羧化酶对 $^{12}CO_2$ 的亲和性也更高。由此，植物组织 $^{13}CO_2$ 组分要低于大气约 2%（20‰）（O'Leary，1988）。碳稳定性同位素间的分馏可被基于一个公认标准值的计算值表征：

$$\delta^{13}C = \left[\frac{^{13}C/^{12}C_{样品} - ^{13}C/^{12}C_{标准样}}{^{13}C/^{12}C_{标准样}}\right] \times 1000 \tag{5.4}$$

以千分数（‰）表示。相对于标准值，大气 CO_2 同位素比值为–8.0‰，大部分植物组织的 $\delta^{13}C$ 值约为–28‰，即（–8‰）+（–20‰）。沉积有机碳的同位素指纹可用于识别古代光合作用的生物化学过程（图 2.8）。

在高气孔导度下参与光合作用的 $^{12}CO_2$ 和 $^{13}CO_2$ 差异最大（$\delta^{13}C$ 负值最大；图 5.2）。

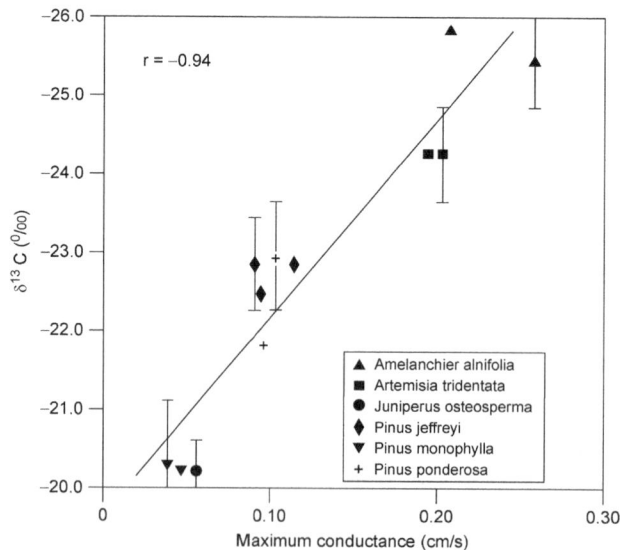

图 5.2 美国内华达州西部几种植物组织 ^{13}C 含量（以 $\delta^{13}C$ 表征）与气孔导度关系
来源 修改自 Delucia 等（1988）
图中文字 *Amelanchier alnifolia*：高钙棠棣；*Artemisia tridentata*：三齿蒿；*Juniperus osteosperma*：骨籽圆柏；*Pinus jeffreyi*：黑材松；*Pinus monophylla*：单叶松；*Pinus ponderosa*：黄松；Maximum conductance：最大气孔导度

当气孔部分或完全闭合时，几乎所有叶内 CO_2 与核酮糖二磷酸羧化酶发生反应，此时同位素分馏效应很低。因此，植物生长过程中组织内同位素比值和平均气孔导度直接相关，是水分利用率和环境条件的一个长期指标（Farquhar et al.，1989；Cernusak et al.，2013）。值得注意的是，保存在植物组织和树木年轮的 $\delta^{13}C$ 值表明在末次冰期末期（Van de Water et al.，1994）和近数百年间（Penuelas and Azcon-Bieto，1992；Feng，1999；Watmough et al.，2001；Saurer et al.，2004；Kohler et al.，2010）大气 CO_2 浓度升高导致植物水分利用率增加。当植物组织 ^{13}C 含量增加（更大或更低 $\delta^{13}C$ 负值）时，大气 CO_2 的 ^{13}C 含量降低，意味着全球植被水分利用率更大（Keenan et al.，2013；Keeling et al.，2017）。

5.2.2　养分利用率

当以单位质量表达时，大多数植物物种光合速率直接与叶片含氮量相关（Reich et al.，1992，1999；Atkinson et al.，2010；图 5.3）。叶内大多数氮分布于酶中，仅核酮糖二磷酸羧化酶含氮量通常为叶氮量的 20%～30%（Evans，1989）。Seemann 等（1987）发现一些物种的光合作用潜力与核酮糖二磷酸羧化酶和叶氮量直接相关，表明氮有效性决定了叶片的酶含量，进而决定了陆地植物光合速率。叶片叶绿素含量是光合作用潜力的一个很好指标（Croft et al.，2017）。除了氮，一些物种叶片含磷量可能是其光合作用能力的一个重要决定因素（Reich and Schoettle，1988；Delucia and Schlesinger，1995），充足的磷常决定了光合作用与氮的关系（Raaimakers et al.，1995）。尽管镁和锰是光合作用生物化学反应的核心元素，但植物生长很少发生其短缺情况。

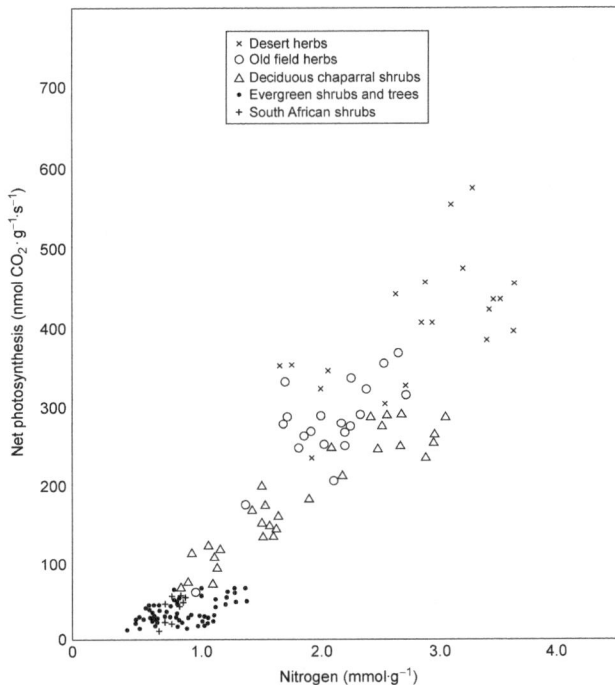

图 5.3　不同环境下生长的 21 种植物净光合作用与叶含氮量间的关系
来源　Field 和 Mooney（1986）
图中文字　Net photosynthesis：净光合作用；Nitrogen：氮；Desert herbs：沙漠草本；Old field herbs：古农田草本；Deciduous chaparral shrubs：落叶丛生灌木；Evergreen shrubs and trees：常绿灌木和乔木；South African shrubs：南非灌木

　　由于大多数陆地植物在缺氮环境生长，通过调节养分利用率可在不同土壤肥力条件下最大限度地提高其光合作用。单位叶氮量的光合速率（图 5.3 线性回归斜率）可作为表征养分利用率（nutrient use efficiency，NUE）的一个指标（Evans，1989）。总体而言，图 5.3 中大多数植物物种具有相似的光合作用养分利用率，但不同类型植物间（Reich et al.，1995）和不同肥力条件下生长的植物间（Reich et al.，1994）存在细微差异。对于多数植物物种来说，叶养分含量增加（通过施肥）则养分利用率下降（Ingestad，1979a；Lajtha and Whitford，1989）。不同植物物种间养分利用率和水分利用率呈负相关（Field et al.，1983；DeLucia and Schlesinger，1991），并且植物在高 CO_2 浓度下生长时的养分利用率会提高（Springer et al.，2005）。

5.3　呼　吸　作　用

　　光合作用测定通常将叶片或整株植物置于封闭的箱体中测定 CO_2 吸收量或 O_2 释放量，由此测得的植物净光合速率是植物碳固定量超过其代谢释放 CO_2 量的差值。植物代谢（通常称为呼吸作用）主要取决于植物细胞线粒体活性，其与含氮量相关，是大多数植物组织代谢活性的表征指标（图 5.4；Ryan，1995；Vose and Ryan，2002；Reich et al.，2006）。在白天光照下，植物叶片的光合作用掩盖了其呼吸作用，但呼吸作用是一动态过程，会改变植物整体的碳平衡（Tcherkez et al.，2017）。叶线粒体白天呼吸作用弱于夜间[①]，但光呼吸作用也贡献了白天的呼吸作用[②]。在相同温度下，来自较冷栖息地的植物叶呼吸作用更强，通常有较高的叶含氮量（Atkin et al.，2015）。

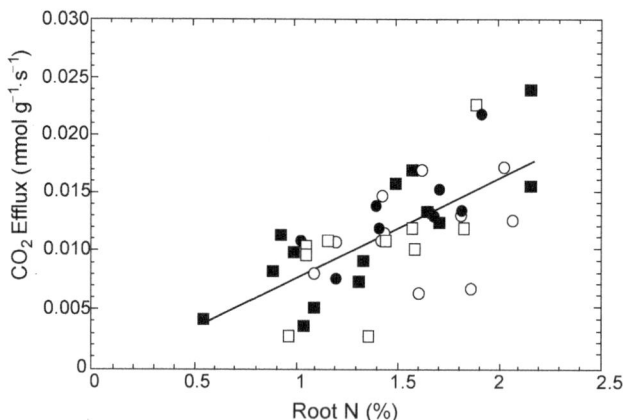

图 5.4　火炬松和黄松根呼吸作用与其含氮量的线性关系
来源　Griffin 等（1997）
图中文字　CO_2 efflux：CO_2 释放量；Root N：根含氮量

---

① 根据其发现者命名为"Kok 效应"（Heskel et al.，2013；Wehr et al.，2016）。
② 光呼吸作用不是简单的白天总呼吸量，而是在光照条件下观察到的植物呼吸作用增量，这是由于核酮糖二磷酸羧化酶与 O_2 竞争 CO_2 反应产生有毒化合物（磷酸乙醇酸，2PG），植物需消耗一定能量来消除该有毒物质（Sharkey，1988；Erb and Zarzycki，2018）。叶绿体内与 O_2 反应是一个 O_2/CO_2 值的函数，在高温和干旱期间该值更大。光呼吸作用消耗高达 30%的光合作用固碳量（Erb and Zarzycki，2018）。植物生理学家正积极研究作物光呼吸的减少或消除方法，以增加产量（South et al.，2019）。虽然光呼吸作用一般被认为对植物生长有害，但有证据表明该过程对陆地植物同化硝态氮（Rachmilevitch et al.，2004；Wujeska-Klause et al.，2019）、体内磷循环（Ellsworth et al.，2015）和在干旱期强光下光合作用机制的保护（Mahall and Schlesinger，1982）等非常重要。

木本植物大部分呼吸作用由其生物量主要组成的茎和根贡献（Amthor，1984；Ryan et al.，1994）。在沙漠环境中，树木具有较大量的韧皮部组织（sapwood），其总呼吸量较高（Callaway et al.，1994）。长寿命木本植物的基础呼吸作用随树龄增加而增加，消耗总光合作用产物比例增加，使得植物生长速率随树龄增长而下降（Kira and Shidei，1968；DeLucia et al.，2007；Piao et al.，2010）。

光合作用固定的约一半碳量被植物呼吸作用所消耗，因此总光合速率通常是碳呼吸速率的 2 倍（Farrar，1985；Amthor，1989）。虽然植物呼吸速率对高温有一定的适应（Atkin et al.，2015；Reich et al.，2016；Vico et al.，2019），但植物呼吸作用通常随温度升高而增加，这是热带森林高呼吸速率的原因，预示随全球变暖植物呼吸速率会增加（Ryan，1991；Ryan et al.，1994，1995）。在温暖气候下植物呼吸作用增强，而光合作用不敏感，这对持续全球变暖下全球 NPP 具有重要的影响（Dillaway and Kruger，2010；Piao et al.，2010；Cai et al.，2010）。当然，随着人类不断影响地球，光合作用和呼吸作用也将对不断变化的大气 CO_2 和水分有效性作出协同响应，这将在后续章节讨论。

5.4　净初级生产量

生态学家野外测定植物生长速率，即净初级生产量（NPP），类似于植物生理学家在实验室测定净光合速率。对于自然植物，我们可认为

$$总初级生产量（GPP）– 植物呼吸量 = NPP \qquad (5.5)$$

然而，NPP 并不直接等同于林场主、牧场主和农场主测定的植物生长量。部分 NPP 因动物摄食、火灾、死亡等被损失，统称凋落物。林场主常将 NPP 称为保留的"真增长量"（true increment），即植物逐年累积的生物量。在森林发育过程中，当死亡发生时，"真增长量"是扣除同时期死亡个体生物量的活植物木质部生物量的净增量（Clark et al.，2001）。

单位土地面积有机物质年累积量为 NPP，通常以 $g \cdot m^{-2} \cdot yr^{-1}$ 为单位。植物组织通常含有 45%～50% 碳，因此，将总有机物累积量除以 2 可简单地估算固碳量（Reichle et al.，1973a）。NPP 也可用能值单位来表示，即测定不同植物组织的热量（卡路里，caloric，单位为 cal）（Paine，1971；Darling，1976）。卡路里（1 cal = 4.184 J）常用于表征植物光合作用的太阳辐射捕获效率。NPP 的增加通常为捕获太阳辐射量的函数（Runyon et al.，1994），但森林光合作用一般仅能捕获约 1% 到达地面的太阳总辐射能量（Botkin and Malone，1968；Reiners，1972；Schulze et al.，2010）。即便是大田作物，最大捕获太阳辐射能量也低于 5%（Amthor，2010）。

雨水利用率是生态系统层面评估水分的利用率，以单位降水量 NPP 表征。通常雨水利用率平均约 $2 g \, C \cdot m^{-2} \cdot mm^{-1}$ 降雨量（Sun et al.，2016）。贫瘠干旱地区的雨水利用率较低，大部分降水通过蒸发损失，对植物生长贡献有限（LeHouerou，1984）。

5.4.1　NPP 的测量和分配

森林和灌木林 NPP 测定的传统方法包括：植被收获，以及计算树木年度生长量和年度叶展峰值时的叶生物量（Clark et al.，2001）。由于植物个体胸径、高度、质量和生

长量间存在非常严格的比例约束关系（即植物异速生长特性，plant allometry）（Whittaker and Marks，1975；Niklas and Enquist，2002；Enquist et al.，2007），因此，部分个体数据可用于计算不同大小个体的生物量和增长率。植物生物量季节性部分损失可通过收集年度植物凋落物进行单独估算。

　　草原的"真增量"较少或没有，其 NPP 估算一般通过在生长季初期和末期收获样方的植物组织计算其质量差值（Wiegert and Evans，1964；Lauenroth and Whitman，1977；Singh et al.，1975）。这些估算须根据同一时期内植物组织采食消耗和损失量进行校正。根生长量估算采样类似方法，即通过在整个生长季连续钻取土壤柱芯（sequential coring）获得根组织测定（Neill，1992；Vogt et al.，1998；Makkonen and Helmisaari，1999）。

　　NPP 的分配因植被类型和年龄不同而不同。森林 25%～35%的地上生物量为叶生物量（Whittaker，1974），该百分数随树龄增长而下降。灌木林叶组织生物量一般分配率较大，沙漠丛生灌木林高达 35%～60%（Whittaker and Niering，1975；Gray，1982）。草地群落几乎全部地上 NPP 都存在于光合组织中。广谱物种间植物光合产物在叶和茎生长的分配率为 0.53（Niklas and Enquist，2002）。

　　正如光合作用实验室的研究，植物呼吸作用约为生态系统总初级生产量（GPP）的一半（Waring et al. 1998；图 5.5）。由于庞大结构（massive structure）和高温环境，热带森林呼吸消耗更高比例的 GPP（Ryan et al.，1994；Luyssaert et al.，2007；Piao et al.，2010；Malhi，2012），仅少量光合产物用于木材生长。Jordan（1971）比较了不同地区植物群落后发现，用于木材生长的 NPP 在寒带森林要高于热带森林，因此，寒带森林单位叶面积的木材产量更高。Webb 等（1983）发现北美不同植物群落的地上 NPP 和叶生物量间呈对数关系，一些沙漠植物群落具有极高的比值（图 5.6；Flanagan and Adkinson，2011）。相比于降水丰沛区域的植被群落，沙漠灌木林供木材生长的 NPP 分配比率相对较低（Jordan，1971），这可能由于大部分 NPP 被分配到根部（Wallace et al.，1974；Mokany et al.，2006）。

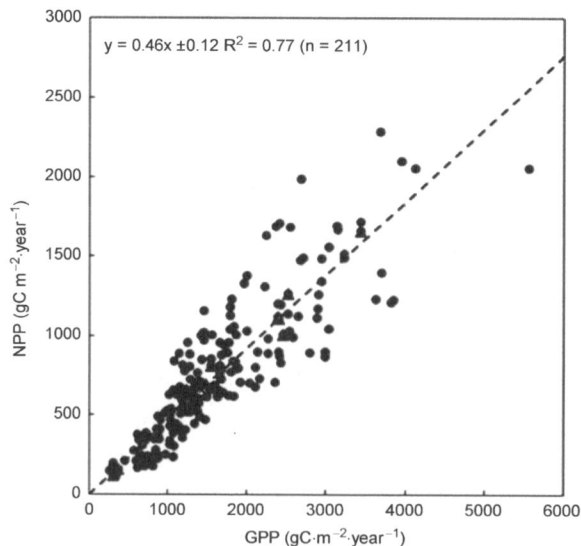

图 5.5　不同类型森林 NPP 和总初级生产量（GPP）的关系
来源　Collati 和 Prentice（2019）

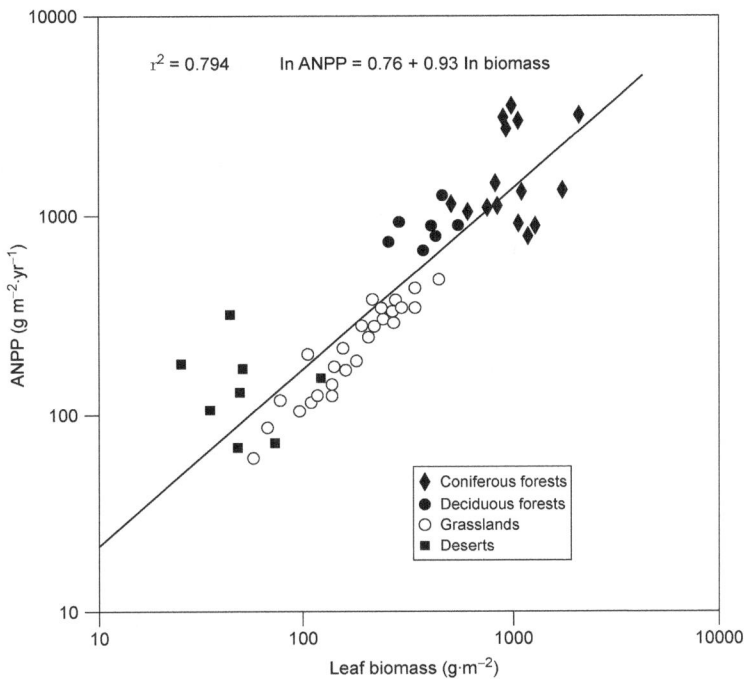

图 5.6　根据北美不同生态系统观测数据，Webb 等（1983）发现年地上生物量（ANPP）和叶生物量间呈显著线性相关

图中文字　Leaf biomass：叶生物量；Coniferous forests：针叶林；Deciduous forests：落叶林；Grasslands：草地；Deserts：沙漠；Biomass：生物量

由于对根系分析困难，多数 NPP 研究仅为地上部分数据。森林生态系统的根生物量占总生物量的 20%～40%（Vogt et al.，1996；Poorter et al.，2012；另见表 6.5），大多数植物群落根系组织的年生长量是 NPP 的重要贡献，在广泛的植物个体大小范围内平均为 15%～25%（Niklas and Enquist，2002；Pan et al.，2006；K. Niklas 个人交流，2010；McCormack et al.，2015）。根系分泌的可溶性有机物损失了一部分 NPP，在特定环境下这一损失可达 20%（van Hees et al.，2005；Fahey et al.，2005）[①]。这一有机碳损失被称为根际沉积（rhizodeposition；Pausch and Kuzyakov，2018）。虽然高 NPP 地区根系生长绝对量是最大的（Raich and Nadelhoffer，1989；Aerts and Chapin，2000）[②]，但贫瘠土壤的树木会分配更高比例的光合作用产物用于根系生长（Gower et al.，1992；Powers et al.，2005；Gill and Finzi，2016）。

Edwards 和 Harris（1977）发现美国田纳西州一林地根系在生长过程和死亡后向土壤输送 733 g C·m^{-2}·yr^{-1}，而地上生物量仅为 685 g C·m^{-2}·yr^{-1}（Reichle et al.，1973a）。同样，美国华盛顿针叶林（表 5.1）和哈伯德溪落叶林（Fahey and Hughes，1994）的根系占 NPP 的一半以上。在许多草地生态系统中，NPP 分配到根系的比例更高（Lauenroth and Whitman，1977；Warembourg and Paul，1977）。尽管地上生物量和地下生物量之间密切相关（Cairns et al.，1997；Enquist and Niklas，2002；Mokany et al.，2006；Cheng and Niklas，

[①] 一些树种可能通过根部共生来分享碳水化合物（Klein et al.，2016）。
[②] 研究者用"总地下生物量分配"（total belowground allocation）来描述根系和菌根呼吸（第 6 章）、根系分泌物损失和根系生长的 GPP 分配，通常只有根系生长量被认为是 NPP 组分（Raich and Nadelhoffer，1989）。

2007），但尚不足以应用该关系来预测全球 NPP 在植物地上部和根生长之间的分配（Nadelhoffer and Raich，1992；Gower et al.，1996；Litton et al.，2007）。

表 5.1　美国华盛顿州喀斯喀特山区树龄 23 年和 180 年冷杉（*Abies amabilis*）林的 NPP

	23 年树龄		180 年树龄	
	$g \cdot m^{-2} \cdot yr^{-1}$	%	$g \cdot m^{-2} \cdot yr^{-1}$	%
地上生物量				
生物量增量				
乔木总量	426		232	
灌木茎	6		<1	
合计	432	18.37	232	9.33
碎屑生物量				
凋落物	151		218	
死亡量	30			
草本层周转率	32		5	
合计	213	9.06	223	8.97
地上总生物量	**645**	**27.43**	**455**	**18.30**
地下生物量				
根系				
细根（≤ 2 mm）	650	27.64	1290	51.87
纤维质细根	571		1196	
菌根（寄宿根）	79		94	
粗根（>2 mm）	358		324	
被子植物细根周转率	373		44	
根总周转率	1381	58.72	1658	66.67
菌根真菌组分	326	13.86	374	15.04
地下总生物量	**1707**	**72.58**	**2032**	**81.70**
生态系统总量	**2352**		**2487**	

来源：Vogt 等（1982），美国生态学会授权使用。

　　被分配输送到地下的植物光合产物大部分用于直径小于 2 mm 的根生长，即所谓的细根。每平方米草地土壤中细根总长度可能超过 100 km（Jackson et al.，1997）。在大多数生态系统中，每年有约一半的细根死亡（Gill and Jackson，2000），与透明土壤管（微根窗，minirhizotrons）观测结果一致（Eissenstat and Yanai，1997；Strand et al.，2008）。然而，同位素标记根系碳消失研究表明，一些细根非常长寿，有时超过 5 年（Matamala et al.，2003；Gaudinski et al.，2001；Riley et al.，2009）。多数根系系统可能是由大量相对短寿命的根和一小部分寿命长达数年的根组成（McCormack et al.，2005；Joslin et al.，2006；Gaudinski et al.，2010）。

5.5　净生态系统生产量和涡动协方差研究

只要植物生长，就有部分 NPP 用于生物量累积，剩下部分被食草动物和分解者所消耗，将有机碳转化为 CO_2 重回大气。我们将净生态系统生产量（net ecosystem production，NEP）定义为

$$NEP = NPP - (R_h + R_d) \tag{5.6}$$

因此，

$$NEP = GPP - (R_p + R_h + R_d) \tag{5.7}$$

式中，R_p、R_h、R_d 分别为植物、草食动物和分解者的呼吸量[1]；GPP 为总初级生产量。除特殊环境外，NEP 是 NPP 的一部分。幼林林分 NEP 约占 50%的 NPP，但树龄较大的林分因生物量不再累积，几乎全部 NEP 以小幅增加的土壤有机质形式呈现（Law et al.，2003；Pregitzer and Euskirchen，2004）。然而，高龄林地仍然以对全球碳循环具有重要意义的速率储存碳（Luyssaert et al.，2008；Lewis et al.，2009；第 11 章）。一个生态系统碳储存的年度增量是碳固定的一部分，定义为碳利用率（C-use efficiency），其在满足生长条件的生态系统中更高（Manzoni et al.，2018）。

自 20 世纪 90 年代初期以来，生态系统研究者通过计算单位面积足迹（footprint，一般为 1 m^2）之上的假设大气柱内 CO_2 净吸收量来间接估算整个生态系统的 NEP。这一估算方法具有实质的理论基础，即如果大气圈和生物圈间没有碳交换，如在停车场上空，我们可预测地表上空任何高度大气 CO_2 浓度是均一的，其浓度接近于对流层的全球平均浓度（约 400 ppm；表 3.1）。相反，森林冠层白天因光合作用消耗 CO_2，而由于生物分解活动使其土壤表面 CO_2 富集。虽然风输送外部新鲜空气进入生态系统或者混合森林内部空气，使得 CO_2 浓度均匀，但上述的 CO_2 浓度高度差仍存在。因此，通过测定森林不同高度 CO_2 浓度和新鲜空气的输入量，可估算维持 CO_2 浓度高度差的碳吸收量或 CO_2 释放量。结合高度和时间，这些测定结果可表征森林或其他植被类型的净 CO_2 交换量，即 NEP。

现在思考一下在一个均匀分布植被中心的 CO_2 浓度垂直剖面。当空气穿过 1 m^2 地面足迹上的大气柱时，其到达和离去时某一高度的 CO_2 分布不变。只有当冠层上部来风和涡流驱动的空气进入或输出，才会与大气发生气体交换。因同时追踪 CO_2 浓度和垂直风速协同变化而得名的净碳交换涡动协方差测量（eddy-covariance measurement）已在全球许多地点开展。该方法需要一个在不同高度装备有风速和 CO_2 浓度分析仪的塔（图 5.7），在地形平坦的均一植被类型地区，因湍流影响小，故测定效果最好（Baldocchi，2003）。夜晚 CO_2 释放通量代表了生态系统的总呼吸作用。假设夜间测量的呼吸通量可适用于 24 h 日周期，GPP 可应用式（5.7）从 NEP 中计算出来[2]。

---

① 大面积计算时，NEP 有时被定义为净生物群生产量（net biome production，NBP）（Randerson et al.，2002）。
② 涡动协方差观测的净碳吸收有时作为净生态系统交换量（NEE）。

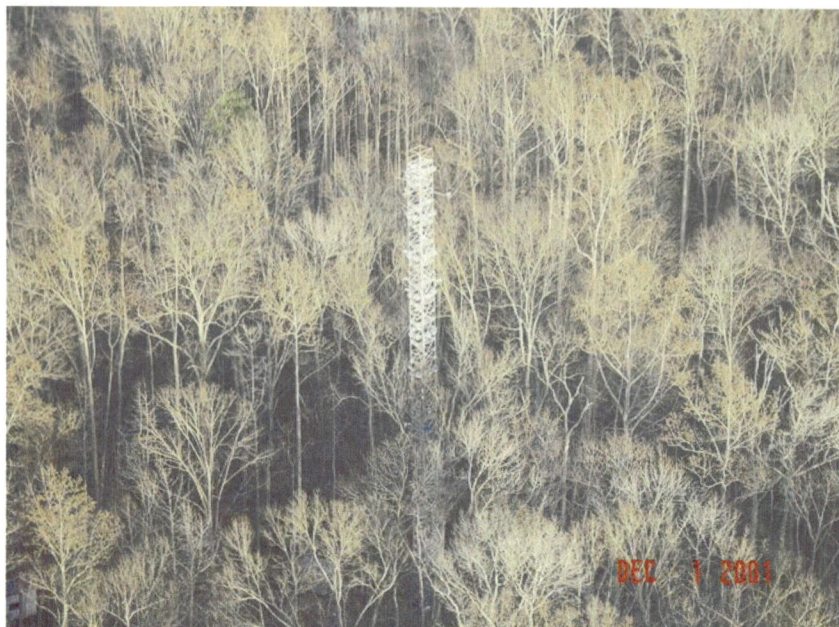

图 5.7   美国北卡罗来纳州一落叶林地的涡动协方差（通量）塔
来源   杜克大学 G. Katul 拍摄

涡动协方差观测可同时测定多种气体净通量（如 CO_2 和水汽），提供生态系统水平的光合作用水分利用率（图 5.8）[①]。通常，GPP 与蒸腾量（T）直接相关，当 GPP 为零时，通过蒸散发量（ET）与 GPP 的线性回归可估算蒸发量（E）的比例（Scott and

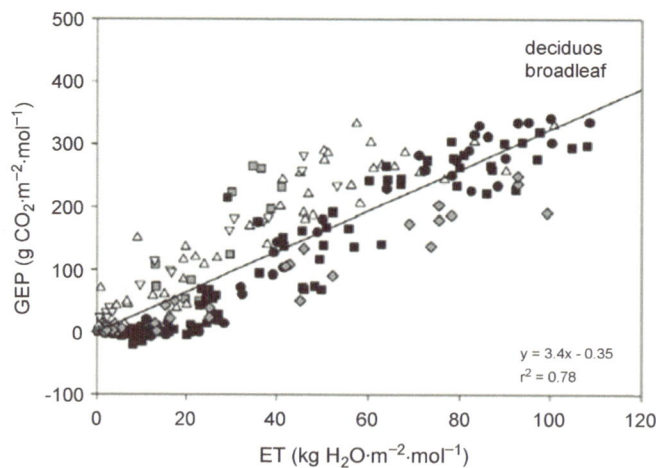

图 5.8   涡动协方差观测获得的温带不同落叶林月总初级生产量（GPP）和蒸发散量（ET）。图中直线斜率表征水分利用率，相当于 $1.4 \ \mathrm{mmol \cdot mol^{-1}}$ ［式（5.3）］
来源   Law 等（2002）
图中文字   Deciduos broadleaf：落叶阔叶林

[①] 涡动协方差观测法由对大气 CO_2 消失感兴趣的大气科学家们研制，将植物吸收 CO_2 设置为负值。生态学家依据通过收获法估算的生态系统碳储量增量，认为 NEP 为正值。因此，涡动协方差观测估算得到$-100 \ \mathrm{g \ C \cdot m^{-2} \cdot yr^{-1}}$ NEP 相当于林学研究者报告的 $100 \ \mathrm{g \ C \cdot m^{-2} \cdot yr^{-1}}$NEP，两者都表征生态系统净碳储量。在本书中，我们遵循惯例将 NPP 和 NEP 均赋予正值，表示植被净碳吸收量。

Biederman，2017）。涡动协方差观测获得的在植物叶片吸收和破坏的羰基硫（COS）量可表征森林生态系统的 GPP（Spielmann et al.，2019）。COS 观测也可用于分配 ET 到各组成部分（Wehr et al.，2017），因为 COS 吸收与蒸腾量（T）直接相关，而与蒸发量（E）无关（第 3 章）。涡动协方差观测已经用于热带湿地森林（Dalmagro et al.，2019）和美国阿拉斯加苔原（Taylor et al.，2018）生态系统的区域甲烷（CH_4）通量估测。

比较传统收获法和涡动协方差观测法估算的 NEP 非常有意思（表 5.2）。Barford 等（2001）在美国马萨诸塞州哈佛森林一落叶林地使用涡动协方差观测法连续 8 年估算 GPP 为 1300 g $C·m^{-2}·yr^{-1}$。同时，该林地总呼吸量为 1100 g $C·m^{-2}·yr^{-1}$，初步估算出树体和土壤有机质碳净固定量（NEP）为 200 g $C·m^{-2}·yr^{-1}$。单独应用传统收获法的 NEP 为 160 g $C·m^{-2}·yr^{-1}$，两者相差为 20%～25%。在美国密歇根州一实验林地，Gough 等（2008）指出生物法（收获法）和气象法（涡动协方差观测法）估算的 NPP 差异与生长季末期的光合作用有关，该时期用于储存的光合产物量大于供植物生长所需量（参见 Babst et al.，2014）。当对 5 年数据进行平均时，两种方法测定的 NPP 相差小于 1%。对少数热带森林的研究也表明涡动协方差观测法和传统收获法之间有很好的一致性（Malhi，2012）。遗憾的是，很多利用涡动协方差观测法的研究人员没有同时采用传统收获法来验证其田间碳累积量（Luyssaert et al.，2009），并且涡动协方差观测法在植被稀疏地区适用性很差（Ham and Heilman，2003；Schlesinger，2017）。

表 5.2　传统收获法（H）和涡动协方差观测法（CV）测定的幼龄温带和寒带林地生态系统的 GPP、NPP 和 NEP （单位：g $C·m^{-2}·yr^{-1}$）

生态系统类型	树龄	方法	GPP	NPP	NEP	文献
赤松（*Pinus sylvestris*）（芬兰）	40	CV	1 005		185	Kolari et al.，2004
		H			228	
红云杉（*Picea rubens*）（美国缅因州）	90	CV	1 339		174	Hollinger et al.，2004
火炬松（*Pinus taeda*）（美国北卡罗来纳州）	16	CV	2 238		433	Hamilton et al.，2002；Juang et al.，2006；McCarthy et al.，2010
		H		986	428	
湿地松（*Pinus elliottii*）（美国佛罗里达州）	24	CV	2 606		675	Clark et al.，2004
		H			745	
黄松（*Pinus ponderosa*）（美国俄勒冈州）	56～89	CV	1 208		324	Law et al.，2000，2003
		H		400	118	
混合落叶林（美国马萨诸塞州）	60	CV	1 300		200	Barford et al.，2001
		H			160	
混合落叶林（美国密歇根州）	85	CV			151	Gough et al.，2008
		H		654	153	

涡动协方差观测法估算碳吸收量可应用于多种情形，包括生态系统水平的城市碳净平衡研究。卫星观测表明，美国洛杉矶盆地大气 CO_2 浓度超 3.2 ppm（Kort et al.，2012）。尽管拥有可观的森林覆盖率，美国巴尔的摩郊区净排放碳量为 361 g $C·m^{-2}·yr^{-1}$，人均净排放碳量为 241 kg $C·yr^{-1}$（Crawford et al.，2011）。其他国际大城市甚至具有更高的碳净排放通量，反映了植被 CO_2 吸收与用于供热和交通的化石燃料燃烧 CO_2 排放间的平衡（Crawford et al.，2011；Bergeron and Strachan，2011）。

5.6 初级生产量和生物量遥感监测

基于传统收获法和涡动协方差观测法估算 NPP 需大量人力且仅适用于小区域。由于植被生产力在景观尺度上可能变化巨大，以收获法估算区域生产力常需要大量经费。自 1999 年起，一种名为中分辨率成像光谱仪（moderate resolution imaging spectroradiometer, MODIS）[①]的卫星传感器为全球变化研究提供了大区域 GPP 的综合估算（Running et al., 2004）。MODIS 是用于类似方法估算全球 NPP 的卫星历史中最新的卫星，包括 LANDSAT 和 NOAA-AVHRR（Box et al., 1989；Field et al., 1998）。Ryu 等（2019）回顾了卫星观测估算的历史并展望未来发展。

GPP 卫星遥测是基于叶绿素和其他叶色素的光吸收区别。绿色植物因其叶绿素优先吸收太阳光谱中的蓝光和红光，而反射大部分绿光进入我们眼睛所致。虽然叶绿素对红光（760 nm 波长）有强吸收，但对红外光（800～1200 nm 波长）几乎没有吸收。因此，卫星通过测量反射光在可见光和红外光谱间的区别，为表征地球表面"绿度（greenness）"提供指标（图 5.9）。植被近红外反射率自身就与总初级生产量（GPP）密切相关（Badgley et al., 2019）。裸土表面对红光和红外光反射率相似，植被因叶绿素吸收红光使其反射的红外/红光值远大于 1.0。归一化植被指数（normalized difference vegetation index, NDVI）计算如下：

$$NDVI = (NIR - VIS)/(NIR + VIS) \tag{5.8}$$

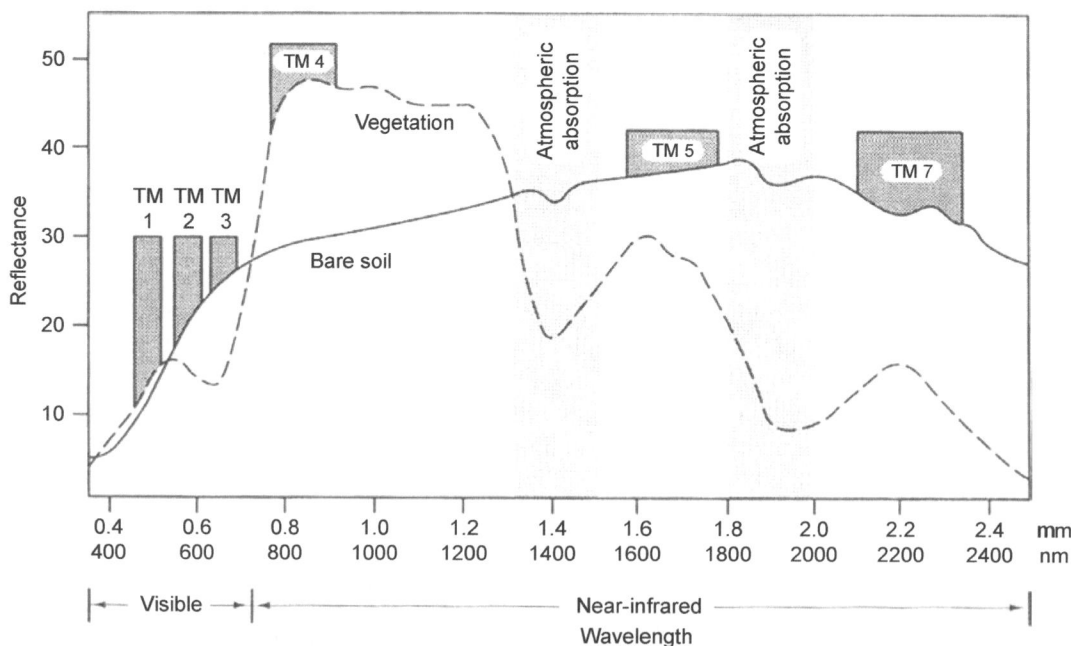

图 5.9 土壤（实线）和植被叶表面（虚线）的太阳光谱典型反射率和 LANDSAT 卫星测定的部分光谱
图中文字 Reflectance：反射率；Visible：可见光；Near-infrared：近红外光；Wavelength：波长；Bare soil：裸土；Vegetation：植被；Atmospheric absorption：大气吸收；TM 1-7：LANDSAT 系列卫星

[①] 详见 https://modis.gsfc.nasa.gov.

式中，NIR 是近红外光的反射率；VIS 是可见红光的反射率。该指数最大限度地减少了背景反射率变化的影响，突出了因绿色植被密度不同引起的数据变化。假设绿度（greenness）与叶面积指数（LAI）[①]直接相关且 LAI 是 NPP 预测指标，NDVI 可用于地球陆地表面绿度指数的全球制图，并提供 NPP 估算（Gholz，1982；Flanagan and Adkinson，2011；图 5.6，图 5.10）。

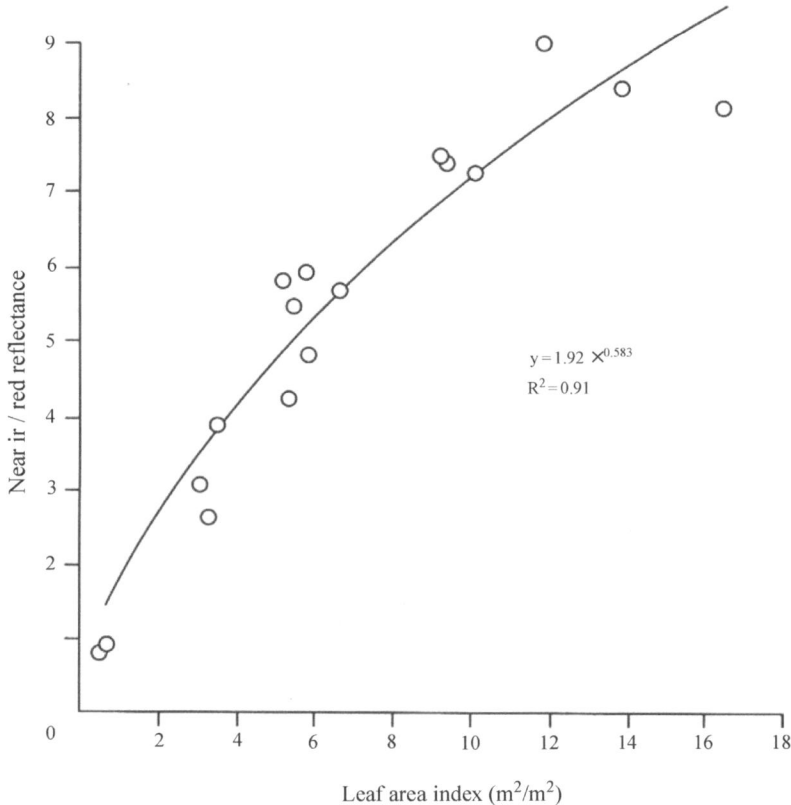

图 5.10　美国西北部林地叶面积指数（LAI）与红光和近红外光反射比率（LANDSAT 卫星 TM4 和 TM3 通道，图 5.9）相关关系
来源　Peterson 等（1987）
图中文字　Near ir/red reflectance：近红外光与红光反射比率；Leaf area index：叶面积指数

　　MODIS 卫星根据以下假设函数关系式（5.9）估算 GPP：

$$GPP = \varepsilon \times NDVI \times PAR \tag{5.9}$$

式中，ε 为测定系数，即不同生态系统植物生长的太阳能转化效率（Field et al. 1995）；PAR 为有效光合辐射量。在地球陆地表面空间尺度 1 km 精度上，每 8 天计算一次 GPP（Running et al.，2004）。目前，NDVI 卫星测定值与单独监测的地表气象条件（影响 ε 值）耦合。利用太阳光诱发叶绿素荧光的卫星遥感直接估算 ε 值，与植物生产力的季节、区域和全球模式密切相关（Smith et al.，2018；Xiao et al.，2019；Mohammed et al.，2019）。在光合反应过程中，植物会发射约 1%入射光的红色荧光，可被卫星观测到（Frankenberg

---

[①] 详见第 3 章第 66 页脚注①，叶面积指数（LAI）的单位是 m²·m⁻²。

and Berry，2018）。在多数地区，由于干旱和收获导致的植被绿度变化与 NPP 变化直接相关（Zhou et al.，2014），虽然这一相关关系在北方常绿森林区域可能不适用（Walther et al.，2016）。卫星遥测叶绿素含量提升了对全球植物产量的估算精度（Luo et al.，2019）。

生物量遥感估测比 LAI 和 NPP 遥感观测更难。合成孔径雷达（synthetic aperture radar，SAR）通过测定木本生物量水分含量对微波辐射的吸收来估算植被生物量（Le Toan et al.，2011；图 5.11）。曾用雷达或激光雷达（LiDAR）通过估测与生物量直接相关的林层高度来估算植被生物量（Treuhaft et al.，2004，2010；Shugart et al.，2010；Quegan et al.，2019）。Boudreau 等（2008）整合野外和机载/卫星 LiDAR 观测的林高来估算加拿大魁北克省森林生物量。类似的多技术估算也用于哥斯达黎加和巴西热带雨林生物量估测（Drake et al.，2003；Dubayah et al.，2010；Asner et al.，2010；Clark et al.，2011）。与野外调查清单相比，遥感估测的森林生物量通常只有 10%左右（Nelson et al.，2012；Baccini and Asner，2013），但也有例外（Mitchard et al.，2014）。Hudak 等（2012）相隔 6 年应用 LiDAR 重复观测美国爱达荷州林地生物量，以两者差值来估算成熟林地的碳增量和采伐区的碳损失量。同样，Dalponte 等（2019）也应用 LiDAR 观测发现欧洲阿尔卑斯山森林生物量 5 年内每年增加 3.6%。

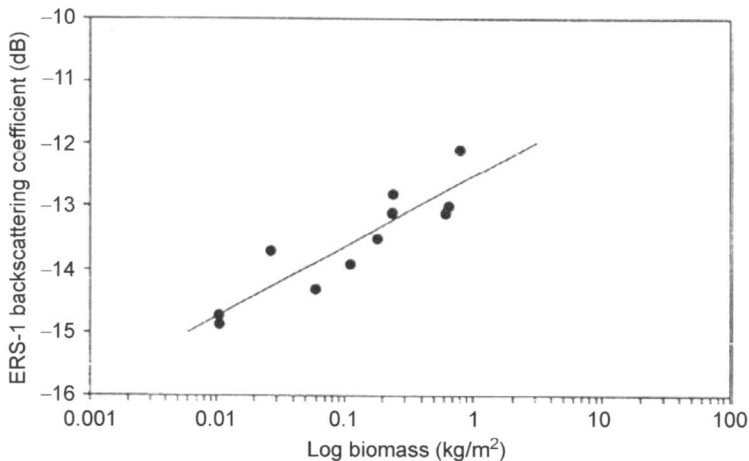

图 5.11 机载合成孔径雷达（SAR）测定美国北卡罗来纳州中部火炬松（*Pinus taeda*）幼林林地的微波辐射反射系数（背向散射系数，backscattering coefficient）
来源 修改自 Kasischke 等（1994）
图中文字 Log biomass：生物量对数值；Backscattering coefficient：背向散射系数

5.7 全球 NPP 和生物量估算

Beer 等（2010）根据 MODIS 卫星 8 年的陆地表面观测估算全球年 GPP[①]为 123×10^{15} g C·yr^{-1}，而 Badgley 等（2019）的估算值为 147×10^{15} g C·yr^{-1}。由于一半 GPP 通常用于呼吸作用，因此全球陆地 NPP 约为 70×10^{15} g C·yr^{-1}，这一数值接近汇总多个传统收获法的研究结果和模型模拟估算范围的上限值（$45 \times 10^{15} \sim 65 \times 10^{15}$ g C·yr^{-1}）（Whittaker

---

① 很多人无法想象 10^{15} g C（10 亿 kg）的植物生产力，相当于一块边长约 1.2 km 的木块从大气吸收 CO_2 获得的含碳量。

and Likens，1973；Lieth，1975；Field et al.，1998；Del Grosso et al.，2008；Ito，2011）。正如预测，全球陆地 NPP 地图显示最高值在热带雨林地区，最低值在沙漠和冰雪极端地区（图 5.12）。MODIS 重复观测结果表明两半球植被均春季"返绿"[①]。农业用地贡献全球 10% NPP（Imhoff et al.，2004b），但只有约 1%的大田作物 NPP 用于人类或牲畜的食物需求（Wolf et al.，2015），其余则以农作物残留物或在运输和销售过程中腐烂损失。

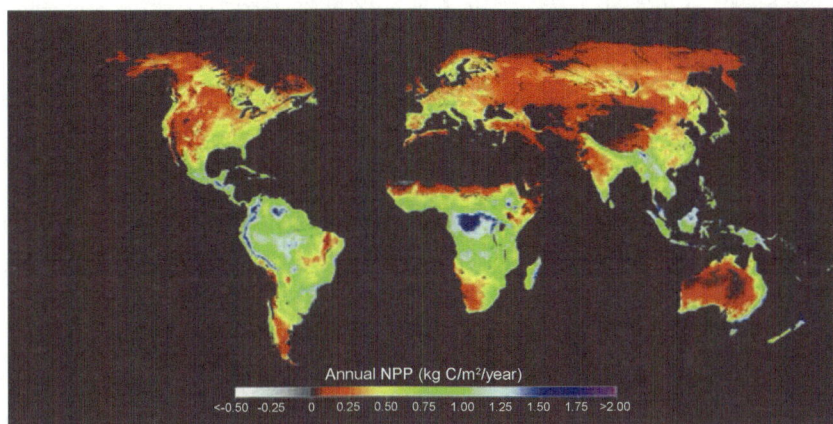

图 5.12　基于 MODIS 数据计算的 2002 年全球陆地 NPP 分布
来源　Running 等（2004）
图中文字　Annual NPP：年净初级生产量

　　整合传统收获法和涡动协方差观测法数据也表明最大森林初级生产力在热带，随纬度升高，森林初级生产力逐渐下降至北方针叶林和灌木苔原的低值（表 5.3）。在季节分明的环境中，光合速率通常适应温度变化（Lange et al.，1974；Gunderson et al.，2010）。因此，许多生态系统 NPP 日峰值相似，受温度和水分调控的生长季长短决定了年度 NPP

表 5.3　陆地生态系统生物量和 NPP

生物群落	面积 （10^6 km^2）	NPP （g C·m^{-2}·yr^{-1}）	总 NPP （10^{15} g C·yr^{-1}）	生物量 （g C·m^{-2}）	总植物碳库 （10^{15} g C）
热带森林	17.5	1 250	20.6	19 400	320
温带森林	10.4	775	7.6	13 350	130
寒带森林	13.7	190	2.4	4 150	54
地中海灌丛林	2.8	500	1.3	6 000	16
热带疏林草地/草地	27.6	540	14.0	2 850	74
温带草地	15.0	375	5.3	375	6
沙漠	27.7	125	3.3	350	9
北极苔原	5.6	90	0.5	325	2
作物	13.5	305	3.9	305	4
冰原	15.5				
总计	149.3		58.9		615

来源：Saugier 等（2001）整理数据，假定植物组织含碳量为 50%。

[①] https://earthobservatory.nasa.gov/GlobalMaps/view.php?d1=MOD17A2_M_PSN。

（Kerkhoff et al.，2005）。在欧洲森林中，北部林地 NEP 较低受缩短生长季的低温影响，相对于生态系统呼吸消耗，其 GPP 降低（Valentini et al.，2000；Janssenes et al.，2001；Van Dijk and Dolman，2004）。随降水量递减梯度，NPP 从林地向草原递减，多数沙漠地区 NPP 很低（Knapp and Smith，2001）。所有生物群落的植被雨水利用率在干旱年份最高，大多数生态系统干旱年份的植物雨水利用率可达 0.21 g C·m^{-2}·yr^{-1}·mm^{-1} 降雨量（WUE=0.315 mmol·mol^{-1}）[参见式（5.3）；Huxman et al.，2004]。

温度和水分调控 NPP 的重要性证据体现在区域性生产力比较中，尤其随海拔梯度变化。Whittaker（1975）发现美国东部山区森林 NPP 随海拔升高而下降，可能与温度下降有关（即生长季变短）。在降水有限的美国西南地区，植被群落由沙漠灌木丛随海拔梯度升高递变为山地森林，NPP 也随之增加（Whittaker and Niering，1975）。Sala 等（1988）发现美国中部草原地区 NPP 和降水直接相关。整合全球生物群落数据表明，温度和年均降水量与 NPP 显著相关（Scurlock and Olson，2002；Schuur，2003；图 5.13）。总而言之，水可利用性似乎是调控陆地植被固定 CO$_2$ 的重要因素（Jung et al.，2017；Humphrey et al.，2018；Green et al.，2019）。

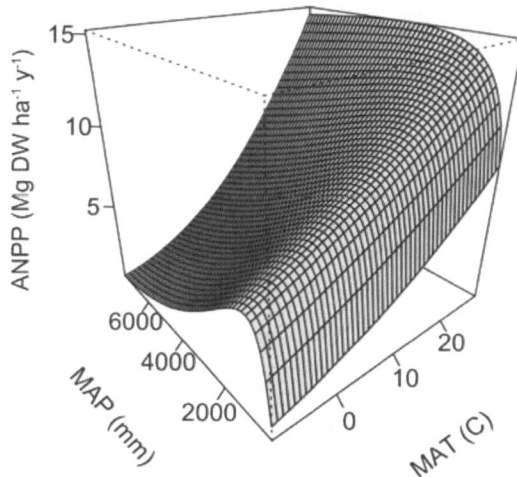

图 5.13　全球森林地上 NPP 与年均温度（℃）和降水量（mm）
来源　Taylor 等（2017）
图中文字　ANPP：地上净初级生产量；MAP：平均年降水量；MAT：平均年温度

美国西北部森林 NPP 和 LAI 直接与当地水分平衡（即生长季降水输入量与地表径流及蒸腾作用所致的土壤水分损失量的差值）相关（Grier and Running，1977；Gholz 1982）。Rosenzwig（1968）耦合温度和降水量计算实际蒸散量，表明温带生态系统蒸散量与 NPP 呈正相关（参见 Webb et al.，1978；Hunt，2017）。Fisher 等（2012）估计土壤养分缺乏降低全球 NPP 的幅度较可能仅由温度和降水调控部分多 16%～28%。NPP 与温度、有效水分关系的强度可能部分来自于这些因素对促使土壤养分周转的微生物过程的影响（第 6 章）。在光照和水分丰富的热带雨林，NPP 与这些因素的关系相对较弱，决定区域土壤肥力的条件可能更为重要（Cleveland et al.，2011；Augusto et al.，2017）。

根据全球收获法数据汇总，陆地植物总生物量估计在 450 × 10^{15}～615 × 10^{15} g C

（Olson et al.，1983；Saugier et al.，2001；Bar-On et al.，2018）[①]。约 1/3 的全球生物量分布在热带雨林（Avitabile et al.，2016）。根据陆地随机取样估算，美国森林总生物量约为 18×10^{15} g C（Blackard et al.，2008），而中国和印度植被总生物量分别为 13.6×10^{15} g C（Tang et al.，2018）和 2.9×10^{15} g C（Kaul et al.，2011）。与之相比，巴西热带森林总生物量约为 50×10^{15} g C（Nogueria et al.，2008，2015）。

生物量与 NPP 的比值可估算植物组织内的碳原子平均滞留时间［比较式（3.3）］。汇总全球数据，碳原子平均滞留时间约为 10 年，但碳原子平均滞留时间变化从沙漠地区的 4 年到部分森林的 20 年以上（表 5.3；比较 Fahey et al.，2005）。整个美国平均碳原子平均滞留时间约为 5 年，即生物量（18×10^{15} g C）除以 NPP（3.5×10^{15} g C·yr^{-1}）（Xiao et al.，2010）。当然，需要指出的是这些数据是加权平均值。森林一些组织（如叶片）可能只存在几个月，但木质部可存留几个世纪。

表 5.3 估算值将陆地植被分成几类，根据尽可能广泛的野外研究数据，将 NPP 和生物量平均值赋给各植被类别。植被分类比较主观，各类别陆地植被面积估算差异也较大（Golley，1972）。另外，NPP 数据通常不是实际平均值，因为生态学家通常选择成熟且发育良好的群落来研究。随机选择研究样区通常给出较低的区域数值（Botkin and Simpson，1990；Botkin et al.，1993；Jenkins et al.，2001）。NPP 和生物量遥感估算具有一定优势，包括了研究区全尺度的变化（Zhang and Kondragunta，2006）。尽管损失了一些局地精度，但 MODIS 还是提供了实时、大尺度、持续的 NPP 估算（Pan et al.，2006）。

5.8　NPP 去向

如式（5.6）所表示，NEP 与生态系统有机质累积增量的大部分为树木生长量和土壤有机质增量。即使是生长停滞的老龄森林，其土壤仍持续储存有机质（Law et al.，2003；Schlesinger，1990；Zhou et al.，2006；Luyssaert et al.，2008）。只有少部分光合产物以其他方式累积于生态系统中，包括植物组织中的草酸钙和碳酸钙（Stone and Boonkird，1963；Braissant et al.，2004；Cailleau et al.，2004）及土壤碳酸钙（第 4 章）。如未被食草动物采食，残留的 NPP 大部分被分解生物经呼吸作用产生 CO_2[②]。当然，现代人类成为 NPP 的主要消费者，或直接消费食品和森林产品，或间接因需破坏植被。陆生植被还会遭受火灾，包括一些草原的年度火灾和部分森林的百年一遇火灾。火灾将碳返回大气，大部分为 CO_2，与大型杂食性食草动物类似。

火灾是地球陆地生态系统的重要组成，尤其在热带稀疏草原区域（Cahoon et al.，1992）。全新世（Holocene）记录表明火灾变化响应了气候和人类活动变化（Marlon et al.，2013；Nicewonger et al.，2018）。某些时期火灾发生率超过了当代（Ward et al.，2018），然而人类开垦活动可能增加了全球火灾发生范围（Mouillot and Field，2005；Bowman et al.，2009）。全球火灾排放的 CO_2 估算量平均为 2.5×10^{15} g C·yr^{-1}，约为陆地 NPP 的 4%（Randerson et al.，2012）。平均年陆地植被 NPP 的 0.1%～0.6 %转化为木炭（Jaffe et al.，

---

① 全球森林生物量数据库 https://GitHub.com/forc-db（Anderson-Teixeira et al.，2018）。
② 氧化率（oxidative ratio，OR）为叶片或生态系统释放的 O_2（摩尔数）除以有机物（质）储存的碳（摩尔数）。按式（5.2）计算，全球 OR 计算值接近 1.0（Worrall et al.，2013；Battle et al.，2019），但是 OR 值随植物种类和其他影响还原性化合物（如 NH_4^+）因素而变化。这些还原性化合物以还原碳为代价而累积。

2013；Santín et al.，2016；Wei et al.，2018）。火灾也贡献了多种微量气体（Andreae，2019；Jain et al.，2006；第 3 章和第 6 章）。印度尼西亚加里曼丹 1997 年发生的大火一年内向大气排放了 $0.81 \times 10^{15} \sim 2.57 \times 10^{15}$ g C·yr^{-1}（Page et al.，2002）。大型火灾近年来还导致寒带森林碳大量损失（Kasischke et al.，1995；Bond-Lamberty et al.，2007；Walker et al.，2019）。近期评估表明，每年火灾烧毁的森林面积有所下降（Andela et al.，2017），但许多生态学家预测在全球气候变化下火灾频率会增加（Aragão et al.，2018）。

尽管食草动物是森林生产力和养分循环重要的调控者（第 6 章），但其消耗的植物组织通常 $<20\%$ 的陆地 NPP（Mispagel，1978；McNaughton et al.，1989；Cyr and Pace，1993；Cebrian and Larigue，2004）。这个值在虫灾暴发时（Kurz et al.，2008；Hicke et al.，2013）或者有管理的牧场（Oesterheld et al.，1992）更高。食草动物对 NPP 的间接影响可能要大于其采食叶和根带来的直接影响（Reichle et al.，1973b；Lewellyn，1975；Ingham and Detling，1990）。在非洲，公象会毁坏大面积植被，其造成的生物量损失远大于采食。全球食草动物消耗大约 5% 的陆地 NPP（Whittaker and Likens，1973）。而分解生物的呼吸作用消耗剩余的大部分生物量（Street and Mcnickle，2019；第 11 章）。

植物产生挥发性有机化合物（volatile organic compound，VOC）并释放到大气中，代表了一小部分 NPP 在生态系统外被羟基自由基（·OH）所氧化（第 3 章；Kesselmeier et al.，2002）。植物释放的异戊二烯和其他挥发性有机物（表 3.2）可应用加罩气室（chamber）和涡动协方差观测法测定（Rinne et al.，2000）。全球自然植被还原性有机碳化合物释放量可能超过 1×10^{15} g C·yr^{-1}（约为 2%NPP）（Guenther，2002；Laothewornkitkul et al.，2009）。这一小部分挥发性有机物贡献了大气 CO 和 CH$_4$ 的大部分（第 11 章）。生态系统的一小部分有机碳损失是通过溪流和地下水携带（第 8 章），在系统边界之外经呼吸作用产生 CO$_2$，一般为 $1 \sim 10$ g C·m^{-1}·yr^{-1}（小于 1%全球陆地 NPP）（Lovett et al.，2006；Chapin et al.，2006；Kindler et al.，2011）。

5.9 NPP 和全球变化

文明伊始，人类通过收获地球净初级生产产品用于食物、燃料和纤维生产。事实上，本书的每一页都曾经是一颗活树的一部分。耕地和牧场现约占 40% 的世界陆地表面（Ramankutty and Foley，1998；Sterling and Ducharne，2008；Ellis et al.，2010；Goldewijk et al.，2010），而城市面积约为 2%无冰覆盖的陆地表面（van Viliet et al.，2017）。在工业革命开始之际因人类活动导致的植被和土壤碳累积损失最多为 357×10^{15} g C（Kaplan et al.，2011），但当今每年因森林破坏而释放的碳估算量为 1.1×10^{15} g C·yr^{-1}（Houghton et al.，2012）。

汇总各国政府统计数据，2005 年全球森林覆盖面积为 $(38.81\pm1.38) \times 10^6$ km^2，年森林砍伐量为 0.73×10^6 km^2，再生森林面积为 0.28×10^6 km^2（Feng et al.，2016）。热带森林年砍伐量（多数为新次生林）估计为 $0.056 \times 10^6 \sim 0.058 \times 10^6$ km^2·yr^{-1}（Archard et al.，

2002；DeFries et al.，2002；Keenan et al.，2013）[①]。目前，人类直接或间接使用 11%～24% 的陆地表面潜在 NPP（Imhoff et al.，2004b；Haberl et al.，2007），最终大部分以 CO_2 返回大气。人类活动对陆地表面次生影响可能使年光合作用总消耗量增加到 40%（Vitousek et al.，1986）。人类单一物种如此高的 NPP 消耗量对地球其他物种的未来不容乐观。

人类收获的自然植被在地球空间上是不均一的。热带地区高收获率可被其他区域抛荒耕地的再生长覆盖所平衡（Imhoff et al.，2004b）。次生森林通常有很高的碳累积率（Bonner et al.，2013；Poorter et al.，2016），随时间逐渐衰减（Law et al.，2003）。美国东南沿海平原幼龄林地碳储量为 90 000 t $C \cdot yr^{-1}$（90×10^9 g $C \cdot yr^{-1}$），相当于 100 g $C \cdot m^{-2} \cdot yr^{-1}$ NEP（Delcourt and Harris，1980；Binford et al.，2006）。然而，随着城市面积的扩张，该地区总 NPP 已经下降了 0.4%（Milesi et al.，2003）。Imhoff 等（2004a）估计全美因城市化损失 1.6% NPP，因为城市面积扩张仅占用了很小的森林生物量（3.6%）和 NPP（0.7%）（Nowak et al.，2013）。近期估算表明，美国植被和土壤碳累积量为 0.32×10^{15} g $C \cdot yr^{-1}$（Lu et al.，2015）、北美地区为 0.47×10^{15} g $C \cdot yr^{-1}$（King et al.，2015）。

美国大平原地区耕地 NPP 较该地区自然生态系统增加约 10%（Bradford et al.，2005），主要是由于系统外物质的输入（如肥料等）（Smith et al.，2014）。平衡来自化肥和农药生产、灌溉抽水及耕作本身的 CO_2，农田是大气 CO_2 的一个净来源（即负的 NEP；West et al.，2010）。当然，随着作物基因遗传改造，农业集约化可能是在有限土地上生产足够的粮食来满足不断增长人口需求的唯一途径（Balmford et al.，2018）。

化石燃料和生物质的燃烧导致大气 CO_2 浓度上升，增加了光合作用反应底物的有效性［式（5.2）］。早期对植物高 CO_2 响应的控制试验结果表明，CO_2 浓度倍增平均增加 31% 的木本植物生长量（Curtis and Wang，1998；Wang et al.，2012）。当发现不施肥条件下高 CO_2 植物生长响应水平很低时（Thomas et al.，1994；Hattenschwiler et al.，1997；Poorter and Perez-Soba，2001），研究者应用开放式 CO_2 增肥（free-air CO_2 enrichment，FACE）技术在不同生态系统建立了大尺度长期试验（图 5.14；Hendrey et al.，1999）。

图 5.14　美国北卡罗来纳州中部杜克森林开放式 CO_2 增肥（FACE）实验。每个样地直径 30 m，由 16 个塔包围释放 CO_2 以维持样地地表到林冠圆柱体的特定 CO_2 浓度

[①] 众所周知，森林砍伐率受政治和经济发展目的影响，不同国家报告的统计口径有差异（参见 Mitchard，2018）。世界粮农组织发布的《全球森林资源评估》中提供具体国家的森林面积统计数据（www.fao.org/forestry/fra/fra2010/）。森林覆盖总损失率约 3 倍于净损失率，因为部分砍伐地区重新造林（Hansen et al.，2010）。2004～2011 年间亚马孙盆地森林砍伐率显著下降（Davidson et al.，2012；Keenan et al.，2013）。美国森林总砍伐率约为 1×10^4 $km^2 \cdot yr^{-1}$（Masek et al.，2011），但由于重新造林和造林，过去 10 年森林面积呈净增加。

不同森林 FACE 试验结果表明，大气 CO_2 浓度增加 200 ppm 时（即预测的 2050 年大气 CO_2 浓度；Norby et al.，2005；Norby and Zak，2011）NPP 增加 18%。作物（水稻、小麦和大豆）增量幅度为 12%～14%（Long et al.，2006）。CO_2 浓度升高引起的光合作用增量可被同时增温引起的呼吸作用增量所补偿，因此，光合作用和呼吸作用比例是相对稳定的（Dusenge et al.，2019）。在高浓度 CO_2 下所有物种生长会促进更多的 NPP 分配到根部，增加向土壤输送的碳量（Rogers et al.，1994；Jackson et al.，2009）。高浓度 CO_2 会提高植被的水分利用率，在干旱气候下可延长其生长周期（Battipaglia et al.，2013；Jung et al.，2017）。随时间推移，叶面积和树干导水率的调整能降低高 CO_2 浓度下植物的高水分利用率（Tor-ngern et al.，2015）。地球大气 CO_2 浓度升高已不容置疑，如果不考虑原始植被和砍伐再造林区固定的 CO_2，预期的气候变化会更剧烈。

除了 CO_2 暴露浓度增加外，人类活动同时也增加了森林的臭氧、酸雨和不同形态活性氮的暴露浓度，引起各种生长影响。大气氮沉降引发的一系列土壤生物地球化学变化（第 6 章），可能如施肥一样增加森林碳吸收和储存（Magnani et al.，2007；Thomas et al.，2010）。另外，臭氧浓度超过 100 ppb 时影响大多数植物生长（Richardson et al.，1992；Gregg et al.，2003），虽然高 CO_2 浓度下的生长增量可补偿部分臭氧效应（Reid and Fiscus，1998；Poorter and Perez-soba，2001；King et al.，2005；Peñuelas et al.，2012）。即使在空气污染相对较低的北半球高纬度地区，植物光合作用效率也因空气污染明显降低（Odasz-Albrigtsen et al.，2000；Savva and Berninger，2010）。

然而，多种森林生长记录清单中并没有观测到高 CO_2 浓度下的生长增量（Bader et al.，2013；Silva and Anand，2013；Groenendijk et al.，2015；Girardin et al.，2016）。树木年轮记录不尽一致，有研究观测到最近生长增量（Soule and Knapp，2006），也有研究则认为生长增量很小或者没有，这可能受并发干旱影响（Barber et al.，2000；Gedalof and Berg，2010；Andreu-Hayles et al.，2011；Peñuelas et al.，2011）。卫星遥测 NDVI［式（5.8）］发现 20 世纪八九十年代全球 NPP 的增加主要发生在北半球高纬度地区（Myneni et al.，1997），也可能是全球性的变化（Nemani et al.，2003）。Hember 等（2019）报道了加拿大各地寒带森林生长的增加。大多数的植被生长变化是由温度变化引起的，因为温度决定了其生长季的长短。异常的是，2000～2009 年 MODIS 遥测的 NPP 增温效应出现了逆转，全球 NPP 下降 1%，这与同期南半球干旱加剧有关（图 5.15；Piao et al.，2011）。涡动协方差观测发现高温和干旱导致 2003 年欧洲地区 NPP 大幅下降，使其成为大气 CO_2 的源（即负的 NEP；Ciais et al.，2005）。

当然，全球 NPP 和生物量变化与冰川间期历史气候变化相关。在距今约 19 000 年的末次盛冰期，陆地植物和土壤碳储量较现代低 30%～50%（Bird et al.，1994；Beerling，1999；Kohler and Fischer，2004）。期间由于植被覆盖率低、气候干冷、大气 CO_2 浓度低等原因，全球陆地表面 NPP 可能受抑制（Gerhart and Ward，2010）。Landais 等（2007）估计末次盛冰期陆地 NPP 仅为当今的 65%～70%。随着未来温室效应引起的气候变化，植物生物量可能较现在增加 10%（Smith et al.，1992b）。尽管过去数十年内短暂干旱可能导致陆地生产力下降（Rind et al.，1990；Smith and Shugart，1993），但可预期在更温暖、更湿润的条件下，未来陆地 NPP 会更高（Wu et al.，2011）。植被分布和生产力的变化可能对气候产生额外的影响（Forzieri et al.，2017）。

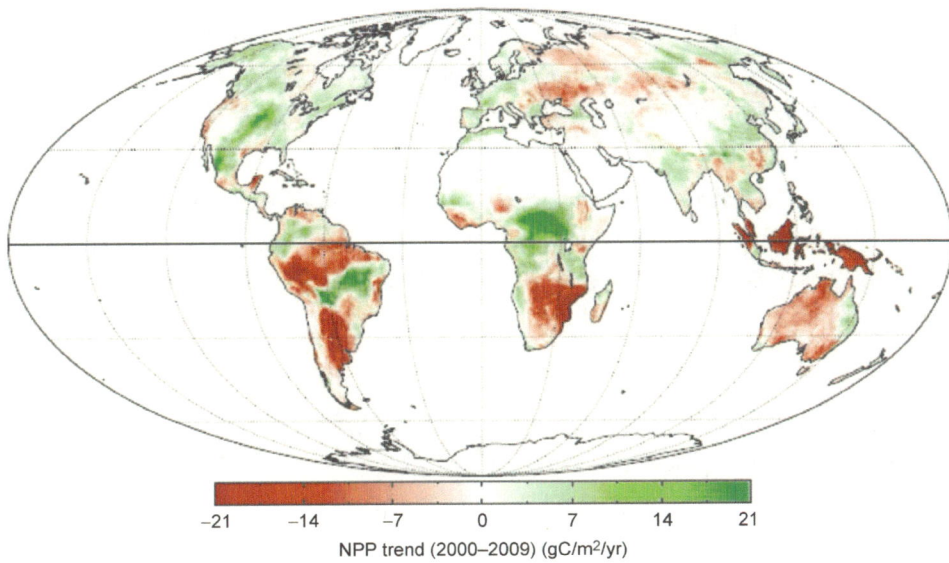

图 5.15　2000～2009 年 MODIS 遥测的陆地 NPP 变化

来源　Zhao 和 Running（2010）

图中文字　NPP trend：NPP 趋势

5.10　凋落物（碎屑）

　　绝大多数NPP以凋亡的有机物形式进入土壤。植物凋落物量的全球模式类似于NPP的全球分布模式（Matthews，1997）。植物凋落物量随纬度升高，由热带向寒带森林递减（Vogt et al.，1986；Lonsdale，1988；Berg et al.，1999）。落叶约占70%的森林凋落物量（O'Neill and De Angelis，1981；Meentemeyer et al.，1982），而木质凋落物随树龄增长而增加，倒木是原始森林地表凋落物的重要组成（Lang and Forman，1978；Harmon et al.，1986；McGarvey et al.，2015）。草原生态系统多年生组织基本没有地上生物量，年凋落物量几乎等于其年 NPP。在大部分地区，细根的生长和死亡每年向土壤贡献了大量的凋落物（碎屑），这常被只关注地上部分的研究所忽视（Vogt et al.，1986；Nadelhoffer and Raich，1992）。

　　应用有效蒸散量估测年地上凋落物量全球分布，Meentemeyer 等（1982）估计全球年地上凋落物量为 27×10^{15} g C，这与 Shen 等（2019）基于全球 2347 块样地收获的森林凋落物量估算的 $26 \times 10^{15} \sim 31.5 \times 10^{15}$ g C 一致。Matthews（1997）指出全球约一半的 NPP 在地下，故全球凋落物量为 50×10^{15} g C·yr^{-1}。她的估值略小于近期陆地 NPP 大多数估算量（约 60×10^{15} g C·yr^{-1}；表 5.3），这与前序估算的火灾（4%）、食草动物采食（5%）、挥发性有机碳化合物进入大气（2%），以及水溶性有机碳（DOC）随溪流和地下水流失（0.5%）等附带性损失相一致。

5.10.1　分解作用过程

　　来自凋落物或根系周转的大部分碎屑进入土壤表层，被土壤动物、细菌和真菌分解（Swift et al.，1979；Schaefer，1990）。凋落物分解后释放 CO_2、水和营养元素，并经微生物作用形成腐殖质。腐殖质通常累积在土壤剖面下部（第 4 章），构成大部分土壤有机质（Schlesinger，1977；Rumpel and Kogel-Knabner，2011）。土壤碳库周转可分成两个阶段：一是土壤表层大部分凋落物快速分解周转过程；二是土壤腐殖质形成、在深层累积和周转的缓慢过程。

凋落物埋袋法（litterbag approach）被广泛应用于土壤表层凋落物分解作用研究。新鲜凋落物被装入网袋中并放置于地表，周期性地取回称量（Singh and Gupta，1977）。简单的指数衰减模型可描述凋落物分解过程的损失模式，以下是凋落物经一年分解后残留量的计算公式：

$$X / X_0 = e^{-k} \qquad (5.10)$$

另一种方法是根据质量平衡原则，即年凋落物分解量应等于年度输入的新凋落物量，即地表有机碎屑质量保持平衡。根据这一假设，存在一个凋落物分解常数 k，即：

$$新凋落物量 = k \times 凋落物总量 \qquad (5.11)$$

或

$$新凋落物量 / 凋落物总量 = k \qquad (5.12)$$

当森林凋落物量处于稳定状态时，凋落物埋袋法和质量平衡法计算得到的 k 值是相当的，植物凋落物的平均滞留时间为 $1/k$（Olson，1963；另见第 3 章第 47 页脚注①）。Vogt 等（1983）在太平洋西北沿岸森林应用质量平衡法估算细根的平均滞留时间，表明了细根的重要性。当计算中包括细根周转时，森林地表有机物平均滞留时间为 8.2～15.6年；当仅考虑地上凋落物时，其平均滞留时间为 31.7～68.6 年。

当凋落物分解速率很快时，任何一种方法计算得到的 k 值都大于 1.0，地表凋落物累积量很少（如热带雨林；Cuevas and Medina，1988；Gholz et al.，2000；Powers et al.，2009）。在这样的生态系统中，分解作用经呼吸消耗的碳量要大于每年凋落物输入的量。相反，一些泥炭地和寒带森林的 k 值非常小（如 0.001）（Olson，1963）。草原生态系统的分解作用 k 值为 0.2～0.6（Vossbrinck et al.，1979；Seastedt，1988），但沙漠生态系统的分解作用 k 值因白蚁活动（Schaefer and Whitford，1981）和凋落物紫外线光解作用（Austin and Vivanco，2006；Gallo et al.，2009）可达到 1.00。在多数生态系统中，分解作用存在一个快速分解的初始阶段，然后是一个缓慢阶段，一些物质可存在数十年之久（Harmon et al.，2009）。二阶段或三阶段指数模型常能很好地拟合分解作用过程，可精确地估算 k 值（Minderman，1968；Adair et al.，2008）。

分解速率取决于温度、湿度和凋落物的化学组成。在欧洲地区，温度是控制凋落物分解的主要因素（Portillio-Estrada et al.，2016）。微生物活性随温度升高呈指数增强（Edwards，1975）。对植物凋落物来说，微生物活性的温增效应 Q_{10} 通常 $\geqslant 2.0$，即温度每升高 10℃，微生物活性增加 2 倍（Raich and Schlesinger，1992；Kirschbaum，1995；Katterer et al.，1998；Wang et al.，2019c）。Van Cleve 等（1981）发现美国阿拉斯加黑云杉森林地表凋落物厚度和每年适宜于凋落物矿化温度的累积天数呈负相关。相反，湿度通常限制了干旱区和半干旱区凋落物分解速率（Strojan et al.，1987；Amundson et al.，1989；Epstein et al.，2002），而在温带森林的土壤增温实验中，由于升温导致土壤变干，使得土壤湿度对凋落物分解的重要性增加（Peterjohn et al.，1994）。

Meentemeyer（1978a）综合不同凋落物分解试验数据，将地表凋落物分解作用和实际土壤蒸发量相关联，利用这一关系方程预测凋落物分解的区域模式（图 5.16）。他的预测和美国多地观测到的分解作用一致（Lang and Forman，1978）。在欧洲，实际土壤蒸散发量是地表凋落物分解作用一个很好的预测指标（Berg et al.，1993），但不能预测细根分解作用（Silver and Miya，2001）。当包括如木质素和含氮量等化学指标时，可改善预测精度（Meentemeyer，1978b；Melillo et al.，1982），将在第 6 章来讨论分解作用中凋落物化学性质和释放植物养分的重要性。

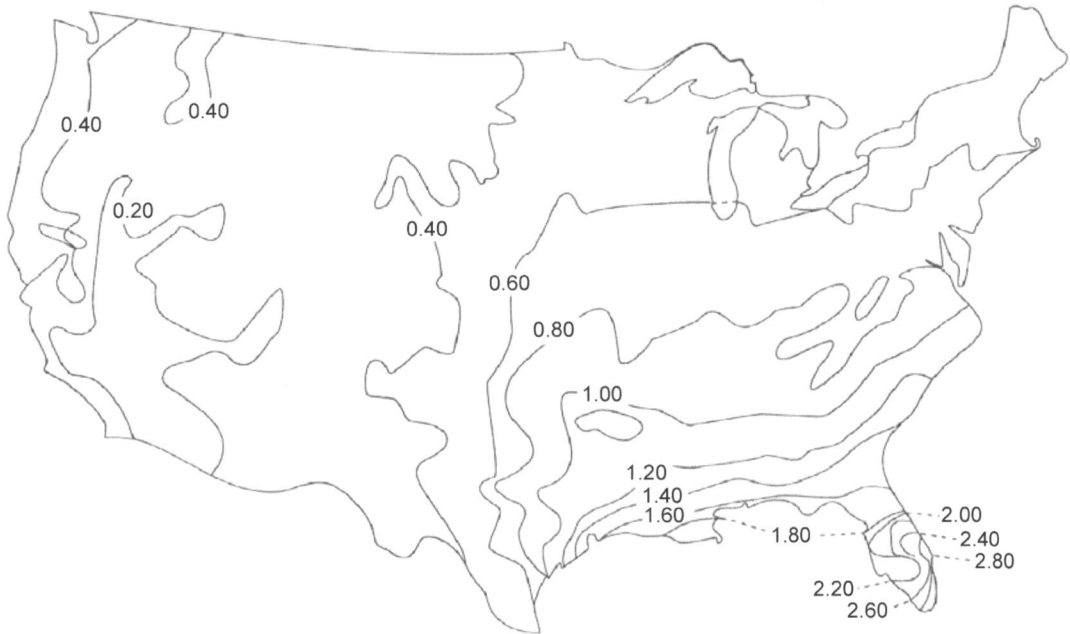

图 5.16　以实际蒸散发量为变量的拟合模型预测的美国新鲜凋落物分解速率分布图。等值线数据表示新鲜凋落物第一年的分解损失率（k）
来源　Meentemeyer（1978a）

5.10.2　腐殖质形成和土壤有机质

植物凋落物和土壤微生物构成了土壤有机质的细胞部分。随着凋落物分解，非细胞有机物（即腐殖质）在微生物作用下不断增加。目前对腐殖质结构知之甚少，但已有研究表明其含有大量带酚基（–OH）和有机酸（–COOH）基团的芳香环（Flaig et al.，1975；Stevenson，1986）。在许多土壤中腐殖质提供了其主要的阳离子交换量（第 4 章）。

腐殖质的传统化学表征是基于其成分在碱性和酸性溶液中的溶解度。这仅属于实验室有利于操作的定义。腐殖质的结构随着土壤溶液 pH、离子强度和离子种类变化而发生巨大变化（Myneni et al.，1999）。特别是碱提取导致土壤有机质分子结构发生许多变化，呈非腐殖质特征（Kleber and Lehmann，2019）。另外，根据土壤有机质分子大小或密度分级可定量不稳定（labile）有机质和持久性（resistant）有机质。密度分级是将土壤样品添加到特殊的密度梯度溶液中，收集漂浮到表面的有机质（Spycher et al.，1983）。分子大小分级则将土壤通过不同目筛网（Tisdall and Oades，1982；Elliott，1986）。大部分土壤有机质周转发生在新鲜植物凋落物组成的"轻"或大尺寸部分（Tiessen and Stewart，1983）。"重"的有机质由多糖（糖）和腐殖质组成，可与黏土矿物复合形成密度相对较高的微聚集体（Tisdall and Oades，1982；Tiessen and Stewart，1988）。有机质不稳定性和持久性组分常被称为土壤有机质的活性和惰性形态。

腐殖质通常要比其植物凋落物（碎屑）来源含有更丰富的氮（Fine et al.，2018）。腐殖质由不同的小分子单元组成，尤其是可与土壤矿物质形成有机无机复合物的肽（Knicker，2011；Sutton and Sposito，2005；Kogel-Knabner and Rumpel，2018）。在 ^{13}C 核磁共振（nuclear magnetic resonance spectrometry，NMR）分析协助下，腐殖质化学结构解析有所进展（Mahieu et al.，1999；Baldock et al.，2004；Kelleher et al.，2006；Feng et al.，2010）。腐殖质不具有抗分解能力，但可能通过与土壤矿物质形成有机-无机复合物来防止分解（Allison，2006；Kogel-Knabner and Rumpel，2018；Hemingway et al.，2019）。

腐殖质组成中，有机酸调控着 Fe 和 Al 在土壤剖面的向下移动。有机酸从森林地表和 A 层向下渗入，是土壤剖面下层主要的有机质组成，常与黏土矿物和 Ca 复合（Gaiffe and Schmitt，1980；Oades，1988；Beyer et al.，1993；Kalbitz et al.，2000）。在无定形态（非晶态）铁铝氧化物表面的吸附可有效地保护有机物不被分解（Torn et al.，1997；Powers and Veldkamp，2005；Mikutta et al.，2006；Porras et al.，2017）。Doetterl 等（2015）发现虽然气候作用显而易见，但沿着智利到南极洲纬度梯度土壤碳储存的变化完全可以被土壤矿物学所解释。铝铁矿物对中国青藏高原（Fang et al.，2019）和亚热带森林（Yu et al.，2019c）土壤有机质稳定性发挥着主导作用。

腐殖质具有很强的微生物稳定性，从加拿大萨斯喀彻温省森林土壤提取的腐殖酸平均 ^{14}C 年龄为 250～940 年（Campbell et al.，1967），近期的数据综合结果表明全球腐殖质平均年龄约为 3100 年（He et al.，2016）。不同大小或质量的腐殖酸组分放射性碳（^{14}C）年龄表征了其周转率。Anderson 和 Paul（1984）测得土壤黏土部分有机质的 ^{14}C 年龄为 1255 年，但总体土壤 ^{14}C 年龄为 195 年。腐殖质稳定性（抗分解性）很可能是由于与土壤矿物质形成复合体，并非其本身组成的耐化学分解性（Allison，2006）。

在多数植被下，土壤剖面腐殖酸质量超过森林地表和地上部分有机质含量的综合。全球土壤有机碳库（1 m 深土壤剖面）大约 1500×10^{15} g C（Schlesinger，1977；Batjes，1996；Amundson，2001）。其中至少有一部分（可能 5%）的土壤碳来自于野火产生的木炭（Landry and Damon Matthews，2017）。许多热带土壤只在其剖面深层分布少量有机质，有些分布非常深（Harper and Tibbett，2013；Wade et al.，2019）。表 5.4 列出了全球植物凋落物和土壤有机质（3 m 土壤剖面）清单，总计 2345×10^{15} g C（Jobbágy and Jackson，2000；Jackson et al.，2017），可能低估了永久冻土地区有机质总质量（Tarnocai et al.，2009；Hugelius et al.，2014）。北半球北部泥炭地可能含有 547×10^{15} g C（Yu et al.，2010b；Bradshaw and Warkentin，2015），在刚果和热带的其他地区也发现了大量的泥炭堆积（Dargie et al.，2017）。

根据全球土壤有机质估算量与凋落物估算量的比值获得的土壤有机碳库平均滞留时间约为 40 年，但表层凋落物和不同腐殖酸组分间的平均滞留时间存在数个数量级的差异（图 5.17）。在温带，从暖温带森林到北部森林土壤有机质质量及其平均滞留时间逐渐增加

（Schlesinger，1977；Garten，2011；Frank et al.，2012；Wang et al.，2018a）。现有土壤有机碳（0～100 cm 剖面）的分布和丰度区域清单包括美国（$46 \times 10^{15} \sim 74 \times 10^{15}$ g C；

表 5.4　不同类型生态系统的土壤有机质分布

生物区系	全球面积（10^6 km^2）	平均土壤剖面有机碳（kg C·m^{-2}）		总土壤碳库（10^{15} g C）
		0～100 cm	0～300 cm	0～300 cm
热带森林				
落叶林	7.5	15.8	29.1	218
常绿林	17.0	18.6	27.9	474
温带森林				
落叶林	7	17.4	22.8	160
常绿林	5	14.5	20.4	102
寒带森林	12	9.3	12.5	150
地中海灌木林	8.5	8.9	14.6	124
热带稀树草地/草原	15	13.2	23.0	345
温带草原	9	11.7	19.1	172
沙漠	18	6.2	11.5	208*
北极苔原	8	14.2	18.0	144
作物	14	11.2	17.7	248
极端环境（沙漠、岩石、冰原）	15.5			
总计	**136.5**			**2 345**

*不包括土壤碳酸盐，约为 930×10^{15} g C（Schlesinger，1985）。
来源：Jobbágy 和 Jackson（2000）。

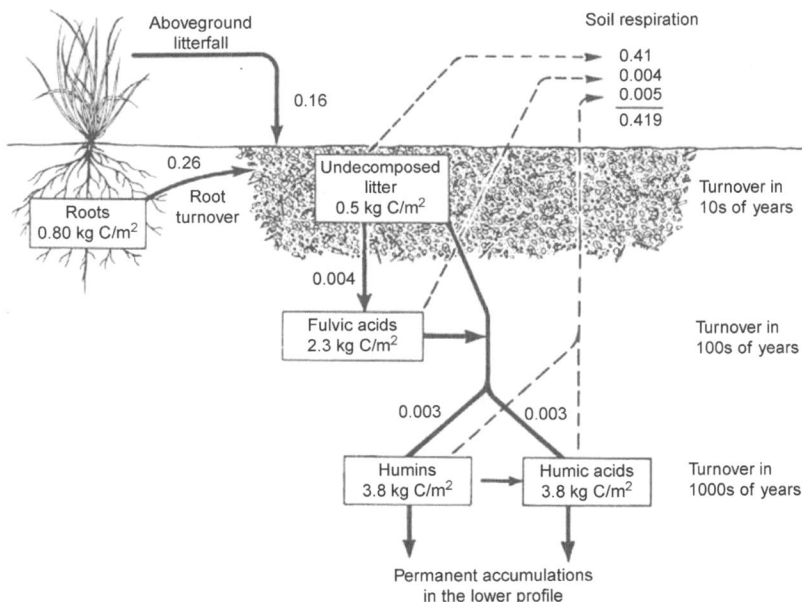

图 5.17　草原土壤凋落物和土壤有机组分周转（kg C·m^{-2}·yr^{-1}）。有机质平均滞留时间由土壤各组分含量与其年产量或年损失量（呼吸）计算获得

来源 Schlesinger（1977）

图中文字 Aboveground litterfall：地上凋落物；Roots：根系；Root turnover：根系周转；Undecomposed litter：未分解凋落物；Fulvic acids：富里酸；Humins：腐殖质；Humic acids：胡敏酸；Permanent accumulations in the lower profile：永久性积累于土壤剖面下层；Soil respiration：土壤呼吸作用；Turnover in 10s of years：十年尺度的周转；Turnover in 100s of years：百年尺度的周转；Turnover in 1000s of years：千年尺度的周转

Guo et al., 2006; Guevara et al., 2020)、北美地区（367×10^{15} g C; Liu et al., 2013)、中国（$84 \times 10^{15} \sim 89 \times 10^{15}$ g C; Li et al., 2007; Tang et al., 2018)、印度（63×10^{15} g C; Lal, 2004)、巴西（71×10^{15} g C; Gomes et al., 2019）和其他国家，已作为最近植被和土壤碳储量的国家账单。

5.10.3 周转过程和呼吸作用

因核爆炸产生的放射性碳（^{14}C）被同化到土壤有机质各组分中，成为了估算土壤有机质周转的一种方法（Trumbore，1993）。美国加利福尼亚草原仅有 10%的土壤有机质为"快速"周转，占其土壤年碳通量的 90%（Torn et al., 2013）。英国落叶林土壤碳库也可根据放射性碳分为两部分，在 0～15 cm 土壤中分别约为 3.5 kg·m^{-2}（Tipping et al., 2009）。通常，土壤有机质较轻组分在土壤剖面上部快速周转，而较重组分则累积于剖面下部，周转速率较慢（Schrumpf et al., 2013）。由于周转时间不同，因此不存在一致的、可用来描述土壤剖面有机质周转的凋落物分解常数（k）（Trumbore，1997; Gaudinski et al., 2000）。

可通过土壤表面 CO_2 通量的田间测定估算土壤总呼吸作用。大部分 CO_2 来自土表快速分解的凋落物层，包括大部分细根（Bowden et al., 1993）。Edwards 和 Sollins（1973）发现温带森林土壤 CO_2 年通量只有 17%来自于 15 cm 以下的土壤层。深层土壤 CO_2 通量可能来自腐殖质分解。土壤剖面内（尤其深层土壤）产生的 CO_2 累积在土壤空隙中，可引起土壤剖面下部的碳酸盐风化作用（图 4.4）。向上扩散到土壤表面的地质源 CO_2 量一般非常少（Keller and Bacon，1998）。

不幸的是，活根的呼吸作用使得土壤表面 CO_2 通量无法被用来计算土壤有机碳库周转率（Fahey et al., 2005）。Schlesinger（1977）汇总大量研究结果发现，土壤呼吸作用产生的 CO_2 量超过地上凋落物量约 2.5 倍（图 5.18）。额外的 CO_2 量可能来自于根和菌根的代谢作用以及根凋落物的分解作用（Raich and Nadelhoffer，1989; Subke et al., 2011）。

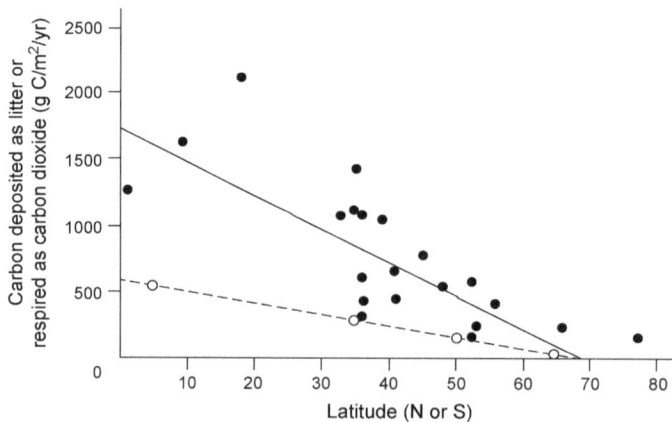

图 5.18　世界森林和林地土壤碳动态的纬度变化。虚线表示凋落物向土壤输入的年均有机碳量，实线表示碳损失量（以实测地表 CO_2 通量表示）。两线间的差异代表根和菌根的呼吸作用，以及根凋落物和分泌物分解释放的 CO_2 量

来源　Schelesinger（1977）

图中文字　Carbon deposited as litter or respired as carbon dioxide：以凋落物输入的碳或呼吸释放的 CO_2；Latitude：纬度

Hogberg 等（2001）通过田间试验环割树皮（girdling of tree）阻断光合作用产物向根部输送，使土壤呼吸下降54%，仅为土壤分解呼吸量（参见 Andrews et al., 1999；Hanson et al., 2000）。全球土壤呼吸作用为 $80 \times 10^{15} \sim 100 \times 10^{15}$ g C·yr^{-1}，约一半来自活根呼吸，其余来自分解作用（Raich et al., 2002；Subke et al., 2006；Bond-Lamberty and Thomson, 2010；Hursh et al., 2017；Konings et al., 2018）。全球生态系统中土壤呼吸作用和 NPP 及凋落物（碎屑）量呈显著相关（Raich and Tufekcioglu, 2000；Bond-Lamberty et al., 2004；Hibbard et al., 2005），近年来由于气候变暖可能有所增加（Bond-Lamberty et al., 2018）。

土壤有机质的全球分布格局反映了湿度和温度是如何调控初级生产量，以及土壤表层与深层分解作用间的平衡（Amundson, 2001）。不同森林生态系统土壤表面有机质累积量从热带气候带向寒带气候带逐渐增加，而净初级生产力则呈相反趋势，土壤有机质积累很大程度上取决于分解作用强弱。因此，土壤微生物对温度和湿度的区域差异要比植被敏感。从全球尺度来看，地表凋落物中有机质累积与其分解作用调控因子的相关性要高于陆地生态系统 NPP（Cebrián and Duarte, 1995；Valentini et al., 2000）。毋庸置疑，当植物凋落物输入减少时，土壤有机质含量就会下降（Dove et al., 2019）。

Parton 等（1987）构建了基于土壤不同有机组分间周转差异的模型，以预测草原生态系统土壤有机质的累积过程。当温度、湿度、土壤质地和植物木质素含量作为参数时，有机质累积量可精确预测。尽管 NPP 很低，由于地上凋落物矿化速率较低和大量植物根凋落物输入（Ma et al., 2019；Xu et al., 2019a），温带草原土壤有机质含量很高（Sanchez et al., 1982b）。相反，热带草原和稀树草地可能由于经常性火灾，地表凋落物累积相对较少（Kadeba, 1978；Jones, 1973；Pellegrini et al., 2018）。

储存的土壤有机质是陆地 NEP 的一部分。时间序列研究表明，受干扰土壤有机质累积非常快，但在土壤发育的长期进程中有机质累积速率逐渐下降到 $1 \sim 12$ g C·m^{-2}·yr^{-1}（图 5.19；Schlesinger, 1990；Chadwick et al., 1994），最高的土壤有机质累积速率发生在寒冷潮湿地区。多数湿地土壤因其厌氧环境也具有很高的有机质累积速率（第 7 章）。

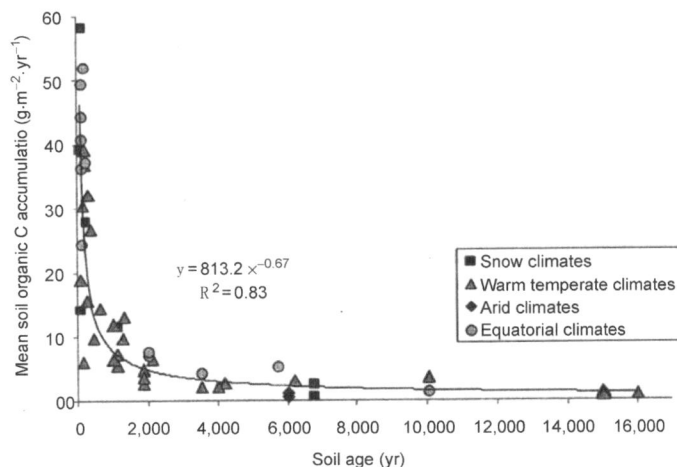

图 5.19　火山灰发育土壤不同时间序列和气候带的有机质累积速率
来源 Zehetner（2010）
图中文字 Mean soil organic C accumulation：平均土壤碳累积；Soil age：土壤年龄；Snow climates：积雪气候；Warm temperate climates：暖温带气候；Arid climates：干旱气候；Equatorial climates：赤道气候

旱地土壤有机质累积速率低有力地证明了基于好氧代谢分解途径的高效分解者存在（Gale and Gilmour，1988）。由于腐殖质具有相对较高的养分含量，其生物稳定性并不高，但与土壤矿物质相结合时稳定性提高（Allison，2006；Schmidt et al.，2011）。全球腐殖质年净累积量<0.4×10^{15} g C·yr^{-1}，仅为全球 NPP 的 0.7%（Schlesinger，1990）。

在人类大规模干扰之前，大多数旱地生态系统土壤有机质可能含量相对稳定。当土壤具有稳定有机质含量时，土壤腐殖质化合物产量必然与其因土壤侵蚀的流失量相当。经地表径流损失的少量 DOC 对河流生态系统新陈代谢至关重要（第 8 章）。巧合的是，全球河流有机碳迁移量约为 0.4×10^{15} g C·yr^{-1}（Schlesinger and Melack，1981；Meybeck，1982），表明在人类干扰前地球陆地表面 NEP 基本为零。

在全新世时期（holocene period），末冰期大陆冰川结束时经历了较温暖的气候，大量的碳储存在北半球高纬度区域的植被和土壤中（Harden et al.，1992；Treat et al.，2019；参见 Chen et al.，2006）。在陆地冰川覆盖地区，土壤有机质总累积量代表了过去 10 000 年以来的 NEP。末次冰川最大覆盖了约 29.5×10^6 km^2 的现代陆地（Flint，1971），其现有有机碳储量约为 300×10^{15} g C，超过全球土壤有机碳含量的 10%（表 5.4）。这些全新世时期地区土壤有机质累积速率约为 1.35 g C·m^{-2}·yr^{-1}。目前北半球北方生态系统的碳累积速率（0.015×10^{15}～0.035×10^{15} g C·yr^{-1}）非常小，不足以成为人类化石燃料消耗排放 CO_2 的一个汇，在 20 世纪，其碳累积速率并无显著增加（Gorham，1991；Harden et al.，1992）。

根据光合作用的有机碳累积量和 O_2 释放量的 1∶1 摩尔比 [式（5.2）]，土壤总碳储量约为 2000×10^{15} g C（166×10^{15} mol C），仅相当于大气 O_2 的 0.45%。因此，大气 O_2 的累积并非是陆地有机碳累积的结果。有机碳长期积累可能以厌氧海洋沉积物累积为主（第 9 章）。

5.11　土壤有机质和全球变化

在人类大规模占据陆地之前，土壤有机质可能与植被凋落物（碎屑）输入相平衡。大多数耕作活动减少新鲜植物凋落物（碎屑）的输入，并改善土壤湿度和通气条件，增强土壤有机质分解速率。在耕作的最初几十年，大部分土壤有机质损失量通常达到 20～30%（图 5.20；Kopittke et al.，2017）。土壤有机质最大损失发生在开垦的最初几年。最终，农田作物生产和分解达到平衡时，土壤有机质含量呈现新的低水平平衡（Jenkinson and Rayner，1977）。部分土壤有机质因侵蚀损失被掩埋在其他地方，但大部分土壤有机质可能被氧化成 CO_2 进入大气（Van Oost et al.，2007）。

土壤有机质动态变化可由开垦耕种后土壤有机质损失模式来诠释。土壤有机质由易降解组分和难降解组分组成。农田土壤有机质早期快速损失主要是较轻的不稳定性组分（Buyanovsky et al.，1994；Cambardella and Elliott，1994）；后续慢速损失则来自于稳定性组分（Fujisaki et al.，2015）。

全球约有 10%的土地被耕作（表 5.4），农业土壤有机质损失是过去几个世纪大气 CO_2 浓度升高的重要原因（Schlesinger，1984；Jackson et al.，2017）。自有组织农业生产以来，土壤可能损失了 133×10^{15} g C（Sanderman et al.，2017）。目前土壤 CO_2 排放率

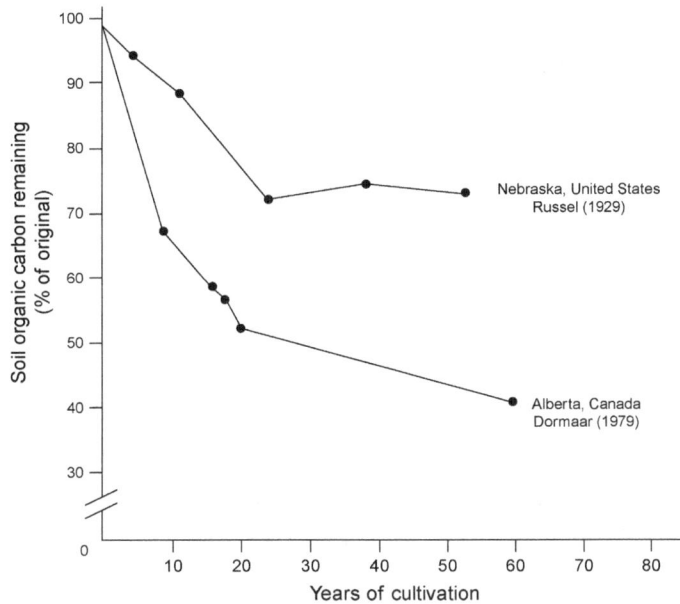

图 5.20　两个草原土壤开垦农用后土壤有机质含量变化

来源　Schlesinger（1986）

图中文字　Soil organic carbon remaining：残留的土壤有机碳量；Years of cultivation：耕作年限；Nebraska，United States：美国内布拉斯加州；Alberta，Canada：加拿大艾伯塔省

为 0.8×10^{15} g C·yr^{-1}，很大程度上取决于自然生态系统（尤其热带地区）开垦成农田的速率（Maia et al.，2010；Don et al.，2011；Assad et al.，2013）。当湿地和泥炭地等有机土壤排水后，土壤碳损失尤其严重（Hutchinson，1980；Armentano and Menges，1986；第 7 章）。

尽管耕作导致土壤有机质损失并增加大气 CO_2 浓度，但仍有希望通过改善农田土壤管理来恢复土壤有机碳原始储量，并从大气固定 CO_2。很多情况下，减少翻耕次数可以增加土壤有机碳含量（West and Marland，2002）。减少翻耕频率有利于表层土壤碳积累（West and Marland，2002），但对整个土壤剖面的改变相对较小（Powlson et al.，2014）。减少翻耕保护农田土壤有机微团聚体结构，是成功的农田土壤管理措施之一。

施肥和灌溉可增加作物残茬还田，增加土壤有机质储量。城市土壤，如草坪、公园和高尔夫球场，也可以通过强化管理来提高土壤碳储量（Golubiewski，2006；Pouyat et al.，2009；Raciti et al.，2011）。多数情况下。集约化管理下增加的土壤有机碳量要低于土壤改良农用物质生产或运输过程的 CO_2 排放量（Schlesinger，2000；Russell et al.，2005；Khan et al.，2007；Towsend-Small and Czimczik，2010）。如考虑伴随或离位排放，大多数美国农田 NEP 是负值（West et al.，2010）。

常发生火灾的生态系统土壤有机质含量更低（Pellegrini et al.，2018），但许多土壤含有大量的木炭（Mao et al.，2012；Landry and Damon Matthews，2017；Jauss et al.，2017；Koele et al.，2017）。虽然木炭不易分解，但并非完全不分解（Hammes et al.，2008），在一些环境下添加生物炭可增加土壤有机质（Roberts et al.，2010）。

在弃耕农田上重生植被是增加土壤碳含量的唯一确定途径（McLauchlan et al.，

2006；Vuichard et al.，2008）。欧洲（Bárcena et al.，2014）和全球（Laganiere et al.，2010；Li et al.，2012）弃耕农田植树造林显著增加土壤有机质。弃耕农田土壤有机质累积相对迅速，综合已报道的数据，弃耕土壤有机质平均累积速率为 33 g C·m^{-2}·yr^{-1}（Post and Kwon，2000；Guo and Gifford，2002；Clark and Johnson，2011），远高于未受干扰自然植被下的土壤有机质累积速率（图 5.20）。所有自然演替土壤的有机碳累积量与再生木本植被土壤相比是很小的（Johnson et al.，2003；Hooker and Compton，2003；Richter et al.，2005）。

高 CO_2 浓度可增加植被生产力，尤其是地下部分，因此可预期土壤碳储量的增加。然而，不同类型森林高 CO_2 浓度 FACE 试验表明，土壤碳储量仅有很小变化（Hagedorn et al.，2003；Lichter et al.，2008；Hungate et al.，2013）。在近 100 年中，俄罗斯草原土壤碳含量没有显著增加，而大气 CO_2 浓度增加了 30%（Torn et al.，2002）。高浓度 CO_2 下森林土壤呼吸速率增加，表明分解速率增强（Bernhardt et al.，2006；Dieleman et al.，2010）。向土壤添加更多植物凋落物可促进土壤有机质的分解作用，即所谓的"起爆效应"（priming effect）（Fontaine et al.，2007；Langley et al.，2009；Phillips et al.，2012；Kuzyakov et al.，2019）。

土壤有机碳的全球分布和丰度格局（表 5.4）表明，其在寒湿条件下累积量最大。未来暖化环境将增加北半球北方和北极生态系统封存于永冻土的土壤有机质分解（Zimov et al.，2006）。高纬度地区巨大碳库排放的 CO_2 进入大气，将进一步加剧全球变暖（Schuur et al.，2009；Dorrepaal et al.，2009；Belshe et al.，2013；Oechel et al.，2014）。美国阿拉斯加苔原地下水位变化（预期永冻土融化）对土壤碳的影响要大于单纯的土壤温度变化（Huemmrich et al.，2010）。在整个北极和北半球北方地区，深层土壤不稳定性有机碳在温暖干燥气候条件下会迅速分解（Dorrepaal et al.，2009；Nowinski et al.，2010；Waldrop et al.，2010；Voigt et al.，2019）。21 世纪内北半球高纬度地区预计损失 0.47×10^{15} g C·m^{-2}·yr^{-1}，相当于目前化石燃料燃烧年排放量增加约 5%（Zhang et al.，2006）。

即使在温带地区，1978～2003 年干热气候导致土壤损失大量有机碳（Bellamy et al.，2005；Prietzel et al.，2016）。综合已有研究结果表明，未来气候变暖将增强土壤呼吸作用，导致大量 CO_2 排放进入地球大气（Crowther et al.，2016；Bond-Lamberty et al.，2018）。

几乎所有的生态系统土壤增温试验表明，土壤有机质分解加速并释放更多养分（Harte et al.，2006；Van Cleve et al.，1990；Melillo et al.，2017；Conant et al.，2011；Teramoto et al.，2018），但尚未有土壤微生物代谢对升温的适应性证据（Karhu et al.，2014；Schindlbacher et al.，2015；Carey et al.，2016；Walker et al.，2018）。各种土壤增温试验都增加了植物生长量并提高了土壤呼吸作用，寒冷地区尤其显著（Rustad et al.，2001；Lu et al.，2013；Crowther et al.，2016）。因此，全球变暖引起的土壤碳损失部分可能被植被生长增量所平衡，减轻了区域碳的总损失量（Melillo et al.，2011；Sistla et al.，2013）。美国科罗拉多州山地草甸生态系统实验性增温表明，最大的 NPP 变化可能是春季生长季因升温而提前开始，但导致当年后续干旱加剧（Saleska et al.，1999）。木本植被入侵草甸，但土壤有机质含量在对照和升温处理下均因温度升高而降低（Harte et al.，2005）。北极苔原实验性升温导致常绿灌木大量生长（Zamin et al.，2014）。

在温带和热带地区，因气候变化引起的土壤有机质损失可能部分受土壤矿物学影响，尤其在有机化合物与铁铝矿物复合的地区（Power and Veldkamp，2005；Rasmussen et al.，2006）。然而，整个土壤剖面均存在有机质损失，包括易降解组分和难降解组分（Hicks Pries et al.，2017）。

5.12　小　　结

光合作用提供了驱动生命体生物化学反应的能量（图 5.21）。这一能量来自阳光并储存在碳水化合物（有机物）中。全球陆地生物圈年 NPP 约为 60×10^{15} g C·yr^{-1}。尽管这一数值非常巨大，但 NPP 仅捕获了不到 1% 可利用的太阳能。剩余的大部分太阳能则被用于水分蒸发和空气加热，驱动全球大气循环（第 3 章和第 10 章）。因此，陆地生物圈受能量利用率相对较低的初始过程驱动。

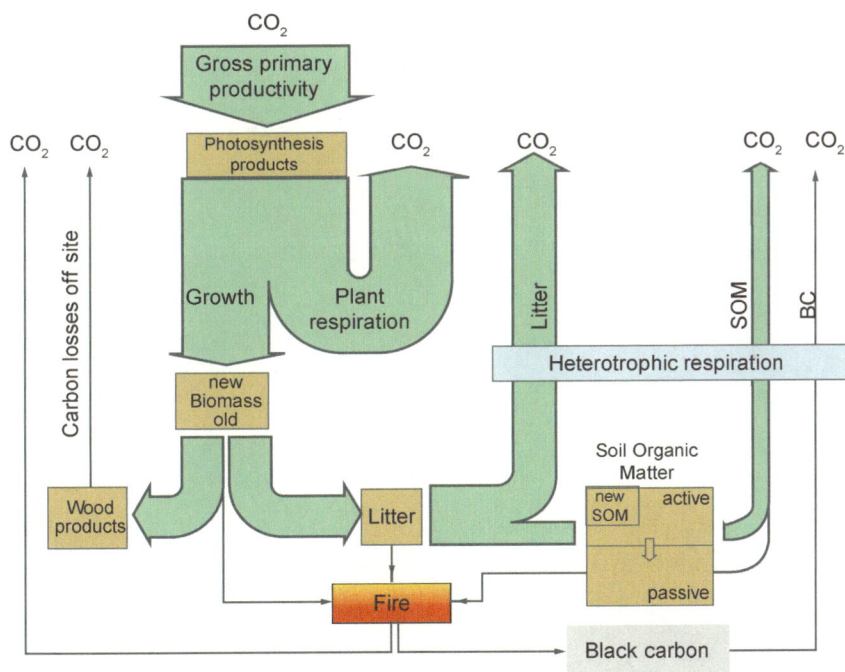

图 5.21　植物光合作用固定碳的去向示踪示意图

来源　Schulze 等（2000）

图中文字　Gross primary productivity：总初级生产力；Photosynthesis products：光合作用产物；Growth：生长；Plant respiration：植物呼吸作用；Biomass：生物量；New：新；Old：老；Wood products：木本产量；Carbon losses off site：外溢碳损失；Litter：凋落物；Fire：火灾；Heterotrophic respiration：异养呼吸作用；Soil organic matter（SOM）：土壤有机质；Black carbon（BC）：黑炭；Active：活性；Passive：被动

光合作用过程中植物吸收土壤水分，通过蒸腾作用将水分散失到大气。有效水分可能是决定植被叶面积和 NPP 全球变化的关键因素。土壤水分充足的植被群落，NPP 则取决于生长季长度和年均温度，两者决定了太阳能利用率。土壤养分是陆地 NPP 次要因子，这可能与植物适应养分供应不足环境所具有的各种获取和循环利用养分的高效机制有关（第 6 章）。

　　大部分 NPP 被输送到土壤，并被不同生物分解利用。分解作用非常高效，因此每年只有很少量的 NPP 进入到长期存储的土壤有机质或腐殖质中。土壤有机质存在新鲜植物碎屑和凋落物快速周转的地表动态库，以及分散于整个土壤剖面中大量长期难分解的腐殖质库。因此，土壤有机质周转时间范围包括为期约 3 年的凋落物到残存数千年的腐殖质。美国陆地生态系统碳平均滞留时间约为 46 年（Zhou and Luo，2008），植被和土壤有机碳周转时间为 15 年（热带）～255 年（北半球高纬度）（Carvalhais et al.，2014）。

　　人类已经影响了陆地净初级生产和分解过程，将大量有机碳释放到大气，并可能导致全球 NPP 生产率持续下降。这一影响导致全球碳生物地球化学循环发生改变，但几乎不影响大气 O_2 浓度。

第 6 章　陆地生物地球化学循环

6.1　引　　言

　　活的生物组织由 C、H、O 组成，大致比例为 CH_2O，还有多达 25 种元素为生化反应和结构生物量生长所必需。例如，磷（P）是生物体通用能量转化分子腺苷三磷酸（ATP）的关键元素，而钙（Ca）是动植物主要结构组分。动植物体内酶和结构蛋白含氮（N）量约为其重量的 16%。前文提到的多数植物光合速率（碳固定）由核酮糖二磷酸羧化酶所调控（第 5 章）。C 和 N 相互关联源于细胞生物化学，并扩展到全球生物地球化学循环。

　　生物化学结构和功能所必需的各种元素常以可预测比例（化学计量）存在于活生物组织（如茎、叶、骨骼和肌肉等）中（Reiners，1986；Sterner and Elser，2002）。例如，叶组织 C/N 值为 25~50（即含 N 量为 1%~2%）。全球陆地年 NPP 约为 $60 \times 10^{15} \text{g C·yr}^{-1}$，这意味着每年至少需经生物地球化学循环向植物提供 1200×10^{12} g N·yr^{-1}，来满足上述全球 NPP。值得注意的是，一些元素（如 N 和 P）可给性通常是有限，这些元素的供给调控着多数陆地生态系统 NPP（Elser et al.，2007；LeBauer and Treseder，2008；Xia and Wan，2008；Fisher et al.，2012）。而且，植物各养分循环通常不是独立的，植物吸收 P 需要含 N 酶和碳水化合物（CH$_2$O）储存的能量。

相反，NPP 决定了通常超过植物生长所需的土壤大量元素（如 Ca 和 S）在生态系统中的循环速率和水体流失速率。一般来说，生物圈高度调控生物体大量元素的地球化学行为，而对生物非必需元素（如 Na 和 Cl）的调控作用相对较弱（Gorham et al.，1979）。

前序章节揭示了陆地生态系统 C、N 和 S 主要来自大气。除了高度风化的古土壤外，岩石风化是其他生物化学元素（如 Ca、Mg、K、Fe 和 P）的主要来源。对于陆地生态系统来说，来自大气圈和岩石圈的元素被认为是植物生长所需营养元素的新增量（Cleveland et al.，2013）[①]。然而，植物生长并非仅依赖进入生态系统的营养元素新增量，其通过系统内循环留用原有营养元素。事实上，生态系统内重要营养元素（如 N）的年循环量通常为外源新增量的 10~20 倍（表 6.1）[②]。生态系统内循环的营养元素也是大气圈和岩石圈源元素长期循环留用积累所致。重要的生物化学元素通过生物吸收而积累在陆地生态系统中，而非必需元素则以简单的地球化学过程调控进出生态系统（Vitousek and Reiner，1975）。

表 6.1　美国新罕布什尔州哈伯德溪北部阔叶林年度养分需求不同来源的百分比组成

过程	N	P	K	Ca	Mg
生长养分需求（kg·hm^{-2}·yr^{-1}）	115.4	12.3	66.9	62.2	9.5
不同来源百分比组成（%）					
系统外输入					
大气	18	0	1	4	6
岩石风化	0	1	11	34	37
系统内循环					
再吸收	31	28	4	0	2
凋落物周转（包括直接输入和树干流输入）	69	67	87	85	87

注：根据式（6.2）和式（6.3）计算得到。
来源：再吸收数据来自 Ryan 和 Bormann（1982）。N、K、Ca 和 Mg 的数据摘自 Likens 和 Bormann（1995），P 的数据源自 Yanai（1992）。

本章将分析陆地生态系统生物化学元素循环过程。首先分析植物元素吸收、植物生长过程元素分配、植物和植物组织死亡后元素损失等；然后进一步分析凋落（死亡）有机物所含元素（如 N、P、S）在土壤中的转化、释放及供植物吸收或从生态系统流失等过程。营养元素每年在生态系统中被吸收、分配、返还和释放的过程构成了养分循环。本章将关注碳和其他生物化学元素的相互作用，讨论陆地植物如何适应受 N 和 P 养分限制的各陆地生态系统，并推演生态系统发育过程中决定植物生长的养分来源变化。

[①] 与哈伯德溪生态系统（Hubbard Brook ecosystem）模型不同（如 Likens and Bormann，1996），本书将岩石风化年度释放的养分视为陆地生态系统养分的外源（Gorham et al.，1979）。
[②] Volk（1998）将回收率定义为系统内循环量与流失量的比值，陆地生态系统 N 回收率约为 6，P 约为 4（详见第 12 章）。

6.2 陆地植物的生物地球化学循环

6.2.1 养分吸收

植物在元素生物化学过程中不可或缺的作用常被忽视。植物从土壤中获取必需元素（如硝态氮），并将其同化到不同的生物化学分子（如氨基酸）中（Oaks，1994）。动物摄食植物及相互捕食，合成新的氨基酸，但是动物蛋白质结构氨基酸源于植物合成的氨基酸。在个别情形下，如添食自然盐分（即食土癖，geophagy）的动物，元素以无机态直接进入动物生物化学过程（Jones and Hanson，1985）。自然生物圈可没有维生素药片！

土壤化学性质（包括矿物学和离子交换）对植物吸收必需元素设置了生物有效性限制。然而，当养分需求量较大时，植物会释放有机化合物来增强土壤矿物元素的溶解度，如 P 元素（第 4 章）。因此，植物能影响其生长所需养分的生物有效性，使其能适应不同的土壤肥力水平（Forde and Lorenzo，2001）。尽管植物叶面也能吸收养分，但绝大多数植物的养分吸收通过根系及其相关真菌，本章将展开讨论。一些不寻常的食虫植物可通过消化所捕获生物获得 N 和 P（Ademec，1997；Wakefield et al.，2005），包括脊椎动物（Moldowan et al.，2019）。例如，Dixon 等（1980）报道了茅膏菜（*Drosera erythrorhiza*）通过捕食昆虫获得其年 N 吸收量的 11%～17%。寄居于植物体（如叶或其他组织上的虫菌穴，domatia）的蚂蚁也能给植物提供 N（Gegenbauer et al.，2012）。

植物根系吸收离子有多种途径（Barber，1962）。一些元素溶于土壤溶液随水分被植物被动吸收，满足植物营养需求（Turner，1982）。当这一途径过量供给时，过量离子会被主动排出在根表。例如，石灰性土壤上生长的沙漠灌木根际常有大量的钙以 $CaCO_3$ 形式存在（Klappa，1980；Wullstein and Pratt，1981），或者湿地植物根表有氧化态铁壳（Mendelssohn et al.，1995）。

由植物叶面蒸腾作用驱动流向根系的水流有助于植物吸收 N、P 和 K（Oyewole et al.，2014；McMurtrie and Näsholm，2018），但土壤溶液中其浓度通常很低，植物需通过酶（即转运蛋白）来携带养分离子，以主动吸收方式通过根细胞膜通道以满足其需求（Hirsch et al.，1998；William and Miller，2001；Nacry et al.，2013；Che et al.，2018）。当植物地上部缺 Zn 时，其根部转运酶被激活（Sinclair et al.，2018）。相反，NO_3^- 吸收则以信号转导来激活酶，增强其吸收（Zhang and Forde，1998；Tischner，2000）。离子转运蛋白必然被磷酸化，消耗能量，增强根系呼吸作用（Sun et al.，2014；Parker and Newstead，2014）。植物离子运输消耗大量根系呼吸作用（第 5 章）的能量以吸收植物必需养分，与 C（能量）、N（酶合成）和 P（磷酸化）的生物地球化学循环相关。

植物根细胞嵌于膜表面的转运蛋白在其酶活性达到饱和前，其养分吸收率随土壤溶液养分浓度提高而增强。Chapin 和 Oechel（1983）发现寒冷栖息地北极莎草（*Carex aquatilis*）种群比温暖栖息地莎草种群具有更高的 P 吸收速率，这可能是莎草对寒冷土壤 P 低生物有效性的适应（图 6.1）。基于类似比较研究，根系生理学家将"专性吸收速率"（specific absorption rate，SAR）定义为在单位时间内单位质量根系从土壤吸收养分的速率。

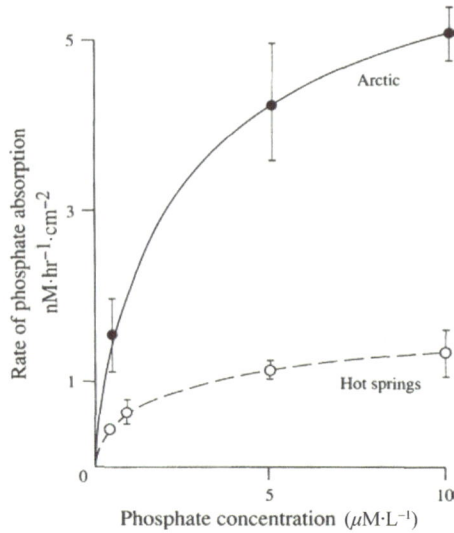

图 6.1　寒冷（北极）和温暖栖息地（温泉）生长的莎草（*Carex aquatilis*）种群的单位根表面积磷酸根吸收速率（5℃测定）

来源　Chapin（1974），美国生态学学会授权使用

图中文字　Rate of phosphate absorption：磷酸根吸收速率；Phosphate concentration：磷酸根浓度；Arctic：北极；Hot springs：温泉

　　土壤溶液养分以带正电荷离子为主，远大于带负电荷离子，随着养分吸收，在植物根系细胞膜内外产生电荷的不平衡。当土壤溶液阳离子（如 K⁺）吸收量超过阴离子时，植物会释放 H⁺以维持其内部电荷平衡（Maathuis and Sanders，1994）。进入土壤溶液的 H⁺进一步置换阳离子交换位点的 K⁺进入土壤溶液。高 N 水平植物组织将决定以什么 N 形态来主导吸收过程（表 6.2）。Oaks（1992）揭示了以 NH_4^+ 形态为 N 源的植物根际酸化现象（图 6.2）。吸收 NO_3^- 则相反，植物释放 HCO_3^- 和有机阴离子来平衡电荷（Nye，1981；Hedley et al.，1982a；Schöttelndreier and Falkengren-Grerup，1999）。根际 pH 变化影响土壤 P 的溶解性和生物有效性（图 4.10）。

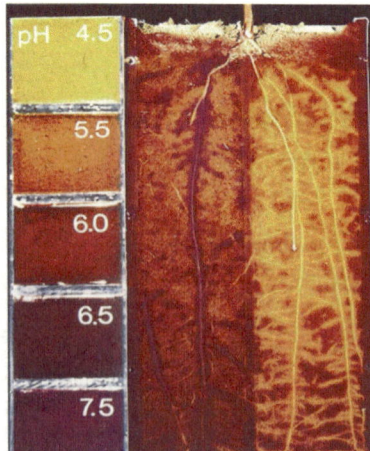

图 6.2　施用 NO_3^--N（左）和 NH_4^+-N（右）对植物根际土壤 pH 的影响（染料颜色与酸度相关）

来源　Oaks（1994）

表 6.2　多年生黑麦草的化学组成与离子平衡

	N	P	S	Cl	K	Na	Mg	Ca
叶组织百分比（%）	4.00	0.40	0.30	0.20	2.50	0.20	0.25	1.00
质量相当（g）	14.00	30.98	16.03	35.46	39.10	22.99	12.16	20.04
产生电荷数（mEq）	285.7	12.9	18.7	5.6	63.9	8.8	20.6	49.9
电荷总数（mEq）	±285.7	-37.2			+143.1			
电荷不平衡百分比（%）								

注：（1）吸收 NH_4^+-N 时：285.7+143.1-37.2=+391.6
（2）吸收 NO_3^--N 时：143.1-285.7-37.2=-179.8
来源：Middleton 和 Smith（1979），Springer 授权使用。

　　通常 N 和 P 吸收极快且土壤溶液 N 和 P 浓度很低，使得根际土壤溶液 N 和 P 呈极度缺乏状态，因此植物 N 和 P 吸收速率取决于其从非根际土壤向根的扩散作用（Nye，1977）。多数土壤中 P 迁移性很弱，其扩散速率极大地限制了对植物根系的 P 供应（Robinson，1986；Santner et al.，2012）。虽然一些植物具有提高养分吸收效率的适应机制（Pennel et al.，1990），但多数植物应对土壤养分低浓度响应是通过增加根冠比（或地下部分和地上部分比值），得以增加根系的土壤接触容量和减小养分扩散距离（Clarkson and Hanson，1980；Robinson，1994；Aerts and Chapin，2000；Ma et al.，2018）。多数植物种群根的相对生长速率取决于其 N 和 P 的吸收量（图 6.3；Newman and Andrews，1973）。在低 P 土壤中，植物根生长得以加强（Bates and Lynch，1996；Ma et al.，2001）；在养分丰富区域，根则快速增生（Jackson et al.，1990；Black et al.，1994；Muller et al.，2017）。当森林施用氮肥时，多数 N 被分配到地上部 NPP，用于根生长的 N 量较低（Li et al.，2019c）。

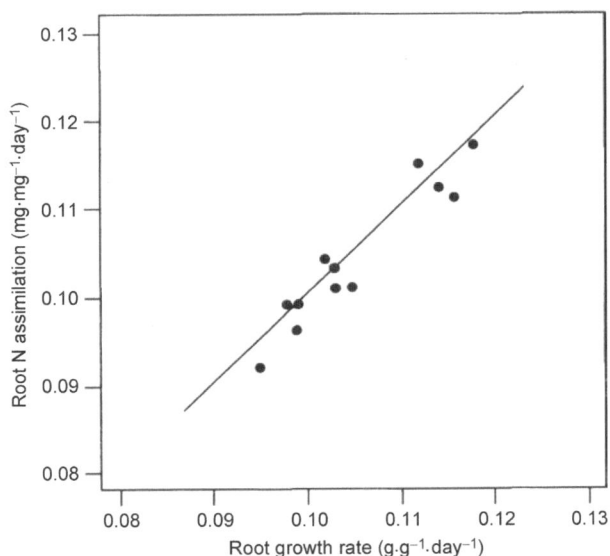

图 6.3　烟草根相对生长速率与 N 吸收速率关系
来源　Raper 等（1978），芝加哥大学出版社授权使用
图中文字　Root N assimilation：根 N 同化速率；Root growth rate：根生长速率

与植物根密切相关的土壤微生物改造土壤物理和化学性质形成根际。当根与土壤分离时，根际由根和黏附在根表的土壤组成，其化学性质和功能与周边的非根际土壤显著不同（Jones et al.，2004）。根际化学性质受植物根系调控，以减少养分胁迫（Castrillo et al.，2017）。第 4 章已提及植物根系分泌有机酸进入土壤以促进土壤矿物 P 的释放。植物根系和土壤微生物均能分泌酶进入土壤，从酯类碳相结合有机磷化合物（C–O–P）中获得无机磷。来自植物根系和相关微生物群落的胞外酶被称为磷酸酶，在酸性和碱性土壤中具有不同的结构（Malcolm，1983；Dinkelaker and Marschner，1992；Duff et al.，1994）。多数情况下根磷酸酶活性与土壤有效磷含量成反比（Fox and Comerford，1992；Treseder and Vitousek，2001），尤其在潮湿的热带低 P 土壤中（图 6.4；Kitayama，2013）。对于高度缺 P 的北半球苔原和寒带森林植物物种，磷酸酶活性提供了其年需 P 量的 75%（Kroehler and Linkins，1991；Firsching and Claassen，1996）。在生态系统发育过程中，土壤有机质储量增加常相应地伴随着磷酸酶活性增强，如火灾后桉树（*Eucalyptus*）种植园的复育（Polglase et al.，1992）。土壤实验性添加 N 研究发现，在高 N 处理下土壤磷酸酶活性增强，提高 P 吸收供植物生长（Marklein and Houlton，2012；Godin et al.，2015；Deng et al.，2017）。

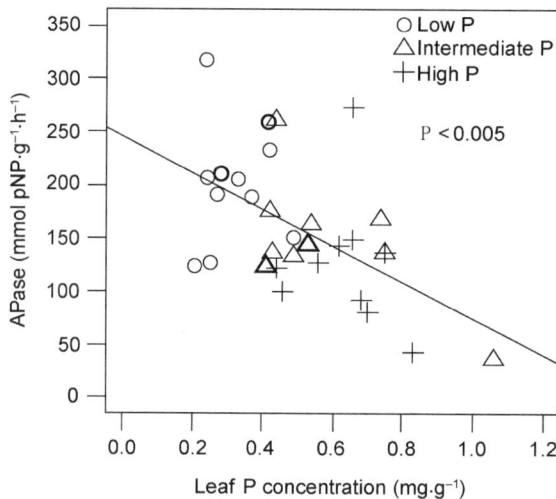

图 6.4 热带婆罗洲高低土壤养分站位根磷酸酶活性与林冠叶 P 含量的关系
来源 Ushio 等（2015）
图中文字 APase：磷酸酶活性；Leaf P concentration：叶磷含量；Low P：低磷水平土壤；Intermediate P：中等磷水平土壤；High P：高磷水平土壤

6.2.2 菌根真菌

大多数高等植物受益于与土壤菌根真菌共生[①]（Allen，1992）。这一共生关系对植物营养非常重要，甚至决定了陆地植物起源（Simon et al.，1993；Courty et al.，2010）。菌根共生体中真菌定植于植物根部，如果定植于根细胞外则为外生菌根真菌（ECM），而定植于根细胞内则为丛枝菌根真菌（AM）。外生菌根真菌在定植活细根周围形成鞘

[①] 菌根真菌（mycorrhiza）源自希腊语 "mykes"（"真菌"）和 "rhiza"（"根"）。

（sheath），其余菌丝向周边土壤延伸①，而丛枝菌根真菌菌丝则穿透根细胞进入周边土壤。与根和土壤微生物相似，外生菌根真菌能产生各种胞外酶，但丛枝菌根真菌分泌的酶相对有限。

　　菌根真菌菌丝体凭借其巨大表面积、酶活性和高效吸收能力极大地拓展了植物根系获取土壤养分的能力。菌根真菌将土壤养分输送给植物根系以换取来自根分泌物和脱落细胞等有机碳供应。有证据表明，粗根植物对菌根真菌的依赖性高于细根植物，以吸收更大范围的土壤养分（Ma et al.，2018）。和植物细根一样，菌根真菌利用局地养分增殖（Chen et al.，2018b）。

　　外生菌根真菌通过分泌胞外酶（如纤维素酶和磷酸酶）直接参与土壤有机质分解（Antibus et al.，1981；Dodd et al.，1987；Hodge et al.，2001），并通过释放有机酸参与土壤矿物风化（Bolan et al.，1984；Illmer et al.，1995；van Breemen et al.，2000；Blum et al.，2002；van Scholl et al.，2008；详见第 4 章）。部分过程与植物根系有关，菌根增强了根际相关机制，促进了植物养分吸收的总体速率（Bolan，1991）。作为回报，菌根真菌获得宿主植物的碳水化合物供给。

　　植物在养分缺乏时通常生长缓慢，即使光合作用仍保持相对较高的速率（Chapin，1980），从而使植物组织中水溶性有机碳浓度增高。Marx 等（1977）研究发现火炬松（*Pinus taeda*）根组织高浓度碳水化合物能刺激菌根真菌侵染（图 6.5）。高 CO_2 浓度下生长的植物也向细根组织分配更多碳水化合物，并支持菌根发育和活性（DeLucia et al.，1997；Treseder，2004；Pritchard et al.，2008a；Phillips et al.，2011a）。因此，植物内部碳水

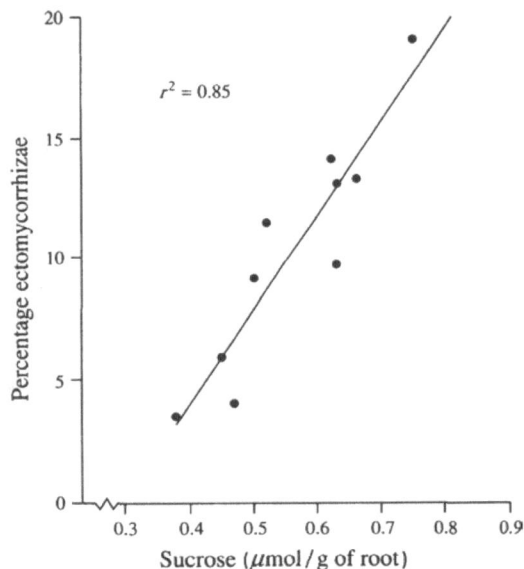

图 6.5　火炬松（*Pinus taeda*）外生菌根真菌侵染率与根蔗糖含量的关系
来源　Marx 等（1977）
图中文字　Percentage ectomycorrhizae：外生菌根百分比；Sucrose：蔗糖；root：根

---

① 松露（truffle）是外生菌根真菌的子实体，释放一种类似猪性激素的挥发性化合物，所以常用猪来寻找松露（Claus et al.，1981）。

化合物向根系分配可促进菌根真菌的养分吸收，以缓解植物的养分缺乏（Bücking and Shachar-Hill，2005；Ryan et al.，2012）。有研究揭示了植物-菌根真菌共生体的遗传发育机制和菌根内转运蛋白分子结构，促使磷向植物根转运（Harrison and van Buuren，1995；Bucher，2007）。

贫瘠土壤地区的菌根重要性众所周知。众多针叶树种具有外生菌根，是松树在养分贫瘠土壤得以存活的重要原因，尤其在北半球北方寒带森林（Steidinger et al.，2019；Averill et al.，2019）。同样，菌根真菌广泛侵染澳大利亚低磷贫瘠土壤上生长的桉属（*Eucalyptus*）各树种，真菌孢子通过有袋动物传播（Johnson，1995；Weirich et al.，2018）。Berline 等（1986）报道了以色列玄武岩（basaltic）发育土壤因无菌根真菌侵染无法种植灰白岩蔷薇（*Cistus incanus*）灌丛。同一品种在附近石灰性土壤或玄武岩发育土壤经施肥生长良好。

多数热带乔木都需要与丛枝菌根真菌共生才能正常生长（Janos，1980；Steidinger et al.，2019）。菌根真菌在供应土壤难扩散养分（如 P）时尤为重要。Treseder 和 Vitousek（2001）发现夏威夷缺 P 土壤的菌根侵染率越高，胞外磷酸酶分泌越多，植物 P 吸收量就越大。

大量研究表明菌根对 P 营养的重要性（Koide，1991）。同时，菌根对 N 和其他养分的吸收也重要（Bowen and Smith，1981；Ames et al.，1983；Govindarajulu et al.，2005）。外生菌根从土壤有机质中获取氮，而丛枝菌根贡献了北极苔原 61%～68%的氮吸收量（Hobbie and Hobbie，2006），这或许是全球比例（Shi et al.，2016b）。外生菌根在获取有机质的氨基酸时特别有效，而丛枝菌根则输送 NH_4^+ 和 NO_3^- 供植物吸收（Hodge and Storer，2015；图 6.6）。

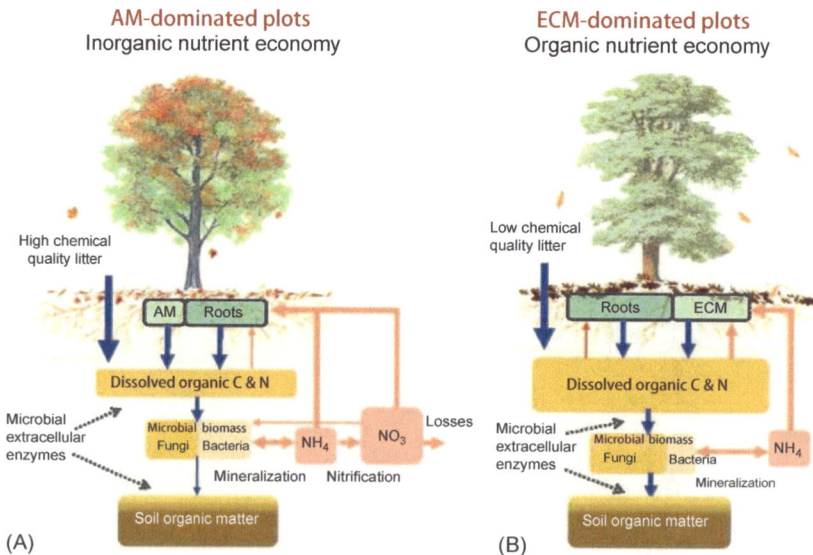

图 6.6　丛枝菌根真菌（arbuscular mycorrhizae，AM）（A）和外生菌根真菌（ectotrophic mycorrhizae，ECM）（B）侵染森林群落及其氮形态循环的主要异同
来源　Philips 等（2013）
图中文字　AM-dominated plots：丛枝菌根主导试验小区；ECM-dominated plots：外生菌根主导试验小区；Inorganic nutrient economy：无机养分体系；Organic nutrient economy：有机养分体系；High chemical quality litter：高化学质量凋落物；Low chemical quality litter：低化学质量凋落物；Roots：根（系）；Dissolved organic C & N：水溶性有机碳和氮；Microbial extracellular enzynes：微生物胞外酶；Microbial biomass：微生物生物量；Fungi：真菌；Bacteria：细菌；Mineralization：矿化作用；Nitrification：硝化作用；Losses：损失；Soil organic matter：土壤有机质

菌根共生植物一般叶片各养分水平较高，植物常呈较高养分吸收量并促进更高的生长速率（Schultz et al.，1979）。菌根真菌使用了部分宿主植物光合作用固定碳，分流了部分本可用于植物生长的 NPP（Rygiewicz and Anderson，1994）。总体而言，低 P 土壤的 P 供应成本更高（Faven et al.，2018）。共生真菌成本是显著的，但往往被施肥试验所低估，即施肥时植物生长速率增加而菌根真菌侵染率下降（如 Blaise and Garbaye，1983；Treseder，2004；Teste and Laliberté，2019；Ven et al.，2019）。纵观各物种，菌根消耗的碳分配使其 NPP 下降约 15%（Hobbie，2006；另见表 5.1）。

6.2.3　氮同化作用

在不同生境，以 NH_4^+ 或 NO_3^- 为土壤氮的有效态极大地受环境条件影响，影响 NH_4^+ 向 NO_3^- 转化的微生物过程，即硝化作用［nitrification；式（2.16）和式（2.17）］。例如，淹水土壤氮几乎都以 NH_4^+-N 存在（Barsdate and Alexander，1975），而一些沙漠和森林土壤矿化的 NH_4^+-N 几乎都转化为 NO_3^--N（Virginia and Jarrell，1983；Nadelhoffer et al.，1984）。许多植物物种偏好 NO_3^--N，尽管在硝化速率很低或受抑制生境中这些物种通常能利用 NH_4^+-N 茁壮生长（Haynes and Goh，1978；Adams and Attiwill；1982；Falkengren-Grerup；1995；Wang and Macko，2011）。

多数土壤存在由蛋白质分解而来的氨基酸（Yu et al.，2002；Hofmockel et al.，2010），是大多数生境中植物的氮源，包括苔原（Kielland，1994；Schimel and Chapin，1996；Nordin et al.，2004）、寒带和温带（Nasholm et al. 1998；Finzi and Berthrong，2005）及沙漠（Jin and Evans，2010）生态系统。同位素（Nasholm et al.，1998）和纳米尺度（"量子点"；Whiteside et al.，2009）标记氨基酸研究已证明植物可直接吸收氨基酸。一般来说，土壤无机氮有效性很低时，植物的氨基酸直接吸收量最多（Finzi and Berthrong，2005）。英国一草原生态系统多数植物物种对无机氮吸收偏好远高于氨基酸（Harrison et al.，2007）。

NO_3^- 和 NH_4^+ 一旦进入植物体内，均被转化成氨基（$-NH_2$）与水溶态有机物结合。多数木本植物体内这一转化主要发生在根部，以酰胺、氨基酸、酰脲等有机化合物经木质部蒸腾流转运至地上部分（Andrews，1986；Tischner，2000）。然而，有些植物物种木质部存在 NO_3^-，输送到叶组织被还原为氨基（$-NH_2$）（Smirnoff et al.，1984）。最后，多数植物氮被同化到蛋白质中，多余的氮则以精氨酸储存（Llácer et al.，2008）。

NO_3^- 转化为氨基（$-NH_2$）是需消耗代谢能量的生化还原反应，由硝酸还原酶（nitrate reductase）催化转化。为什么大多数植物并不偏好更容易同化的 NH_4^+-N？有以下几种解释。NH_4^+ 与土壤阳离子交换位点结合，而 NO_3^- 在多数土壤中是迁移性最强的离子。因此，相当条件下，经扩散或溶质流向植物根系迁移的 NO_3^- 速率要远高于 NH_4^+（Raven et al.，1992）。利用 NH_4^+ 的植物需消耗更多能量促进根系生长，弥补两者扩散速率的差距（Gijsman，1990；Oaks，1992；Bloom et al.，1993）。吸收 NO_3^- 也可避免 NH_4^+ 和其他正电荷养分离子对根表转运蛋白的竞争。例如，土壤溶液高浓度 K^+ 会减少 NH_4^+ 吸收（Haynes and Goh，1978）。最后，较低浓度 NH_4^+ 对植物组织存在潜在的毒性。上述吸收 NH_4^+-N 潜在不利因素可解释为什么多数植物偏好吸收 NO_3^--N，即使热动力学计算表明还原 NO_3^- 需消耗比直接同化 NH_4^+ 或氨基酸更多的代谢能（Middleton and Smith，1979；

Gutschick，1981；Bloom et al.，1992；Zerihun et al.，1998）。

　　尚不清楚为什么多数木本植物根部存在大量硝酸还原酶，相同反应也可以在其叶组织中进行，并可以与其光合作用耦合，从而减少能量消耗（Guschick，1981；Andrews，1986）。向土壤添加 NO_3^- 通常会诱导根系吸收 NO_3^- 的酶合成，从而导致植物组织中合成更多的硝酸还原酶（Lee and Stewart，1978；Hoff et al.，1992；Oaks，1994；Tischner，2000）。有证据表明当 NO_3^- 水平较高时，植物地上部硝酸还原酶数量增加（Andrews，1986）。在高 CO_2 浓度环境，植物生长的光合速率和 NO_3^- 吸收均会增加，但这一响应不具普遍性（Bassirirad，2000）。

6.2.4　固氮作用

　　几类细菌具有固氮酶（nitrogenase），在细胞内局部厌氧条件下将大气 N_2 转化为 NH_3 ［详见式（2.9）］。部分固氮细菌以游离态（asymbiotic）生活在土壤中，但其他则与高等植物根形成共生关系（symbiotic），如根瘤菌（*Rhzobium*）和富兰克氏菌（*Frankia*）。共生固氮菌生长在根瘤中，在田间很容易识别（图 6.7）。豆科（Leguminosae）植物是广为人知的共生固氮植物（Bryan et al. 1996），其他科植物也能共生固氮（Santi et al.，2013）。

　　能进行非共生固氮的游离异养细菌常见于有机土壤或高有机质含量局部区域，可为固氮过程提供即时能量（Granhall，1981；Billings et al.，2003）。富含有机物环境可为固氮酶提供胞内厌氧环境（Marchal and Vanderleyden，2000）。例如，腐烂的倒木中常发生固氮作用（Roskoski，1980；Silvester et al.，1982；Griffiths et al.，1993），可能与厌氧纤维素分解细菌有关（Leschine et al.，1988）。

图 6.7　以色列固氮灌木绒毛金雀花（*Calicotome villosa*）根瘤簇
来源　Ramat Yishay 农业研究组织火山中心 Guy Dovrat 提供

　　通过固定大气 N_2 进入陆地生态系统的氮被认为是来自生态系统外的"新"输入（Cleveland et al.，2011）。将 N_2 还原成 NH_3 需消耗大量由呼吸作用产生的代谢能。Gutschick（1981）认为高等植物共生固氮的能耗（效能）并不比以根部硝酸还原酶吸收 NO_3^- 途径的植物低多少。仅有少数陆生植物支持共生固氮，即便 NPP 氮限制十分普遍，共生固氮途径为什么未能在植物界广泛存在（Vitousek and Howarth，1991；Crews，1999）？全球尺度下植物"花费"约 2.5%的 NPP 用于固氮（Gutschick，1981）。

　　固氮作用的能量需求将该生物地球化学过程与 NPP 提供有机碳有效性关联起来。具有共生固氮作用的植物，其固氮速率与寄主植物光合速率和生长效率直接相关（Bormann and Gorden，1984）。高 CO_2 浓度可刺激不同种类植物幼苗的固氮作用（Tissue et al.，1997；Millett et al.，2012；Nasto et al.，2019），但尚不清楚这一效应是否在长期田间试验下持续（Huangate et al.，2014）。

　　固氮作用也常见于由其他生物提供丰富有机质的各类局部微生境中，如沙漠草本植物根区（Herman et al.，1993）、白蚁肠道（Breznak et al.，1973；Yamada et al.，2006；Hongoh et al.，2008）、菠萝果实内部（Tapia-Hernández，2000）、寒带森林林下羽苔层（DeLuca et al.，2002）和热带雨林切叶蚁的真菌共生巢穴（Pinto-Tomas，2009）等。一些针叶树种针叶（内生）内也具有固氮作用（Moyes et al.，2016）。在这些栖息地或局域研究固氮作用需借助分子生物技术，应用固氮酶编码基因（*nifH*）来确定（Widmer et al.，1999；Reed et al.，2010）。

　　共生固氮作用和非共生固氮作用一般均受高浓度有效氮抑制（Dynarski and Houlton，2018）。多数情况下，生物固氮速率受土壤 N/P 比调控（Chapin et al.，1991；Smith，1992b；图 6.8），添加 P 可刺激共生固氮作用，尤其在温暖的温带和热带森林（Augusto et al.，2013；Ament et al.，2018）。P 可激活细菌固氮酶基因表达（Stock et al.，1990），表明 N、P 全球耦合循环具有分子生物学基础。固氮酶不可或缺的铁（Fe）和钼（Mo）结构组成使得生物固氮与自然生态系统这些元素的生物有效性关联起来[1]（O'Hara et al.，1988；

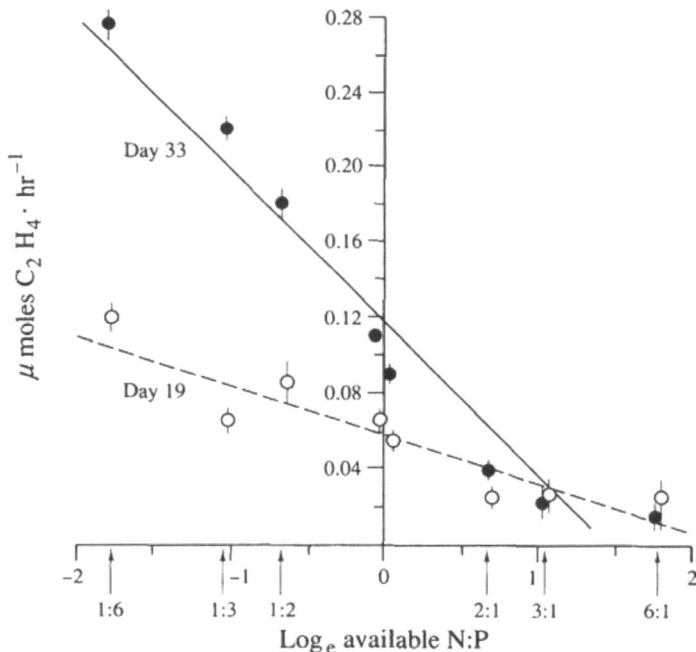

图 6.8　非共生固氮细菌固氮活性（以乙炔还原活性表征）与土壤 N/P 值关系
来源　Eisele 等（1989），Springer 出版社授权使用
图中文字　Available N：P：有效 N/P 比，Day 19 and Day33：接种后第 19 天和第 33 天

[1] 蓝细菌固氮酶的钼可由钒替代（Bellenger et al.，2014；Zhang et al.，2016），尤其在钼通常受限的寒带森林土壤（Darnajourx et al.，2019）。

Kim and Rees,1994)。许多森林土壤非共生固氮作用受低钼生物有效性的限制（Silvester，1989；Barron et al.，2009），而低 P 限制热带森林的固氮（Dynarski and Houlton，2018；Batterman et al.，2013a）。

固氮植物往往在其根际具有高水平的磷酸酶活性（Houlton et al.，2008），一些具有共生固氮细菌的植物通过酸化根际土壤来提高 Fe 和 P 有效性（Ae et al.，1990；Raven et al.，1990；Gillespie and Pope，1990）。豆科植物存在多种途径，使其在低 P 土壤生长时保障 P 的吸收及在体内滞留（He et al.，2011；Nasto et al.，2014）。固氮红桤木（*Alnus rubra*）通过增强土壤矿物质（尤其是 Ca 和 P）风化和吸收，以维持适宜的养分化学计量平衡（Perakis and Pett-Ridge，2019）。在冰川后退暴露的"新"土壤中有效 P 限制了其固氮量（Darcy et al.，2018）。

Rose 和 Youngberg（1981）通过在缺氮土壤上种植绒叶美洲茶（*Ceanothus velutinus*）比较了有无菌根和共生固氮处理下 C、N、P 等生物化学关联（表 6.3）。两种共生关系共存时，植物生长速率最快，并且根冠比下降。固氮促进菌根真菌的 P 吸收，可能菌根共生为固氮提供了 P，表明高等植物营养元素间存在强烈的相互作用。

表 6.3　菌根真菌和固氮根瘤菌对绒叶美洲茶生长及固氮量的影响

	对照	菌根真菌共生	固氮根瘤菌共生	菌根真菌和固氮根瘤菌共生
茎干重均值（mg）	72.8	84.4	392.9	1028.8
根干重均值（mg）	166.4	183.4	285.0	904.4
根/茎值	2.29	2.17	0.73	0.88
每株根瘤数	0	0	3	5
根瘤干重均值（mg）	0	0	10.5	44.6
乙炔还原活性（mg·根瘤$^{-1}$·h^{-1}）	0	0	27.85	40.46
菌根真菌侵染百分数（%）	0	45	0	80
营养元素浓度（地上部，%）				
N	0.32	0.30	1.24	1.31
P	0.08	0.07	0.25	0.25
Ca			1.07	1.15

来源：Rose 和 Youngberg（1981），NRC Research Press 授权使用。

植物组织氮同位素比（即 $\delta^{15}N$）与第 5 章碳同位素比计算（Robinson，2001）一致。大气含有 99.63% 的 ^{14}N 和 0.37% 的 ^{15}N，是氮同位素比标准。固氮酶对氮同位素（$^{15}N_2$ 和 $^{14}N_2$）的选择性仅有微小区别（Handley and Raven，1992；Hogberg，1997），因此，通过比较同一土壤上生长的植物氮同位素比可辨别哪些植物参与了固氮作用（Virginia and Delwiche，1982；Yoneyama et al.，1993）。固氮植物 $\delta^{15}N$ 值一般呈微小的负值或与大气比值（$\delta^{15}N = 0$）相当，而非固氮植物受土壤氮转化过程的影响，其 $\delta^{15}N$ 值波动范围大且多为正值（Garten and Van Miegroet，1994；Hogberg，1997；图 6.9）。

Shearer 等（1983）根据实验室不加氮（即所有氮均来自固氮）和正常田间条件下生长的牧豆树属（*Prosopis*）植物 $\delta^{15}N$ 差异，推算出田间种植该植物有 43%～61% 的氮来自于生物固氮。当然，一旦固氮植物死亡，所固定的氮会提供给生态系统其他植物利用（Huss-Danell，1986；van Kessel et al.，1994）。Lajtha 和 Schelesinger（1986）发现，

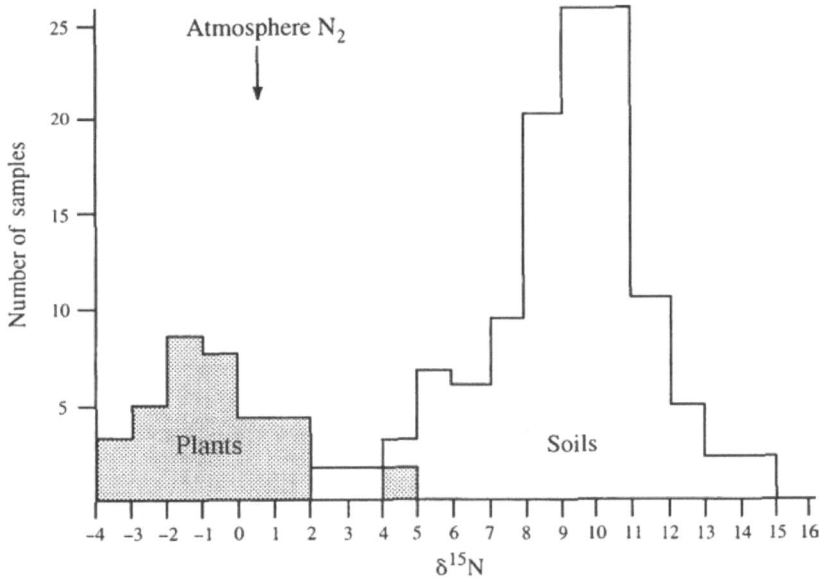

图 6.9　全美 34 种固氮植物的组织和 124 种土壤 $\delta^{15}N$ 值分布频数
来源　根据 Shearer 和 Kohl（1988，1999）的数据绘制
图中文字　Number of samples：样本数；Plants：植物；Soils：土壤；Atmosphere N₂：大气中的 N₂

与牧豆树混生的沙漠灌丛藜藜属（*Larrea*）植物 $\delta^{15}N$ 值比其单独生长时要低。在美国阿拉斯加冰川后退土壤上植被发育过程中，生物有效态氮首先来自于固氮，随着土壤氮储量积累得以在内部循环（Malone et al.，2018）。

应用乙炔还原法测定固氮酶活性，是因为固氮酶在实验室条件下能同时将乙炔还原为乙烯。将植物或根瘤放置于一密闭箱内或将密闭箱罩在田间小区上，在一定时间内将注射入密闭箱的乙炔转化为乙烯，可用气相色谱进行分析。乙烯生成量（以摩尔为单位）并不完全等同于 N₂ 固定的潜在速率，因为固氮酶对 N₂ 和 C₂H₂ 具有不同的亲和力。然而，可以应用其他方法来精确测定其转化率（Schwintzer and Tjepkema，1994；Liengen，1999）。例如，将 $^{15}N_2$ 注入密闭箱，以土壤或实验植物的 ^{15}N 有机化合物增量来表征实际固氮强度（Chalk et al.，2017）。

异养固氮细菌和蓝细菌（蓝绿藻）分布广泛，其固氮作用是部分陆地生态系统重要的氮源（Reed et al.，2011）。一些沙漠生态系统土壤蓝细菌结皮（cyanobacterial crust）具有异常高的固氮速率（Rychert et al.，1978），但多数情况下非共生固氮作用每年约提供 $1\sim5$ kg N·hm^{-2}（Boring et al.，1988；Cushon and Feller，1989；Son，2001；Cleveland et al.，2010）。非共生固氮量通常低于年度大气干湿沉降氮量（Schwintzer and Tjepkema，1994；Staccone et al.，2020）。

共生固氮对陆地生态系统的重要性取决于固氮细菌宿主植物种群（Reed et al.，2011）。牧场通常种植三叶草，其固氮量一般为每年 $100\sim200$ kg N·hm^{-2}·yr^{-1}（Bolan et al.，2004）。自然生态系统的最大固氮速率常发现于外来植物入侵的受干扰区域，其充足光照促进最大的光合作用（Vitousek and Howarth，1991；Batterman et al.，2013b）。例如，在火灾后的北美黄杉（Douglas fir）恢复林，Youngberg 和 Wollum（1976）发现根瘤灌木绒叶美洲茶在局部区域年固氮量最高达 100 kg N·hm^{-2}·yr^{-1}。入侵夏威夷并生长于新鲜火山灰土壤的外来固氮植物火树杨梅（*Myrica fay*）则提供了重要的 N 输入（约为 18 kg N·hm^{-2}·yr^{-1}）（Vitousek et al.，1987）。多数情况下随着成熟植被的恢复，共生固氮植物重要性逐渐下降，在未受干扰原始植被种群中共生固氮植物种群分布有限（Taylor et al.，2019）。基于此，豆科植物在热带森林中广泛分布，但在高纬度地区却很少分布，这一现象值得进一步研究（Menge et al.，2017）。陆地生态系统中共生固氮植物零星分布，使得区域研究结果难以估算其全球重要性。全球自然生态系统每年生物固氮（共生+非共生）总量为 $60 \times 10^{12} \sim 100 \times 10^{12}$ g N·yr^{-1}，约占陆地植物年需氮量的 10%（Davies-Barnard and Friedlingstein，2020；第 12 章）。

6.2.5　养分平衡

除了充足养分供给外，相对于植物组织生物化学组成比例化学计量平衡，植物生长还受土壤养分平衡的影响。Igestad（1979b）发现 N/P/K/Ca+Mg/S 为 100/15/50/5/10 的营养液是部分树种树苗实现最大生长的理想比例。根据近万种植物叶片 N 和 P 含量关系可用 2/3 次幂方程描述，其平均质量比为 10.9[①]（Reich et al.，2010，参见 Kerkhoff et al.，2005）。尽管土壤养分有效性变异巨大，但大多数陆地植物叶片 N 和 P 质量比为 14~15（Gusewell，2004；McGroddy et al.，2004；Han，2005；Koerselman and Meuleman，1996），缺 N 时比值较小，而缺 P 时比值较大。细胞生物化学限制可见于中国森林植物化学计量的地理分布格局（Zhang et al.，2018c）。

6.3　陆地植被的养分归趋与循环

6.3.1　年度养分系统内循环

植物吸收的土壤养分分配于新生组织。虽然短生长周期植物组织（叶和细根）仅占植物总生物量的一小部分，但能获得最大比列的年养分吸收量（Pregitzer et al.，2010）。英格兰落叶林的叶和根生长获得输送给新生组织 N 的 87%和 P 的 79%（Cole and Rapp，1981）。以美国科罗拉多州以格兰马草（*Bouteloua gracilis*）为主的多年生草原，新生地上组织获得 45%全年 N 吸收量（Clark，1977）。

当叶芽打开、新叶开始生长时，叶组织常含有高浓度的 N、P、K。随着叶片成熟，这些养分元素浓度通常降低（Van den Driessche，1974）。这一变化的部分原因是由于光合作用产物随时间不断累积和叶片增厚所致。单位面积叶生物量（mg·cm^{-2}）在生长期增加近 50%，随后随叶片衰老而下降（Smith et al.，1981）。N 和 P 浓度被叶组织碳水化合物和纤维素的积累稀释。相反，有些元素（如 Ca、Mg、Fe）则随叶龄而增加（van den Driessche，1974）。Ca 浓度随叶龄增加是由于叶片二次变厚引起的，包括细胞壁果胶酸钙沉积和液泡草酸钙增储。

尽管植物物种间存在差异，但成熟叶片养分浓度与光合速率（第 5 章）和植物生长（Tilton et al.，1978）相关，因此，叶分析常被作为局地土壤肥力的检测手段（van den

---

[①] 参见 Tian 等（2019）. A global database of paired leaf nitrogen and phosphorus concentrations of terrestrial plants. Ecology doi：10.1002/ecy.2812.

Driessche，1974；Ordonez et al.，2009）。全球尺度下，温带森林的高 NPP 与叶片 N 水平相关，热带则与叶片 P 水平有关（Símová et al.，2019）。叶片微量金属元素水平常反映其土壤含量，部分地区使用叶组织协助矿产勘探（Cannon，1960；Brooks，1973）。一些植物物种能"超累积"金属元素，尤其是生长在尾矿上的植物[①]（Reeves et al.，2018）。

Yin（1993）发现落叶林叶片中 N 和 P 水平具有系统性区域变化，即寒冷地区高于热带地区。寒冷地区叶高浓度养分可促进更高的光合速率和植物生长速率，以适应较短的年生长期（Mooney and Billings，1961；Köner，1989；Reich and Oleksyn 2004）。

除非养分供应水平非常低，植物通常不会出现养分缺乏症，只是生长比较慢（Clarkson and Hanson，1980）。缓慢生长是适应贫瘠生境的固有特征，即使通过实验性地添加养分也不会改变这些物种的缓慢生长特征（Chapin et al.，1986a）。添加特定养分可引起植物组织其他养分浓度的显著变化。给缺 N 的植物施用氮肥刺激光合作用，叶片其他养分浓度因新碳水化合物增量而被稀释（Fowells and Krause，1959；Timmer and Stone，1978；Jarrell and Beverly，1981）。某些情况下，植物从土壤吸收的 P 量无法满足 N 新有效性水平下的最大生长率所需。例如，Miller 等（1976）发现科西嘉松树（*Pinus nigra*）施加 N 后叶片 N 含量增加，但叶片 P、Ca、Mg 含量降低。在大气 N 高沉降地区，森林可能出现 Mg、Mn 或 P 缺乏（Schulze，1989；Gonzales and Yanai，2019）。其他情况下，植物 N 水平的改善也增加其他元素的吸收（表 6.3）。植物对多元素施肥的响应表明平衡养分对植物最大生长率的重要性。

当植物叶片完全展开时，单位面积叶养分含量发生变化表明养分在叶和茎间迁移。Woodwell（1974）发现橡树叶初夏时快速累积 N，可能作为光合酶组分。在整个生长期植物叶片 N、P 和 K 含量保持相对稳定的高水平，但是在秋季落叶前叶组织中这三种养分元素含量迅速降低。这一损失通常表明叶组织养分被主动回收，供植物来年使用（Killingbeck，1985），但再利用叶片 Ca 和 Mg 相对有限。Fife 和 Nambiar（1984）观测到辐射松（*Pinus radiata*）回用 N、P 和 K 等养分不仅与落叶有关，而且在同一生长期早期和后期组织间迁移。在缺 Zn 情况下，苹果树能从较老的组织转移 Zn 到生长中的新枝（Xie et al.，2019）。

植物叶养分水平也受降雨影响，雨水可淋失叶面养分（Tukey，1970；Parker，1983）。特别是，叶组织 K 含量的季节性变化可能表征了其降雨淋失，K 具有高水溶性，尤其富集于叶表细胞。随雨水淋失的养分元素通常如以下顺序：

$$K \gg P > N > Ca \tag{6.1}$$

落叶前叶片衰老通常增加其养分淋失率，因此，需要分清雨水淋失和植物主动回收对叶养分水平的变化。

养分淋失具有叶片类型差异。Luxmoore 等（1981）计算发现美国田纳西州一森林针叶林养分淋失量低于落叶阔叶林。叶片类型差异可能与叶养分水平、叶表面积/体积值、叶表纹理、叶龄等有关。热带潮湿地区森林，硬质阔叶表面光滑，可能是减少雨水与树叶接触时间来减少养分淋失的适应机制（Dean and Smith，1978）。潜在宿主树种间养分淋失量差异可能解释了其附生植物负荷（Benzing and Renfrow，1974；Awasthi et al.，

---

① 众所周知，巴西坚果（*Bertholletia excelsa*）可累积硒，可通过膳食预防有毒汞累积。

1995），多数附生植物缺 P（Wanek and Zotz，2011）。

穿透植被冠层的雨水称为透冠降水（throughfall），通常可在林下地表放置漏斗或水槽收集。透冠降水含有树叶表面淋失养分，对养分（如 K）循环极为重要（Parker，1983；Schaefer and Reiners，1989）。沿森林树干流下的雨水称为树干流（stemflow）（Levia and Frost，2003）。树干流养分含量很高，但通常到达林下地面的降水更多为透冠降水。树干流的重要意义在于将高浓度养分输送回植物根部土壤（Gersper and Holowaychuk，1971）。

养分淋失取决于森林种类和气候的季节性变化。温带落叶林最大养分淋失发生在夏季月份（Lindberg et al.，1986）。透冠降水的养分部分来自沉降于叶面的大气气溶胶（第 3 章）。实际上，Linderberg 和 Garten（1988）发现植被冠层淋失的 SO_4^{2-} 85%来自于叶面的大气干沉降，有研究应用透冠降水 SO_4^{2-} 含量来估算冠层大气干沉降量（Garten et al.，1988；Iven et al.，1990）。同样，大气污染物（如 Hg^+）沉降于叶面然后被淋失（Wright et al.，2016）。

然而，多数元素因有叶面淋失部分存在，难以根据透冠降水含量估算冠层叶面的干沉降（第 3 章）。某些情况下，植物叶片能吸收雨水养分，尤其水溶态 N（Carlisle et al.，1966；Garten and Hanson，1990；Lovett and Lindberg，1993）。各种含活性 N 气体（NH_3、NO_x 和硝酸过氧化乙酰）也可经叶面吸收（Gessler et al.，2000；Sparks et al.，2009）。当土壤 S 含量过低时，草原植物物种叶吸收含 S 气体更有效（Cliquet and Lemauviel-Lavenant，2019）。

6.3.2 凋落物

当植被生物量保持不变时，新生组织年产量与植物衰老和凋亡部分相平衡（第 5 章）。系统内循环的植物凋落物是养分（尤其 N 和 P）回归土壤的重要途径（图 6.10）。地下根凋亡也对于养分重回土壤具有显著贡献，但通常比较难测定（Cox et al.，1978；Vogt et al.，1983）。

凋落物养分含量因叶片衰老过程中养分再吸收，与成熟叶养分含量不同（Killingbeck，1996）。养分再吸收也发生在植物细根衰老过程（Freschet et al.，2010）以及树木从边材到芯材老化过程（Laclau et al.，2001）。养分再吸收是植被养分利用率第二个潜在方式（参阅第 5 章有关"光合作用过程养分利用率"的讨论）。再吸收的养分可用于未来 NPP，提高单位吸收养分的固碳量（Salifu and Timmer，2003）。

综合不同植物物种数据，Aert 等（1996）发现叶片衰老过程中平均再吸收约 50%的 N 和 52%的 P。Vergutz 等（2012）认为植物从叶片再吸收的 N 和 P 可能超过 60%[①]。然而，美国加利福尼亚灌木丛（表 6.4）、哈伯德溪森林（表 6.1）和草原生态系统（Woodmansee et al.，1978）的叶片 N 和 P 再吸收率较低。Lajtha（1978）发现因磷酸钙沉淀导致土壤 P 生物有效性极低的石灰岩土壤上生长的沙漠三齿拉瑞阿（*Larrea tridentata*）灌丛叶片磷再吸收率异常高，可达 72%～86%（图 4.10）。Delucia 和 Schlesinger（1995）观测到美国东南部 P 限制沼泽的翅萼树（*Cyrilla racemiflora*）叶片 P 再吸收率达到 94%。

[①] Vergutz 等（2012）指出叶片衰老过程 K 再吸收率平均达到 70%，但该值可能因叶衰老过程中 K 被淋失而偏大。例如，Likens 等（1994）也报道美国哈伯德溪森林落叶林叶片仅有 10%～32%的 K 再吸收率，而 Gray（1983）则认为没有再吸收（表 6.4；参见 Ostman and Weaver，1982）。

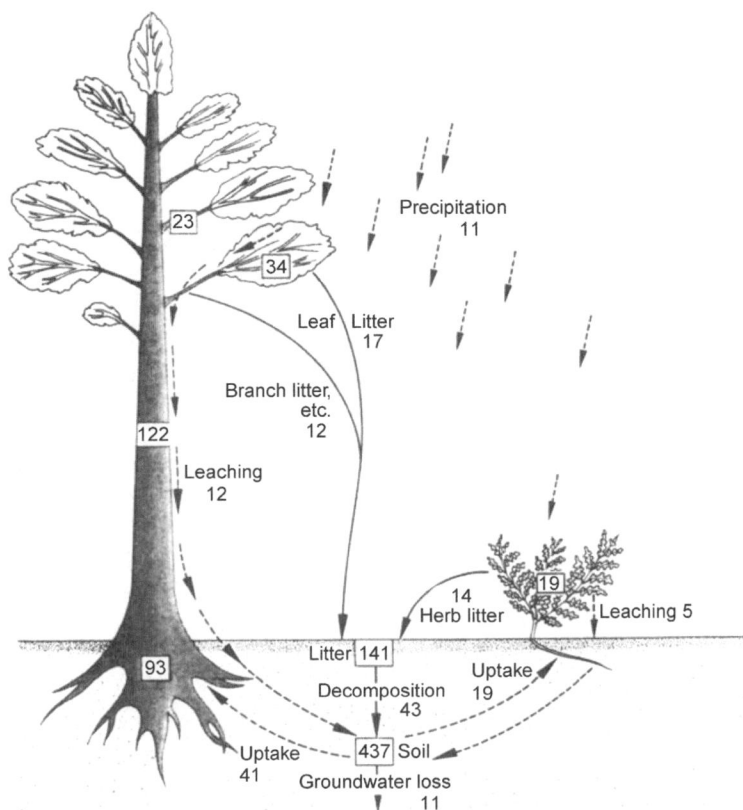

图 6.10 英国森林生态系统的 Ca 内循环。各库以 kg·hm^{-2} 为单位，年通量以 kg·hm^{-2}·yr^{-1} 为单位

来源 Wittaker R.H.，Communities and Ecosystem（1970），Prentice Hall 出版社（Upper Saddle River，New Jersey，USA）授权使用

图中文字 Precipitation：降水；Leaf：叶；Litter：凋落物；Branch litter：凋落枝条；Leaching：淋失；Herb litter：草本植物凋落物；Decomposition：分解作用；Uptake：吸收；Soil：土壤；Groundwater loss：地下水损失

表 6.4 美国加利福尼亚州圣巴巴拉 **22** 龄大果美洲茶（*Ceanothus megacarpus*）灌木丛养分循环

	生物量	N	P	K	Ca	Mg
大气输入（g·m^{-2}·yr^{-1}）						
沉降作用		0.15		0.06	0.19	0.10
固氮作用		0.11				
总输入		0.26		0.06	0.19	0.10
各组织库（g·m^{-2}）						
叶	553	8.20	0.38	2.07	4.50	0.98
木本组织	5929	32.60	2.43	13.93	28.99	3.20
再生组织	81	0.92	0.08	0.47	0.32	0.06
总活组织	6563	41.72	2.89	16.47	33.81	4.24
枯木	1142	6.28	0.46	2.68	5.58	0.61
地表凋落物	2027	20.50	0.60	4.70	26.10	6.70
年通量（g·m^{-2}·yr^{-1}）						
生长需求						
树叶	553	9.35	0.48	2.81	4.89	1.04

续表

	生物量	N	P	K	Ca	Mg
新嫩枝	120	1.18	0.06	0.62	0.71	0.11
木本组织增生	302	1.66	0.12	0.71	1.47	0.16
繁殖组织	81	0.92	0.08	0.47	0.32	0.07
总产量	1056	13.11	0.74	4.61	7.39	1.38
落叶前再吸收回用量		4.15	0.29	0	0	0
回归土壤量						
凋落物	727	6.65	0.32	2.10	8.01	1.41
枯枝	74	0.22	0.01	0.15	0.44	0.02
透冠降水		0.19	0	0.94	0.31	0.09
树干流		0.24	0	0.87	0.78	0.25
总回归量	801	7.30	0.33	4.06	9.54	1.77
吸收量（增量+回归量）		8.96	0.45	4.77	11.01	1.93
径流损失（$g \cdot m^{-2} \cdot yr^{-1}$）		0.03	0.01	0.06	0.09	0.06
转换量与通量对比						
叶生长需求量/总需求量（%）		71.3	64.9	61.0	66.2	75.4
叶凋落/总回归量（%）		91.1	97.0	51.7	84.0	79.7
吸收量/总活组织生物量（%）		21.4	15.6	29.0	32.6	45.5
回归量/吸收量（%）		81.4	73.3	85.1	86.6	91.7
再吸收回收量/需求量（%）		31.7	39.0	0	0	0
地表凋落物/凋落物量（yr）	2.8	3.1	1.9	1.2	3.3	4.8

来源：修改自 Gray（1983）和 Schlesinger 等（1982b）。

生长在养分有效性低或贫瘠土壤的植物成熟叶和凋落物养分含量通常较低，相对于在高养分有效性土壤生长的同一物种，一般在叶片衰老过程中再吸收少量养分但占衰老叶片养分的大部分（Chapin，1988；Killingbeck，1996；Kobe et al.，2005；Gerdol et al.，2019）。相反，施肥会减少植物的养分再吸收（Yuan and Chen，2015；Brant and Chen，2015）。然而，多数情况下植物根据土壤肥力调控叶片养分再吸收效率的能力较有限（Birk and Vitousek，1986；Chapin and Moilanen，1991）。桦树（*Betula pendula*）的高 N 再吸收效率具有遗传基础，其下土壤养分周转速率较慢（Mikola et al.，2018）。

观测法国各地树木发现养分再吸收率与其土壤肥力呈负相关（Achat et al.，2018）。在肥沃和贫瘠土壤生长植物间的养分再吸收效率差异不太可能是植物的直接响应，而是在贫瘠土壤上生长的优势植物种群所具有的高养分再吸收能力所决定的（Chapin，1986b；Schlesinger et al.，1989；Pastor et al.，1994）。根据澳大利亚土壤发育年度序列，具有最高 P 再吸收效率的植物物种分布于高度风化的古老土壤（Hayes et al.，2014）。热带森林植被 P 再吸收率与土壤肥力水平呈反函数（Silver，1994；Kitayama et al.，2000；Tsujii et al.，2017；图 6.11）。菌根真菌共生和体内磷保留机制使得热带树种能很好地适应广泛分布的贫 P 土壤地区（Cuevas and Medina，1986；Cleveland et al.，2011）。因此，全球格局为：热带物种具有较大 P 再吸收效率，寒带物种则有较大 N 再吸收效率（Reed et al.，2012；Gill and Finzi，2016）。

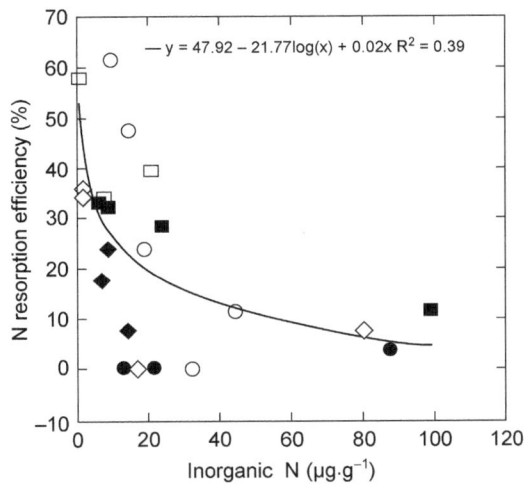

图 6.11　南美洲哥斯达黎加热带潮湿雨林 6 种冠层物种叶 N 再吸收效率和土壤可提取 N 的函数关系
来源　Reed 等（2012）
图中文字　N resorption efficiency（%）：氮再吸收效率（%）；Inorganic N：无机氮

6.3.3　系统内循环的养分质量平衡

陆地植被养分年度循环（即系统内循环；图 6.10）可采用质量平衡法研究。植物养分需求量等于其生长期新生组织的最高养分含量（表 6.1）。植物养分吸收量虽无法直接测定，但其吸收量必然相当于多年生组织（如木本枝干）年储存量加上凋落物损失量和淋失量，故有如下等式：

$$养分吸收量 = 养分储存量 + 回归土壤养分量 \tag{6.2}$$

养分吸收量小于植物养分年需求量是由于存在凋零前叶片和细根再吸收部分养分，即

$$养分年需求量 = 养分吸收量 + 再吸收养分量 \tag{6.3}$$

养分需求量是指达到质量平衡时的养分通量，而不是生物学需求量。实际上，这一方程可用植物非必需元素（如 Na 和 Si）来解答。根据质量平衡原理，美国田纳西州林地植被（11 年树龄）的 Ca 和 Mg 累积量与土壤可交换态 Ca 和 Mg 减少量直接相关（Johnson et al.，1998）。同样，Hooker 和 Compton（2003）发现摞荒农田上生长逾百年林地植被累积的 N 大部分来自于土壤 N 库，而非新输入。质量平衡研究也发现，岩石风化指标可溶态硅被陆地植被滞留和循环利用（Markewitz and Richter，1998；Conley，2002；Derry et al.，2005；Cornelis et al.，2010；Clymans et al.，2016；Turpault et al.，2018）。

应用质量平衡法分析美国加利福尼亚州一灌木林地上部内部养分储存和年养分转化（表 6.4），包括养分系统内循环多个方面。请注意，71% 的年度 N 需求量被分配到叶组织，枝干的分配比例很少。然而，短生命周期组织养分总储量小于 22 年树龄的木本组织养分总储存量，虽然其养分浓度低于叶组织。该生态系统大多数养分在木本组织的储存量每年增加 5% 左右。

这一群落树干流养分通量异常大，但年总淋失量较小（除 K 以外）。尽管 N 和 P 在落叶前大部分被再吸收，落叶仍是这些元素从地上植被回到土壤的主要途径。叶凋落前

Ca 主动输出到叶组织（即养分需求量＜养分吸收量）。该灌木林植被 Ca 年吸收量占总储存量的 16%～46%，但 73%～92%的年吸收量回归土壤。与多数研究一样，如能更好地估算地下部分转移量，部分估算值应作校正。

植被养分循环演变一般伴随着净初级生产力的树龄分配变化。受干扰林地恢复再生期间，叶面积快速增加，基于叶面积的养分迁移（即凋落和淋失）也迅速得以重建（Marks and Bormann，1972；Davidson et al.，2007）。Gholz 等（1985）发现美国佛罗里达松林生长过程经内循环（即叶组织养分再吸收）的年养分需求部分随时间增加。植物生物量的养分累积在幼林发育期最大，当地上部分生物量稳定后累积放缓（Pearson et al.，1987；Reiners，1992）。随着植被生物量和养分累积增加，植被养分周转比例下降。成熟林的叶生物量＜5%总生物量，其养分仅为植被总养分库的 5%～20%（Warning and Schlesinger，1985）。

Vitousek 等（1998）汇总了不同类型成熟林生物量（即碳）及其大量营养元素比例数据（表 6.5）。营养元素比例变化范围非常小，因此，全球植被元素储存格局与其生物量相似，即热带＞温带＞寒带林地（参见 Zhang et al.，2018c；表 5.3）。需指出的是，这些比值是基于植物总生物量计算的，叶组织养分浓度较高，其碳氮比（C/N）和碳磷比（C/P）相应较低。因此，随着植被发育成熟，逐渐以低养分含量的结构组织为主时，以植物总生物量为基础的养分元素比值增加（Reiners，1992）。

表 6.5　成熟林生物量及其元素累积量

森林群落	林地数量	总生物量（t·hm⁻²）	不同部位生物量的比例				质量比		
			树叶	树枝	树干	根部	C/N	C/P	N/P
北部/亚高山针叶林	12	233	4.5	10.2	62.8	22.6	143	1246	8.71
温带枯萎阔叶林	13	286	1.1	16.2	63.1	19.5	165	1384	8.40
大型温带针叶林	5	624	2.5	10.2	66.4	20.8	158	1345	8.53
温带常绿阔叶林	15	315	2.7	14.7	66.2	16.5	159	1383	8.73
热带/亚热带森林	13	494	1.9	21.8	59.8	16.4	161	1394	8.65
热带/亚热带林地和草原	13	107	3.6	19.1	60.4	16.9	147	1290	8.80

来源：Vitousek 等（1988），Springer 出版社授权使用。

6.3.4　养分利用率

植被系统内循环质量平衡使我们能够计算植被综合养分利用率，即单位养分吸收量的 NPP（Pastor and Bridgham，1999）。养分利用率受不同因素影响，需单独研究，包括单位叶养分的光合速率（第 5 章）、单位根生长量的养分吸收速率（图 6.3）、叶组织养分淋失和再吸收。综合上述因子的变化，美国佛罗里达州中部针叶林生长期单位土壤 N 和 P 吸收量的 NPP 分别增加 5 倍和 10 倍（Gholz et al.，1985）。

温带森林生态系统针叶林养分年循环量远低于落叶林，主要是由于针叶林较低的叶养分含量和叶周转率（Cole and Rapp，1981；Aerts，1996；Neumann et al.，2018）。部分针叶林树种的针叶可存活 8～10 年。此外，针叶林叶养分淋失较低（Parker，1983），而其单位叶 N 含量的光合速率较高（Reich，1995）。松树等外生菌根物种的衰老叶养分再吸收效率较高（Zhang et al.，2018a）。这些机制共同导致针叶林养分利用率高于落叶林（表 6.6）。针叶树种高养分利用率解释了针叶林在土壤养分贫瘠地区和低养分周转率的寒带地区分布的原因。显然，落叶松（*Larix* sp.）是寒带仅有的落叶树种之一，其叶养分再吸收率极高（Carlyle and Malcolm，1986）。

表 6.6　落叶林和针叶林养分利用率比较（单位养分吸收量的初级生产力，kg·hm^{-2}·yr^{-1}）

森林类型	单位养分吸收量初级生产力				
	N	P	K	Ca	Mg
落叶林	143	1859	216	130	915
针叶林	194	1519	354	217	1559

来源：Cole 和 Rapp（1981）。

多数针叶树种具有高养分利用率，使其在不同气候带土壤养分贫瘠地区与常绿阔叶林混生（Monk，1966；Beadle，1966；Goldberg，1982，1985；DeLucia and Schlesinger，1995）。Escudero 等（1992）认为叶生命周期是提高西班牙中部乔木和灌木养分吸收率的最重要因素（比较 Reich et al.，1992），因为落叶和常绿树种在叶凋亡期的养分再吸收率大致相似（del Arco，1991；Aert，1996；Eckstein et al.，1999）。气候变化导致的叶衰老和凋落物季节性变化可能改变植被养分利用率（Estiarte and Peñuelas，2015）。

植被生物地球化学循环中，叶和细根仅占植物总生物量养分含量的一小部分，但这些组织的生长、凋亡和更替很大程度上决定了植被养分年度系统内循环。针叶林和落叶林 NPP 与土壤 N 有效性呈正相关（Zak et al.，1989；Reich et al.，1997），但养分利用率差异使得这一相关性弱化。因此，光照和水分是全球 NPP 的决定性因素（图 5.13）。养分再吸收使凋落物养分含量较低，其分解速率较慢（Scott and Binkley，1997；Lovett et al.，2004；Hobbies，2015）。因此，养分系统内循环的正反馈是，养分利用率增加可能影响未来可供植物吸收的土壤养分有效性（Shaver and Melillo，1984；Mikola et al.，2018）。

由于植物吸收土壤养分和养分系统内循环，陆地植被分布表征了土壤养分分布（Zinke，1962；Waring et al.，2015）。一些养分被植物从土壤剖面深层主动吸收，然后沉积于土壤表层（Lawrence and Schlesinger，2001；Jobbágy and Jackson，2004）。这一过程对在植物群落内高度循环的养分来说非常重要，而其他养分则相对均匀地分布于土壤剖面。根据对全球 10 000 个土壤剖面的综合分析表明，土壤剖面养分浓度随深度（浅层到深层）分布的次序为（Jobbágy and Jackson，2001）：

$$P>K>Ca>Mg>Na = Cl = SO_4 \tag{6.4}$$

养分植物提升作用受降水影响，如果在非常潮湿地区，养分淋失量通常大于养分植物提升量（Porder and Charwick，2009）。在沙漠和其他植被群落斑块零星分布地区，植物养分在灌木下土壤高度集中，而非必需或不受限制元素则分布于灌木间裸露地（Schlesinger et al.，1996；Gallardo and Parama，2007）。即使在林冠郁闭森林，单一物种也能改变其冠下土壤化学性质（Boettcher and Kalisz，1990；Rodriguez et al.，2011；Keller et al.，2013）。如第 4 章所讨论的，森林乔木吸收 Si 使得其土壤表面 Si 富集，否则 Si 随岩石风化淋失。

6.4 土壤生物地球化学循环

除大气沉降和岩石风化的"新"输入养分以及植物体内养分再吸收外，陆生植物养分年需求量大部分来自对土壤中凋亡物质分解养分的吸收（参见表 6.1）。凋亡有机物的分解闭合了养分系统内循环。分解作用（decomposition）是对有机物粉碎过程的总称。矿化作用（minerlization）[①]是一个学术术语，指以 CO_2 形式释放碳、以无机形态（如 NH_4^+-N 和 PO_4^{3-}-P 形式）释放养分的过程。

6.4.1 土壤微生物生物量和降解过程

各种土壤动物（如蚯蚓）能破碎和混合新鲜凋落物（Swift et al.，1979；Wolfe，2001）；然而，其主要生物地球化学转化则由土壤真菌和细菌完成。大部分矿化作用反应由土壤微生物和菌根真菌分泌的胞外降解酶催化（Burns，1982；Linkins et al.，1990；Sinsabaugh et al.，2002，2008）。各种胞外酶（如纤维素酶和蛋白酶）的分泌随新鲜可分解有机物量的增加而增加（Brzostek et al.，2013）。土壤微生物生物量和活性受空间和时间影响极大，需要在合适的时空尺度采样（Pedersen et al.，2015）。

在任一时间只有很少部分的土壤微生物生物量是活跃的（Blagodatskaya and Kuzyakov，2013），然而，微生物总生物量通常被测定作为其活性指标（Booth et al.，2005；Colman and Schimel，2013）。土壤微生物生物量测定通常用包括氯仿熏蒸等方法。例如，取少量土壤样品，测定其氯仿熏蒸前后的总水溶性氮（NH_4^+、NO_3^- 和水溶性有机氮）。熏蒸后样品的增量被认为是微生物细胞被氯仿熏杀后裂解出来的（Brookes et al.，1985；Joergensen，1996）。然后，土壤微生物生物量根据微生物细胞氮标准含量和校正系数（K_n）计算得到，校正系数代表了一部分熏蒸后未被立即释放的微生物氮（Voroney and Paul，1984；Joergensen and Mueller，1996）。这一方法已被在不同环境土壤微生物生物量 C/N 值和 C/P 值相对恒定所验证（Brookes et al.，1984）。微生物生物量也可通过萃取土壤样品磷脂脂肪酸（PLFA）（Zelles，1999；Leckie et al.，2004；Bailey et al.，2002）或者 DNA 来定量（图 6.12），这两种方法代表的是活的土壤微生物生物量。

土壤微生物活性可通过底物诱导呼吸法（substrate-induced respiration，SIR）来估测，即测量添加不稳定碳化合物后土壤呼吸强度（Anderson and Domsch，1978）。定量微生物 DNA 来自同位素标记葡萄糖的碳掺入量也可测定微生物生长（Rousk and Bååth，2011）。Ruess 和 Seagle（1994）发现非洲塞伦盖蒂草原土壤微生物生物量与土壤呼吸间存在直接相关性，并且在全球采样研究中土壤微生物生物量与氮矿化直接相关（Li et al.，2019e）。

土壤微生物（细菌+真菌）生物量通常占＜3%的土壤有机碳量（Wardle，1992；Zak et al.，1994）。高值微生物生物量常发现于森林土壤，而沙漠土壤则较低（Insam，1990；Gallardo and Schlesinger，1992）。排水良好的旱地土壤一般真菌生物量高于细菌生物量（Anderson and Domsch，1980）。土壤水分（湿度）是微生物生物量主要的决定因子，而温度则调控其活性（Serna-Chavez et al.，2013）。森林土壤一半有机质累积可能来自于死亡的微生物生物量（Liang et al.，2019）。

[①] 这里的矿化作用（mineralization）与地质学常用矿化作用意义不同，地质学矿化作用指的是具有经济价值矿藏中金属沉积成矿的各种地质过程（如热液沉降）。

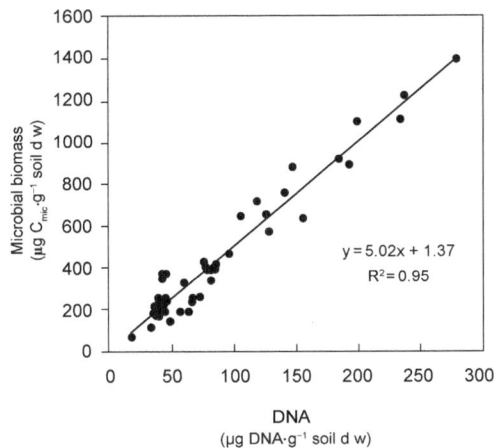

图 6.12　土壤提取 DNA 量与微生物生物量碳的线性关系
来源　Anderson 和 Martens（2013）
图中文字　Microbial biomass：微生物生物量；DNA：脱氧核糖核酸；Soil d w：土壤干重

　　土壤微生物高养分含量与其降解的有机质相关（Diaz-Ravina et al.，1993；Cleveland and Liptzin，2007）。土壤和土壤微生物生物量 C/N/P 分别为 287/17/1 和 42/6/1（Xu et al.，2013）。土壤微生物生物量的化学计量是全球分解活性的主要决定因素（Zechmeister-Boltenstern et al.，2015；Buchkowski et al.，2015）。碳利用率（carbon-use efficiency，CUE）是指土壤微生物生长的碳同化效率，是一个非常有用的指标，常用于表征土壤养分周转的比较研究（Sinsabaugh et al.，2016）。热带土壤土壤微生物生物量 N/P 值一般大于高纬度土壤（Li et al.，2014）。印度中部热带土壤微生物生物量占 2.5%～5.6%土壤有机碳和高达 19.2%的有机磷（Srivastava and Singh，1988）。植物源有机物分解时，土壤微生物呼吸作用将有机碳转化为 CO_2，而 N 和 P 则最初保留在微生物生物量中。土壤微生物体内累积 N、P 和其他他养分被称为生物固定作用（immobilization）。

　　使用凋落物分解袋研究新鲜凋落物分解过程时（第 5 章），由于养分生物固定作用，凋落物 C/N 值和 C/P 值随分解过程逐渐下降，残留有机物逐渐为其上定殖和生长的微生物生物量主导（表 6.7；Sinsabaugh et al.，1993；Manzoni et al.，2010；Fahey et al.，2011）。限制微生物生长的 N 和 P 的生物固定作用最为显著，而 Mg 和 K 生物固定作用较不明显，两元素有效态含量较高（Jorgensen et al.，1980；Staaf and Berg，1982）。高 N 有机物质的固定作用最不明显，N 被快速释放（Parton et al.，2007；Manzoni et al.，2008）。

　　生物固定过程中土壤微生物不仅固定其底物分解释放的养分，也固定土壤溶液养分，达到净生物固定作用（图 6.13；Drury et al. 1991）。养分有效性低时，凋落物分解使其总养分含量呈现增加趋势，可能是由于养分净生物固定作用（Aber and Melillo，1980；Berg，1988）。奥地利维也纳附近山毛榉林地冬季土壤微生物养分吸收量超过其矿化量（Kaiser et al.，2011）。微生物对 NH_4^+ 吸收非常快速，扣留了可被植物吸收或硝化细菌利用的 NH_4^+（Jackson et al.，1989；Schimel and Firestone，1989）。因此，微生物对低养分负荷有机物的响应机制是生物固定土壤溶液中的养分，并分泌特异胞外酶促进其矿化作用（Mooshammer et al.，2014）。

表 6.7 欧洲赤松（*Pinus sylvestris*）松针凋落物连续降解过程中不同养分元素与碳的比值

	C/N	C/P	C/K	C/S	C/Ca	C/Mg	C/Mn
松针凋落物							
起始	134	2630	705	1210	79	1350	330
培养后							
1 年	85	1330	735	864	101	1870	576
2 年	66	912	867	ND	107	2360	800
3 年	53	948	1970	ND	132	1710	1110
4 年	46	869	1360	496	104	704	988
5 年	41	656	591	497	231	1600	1120
真菌生物量							
欧洲赤松林地	12	64	41	ND	ND	ND	ND

注：C/N 值和 C/P 值随培养时间下降，表明当碳损失时 N、P 被固定，而 C/Ca 值和 C/K 值增加，说明 Ca 和 K 损失快于碳。
来源：Staaf 和 Berg（1982），NRC Research Press 授权使用。

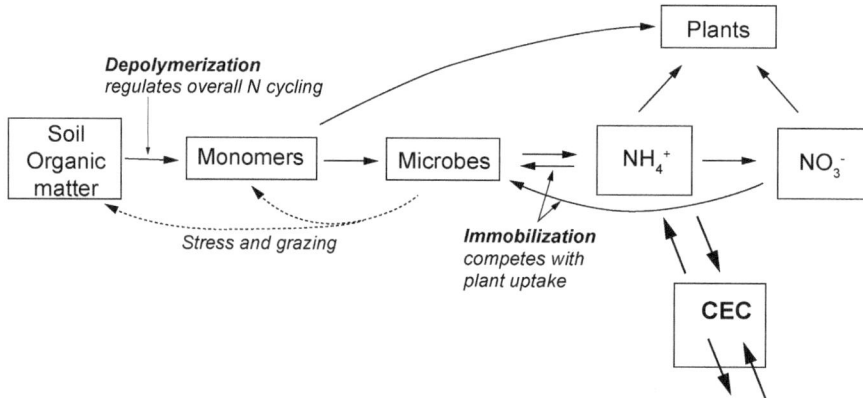

图 6.13 土壤 N 循环概念模型
来源 修改自 Schimel 和 Bennett（2004），参见 Drury 等（1991）
图中文字 Soil organic matter：土壤有机质；Monoers：土壤有机质单体；Microbes：微生物；Depolymerization regulates overall N cycling：解聚作用调控 N 总循环；Stress and grazing：胁迫和放牧；Immobilization competes with plant uptake：生物固定作用与植物吸收竞争；CEC：阳离子交换量；Fixed nitrogen：固定的氮；Plants：植物

高 C/N 值新鲜凋落物进入土壤时，其矿化作用较慢（Turner and Olson，1976；Gallardo and Merino，1998；Buchkowski et al.，2015）。许多田间试验添加木片或锯末来诱导养分限制。倒木一般含 N 量较低，温带森林倒木腐烂过程的长期 N 生物固定作用尤为显著（Lambert et al.，1980；Fahey，1983），尤其有固氮细菌参与时（Rinne et al.，2017）。Vogt 等（1986）认为土壤 N 生物固定作用最强发生在温带和寒带森林，而热带森林土壤 P 生物固定作用更重要（Marklein et al.，2016；Chen et al.，2016b）。

生态学家一直以凋落物 C/N 值为指标表征其潜在分解速率。木质素/N 值（Melillo et al.，1982）和木质素/P 值（Wieder et al.，2009）也是落叶（图 6.14）和细根（See et al. 2019）凋落物分解作用的预测指标。上述相关性支撑应用森林冠层特征遥感预测大区域分解作用和矿化作用（Fan et al.，1998a；Ollinger et al.，2002）。凋落物锰（Mn）浓度因可限制真菌合成 Mn-过氧化氢酶，也可能调控寒带森林土壤有机质的分解和累积速率（Keiluweit et al.，2015；Stendahl et al.，2017）。

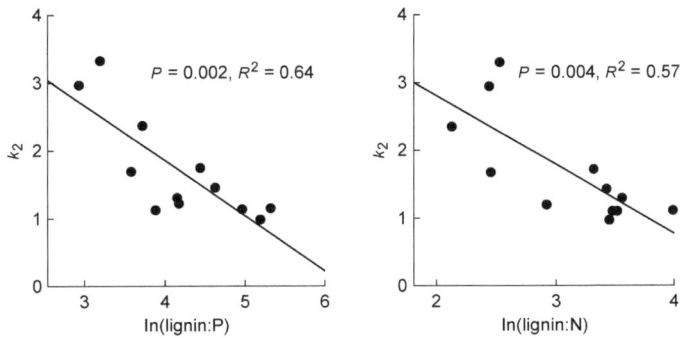

图 6.14 潮湿热带森林新鲜落叶木质素/P 值和木质素/N 值（自然对数）与其降解系数（k_2）的线性关系
来源 Wieder 等（2009），美国生态学学会授权使用
图中文字 Lignin：木质素

当凋落物微生物增殖变慢时，几乎没有进一步的养分生物固定。因此，养分生物固定作用仅发生在土壤表面新鲜凋落物层，N、P 和 S 净矿化作用通常在森林地面低洼处最强（Federer，1983）。Sollins 等（1984）发现土壤有机质"轻"组分（新鲜植物凋落物）比"重"组分（土壤腐殖质）具有较高的 C/N 值和较低的矿化率。N 净矿化作用通常发生于 C/N 值接近 30∶1 左右的有机物质，但阈值随有机物性质和分解者同化效率等变化（Manzoni et al.，2010；Ågren et al.，2013）。

在分解过程中，凋落物分解释放的养分随有机酸或其他水溶性有机化合物向土壤深层迁移（Schoenau and Bettany，1987；Qualls and Haines，1991），进入土壤腐殖质养分库。分降的凋落物似乎能吸附 Al 和 Fe（Rustad，1994；Laskowski et al.，1995），这可能是有机酸前体化合物携带 Al 和 Fe 向下迁移到土壤剖面深层，即土壤灰化作用（Mimmo et al.，2014；第 4 章）。

不同途径的养分损失和养分生物固定意味着凋落物分解袋的质量损失并不直接等同于凋落物自身组成养分的释放（Jorgensen et al.，1980；Rustad，1994）。表 6.8 列出了不同生态系统地表凋落物中有机物及其养分的平均滞留时间。部分养分（如 K）易从凋落物淋失，其矿化速率超过凋落物分解的质量损失。其他养分（如 N）由于微生物的生物固定作用使其周转非常慢。Pregitzer 等（2010）通过实验性添加 $^{15}NO_3$ 测得美国密歇根州枫树林表层土壤 N 平均滞留时间为 6.5 年。

表 6.8 森林和林地生态系统枯枝落叶层有机物和养分平均滞留时间

区域	平均滞留时间（yr）					
	有机物	N	P	K	Ca	Mg
寒带森林	353	230	324	94	149	455
温带森林						
针叶林	17	17.9	15.3	2.2	5.9	12.9
落叶林	4	5.5	5.8	1.3	3.0	3.4
地中海	3.8	4.2	3.6	1.4	5.0	2.8
热带雨林	0.4	2.0	1.6	0.7	1.5	1.1

注：所有数据由森林枯枝落叶层质量与年均凋落物量比计算得到。
来源：寒带和温带数据来自 Cole 和 Rapp（1981）；热带数据来自 Edwards 和 Grubb（1982）及 Edwards（1977，1982）；地中海数据来自 Gray 和 Schlesinger（1981）。

由于土壤微生物受养分限制，其活性随养分添加而增强（如 Allen and Schlesinger，2004；Cleveland and Townsend，2006），并引起土壤剖面中易降解有机质组分损失（Neff et al.，2002b；Mack et al.，2004）。多数养分添加试验导致土壤微生物群落结构发生变化，降低土壤微生物生物量但增强微生物活性（Wallenstein et al.，2006；Treseder，2008；Liu and Greaver，2010；Lu et al.，2011）。令人惊讶的是，养分增加似乎减缓了木质素等稳定性（recalcitrant）有机质组分的降解（Wang et al.，2019c）。

第 5 章提到多数生态系统土壤有机质库远大于植被生物量。高养分含量的腐殖质也主导众多生态系统生物地球化学元素储存。地上部含 N 量仅占 4%～8% 的温带森林植被 N 储量（Cole and Rapp，1981）和 3%～32% 的热带森林 N 储量（Edwards and Grubb，1982）。一般来说，腐殖质 C、N、P、S 比接近 140∶10∶1.3∶1.3（Stevenson，1986；Cleveland and Liptzin，2007；Tipping et al.，2016），由此估算全球土壤 N 储量为 95×10^{15}～140×10^{15} g（Post et al.，1985；Batjes，1996），远大于植被氮库（3.8×10^{15} g）[1]。由于土壤腐殖质稳定，其巨大养分库周转非常缓慢。土壤微生物每年仅矿化 1%～3% 的土壤 N 库（Connell et al.，1995）。

仅测定可提取养分（如 NH_4^+ 和 PO_4^{3-}）不大可能作为指标表征陆地生态系统土壤养分有效性。土壤溶液可提取养分可被植物根系主动吸收、土壤微生物固定以及其他过程快速去除。土壤可提取养分含量仅是生长季节某一瞬间通过矿化作用释放养分的一小部分（Davidson et al.，1990）。因此，研究土壤生物地球化学循环应基于养分周转的动态属性分析。

6.4.2 氮循环

分解有机物的 N 矿化作用始于参与分解过程的微生物释放氨基酸和其他含 N 的简单有机分子（Schimel and Bennett，2004；Geisseler et al.，2010；图 6.13）。部分氨基酸可直接被植物和土壤微生物吸收。Marumoto 等（1982）利用 ^{15}N 示踪研究表明，土壤矿化作用释放的大部分 N 来自于死亡微生物。以细菌和真菌为食的土壤动物增强微生物组织的 N 和 P 释放速率（Cole et al.，1977a；Anderson et al.，1983）。有机氮矿化或释放 NH_4^+ 的过程被称为氨化作用（ammonification）。

随后，一系列生物和非生物过程将 NH_4^+ 从土壤溶液中去除，包括植物吸收、微生物生物固定及黏土矿物固定吸附等（Johnson et al.，2000a）。部分残留的 NH_4^+ 可能发生硝化作用被氧化为 NO_3^-，由具有固碳作用的化能自养细菌参与，传统分类命名为亚硝化单胞菌属（*Nitrosomonas*）和硝化杆菌属（*Nitrobacter*）[2]［Meyer 1994；参见式（2.16）和式（2.17）］。有研究表明更原始的古菌（原核生物）也参与硝化作用，但尚不清楚古菌是否具有与细菌一样的土壤硝化作用活性（Leininger et al.，2006；Di et al.，2009；Lu et al.，2015b；Lu et al.，2020）。某些情况下，NH_4^+ 也可被异养硝化作用氧化生成 NO_3^-（Schimel et al.，1984；Pedersen et al.，1999；Brierley and Wood，2001）。

硝态氮可被植物和微生物吸收，或随地表水流失出生态系统，或经反硝化作用生成含 N 气体释放。硝化作用反应中间产物 NO_2^-［式（2.16）］可通过非生物过程与土

---

[1] 根据全球生物量碳 615×10^{15} g（表 5.3）和植被 C/N 值 160（表 6.5）计算。
[2] 土壤化能自养微生物的 CO_2 固定量通常为温带森林光合作用的 <1%（Spohn et al.，2019）。

壤有机质结合（Fitzhugh et al.，2003；Davidson et al.，2003）。土壤微生物吸收硝态氮（生物固定作用）经硝酸还原酶还原为 NH_4^+ 后供微生物利用（Davidson et al.，1990；DeLuca and Keeney，1993），这一过程被称为同化还原作用（assimilatory reduction）。硝态氮也可被异化还原硝酸细菌还原为 NH_4^+，通过这些途径 N 得以循环回来（图 12.1）。歧化硝酸盐还原作用（即硝态氮还原为氨态氮歧化途径，dissimilatory nitrate reduction to ammonium，DNRA）常见于湿热的热带土壤中，其速率超过还原 NO_3^- 生产 N_2 的反硝化作用（Silver et al.，2001；Rutting et al.，2008；Templer et al.，2008）。一系列因素决定土壤以 DNRA 或反硝化作用途径为主导（Kraft et al. 2014）。DNRA 潜在地减少 NO_3^- 随溪流的损失。

　　任一时间点可提取的土壤 NH_4^+ 和 NO_3^- 浓度代表了所有这些过程的动态净值。低浓度 NH_4^+ 并不意味着矿化速率低，也可能是快速硝化作用或植物吸收所致（Rosswall，1982；Davidson et al.，1990）。已有一系列方法可用于土壤 N 转化过程研究（Binkely and Hart，1989）。多数方法将土壤样品放入塑料袋、试管或除草环切小区内，以使土壤微生物在没有植物吸收的条件下继续 N 循环（Raison et al.，1987；Vitousek et al.，1982）。这些隔离培养土壤样品有效氮含量的增加被认为是净矿化作用（即矿化速率超过微生物固定作用）的结果。培养土壤中有效氮的增量代表了无植物吸收的净矿化率（即矿化作用超过微生物固定）。通过一年定期反复培养测定得以估算土壤氮年净矿化量，可与植物吸收和循环相关联（Pastor et al.，1984）。

　　昂贵的研究方法是以 $^{15}NH_4^+$ 标记土壤初始有效 NH_4^+ 库（Van Cleve and White，1980；Davidson et al.，1991；Di et al.，2000）。一定时间后重新测定土壤 $^{15}NH_4^+/^{14}NH_4^+$ 值。$^{15}NH_4^+$ 比例降低部分是由于微生物矿化有机质释放 NH_4^+ 贫化所致。这一方法可观测野外条件下总矿化作用。Davidson 等（1992）应用这一方法测得针叶林土壤 N 净矿化量仅占总矿化 N 量的 14%，其余 N 为微生物群落固定。该方法被称为"氮库同位素稀释法"，也被用于测定氨基酸（Wanek et al.，2010）和 NO_3^-（Stark and Hart，1997）的转化。例如，用 $^{15}NO_3^-$ 标记土壤 NO_3^--N 库，总硝化作用可根据 $^{15}NO_3^-$ 比例被硝化作用产生的 $^{14}NO_3^-$ 贫化来测定。净硝化作用也可通过添加硝化抑制剂抑制硝化作用后测定 NH_4^+ 和 NO_3^- 浓度变化来计算，硝化抑制剂包括 2-氯-6-三氯甲基吡啶（nitrapyrin；Bundy and Bremner，1973）、乙炔（Berg et al.，1982）或氯酸盐（Belser and Mays，1980）。

　　矿化作用和硝化作用已在不同的生态系统中得以研究。净矿化速率分别为森林 $20\sim120$ kg $N \cdot hm^{-2} \cdot yr^{-1}$（Pastor et al.，1984；Fan et al.，1998b；Perakis and Sinkhorn，2011）、草原 $40\sim90$ kg $N \cdot hm^{-2} \cdot yr^{-1}$（Hatch et al.，1990）、沙漠 $10\sim30$ kg $N \cdot hm^{-2} \cdot yr^{-1}$（Schlesinger et al.，2006）。一般来说，净矿化速率与土壤微生物生物量（Li et al.，2019e）、土壤有机氮总量（Marion and Black，1988；Accoe et al.，2004）和碳有效性（Booth et al.，2005）直接相关。矿化作用也与温度密切相关（Pierre et al.，2017），与 10℃ 以上积温（Q_{10}）的平均响应值为 2.21（Durán et al.，2017；Hu et al.，2016）。凋落物高 C/N 值植被的土壤矿化速率一般较低（Gosz，1981；Vitousek et al.，1982）。野外小区添加糖时，净矿化作用和硝化作用因土壤微生物固定 NH_4^+ 作用增强而减慢（DeLuca and Keeney，1993；Zagal and Persson，1994）。同样，对北美黄杉施加糖后，叶含氮量降低，落叶前养分再吸收增强，表明土壤微生物过程与植被养分利用率直接相关（Turner and Olson，1976）。

微生物能适应各种不同野外环境，但在低 pH、低 O_2、低土壤含水量、高 C/N 值凋落物等条件下，硝化速率一般较低（Wetselaar，1968；Robertson，1982；Bramley and White，1990；Booth et al.，2005）。与矿化作用相比，硝化作用对土壤含水量更敏感，因此在季节性干旱时导致沙漠土壤（Hartley and Schlesinger，2000）和干旱试验土壤（Homyak et al.，2017）NH_4^+ 累积。然而，当 NH_4^+ 和 O_2 充足时，硝化速率通常很高（Robertson and Vitousek，1981；Vitousek and Matson，1988）。

研究者付出了大量的努力来了解森林采伐或火灾等干扰后的硝化作用调控机制（Likens et al.，1969；Vitousek and Milillo，1979；Vitousek et al.，1982）。当植被被采伐后，土壤温度和含水量一般会升高，加速氨化作用使 NH_4^+ 有效性增加。接着，硝化作用可能迅速反应，以至于再生植被吸收和微生物固定作用均不足以阻止 NO_3^- 淋失进入地表水。然而，不是所有受干扰森林都有大量的 NO_3^- 损失。美国东南部松林 ^{15}N 示踪采伐活动的试验发现，采伐碎屑上的微生物固定了 83% 的植物吸收 ^{15}N 量（Vitousek and Matson，1984）。硝态氮微生物固定作用贡献了针叶林地 N 周转量的一大部分（Stark and Hart，1997），微生物固定作用也延缓了高草草原（tallgrass prairie）过火后的硝态氮损失（Seastedt and Hayes，1988）。

一般来说，氮有效性高的森林受干扰后，其硝化作用和 NO_3^- 地表水损失最为强烈（Krause，1982；Vitousek et al.，1982）。植被恢复初期土壤硝化速率显著下降，而中龄和老年森林间硝化作用差异极小（Robertson and Vitousek，1981；Christensen and MacAller，1985；Oda et al.，2018）。有证据表明一些植被物种释放萜类化合物（terpenoid）、单宁酸（tannin）和蒎烯化合物（pinene）等抑制硝化作用（Olsen and Reiners，1983；White，1988；Uusitalo et al.，2008；Subbarao et al.，2009）。

受干扰提高的硝化作用可影响生态系统功能的其他方面。硝化作用会提高酸度［式（2.16）］，因此，NO_3^- 经地表水损失通常会伴随因 H^+ 交换引起的阳离子损失量增加（Likens et al.，1970）。美国新罕布什尔州哈伯德溪林地采伐后，几乎所有生物地球化学元素的地表水损失都增加了。硫则是非常有意思的例外（图 6.15），Nodvin 等（1988）研究表明，森林采伐后地表水 SO_4^{2-} 浓度的降低是由于硝化作用提高酸度所致，其增加了土壤阴离子吸附量（第 4 章；Mitchell et al.，1989）。这些观测结果是陆地生态系统 N 和 S 生物地球化学循环关联的一个很好的例子。

由于土壤 N 各转化过程对 ^{14}N 的偏爱高于 ^{15}N（Hogberg，1997），使得未分解残留有机物 ^{15}N 丰度增加（Nadelhoffer and Fry，1988），并随土壤剖面深度（Piccolo et al.，1996；Koba et al.，1998；Hobbie and Ouimette，2009）和生态系统发育时间（Brenner et al.，2001；Billings and Richter，2006）增加而增加。相反，地表径流硝态氮则贫化 ^{15}N 丰度（Spoelstra et al.，2007）。几乎所有土壤 $\delta^{15}N$（丰度）>0，最大值通常出现在 N 循环快速（Templer et al.，2007）和 NO_3^- 径流淋失与含氮气损失量大（Pardo et al.，2002；Amundson et al.，2003）的生物系统中。由于植物依赖于矿化作用来吸收 N，因此植物 $\delta^{15}N$ 值通常低于土壤有机质，但随着土壤 N 循环进程，土壤 ^{15}N 丰度逐渐富集使得植物 $\delta^{15}N$ 值也增大（Garten and Van Miegroet，1994；Templer et al.，2007）。

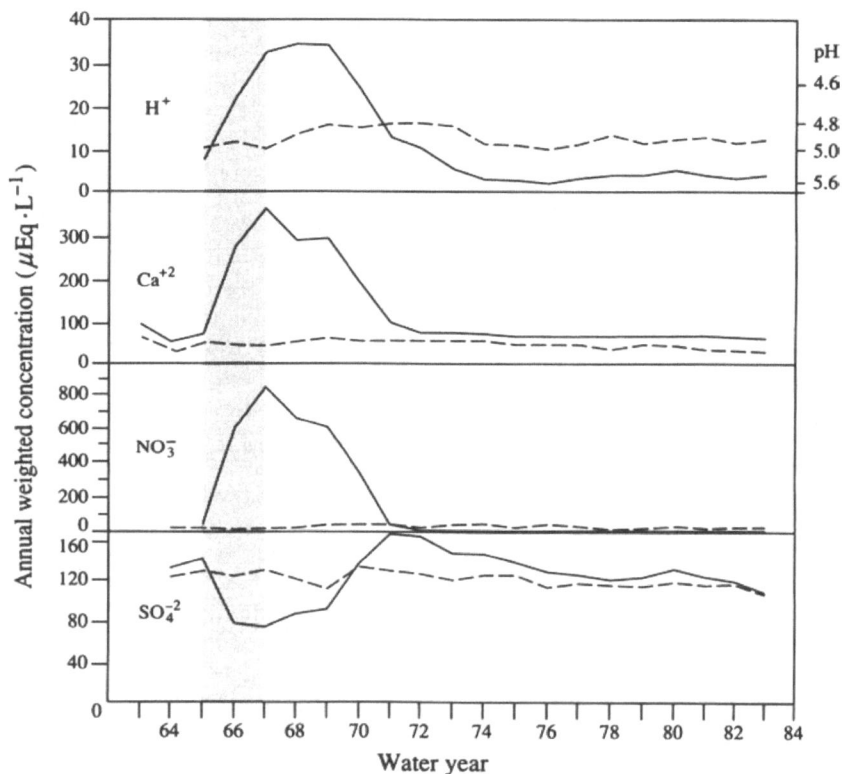

图 6.15 美国哈伯德溪试验林地（1964~1984 年）溪水中 H^+、Ca^{2+}、NO_3^-、SO_4^{2-} 浓度。虚线表示未受干扰林地的溪水浓度，实线表示 1965~1967 年（如阴影所示）受干扰单个流域的溪水浓度。在干扰期间 Ca^{2+} 和 NO_3^- 损失导致其溪水浓度急剧提高，然后随植被再生逐渐回到正常水平。溪水 SO_4^{2-} 浓度在干扰期间和之后表现出较强的滞后效应，这可能是土壤酸度升高和阴离子吸附增加所致

来源 修改自 Nodvin 等（1988）

图中文字 Water year：溪水年份；Annual weighted concentration：年加权浓度

6.4.3 土壤含氮气体排放

土壤氮转化过程中一系列含氮气体（包括 NH_3、NO、N_2O、N_2 等）成为微生物活动的产物或副产物（图 6.16）。多个化学途径也能成为 N_2O 潜在源（Zhu-Barker et al.，2015）。部分气体从生态系统逸出导致区域土壤肥力损失。更为重要的是，陆地生态系统是大气含氮气体的重要来源（第 3 章和第 12 章）。

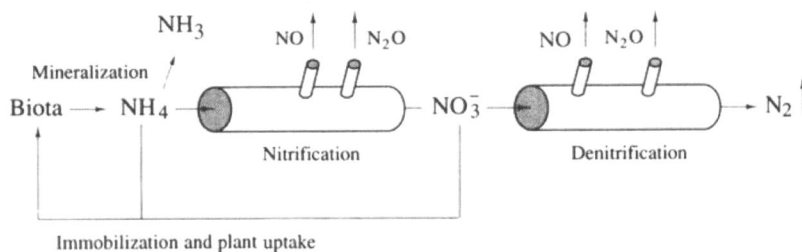

图 6.16 土壤硝化作用和反硝化作用过程产生含氮气体的微生物过程

来源 修改自 Firestone 和 Davidson（1989）

图中文字 Mineralization：矿化作用（过程）；Nitrification：硝化作用（过程）；Denitrification：反硝化作用（过程）；Immobilization and plant uptake：生物固定作用和植物吸收；Biota：生物体

土壤铵离子（NH_4^+）可被转化为氨气挥发损失进入大气。反应为

$$NH_4^+ + OH^- \rightarrow NH_3 \uparrow + H_2O \tag{6.5}$$

这一反应在 $CaCO_3$ 积累土壤呈碱性的干燥土壤或沙漠土壤中常见。低阳离子交换量和弱硝化作用也使 NH_3 生成和损失最大化（Nelson，1982；Freney et al.，1983）。全球各天然森林和草原土壤均监测到少量 NH_3 损失（Schlesinger and Hartley，1992；图 6.17）。施用的肥料（Griffis et al.，2019）和野生动物及家畜排泄的尿素（Terman，1979）在土壤分解时，NH_3 损失量最大。企鹅粪多达 3% 的 N 以 NH_3 挥发（Riddick et al.，2016）。土壤 NH_3 挥发损失过程中同位素发生分馏，土壤 ^{15}N 丰度增加（Mizutani et al.，1986；Mizutani and Wada，1988）。

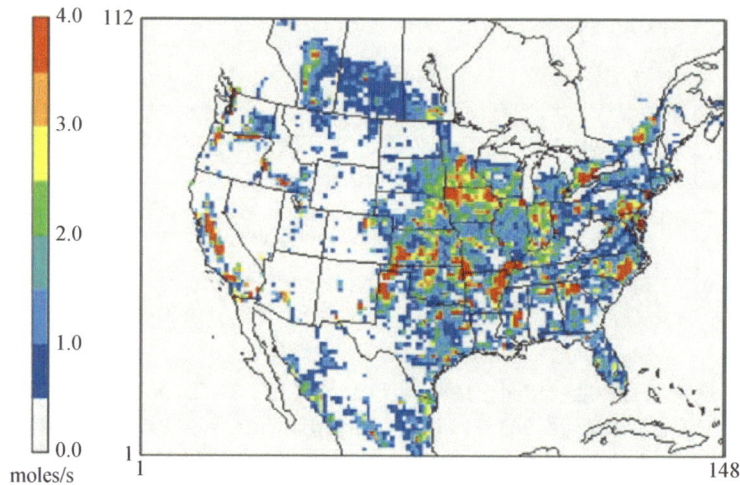

图 6.17　美国土壤 NH_3 挥发分布图。相对较高的 NH_3 挥发来自各农业区，较低的 NH_3 挥发来自未受干扰的自然生态系统。单位为 NH_3 mol·m^{-2}·s^{-1}
来源　Gilliland 等（2006）

植被叶衰老过程也会挥发 NH_3（Whitehead et al.，1988；Heckathorn and DeLucia，1995），但植物会吸收土壤挥发的部分 NH_3，因此，多数陆地生态系统进入大气的净 NH_3 挥发量很少（Sutton et al.，1993；Pryor et al.，2001；Wentworth et al.，2014）。在不施肥或家畜干扰的土壤中，NH_3 挥发量通常小于 1 kg N·hm^{-2}·yr^{-1}。自然土壤的全球 NH_3 通量约为 2.4×10^{12} g N·yr^{-1}（第 12 章）。这一通量对大气具有非常重要的意义，NH_3 是大气碱度净来源的唯一物质，可中和降雨酸度 [式（3.5）和式（3.40）]。畜禽养殖棚和动物饲养场挥发大量的 NH_3，可导致下风向相邻地区大气 NH_4^+ 沉降（Draaijers et al.，1989；Aneja et al.，2003）。与常识相悖的是，大量 NH_4^+ 输入可引起土壤酸化，这是因为进入土壤的 NH_4^+ 被硝化 [式（2.16）和式（2.17）]，硝态氮被植物吸收从而酸化土壤（van Breemen et al.，1982；Verstraten et al.，1990）。

一氧化氮（NO）和氧化亚氮（N_2O）都是微生物硝化作用反应的副产物，通常以 NO 较为丰富（Williams et al.，1992；Medinets et al.，2015）。化能自养细菌 NH_4^+ 氧化过程的两个步骤都会产生 NO 释放 [式（2.16）和式（2.17）；Ventera and Rolston，2000；Mushinski et al.，2019]。通常每年有 1%～3% 的硝化过程氮以 NO 挥发（Baumgärtner and

Conrad，1992；Hutchinson et al.，1993），土壤释放入大气的全球净 NO 年通量估计为 12×10^{12} g N·yr^{-1}（Ganzeveld et al.，2002）。干旱和半干旱土壤 NO 损失量可占全球总量的 10%（Weber et al.，2015）。Davidson 等（1998）估测美国东南部土壤排放贡献了大部分 NO$_x$，其余来源于工业和交通运输排放（回想一下，NO 在对流层臭氧化学反应中起着重要作用，见第 3 章）。

当硝化作用被激活时（包括施用 NH$_4^+$ 肥），土壤 NO 挥发通量达到最高（Skiba et al.，1993；Roelle et al.，1999）。沙漠土壤 NO 通量直接与其硝化作用相关（图 6.18）。在不同生态系统中，NO 挥发通量随土壤温度升高而增加（Williams et al.，1992；Roelle et al.，1999；Van Dijk and Duyzer，1999），并且在干旱土壤重新湿润后迅速增加（Homyak et al.，2017）。当大气 NO 浓度较高时，部分 NO 会被植物和土壤吸收，减少其进入大气的净通量（Ganzeveld et al.，2002）。无净吸收或净损失时的大气物质浓度被称为补偿点（compensation point）。多数情况下大气 NO 背景浓度约为 10 ppbv（参见表 3.5），低于大气补偿点，因此陆地生态系统是大气 NO 的净来源（Kaplan et al.，1988；Ludwig et al.，2001）。在偏远地区，低层大气 NO 浓度最高，并随海拔递减（Luke et al.，1992）。

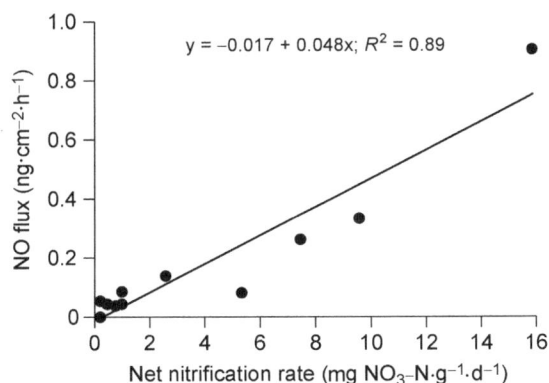

图 6.18　美国新墨西哥州奇瓦瓦沙漠土壤 NO 挥发通量与硝化速率的线性关系
来源　Hartley 和 Schlesinger（2000）
图中文字　NO flux：NO 通量；Net nitrification rate：净硝化速率

土壤存在着多条化学途径[①]产生 N$_2$O（Zhu-Barker et al.，2015）。NO 和 N$_2$O 损失量增加受促进土壤硝化作用的因素调控，包括农业土壤收获、耕种和施肥（Conrad et al.，1983；Mosier et al.，1991；Clayton et al.，1994；Bouwman et al.，2002a；Liu et al.，2017a）。Shepherd 等（1991）报道在美国安大略湖地区一些耕地 11% 的肥料氮以 NO 损失、5% 以 N$_2$O 损失。当热带森林被皆伐（clear logging）后，土壤 NO 和 N$_2$O 释放量急剧增加（Keller et al.，1993；Sanhueza et al.，1994；Weitz et al.，1998），老牧场土壤 N$_2$O 释放量通常低于未采伐的林地（Verchot et al.，1999；Melillo et al.，2001）。因此，施肥和新皆伐清理田地是地球大气 N$_2$O 浓度升高的重要原因（第 12 章）。

除硝化作用外，硝态氮净反硝化作用生成 NO、N$_2$O 和 N$_2$（Knowles，1982；Firestone，1982；Goregues et al.，2005）。这一反应 [式（2.20）] 由土壤细菌参与，其在 O$_2$ 存在时

---

① 硝化作用过程中产生 N$_2$O 的途径有时被称为硝化细菌反硝化作用（Wrage-Mönnig et al.，2018；Kool et al.，2011）。

为好氧异养生物，而在低 O_2 浓度下为兼性厌氧生物。在厌氧时，这类细菌以硝态氮为末端电子受体进行异养代谢。通常 N_2 是反硝化作用预期产物，中间产物 NO 和 N_2O 可逃逸释放。不同反硝化酶系（亚硝酸还原酶）结构中含有 Fe 和 Cu（Godden et al.，1991；Tavares et al.，2006；Glass and Orphan，2012）。由于 NO_3^- 仅被还原，并未同化进入微生物组织，反硝化作用也被称为异化硝酸盐还原作用（dissimilatory nitrate reduction）。假单胞菌属（*Pseudomonas*）细菌是众所周知的反硝化细菌，还有很多其他反硝化细菌参与（Knowles，1982；Tiedje et al.，1989）。

长期以来人们认为反硝化作用只在淹水缺氧的土壤中发生（第 7 章），其在旱地生态系统中的重要性被忽视。确实，反硝化酶活性通常在低 O_2 分压土壤中最强（Burgin et al.，2010）。土壤学家现发现即使在排水良好的土壤中，O_2 向团聚体中心扩散的速率也非常低，使其内部常形成厌氧微环境（图 6.19；Tiedje et al.，1984；Sexstone et al.，1985a；Ebrahimi and Or，2018）。因此，反硝化作用普遍存在于陆地生态系统中，尤其在有机碳和硝态氮同时富存的条件下（Burford and Bremner，1975；Wolf and Russow，2000；Qin et al.，2017）。

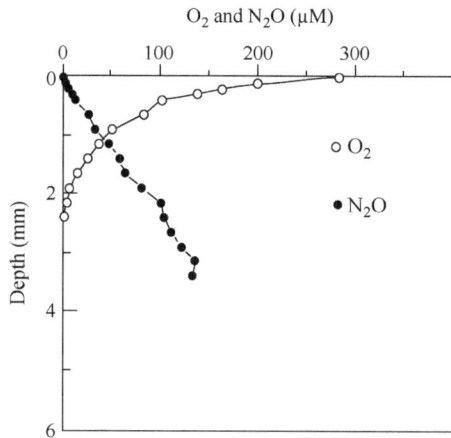

图 6.19　土壤团聚体内 O_2 和 N_2O（$\mu mol \cdot L^{-1}$）浓度随微电极穿透深度的变化
来源　Hojberg 等（1994）
图中文字　Depth：穿透深度

Davidson 和 Swank（1987）在美国北卡罗来纳州西部森林地表枯枝落叶层实验性添加 NO_3^- 可促进反硝化作用，而向矿质土壤层添加有机碳也促进了反硝化作用。在一些耕作农田土壤添加有机碳，能刺激反硝化作用相关基因的表达（Miller et al.，2012）。降雨通常提高反硝化速率，因为潮湿土壤 O_2 扩散速率变慢（Smith and Tiedje，1979；Sexstone et al.，1985b；Rudaz et al.，1991），土壤 N 浓度越高，反硝化损失量可能越多（Morse et al.，2015）。

一般来说，当土壤含水量增加（或 O_2 分压降低）时，硝化作用生成 NO 和 N_2O 的产量会减少，而厌氧条件下 N_2O 完全来自于反硝化作用（Wolf and Russow，2000；Wrage et al.，2001；Khalil et al.，2004）。在德国，排水良好、pH 近中性的土壤 NO 只来自于硝化作用，而酸性缺氧土壤的 NO 来自于反硝化作用（Remde and Conrad，1991）。

Mummery 等（1994）在半沙漠化生态系统研究中发现，硝化作用贡献了湿润土壤 61%～98% 的 N_2O，而水分饱和土壤的 N_2O 主要来自于反硝化作用。在亚马孙热带雨林湿润土壤中，N_2O 主要来自反硝化作用（Livingston et al.，1988；Keller et al.，1988）。

　　反硝化作用产物 NO、N_2O 和 N_2 的相对重要性受环境条件影响（Firestone and Davidson，1989；Bonin et al.，1989）。反硝化作用通常生成 N_2O 高于 NO，土壤含水量增加时土壤 NO 总释放量（硝化作用+反硝化作用）及其所占氮损失比重逐渐降低，N_2O 通量则增加（图 6.20；Drury et al.，1992；Bollmann and Conrad，1998；Wolf and Russow，2000）。影响反硝化作用 N_2O 和 N_2 损失相对比重的因素尚不甚清楚，但包括土壤 pH、NO_3^- 和 O_2（氧化剂），以及有机碳（还原剂）的相对丰度（Firestone et al.，1980；Morley and Baggs，2010；Burgin and Froffman，2012；Bakken et al.，2012）。土壤 pH 是中国农田土壤 N_2O 排放的关键因素（Wang et al.，2018c）。当 NO_3^- 供应较有机碳充足时，N_2O 是主要产物（Firestone and Davidson，1989；Huang et al.，2004；Mathieu et al.，2006）。还原为 N_2 可减少进入大气的 N_2O 净通量，在相关环境条件下 N_2O 可扩散进入土壤，被反硝化细菌还原生成 N_2（Sanford et al.，2012；Schlesinger，2013）。

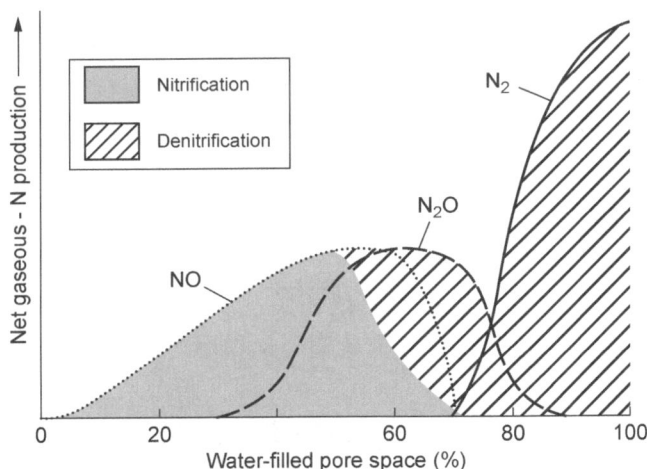

图 6.20　硝化和反硝化过程 NO、N_2O 和 N_2 相对生成比例与土壤含水量关系
来源　Davidson 等（2000），美国生物科学研究所授权使用。所有著作权保留
图中文字　Nitrification：硝化作用；Denitrification：反硝化作用；Net gaseous-N production：净气态氮生成量；Water-filled pore space：水饱和孔隙空间

　　反硝化作用生成 N_2O/N_2 值差异非常大（Weier et al.，1993）。N_2O 平均排放量约占反硝化作用总气态 N 损失量的 50%（Schlesinger，2009；Wang and Yan，2016）。虽然旱地土壤排放 N_2O/N_2 值约为 1∶1，但土壤水分含量较高的旱地土壤 N_2O 排放比例非常低（Schlesinger，2009）。森林和草原土壤反硝化作用年度 N 损失通常 <3 kg $N\cdot hm^{-2}\cdot yr^{-1}$（Bai et al.，2014；The et al.，2014；Morse et al.，2015）。

　　农田土壤硝化和反硝化作用的 N_2O 排放总量通常为 2～4 kg $N\cdot hm^{-2}\cdot yr^{-1}$（Roelandt et al.，2005；Kim et al.，2013；Shcherbak et al.，2014），但个别农田 N_2O 年排放总量高达 13 kg $N\cdot hm^{-2}\cdot yr^{-1}$（Barton et al.，1999；Sgouridis and Ullah，2015）。全球土壤 N_2 总排放量（约 44×10^{12} g $N\cdot yr^{-1}$；第 12 章）超过 N_2O（$<10\times10^{12}$ g $N\cdot yr^{-1}$）或 NO（12×10^{12} g

$N \cdot yr^{-1}$)。反硝化作用是将 N_2 回归大气的关键过程，闭环了全球 N 生物地球化学循环（Fang et al.，2015；Brookshire et al.，2017；第 12 章）。由于 N_2O 是重要的温室气体并能催化平流层破坏臭氧的化学反应，大气 N_2O 浓度持续上升使其通量变得十分重要（第 3 章和第 12 章）。

由于地球大气含 N_2 浓度高达 78%，反硝化作用产生的 N_2 难以在野外测定。近来，有学者采用惰性气体（如氦或氩）置换野外采气箱内空气以实现对土壤排放 N_2 的观测（Scholefield et al.，1997；Butterbach-Bahl et al.，2002；Burgin et al.，2010）。

众多实验室也采用乙炔抑制 N_2O 还原为 N_2 的方法测定反硝化作用强度（图 6.16；Yoshinari and Knowles，1976；Burton and Beauchamp，1984；Davidson et al.，1986；Tiedje et al.，1989）。在实验室或野外小区使用乙炔抑制，使 N_2O 为反硝化作用唯一产物，相对于其大气背景浓度 320 ppb，可用气相色谱测得 N_2O 浓度。另外，研究者在野外小区施加 $^{15}NO_3^-$，通过测定 ^{15}N 气体排放量或土壤 $^{15}NO_3^-$ 消失量计算反硝化作用强度（Parkin et al.，1985；Mathieu et al.，2006；Kulkarni et al.，2014）。

野外估测反硝化作用强度存在很大的时空变异性。局地尺度的总变异度很大部分来自于 <10 cm 的空间距离，Parkin（1987）认为这与土壤团聚体内厌氧微域分布有关。Parkin（1987）在一直径 15 cm 土柱中发现，85% 的反硝化总量发生在一片面积仅 1 cm^2 腐烂的苋属（*Amaranthus*）植物叶下！沙漠生态系统土壤氮和硝化作用集中于灌木丛冠层之下，反硝化作用也大多被限制于这一区域（Virginia et al.，1982；Peterjohn and Schlesinger，1991）。

Robertson 等（1988）记录了美国芝加哥一田块的矿化作用、硝化作用和反硝化作用变化模式。所有的过程均存在很大的空间变异，其中反硝化作用空间变异系数最大，达到 275%。这些过程间存在显著的相关性。土壤呼吸作用和潜在硝化作用解释了 37% 的反硝化作用空间变异，可能是反硝化作用对底物（有机碳和 NO_3^-）的依赖性所致。

由于这些过程存在高度空间变异性，无法通过有限的几个气罩观测来估算某一生态系统的平均通量或总通量（Ambus and Christensen，1994；Mathieu et al.，2006）。强反硝化作用常发生于条件适宜的特定区域。例如，Peterjohn 和 Correll（1984）认为大部分农田径流流失的硝态氮在河滨林地被反硝化移除，最大限度地减少了农田氮经河流的损失量（Pinay et al.，1993；Jordan et al.，1993）。在旱地森林中，反硝化氮损失通常在土壤水分饱和局域最高（Duncan et al.，2013；Anderson et al.，2015）。在计算区域反硝化作用平均强度时，必须考虑其高活性和低活性的相对贡献率（Groffman and Tiedje，1989；Yavitt and Fahey，1993；Morse et al.，2012）。自然生态系统和受干扰生态系统间土壤微生物群落的差异可能进一步使得区域反硝化强度估算复杂化（Cavigelli and Robertson，2000）。Soper 等（2018b）利用遥感技术绘制了热带雨林冠层含氮量分布图，其与土壤 N_2O 排放量高度相关，以代替汇总各个田间观测 N_2O 通量。

如同 NH_3 挥发，硝化作用和反硝化作用的气态产物或副产物进入大气都会导致土壤 ^{15}N 富集。反硝化菌能分馏 $^{14}NO_3^-$ 和 $^{15}NO_3^-$ 的氮同位素（Handley and Raven，1992；Robinson，2001；Snider et al.，2009）。由于对 $^{14}NO_3^-$ 利用的偏好，反硝化作用释放 $^{14}N_2$ 进入大气，多数土壤 $\delta^{15}N$ 为正值（图 6.9；Shearer and Kohl，1988；Knöller et al.，2011；

Lewicka-Szczebak et al.，2014）。Evans 和 Ehleringer（1993）发现 $\delta^{15}N$ 丰度和土壤含氮量呈显著负相关（图 6.21），表明含 N 量低的土壤，由于气态氮损失导致 ^{15}N 残留富集（Garten，1993）。与相邻排水好的土壤相比，同一块农田水分饱和、氧化还原电位低的土壤 ^{15}N 也呈高富集水平（第 7 章；Sutherland et al.，1993）。热带土壤高 ^{15}N 富集现象表明含 N 气体损失是其 N 损失的主要途径（Martinelli et al.，1999；Houlton et al.，2006；Koba et al.，2012）。

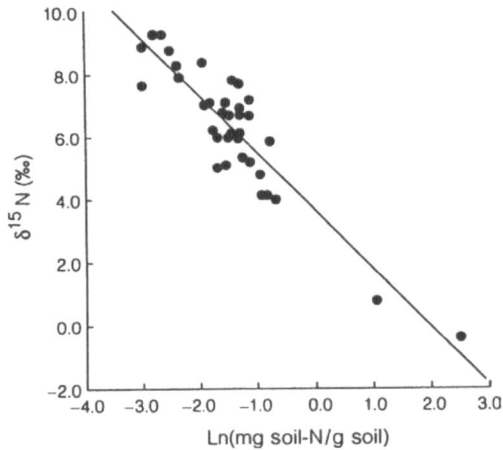

图 6.21　美国犹他州刺柏林地土壤有机质的 $\delta^{15}N$ 丰度与土壤总 N 量的线性关系
来源　Evans 和 Ehleringer（1993）
图中文字　Soil-N：土壤氮

6.4.4　土壤磷循环

由于土壤 P 存在各种形态（Weihrauch and Opp，2018）并且有效态 P 与不同土壤矿物瞬时发生反应（图 4.10 和图 6.22），因此土壤有机磷矿化作用研究非常困难。个别学者用埋袋法观测有机磷矿化作用（Pastor et al.，1984），但由于 P 可被土壤矿物迅速物理吸附，多数试验通常测不到明显的净矿化作用。因此，大多数 P 循环研究采用放射性 P 同位素标记植物材料的分解实验（Harrison，1982），或者添加放射性 ^{32}P 或 ^{33}P 到土壤中测定其贫化效应（Walbridge and Vitousek，1987；Bünemann，2015；Helfenstein et al.，2018；Wanek et al. 2019）。采用同位素贫化法是假设添加的 ^{32}P 与土壤磷化学组分达到平衡，并且其丰度贫化的唯一途径是有机磷矿化作用（Kellogg et al.，2006）。不幸的是，这些假设在很多环境条件下并非总是成立的，使得该方法应用受限（Di et al.，1997；Bünemann et al.，2007）。为避免使用放射性物质，有研究者将氧稳定性同位素标记的 $P^{18}O_4^{3-}$ 实验性添加到土壤以观测其贫化度（$\delta^{18}O$；Weiner et al.，2018）。

面对直接观测土壤 P 矿化作用的困难，许多学者用连续提取法来定量土壤 P 的有效性（Hedley et al.，1982b；Tiessen et al.，1984）。$0.5\ mol \cdot L^{-1}$ $NaHCO_3$ 可提取态磷是表征众多土壤活性（不稳定性）无机和水溶性有机磷的实用指标（Olsen et al.，1954；Sharpley et al.，1987）。有机磷通常根据土壤样品高温烧失前后的 PO_4^{3-} 含量差值测得（Stevenson，1986），而微生物生物量 P 则是通过土壤样品氯仿熏蒸前后可提取态磷的差值计算获得（Brookes et al.，1984）。用 NaOH 提高 pH 和降低阴离子吸附容量来提取被土壤 Fe、Al

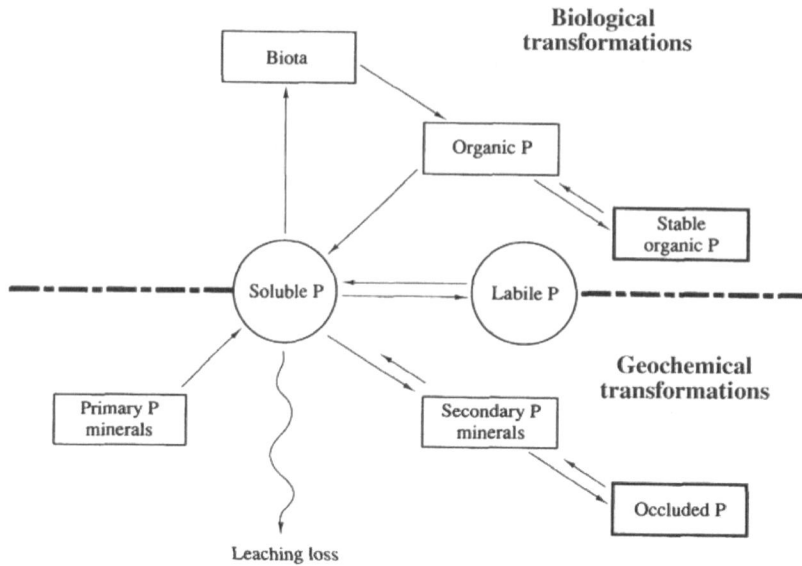

图 6.22　土壤磷转化过程

来源　Smeck（1985）

图中文字　Biological transformations：生物转化过程；Geochemical transformations：地球化学转化过程；Biota：生物圈，Organic P：有机 P；Stable organic P：稳定性有机 P；Soluble P：溶解态 P；Labile P：活性 P；Primary P minerals：含 P 原生矿物；Secondary P minerals：含 P 次生矿物；Occluded P：闭蓄态 P；Leaching loss：淋失

矿物络合的 P，而用 HCl 提取各种钙结合态 P，包括 $CaCO_3$（Tiessen et al.，1984；Cross and Schlesinger，1995）。酸提取的 P 还包括磷矿石的 P（第 4 章）、骨骼的次生羟基磷灰石［$Ca_5OH(PO_4)_3$］和牙齿的氟磷灰石［$Ca_5F(PO_4)_3$］的 P。这些土壤生物矿物有时被考古学家用来研究古人类活动和居住场所（Sjöberg，1976；Vitousek et al.，2004）。不同 P 组分反映了土壤发育过程中 P 有效性的普遍变化（图 4.11）。土壤 P 组分中，活性无机磷的平均滞留时间为分钟到小时，NaOH 可提取无机磷则为数天到数月，而酸可提取无机磷则为数年甚至数千年（Helfenstein et al.，2019）。

多数生态系统参与生物地球化学循环的 P 多以有机态存在（Chapin et al.，1978；Yanai，1992；Gressel et al.，1996），特别是磷酸肌醇类（Turner and Millward，2002）。磷单酯（C–O–P）随时间积累（Wang et al.，2019）。这些有机磷形态可用 ^{31}P 核磁共振光谱仪分离和鉴定（Turner et al.，2007；Turner and Engelbrecht，2011；Huang et al.，2017；Deiss et al.，2018）。之前已经讨论了土壤微生物、植物根系及菌根能分泌磷酸酶和有机酸来矿化有机磷（第 4 章）。

分解有机物中 P 多以酯键存在。这些功能基团可被微生物在特定需 P 情况下分泌的胞外酶（如磷酸酶）矿化（McGill and Cole，1981）。微生物分泌酸性磷酸酶直接与土壤有机质含量有关（Tabatabai and Dick，1979；Polglase et al.，1992；Godin et al.，2015）。森林生长过程中植物吸收土壤活性磷，土壤活性磷会从阴离子吸附态磷和非闭蓄态磷得到补充，从而使土壤溶液磷浓度长期保持平衡（Richter et al.，2006；Helfenstein et al.，2019）。

多数情况下表层土壤 P 循环以有机态磷转化主导，而深层土壤则以物理化学反应主导（Wood et al.，1984；Achat et al.，2013；Bünemann et al.，2016；Wilcke et al.，2019）。Walbridge 等（1991）发现温带森林未分解凋落物的 35%有机磷被微生物生物量持有，Gallardo 和 Schlesinger（1994）则发现在美国卡罗来纳州北部森林洼地深层土壤富含对 P 有超强吸附的铁铝氧化物矿物，向其添加无机磷可增加微生物生物量。同样的结果在热带森林也有报道（Cleveland et al.，2002；Liu et al.，2012）。年轻土壤以磷矿物质化学风化为主（Schlesinger et al.，1998），而低磷土壤（Turner et al.，2014；Lang et al.，2017）和热带雨林高度风化土壤则以有机磷循环为主。

6.4.5 硫循环

与 P 类似，土壤 S 循环也受化学和生物过程影响。土壤 S 来自于大气沉降（第 3 章）和岩石含 S 矿物的风化（第 4 章），其各自贡献取决于地理位置和土壤发育过程（Novak et al.，2005；Bern and Townsend，2008；Mitchell et al.，2011b）。土壤溶液 SO_4^{2-} 浓度与土壤矿物 SO_4^{2-} 吸附处于平衡状态（第 4 章）。植株吸收 SO_4^{2-}，通过同化还原作用将 S 同化为谷胱甘肽（Köstner et al.，1998）、半胱氨酸、甲硫氨酸等氨基酸，进一步合成蛋白质（Johnson，1984）。硫还原酶分子结构以 Fe 作为辅因子（Crane et al.，1995）。植物含有少量酯结合硫酸根（–C–O–SO_4），当土壤 S 浓度很高时，植物在叶组织中积累 SO_4^{2-}（Turner et al.，1980）。

多数土壤 S 多以有机态存在（Bartel-Ortiz and David，1988；Mitchell et al.，1992；Schrothe et al.，2007）。植物组织分解时伴随 S 的微生物固定（Saggar et al.，1981；Staaf and Berg，1982；Fitzgerald et al.，1984）。Wu 等（1995）应用放射性同位素 ^{35}S 示踪发现土壤添加葡萄糖后，微生物固定 $^{35}SO_4^{2-}$ 的速率很高（参见 Houle et al.，2001）。有机酸向下迁移时也将有机硫化合物转运到土壤剖面深处（Schoenau and Bettany，1987；Kaiser and Guggenberger，2005）进而被矿化（Dail and Fitzgerald，1999；Houle et al.，2001）。SO_4^{2-} 矿化作用通常始于 C/S 比值<200（Stevenson，1986）。土壤有机硫具有比土壤硫酸根更高的 δ^{34}S 丰度，表明土壤微生物在有机硫矿化过程中存在分馏作用，偏好 ^{32}S（Mayer et al.，1995）。径流携带的 SO_4^{2-} 多数转变为有机硫（Likens et al.，2002；Novak et al.，2005；Yi-Balan et al.，2014）。

森林土壤微生物对输入 SO_4^{2-} 的固定作用主要发生在土壤剖面上部，SO_4^{2-} 吸附发生在有倍半三氧化物矿物存在的 B 层（Schindler et al.，1986；Randlett et al.，1992；Houle et al.，2001）。多数情况下微生物 S 以碳结合态存在（David et al.，1982；Schindler et al.，1986；Dhamala and Mitchell，1995）。土壤有机硫富集发生在 SO_4^{2-} 酸雨沉降区（Likens et al.，2002；Armbruster et al.，2003）。美国北卡罗来纳州考维塔（Coweeta）实验林土壤微生物固定的大部分 S 以硫酸酯化合物累积（Fitzgerald et al.，1985；Watwood and Fitzgerald，1988），是大气 SO_4^{2-} 沉降的重要汇（Swank et al.，1984）。除有机态外，多数土壤 SO_4^{2-} 含量很低。Johnson 等（1982）在美国田纳西州一森林发现土壤吸附态 SO_4^{2-} 库是植被总 S 汇的 15 倍之多。

为维持电荷平衡，植物吸收和还原 SO_4^{2-} 均需消耗土壤 H^+，而有机硫矿化过程则返还 H^+ 到土壤溶液中，因此不产生土壤酸度净增加（Binkley and Richter，1987）。相反，还原态无机硫与一些岩石矿物（如黄铁矿）伴随，还原态 S 矿物的氧化风化作用导致尾矿渗滤液呈强酸性 [式（2.15）和式（4.6）]。这一氧化反应由硫杆菌属（*Thiobacillus*）的化能自养细菌完成。

还原性含 S 气体，如 H_2S、COS（羰基硫，carbonyl sulfide）、$(CH_3)_2S$（二甲基硫）等，主要产生于高度还原的湿地土壤（第 7 章）。全球旱地土壤对大气含 S 气体的贡献很小（Goldan et al.，1987；Staubes et al.，1989；Yi et al.，2010）。然而，许多植物（如大蒜）产生挥发性有机硫化合物，可刺激人类或其他食草动物的感官受体（Bautista et al.，2005）[①]。CS_2（二硫化碳）的气味通常在挖掘热带树种高柱苏木（*Styphnodendron excelsum*）根时能闻到（Haines et al.，1989）。另外，很多植物叶可在光合作用时释放含硫气体（Winner et al.，1981；Kesselmeier et al.，1993）。

生态系统（土壤 + 植物）含硫气体的总排放净通量常通过垂直大气剖面的气体浓度估算（Andreae and Andreae，1988）。植物释放的含硫气体主要是硫化氢（Delmas and Sevant，1983；Andreae et al.，1990；Rennenberg，1991）。陆地生态系统是$(CH_3)_2S$ 的白天排放源（Andreae et al.，1990；Berresheim and Vulcan，1992；Jardine et al.，2015b；Whelan and Rhew，2016），但植被是全球最大的 COS 汇（第 13 章）。

6.4.6 林火转化作用

林火期间养分以气体和烟气颗粒形式损失（Andreae，2019），但灰烬进入土壤增加了养分有效性（Raison，1979；Giardina et al.，2000）。林火过后，灰烬覆盖的裸露土壤常伴随地表径流和侵蚀的增加。过火后养分丰富的土壤，其硝化速率得以增强，促进了NO 和 N_2O 损失。

全球森林燃烧速率的增加可能耗尽土壤养分，排放痕量气体进入大气（Mahowald et al.，2005a）。然而，人类干预前林火是生态系统的自然组成，因林火引起的养分损失虽不频繁但呈一定规律性（Clark，1990）。应用质量平衡法可估算一次林火养分损失恢复所需时长。例如，美国东南部针叶林森林一次小范围地面过火后氮损失量 $11\sim40$ kg $N\cdot hm^{-2}$（Richter et al.，1982），相当于当地年氮大气沉降量的 $3\sim12$ 倍（Swank and Henderson，1976）。相反，周期性林火引起的氮损失量可能主导了半干旱森林的长期氮平衡，需上百年新输入来弥补一次林火的损失（Johnson et al.，1998）。

实验室条件下焚烧叶和枝条时，高达 90%的氮以 N_2 或一种或多种氮氧化物气体形式损失（DeBell and Ralston，1970；Lobert et al.，1990）。林火因其高温和有机质燃烧同时挥发了氮（DeBano and Conrad，1978；Raison et al.，1985；McNaughton et al.，1998），当林火从明火变成暗燃阶段时，氮损失率急剧下降（Crutzen and Andreae，1990）。通常林火氮损失量为 $100\sim600$ kg $N\cdot hm^{-2}$，即 10%$\sim$40%的植被地上生物量和地表凋落物量的含氮量（Johnson et al.，1998；Dannemann et al.，2018）。亚马孙雨林砍伐火灾造成巨大的养分损失（Kauffman et al.，1993）。

研究林火气态产物通常用飞机穿过烟羽采集气样（如 Cofer et al.，1990；Nance et al.，1993；Hurst et al.，1994），测定高于大气背景的 CO_2 和 CO 增量以及烟气中其他气体与CO_2 的比值（如 NH_3/CO_2），其中甲烷和氨可以用卫星遥感监测（Whitburn et al.，2015；Ross et al.，2013）。假设燃料碳全部转化为 CO_2 和 CO，通过估算林火消耗的生物量碳量和不同成分组分与烟气总碳量（CO_2+CO）的比值来计算其他成分以气体和颗粒物形

---

① 大蒜有味化合物是硫代亚磺酸二烯丙酯或二烯丙基二硫化物。

态的损失量（Laursen et al., 1992; Delmas et al., 1995; Luo et al., 2015）。因此，全球林火氮挥发量可通过全球林火年碳损失量来计算（Andreae, 2019; Schultz et al., 2008）。N_2 是林火气态氮损失的主要形式，即通过"热解反硝化作用"途径排放生物圈固定的氮（第 3 章和第 12 章）。

林火引起其他含氮气体损失对其年大气通量的贡献为 4% N_2O、15% NH_3 和 16% NO_x（第 12 章）。对流层大气环流可将加拿大寒带林火释放的 NO_x 羽流输送到欧洲（Spichtinger et al., 2001）。林火也是全球大气 CO 的主要来源（Seiler and Conrad, 1987; 表 11.3），以及少量 CH_4（Delmas et al., 1991; Quay et al., 1991）、CH_3Br、CH_3Cl（表 3.7）和 SO_2（Crutzen and Andreae, 1990; Sanborn and Ballard, 1991）的来源。

气流和上升流携带林火产生的灰烬颗粒，带走其他养分物质（Arianoutsou and Margaris, 1981; Gaudichet et al., 1995）。用林火前地上植被和凋落物量的百分比表示，以气体和颗粒物形态损失的植物养分依次为：N>K>Mg>Ca>P>0%。由于不同养分的损失率改变了林火后土壤有效态养分平衡（Raison et al., 1985），而损失进入大气的养分可增强邻近下风向地区的养分沉降（Clayton, 1976; Lewis, 1981）。非洲森林火灾产生的磷气溶胶在亚马孙流域和南部海区沉降施肥（Barkley et al., 2019）。

林火将植被地上部分的一部分物质和养分以灰分的形式转移到土壤中，但其程度取决于林火强度。因灰分加入极大地改变了土壤的化学和生物学性质（Raison, 1979）。灰分中阳离子和磷有效性提高，通常提高土壤 pH（Butler et al., 2018）。林火提高了土壤可提取态 P 含量，但降低了有机磷含量和磷酸酶活性（DeBano and Klopatek, 1988; Saa et al., 1993; Serrasolsas and Khanna, 1995）。由于灰烬 N 可被快速矿化和硝化（Christensen, 1977; Dunn et al., 1979; Matson et al., 1987），即使土壤总 N 量可能变化不大，但 NH_4^+ 和 NO_3^- 浓度通常会增加（Wan et al., 2001）。西班牙地中海灌木丛过火后 N_2、NO 和 N_2O 损失量约占林火期间相应气体损失量的15%（Dannenmann et al., 2018）。林火后土壤硝态氮累积和 NO 排放增强刺激火后物种萌发（Keeley and Fortheringham, 1998）。灰分沉降引起的土壤有效养分增加现象通常是短暂的，很快被植物吸收或随侵蚀流失和淋失（Lewis, 1974; Uhl and Jordan, 1984; Goodridge et al., 2018）。

由于通过蒸腾作用的水分损失减少，林火后溪流径流量通常会增加。林火后土壤养分有效性和径流流量的协同提升使得生态系统的养分流失量增加。养分径流流失取决于多个因素，包括季节、降雨模式和火后植被生长等（Dyrness et al., 1989）。Wright（1976）指出美国明尼苏达州一失火森林流域 K 和 P 流失量显著增加，其养分损失量在过火后前两年达到最大，第三年失火流域 P 损失量要低于毗邻的成熟森林，这可能是由于火后再生植被的吸收所致（McColl and Grigal, 1975; Saá et al., 1994）。林火过后 Ca、Mg、Na 和 K 的相对损失量通常超过 N 和 P 的损失量，但也有例外（Chorover et al., 1994）。

湖泊和海洋沉积柱芯含有埋藏的灰烬层，可指示林火发生频率（Clark et al., 1996; Mensing et al., 1999）。包埋有灰烬层的冰芯通常含有高浓度的 NH_4^+，表明林火导致大量 NH_3 挥发（Legrand et al., 1992）。格陵兰岛冰盖冰芯记录了欧洲人北美殖民历史时期增加的生物量燃烧事件（Whitlow et al., 1994; Savarino and Legrand, 1998）。历史气候变化和人类活动影响着全球林火消耗生物量年通量（Nicewonger et al., 2018; Ward et al., 2018）。预测未来干旱可能会进一步增强森林火灾及其生物地球化学后果（Schlesinger et al.，2016）。

6.4.7 动物的作用

陆地生物地球化学研究通常专注于植物和土壤微生物。由于动物利用约5%陆地净初级产物（第 5 章），有理由相信它们在养分循环中也发挥了重要的作用。鸟巢下方土壤常有令人印象深刻的养分输入（Gilmore et al.，1984；Lindeboom，1984；Mizutani and Wada，1988；Maron et al.，2006；Simas et al.，2007）。富含铵和$\delta^{15}N$的土壤被用来追踪南极洲企鹅群落的历史栖息位置（Mizutani et al.，1986）和其他地区鸟类栖息地（Ellis et al.，2006；Leblans et al.，2014）。美国黄石公园麋鹿在栖息地间重新分配植物生物质，增加其聚集区土壤含 N 量和 N 矿化速率（Frank et al.，1994；Frank and Groffman，1998）。同样，海龟通过产卵将营养物质送回沙丘栖息地（Bouchard and Bjorndal，2000；Hannan et al.，2007），而河马通过摄食和翻滚扰动将养分输入非洲河流（Subalusky et al.，2018）。现今动物对养分再分配的贡献可能远低于更新世巨型动物灭绝前（Doughty et al.，2013）。

牧场土壤高$\delta^{15}N$丰度表明其生态系统氮损失较大（Frank and Evans，1997）。非洲塞伦盖蒂（Serengeti）草原因放牧促进了养分循环和植物生产力，为动物提供了更好的栖息地（McNaughton et al.，1997）。古代牧民在非洲稀树草原的迁徙在几千年后仍可根据土壤养分和$\delta^{15}N$的富集来持续追踪（Marshall et al.，2018）。

研究者认为采食植被（尤其是昆虫）可促进养分的系统内循环，甚至可能有利于陆地植被（Owen and Wiegert，1976）。易被采食的树木通常矿质养分缺乏或受其他胁迫（Waring and Schlesinger，1985）。周期性采食可促进养分循环（昆虫粪便回归土壤），缓解土壤养分缺乏（Mattson and Addy，1975；Yang，2004）。Risley 和 Crossley（1988）还指出昆虫采食可引起森林未成熟树叶过早脱落。这些落叶发生在养分再吸收前，使大量养分回归土壤。Swank 等（1981）在同一森林还观测到因昆虫采食落叶引起林区溪流硝态氮浓度增加。食草动物对热带雨林养分循环贡献巨大（Metcalfe et al.，2014）。

大量文献资料记载了可作为食物的植物组织特征。大型哺乳动物季节性摄食不同植物有利于其避免矿质养分缺乏（McNaughton，1990；Ben-Shahar and Coe，1992；Grasman and Hellgren，1993）。众多研究认为如食草动物以高 N 含量植物为食（Mattson，1980；Lightfoot and Whitford，1987；Griffin et al.，1998），可能该动物种群受 N 限制。然而，动物采食偏好可能与植物组织高水分（Scriber，1977）和低酚（Jonasson et al.，1986）含量有关，而不是特意寻找氨基酸含量高的叶片为食。采食植物组织通常会降低植物光合作用，但养分吸收继续，使得植物地上部分养分浓度增加（McNaughton and Chapin，1985）。一些植物物种因采食而促进其氮吸收（Jaramillo and Detling，1988）。因此，食草动物有时会提高其食物的营养质量供其未来采食，但相应地植物防御性化合物也会随之增加（White，1984；Seatedt，1985）。

极端情况下落叶可能是生态系统重要的养分周转形式（Hollinger，1986）。然而，食草动物在陆地生态系统中的作用还是很小的（Gosz et al.，1978；Pletscher et al.，1989），并且植物获利也有限（Lamb，1985）。实际上，植物常转化大量净初级产物成为防御性化合物（Coley et al.，1985），摆脱昆虫采食时植被 NPP 增加（Cates，1975；Morrow and LaMarche，1978；Marquis and Whelan，1994）。植物组织（尤其草本）累积 Si 可能是针对食草动物的防御机制（Hartley and DeGabriel，2016）。

　　高营养级捕食者也影响陆地生态系统养分循环，通过运送动物尸体形成局部土壤养分富集（Schmitz et al.，2010；Carter et al.，2007；Barton et al.，2013）。腐肉分解之下的土壤可富集养分超一年之久（Keenan et al.，2018，2019）。鲑鱼产卵洄游将海洋氮转运到溪流的河滨林地（Ben-David et al.，1998；Helfield and Naiman，2001；Quinn et al.，2018），尤其当它们被熊捕食时（Hilderbrand et al.，1999）。狐狸作为捕食者被引入阿留申群岛后，捕食筑巢海鸟，而这些海鸟通常将海洋养分转运到陆地土壤（Maron et al.，2006）。

　　动物在凋落物分解过程中发挥重要作用（Swift et al.，1979；Hole，1981；Seastedt and Crossley，1980）。广泛分布的线虫、蚯蚓、白蚁是凋落物初级分解者，周转养分回归土壤。Schaefer 和 Whitford（1981）发现白蚁在沙漠土壤中周转了 8% 的凋落物 N（图 6.23），另外，2% 地表凋落物氮被其筑巢活动转运到地下。当用杀虫剂杀死白蚁后，凋落物分解速率下降并在地表堆积。土壤动物生命周期短，其所携带养分被快速分解回到系统内循环中（Seastedt and Tate，1981）。较大动物通过扰动和挖掘土壤来增强养分循环（Schmitz et al.，2018；MallenCooper et al.，2019）。

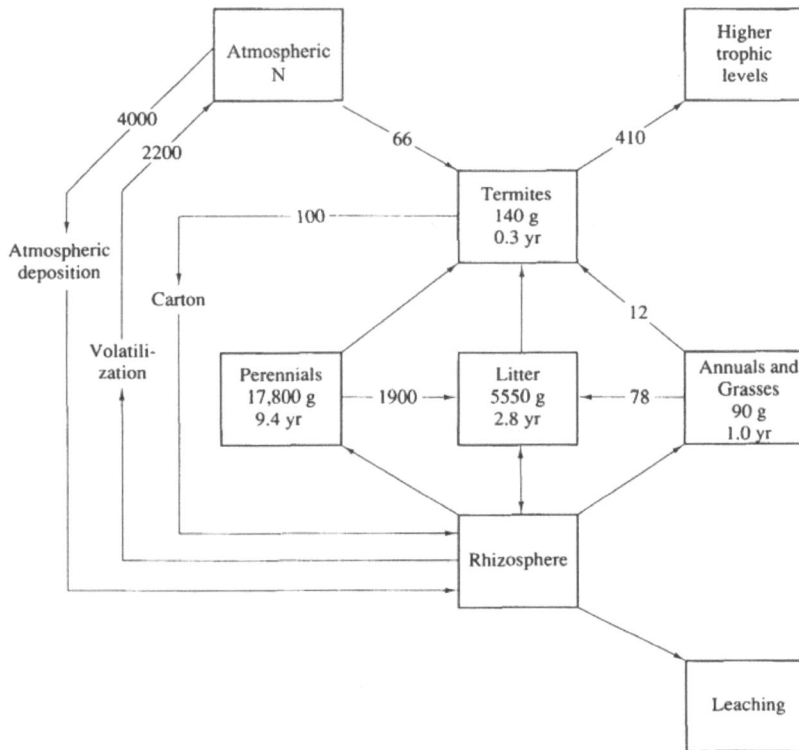

图 6.23　美国新墨西哥州奇瓦瓦（Chihuahuan）沙漠 N 循环，显示白蚁在 N 转化过程中的作用。N 通量用箭头方向表示，单位为 $g\ N \cdot hm^{-2} \cdot yr^{-1}$；方框表示不同 N 库，数字为周转时间，单位为 yr
来源　Schaefer 和 Whitford（1981），Springer 授权使用
图中文字　Atmospheric N：大气中的氮；Atmospheric deposition：大气沉降；Volatilization：挥发；Carbon：碳；Perennials：多年生植物；Termites：白蚁；Litter：凋落物；Rhizosphere：根际；Higher trophic levels：高营养级；Annuals and grasses：一年生植物和草本；Leaching：淋失

　　从另一角度来看，动物的生物地球化学过程也是很有趣的，即研究生物地球化学如

何影响动物分布和丰度。在高硒土壤地区饲养鸭子和牛导致死亡说明这一相互作用可能普遍存在（Dhillon et al.，2018）。

钠（Na）不是植物生物化学过程的必需元素，由于有限的吸收和在根表面排出，植物含 Na 量较低（Smith，1976）。但是，Na 是所有动物所必需的重要元素。食草动物体内 Na 含量与其食物 Na 含量的巨大差异表明，Na 可能普遍限制哺乳动物种群数量（Prather et al.，2018；Welti et al.，2019）。动物对天然盐舔舐（Jones and Hanson，1985；Freeland et al.，1985；Smedley and Eisner，1995）和高 Na 植物（Botkin et al.，1973；Rothman et al.，2006）的兴趣支持了 Na 缺乏假设。美国阿拉斯加的雪鞋野兔栖息地通常至少有一片贫瘠的岩石区，野兔得以获得矿物质（Kielland et al.，2019）。

Weir（1972）提出非洲中部大象分布至少部分依赖于季节性水坑里的钠，McNaughton（1988）也发现非洲塞伦盖蒂草原有蹄类动物数量与植物可食部分的 Na、P 和 Mg 含量相关。因此，自然生态系统动物种群分布可能受 Na 有效性影响。Aumann（1965）发现高 Na 土壤地区啮齿动物种群数量多，推测 20 世纪 30 年代来自大草原高 Na 土壤经"尘暴"输送致美国东部沉降，使得区域内啮齿动物数量增多。这一案例将动物丰富度与土壤生物地球化学及远距离风沙侵蚀土壤联系在一起。同样，Kaspari 等（2009）认为热带森林白蚁分解凋落物也受到来自大气沉降 Na 的有效性调控，从沿海向内陆递减。

6.5　景观尺度的物质平衡计算

当元素不可或缺地参与生物化学过程或被有机质同化时，其被滞留在陆地生态系统中。多数情形下土壤和植被的养分库是大气沉降和岩石风化的年养分输入量的数倍（表 6.4）。在所有滞留陆地生态系统的养分元素中，通常 P 的平均滞留时间是最长的（Spohn and Sierra，2018）。美国新罕布什尔州哈伯德溪实验林的植被和枯枝落叶层的元素周转期（滞留量/输入量）从 21 年（Mg）到大于 100 年（P）（Likens and Bormann，1995；Yanai，1992）。相反，植物非必需元素 Na 的周转期非常短（仅 1.2 年），因为 Na 未被生物体滞留或未同化进入腐殖质。

氯（Cl）水溶性高，且很少参与土壤化学反应（第 4 章），是植物营养的微量元素（White and Broadley，2011），氯离子（Cl⁻）传统上被用于示踪生态系统水通量（Juang and Johnson，1967）。然而，有研究（Oberg et al.，2005；Bastviken et al.，2007；Leris and Mynein，2010；表 4.5）表明部分 Cl 可被土壤有机质同化而滞留，尤其在总 Cl 通量较小时，影响其作为地球化学过程保守性示踪剂的角色（Svensson et al.，2012）。同样，Si 也非植物必需元素，但陆地生态系统存在大量生物源 Si 循环（Sommer et al.，2013；Turpault et al.，2018），尤其在农业生态系统（Carey and Fulweiler，2012）。一些非必需甚至有毒元素（如 Pb），因与有机质结合而累积于土壤（Smith and Siccama，1981；Friedland and Hohnson，1985；Kaste et al.，2005；Anastopoulos et al.，2019）。虽然 Pb 不参与生物化学过程，但其在生态系统的滞留是生物过程所致。因此，针对 Si、Cl、Pb、汞（Hg）和其他非必需元素在地球陆地生态系统的研究都属于生物地球化学范畴。

矿化作用、植物吸收和凋落物凋落构成了多数生态系统元素的年度系统内大循环。在不受大气污染地区 N 年输入量通常为 1～5 kg N·hm⁻²·yr⁻¹，而土壤 N 年矿化通量为

$50 \sim 100$ kg N·hm^{-2}·yr^{-1}（Bowden，1986）。尽管生态系统内有效养分流动性如此大，但森林景观单元的径流氮流失量通常很少（约为 3 kg N·hm^{-2}·yr^{-1}；Lewis，2002；Cobelas et al.，2008）。如此小的径流 N 损失强烈表明生物过程的高效，将必需元素滞留在生物化学过程中。通过跟踪 NO$_3^-$ 的 δ^{15}N 和 δ^{18}O 双同位素，可有效地分辨径流硝态氮的大气沉降输入和微生物硝化作用来源（Kaneko and Poulson，2013；Yu et al.，2016）。当植物存在时，绝大部分大气沉降 N 被植物吸收进入生态系统循环（Durka et al.，1994）；但在沙漠，相当一部分大气沉降 N 被损失（Michalski et al.，2004b）。

包括气体通量观测的养分收支研究相对较少（Schlesinger，2009）。反硝化作用引起的 N 气态损失解释了为什么肥料 N 的滞留率通常低于其他没有气相形态的元素（如 P 和 K）（Stone and Kszystyniak，1977）。包括了反硝化作用 N 气态损失的质量平衡研究平衡了美国新英格兰地区哈伯德溪生态系统的 N 收支（Yanai et al.，2013；Morse et al.，2015）。许多地区土壤 δ^{15}N 丰度呈正值，表明反硝化作用导致 N 损失（Houlton et al.，2006）。除高度风化土壤外，潮湿热带地区 NPP 受 P 限制（Alvarez-Clare et al.，2013；Fisher et al.，2013），而世界绝大多数植被生长受土壤 N 有效性控制（LeBauer and Treseder，2008；Símová et al.，2019）。由于反硝化作用，即便植物高效吸收土壤 N 而径流 N 损失有限，全球大多数植被仍受 N 限制（Houlton et al.，2006；第 12 章）。

Allen 等（1993）比较了美国安大略湖区一岩石裸露区森林斑块的元素质量平衡。各元素在岩石裸露区呈净损失，而邻近森林斑块富集 N、P、Ca 于植被中。然而，我们不应期望生物必需养分能在所有生态系统中无限地积累。在年轻（发育中）生态系统，由于结构性生物量和土壤有机质的快速累积，生物量的 N 和 P 同化作用很强，其生态系统净生产量为正值（第 5 章）。而总生物量稳定成熟的生态系统 N 损失量则比较高（Vitousek and Reiners，1975；Davidson et al.，2007）。生物圈 N 同化量可能取决于与其他元素的相对有效性。例如，热带雨林低洼区植被生长一般受 P 限制，与温带森林相比，它是一个"漏" N 区（Martinelli et al.，1999；Broolshire et al.，2012）。

应用质量平衡方法：

$$输入量 - 输出量 = 净累积量 \tag{6.6}$$

Vitousek 等（1997）发现美国新罕布什尔州老树龄森林有效氮损失量高于年轻森林。Hedin 等（1995）证实智利老树龄森林养分损失高，水溶性有机氮是 N 总损失的主要形态（参见 Taylor et al.，2015）。委内瑞拉考拉（Caura）河流域被成熟植被覆盖，其 N 和 P 损失也相对较高（表 6.9；Lewis，1986；Davidson et al.，2007）。

表 6.9　世界各地区未干扰森林年化学收支平衡

位置和参考文献	降水量（cm）	化学物质（kg·hm^{-2}·yr^{-1}）			
		Ca	Cl	N	P
加拿大不列颠哥伦比亚（Feller and Kimmins，1979）	240	15.8	2.9	−2.6	0
美国俄勒冈州（Martin and Harr，1988）	219	41.2	—	−1.2	0.3
美国新罕布什尔州（Likens and Bormann，1995）	130	11.7	−1.6	−16.7	0
美国北卡罗来纳州（Swank and Douglass，1977）	185	3.9	1.7	−5.5	−0.1
委内瑞拉（Lewis et al.，1987；Lewis，1988）	450	14.2	−1.4	8.5	0.32
巴西（Lesack and Melack，1996）	240	−0.52	3.58	−2.4	−0.04

注：径流损失总量减去大气沉降量。

　　季节性气候下地表径流 N 和 K 流失量在植物生长季节通常较低，土壤生物活性降低时期则流失量较高（Likens and Bormann，1995；Goodale et al.，2015）。由于土壤微生物过程使得整个生态系统具有很大的 NO_3^- 滞留容量（Nakagawa et al.，2013；Sudduth et al.，2013；Sabo et al.，2016）。相反，Na 和 Cl 损失季节性变化通常很小，它们受简单地球化学过程调控流失于生态系统之外（Johnson et al.，1969；Belillas and F. Rodà，1991）地表径流养分流失使老树龄生态系统呈养分"漏"失，但重要的是需认识到养分输入量超过了植被和土壤微生物的季节性养分需求（Gorham，1979）。

　　在土壤发育的漫长时期，化学风化导致一些来自岩床的土壤必需养分流失，如 Ca 和 P（图 4.11）。Chardwick 等（1999）发现美国夏威夷岛上很少量的大气 P 沉降对古老土壤（400 年龄）上生长的植被非常重要（图 6.24）。在湿润热带气候下，植被随土壤年龄逐渐从 N 限制向 P 限制演变（Vitousek，2004；Richardson et al.，2004）。普遍认为，湿润热带森林受 P 限制，而其他区域可能受 N 限制。然而，Wright（2019）在 48 个施肥试验中发现多数热带森林对 N 和 P 添加呈现相同的响应。

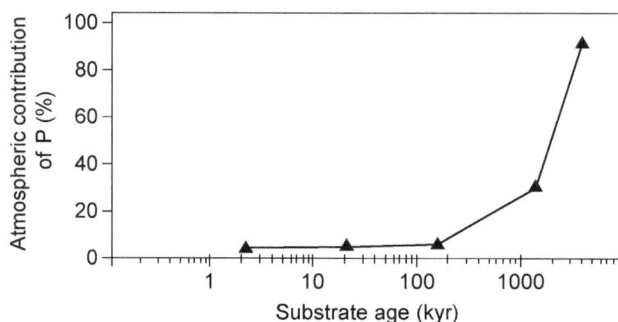

图 6.24　大气沉降 P 输入对美国夏威夷群岛生态系统的相对重要性与景观土壤年龄关系
来源　Chadwick 等（1999）
图中文字　Atmospheric contribution of P：大气沉降 P 贡献率；Substrate age：底物（土壤）年龄

　　长距离传输沙漠扬尘携带的磷对美国夏威夷、加勒比和亚马孙流域高度风化土壤上生长的热带雨林持续生产力来说非常重要（Gardner，1990；Okin et al.，2004；Bristow et al.，2010；Yu et al.，2015；Dessert et al.，2020；Gallardo et al.，2020）。有学者应用锶（Sr）示踪发现许多地区植被依赖大气沉降元素，传统上认为其与岩石风化相关（Graustein and Armstrong，1983；Miller et al.，1993；Kennedy et al.，1998）。类似地，斯里兰卡森林的 Mg 大部分来自大气沉降而非基岩化学风化（Schuessler et al.，2018）。

　　一般来说，生态系统随年龄和土壤发育从 N 限制向 P 限制转化（Huston，2012；Augusto et al.；2017），而陆地植被的长期生产力可能依赖于周期性可风化矿物更新（Wardle et al.，2004）。在地质快速抬升和侵蚀地区，风化是来自基岩的 P 和其他植物养分的持续来源（Porder et al，2006；Eger et al.，2018；Chadwick and Asner，2018）。因此，生物地球化学家必须将大气和基岩来源放入生态系统养分收支平衡中，特别是以此收支平衡来评估大气污染和大气沉降变化对森林生长的影响（Drouet et al.，2005；Mitchell et al.，2011a）。

生物圈供不应求的元素中，N 是唯一大部分来源于大气的元素（表 4.5）[①]。温带森林（Cole and Rapp，1981）和草原（Stevens et al.，2015）的 NPP 呈现与降水 N 输入的相关性。Henderson 等（1978）比较了美国俄勒冈州、田纳西州、北卡罗来纳州森林发现，尽管大气 N 输入存在 10 倍以上的差异，但所有的森林均有很强的 N 滞留能力，表明三地森林植物生长均受 N 限制。相反，Ca 流失量占三地森林循环 Ca 量的很大比例。尤其石灰岩土壤的岩石风化提供了充足的 Ca，呈供大于求状态。因此，过量元素（如 Ca）和非必需元素（如 Na）对于估算岩石风化速率十分有用（第 4 章），而生物地球化学过程调控着供不应求的生命必需元素的损失。干旱引起的荒漠化加剧了沙漠土壤 C 和 N 的损失，随着有机质损失，P 与 C、N 的化学计量关系被脱钩（Delgado-Baquerizo et al.，2013）。

虽然大多数生态系统物质平衡研究以流域为单元，但 Baker 等（2001）研发了针对美国亚利桑那州凤凰城城市生态系统的 N 收支清单，包括人为源输入（食物、宠物食物、焚烧、肥料）和含 N 气体输出（NO_x 和 N_2），构成了最大规模的 N 迁移体系（表 6.10）。Metson 等（2011）用类似方法估算了凤凰城 P 收支平衡。法国巴黎市的 N 收支清单（图 6.25）表明，农田肥料 N 输入量和巴黎人食用食物同化效率很低。生态系统概念甚至可应用到每个家庭来评估其输入和输出的生物地球化学收支清单（Fissore et al.，2011）。另一个极端例子是，Cui 等（2013）编制了中国大陆地区 N 收支清单，化肥、固氮、降水是主要 N 源，而反硝化作用、氨挥发、径流流失是氮损失主要途径。相似的地区 N 收支清单包括非洲热带森林（Bauters et al.，2019）和中国高原草原（Giese et al.，2013）。

表 6.10　美国凤凰城市区 N 收支平衡

输入	N 通量（$Gg\ N \cdot yr^{-1}$）
地表水	1.2
湿沉降	3.0
人类食物	9.9
含氮化学物质	5.8
奶牛饲料	0.8
宠物食物	2.7
商业化肥	24.3
生物固定	
首蓿	7.5
沙漠植物	7.1
燃烧固定	36.3
总输入固定量	98.6

[①] 沉积岩和变质沉积岩一般含有少量 N，经风化作用释放（Holloway and Dahlgren，2002）。基岩风化 N 对部分森林 N 收支贡献非常重要（Morford et al.，2001），对陆生植物 N 全球来源（第 12 章）的潜在贡献非常重要。

续表

输出	N 通量（Gg N·yr⁻¹）
地表水	2.6
屠宰牛	0.1
奶制品	2.4
大气 NO_x	17.1
大气 NH_3	3.8
反硝化作用 N_2O	4.6
反硝化作用 N_2	46.9
总输出量	77.4
累积量（输入–输出）	21.2
地下净存量	8.3
垃圾填埋	8.6
人体增加量	0.2

来源：修改自 Baker 等（2001）。

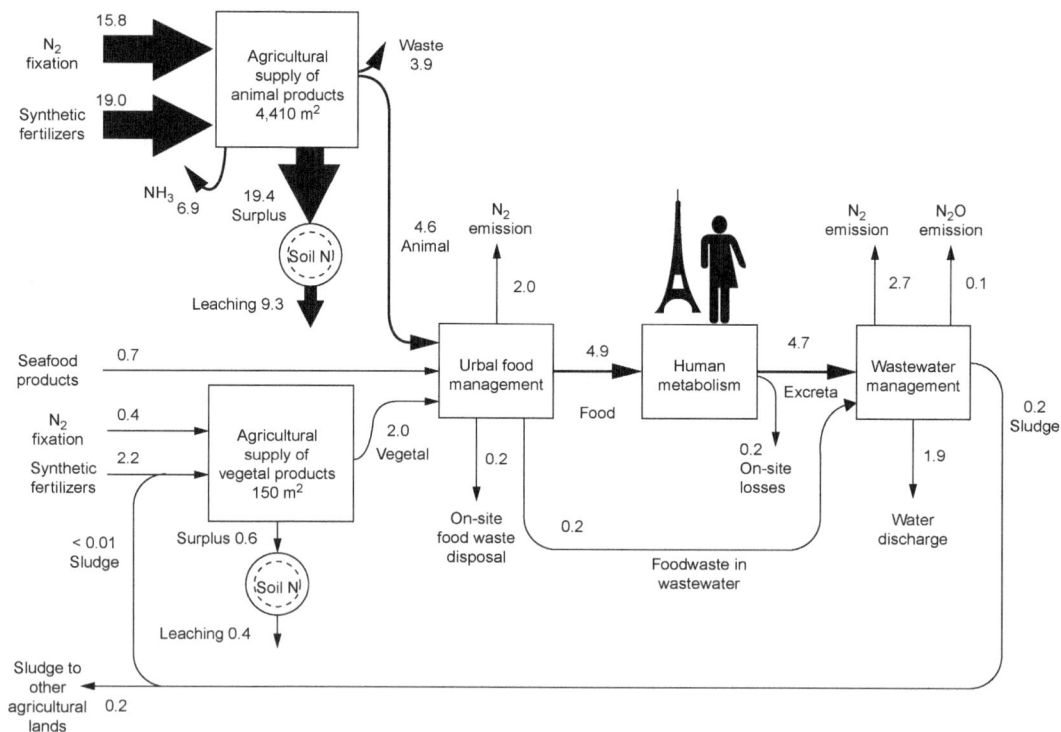

图 6.25　从法国农田到巴黎市的 N 流量，单位为 kg N·yr⁻¹·person⁻¹

来源 Esculier 等（2019）

图中文字　N₂ fixation：固氮作用；Synthetic fertilizers：合成化肥；Agricultural supply of animal products：动物产品的农业供应；Waste：废弃物；Soil N：土壤氮；Surplus：剩余；Leaching：淋失；Animal：动物；N₂ emission：氮气排放；N₂O emission：N₂O 排放；Seafood products：海鲜产品；Urbal food management：城市食品管理；Human metabolism：人体代谢；Wastewater management：污水管理；Food：食物；Excreta：排泄；On-site losses：原位损失；Water discharge：排水；Sludge：污泥；Agricultural supply of vegetal products：蔬果产品的农业供应；Vegetal：蔬果；On-site food waste disposal：原位食物废弃；Foodwaste in wastewater：污水中食物废弃物；Sludge to other agricultural lands：其他农用地污泥利用

众多生物化学转化过程包括了氧化反应和还原反应，通常产生或消耗质子酸度（H⁺）。例如，硝化作用过程产生 H⁺，植物吸收硝态氮和硝态氮还原过程消耗 H⁺。Binkley 和 Richter（1987）综述了相关过程，认为生态系统 H⁺收支可作为生态功能净变化的指标，尤其是生态系统发育过程土壤酸化现象（第 4 章）。质子（H⁺）收支也可作为人类活动影响指标，尤其酸雨和过量 N 沉降的影响（Driscoll and Likens，1982）。例如，当过量沉降的 NH_4^+ 被硝化，随后 NO_3^- 随径流损失时，生态系统酸度呈净增加（Van Breemen et al.，1982）。H⁺收支类似于人体体温，当数值发生变化时，预示着生态系统可能受到了影响，但具体原因还需在实际诊断时对生态系统进行仔细检查。

6.6　生态系统模型和遥感分析

联结植物和土壤过程的陆地生物地球化学相关模型已有很多。Walkers 和 Adams（1958）认为土壤发育过程有效磷浓度是陆地 NPP 的关键决定因素，因为固氮细菌固 N 需要有机碳和有效磷的供给。他们以土壤有机碳作为陆地生产力指标，有机碳在土壤发育中期达到峰值，随着 P 与次生矿物发生共沉淀有效性下降而下降（图 4.11）。这一模型与多地土壤发育过程 NPP 逐渐演变为 P 限制的观测结果相一致，尤其在湿润热带地区（Chadwick et al.，1999；Richardson et al.，2004）。

众多学者在不同生态系统验证了 Walker 和 Adams（1958）的假设。Tiessen 等（1984）分析了 8 个土类 168 个土壤样品，有效磷解释了 24%的土壤有机碳变异度。Roberts 等（1985）发现加拿大萨斯喀彻温省数个草原土壤碳酸氢盐可提取的 P 和有机碳存在类似关系。Raghubanshi（1992）也发现印度干燥热带森林土壤 P 与有机质、土壤 N 和 N 矿化率密切相关。因此，土壤有效磷部分解释了土壤有机碳变化，不是全部，而土壤有机碳最终来自植被生长。土壤发育早期有机磷和碳都处于积累阶段，其相关性可能最强。随着土壤发育有机磷的重要性不断增加，植被通过磷酸酶分泌与土壤 P 库相互作用调控 P 矿化作用。

约 35 年前，Parton 等（1988）开始研发联结草原生态系统 C、N、P 和 S 循环模型，即 CENTURY 模型，已被广泛用于不同生态系统的长期变化。C 迁移途径如图 6.26 所示。N 循环子模型因假设大部分 N 以氨基功能团直接与 C 结合而具有相似结构（McGill and Cole，1981）。土壤 P 有效性模拟模型最早由 Cole 等（1977b）提出，后经修改完善，其中包括C/P值调控有机磷库矿化作用和地球化学调控无机形态有效性等途径（图 6.22；Parton et al.，1988）。DAYCENT 模型可预测短期生态系统通量，如施肥土壤 N_2O 损失（Parton et al.，2001）。

在 CENTURY 模型中，木质素调控分解速率，在 C 呼吸作用过程中 C/N 值到达临界值时，N 从土壤库矿化出来。然而，与 N 不同，植物组织和土壤有机质 C/P 值与 P 有效性关系变化较大。当使用 CENTURY 模型来预测 10 000 年土壤发育过程中初级生产量和养分矿化作用时，净初级生产量和土壤有机质累积量在前 800 年紧密相关，之后植物生长增量随土壤 N 矿化量增加（图 6.27）。在万年土壤发育过程中有机磷不断增加。模拟发现，耕作导致土壤原始有机 C 和 N 含量协同下降，但 P 下降相对较小。Tiessen

等（1982）验证了该模型，加拿大萨斯喀彻温省耕种 90 年的砂壤土 C 含量下降 51%，N 含量下降 44%，但 P 含量仅下降了 30%。

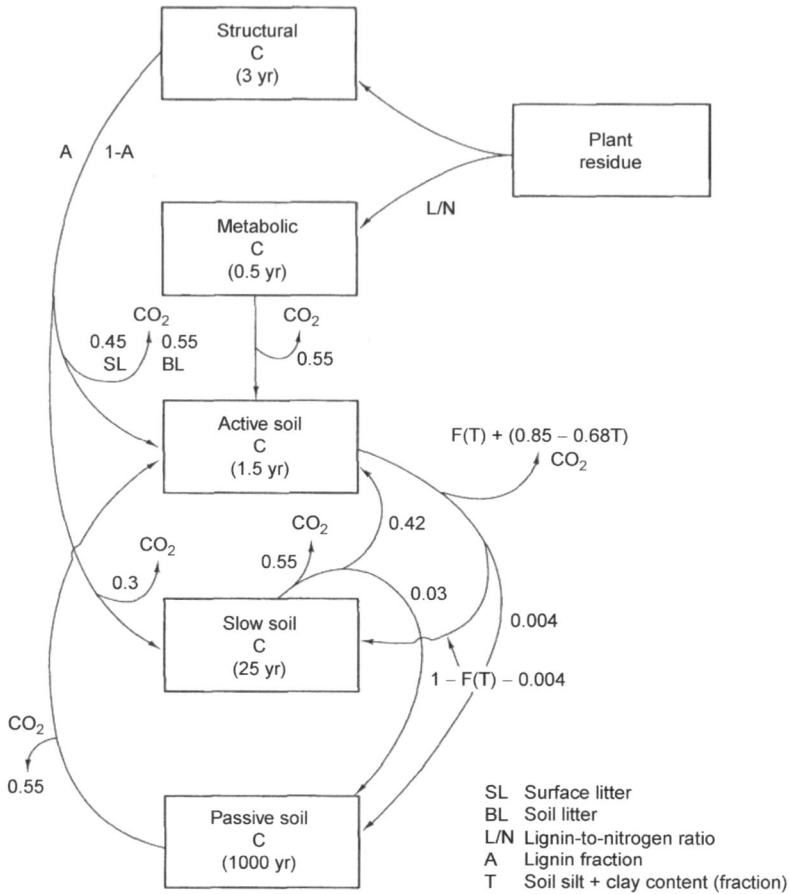

图 6.26　CENTURY 模型 C 流程图。各组分 C 沿各自途径迁移，其周转时间显示在括号内

来源　Parton 等（1998），Springer 授权使用

图中文字　Structural C：结构 C；Plant residue：植物凋落物；Metabolic C：代谢 C；Active soil C：土壤活性 C；Slow soil C：慢分解土壤 C；Passive soil C：难分解土壤 C；Surface litter（SL）：枯枝落叶层；Soil litter（BL）：土壤有机质层（B 层）；Lignin-to-nitrogen ratio（L/N）：木质素/氮值；Lignin fraction（A）：木质素组分；Soil silt + clay content（fraction，T）：土壤粉粘粒含量（组成）

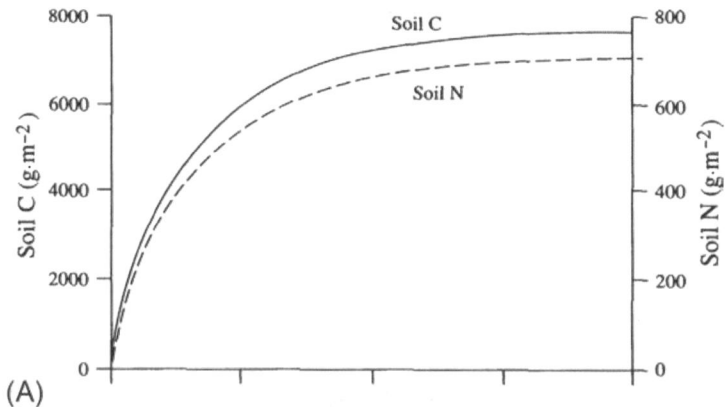

(A)

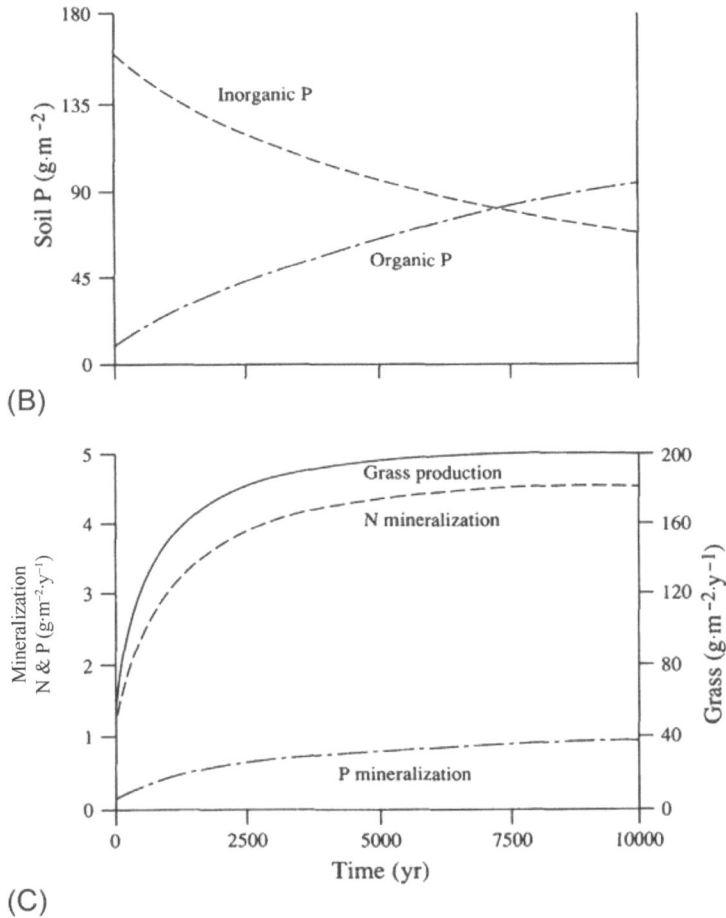

图 6.27　CENTURY 模型模拟草原 10 000 年土壤发育过程 C、N 和 P 变化

来源　Parton 等（1998），Springer 授权使用

图中文字　Soil C：土壤 C；Soil N：土壤氮；Soil P：土壤磷；Inorganic P：无机 P；Organic P：有机 P；Mineralization：矿化作用；Grass：草；Gross production：总产量；N mineralization：氮矿化作用；P mineralization：磷矿化作用；Time：时间

　　系统内循环各组分间的关联表明陆地生物地球化学的综合指标可能源于单一组分的观测，如植被冠层的化学性质（Matson et al.，1994）。Wessman 等（1988）在实验室分析了叶组织光学反射谱，作为研发遥感监测林冠层指数的第一步。他们发现利用红外发射率与实验室分析测定的叶片含 N 量和木质素含量之间存在很高的相关性。许多物种的反射光谱现已与其叶片化学性质相关（Serbin et al.，2014），并且有研究使用卫星观测反射率来表征植被冠层性质（Martin and Aber，1997；Asner and Vitousek，2005；Kokaly et al.，2009；Ollinger，2011）。

　　根据遥感观测，美国新罕布什尔州怀特山脉森林生产力与冠层含 N 量相关（图 6.28；Ollinger and Smith，2005；Ollinger et al.，2008）。冠层含 N 量变化还与蒸散发量和水分利用率有关（Guerrieri et al.，2016）。已知分解作用常受凋落物的木质素、含 N 量和 C/N 值调控（参见图 6.14），冠层性质的遥感观测可用于区域养分循环比较研究（Myrold et al.，1989；Ollinger et al.，2002），是 CENTURY 等模型机制的基础。飞机遥感观测的美国威斯康星州森林冠层木质素与其土壤 N 矿化率高度相关（Wessman et al.，1988；Pastor et al.，1984）。Osborne 等（2017）应用遥感观测的冠层含 N 量来区分哥斯达黎加奥萨半岛不同物种和不同景观位置下的养分循环模式。热带雨林的冠层含 N 量与其 N_2O 排放量相关（Soper et al.，2018b）。上述研究加强了我们对植被与土壤性质之间关联的认知。

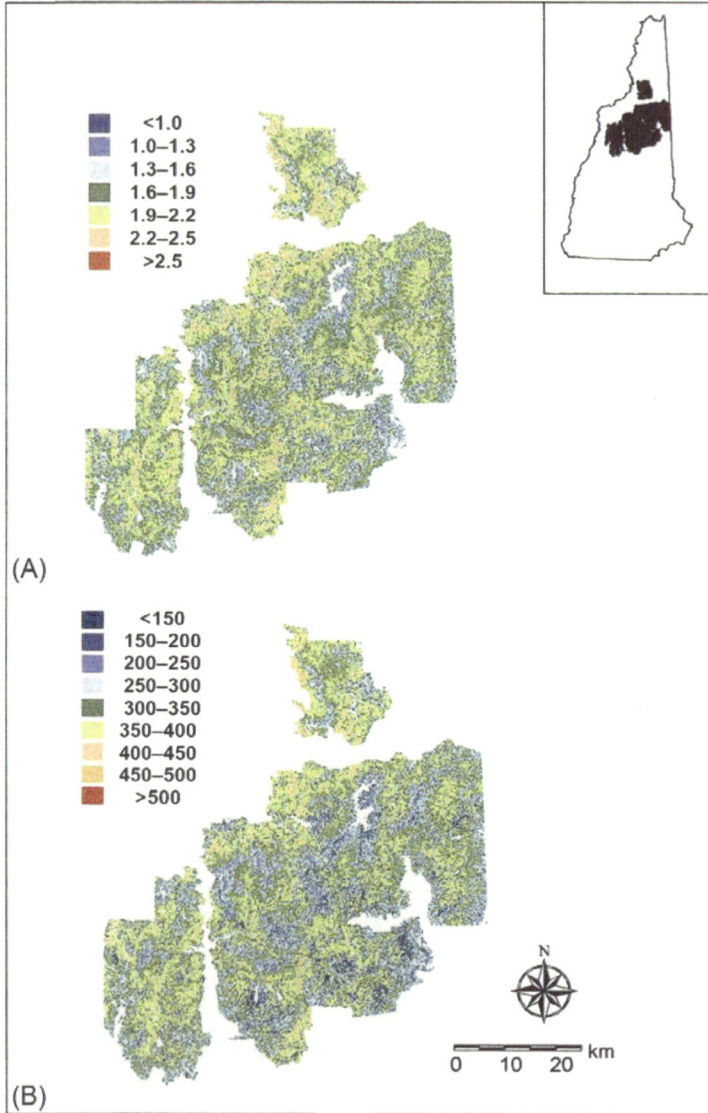

图 6.28　AVIRIS 卫星估测美国新罕布什尔州中部森林冠层含 N 量和地上木质生物量的空间变化。（A）全冠层 N 浓度（%），（B）地上木质生物量（$g \cdot m^{-2} \cdot yr^{-1}$）
来源　Smith 等（2002），美国生态学会授权使用

6.7　陆地生物地球化学过程的人类活动影响

6.7.1　酸雨

大气污染下风向的许多森林生长有所下降（Savva and Berninger，2010）。除了臭氧

和其他气态污染物直接影响植被生长外，这些区域植物还受"酸雨"影响，由于一些酸来自干沉降，称其为"酸沉降"更为合适（第 3 章）。自然降雨都呈酸性（第 13 章），但人类活动排放的气态污染物溶解于雨滴生成 NO_3^- 和 SO_4^{2-}，从而导致 pH 非常低的酸雨 [式（3.26）～式（3.29）]。酸雨化学组成可影响土壤化学和植物营养的多个方面，进而影响植物生长速率。

酸雨输入 H^+ 可增强土壤矿物风化速率、土壤阳离子交换位点阳离子释放以及溶出 Al^{3+} 进入土壤溶液（第 4 章）。英国洛桑试验站土壤因酸雨从 1883 年的 pH 6.2 下降到 1991 年的 pH 3.8（Blake et al.，1999）。相同土壤 pH 下降发生在俄罗斯（Lapenis et al.，2004）和中国（Yang et al.，2015）森林。酸沉降区域的森林地表枯枝落叶层和土壤交换能力可能导致大量 Ca^{2+} 流失，但取决于其母岩性质（Miller et al.，1993；Wright et al.，1994；Likens et al.，1996；Johnson et al.，2008a）。美国纽约州阿迪伦达克山（Adirondack Mountains）森林土壤在 1930～2006 年 Ca 淋失达 64%（Bedison and Johnson，2010）。Graveland 等（1994）指出酸雨也影响高营养级生物，荷兰森林蜗牛丰度因酸雨减少，直接影响该森林栖息地鸟类繁殖能力，因为蜗牛是鸟蛋蛋壳 Ca 的主要来源。类似的影响可能与北美洲东部画眉鸟（wood thrush）和灶巢鸟（ovenbird）的减少有关（Hames et al.，2002；Pabian and Brittingham，2007）。

野外模拟试验表明酸雨耗尽土壤阳离子交换位点的阳离子，致 Al^{3+} 溶出（Fernandez et al.，2003）。1984～2001 年美国东北部土壤 Ca 淋失量与阳离子交换位点 Al 增量非常接近平衡（Warby et al.，2009）。高浓度 Al^{3+} 可能减少植物对 Ca^{2+} 和其他阳离子的吸收（Godbold et al.，1988；Bondietti et al.，1989），美国东北部森林生长减缓与土壤溶液 Ca/Al 值下降相关（Shortle and Smith，1988；Cronan and Grigal，1995）。Bernier 和 Brazeau（1988a，b）将糖枫（sugar maple）顶枯病归因于加拿大魁北克省东南部低 K 岩石地区的 K 缺乏和低 Mg 花岗岩地区的 Mg 缺乏。缺 Mg 现象在欧洲中部森林也有发现，其生长速率下降是 Mg 和 N 供应不平衡所致（Oren et al.，1988；Berger and Glatzel，1994）。Bullen 和 Bailey（2005）在美国新英格兰地区云杉林发现过去一个世纪的酸雨导致云杉年轮中 Ca、Sr 和其他阳离子减少，而 Al 增加。矿质土壤层 Al 损失与 Al 结合态 P 的迁移有关（SanClements et al.，2010）。

随着大气污染减轻，美国东部和欧洲多数地区降雨酸度有所下降（图 3.15），土壤和植被开始缓慢恢复，尤其在土壤 Ca 淋失严重地区（Palmer et al.，2004）。英国英格兰和威尔士地区土壤 pH 在 1978～2003 年逐渐提高，可能是 SO_2 排放量减少和酸雨程度降低的结果（KirK et al.，2010）。大气干沉降 Ca 输入对土壤阳离子交换量恢复具有十分重要的意义（Drouet et al.，2005）。在美国新罕布什尔州哈伯德溪实验林人为加入每公顷 1.2 t Ca（硅灰石，$CaSiO_3$）后，土壤 Ca 含量得以恢复（Cho et al.，2010），减轻了土壤酸化对糖枫生长的影响（Juice et al.，2006），并增加了土壤 N 周转速率（Rosi-Marshall et al.，2016；Marinos et al.，2018）。

值得注意的是，土壤酸化原因有很多种。森林生长过程中生物量阳离子积累导致较强的土壤酸化（Berthrong et al.，2009）。Markewitz 等（1998）认为美国南卡罗来纳州森林土壤酸度 62%源于植物吸收，而 38%来自大气沉降。森林生长周期内阳离子新输入量小于收获带走的阳离子量时，将导致土壤酸度持续增加。同样，使用铵肥后，因其硝化作用产生 H^+，成为中国农业土壤酸化的主要原因（Guo et al.，2010）。

6.7.2 氮饱和

目前，美国中北部和欧洲西部大气沉降活性氮量（约 8 kg N·hm^{-2}·yr^{-1}）约为原始时期记录的 4 倍多[①]。中国的 N 沉降也有升高（Tian et al.，2018）。过量的 N 主要来自于上风向地区化石燃料燃烧（释放 NO_x）和农业生产活动（释放 NH_3）（Fang et al.，2011；Li et al.，2016c）。许多学者推测过量 N 沉降（如施肥）促进了树木生长。N 沉降还提高了草原 NPP（Stevens et al.，2015）。森林施加氮肥可显著促进生长和 C 储存，增强大气 CO_2 去除（Thomas et al.，2010；Magnani et al.，2007）。相反，部分野外观测表明 N 沉降对森林 NPP 的影响相对较小（Lovett et al.，2013）。有意思的是，多数森林受 N 限制，但其对外源 N 的吸收通常仅为施用量的 10%～30%（Schlesinger，2009；Pregitzer et al.，2010；Templer et al.，2012）。

肥料试验表明添加的 N（尤其是 NH_4^+）部分储存于土壤有机质中（Nave et al.，2009；Gardner and Drinkwater，2009；Liu et al.，2017b），促进了土壤 C 储存（Nadelhoffer et al.，2004；Pregitzer et al.，2008；Hyvonen et al.，2008；Liu and Greaver，2010）。过量大气 N 沉降会抑制有机质分解作用，使土壤有机质含量增加（Lovett et al.，2013；Maaroufi et al.，2015；Frey et al.，2014；Tian et al.，2019）。这一影响源于木质素降解真菌丰度的减少（Wang et al.，2016；Xia et al.，2017；Entwistle et al.，2018；Zak et al.，2019）。N 沉降的总体影响是增强陆地生态系统 C 固定，使土壤有机质含量显著增加（第 11 章）。

部分高 N 沉降区域，尤其是高海拔地区，森林生态系统因 N 饱和而退化（Aber et al.，1998，2003；McNulty et al.，2005；Lovett and Goodate，2011）。这些地区硝化速率急剧增强，大量 NO_3^- 随径流损失（Peterjohn et al.，1996；Corre et al.，2003；Lu et al.，2011；Liu et al.，2017b），进入大气的 N_2O 排放量增加（Peterjohn et al.，1998；Venterea et al.，2003；Zhu et al.，2013）。N 径流损失以水溶性有机氮 dissolved organic nitrogen，DON）为主，而在高 N 沉降区域径流 NO_3^- 持续增加成主导（Perakis and Hedin，2002；Lovett et al.，2000；Lutz et al.，2011）。高 N 沉降区域森林冠层叶的 $\delta^{15}N$ 丰度高，表明土壤硝化速率和径流 NO_3^- 损失量高（Pardo，2007）。

Zinke（1980）在美国南加利福尼亚州三个大气污染梯度带发现北美黄杉叶含 N 量从 1%提高到 2%以上，而 P 含量显著下降，叶 N/P 值从原始森林的 7 升高到污染区的 20～30。如此不平衡的叶 N/P 值也出现在贯穿欧洲大气过量 NH_4^+ 沉降地区的欧洲赤松林（*Pinus sylvestrris*）（Sardans and Peñuelas，2015）。历史植物样本表明，过去一个世纪部分植物含 N 量持续增加（Peñuelas and Filella，2001），可能表明陆地生物圈已摆脱 N 缺乏状态（Elser et al.，2007）。然而，高 N 沉降地区森林 P 缺乏现象是零星的（Finzi et al.，2009；Goswami et al.，2018；Gonzales and Yanai，2019）。

[①] 详见 http://nadp.slh.wisc.edu/maplib/pdf/2017/N_dep_2017.pdf。

N 饱和症状随土壤肥力、植物种群组成及其他因素变化而变化。Lovett 和 Goodate（2011）强调，N 输入量对植物和微生物 N 吸收量的重要性在于调控生态系统表观 N 饱和及增加的 N 损失量。低肥力土壤地区由于植物吸收大气沉降过量 N，对土壤硝化作用影响很小（Fenn et al.，1998；Lovett et al.，2000）。如果没有特意设计的野外试验，很难区分大气过量 N 沉降和酸雨的影响，因为大部分大气沉降的 N 是硝酸，而沉降的 NH_4^+ 经硝化作用产酸也能提高土壤酸度（Stevens et al.，2011）。美国俄勒冈州森林添加 N 可促进土壤 Ca 流失（Hynicka et al.，2016）。由于热带土壤为 P 限制，热带森林对过量 N 沉降的响应有别于温带地区所观测到的现象（Corre et al.，2010；Cusack et al.，2011；Hietz et al.，2011）。

N 饱和是可逆的。在高 N 沉降地区实验性地减少 N 输入，土壤硝化速率和径流 NO_3^--N 流失都有所降低（Quist et al.，1999；Corre and Lamerdorf，2004；Lute et al.，2012b）。

6.7.3　CO_2 浓度升高与全球变暖

地球大气 CO_2 浓度升高似乎可通过增强植物光合作用促进陆地植物生长和碳储存（第 5 章）。早期温室效应研究表明，上述响应因受土壤养分限制可能为短期效应（Thomas，1994）。有学者推测高 CO_2 浓度下植物生长会表现出逐渐养分限制现象（Luo et al.，2004）。然而，将整个森林暴露在高浓度 CO_2 的试验表明，CO_2 正效应可持续达 10 年之久（Finzi et al.，2006）。快速生长植物所需的高养分需求通过增强光合作用的养分利用率（Springer et al.，2005）、提高叶落前养分再吸收率（Finezi et al.，2002；Norby et al.，2001）、增加根分泌物碳输出及促进土壤有机质分解作用和养分矿化作用（Drake et al.，2011；Phillips et al.，2011b）来实现。

植物对 CO_2 升高的响应还表现为根生长量和菌根的增加，更充分地探索土壤养分库（Norby and Iversen，2006；Pritchard et al.，2008b；Finzi et al.，2007）。在缺 N 土壤生长具有外生菌根的松树对 CO_2 施肥呈正响应（Terrer et al.，2016）。野外试验中高 CO_2 浓度的植物正响应持续时间令人惊讶；受化学计量限制（如植物生物量 C/N 值），最终在缺少外源 N 输入的森林，其木质生物量和土壤的 C 固定量受限制（Johnson et al.，2006；van Groenigen et al.，2006；Wieder et al.，2015）。事实上，美国田纳西州橡树岭的 FACE 试验表明，N 似乎限制了高 CO_2 浓度下落叶林植物的长期生长响应（Norby et al.，2010；Garten Jr et al.，2011）。

旨在模拟持续气候变化的土壤加热试验表明，土壤温度升高通常促进土壤 N 矿化作用（Van Cleve et al.，1990；Rustad et al.，2001；Shaw et al.，2001；Melillo et al.，2002；Bai et al.，2013）。土壤微生物活性改变可促进植物 N 吸收，进而促进植物生长和 C 吸收。潮湿苔原区土壤升温野外试验促进了分解速率，但仅小幅促进了植物生长（Mack et al.，2004；Johnson et al.，2006b；Shaver et al.，2006）。相反，温带森林生态系统土壤升温促进 N 矿化作用、植物氮吸收和地上组织 C 净扣留（Mellilo et al.，2011）。在一些失去冬季积雪隔热效应的冻土地区，土壤氮矿化速率可能在温暖的未来气候条件下降低（Groffman et al.，2009）。

6.8 小 结

植物、动物和微生物交互作用连接了陆地生态系统内部生物地球化学。适应低养分有效性的植物呈低养分含量和落叶前高养分再吸收，可实现较高的养分利用率（图6.29）。某些情况下，这些特征可通过降低土壤养分有效性的试验手段来诱导。例如，在北美黄杉林森林施糖增加土壤 C/N 值和微生物生物固 N 量，导致叶片 N 再吸收效率提高，意味着其养分利用率提高（Turner and Olson，1976）。植被内部养分循环可部分缓解养分缺乏，但低养分含量凋落物分解作用慢，进一步加剧了土壤养分有效性低（Hobbie，1992；Lovett et al.，2004）。因此，养分贫瘠土壤可能由能长期适应该环境条件的植被覆盖（Chapin et al.，1986b）。反过来，植被也在微生物活性和土壤性质上留下其烙印（Lovett et al.，2004；Reich et al.，2005）。

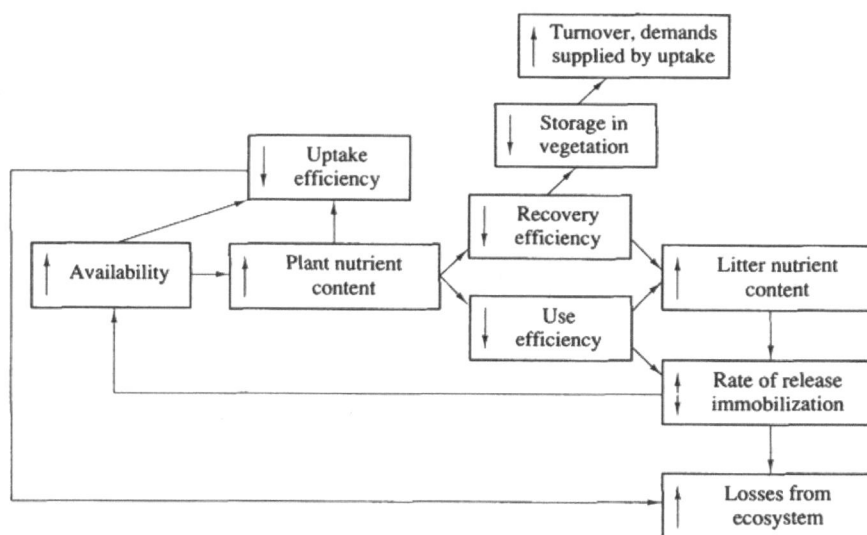

图 6.29 基于养分有效性变化的内部养分循环变化
来源 Shaver 和 Melillo（1984），美国生态学学会授权使用
图中文字 Availability：有效性；Plant nutrient content：植物养分含量；Uptake efficiency：吸收率；Turnover，demands supplied by uptake：基于吸收的周转量和需求量；Storage in vegetation：植物存储量；Recovery efficiency：回收率；Use efficiency：利用率；Litter nutrient content：凋落物养分含量；Rate of release：释放率；Immobilization：固定作用；Losses from ecosystem：生态系统损失量

生物地球化学在不同尺度下调控着植被的分布和特性。虽然 N 限制了大多数地区植被的净初级生产力，但潮湿的热带地区通常受有效磷限制，区域植被以各种适应机制来保留和再利用磷。植被的大陆分布，如针叶林广泛分布于寒带，可能与常绿植物在养分周转受限土壤具有较高的养分利用率有关。土壤性质对区域植被分布的影响也常见于干旱和半干旱气候下水热变化剧烈的贫瘠土壤上常绿植被的分布（图6.30）。Robertson 等（1988）在美国密歇根州一研究地记录了小尺度下土壤性质的空间异质性对陆地植物群落多样性的影响（Tilman，1985），一些研究表明，土壤性质决定了森林和草原草本植物的分布与多样性（Snaydon，1962；Pigott and Taylor，1964；Lechowicz and Bell，1991；John et al.，2007）。施肥会降低植物群落的物种多样性（Huenneke et al.，1990；Stevens et al.，2006；Cleland and Harpole，2010），因此，生物地球化学循环的扰动直接影响生物多样性保护。

图 6.30　在美国内华达州大盆地沙漠，美国黄松（*Pinus ponderosa*）和美国黑松（*Pinus jeffreyi*）分布在酸性、贫瘠、水热剧烈变化的安山岩上，而三齿蒿（*Artemisia tridentata*）分布在邻近高 pH 和 P 有效性较高的沙漠土壤上

来源　Schlesinger 等（1989），Gallardo 和 Schlesinger（1996）

第 7 章　湿地生态系统

7.1　引　言

　　区别于陆地生态系统，水生生态系统是将水文学作为其生物地球化学的关键因子。水分直接限制陆地生态系统自养型和异养型微生物活性，尤其在干旱季节。相反，所有的湿地在一年中至少有部分时间在地表或近地表有水，即具有含水土壤（hydric soil）[①]。能在水饱和土壤生长的水生（喜水）植物是湿地植被的重要组成。

　　根据定义，湿地很少出现供水不足的情形，但水文在湿地生态系统中发挥重要的基础性作用。首先，氧气在水中的扩散速率仅为其在空气中的万分之一，水通过限制 O_2 供给间接限制湿地生物地球化学活性。水生生态系统许多区域 O_2 消耗速率超过供给，因此，湿地、湖泊和河流的绝大部分沉积物呈缺氧状态。调控水生生态系统生物地球化学的植物和微生物必须适应有限的 O_2 供给条件。其次，湿地处于地表水汇聚或地下水

[①] 在周期性或连续水饱和条件下形成的土壤，上层土壤缺氧。

露头的低洼地区，水生生态系统从周边陆地集水区接收大量的有机物质和矿物质输入。

来自陆地生态系统物质输入的重要性很大程度上取决于岸线长短与生态系统容量之比。众多水生生态系统的外源能量和元素输入超过原位光合作用生产，许多（可能绝大多数）水生生态系统是净异养型，依赖周边陆地生态系统提供其年需求量的绝大部分有机物质和必需元素。

多数水生生态系统的向陆边界非常难确定，所有湿地面积的估算存在很大不确定性。在缺少详细水位数据的情况下，野外划定湿地边界具有挑战性，通常根据识别含水土壤或水生植物来确定。因此，利用遥感尝试绘制全球湿地面积地图存在很大的不确定性也就不足为奇。综合最近研究文献结果，全球大约有湿地面积达 $3.6 \times 10^6 \sim 17.3 \times 10^6$ km^2，占陆地表面总面积的 2.4%～11.6%（Davidson et al.，2018）。传统遥感技术仅限于对开阔水面的观测（Pekel et al.，2016），无法探测茂密植被下的淹没湿地（即森林湿地或沼泽）和未淹湿地（Döll et al.，2019）。Lehner 和 Döll（2004）估测的全球湿地面积是至今使用最为广泛的估计，约为 $(9 \pm 1) \times 10^6 \, km^2$，占全球陆地面积（不含南极洲和格陵兰岛）的 6.2%～7.6%。本书也使用该估测值，不久的将来基于更复杂的多光谱遥感方法可能会更新该数据（Mahdavi et al.，2018）。全球湖泊、河流和湿地的最新估测如图 7.1 和表 7.1 所示（Döll et al.，2019）。

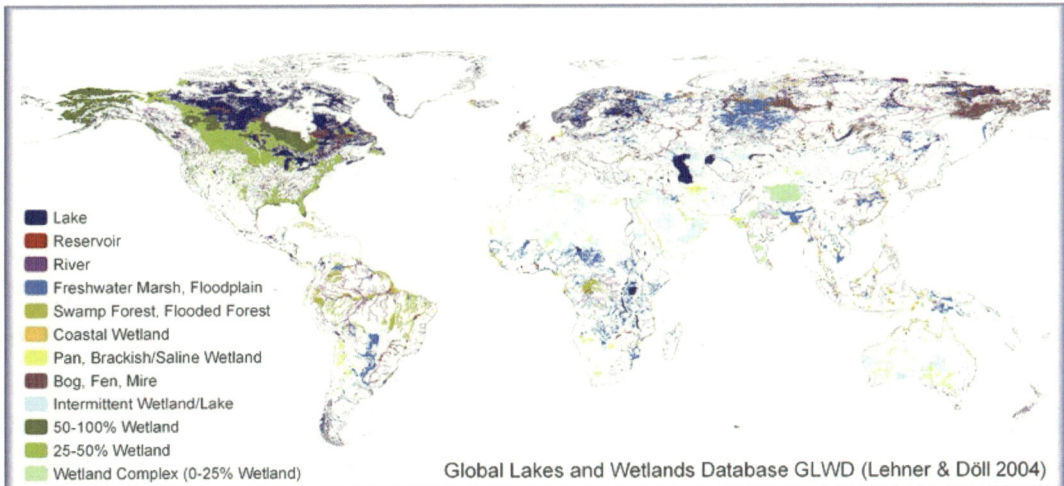

图 7.1　全球湿地分布地图
来源　Lehner 和 Döll（2004）
图中文字　Lake：湖泊；Reservoir：水库；River：河流；Freshwater marsh，floodplain：淡水沼泽和河漫滩；Swamp forest，flooded forest：沼泽林地、淹水林地；Coastal wetland：滨海湿地；Pan，brackish/saline wetland：咸水/海水湿地；Bog，fen，mire：沼泽；Intermittent wetland/lake：间歇性湿地/湖泊；Wetland：湿地；Wetland complex：湿地混合体

尽管湿地面积相对较小，但在全球碳循环中发挥重要作用。据一些研究统计，湿地是所有类型生态系统中平均初级生产力最高的生态系统（1300 g C·m^{-2}·yr^{-1}；Houghton and Skole，1990）。湿地贡献 7%～15 %的全球陆地初级生产力，并储存了全球一半以上的土壤碳储量（仅泥炭湿地土壤碳储量已超过全球 50 %以上）（Gorham，1991；Eswaran et al.，1993；Roulet，2000；Tarnocai et al.，2009），并且北部泥炭湿地碳储量为 500 ± 100 Gt C（Yu 2012）。湿地是河流下游和滨海生态系统水溶性有机质（和有机养分）的重要

来源（Schiff et al.，1998；Pellerin et al.，2004；Harrison et al.，2005）。湿地作为全球土壤碳汇的重要性被其甲烷释放量所抵消；此外，湿地是甲烷排放的重要自然来源，超全球总排放量的 35%（参见表 11.2；Saunois et al.，2016；Bousquet et al.，2006；Bloom et al.，2010；Ringeval et al.，2010）。

表 7.1　全球内陆水体的空间面积估算

类别	全球面积	
	$\times 10^3\ km^2$	%
1. 湖泊	2 428	1.8
2. 水库	251	0.2
3. 河流	360	0.3
4. 淡水沼泽、河漫滩	2 529	1.9
5. 沼泽林地、淹水林地	1 165	0.9
6. 滨海湿地	660	0.5
7. 咸水/海水湿地	435	0.3
8. 沼泽（bog，fen，mire）	708	0.5
9. 间隙性湿地/湖泊	690	0.5
10. 湿地混合体		
50%～100%湿地	882～1 764	0.7～1.3
25%～50%湿地	790～1 580	0.6～1.2
0～25%湿地	0～228	0～0.2
湖泊和水库小计（1 和 2）	2 679	2.0
湿地小计（3～10）	8 219～10 119	6.2～7.6

注：假设全球陆地面积（不包括南极和冰盖格陵兰岛）为 $1.33\times10^8\ km^2$。
来源：Lehner 和 Döll（2004）。

湿地是反硝化作用去除活性氮的理想场所（Jordan et al.，2011），并将氮和磷封存在有机质中（Reddy et al.，1999）。同时，湿地是下游和滨海生态系统水溶性有机质（和有机养分）的重要来源（Schiff et al.，1998；Pellerin et al.，2004；Harrison et al.，2005）。虽然湿地反硝化作用强烈，但其对全球 N_2O 排放贡献仍需进一步估算，通常认为湿地 N_2O 排放量远少于旱地土壤（Bridgham et al.，2006；Mitsch and Gosselink，2007；Schlesinger，2009）。

反硝化作用、产甲烷作用、土壤碳储存等的增强都源于湿地沉积物缺氧环境。虽然多数陆地生态系统以好氧氧化途径（$CH_2O+O_2\rightarrow CO_2+H_2O$）主导分解作用，而淹水土壤微生物必须以不同厌氧代谢途径从有机质获得能量。湿土和沉积物微生物耗氧量常超过通过扩散供给的 O_2。如果没有 O_2，微生物不能通过氧化磷酸化途径分解有机聚合物生成 CO_2，必须依靠替代电子受体 NO_3^-、Fe^{3+}、Mn^{4+}、SO_4^{2-}，或在强还原条件下依靠厌氧发酵产物（如乙酸根或 CO_2）。这些原始代谢途径在地球氧化状态形成前很多就已进化（第 2 章），现仍然主导着厌氧湿地沉积物的生物地球化学。这些途径产生的能量少于有氧呼吸作用，并且替代电子受体供给通常受限，湿地分解效率极低，使得有机质大量积累储存。地质年代石炭纪湿地积累的有机碎屑被埋藏和成矿形成现代煤矿床（Cross and Phillips，1990；McCabe，2009）。

7.2　湿 地 类 型

　　湿地类型以湿地水文和物理性质来分类，这些性质决定了湿地如何影响集水区输入的化学物质形态、时机和数量（Brisnon，1993）。这一系列因素中最重要因子是水滞留时间、湿地和区域河流或地下水的水文连通度，以及淹水频率、强度和时机。湿地也由其土壤和植被所表征，两者都响应并影响湿地水文。

7.2.1　湿地水文

　　水进入湿地的途径包括降水、溪流流入、近表层侧渗和深层地下水交换，而湿地水流出途径包括地下水补给、地表溢流和蒸散发作用（图 7.2）。

$$湿地体积 V = 水输入量 P_n + S_i + G_i - 水输出量(ET + G_o + S_o) \tag{7.1}$$

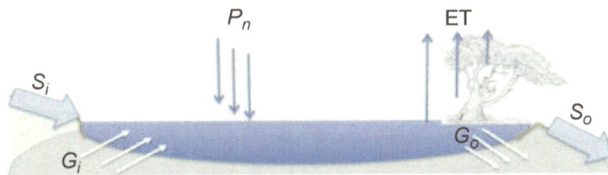

图 7.2　湿地水收支关系示意图
图中文字　P_n：降水输入；ET：蒸散发损失；S：地表水；G：地下水。下角标 i：输入；下角标 o：输出

　　湿地系统水滞留时间（MRT）可由湿地体积（V）除以水总输入量或输出量（MRT = V / 输入量 或 V / 输出量）来计算[①]。以降水和蒸散发为唯一水交换模式的湿地一般具有较长的水滞留时间，有时也被称为封闭系统，其元素系统内周转远大于其跨系统交换。相反，由径流和溢流调控水收支的湿地被认为是开放系统，其水滞留时间短，流经生态系统的物质通量可能接近或超过养分的系统内周转。水滞留时间最终限制湿地生物群改变流经的水组成能力。

　　湿地与其集水区的水文连接程度不仅影响湿地生物地球化学重要元素的来源，而且影响其组成，并影响湿地在更大尺度的流域生物地球化学格局中的贡献。比较高纬度泥炭湿地和河滨湿地具有一定的指导性意义。高纬度地区大片泥炭湿地为水文独立的湿地，即所谓的"雨养型沼泽"（ombrotrophic bog）[②]，其全部或大部分水来自降水（Groham，1957）。相比之下，与众多河流接壤的河滨湿地通常受间歇性洪水淹没，伴随着大量的沉积物沉积和侵蚀，与周边地表水体发生活跃的生物地球化学交换。

　　正如年降雨量和降雨时间是陆地生态系统植被组成及生产力的关键决定因素一样，湿地年积水周期（hydroperiod）定义了其生物和生物化学特征（Brinson，1993）。湿地积水周期描述了典型年份淹没水深、持续时间和频率（图 7.3）。一些湿地呈永久性淹没，而一些湿地从未有地表积水。湿地淹水的周期性和可预测性不尽相同，有些湿地呈季节性淹没而有些湿地仅在强降雨后淹没。受月潮（由月球引力引起的有规律潮汐）影响的滨海湿地具有可预测的每日淹没，而低洼滨海平原湿地因风潮（由风力引起的潮汐，如

---

① 详见式（3.3）。
② Ombrotrophic 字面上翻译为"雨养的"，是一个描述植被依赖大气沉降养分的术语。

风暴潮）导致其动态淹没，不可预测。淹没持续时间和强度导致湿地沉积物土壤氧有效性的时间变化，强烈影响湿地植被。间隙性洪水从旱地和上游生态系统输送物质补充湿地生态系统，驱动湿地生产力和食物网（Brinson et al.，1981；Megonigal et al.，1997；Junk，1999）。

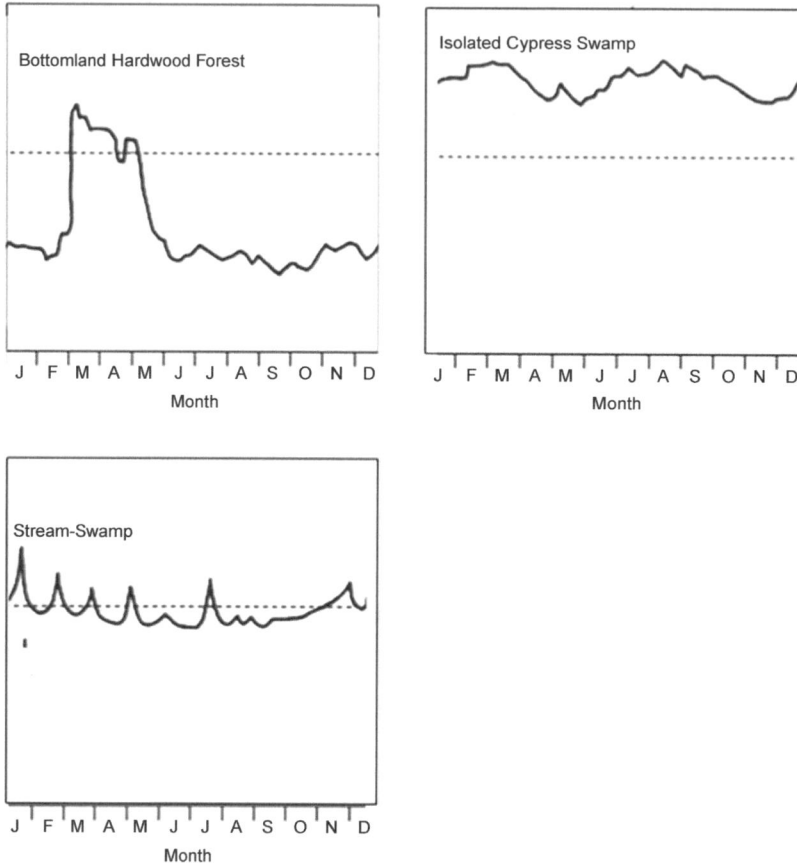

图 7.3 三个湿地积水期比较。注意淹没周期和频率在不同湿地类型间变化很大。洼地阔叶林（bottomland hardwood forest）为季节性淹没，而水文独立的柏树沼泽（isolated cypress swamp）则是永久性淹没。河流附近湿地，如河流沼泽（stream-swamp）的淹没期可能与年度河流洪水相关。潮汐沼泽（tidal marshes）每日都有淹没和排干交替，而一些肥沃的沼泽湿地（fens and bogs）从来没有积水
来源 Brinson（1993），Springer 授权使用
图中文字：Month：月份

盐度值得特别考虑。与海洋或内陆盐湖相接的湿地间隙性或长期含有高浓度盐分。盐沼湿地在一个潮汐周期下可产生从淡水到全海水（full-strength seawater）的盐度变化，而更多的内陆滨海湿地只有在罕见干旱期或飓风引起风暴潮时才经历海水入侵。只有少数草本植物能适应全海水盐度下生长，因为海水高离子强度使植物难以维持渗透平衡。

7.2.2 湿地土壤

湿地土壤通常可分为三大类：

（1）地表永久性被水淹没的土壤；

（2）地下水位接近或略低于地表的水饱和土壤；

（3）地下水位长期低于地表的土壤。

O_2 在水饱和湿地土壤向下扩散距离通常不超过水面下几毫米，厌氧代谢途径产生的还原化合物和微量气体（N_2O、H_2S、CH_4）可能在土壤高浓度累积。Fe 是表征土壤缺氧条件一个便利指标，Fe 氧化物呈红色而还原性 Fe 呈灰色（Megonigal et al.，1995）。含有还原性 Fe 的土壤层称为潜育层（图 7.4）。水饱和湿地土壤体积通常由 50%固体和 50%水组成，而旱地土壤 25%的体积是充满空气的孔隙。旱地土壤和大气间气体扩散通畅，只有团聚体内部是缺氧的（第 6 章）。湿地土壤经排水后可转变为旱地土壤。全球湿地损失主要是将水饱和沉积物经排水转变为农用地。

图 7.4 水饱和土壤剖面，一层厚厚的暗色有机土层之下存在灰白色还原铁的矿质土壤层。传统灰土土层分层如右侧所示。有机层（O）覆盖在富含腐殖质的矿质土壤层（A）之上，淋溶层（E）淋失了硅酸盐黏土、铁或铝，最下层是淀积层（B）

来源 NRCS（2010）美国野外水饱和土壤剖面，详见 www.nwo.usace.army. mil/html/od-rwy/ hydricsoils.pdf

7.2.3 湿地植物

湿地是陆地-水生生态系统连续体间重要的交错区域，水饱和沉积物上覆浅表水层，使得维管束植物成为其优势植被。湿地优势自养生物和旱地生态系统植物一样需要光照与养分（第 6 章），但需克服水饱和土壤低氧环境对根生长的额外限制。湿地自养生物包括泥炭藓、莎草、芦苇等，以及从草到灌木或乔木可适应并调控湿地水平衡和积水期的优势植物。湿地生态系统维管束植物必须应对间歇性或持久性水饱和对其根组织的影响，这一生理挑战阻止了许多植物在湿地成功定植（Bailey-Serres and Voesenek，2008）。水饱和土壤的氧缺乏直接影响根代谢，导致根缺氧（Keeley，1979；Gibbs and Greenway，2003）。此外，厌氧沉积物微生物产生一些对植物有毒的代谢产物［如 H_2SO_4 还原作用产生的 H_2S，式（2.18）］（Lamers et al.，1998；Wang and Chapman，1999）。

湿地植物发育了一系列适应在水饱和土壤上生长的形态和生理特征。一些湿地植物在间隙性低氧或无氧时期利用其根部进行厌氧发酵（Keeley，1979；Gibbs and Greenway，2003），然而，有机化合物发酵代谢远不如有氧呼吸作用高效。许多湿地植物在皮层内有通气空间（通气组织，aerenchyma），促进大气和根部周围沉积物的气体交换（Brix et al.，1992；Jackson and Armstrong，1999；图7.5）。多数湿地植物通气组织可进行气体被动交换，而有些植物物种具有主动通气的特殊机制（Decay，1981）。还有一些湿地植物，如落羽杉和滨海红树林，发育有特殊的气生根结构（呼吸根，pneumatophores），可促进气体交换（Kurz and Demaree，1934；Scholander et al.，1955）。

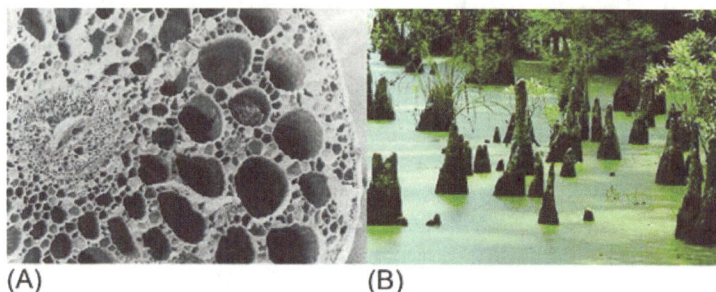

图7.5 （A）大型水生植物眼子菜属（*Potamageton*）植物茎横截面电子显微照片；（B）落羽杉呼吸根照片
来源 （A）Jackson 和 Armstrong（1999），（B）维基共享资源

除了缓解植物氧胁迫外，根际与大气间气体交换还能增加植物根周围湿地土壤氧含量（Wolf et al.，2007；Schmidt et al.，2010b），使淹水土壤微生物能进行有氧代谢。多数湿地植物通气组织的多寡取决于湿地淹水强度或淹水时长，表明这些特殊组织结构需要一些生理代价（Justin and Armstrong，1987）。这些生理适应机制使湿地植物得以在低氧或缺氧条件下生存，改变着土壤的氧有效性。一些植物仅存在于湿地生态系统中（即专性湿地植物），而其他植物能生长在更宽泛的水文条件下（兼性湿地植物），并在湿地生态系统中较为常见。

7.3　湿地生态系统的生产力

挺水植物是多数湿地植被的优势群落，其 NPP 通常可使用第 5 章中提到的收割或涡动协方差（eddy-covariance）法得以估算。湿地生态系统的净初级生产力变化很大，取决于养分供应（Brinson et al.，1981；Brown，1981）。陆地生态系统植被类型和高度在很大程度上可通过气候来预测，不同的是，湿地生态系统生产力强烈地受土壤类型和水文因素影响（Brinson，1993）。湿地积水周期的变化对其初级生产力具有重要的影响，因为水饱和土壤的自养呼吸作用效率非常低（详见 7.2 节讨论），并且大部分养分被未分解的土壤有机质所固持，土壤有效养分浓度低且周转慢。较少被淹没地区的初级生产力通常较高，这是因为间歇性土壤落干促进好氧微生物更快地进行养分矿化（图7.6）。

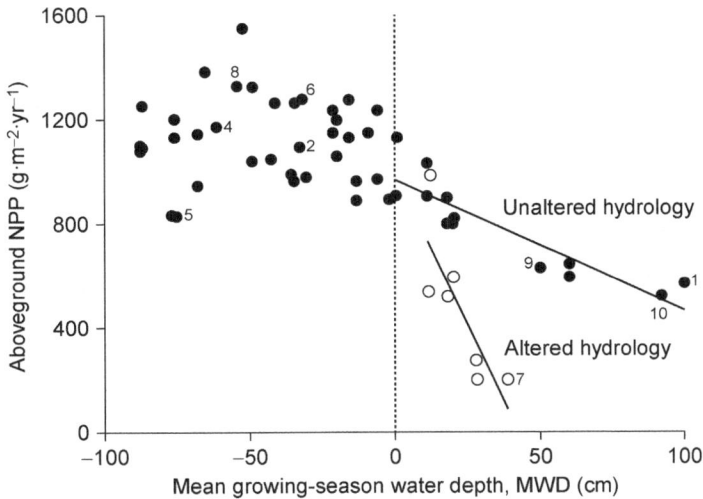

图 7.6　美国南部滨海湿地水位深度与地上 NPP 呈负相关。修筑围堰保持永久淹水使得淹水效应更加明显（空白圈）

来源　Megonigal 等（1997），Springer 授权使用

图中文字　Aboveground NPP：地上净初级生产量；Mean growing-season water depth：生长季平均水位深；Unaltered hydrology：未改变的水文条件；Altered hydrology：改变的水文条件

　　针对旱地陆地生态系统初级生产力养分限制机制的研究众多，湿地生态系统养分供应的实验性调控研究相对罕见（Bedford et al.，1999）。Venterink 等（2001）开展的 50 个湿地施肥试验中，近一半试验的植物生物量显著受 N 限制，8 个试验受 P 限制，13 个试验则受 N 和 P 或 K 协同限制。在欧洲和加拿大大气 N 沉降不同地区，湿地 N 输入量似乎与维管束植物生物量增加和低矮苔藓生物量降低有关（Berendse et al.，2001；Turunen et al.，2004；Limpens et al.，2008）。生态系统 C 存储的后果很难预测。例如，Bubier 等（2007）在加拿大渥太华 Mer Bleue 泥炭湿地开展的一项为期 5 年的长期施肥试验中，观测到施肥小区净生态系统生产量（net ecosystem production，NEP）较低。他们发现维管束植物生长增加伴随着苔藓（尤其泥炭藓）丰度下降，从而导致土壤有机物质积累减少。因氮沉降、施肥或排水加速氮周转等引起的泥炭藓损失可大幅减少泥炭的累积，因为替代物种通常生产比泥炭藓更高质量的凋落物和具有更高的蒸散发量（van Breemen，1995）。

　　如北半球高纬度地区广袤的寒带泥炭湿地这样的封闭湿地生态系统，植物生长和分解过程通常存在 N 和 P 供应不足（Chapin et al.，1978；Damman，1988）。Chapin 等（1978）在美国阿拉斯加州苔原生态系统发现，土壤有机质含 P 量达到生态系统总 P 量的 64%，平均滞留时间为 220 年，而土壤溶液有效 P 仅占生态系统总 P 量的 0.3%，滞留时间为 10 h。低温和高水位协同限制了苔原养分矿化作用（Marion and Black，1987），分解作用缓慢导致许多寒带沼泽泥炭呈 N 和 P 净积累（Hemond，1983；Urban et al.，1989b；Damman，1988）。Shaver 和 Chapin（1986）在施肥试验中发现，草丛苔原（tussock tundra）的羊胡子草（*Eriophorum vaginatum*）对 N 的响应要高于 P。寒带湿地固 N 速率非常高（Barsdate and Alexandder，1975；Waughman and Bellamy，1980；Schwintzer，1983）。多种北极植物能同化低分子量的有机氮分子（Chapin et al.，1993；Nasholm et al.，1998），表明孤立封闭的北极湿地 N 限制非常严重。

　　湿地初级生产力养分限制的实验定量非常困难，因为水文损失导致施肥试验复杂化。伴随地表径流输入湿地的有源自岩石风化的大量 P 和其他元素（Mitsch et al.，1979；Waughman，1980；Craft，1996）。在这些生态系统中，P 和 S 被土壤有机质组成中的 Fe 和 Al 所固定（Richardson，1985；Mowbray and Schlesinger，1988）。随着地表水和地下水输入的增加，NPP 更可能受 N 和 P 限制（Tilton，1978），因为大量的 N 经反硝化作用损失，而 P 被固持累积在土壤有机质中。许多湿地接纳包括来自化肥、污水径流或大气沉降等途径的大量无机氮，这可能引起植物群落组成发生实质性的变化（Bedford et al.，1999）。但 N 污染以 NO_3^- 为主时，湿地沉积物的高强度反硝化作用可能减轻 N 富营养化对植被的影响（Johnson et al.，2016）。

　　养分丰富或养分周转率高的湿地生态系统具有最高的 NPP。水淹没程度、持续时间和周期性对湿地生态系统初级生产力的影响较降水量或温度更大。排水可提高养分矿化作用，从而促进湿地生态系统初级生产力。北方湿地排水后乔木生长和含 N 量均增加（图7.7；Lieffers and Macdonald，1990；Westman and Laiho，2003；Choi et al.，2007；Turetsky

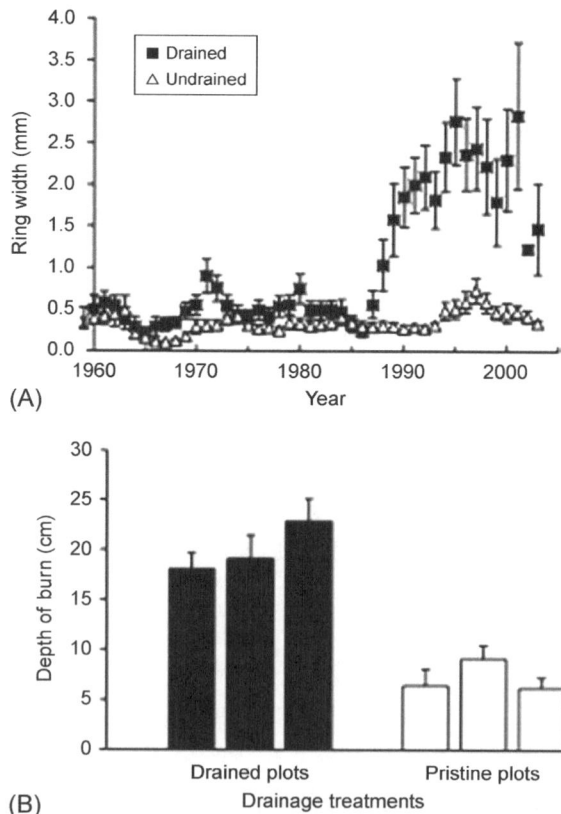

图 7.7　加拿大西部寒带森林沼泽地于 1986 年排水后，乔木生物量和凋落物量的增加（以年轮生长表示）使泥炭 C 累积速率加倍（A），但也使排水后沼泽在火灾中更容易遭受灾难性的 C 损失（B）。2001年一场野火烧去了排水后沼泽约 450 年积累的泥炭，而未排水沼泽仅损失了约 58 年积累的泥炭
来源　修改自 Turetsky 等（2011）
图中文字　Ring width：年轮宽度；Year：年；Drained：排水的；Undrained：未排水的；Depth of burn：燃烧深度；Drainage treatments：排水处理；Drained plots：排水小区；Pristine plots：原始小区（或未排水小区）

et al.，2011）。洪水携带集水区大量养分进入湿地可提高其初级生产力，但同时也会抑制有机质矿化作用和促进 H_2S 生成，从而胁迫湿地植物生长。这种补偿-胁迫关系（Odum et al.，1979）表明湿地生态系统水有效性与 NPP 之间不仅仅是一般关系。Megonnigal 等（1997）在温带林地湿地调查发现，间歇性淹没湿地较持续淹没湿地具有更高的凋落物量和 NPP（图 7.6），表明间歇性淹水使土壤有机会落干，促进分解作用和养分矿化。相反，一些研究表明流水淹没输送旱地集水区养分进入森林湿地（Conner and Day，1976；Conner et al.，2011）。少数河漫滩森林湿地研究发现，在最湿润区域凋落物量最高，但尚没有清晰证据表明植物生长受水淹没影响（Clawson et al.，2001；Conner et al.，2011）。这些不一致的发现可能与水淹没方式有关：静水淹没方式抑制养分矿化作用并降低初级生产力（Schlesinger，1978；Megonigal et al.，1997），而流水淹没方式则能够补充养分（Conner and Day，1976；Clawson et al.，2001）。

7.4　湿地有机质储存

分解作用在水淹没的水饱和土壤中常受抑制，使湿地生态系统初级生产量通常大于分解量，导致土壤有机质净积累。因此，许多湿地在数十年乃至上千年间积累了大量的土壤有机质（表 7.2）。虽然土壤碳累积率是根据陆地生态系统生物群落汇总的，但湿地沉积物的有机质储存变化与其水文变化的关系较纬度更为密切，这里仅给出一个全量估值。如果植物残留物仍可辨识，这些有机物质被称为泥炭。随着分解作用去除碳，其矿质含量相对增加，泥炭成为颜色更深的有机淤泥（muck），植物组织无法再被识别（图 7.4）。泥炭累积速率由其沉积的氧化上层和还原下层的分解速率共同决定。随着时间推进，老有机质层被埋藏并被新堆积的植物凋落物重量压实（图 7.8）。因水饱和及压实作用，溶质运移和气体扩散随着深度增加而变得缓慢。这非常有利于区别受有氧和缺氧交替影响的、具有生物地球化学活性的表层泥炭层（acrotelm），以及持久水饱和的下层泥炭层（catotelm）。

表 7.2　湿地土壤（沉积物）碳储量（已报道数据整合）

地理位置	湿地/植被类型	累积时长（yr）	累积速率（g C·m^{-2}·yr^{-1}）	参考文献
泥炭湿地			12～25	Malmer，1975
全球湿地			20～140	Mita et al.，2005
北美洲	泥炭湿地		29	Gorham，1991
寒带湿地			8～80	
美国阿拉斯加/加拿大	泥炭湿地		8～61	Ovenden，1990
美国阿拉斯加	云杉属、泥炭藓	4 790	11～61	Billings，1987
俄罗斯	泥沼、沼泽	3 000～7 000	12～80	Botch et al.，1995
加拿大马尼托巴湖	云杉属、泥炭藓	2 960～7 939	13～26	Reader and Stewart，1972
加拿大西部	泥炭藓沼泽	9 000	13.6～34.9	Kuhry and Vitt，1966
瑞典	沼泽		20～30	Armentano and Menges，1986

续表

地理位置	湿地/植被类型	累积时长（yr）	累积速率（g C·m^{-2}·yr^{-1}）	参考文献
美国阿拉斯加	白毛羊胡子草	7 000	27	Viereck，1966
安大略湖	泥炭藓沼泽	5 300	30～32	Belyea and Warner，1996
俄罗斯	西伯利亚泥沼	8 000～10 000	12.1～23.7	Turunen et al.，2001
芬兰	泥沼		18.5	Turunen et al.，2002
加拿大	蓝卡雨养沼泽	2 700	10～25	Roulet et al.，2007
加拿大	23 个雨养沼泽	150	73 ± 17	Moore et al.，2005
芬兰	795 个泥沼、沼泽	5 000	21	Clymo et al.，1998
瑞典	Store Mosse 泥沼	5 000	14～72	Belyea and Warner，2004
加拿大	大陆西部加拿大泥炭湿地	现代	19.4	Vitt et al.，2000
温带湿地			17～317	
美国佐治亚州	羽杉和枫香林河漫滩湿地	100	107	Craft and Caesy，2000
美国佐治亚州	低洼湿地	100	70	Craft and Caesy，2000
美国威斯康星州	泥炭藓湿地	8 260	17～38	Kratz and DeWitt，1986
美国马萨诸塞州	梭罗沼泽		90	Hemond，1980
北美洲	大草原壶穴湿地保护区		83	Euliss et al.，2006
美国俄亥俄州	人工湿地		180～190	Anderson and Mitsch，2006
北美洲	修复大草原壶穴湿地		305	Euliss et al.，2006
美国俄亥俄州	低洼湿地	42	317 ± 93	Bernal and Mitsch，2002
美国俄亥俄州	河畔湿地	42	140 ± 16	Bernal and Mitsch，2002
美国东部	循环淡水泥炭湿地	30	49 ± 11	Craft et al.，2008
美国东部	酸性淡水泥炭湿地	30	88 ± 20	Craft et al.，2008
亚热带湿地			70～387	
美国路易斯安那州	盐沼湿地		200～300	Hatton et al.，1983
美国佛罗里达	莎草湿地	25～30	70～105	Craft and Richardson，1993
佛罗里达大沼泽	莎草湿地		86～140	Reddy et al.，1993
佛罗里达大沼泽	香蒲湿地		163～387	Reddy et al.，1993
热带湿地			39～480	
亚马孙	低洼泥炭湿地	1 700～2 850	39～85	Lahteenoja et al.，2009
肯尼亚	纸莎草湿地		160	Jones and Humphries，2002
乌干达	纸莎草湿地		480	Saunders et al.，2007
哥斯达黎加	潮湿热带湿地	42	255	Mitsch et al.，2010
墨西哥	红树林		100	Twilley et al.，1992
已有报道			8～480	

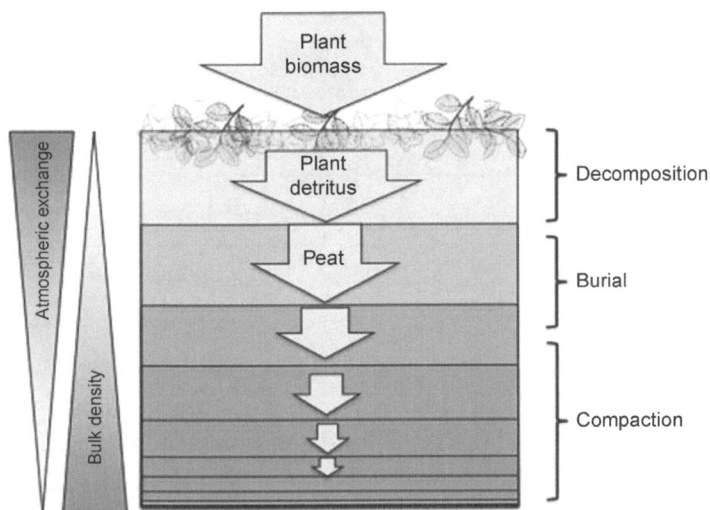

图 7.8 泥炭随时间累积与压实模型。由于氧气扩散和替代电子受体供给，新鲜凋落物在土壤表层被快速分解。未分解有机物质被新输入凋落物掩埋，随着时间推移逐渐被上覆物质压实。泥炭累积模型预测泥炭湿地最终达到稳态，即新凋落物输入量与分解作用碳损失量平衡

来源 Clymo（1984）

图中文字 Plant biomass：植物生物量；Plant detritus：植物凋落物；Peat：泥炭；Decomposition：分解作用；Burial：掩埋作用；Compaction：压实作用；Atmospheric exchange：大气交换；Bulk density：容重

　　泥炭生态系统是一种特殊类型的湿地，由植物凋落物进入水饱和土壤形成。在这些低能耗环境中，泥炭累积是由生物过程而非沉积物沉积作用引起的（Gosselink and Turner，1978；Brinson et al.，1981）。Clymo（1984）提出了一个泥炭累积模型，预测当泥炭表面来自初级生产力的植物凋落物输入量和泥炭整个剖面有机质分解损失量达到平衡时，泥炭湿地达到稳态。苔原和寒带森林地区水饱和土壤储存了约 50% 的全球土壤有机质总量（Tarnocai et al.，2009；Frolking et al.，2011）。自末次大陆冰川消退后，许多生态系统累积了土壤碳（Harden et al.，1992；Roulet et al.，2007；Yu，2012）。

　　湿地生态系统的独特之处在于微生物参与的厌氧代谢途径的主导地位和多样性。湿地土壤排水（自然干旱或人为排水）使大量储存有机质被好氧微生物快速氧化（Armentano and Menges，1986；Reddy and Graetz，1988；Turner，2004）。由此，英国、德国的内陆湿地和美国佛罗里达州大沼泽土壤高程发生了下降或下沉，被固定在稳定地层不能移动的电线杆等记录了这些湿地土壤高程的变化。在德国和英国被记录的内陆湿地分别在过去 130 年和 150 年间土壤高程下降了 4 m 以上（Heathwaite et al.，1990），而美国佛罗里达州大沼泽土壤高程在 1924～1976 年下降超过 3 m（Stephens and Stewart，1976）。干涸湿地土壤有机质的快速氧化作用证明了大部分湿地沉积物储存的有机质并非难分解。湿地聚积大量有机物质是因为缺氧导致水淹没土壤分解作用受限制（图 7.9）。

　　为了理解淹水对有机物分解作用的抑制机制，必须比较厌氧呼吸和好氧呼吸机制及其能量产量。两种分解作用途径都通过胞外酶将复杂有机聚合物分解为简单有机分子（如乙酸）。好氧呼吸能将简单的有机分子经糖酵解过程再由三羧酸循环（Kreb's cycle）

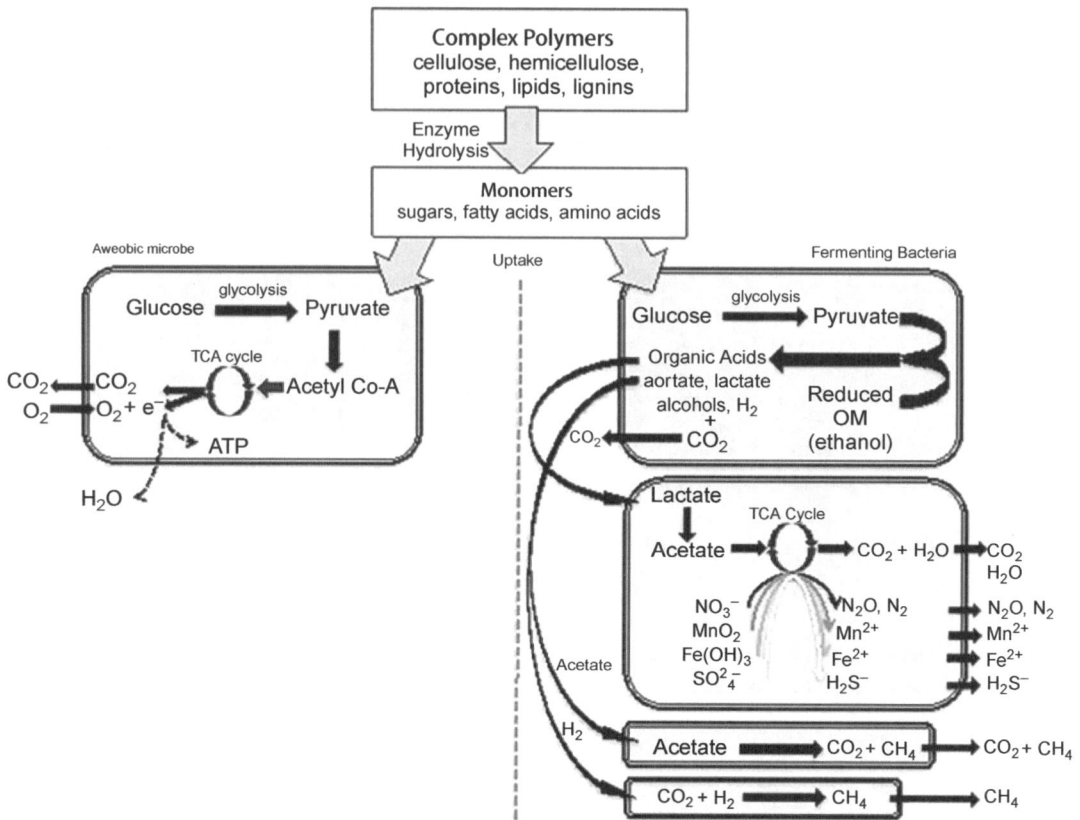

图 7.9　单一好氧呼吸作用途径和缺氧条件下多途径分解作用比较

来源　受 Megonigal 等（2003a，b）、Reddy 和 DeLaune（2008）启发而绘制

图中文字　Complex polymers：复杂有机聚合物；Cellulose：纤维素；Hemicellulose：半纤维素；Proteins：蛋白质；Lipids：酯类；Lignins：木质素；Enzyme hydrolysis：酶水解作用；Monomers：有机单体；Sugars：糖类；Fatty acids：脂肪酸；Amino acids：氨基酸；Aerobic microbe：好氧微生物；Glucose：葡萄糖；Pyruvate：丙酮酸；Glycolysis：糖酵解作用；Ccetyl Co-A：乙酰辅酶 A；TCA cycle：三羧酸循环；ATP：三磷酸腺苷；Uptake：吸收；Fermenting bacteria：发酵细菌；Organic acids：有机酸；Acetate（Aortate 笔误）：乙酸；Lactate：乳酸；Alcohols：醇类；Reduced OM：还原态有机物；Ethanol：乙醇；Acetate：乙酸

彻底降解成 CO_2（图 7.9）。在好氧条件下，1 mol 葡萄糖经糖酵解产生 2 mol ATP，进一步通过三羧酸循环产生 36 mol ATP（Madigan and Martinko，2006）。在缺氧条件下，这一反应停止于丙酮酸，然后进行低产能的发酵代谢降解过程（图 7.9）。好氧呼吸作用将有机分子彻底降解为 CO_2，而发酵过程则导致一系列有机酸和乙醇等发酵产物累积。发酵产物被细菌利用 NO_3^-、Mn^{4+}、Fe^{3+} 或 SO_4^{2-} 代替 O_2 作为电子受体进一步降解 CO_2，或进一步发酵产生 CH_4。这些替代厌氧呼吸途径产能较低，只能支撑较小的微生物生物量，因而仅能提供低浓度的胞外酶（McLatchey and Reddy，1998）。

　　湿地生态系统典型低能效分解作用存在两种机制性解释。有机物最终彻底分解过程最初被认为主要受氧气和替代电子受体供应的限制。近期研究表明在有机物分解初期存在额外的酶介导限制（Limpens et al.，2008）。参与木质素和酚类化合物[①]分解的关键胞外酶（多酚氧化酶）活性在低氧条件下显著降低（Freeman et al.，2004b），导致湿地沉积物中酚类

① 酚类化合物是一类由羟基团直接与芳香烃键合的化合物。在湿地中水溶性腐殖酸是酚类化合物的较大组分。

化合物累积（McLatchey and Reddy，1998；Freeman et al.，2001b）。高浓度的酚类化合物进一步抑制有机物的分解作用（Freeman et al.，2001b；Yu et al.，2012；Appel，1993；Wang et al.，2015）。

　　当替代电子受体充足时，土壤有机质分解速率受制于酶水解或酵解速率（Megonigal et al.，2003a，b）。相反，当替代电子受体供应不足时，发酵产物可能积累。湿地土壤有机质分解作用可通过降低水位（促进氧气向深层土壤穿透）或增加替代电子受体供应来增强。氮沉降、氧化铁施用和酸雨或海水入侵增加的 SO_4^{2-} 有效性能显著增强分解速率（van Bodegom et al.，2005；Bragazza et al.，2006；Gauci and Chapman，2006；Weston et al.，2006）。湿地沉积物分解作用通常在表面最高，新合成的易降解有机质与最大潜在供应的电子受体在此相遇。

　　尽管含氧界面具有促进有机物更有效分解的条件，但证据表明含氧界面可形成氢氧化铁，导致大量水溶性有机物沉淀。Riedel 等（2013）在两个寒带沼泽进行实验性通气过程中发现芳香族水溶性有机碳（DOC）分子与氢氧化铁发生共沉淀，导致 90% 的水溶性铁 [Fe（II）] 和 27% 的 DOC 从土壤溶液中消除。这个"铁门"（iron gate）事件可能对干燥期湿地水溶性有机物的损失产生重要限制，但这一保留机制可能因重新淹没而逆转，铁被还原导致其保护的 DOC 得以释放（Huang and Hall，2017）。如果酚类物质与氢氧化铁在含氧界面发生共沉淀，氧化铁也因消除酚类物质对酚氧化酶活性的抑制作用促进了湿地丰富有机物的分解（Wang et al.，2019a）。

7.5　水饱和沉积物微生物代谢

　　一个封闭水生系统如有充足的有机质和相当浓度的氧化剂（O_2、NO_3^-、Mn^{4+}、Fe^{3+}、SO_4^{2-}），其氧化剂的利用顺序可预测如表 7.3 所示。有机质产能氧化作用（A）首先与氧气呼吸作用（B）配对，然后是 NO_3^-（C）、Mn^{4+}（D）、Fe^{3+}（E）和 SO_4^{2-}（F）等呼吸作用按序利用（表 7.3）。当氧化剂一一被消耗完后仍存在有机质残留时，该封闭水生系统会有 CH_4 累积。具有最高产能代谢途径的微生物群落要比仅提供有限发酵产物的低产能代谢微生物群落具有优势，这一倾向使得生物介导的化学反应顺序具有可预测性（图 7.9；Stumm and Morgan，1996）。在湿地生态系统中，随水淹没时间或土壤剖面深度梯度也可以观测到密闭容器的反应顺序（图 7.10）。在极度还原条件下，PO_4^{3-} 可作为末端电子受体产生磷化氢气体（PH_3）（Bartlett，1986）[①]。

　　表 7.3 列出了最常见的还原和氧化半反应及其反应标准电势。标准电势单位为每摩尔电子转移量，因此，每个反应都以转移 1 mol 电子为基础。当标准电势（E^o）>0 时，反应从左向右自发进行；当 E^o<0 时，反应则逆向进行。两个半反应间 E^o 相差越大，其全反应所释放自由量越大。常见的氧化还原反应标准自由能在表 7.3 的 B 部分列出，自由能是根据 A 部分半反应 E^o 由式（7.2）计算得到。表 7.3 中以 CH_2O 为有机物通式，不同有机物产生的实际自由能可能与根据 CH_2O 给出的自由能不同，并可能差异非常大，尤其在厌氧过程中所涉及的含碳物质，具有与 CH_2O 截然不同的氧化态。

[①] 沼泽（bogs and swamps）和墓地上空夜间闪烁的光点，即民间的"鬼火"（Will-O'-the Wisp），可能是磷化氢进入地球好氧大气的自燃现象。

表 7.3 常见的氧化和还原半反应以及各反应标准电势

A 部分			
还原半反应	E^o（V）	氧化半反应	E^o（V）
(A) $\frac{1}{4}O_2(g)+H^++e^-=\frac{1}{2}H_2O$	+0.813	(L) $\frac{1}{4}CH_2O+\frac{1}{4}H_2O=\frac{1}{4}CO_2\uparrow+H^++e^-$	−0.485
(B) $\frac{1}{5}NO_3^-+\frac{6}{5}H^++e^-=\frac{1}{10}N_2\uparrow+\frac{3}{5}H_2O$	+0.749	(M) $\frac{1}{2}CH_4+\frac{1}{2}H_2O=\frac{1}{2}CH_3OH+H^++e^-$	+0.170
(C) $\frac{1}{2}MnO_2(s)+\frac{1}{2}HCO_3^-+\frac{3}{2}H^++e^-$ $=\frac{1}{2}MnCO_3+H_2O$	+0.526	(N) $\frac{1}{8}HS^-+\frac{1}{2}H_2O=\frac{1}{8}SO_4^{2-}+\frac{9}{8}H^++e^-$	−0.222
(D) $\frac{1}{8}NO_3^-+\frac{5}{4}H^++e^-=\frac{1}{8}NH_4^++\frac{3}{8}H_2O$	+0.363	(O) $FeCO_3(s)+2H_2O$ $=FeOOH(s)+HCO_3^-+2H^++e^-$	−0.047
(E) $FeOOH(s)+HCO_3^-+2H^++e^-$ $=FeCO_3(s)+2H_2O$	−0.047	(P) $\frac{1}{8}NH_4^++\frac{3}{8}H_2O=\frac{1}{8}NO_3^-+\frac{5}{4}H^++e^-$	+0.364
(F) $\frac{1}{2}CH_2O+H^++e^-=\frac{1}{2}CH_3OH$	−0.178	(Q) $\frac{1}{2}MnCO_3(s)+H_2O$ $=\frac{1}{2}MnO_2(s)+\frac{1}{2}HCO_3^-+\frac{3}{2}H^++e^-$	+0.527
(G) $\frac{1}{8}SO_4^{2-}+\frac{9}{8}H^++e^-=\frac{1}{8}HS^-+\frac{1}{2}H_2O$	−0.222		
(H) $\frac{1}{8}CO_2+H^++e^-=\frac{1}{8}CH_4\uparrow+\frac{1}{4}H_2O$	−0.244		
(I) $\frac{1}{6}N_2+\frac{4}{3}H^++e^-=\frac{1}{3}NH_4^+$	−0.277		

B 部分		
途径	半反应组合	ΔG^o（W）pH=7（kJ·eq^{-1}）
好氧呼吸途径	A+L	−125
反硝化途径	B+L	−119
硝酸根异化还原铵途径	D+L	−82
酵解途径	F+L	−27
硫酸盐还原途径	G+L	−25
产甲烷途径	H+L	−23
甲烷氧化途径	A+M	−62
硫化物氧化途径	A+N	−100
硝化（氨氧化）途径	A+P	−43
亚铁盐氧化途径	A+O	−88
二价锰氧化途径	A+Q	−30

说明：标准电势（E^o）以每摩尔转移的电子数表示，因此每个反应标准化为转移 1 mol 电子。当标准电势（E^o）＞0 时反应从左向右自发进行；当 E^o＜0 时反应则逆向进行。两个半反应间 E^o 相差越大，其全反应所释放自由量越大。B 部分给出了常见的氧化还原途径的标准自由能ΔG^o，以式（7.2）（$\Delta G^o=-n\times F\times\Delta E^o$）根据 A 部分半反应的 E^o 值计算得出。CH_2O 表示为有机物通式，不同有机物产生的实际自由能可能与根据 CH_2O 给出的自由能不同，并可能差异非常大，尤其在厌氧过程中所涉及的含碳物质具有与设定的 CH_2O 截然不同的氧化态。

来源：修改自 Stumm 和 Morgan（1996）。

湿地分解作用以厌氧代谢途径为主，生成一系列反应产物，伴随好氧氧化过程产生 CO_2 和 H_2O。这些代谢途径与湿地土壤中 N_2、N_2O、CH_4 生成量，还原性 H_2、Fe^{2+}、H_2S 丰度以及 FeS_2 生成量有关。代谢途径对整个湿地生态系统碳和养分循环的相对重要性取决于各电子受体的有效性。发酵分解途径缓慢且产物稀少，具有最大化产能能力的代谢途径在生态系统中备受青睐。成功的代谢策略及微生物就是能从给定可利用底物获得最大化能量的策略。随水淹没时间或沉积物剖面深度变化可预测的代谢反应，即"氧化还原阶梯"，是微生物相互竞争作用的结果（Postma and Jakobsen，1996；Stumm and Morgan，1996）。这看起来有些自相矛盾，富含碳的湿地生态系统竟存在如此剧烈的碳底物竞争。如果湿地生态系统分解作用是由发酵途径决定的，而末端电子受体的排序和相对重要性则由其途径产能量来预测的话，这样的悖论就可以解释了（Postma and Jakobsen，1996；Megonigal et al.，2003a，b）。

为了了解和预测在某一给定时间或地点湿地沉积物由哪些微生物代谢途径主导，我们必须了解这些可能反应的产能变化（自由能）。热力学可预测主要的代谢途径，具有不同代谢策略的特定微生物种群在不同的化学条件下具有竞争优势。

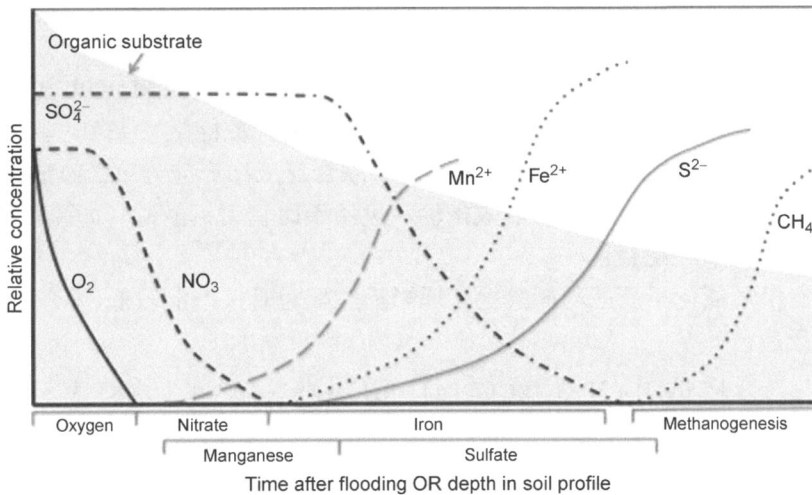

图 7.10 湿地沉积物水淹没过程最终分解途径的底物和产物浓度的时间变化。将图顺时针旋转 90° 可以看成是湿地土壤剖面中底物浓度及代谢途径顺序随深度变化的模式

图中文字 Organic substrate：有机底物；Relative concentration：相对浓度；Oxygen：氧；Nitrate：硝酸根；Iron：铁；Manganese：锰；Sulfate：硫；Methanogensis：产甲烷代谢；Time after flooding OR depth in soil profile：淹水后时间或土壤剖面深度

7.5.1 产自由能计算

为了计算有机质氧化和电子受体还原配对反应的产能量，我们应用标准吉布斯自由能（ΔG^o）方程计算氧化还原反应对的产自由能量：

$$\Delta G^o = -nF\Delta E \qquad (7.2)$$

式中，n 为电子数；F 为法拉第常数（23.061 $kcal \cdot V^{-1}$）；ΔE 为氧化半反应和还原半反应标准电势差（表 7.3）。ΔG^o 为负值的反应是产能反应（放能），而 ΔG^o 为正值的反应则是需能反应（吸能）。

　　标准有机分子（CH_2O）好氧呼吸途径产生的自由能 ΔG^o 可通过式（7.2）计算获得。假设所有反应底物充足，并在标准温度（25℃）下进行反应，以计算其标准自由能 ΔG^o。还原态化学键越多的碳化合物产自由能越多，而氧化态化学键多的有机分子产自由能较少。这里以 1 mol 标准有机分子（CH_2O），即 1/6 葡萄糖（含有 6 个碳原子）为例。

氧化半反应：

$$[CH_2O] + H_2O \rightarrow CO_2(g) + 4H^+ + 4e^- \; ; \; E^o = -0.485 \text{ V} \qquad (7.3)$$

还原半反应：

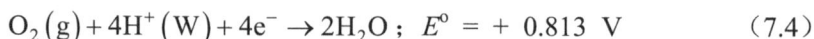
$$O_2(g) + 4H^+(W) + 4e^- \rightarrow 2H_2O \; ; \; E^o = +0.813 \text{ V} \qquad (7.4)$$

联合反应：

$$[CH_2O] + O_2 \rightarrow CO_2 + H_2O \; ; \; \Delta E = +1.30 \text{ V} \qquad (7.5)$$

$$
\begin{aligned}
\Delta G^o &= -nF\Delta E \\
&= -(4) \times \left(23.061 \text{ kcal} \cdot V^{-1}\right) \times (+1.30 \text{ V}) \\
&= -119.9 \text{ kcal} \cdot mol^{-1} \, CH_2O \\
\text{或者} &= -29.9 \text{ kcal} \cdot mol^{-1} \, e^-
\end{aligned}
$$

由于 1 kcal = 4.184 kJ，故 $\Delta G^o = -502 \text{ kJ} \cdot mol^{-1} \, CH_2O = -125 \text{ kJ} \cdot mol^{-1} \, e^-$。

　　注意，还原半反应需要能量（$+E^o$），而氧化半反应释放能量（$-E^o$）。以每摩尔碳底物或每摩尔电子转移产生的产能量来表征。这一联合反应净产能为 125 kJ·mol^{-1}·e。每摩尔电子转移的产能率是一个有用的能效指标，可用于比较无机能源（如硫化物、Fe^{2+} 或 Mn^{2+}）和有机质的氧化途径。

　　如果将有机质氧化半反应与硝酸根还原半反应配对时，产能较低。

氧化半反应：

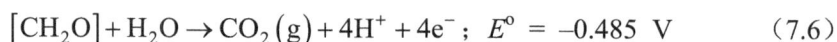
$$[CH_2O] + H_2O \rightarrow CO_2(g) + 4H^+ + 4e^- \; ; \; E^o = -0.485 \text{ V} \qquad (7.6)$$

还原半反应：

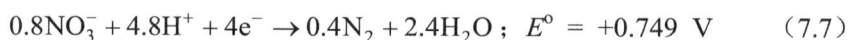
$$0.8NO_3^- + 4.8H^+ + 4e^- \rightarrow 0.4N_2 + 2.4H_2O \; ; \; E^o = +0.749 \text{ V} \qquad (7.7)$$

联合反应：

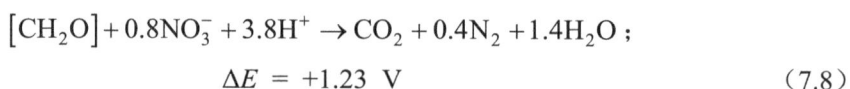
$$[CH_2O] + 0.8NO_3^- + 3.8H^+ \rightarrow CO_2 + 0.4N_2 + 1.4H_2O \; ;$$
$$\Delta E = +1.23 \text{ V} \qquad (7.8)$$

因此，

$$
\begin{aligned}
\Delta G^o &= -nF\Delta E \\
&= -(4) \times \left(23.061 \text{ kcal} \cdot V^{-1}\right) \times (+1.23 \text{ V}) \\
&= -113 \text{ kcal} \cdot mol^{-1} \, CH_2O \\
\text{或者} &= -474 \text{ kJ} \cdot mol^{-1} \, CH_2O \\
\text{或者} &= -28.5 \text{ kcal} \cdot mol^{-1} \, e^- \\
\text{或者} &= -119 \text{ kJ} \cdot mol^{-1} \, e^-
\end{aligned}
$$

　　比较这两个反应的 ΔG^o 可以发现，硝酸根呼吸反硝化途径利用 1 mol 通用有机质分子

（CH_2O）仅释放 95% 的好氧呼吸途径产能。正是由于这一产能效率差异，只要有 O_2 可用，好氧呼吸异养微生物在竞争有机质时即优于反硝化微生物。这些代谢反应的"实际产自由能量"（ΔG）需考虑所有反应物的浓度，多数好氧土壤的有氧呼吸途径 ΔG 要比反硝化途径高很多，因为 O_2 的有效性要远高于硝酸盐。相反，在 O_2 浓度低而硝酸盐浓度高的潮湿土壤中，如湿润农田或有富氮径流流入的湿地，这两个途径的 ΔG 可能相等。

应用以下方程计算任一反应释放的实际产自由能（ΔG）：

$$\Delta G = \Delta G^o + RT\ln Q \tag{7.9}$$

式中，R 为标准气体常数（1.987×10^{-3} kcal·K^{-1}·mol^{-1}）；T 为绝对温度（K）；Q 为反应熵（或是反应产物与底物比）。对于一个常规氧化还原反应 $^aOx_1 + {}^bRed_2 \rightarrow {}^cRed_1 + {}^dOx_2$，反应熵计算如下：

$$Q = [Red_1]^c \times [Ox_2]^d \div [Ox_1]^a \times [Red_2]^b \tag{7.10}$$

式中，Red_1 为还原态反应物；Ox_2 为氧化态反应物；Ox_1 为 Red_1 的氧化态产物；Red_2 为 Ox_2 的还原态产物。

实际自由能可通过环境中反应底物和产物相对丰富度来校正产能预测。这是一个关键校正，因为基于标准自由能假设的所有反应底物标准活动在自然生态系统中很少存在。例如，绝大多数盐沼湿地生态系统有机质分解作用的主导途径是硫酸盐还原途径（Howarth and Teal，1979；Howarth，1984），基于标准自由能预测（表 7.4）硫酸盐还原途径产能并不具优势，但在硫酸盐丰富的厌氧沉积物中硫酸盐还原十分重要。

表 7.4　化学反应及相应自由能产能量（单位摩尔有机质或硫化物）和参与酵解途径的生物种群

反应	$-\Delta G^0$（kJ·mol^{-1}）	参与生物
（1）$3(CH_2O) \rightarrow CO_2 + C_2H_6O$	23.4	如酵母、八叠球菌、发酵单胞菌属、明串珠菌属、梭菌属、嗜热菌属等
（2）$n(CH_2O) \rightarrow mCO_2$ 或脂肪酸或醇类或 H_2	5～60	如酵母、梭菌属、肠细菌、乳酸杆菌、链球菌、丙酸杆菌等

来源：Zehnder 和 Stumm（1988）。

Neubauer 等（2005）比较了美国马里兰州滨海地区淡水和半咸水湿地，两者在初夏均存在较高的 Fe^{3+} 还原速率，而在夏末淡水湿地（低 SO_4^{2-}）以产甲烷发酵途径为主，半咸水湿地因大量海洋源 SO_4^{2-} 输入以硫酸盐还原途径为主（图 7.11）。以实际自由能计算可预测不同环境条件下优势代谢途径切换。末端电子受体的极度丰富可能决定了有机物分解途径选择。

硫酸盐还原途径与甲烷发酵途径产能量均很低，其还原产物 HS^- 和 CH_4 对其他生物来说是富能底物。有氧时硫化物氧化产生 100 kJ·eq^{-1}（译者注：eq^{-1} 为 mol^{-1} e^-）自由能，结合硫酸盐还原途径产生的 25 kJ·eq^{-1} 自由能，其总自由能与同一含碳分子底物好氧呼吸途径的自由能相当（表 7.3，B 部分）。这就解释了为什么湿地系统硫化物气体或甲烷的释放量较其沉积物气体产生量少得多的原因。这些强还原性气体在沉积物剖面向上扩散过程中与 O_2 反应释放能量。

绝大多数湿地存在干湿交替现象，并且许多湿地淹水较浅，允许挺水植被能进行大气和沉积物的气体运输。由于淹没水位和植物参与的气体交换存在变化，湿地系统 O_2

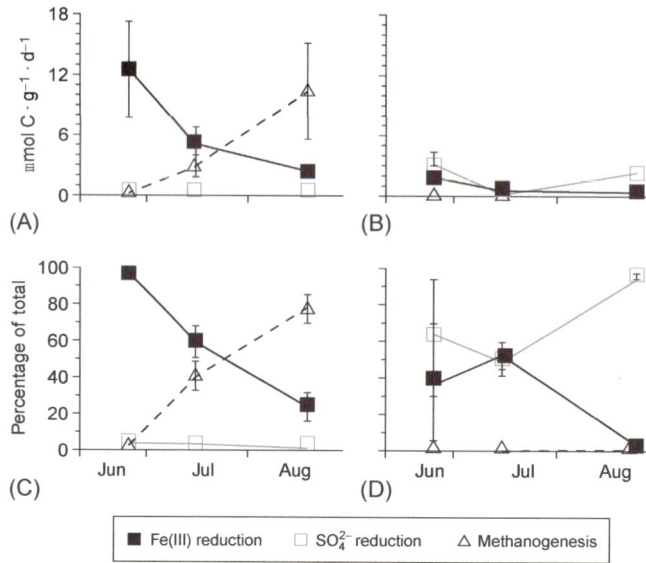

图 7.11   2002 年夏季美国马里兰州滨海平原 Jug 湾［淡水湿地（A）和（C）］和 Jack 湾［半咸水湿地（B）和（D）］中 Fe（III）还原途径、SO_4^{2-}还原途径和产甲烷途径反应速率的季节性变化及相对重要性
来源   Neubauer 等（2005），美国生态学会授权使用
图中文字   Reduction：还原作用；Methanogenesis：产甲烷作用；Percentage of total：百分贡献率；Jun：六月；Jul：七月；Aug：八月

消耗无论在时间或空间上并不完全一致。因此，湿地沉积物的优势代谢途径和有机质代谢速率存在复杂的时间和空间梯度。淹没于浅层地表水或流动径流下的湿地沉积物因可间接连接大气，其 O_2 浓度一般较高，但 O_2 浓度在富有机质沉积物随深度急剧下降。具有通气组织植物的根际（与根接触的沉积物）保持较好的氧化状态，可在沉积物深层维持较高的矿化速率，从而改善了湿地植物生长的养分限制（Weiss et al.，2005；Laanbroek，2010；Schmidt et al.，2010b；图 7.12）。因此，越大的根生物量由于其根际氧化环境间接地提高了有机质矿化速率（Wolf et al.，2007）。

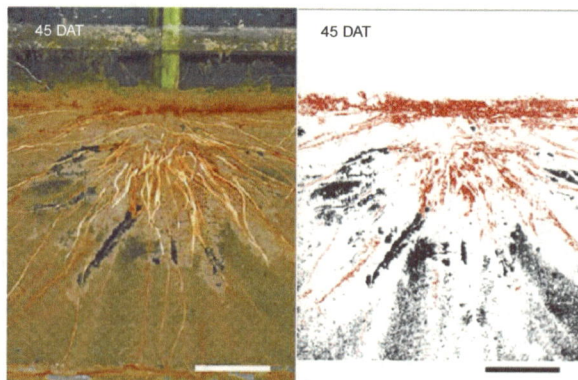

图 7.12   在一面透明的实验根箱中生长的水稻（*Oryza sativa*）苗。左侧为单株水稻苗栽于水稻土生长45 天的照片，右侧是同一张照片渲染了氧化区（红色）和还原区（黑色）
来源   Schmidt 等（2012b），Springer 授权使用
图中文字   DAT：天

7.5.2　湿地氧化还原电位

正如 pH 表示溶液 H^+ 浓度一样，氧化还原电位被用于表示环境样品（通常原位测定）接收或提供电子的趋势。湿地沉积物还原发育过程可通过测量氧化还原电位（pe）表征。氧化环境具有高氧化还原电位是由于其具有较高的电子吸引能力（氧是最强的电子受体），而厌氧环境氧化还原电位低（还原状态）是由于大量的还原化合物已达到电子饱和。当金属电极插入土壤或沉积物，金属表面与其周边环境开始电子交换，其净交换方向取决于金属的反应活性和环境电子的相对有效性。为测量电子交换方向和强度，把金属电极与参比电极通过电压计连接形成回路。氧化还原电位以阻止电子流向金属电极所需的电压来表示。

实验室条件下化学混合物氧化还原电位通过氧化还原电极和标准氢电极来测定。溶液中电子相对丰度会改变电极内电子交换平衡常数，电子在氢电极内硫酸和顶空氢气间迁移穿梭：

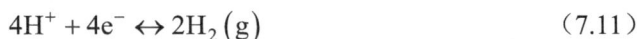

$$4H^+ + 4e^- \leftrightarrow 2H_2(g) \tag{7.11}$$

在野外，维护标准氢电极不容易，因此研究者一般使用经标准氢电极校准后的 Ag/AgCl 电极或甘汞电极（Fiedler，2004；Rabenhorst et al.，2009）。Ag/AgCl 电极由银丝浸没在含 AgCl 的浓 KCl 溶液中构成。固态 Ag 与 AgCl 溶液间交换电子：

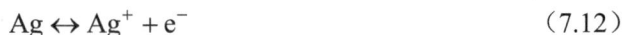

$$Ag \leftrightarrow Ag^+ + e^- \tag{7.12}$$

当参比电极连接铂电极插入好氧土壤，氧气沿着铂电极消耗电子：

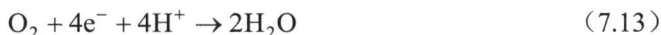

$$O_2 + 4e^- + 4H^+ \rightarrow 2H_2O \tag{7.13}$$

Ag/AgCl 电极内部反应［式（7.12）］向右进行（Ag 被氧化），电压表显示正电子流，Eh 值（氧化还原电位）范围在 $+400\sim+700$ mV（图 7.13A）。如将铂电极插入高度还原沉积物中，电子则流向参比电极。反应将向左进行（Ag 被还原）［式（7.12）］，电压表显示负电子流（图 7.13B）。参比电极表面电荷由多孔陶瓷或膜电极尖扩散离子来平衡。当氧化还原电位为正值时，钾离子（K^+）透过陶瓷电极尖释放进入土壤；当氧化还原电位为负值时，Cl^- 进入土壤（图 7.13）。

土壤氧化电位或还原电位相对于参比电极得以测定。当使用 Ag/AgCl 电极代替标准氢电极时，氧化还原电位值须用校正系数校正（Ag/AgCl 电极约 200 mV 和甘汞电极约 250 mV）。通常，有氧气存在的土壤氧化还原电位在 $+400\sim+700$ mV。当氧被消耗时，其他电子受体（如 Fe^{3+}）接续作为电子受体，Fe^{3+} 的电子吸引能力比 O_2 弱，故氧化还原电位较低（$+100\sim-100$ mV）。

$$Fe^{2+} + 3H_2O \leftrightarrow Fe(OH)_3 + 3H^+ + e^- \tag{7.14}$$

水生环境氧化还原电位在 $+400\sim-800$ mV（图 7.14）。负号表示还原环境存在多余电子，多余电子经反应形成 H_2［式（7.11）］。

环境 pH 影响氧气和其他电子受体的氧化还原电位（图 7.14）。有氧氧化途径产生 H^+［式（7.13）］更有可能在中性或碱性环境发生，而消耗 H^+ 的厌氧途径［式（7.14）］更适合在酸性环境发生（Weier and Gilliam，1986）。由于氧化还原反应的 pH 敏感性，

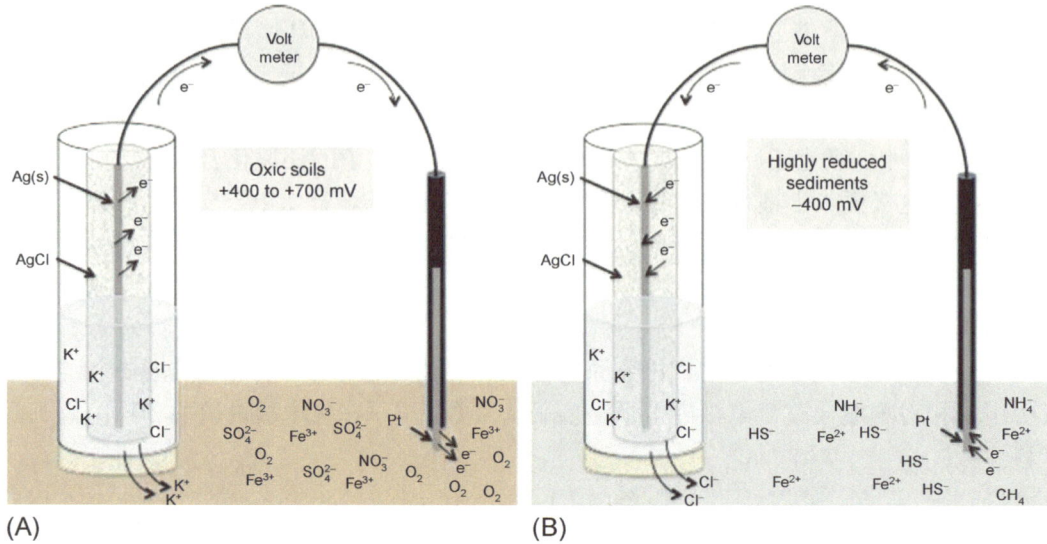

图 7.13　Ag/AgCl 参比电极和铂电极插入好氧土壤（A）和强还原沉积物（B）示意图，展示了电子流方向如何取决于铂电极电子受体有效性。根据电子流方向，K⁺或 Cl⁻通过参比电极的陶瓷或膜电极尖释放进入土壤（沉积物）维持电荷平衡

图中文字　Oxic soils：好氧土壤；Highly reduced sediments：强还原沉积物；Volt meter：电压表

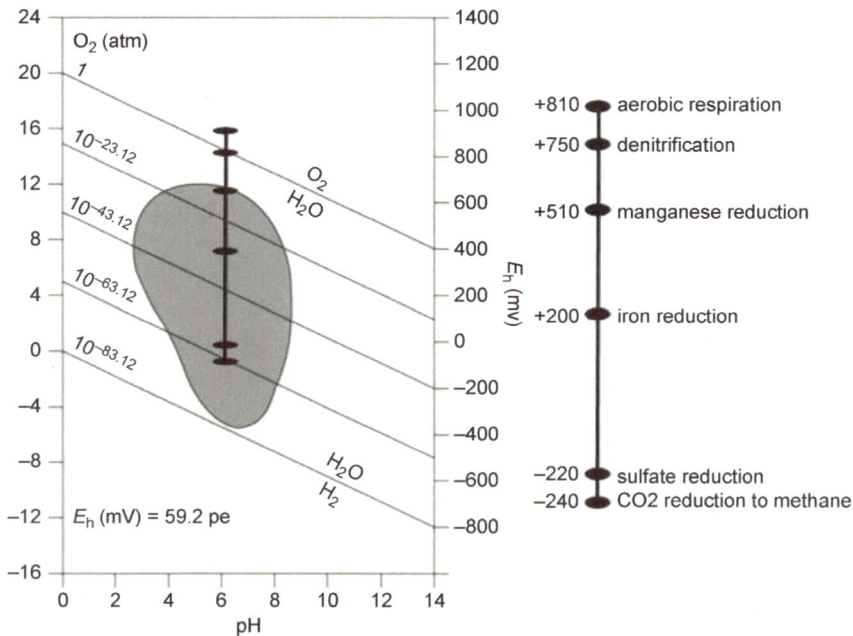

图 7.14　pH 和氧化还原电位（E_h）平衡关系图。斜线表示不同氧分压下氧化还原电位。图中阴影部分为在自然水生环境检测到的 E_h 范围。图中央刻度条在右侧放大显示，表示单一微生物代谢途径在中性 pH 下的理想 E_h（mV）

来源　基于 Baas Becking 等（1960）的原图改自 Lindsay（1979），美国芝加哥大学出版社授权使用

图中文字　Aerobic respiration：好氧呼吸途径；Denitrification：反硝化途径；Mnganese reduction：Mn 还原途径；Iron reduction：Fe 还原途径；Sulfate reduction：硫酸盐还原途径；CO₂ reduction to methane：CO₂ 还原为甲烷途径

以 pe 表达氧化还原电位通常更合适，这源自包括了 pH 的氧化还原反应平衡常数（K）。对任一氧化还原反应，

$$氧化物质 + e^- + H^+ \leftrightarrow 还原物质 \tag{7.15}$$

其反应平衡常数可计算为

$$\log K = \log[还原物质] - \log[氧化物质] - \log[e^-] - \log[H^+] \tag{7.16}$$

假设氧化物质和还原物质浓度相同，则

$$pe + pH = \log K \tag{7.17}$$

pe 为电子活度负对数（$-\log[e^-]$），表征系统电子能量（Bartlett，1986）。由于 pe 和 pH 之和为常数，其中一项升高时，另一项必然降低。在低 pH 下给定氧化还原反应可在较高的氧化还原电位（E_h）下进行，可用 pe 表征。下式将 E_h 测定值（V）转化为 pe：

$$pe = \frac{E_h}{R \times T / F} \times 2.3 \tag{7.18}$$

式中，R 为通用气体常数（1.987 cal·mol^{-1}·K^{-1}）；F 为法拉第常数（23.061 kcal·V^{-1}）；T 为卡尔文温度；2.3 为是将自然对数转换为以 10 为底对数的常数。

环境化学常用 E_h-pH 或 pe-pH 关系图来预测自然环境中不同元素的可能氧化态（图 7.15）。两值代表可连接所有关系。任何氧化还原电位高于上线，即使是水也可被氧

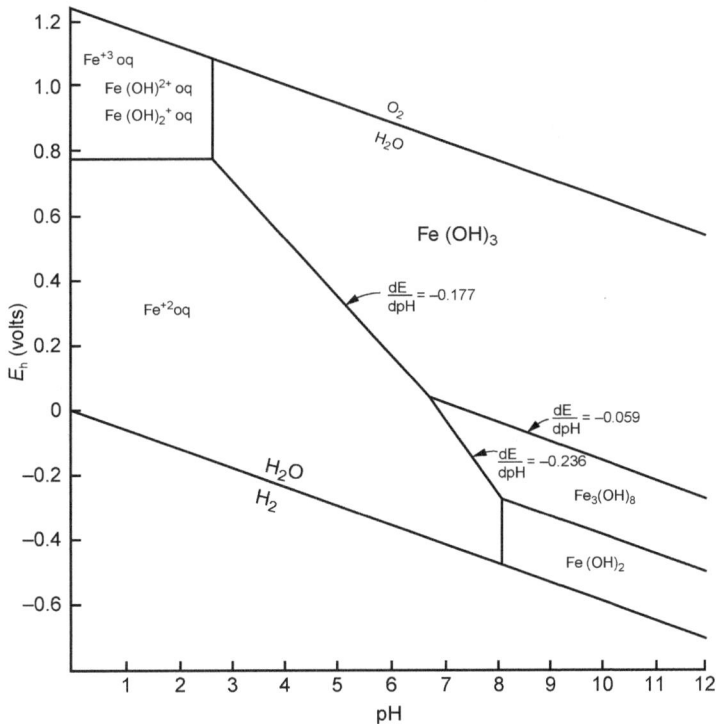

图 7.15 自然环境铁在不同 pH 和 E_h 变化下可能存在形态的平衡示意图。在这一关系图中，E_h 和 pH 是系列化学物质存在环境的性质。因此，E_h 预测铁形态是基于一系列简单化学环境的假设。铁与溶液中不同化合物交互反应，其竞争反应使得这些预测不一定完全准确。对于生物地球化学来说，重要的是 E_h 能预测在特定环境下微生物活性的可能状态，基于 E_h-pH 关系的预测对野外状态比较研究非常有用
来源 Ponnamperuma 等（1967）

化［式（7.13），逆向反应］，但这一条件在地球表面通常不存在[①]。同样，任何氧化还原电位低于下边线时水被还原为 H_2，这在地球上也罕见。氧化还原状态边界随 pH 而变化，每增加 1 个 pH 单位，E_h 下降 59 mV，这表明在碱性环境中，氧化反应可在较低 E_h 下进行。

极大多数情况下有机质提供大量"还原力"，降低了水淹没土壤和沉积物的 E_h（Bartlett，1986）。低 E_h 的淹水环境中 Fe^{2+} 浓度高，有机质分解被抑制，使大量未分解有机质残留土壤中，腐殖质使土壤溶液酸化。如果有机质含量很低时，即使土壤淹水，铁仍可能保持氧化态（Fe^{3+}）（Couto et al.，1985）。曝气和施用石灰常作为处理酸性矿山尾水的技术，铁在高 E_h 或高 pH 条件下以氧化态沉淀。

氧化还原电位（E_h）测定并不是实际测定环境电子数，只是提供了用于比较其相对有效性的标准方法。由于各厌氧代谢途径产能变化是可预测的，其相应主导 E_h 范围很窄，所以野外 E_h 测定可很好地预测可能的代谢途径。野外 E_h 测定并不等同于实验室单一化学反应的 E_h 测定。野外 E_h 反映了土壤或沉积物中多途径反应的综合情况，为不同电子受体随空间和时间变化的丰度及氧化效率程度的比较提供指标。

具有抵抗其 E_h 变化的土壤和沉积物被认为是高度稳定的。从概念上来说，氧化还原状态的稳定性与 pH 缓冲性是一样的（Bartlett，1986）。因为 O_2 在几乎所有条件下维持很高的 E_h，所以暴露在大气下的土壤具有非常稳定的氧化还原状态。具有高浓度 Mn^{4+} 和 Fe^{3+} 的土壤一般在短期水淹没时不大可能产生可观的 H_2S 或 CH_4，因为微生物不大可能在完全还原 Mn^{4+} 和 Fe^{3+} 电子受体前，使用低氧化效率的电子受体（SO_4^{2-} 和 CO_2）（Lovely and Phillips，1988a；Achtnich et al.，1995；Maynard et al.，2011）。此类土壤虽然比氧化态土壤 E_h 低，但也处于氧化还原稳定态。由于不同厌氧代谢途径自由能产量存在巨大差异，故通过测定氧化还原电位可预测哪些代谢产物可能积累（图 7.14）。

7.6 厌氧代谢途径

约 25 亿年前地球大气氧气累积前，生物圈由厌氧代谢途径主导（第 2 章）。在湿地、湖泊、河流和海洋等现代厌氧沉积物中，厌氧代谢途径依然主导着生物地球化学循环。表 7.3 列出了湿地沉积物有机质厌氧氧化所涉及的重要反应，可计算每个反应的自由能产量。这些反应具有不同的生物地球化学重要性。

7.6.1 酵解途径

有机质发酵分解途径（简称酵解途径）（表 7.4）是表 7.3 所列各后续厌氧代谢途径所需的前置或伴随反应（图 7.9）。湿地发酵细菌是专性厌氧生物，利用包括醇类、糖类、有机酸和氨基酸等一系列有机物质，将其转化为 CO_2 和各种还原性酵解产物（主要是有机酸、醇类、氢气）（Zehnder and Stumm，1988；Megonigal et al.，2003a，b）。酵解反应在微生物细胞内进行，无需外源电子受体。酵解过程会产生 ATP，但其产能非常低。酵解过程产生的小分子有机酸、醇类、氢气等产物的产能最终取决于其他代谢途径。

---

① 光合作用水分解反应是一个例子［式（5.1）］。

虽然常被忽视作为产 CO_2 的重要途径，系列研究表明酵解途径（伴随着腐殖酸减少；Lovely et al., 1996）是湿地沉积物厌氧碳矿化作用的重要组成（Keller and Bridgham, 2007）。除了产生 CO_2 或促进有机物矿化产生 CO_2 或 CH_4，酵解产物也以水溶性有机碳（DOC）形式积累，可能被淋失和随径流输出。任何情况下须牢记酵解产物是后续所有厌氧代谢途径的反应底物。

7.6.2 硝酸根异化还原途径

当 O_2 被好氧呼吸途径耗尽后，硝酸根成为最佳的替代电子受体，厌氧沉积物中只要有合适的有机物或酵解产物可供代谢，硝酸根会被快速消耗（表 7.5）。反硝化代谢是指细菌在有机物氧化过程中将硝酸根转化成气态 N_2O 或 N_2 的过程［表 7.5 中式（1）和式（2）］。这些反应是非同化反应（异化反应），因为用于反硝化途径的氮没有被同化进入反硝化微生物生物量中。旱地土壤好氧异养微生物和反硝化细菌通常共存，其实许多异养微生物是兼性反硝化细菌，根据 O_2 和 NO_3^- 的供应强度在好氧呼吸途径和反硝化途径间切换（Carter et al., 1995；第 6 章）。反硝化途径的标准自由能产能仅略低于好氧呼吸途径（表 7.3）。标准自由能计算假设反应物供应不受限制，然而淹没土壤的 NO_3^- 供应永远不可能比氧化态土壤的 O_2 丰富。因此，在氧气耗尽后，即使富含 NO_3^- 的湿地沉积物，通常土壤呼吸速率也较低。多数水淹没土壤反硝化途径受 NO_3^- 有效性限制，硝化过程［式（2.16）和式（2.17）］在缺氧时无法进行反应，加剧了这一限制。

表 7.5 异化硝酸盐还原途径的化学反应及相应自由能产量（单位摩尔有机质或硫化物）

反应	$-\Delta G^0$ （kJ·mol^{-1}）	参与生物
（1）$2NO_3^- + (CH_2O) \rightarrow 2NO_2^- + CO_2 + H_2O$	82.2	如肠杆菌属细菌（大肠杆菌）和其他
（2）$\frac{4}{5}NO_3^- + (CH_2O) + \frac{4}{5}H^+ \rightarrow \frac{2}{5}N_2 + CO_2 + \frac{7}{5}H_2O$	112	如假单胞菌属细菌、地衣芽孢杆菌、脱氮副球菌等
（3）$\frac{1}{2}NO_3^- + CH_2O + H^+ \rightarrow \frac{1}{2}NH_4^+ + CO_2 + \frac{1}{2}H_2O$	74	梭菌属细菌
（4）$\frac{6}{5}NO_3^- + S^o + \frac{2}{5}H_2O \rightarrow \frac{3}{5}N_2 + SO_4^{2-} + \frac{4}{5}H^+$	91.3	硫杆菌属细菌
（5）$\frac{8}{5}NO_3^- + HS^- + \frac{3}{5}H^+ \rightarrow \frac{4}{5}N_2 + SO_4^{2-} + \frac{4}{5}H_2O$	93	硫球菌和硫杆菌属细菌

来源：Zehnder 和 Stumm（1988）。

虽然常作为单一过程进行讨论，但反硝化途径是一个多步反应，NO_3^- 依次转化为 NO_2^-、NO、N_2O（图 6.16）。特别在富氮的农田，N_2O 可能是其气态氮总量的重要组成（Stehfest and Bouwman, 2006），并且水溶性硝酸根（NO_3^-）淋失量要远大于 NH_4^+ 输出（Stanley and Maxted, 2008）。湿地反硝化产生的 N_2O：N_2 值通常低于旱地土壤（Schlesinger, 2009），但是需关注的是氮沉降或施肥径流会持续向湿地提供氮来增加 N_2O 产量，当 NO_3^- 供应过高时不完全反硝化反应（以 N_2O 为最终产物）具有更佳的能量效率（Verhoeven et al., 2006）。在永久淹没湿地中，这样的结果不可能发生，因为硝化过程被抑制，NO_3^- 作为替代电子受体需求很高，但在间歇性淹没湿地 N_2O 可能是硝化和反硝化过程的共同重要产物（Morse et al., 2012；Ardón et al., 2018；Helton et al., 2019）。

反硝化途径的替代代谢过程是 NO_3^- 歧化还原为 NH_4^+ 的途径（即 DNRA；第 6 章），

专性厌氧细菌经酵解途径将 NO_3^- 转化为 NH_4^+[Zehner and Stumn，1988；Megonigal et al.，2003a，b；表 7.5 式（3）]。DNRA 是一些湿润土壤和湿地沉积物的主导途径（Silver et al.，2001；Scott et al.，2008；Dong et al.，2011），尤其在硝酸根有效性低而易降解碳供应充裕的厌氧栖息地。在上述条件选择下，有利于保留已固定 N 的微生物而不是消耗有限 N 供应的反硝化细菌（Tiedje，1988；Burgin and Hamilton，2007）。

厌氧氨氧化途径（anammox），即在厌氧条件下 NH_4^+ 被 NO_2^- 氧化生成 N_2，属于另一歧化还原途径。虽然这一过程起初在污水处理系统中被鉴别，似乎是一些滨海和海洋沉积物非常重要的产 N_2 途径（Dalsgaard and Thamdrup，2002；Zehr and Ward，2002）。碳极度缺乏时，厌氧氨氧化途径具有竞争优势，但至今罕有其对淡水生态系统重要性的研究。

厌氧沉积物中硝酸根还能参与还原态硫、铁、锰等化合物的氧化反应。实际上，以 NO_3^- 为电子受体的厌氧硫化物氧化途径具有产能优势（由化能自养硫化菌完成），在还原态硫化物充足的沉积物这一途径优先于反硝化途径或 DNRA 途径（表 7.5；Zehnder and Stumn，1988）。已知微生物参与了 Fe^{2+} 的 NO_3^- 厌氧氧化途径，但其生态系统水平的重要性尚不清楚（Clement et al.，2005；Burgin and Hamilton，2007）。当有机底物受限而还原态 Fe 或 Mn 化合物充足时，Fe 和 Mn 厌氧氧化途径可能是重要的 NO_3^- 消耗途径。

Burgin 和 Hamilton（2007）提出了一个非常有用的概念模型，概括了目前已知厌氧条件下硝酸根还原的替代途径（图 7.16）。这些替代途径的相对重要性取决于化学底物相对浓度下竞争反应的实际自由能产量。例如，当合适的有机分子可用时，异养代谢途径可能优先。

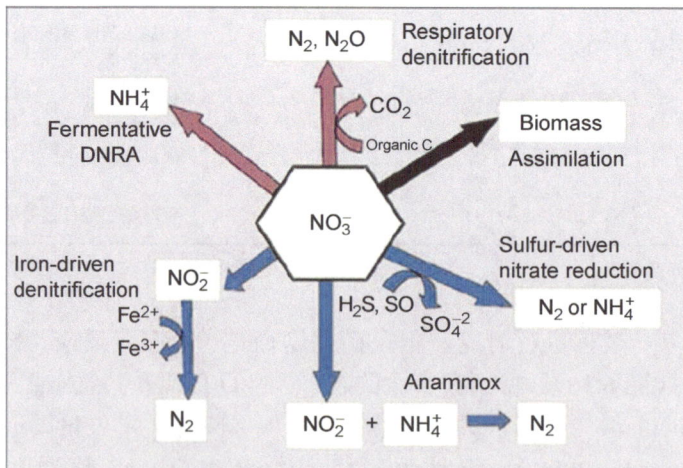

图 7.16　缺氧条件中硝酸根去除的重要途径概念图。蓝色箭头代表自养型途径，暗红色箭头代表异养型途径。除了通过异化反应利用硝酸根获得能量过程，所有微生物需要同化 N 进入其生物量（黑色箭头）

来源　Burgin 和 Hamilton（2007），美国生态学学会授权使用
图中文字　Respiratory denitrification：呼吸反硝化途径；Biomass Assimilation：生物量同化途径；Sulfur-driven nitrate reduction：硫基硝酸盐还原途径；Anammox：厌氧氨氧化途径；Iron-driven denitrification：铁基反硝化途径；Fermentative DNRA：酵解硝酸根异化还原铵过程

7.6.3　铁和锰还原途径

锰还原途径在许多厌氧环境中具有热力学优势，但高浓度 Mn^{4+}非常罕见，仅具局部重要性。还原反应产物水溶性 Mn^{2+}对许多植物具有毒性，影响植物生产力或种群组成。相反，铁还原途径是许多湿地的优势代谢途径（图 7.11）。许多情况下沉积物铁还原途径区域与反硝化途径和锰还原途径区域有部分重叠（Klinkhammer，1980；Kerner，1993；图 7.10），这一区域大多数微生物是能耐受周期性好氧条件的兼性厌氧微生物（第 6 章）。但锰还原途径区域与铁还原途径的重叠度很小，因为土壤微生物酶系对 Mn^{4+} 具有偏好性，直到 Mn^{4+}耗尽后才会开始还原 Fe^{3+}（Lovely and Philips，1988a）。在 Mn^{4+} 还原途径区域，绝大多数氧化还原反应由专性厌氧微生物驱动。早期研究注重铁氧化还原状态（图 7.15），Fe 被广泛用来于表征从弱氧化向强还原条件过渡的指标。

某些类型细菌［如腐败希瓦氏菌（*Shewanella putrefaciens*）］能耦合锰和铁还原途径直接氧化简单有机物（Lovley and Phillips，1988a；Caccavo et al.，1992；Lovley et al.，1993），但通常这些反应由共生细菌群催化，其中一些种群通过酵解途径获得代谢能量［表 7.6 式（1）和式（3）］，而其他种群以 Mn^{4+}和 Fe^{3+}作为电子受体氧化氢［表 7.6 式（2）和式（4）］（Weber et al.，2006）。在铁还原途径深度之下，氧化还原电位逐渐降低，硫酸盐还原代谢及后续产甲烷途径成为末端主要分解途径。

表 7.6　铁和锰还原途径的化学反应及自由能产量（单位摩尔有机质或 H_2）

反应	$-\Delta G^0$（$kJ \cdot mol^{-1}$）	参与生物
（1）$2MnO_2 + (CH_2O) + 2H^+ \rightarrow MnCO_3 + Mn^{2+} + 2H_2O$	94.5	芽孢杆菌属、微球菌属和假单胞菌属等细菌
（2）$2Mn^{3+} + H_2 \rightarrow 2Mn^{2+} + 2H^+$	285.3	希瓦氏菌属细菌
（3）$4FeOOH + (CH_2O) + 6H^+ \rightarrow FeCO_3 + 3Fe^{2+} + 6H_2O$	24.3	芽孢杆菌属细菌
（4）$2Fe^{3+} + H_2 \rightarrow 2Fe^{2+} + 2H^+$	148.5	假单胞菌属和希瓦氏菌属细菌

来源：Zehnder 和 Stumn（1988）及 Lovley（1991）。

7.6.4　硫酸盐还原途径

第 6 章讨论了土壤微生物和植物吸收或同化硫时伴随硫酸盐还原反应。相反，厌氧土壤的异化硫酸盐还原途径类似于硫基反硝化途径，细菌以 SO_4^{2-}为电子受体氧化有机质（表 7.7）。这一代谢途径已进化了至少 20 亿年（第 2 章）。硫酸盐还原细菌产生一系列含硫气体，包括硫化氢（H_2S）、二甲基硫醚［$(CH_3)_2S$］、羰基硫（COS）（Conrad，1996）。在人类大气污染扩散之前，湿地生物源含硫气体是大气硫的主要来源（第 13 章）。在半咸水或咸水中，硫酸盐通常是主要电子受体，硫酸盐还原途径是有机质的重要去向（Howarth and Teal，1979；Neubauer et al.，2005）。

表 7.7　硫酸盐还原途径的化学反应及自由能产量（单位摩尔有机质或 H_2）

反应	$-\Delta G^0$（$kJ \cdot mol^{-1}$）	参与生物
（1）$\frac{1}{2}SO_4^{2-} + (CH_2O) + \frac{1}{2}H^+ \rightarrow \frac{1}{2}HS^- + CO_2 + H_2O$	18.0	脱硫杆菌属、脱硫弧菌属、脱硫线菌属等细菌
（2）$S^0 + (CH_2O) + H_2O \rightarrow HS^- + 3H^+ + CO_2$	12.0	乙酸氧化脱硫单胞菌、弯曲杆菌属、嗜热变形杆菌、冰岛热棒菌
（3）$S^0 + H_2 \rightarrow HS^- + H^+$	14.0	热变形菌属、热盘菌属、热网菌属等各种细菌

来源：Zehnder 和 Stumn（1988）。

尽管湿地还原性含硫气体产量可能很高，由于 H_2S 和其他土壤成分（如 NO_3^-；表 7.5）反应消耗，最后湿地土壤 H_2S 逸出量常远低于深层土壤的硫酸盐还原量。H_2S 可与 Fe^{2+} 进行非生物反应，生成 FeS 沉淀，使还原性土壤呈特征性的黑色。FeS 随后反应生成黄铁矿（pyrite）：

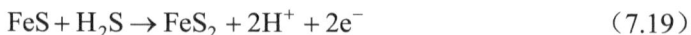

$$FeS + H_2S \rightarrow FeS_2 + 2H^+ + 2e^- \tag{7.19}$$

这一过程伴随着共生微生物群落还原 CO_2 产生 CH_4［式（2.8）；Thiel et al.，2019］。当 H_2S 向上扩散经过氧化态 Fe^{3+} 区域时，黄铁矿发生沉淀反应：

$$2Fe(OH)_3 + 2H_2S + 2H^+ \rightarrow FeS_2 + 6H_2O + Fe^{2+} \tag{7.20}$$

因此，并不是所有湿地土壤还原态铁都直接由铁还原细菌产生。有些情况下，间接途径［式（7.19）和式（7.20）］可能贡献了绝大多数还原态铁（Canfield，1989a；Jacobson，1994）。

许多湿地沉积物因低铁含量限制了硫化铁积累（Giblin，1988；Rabenhorst and Haering，1989；Berner，1983）。低水位时特定的细菌可能再次氧化硫化铁（Ghiorse，1984），产生 SO_4^{2-} 向下扩散到硫酸盐还原菌活动区域。因此，含低浓度 SO_4^{2-} 的土壤和沉积物因硫氧化态和还原态间的循环再利用，其硫酸盐还原途径高反应速率可能得以维持（Urban et al.，1989b；Wieder et al.，1990；Marnette et al.，1992）。

硫化氢也能与有机物反应形成碳键合态硫并在泥炭中累积（Casagrande et al.，1979；Anderson and Schiff，1987）。许多湿地土壤绝大部分硫以碳键合态存在，仅有很小一部分以还原态无机硫存在，即 H_2S、FeS 和 FeS_2（Wieder and Lang，1988；Spratt and Morgan，1990）。碳键合态硫相对稳定，主要来自植物凋落物、H_2S 与有机物反应，以及土壤微生物直接固定 SO_4^{2-} 等过程（Rudd et al.，1986；Wieder and Lang，1988）。碳键合态硫是许多含硫煤的主要硫组分（Casagrande and Siefert，1977；Altschuler et al.，1983），因此燃煤电厂导致大气污染而引发酸雨。有机沉积物和煤中碳键合态硫主要源于硫酸盐异化还原途径，其 $\delta^{34}S$ 丰度为负值，这是由于细菌在硫酸盐还原过程中分馏重同位素 $^{34}SO_4^{2-}$ 而优先利用 $^{32}SO_4^{2-}$（Chambers and Trudinger，1979；Hackley and Anderson，1986）。

由于湿地还原态含硫气体排放量非常小，这些不同的还原态硫汇使研究者们起初认为硫还原作用并不是湿地生态系统有机物分解特别重要的途径。放射性 $^{34}SO_4^{2-}$ 示踪试验表明在还原态 Fe 存在时，大量的 $^{34}SO_4^{2-}$ 被硫酸盐还原途径还原以 $Fe^{34}S_2$ 滞留在沉积物中（Howarth and Teal，1979；Howes et al.，1984；Cornwell et al.，2013）。土壤还原态硫的铁固持可缓冲因海水入侵引发的生态系统硫化作用（sulfidation；Schoepfer et al.，2014）。

由于 H_2S 可与土壤各组分反应，在逸出上覆沉积物层和水层时可被硫细菌氧化［式（2.15）］，因此生物地球化学家一度认为逸出湿地土壤的气态硫以各种含硫有机物为主。大量的研究发现 H_2S 是湿地土壤硫排放的主要形态（Adams et al.，1981；Kelly，1990）。Castro 和 Dierberg（1987）在美国佛罗里达不同湿地观测到 H_2S 排放年通量为 $1 \sim 110$ mg $S \cdot m^{-2} \cdot yr^{-1}$。Nriagu 等（1987）在加拿大安大略省沼泽观测到含硫气体年总通量为 $25 \sim 184$ mg $S \cdot m^{-2} \cdot yr^{-1}$，并发现周边地区雨水 $\delta^{34}S$ 丰度在夏季要低于冬季。据推测，雨水 SO_4^{2-} 可能部分来自当地湿地硫酸盐还原途径排放的含硫气体在大气中被氧化。

7.6.5　产甲烷途径

当所有的替代电子受体耗尽时，产甲烷途径开始碳降解。尽管该途径产能极低（表7.3），产甲烷途径是许多湿地有机物分解的主要途径，因为土壤深层电子受体（氧化剂）供应极为有限。水淹没沉积物甲烷产生途径有二，均由产甲烷菌（严格厌氧古菌）完成（Zehnder and Stumn，1988）。当有机物酵解产生有机酸浓度远超替代电子受体（NO_3^-、Fe^{3+}和SO_4^{2-}）有效浓度时，产甲烷菌分解乙酸产生甲烷，这一过程称为乙酸酵解产甲烷途径或乙酸酵解途径［式（2.7）和表 7.8 的式（1）］。乙酸酵解产甲烷途径产能较其他厌氧代谢途径低很多（表7.4），这一途径产生的甲烷 $\delta^{13}C$ 丰度为–65‰～–50‰（Woltemate et al.，1984；Whiticar et al.，1986；Cicerone and Oremland，1988）。只有两个产甲烷菌属参与乙酸酵解产甲烷途径：甲烷八叠球菌属（*Methanosarcina*）和甲烷丝菌属（*Methanosaeta*）（Megonigal et al.，2003a，b）。

表 7.8　乙酸酵解和 CO_2 还原（或氢酵解）产甲烷途径的化学反应及自由能产能
（单位摩尔有机质或 H_2）

反应	$-\Delta G^0$（kJ·mol^{-1}）	参与生物
乙酸分解 （1）$CH_3COOH \rightarrow CH_4 + CO_2$	28	部分产甲烷细菌（巴氏甲烷八叠球菌、马氏甲烷八叠球菌、索氏甲烷杆菌）
CO_2 还原 （2）$CO_2 + 4H_2 \rightarrow CH_4 + 2H_2O$	17.4	大多数产甲烷细菌

来源：Zehnder 和 Stumm（1988）。

当乙酸不可用时，更多产甲烷菌会参与 CO_2 还原途径［式（2.8）和表 7.8 式（2）］，发酵产生的氢作为电子和能量来源，CO_2 作为碳源和电子受体。由于 CO_2 还原产甲烷消耗使得湿地土壤 H_2 排放有限（Conrad，1996）。该途径产生的甲烷 $\delta^{13}C$ 丰度（–100‰～–60‰）比乙酸酵解产甲烷途径还低（Whiticar et al.，1986）。甲烷碳同位素比可作为分辨大气甲烷浓度增长的来源（第 11 章）。

产甲烷途径通常受酵解产物（H_2 或乙酸）供应的限制，可通过实验性添加有机物或氢气得以刺激（Coles and Yavitt，2002）。因此，湿地沉积物产甲烷活性一般随好氧界面以下深度增加而减弱（Megonigal and Schlesinger，1997），但随着深度增加，甲烷逐渐来源于 CO_2 还原途径（Hornibrook et al.，1997）。

产甲烷细菌只能利用少数特定有机物进行乙酸分解，研究证实多数情况下硫酸盐还原菌是这些特定有机物更强的竞争者（Kristjansson et al.，1982；Schönheit et al.，1982）。硫酸盐还原菌也利用 H_2 作为电子供体，其 H_2 吸收比 CO_2 还原产甲烷菌更高效（Kristjansson et al.，1982；Achtnich et al.，1995）。因此，在大多数环境中产甲烷途径区域和硫酸盐还原途径区域几乎不重叠（Lovely and Phillips，1987；Kuivila et al.，1989）。海洋沉积物产甲烷途径受海水高 SO_4^{2-} 浓度抑制，海洋环境产甲烷 CO_2 还原途径要比乙酸酵解途径更重要，因为乙酸在硫酸盐还原细菌区域已被消耗殆尽（第 9 章）。由于硫酸盐还原途径提供了更高的产能替代，通过酸沉降向淡水湿地输入 SO_4^{2-} 可能会抑制甲烷通量（Dise and Verry，2001；Gauci et al.，2004；Gauci and Chapman，2006）。

甲烷排放通量在不同类型湿地生态系统之间差异很大，这对全球甲烷估算是一个巨大挑战。现有估算认为每年约 3%的湿地系统净生产量以 CH_4 形式释放到大气中（约每

年 217×10^{12} g CH_4（Dlugokencky et al.，2011；Bridgham et al.，2013；表 11.2）。全球 CH_4 排放通量的年际变化源于湿地 CH_4 排放的年变化（Bousquet et al.，2006）。湿地生态系统 CH_4 排放通量是产甲烷过程和甲烷氧化过程的净效应。产甲烷过程受不稳定（易分解）有机物供应的限制（Bridgham and Reichardson，1992；Cicerone et al.，1992；Valentine et al.，1994；Van der Gon Denier and Neue，1995），CH_4 排放通量与不同湿地生态系统的净生态系统生产量直接相关（Whiting and Chanton，2001；Updegraff et al.，2001；Vann and Megonigal，2003；图 7.17）。

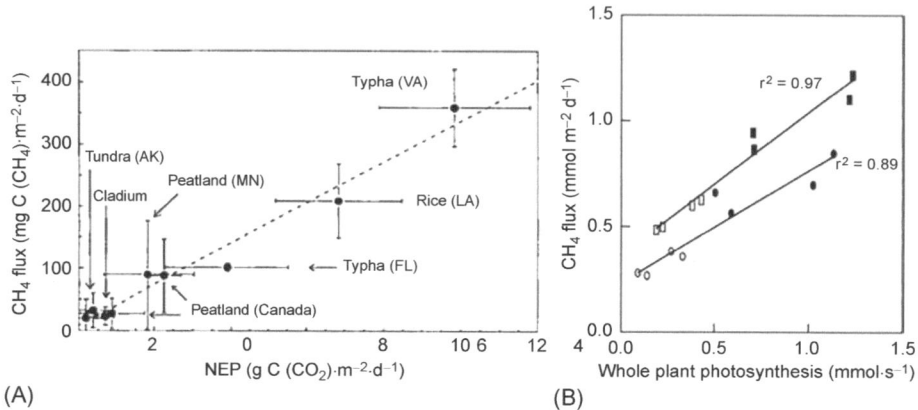

图 7.17　湿地甲烷排放与不同类型初级生产力的相互关系。（A）北美洲从亚热带到亚北极生态系统 CH_4 排放通量与净生态系统生产量（NEP）的线性关系，斜率为 0.033 g CH_4-C·g^{-1} CO_2；（B）：挺水植物金棒花（*Orontium aquaticum*）沼泽微宇宙试验中，植物在环境 CO_2 浓度和升高 CO_2 浓度下生长时 CH_4 排放通量和全植物净光合作用产量的线性关系

来源　（A）Whiting 和 Chanton（1993），*Nature* 出版集团授权使用；（B）Vann 和 Megonigal（2003），Springer 授权使用

图中文字　CH_4 flux：CH_4 排放通量；NEP：净生态系统生产量；Whole plant photosynthesis：全植物光合作用产量；Tundra（AK）：苔原湿地（美国阿拉斯加）；Cladium：莎草湿地；Peatland（MN）：泥炭湿地（美国明尼苏达州）；Peatland（Canada）：泥炭湿地（加拿大）；Typha（FL）：香蒲湿地（美国佛罗里达州）；Typha（VA）：香蒲湿地（美国弗吉尼亚）；Rice（LA）：水稻湿地（美国洛杉矶）

植物生产力与甲烷排放通量的正相关可能（至少部分）来源于湿地植物参与的气体交换作用（Sebacher et al.，1985；Chanton and Dacey，1991；Yavitt and Knapp，1995；Carmichael et al.，2014）。许多湿地植物（包括水稻）都有通气组织中空茎可传输 O_2 到根部。这些中空茎无意成为 CH_4 传输到地表的通道（Kludze et al.，1993）。当高度还原厌氧沉积物上方覆盖有好氧土壤层时，从沉积物向上扩散的 CH_4 会被氧化。当土壤完全被水饱和时，通常会出现高 CH_4 通量。专性厌氧产甲烷途径也可在高质量有机质富集的水饱和浅层沉积物中发生，CH_4 逃逸进入大气的概率更大（Sabacher et al.，1986；Moore and Knowles，1989；Shannon and White，1994；von Fischer et al.，2010）。水淹没土壤甲烷排放通量随土壤温度升高而增加（Roulet et al.，1992；Bartlett and Harriss，1993）。

7.6.5.1　甲烷好氧氧化途径

由于甲烷氧化产能高于 NH_4^+ 氧化产能，当 CH_4 丰富时甲烷氧化菌竞争 O_2 可能强于硝化菌。因此，湿地沉积物深层产生的 CH_4 到地表逸出前被氧化为 CO_2（图 7.18）。当沉

积物深层 CH_4 积蓄压力足以克服上覆水静水压时, 富含 CH_4 气泡沸腾逸出水面 (图 7.18)。沸腾效应有效地避免了甲烷氧化, 成为大气 CH_4 通量的主要来源 (Neue et al., 1997; Baird et al., 2004; Goodrich et al., 2011; Comas and Wright, 2012)。沸腾气泡几乎是纯 CH_4, 而由植被释放气泡中甲烷被大气 N_2 稀释 (Chanton and Dacey, 1991)。

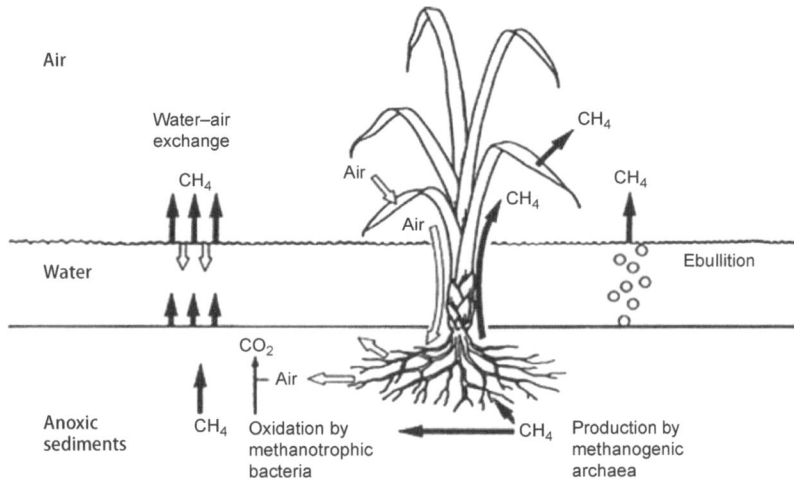

图 7.18　湿地土壤甲烷的产生、氧化和排放过程
来源 Schutz 等 (1991)
图中文字 Air: 大气; Water: 水层; Anoxic sediment: 厌氧沉积物层; Water-air exchange: 水气交换; Oxidation by methanotrophic bacteria: 甲烷营养菌氧化途径; Ebullition: 沸腾效应; Production by methanogenic archaea: 产甲烷古菌产甲烷途径

植物参与的气体交换作用对甲烷传输和氧化过程的影响比较复杂, 植物通气组织通过氧化根际土壤形成的氧化区, 使其在直接输送 CH_4 到大气的同时, 甲烷氧化菌在根际氧化区氧化 CH_4 (Laanbroek, 2010)。

7.6.5.2　甲烷厌氧氧化途径

在海洋沉积物中, 硫酸盐还原菌参与甲烷厌氧氧化途径 (AMO), 可能是 CH_4 向上扩散穿越上覆沉积物层过程的主要汇 (Reeburgh, 1983; Henrichs and Reeburgh, 1987; Blair and Aller, 1995):

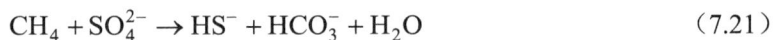

$$CH_4 + SO_4^{2-} \rightarrow HS^- + HCO_3^- + H_2O \qquad (7.21)$$

有研究认为 AMO 也可能是调控淡水湿地甲烷排放的重要机制 (Smemo and Yavitt, 2011)。由于厌氧和好氧甲烷氧化途径消耗 CH_4, 湿地生态系统 CH_4 净排放通量常远低于其产 CH_4 总量。Reeburgh 等 (1993) 估计全球湿地产 CH_4 总量要比其向大气排放的 CH_4 净通量高 20%。研究者发现甲烷氧化菌改变了湿地排放进入大气 CH_4 的 $\delta^{13}C$ 丰度。因此, 通过比较湿地深层沉积物与土表收集 CH_4 的 $\delta^{13}C$ 丰度, 可揭示甲烷氧化消耗的相对重要性 (Happell et al., 1993)。美国佛罗里达大沼泽 (Everglades) 湿地产生的甲烷, 90% 以上在扩散进入大气前被消耗 (King et al., 1990)。

湿地 CH_4 排放通量受土壤性质、地形、植被等影响存在巨大的空间异质性 (Bridgham, 2013), 使得全球 CH_4 排放通量估算困难。湿地沉积物水饱和时, CH_4 排放通量随温度升高而增加（Christensen et al.，2003）。而随着温度上升和水位降低，湿地可能从湿季时净 CH_4 源转变为净 CH_4 汇（Harriss et al.，1982）。根据早期湿地 CH_4 排放通量研究结果，Bartlett 和 Harris（1993）认为热带湿地贡献了 60%全球湿地 CH_4 总排放量，而北方湿地（N 45° 以北）贡献了约 1/3（表 7.9）。

表 7.9　全球自然湿地 CH_4 排放估算总汇

作者	方法	全球湿地排放量（百万 t $CH_4 \cdot yr^{-1}$）	全球自然排放量（百万 t $CH_4 \cdot yr^{-1}$）	自然来源比例（%）
Matthews 和 Fung（1987）	田间估算放大	110	—	—
Aselmann 和 Crutzen（1989）	田间估算放大	40～160	—	—
Hein 等（1997）	全球反演模型	231	—	—
Houweling 等（2000b）	全球反演模型	163	222	73
Wuebbles 和 Hayhoe（2002）		100	145	69
Wang 等（2004）	全球反演模型	176	200	88
Fletcher 等（2004）	全球反演模型	231	260	89
Chen 和 Prinn（2006）	全球反演模型	145	168	86
本书汇总如表 11.2	数据合成	217	347	63

　　尽管不同纬度观测的 CH_4 排放量范围有相当大的重叠，但热带湿地因较长的生长期和更广的空间纵深，对全球大气 CH_4 贡献更大（图 7.19；Bartlett and Harriss，1993）。区域湿地 CH_4 净排放量部分受同区域旱地甲烷氧化菌对大气 CH_4 氧化消耗的平衡（Whalen and Reeburgh，1990；Le Mer and Roger，2001；第 11 章）。潮湿热带森林的 CH_4 排放对全球气候变化的贡献可能超过了碳固定的贡献（Dalmagro et al.，2019）。20 多年来对全球自然湿地 CH_4 排放估算精细化的努力表明，湿地每年产生 217×10^{12} g $CH_4 \cdot yr^{-1}$，相当于年 CH_4 全球排放量的 1/3（Bridgham et al.，2013；表 11.2）。

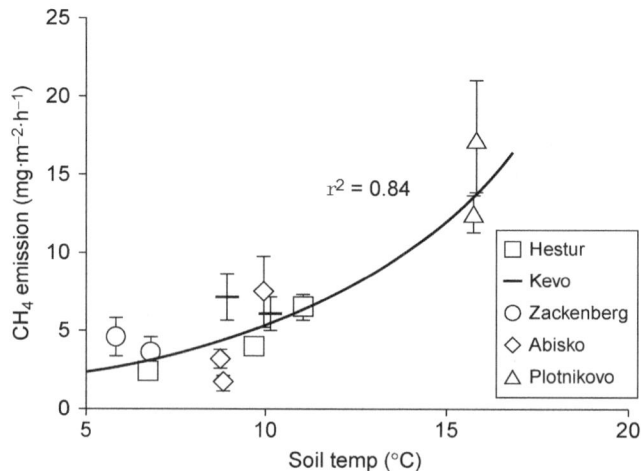

图 7.19　各研究地点多年土壤季节平均温度（5 cm 表土层）与季节平均甲烷排放通量（每个研究点每个生长期至少测定 8 次）的关系
来源　Christensen 等（2003），美国地球物理联合会授权使用
图中文字　CH_4 emission：CH_4 排放量；Soil temp：土壤温度；Hestur：法罗海斯特群岛；Kevo：芬兰凯沃；Zackenberg：格陵兰岛萨肯博格；Abisko：瑞典阿比斯库；Plotnikovo：俄罗斯普罗特尼科沃

7.7　氧化还原梯度

湿地生态系统各种分解途径的自由能产能巨大差异可用于预测许多环境条件下优势代谢过程。当厌氧湿地存在 NO_3^- 或铁锰氧化物时，硫酸盐还原途径受抑制。同样，产甲烷途径会被 SO_4^{2-} 供给所抑制。事实上，酸雨沉降输入的 SO_4^{2-} 可能抑制高达 8% 的当前全球 CH_4 排放量（Vile et al.，2003；Gauci et al.，2004）。因此，氧化还原梯度是预测湿地主要代谢途径的有用工具。

厌氧代谢机制的绝大部分理论认知是基于实验室纯培养条件下测定的自由能。基于微生物组的研究能力极大地拓展了对厌氧代谢机制的认知。虽然氧化还原梯度可预测获胜的竞争策略，但事实是并非所有微生物都参与直接竞争，共养关系打破了基于自由能的"氧化还原梯度规则"。已有许多研究表明，共营养[①]微生物群落联合体可共同进行无法根据单个物种预测的化学反应（Lovley and Phillips，1988a；Boetius et al.，2000；Raghoebarsing et al.，2006）。近年来大量研究表明，共存的不同微生物种群共同参与的化学反应不能被单一微生物种类所预测（Lovley and Phillips，1988；Boetius et al.，2000；Raghoebarsing et al.，2005，2006）。共营养微生物群落中硫酸盐还原或硝酸盐还原微生物与产甲烷菌密切共同生长，利用 CH_4 作为碳源进行硫酸盐和硝酸盐还原反应（Conrad，1996；Boetius et al.，2000；Raghoebarsing et al.，2006）。共营养相互作用导致 CH_4 厌氧氧化，而产甲烷菌驱动这些反应的作用从传统底物积累或生态系统尺度损失观测来看并不明显。

7.8　湿地和水质

至此，本章主要聚焦湿地沉积物有机质的碳储存和气态碳（CO_2 或 CH_4）损失。湿地 DOC 的水文损失是主要碳输出途径，也是许多河流和滨海河口主要的有机碳与养分来源。水与泥炭接触从泥炭体中溶淋 DOC（Dalva and Moore，1991），泥炭土及其上覆水的 DOC 浓度一般为 20～100 mg C·L^{-1}，绝大部分 DOC 为有机酸（Thurman，1985）。高地下水位可提高 DOC 溶出量、增加湿地 DOC 流失量，并通过水文与下游生态系统或地下水相连（Blodau et al.，2004）。河流间 DOC 通量大部分变化可被其流域湿地面积差异所解释（Dillon and Molot，1997；Gergel et al.，1999；Pellerin et al.，2004；Johnston et al.，2008；Raymond and Saiers，2010）。

缺氧时水饱和沉积物的有机质分解过程缓慢，维持生物生长的养分限制，土壤有机质得以逐渐累积。湿地因此固持了大量来自其集水区输送的养分和微量元素，经植物吸收后最终进入土壤有机质。除了滞留元素在植物组织和土壤中，湿地沉积物为反硝化菌提供了理想的反应条件，具有强大的过量 NO_3^- 去除能力，并将无机磷和其他微量元素同化进入有机分子（Johnston et al.，1990；Emmett et al.，1994；Zedler and Kercher，2005；

---

① Syntrophy（共营养）：源自希腊语，"syn"的意思为"在一起"，"trophe"的意思为"营养"，用于描述一个物种依赖另一物种的产物生存的现象。

Fergus et al.，2011）。除了固持微量元素，湿地沉积物中微生物参与各种金属甲基化，一些甲基化金属具有生物毒性，其甲基化形态更易被生物同化［如甲基汞（CH_3Hg）；第 13 章］。

7.9 湿地与全球变化

人类历史上由于农业生产或城镇发展需求，湿地被排干、填埋、开垦，其面积不断缩小。虽然无法确定全球因人类直接干预导致的湿地面积损失，但最新估算认为 50%的美国陆地湿地已被人类活动破坏，加拿大、欧洲、澳大利亚和亚洲等发达地区的比例可能更高（Mitsch and Gosselink，2007）。

7.9.1 海平面上升与海水入侵

因海水入侵滨海湿地或干旱蒸发引起盐分浓缩，使得一些淡水湿地变成半咸水或咸水（Herbert et al.，2015；Tully et al.，2019）。离子强度变化使得 PO_4^{3-} 被 Cl^- 和 SO_4^{2-} 离子从吸附位点替代，并且还原态硫化物与铁结合使 $Fe-PO_4$ 解构，引发"内部富营养化"（Caraco et al.，1989；Lamers et al.，1998；Beltman et al.，2000；Ardón et al.，2017）。海盐富含的盐基可能在阳离子交换位点解吸 NH_4^+（第 4 章），使得大量氮从盐化湿地流失（Ardón et al.，2013）。另外，海水提供了重要电子受体 SO_4^{2-}，通过硫酸盐还原途径促进有机质降解，提升 HS^- 浓度，可能抑制甲烷生成和反硝化氮损失（Lamers et al.，1998；Weston et al.，2006；Sutton-Grier et al.，2011）。

7.9.2 气候变化

气候变化可能加速湿地损失速率，世界各洲降水和蒸发模式改变使得湿地生态系统十分脆弱（第 10 章）。湿地净损失对全球碳循环的影响很难预测（Avis et al.，2011），但非常清楚的是，淹没程度是所有纬度湿地甲烷排放通量年际变化的主要驱动因子（Ringeval et al.，2010）。低频淹没可能促进湿地土壤有机质氧化，但有机质的损失可能伴随着 NPP 增加（Megonigal et al.，1997；Choi et al.，2007）和 CH_4 排放减少（Bousquet et al.，2006；Ringeval et al.，2010）。

由于需要综合认知偶发直接逆效应和复杂的正负反馈效应，预测升温对湿地生物地球化学的影响并不容易。例如，升温导致水中 O_2 溶解度降低，可能进一步减少许多湿地好氧呼吸土壤层，并减缓有机质分解。同时，升温可能增加湿地沉积物的产甲烷量和 CO_2 产量（Avery et al.，2002）。综合多个湿地升温试验研究发现，升温对 CO_2、CH_4 和 N_2O 通量的影响并不一致，三种温室气体响应的正负效应和幅度均不同（Dijkstra et al.，2012）。

升温对植被蒸腾量的影响以及因此改变的湿地积水周期可能对湿地过程产生较大的影响。特别令人担忧的是，由于永冻土融化可能导致高纬度湿地损失（Limpens et al.，2008；Schuur et al.，2008；Shaver et al.，2011；Koven et al.，2011；McGuire et al.，2010）。超过 50%全球湿地位于高纬度地区（图 7.1），近期估计北部永冻土地区保存多达 1300±200 Pg 土壤碳，其中约 60%在常年冻土地区（Hugelius et al.，2014）。许多寒带湿地水文因永冻土限制排水，因此永冻土融化可能导致湿地排水，对气候变化产生正反馈，增强其水饱和有机质分解（Avis et al.，2011）和大量 DOC 的水文损失（Guo et al.，2007；Olefeldt and Roulet，2014）。

泥炭湿地生态系统储存的丰富土壤有机质源于长时间的非完全分降解积累，而非有机物高生产量。当水位下降，泥炭分解增强（Yu et al.，2003；Fenner and Freeman，2011），北冰洋干燥气候导致水位下降，增强有机质氧化。如果全球变暖，将引起泥炭湿地水饱和度变化，尤其在高纬度北部地区，湿地向大气排放 CH_4 通量将发生变化。当湿地土壤因温度升高变干时，向大气排放 CH_4 通量将减少而 CO_2 排放通量则增加（Freeman et al.，1993；Moore and Roulet，1993；Funk et al.，1994；Whalen，2005）。湿地排水（无论是有意的或由于干燥气候引起的）可能使湿地更容易发生火灾，火烧更深层泥炭或更大空间范围（Grosse et al.，2011）。美国阿拉斯加（Mack et al.，2011）和加拿大（Turetsky et al.，2011）泥炭湿地火灾烧去了几个世纪积累的泥炭。比较加拿大北部泥炭湿地火烧和未烧区域，Gibson 等（2019）发现，即使在火灾后 16 年，火烧区域深层土壤呼吸仍高出 4 倍。通过增加土壤温度和活跃土壤深度，火灾对土壤有机质（SOM）损失的长期影响在干扰后持续多年。

7.9.3　CO_2 浓度上升

针对 CO_2 浓度升高对湿地影响的调查，没有证据表明增加了植物生物量，CO_2 浓度升高可能刺激土壤有机质氧化速率加快。多个泥炭湿地 CO_2 富集试验结果表明，大气 CO_2 高浓度会增加维管束植物生物量，但这些影响被伴随的泥炭苔藓植物（尤其泥炭藓）的消失所抵消（Berendse et al.，2011）。美国弗吉尼亚州沿海沼泽湿地长期 CO_2 富集试验表明，维管束植物生物量对 CO_2 浓度升高的响应受养分低有效性的限制，许多湿地生态系统低养分周转率可能严重限制其生物量对 CO_2 浓度升高的增碳响应（Langley and Megonigal，2010；Pastore et al.，2016）。实验室和野外试验表明，CO_2 浓度上升导致湿地植物有机物分泌增加，加剧湿地 DOC 损失（Freeman et al.，2001b）、促进有机质氧化（Wolf et al.，2007）并增加 CH_4 产量（Megonigal and Schlesinger，1997）。

多项研究发现 CH_4 产生量与净生态系统生产量（NEP）高度相关（图 7.17），当大气 CO_2 升高时，可刺激湿地植物生长，同时也可能为产 CH_4 细菌提供充足有机底物（Megonigal and Schlesinger，1997；Vann and Megonigal，2003；Fenner et al.，2007）。对 16 个自然湿地和 21 个稻田 CO_2 富集试验结果的荟萃分析（meta-analysis）表明，CO_2 浓度上升增加了自然湿地 13.2% 的 CH_4 排放量，稻田则增加 43.4%（van Groenigen et al.，2011），CH_4 排放增量与 CO_2 浓度上升湿地新增固碳量相抵消。

自然湿地 CH_4 年排放通量约为 217×10^{12} g·yr^{-1}，占全球大气 CH_4 总排放通量的很大一部分（第 11 章）。大气甲烷浓度每年约增加 1%，这是否是对湿地生态系统过程变化或湿地空间变异的响应呢？当然，全球产 CH_4 量随水稻种植面积增加而增强，目前估计约占 10% 全球湿地 CH_4 产量（第 11 章）。

7.10 小 结

湿地仅覆盖很小部分的全球陆地表面，并且面积尚在不断萎缩中，但在全球生物地球化学中扮演了重要角色，储存了多达 50%的土壤有机质，产生了 20%以上的 CH_4，显著减少了无机养分向河网和海洋的流失。湿地在区域到全球尺度的生物地球化学循环中的独特角色是源于其土壤每年部分或全部时间为淹没厌氧期。湿地异养生物因氧气有效性限制抑制了分解过程、减缓了养分周转，允许多种替代代谢途径主导生态系统碳循环，并通过微生物热力学与硝酸盐、锰、铁、硫酸盐和氢等循环过程相耦合。

第 8 章　内 陆 水 体

8.1　引　　言

　　淡水水生生态系统（湖泊和河流）蓄有不到 0.02% 的地球总水量和覆盖约 6% 的陆地表面（图 10.1；Wetzel，2001；Lehner and Doll，2004）。地表水在陆地表面的小小足迹掩盖不住其对人类文明和全球生物地球化学的重要性。地表水源源流淌且易获取，河流和湖泊为地球上绝大多数人口提供水源。除了提供农作物生长所需水分外，陆地水体还支撑着淡水渔业，2010 年约占全球年捕捞量的 1/3 左右[①]。同时，地表水被高效管理，用于娱乐、废弃物处置、货物运输和水力发电等，对其水文、化学、生物多样性和生物地球化学循环产生重要影响。

　　第 4 章探讨了河流将元素从陆地向海洋运输的作用。在漫长地质年代，水流促进原生矿物风化，形成沉积岩和咸的海洋[式（4.1）]。对于绝大多数元素来说，从陆地向海洋

---

① 联合国粮农组织"世界渔业和水产业状况 2010"报告。可从 www.fao.org/docrep/013/i1820e/i1820e.pdf 下载。

迁移受与水生生物的相互作用，以及在湖泊与河漫滩沉积物长时间停留等过程的延宕。本章将讨论水生生态系统生物地球化学过程，着重聚焦水生生态系统对从陆地向海洋迁移的 C、N、P 的迁移形式，以及时间节点、幅度等的影响能力。

　　本章将以较大篇幅阐述湖泊、河流和河口的主要特征。前序章节已经涵盖了生物圈发生的所有关键代谢途径，接下来需描述其分布、时间节点和幅度在不同属性生态系统间的异同。学习本章需牢记，尽管传统生物地球化学将它们作为独立离散系统来研究，但现实的小溪、池塘、湖泊、河流和河口构成了淡水栖息地的连续体，从最小的源头溪流直到汇流入海洋或湖泊。即使有些水体没有在地表与河流相接，在长时间尺度上它们通过地下水或偶发洪水与河流水文相通。仔细研究任一景观的卫星图像均显示河流网络结构以及流水（flowing water）与静水（standing water）栖息地间的频繁交联（图 8.1）。

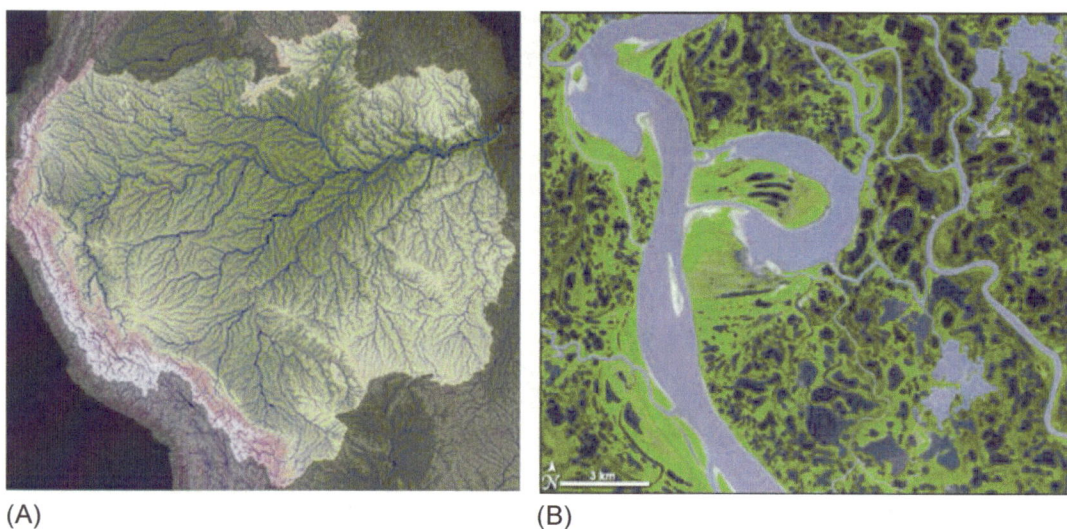

(A)　　　　　　　　　　(B)

图 8.1　两个河流网络：（A）亚马孙河盆地影像，目前估算总河长为 6800 km，从 4500 m 海拔的上游（白色）流向海平面（深绿色）；（B）加拿大麦肯齐河三角洲河段 2005 年 8 月 4 日的影像，当时湖泊和麦肯齐河整个河漫滩均已解冻
来源　两个影像均由美国国家航空航天局（NASA）地球观测站提供。（A）由航天飞机地形测绘雷达（SRTM）数据与世界野生动物基金会 HydroSHEDS 项目（Lehner et al., 2008）河流数据融合而成；（B）由 NASA 的 Terra 卫星搭载热发射和反射辐射仪（ASTER）拍摄

8.2　水生生态系统结构

　　在陆地生态系统和湿地讨论中（第 5~7 章），常区分地上和地下生物地球化学库及通量。同样，水生生态系统可分为底栖（benthic）和开阔水域（pelagic，水深大）两部分。如同陆地生态系统表面地形对光照和水分可利用性再分配，水生生态系统中水深①决定了底栖栖息地是否有足够光照支持光合作用。任一水生生态系统的底栖栖息地是一个固相表面，在物理和化学上通常与上覆水体不同，其组成物质来自上覆水体的沉降或岸坡侵蚀。挺水植物可生长于浅水淡水水体或大型水体沿岸区域，在深水水域则有显著特

---

① 水生生态系统底部地形根据水表面深度测定。

异性。开阔水域生物需适应环境,努力保持悬浮状态,但具有更好的光照和氧气有效性。底栖生物必须适应低氧和有限光照环境,而对水流移动抗衡则相对容易。

陆地生态系统大部分物理结构由植被构建,植被组织结构投入丰富的碳,使其在克服光照、养分或水分供应限制上超过邻居植被。相反,绝大多数水生生态系统的物理结构由非生物构建。除了大型植物或苔藓为其冠层下生长的其他生物提供栖息地,沉积物、岩石和粗木质碎屑等提供了底栖表面及结构。绝大多数水生生态系统的藻类是主要自养生物。这些单细胞或丝状体生物具有多种生长形式:可漂浮或表面附着,但相对于大多数消费藻类的生物,它们的个体非常小。许多水生生物并不重视结构组织生长,而是分泌胞外多糖,在固体表面[①]形成生物膜,或让浮游生物和颗粒在水体聚集。

8.3 水的特殊性质

水独特的物理和化学性质调控着水生生态系统的生物地球化学。在绝大多数水生生态系统中,水是水生生物的生存介质而非对其活动程度的限制,仅在极低和极高水位(干旱和洪灾)等极端情形下,生物活动才受到水的物理压力限制。陆地和水生生态系统的重要区别在于水对入射光的衰减、水团密度的分层和气体在水中扩散速率慢于大气(第7章)。

水生栖息地可根据光照方式进一步刻画。河流或湖泊表面将大部分光照散射或吸收,并随着淡水生态系统水体深度增加入射太阳能逐渐减少。从水面到水下太阳光强度衰减到 1%深度的水体为透光区。水体光合作用仅发生在有足够光照入射的区域。在浅表清澈水体,光照能入射到沉积物,整个水生生态系统为透光区。在深水湖泊、浑浊河流和黑水水体,初级生产力仅限于有足够光照支撑光合作用的小部分水体。

液态水具有随温度升高密度下降的特性,因此水面太阳光照能加热浅表水体产生密度梯度,使其与深层低温水层因密度分开。深水湖泊由于太阳能使其表层水域(epilimnion,上层水域)变暖、密度下降,成为漂浮在低温高密度深层水域(hypolimnion,下层水域)的水层。表层水域通过风混合作用与上覆大气进行气体交换,但分层的深层水域气体交换率较低。因此,深层水域因呼吸耗氧速率高于氧气扩散速率形成缺氧状态。即使在水体氧气饱和度较高的水生生态系统,沉积物因其高氧气需求和低氧气水体扩散速率,使得底栖生物以厌氧代谢途径为主(第7章)。

水生生态系统大部分无机碳以碳酸氢根离子为主,而非气态 CO_2。水溶解 CO_2 是溶解态 CO_2、HCO_3^- 和 CO_3^{2-} 三者的分配平衡,三种形态统称为水溶性无机碳(DIC)。三者的相对平衡比例取决于 pH。

$$CO_2 + H_2O \leftrightarrow H^+ + HCO_3^- \leftrightarrow 2H^+ + CO_3^{2-} \tag{8.1}$$

当 pH<4.3 时,绝大多数 CO_2 以水溶性气体形态存在;pH 在 4.3~8.3 时,主要形态为 HCO_3^-;当 pH>8.3 时,以 CO_3^{2-} 为主。绝大多数淡水水生生态系统 pH 为 5~8,因此,大多数淡水水体水溶态无机碳以 HCO_3^- 为主。水生自养生物进行光合作用时,先将 HCO_3^- 经碳酸酐酶(含锌)催化转化为 CO_2(Morel et al., 1994)。

---

① 生物膜使许多河流和湖泊中的岩石变"滑"。

8.4 内陆水体及其流域

8.4.1 水和溶质供应

水生生态系统的形成是由于大部分陆地表面降水量超过了蒸散发量，过量的水沿坡下流。过量的水可能垂直渗入土壤进入地下水，通过地下径流通道沿斜坡横向流动，或者降水量超过土壤入渗量时在土壤表面产生地表径流。因此，水生生态系统大部分水是贯穿土壤并与周边流域地下水混合而成的。根据水流途径，进入受纳水体的水被称为地下水、浅表地下水或地表水。当地表低于区域地下水位时，会出现永久地表水（第7章）。当周边景观地表径流对地表沉积物和物质产生侵蚀时，可形成河道（Montgomery and Dietrich，1998）。

水经不同流径的路线和速率决定了其化学性质。由此，水化学性质可用来甄别不同流径的相对重要性。例如，美国田纳西州东部沃克（Walker）溪地表水含有高浓度的Ca^{2+}，这是由于其地下水源在碳酸盐基岩的滞留时间较长。另外，流径包气带表层土壤的雨水会溶解携带过去数十年累积的酸沉降高浓度SO_4^{2-}（Mulholland，1993）。根据这些化学特性，通过分析溪水Ca^{2+}和SO_4^{2-}比例来确定各流径的相对贡献（图8.2）。类似的方法可区分众多水生生态系统水的主要来源。例如，Lotting等（2011）比较了美国威斯康星州北部淡水湖泊和小溪的水化学，发现溪水Ca^{2+}浓度是湖水的4倍左右，表明溪水来自于长时间与矿物接触的地下水，而湖泊水则由降水和与矿物接触时间短的浅层地下水供给。

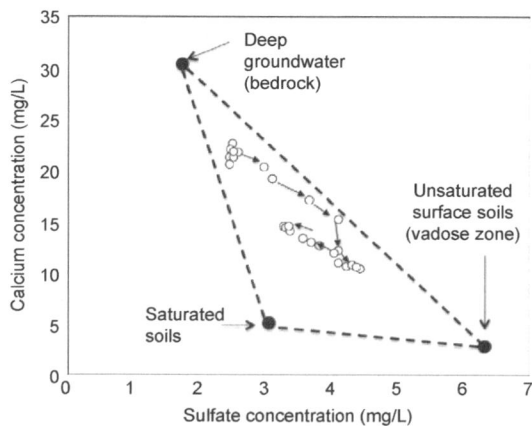

图8.2 美国田纳西州沃克溪流域地表水[Ca^{2+}]和[SO_4^{2-}]的水文流径三元模型应用，1991年3月暴雨期间（空心圆点）溪水浓度与3种流径平均浓度（实心圆点）的比较。随暴雨持续（如箭头所示），溪水[Ca^{2+}]和[SO_4^{2-}]很快以浅层地下水流径来源为主，随后以饱和土壤流径来源为主
来源 改自 Mulholland（1993）
图中文字 Deep groundwater：深层地下水；Bedrock：基岩；Unsaturated surface soils：水不饱和表层土壤；Vadose zone：入渗区（包气带）；Saturated soils：水饱和土壤；Calcium concentration：Ca浓度；Sulfate concentration：硫酸盐浓度

由于地表水携带了其所流经集水区的化学组成，因此常用于认知陆地生态系统的生物地球化学（第4章和第6章；Bormann and Likens，1969；Likens and Bormann，1974a）。例如，溪水NO_3^-浓度生长季非常低的季节性变化通常表明通过植被吸收控制了流域N

输出 [如美国新罕布什尔州贝尔（Bear）溪，图 8.3；Bernhardt et al.，2005]。陆地植被对河水养分浓度的上述影响仅在水滞留时间相对较短（<1 年）的流域可观测到（Lutz et al.，2012b）。在土层深厚且地下水滞留时间较长的流域，陆地植被 N 吸收不足以消耗地下水 N 含量，故河水（或溪水）的 N 浓度相对稳定。美国田纳西州沃克溪流域，春季藻类大量繁殖和秋季枯枝落叶后，溪水生物活性最高，却是年度 NO$_3^-$ 浓度最低期（Mulholland，2004；Roberts et al.，2007）。

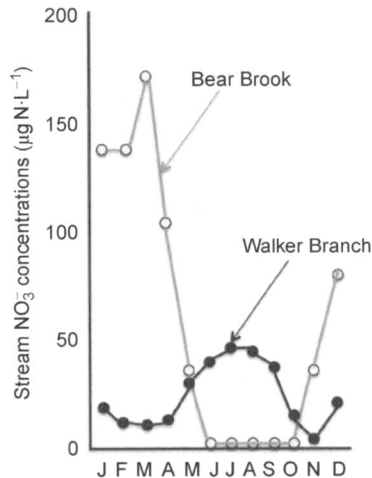

图 8.3　美国田纳西州橡树岭国家实验室附近的沃克溪支流（黑色圆点）和新罕布什尔州哈伯德（Hubbard）溪实验森林中贝尔（Bear）溪（灰色圆点）的月际溪水 NO$_3^-$浓度比较
来源　Mulholland（2004）和 Bernhardt 等（2005）
图中文字　Stream NO$_3^-$ concentration：溪水 NO$_3^-$浓度；J、F、M、A、M、J、J、A、S、O、N、D：不同月份的第一个英文字母；Bear Brook：黑熊溪；Walker branch：沃克溪支流

8.4.1.1　水收支清单

在给定时间，河流和湖泊水量（V）是降水量和地表径流输入、蒸发或地表径流输出及其土壤水和地下水净交换的总平衡 [如式（7.1）]。水生生态系统的水平均滞留时间 [mean residence time，MRT，式（3.3）] 最终限制元素输出形式、幅度和时机的生物影响程度。水生生态系统地表径流量和降水量的观测虽然耗时但相对容易，但准确观测地下水净流量通常比较困难。由于许多湖泊和河流的底栖地（或底部）是地表水和地下水间活跃的交换场所，净通量估算可能极大地低估沉积物水界面的水总交换量（Covino，2017；Poole et al.，2008）。地下水净输入量通常为河道两点之间或湖泊、水库流入和流出间的流量差。

8.4.1.2　离子化学

淡水生态系统的离子组成通常包括四种主要阳离子（Ca^{2+}、Mg^{2+}、Na^+、K^+）和四种主要阴离子（HCO_3^-、CO_3^{2-}、SO_4^{2-}、Cl^-），以及水溶态 N、P、Fe 和其他低浓度微量元素（Livingstone，1963；Meybeck，1979，2003；表 4.7）。地表水这些离子浓度因流域地质、降水化学和蒸发浓缩程度等因素差异巨大（图 4.19）。海洋盐分大气沉降为沿海集水区提供了大量的阳离子（Na^+、Mg^{2+}）和阴离子（Cl^-、SO_4^{2-}）。燃煤电厂和城市排放的酸性挥发物（SO_4^{2-}和NO_3^-）（第 3 章）进入大气后，在其下风向区域沉降进入地表水。

水中溶解态离子总质量称为离子强度。离子强度通常以毫当量（mEq）电荷[①]为单位（第 4 章），即野外测定的电导率[②]（electrical conductivity）。地表水离子组成决定了其碱度，大致相当于水的阳离子和阴离子的平衡，即

$$碱度 = \left[2Ca^{2+} + 2Mg^{2+} + Na^+ + K^+ + NH_4^+\right] - \left[2SO_4^{2-} + NO_3^- + Cl^-\right] \quad (8.2)$$

所测得的碱度大致相当于：

$$碱度 = \left[2CO_3^{2-} + HCO_3^- + OH^-\right] - H^+ \quad (8.3)$$

通常，碱度测定是将水样调到 pH 4.3 时测得的离子强度（$mEq \cdot L^{-1}$）。高碱度体系发生在 H^+ 输入量较低，或因盐基阳离子交换导致 H^+ 损失量很高（第 4 章），或 H^+ 被有机酸的质子化（Hedin et al.，1990），或因溶解或交换过程导致酸性阳离子 Al^{3+} 溶出时[式（4.10）~式（4.12）]。因此，滴定水样到 pH 4.3 常被认为代表了水样的酸中和能力（acid-neutralizing capacity，ANC），这是一个描述地表水无机和有机组分总和对酸化作用抵抗能力的术语（Schindler，1988）。实际使用时，碱度和 ANC 常可互用。

大约 2/3 的河水 HCO_3^- 来自大气，其余来自碳酸风化反应（第 4 章）。CO_2 进入水生生态系统的途径包括：①与上方大气交换的途径；②水生生态系统呼吸作用产生 CO_2；③通过陆地浅表地下水流携带的有机物分解作用和根系呼吸作用产生 CO_2（Meybeck，1987；Raymond and Cole，2003；Stets et al.，2017）。由于绝大多数陆地生态系统均向水体输出土壤 CO_2 和有机物质，河流和湖泊通常呈 CO_2 超饱和状态，是大气 CO_2 净来源（表 8.1）（Cole et al.，1994；Mayorga et al.，2005；Raymond et al.，2013）。被位移的土壤呼吸作用是许多淡水水生生态系统 CO_2 排放的重要来源组成（Stets et al.，2017；Raymond et al.，2013）。

表 8.1　内陆水体 CO_2 排放量估算

区域类别	内陆水体面积（×1000 km²）最小值~最大值	pCO_2（ppm）中值	气体交换速率（k_{600} cm·h⁻¹）中值	单位面积排放量（g C·m⁻²·yr⁻¹）中值	区域排放总量（10¹⁵g C·yr⁻¹）中值
热带（0°~25°）					
湖泊和水库	1 840~1840	1 900	4.0	240	0.45
河流（河宽>60~100 m）	146~146	3 600	12.3	1 600	0.23
溪流（河宽<60~100 m）	60~60	4 300	17.2	2 720	0.16
湿地	3 080~6 170	2 900	2.4	240	1.12
温带（25°~50°）					
湖泊和水库	880~1 050	900	4.0	80	0.08
河流（河宽>60~100 m）	70~84	3 200	6.0	720	0.05
溪流（河宽<60~100 m）	29~34	3 500	20.2	2 630	0.08
湿地	880~3 530	2 500	2.4	210	0.47

---

① 电荷当量为元素的质量除以其分子质量再乘以电荷数。例如，1 mg Ca^{2+}为 0.05 mEq，Ca 分子质量为 40。
② 水体导电能力（即电导率）随离子强度增加而增大，常用单位为 $\mu S \cdot cm^{-1}$。

续表

区域类别	内陆水体面积 （×1000 km²） 最小值～最大值	pCO₂ （ppm） 中值	气体交换速率 (k₆₀₀ cm·h⁻¹) 中值	单位面积排放量 (g C·m⁻²·yr⁻¹) 中值	区域排放总量 (10¹⁵g C·yr⁻¹) 中值
北部和北极（50°～90°）					
湖泊和水库	80～1 650	1 100	4.0	130	0.11
河流（河宽>60～100 m）	7～131	1 300	6.0	260	0.02
溪流（河宽<60～100 m）	3～54	1 300	13.1	560	0.02
湿地	280～5 520	2 000	2.4	170	0.49
全球	全球陆地面积（%）				
湖泊和水库	2 800～4 540	2.1～3.4			0.64
河流（河宽>60～100 m）	220～360	0.2～0.3			0.30
溪流（河宽<60～100 m）	90～150	0.1			0.26
湿地	4 240～15 220	3.2～11.4			2.08
全部陆地水体	7 350～20 260	5.5～15.2			3.28

来源：Aufdenkampe 等（2011），美国生态学学会授权使用。

在大多数淡水水体中，来自于集水区的阳离子是主要的 ANC 来源，因为径流阳离子通常被 HCO_3^- 所平衡（Stoddard et al.，1999）。土地利用改变引起的土壤侵蚀，因种植或开矿等相关活动贡献了额外的碱度盐基离子（Edmondson and Lehman，1981；Renberg et al.，1993；Raymond and Cole，2003；Raymond and Hamilton，2018；Ross et al.，2018）。

理解淡水水生生态系统酸中和能力（ANC）的最简单方式就是测定其电荷平衡。溶液中的正电荷和负电荷的离子必须达到电荷平衡，因此，当酸雨或酸性矿山尾水将酸性负电荷阴离子（SO_4^{2-} 和 NO_3^-）输入流域时，这些负电荷必须被经溶解或离子交换等过程释放质子（H^+）或正电荷阳离子（Na^+、K^+、Ca^{2+}、Mg^{2+}、Al^{3+}）所平衡。在美国新罕布什尔州哈伯德溪实验森林数十年观测表明，经降水输入的酸性阴离子 SO_4^{2-} 和 NO_3^- 量与上游河水输送的盐基阳离子浓度高度相关（Likens and Buso，2012；图 8.4）。被酸雨携带或尾矿黄铁矿氧化产生的质子所置换下来的盐基阳离子可提高流域受纳地表水体的 pH（Kilham，1982；Lajewski et al.，2003；Ross et al.，2018；Raymond and Oh，2009）。

一个土壤阳离子交换量低、碳酸盐矿物含量有限的地表水汇流流域，极有可能被酸雨酸化。相似的以降水主导或矿化水滞留时间短的短流径淡水流域，其 ANC 一般较小（Lotting et al.，2011）。上述任一情形，淡水水体都很容易被酸化。淡水水体具有一定的自我缓冲能力，其碱度来自水体的 SO_4^{2-} 或 NO_3^- 的消耗过程，包括硫酸盐还原过程、矿物对硫酸根的吸附过程和反硝化过程（Cook and Schindler，1983；Schindler，1986；Kelly et al.，1987）。相反，光合作用的有机碳合成和浮游植物产生的方解石（calcite）沉淀因消耗 HCO_3^- 而碱度降低，转化进入生物量或碳酸盐沉积 [如泥灰岩（marl）]。

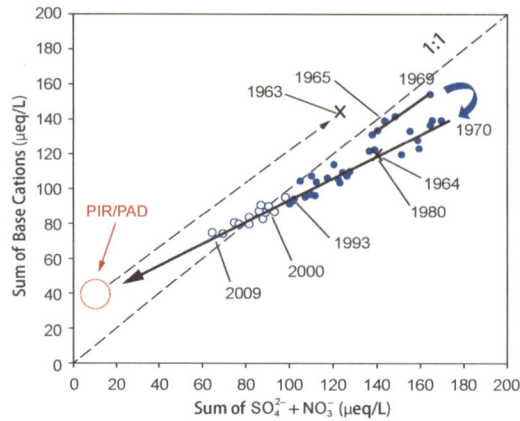

图 8.4　美国新罕布什尔州哈伯德溪实验森林 1963～2009 年溪水平均年盐基阳离子（Ca^{2+}、Mg^{2+}、Na^+）质量体积浓度和酸性阴离子（SO_4^{2-}和 NO_3^-）浓度的关系。酸度输入和阳离子流失在 1970 年实施清洁大气法前持续增加，然后两者平行降低。预测的工业革命前（PIR）和酸沉降前（PAD）阴阳离子浓度范围如红圈示意

来源　Likens 和 Buso（2012）

图中文字　Sum of base cations：盐基离子总和；Sum of SO_4^{2-}+ NO_3^-：SO_4^{2-}和 NO_3^-阴离子总和

　　正如来水超过蒸散发量而形成地表径流一样，陆地表面养分供给超过其生物需求量和土壤吸附容量时受纳水体养分负荷增加。可预测的是，地表水体 N 和 P 浓度随流域养分输入量增加而增加（图 8.5 和图 8.6；Vollenweider，1976；Sharpley et al.，1996；Boyer et al.，2002）。流域养分负荷和受纳水体养分浓度间的正相关关系可因流域变动（如排水瓦管和排洪管道构建、土壤压实和地面铺装）而增强，上述流域变动可降低水分在陆地土壤的滞留时间、增强雨水形成地表径流的比例（Green et al.，2004；Bouwan et al.，2005；McCrackin et al.，2014）。

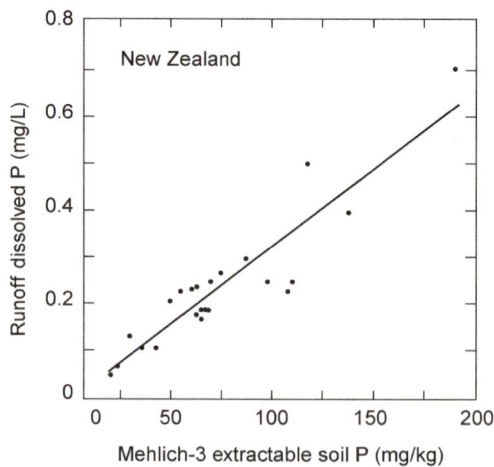

图 8.5　地表水养分浓度反映了其集水区的养分输入。农业流域土壤可提取态 P 浓度是预测受纳水体水溶态 P 浓度的一个很好指标

来源　Sharpley 等（1996），水土保持协会授权使用

图中文字　Mehlich-3 extractable soil P：Mehlich-3 浸提剂提取态 P；Runoff dissolved P：径流水溶态 P；New Zealand：新西兰

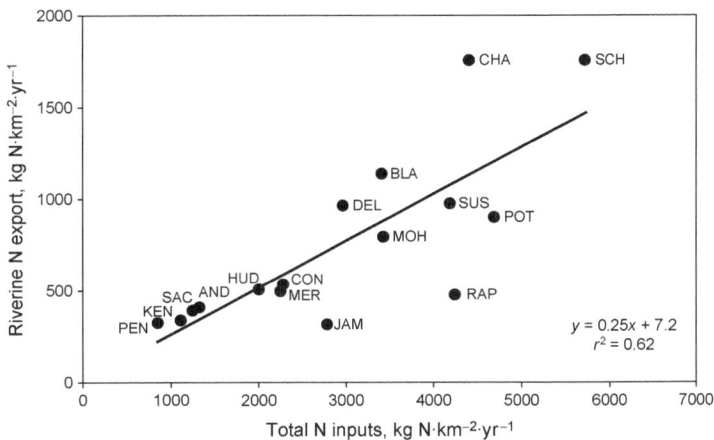

图 8.6 美国东北部 16 条河河水 N 输出量与各自集水区新增 N 输入量显著相关

来源 Boyer 等（2002），美国生态学学会授权使用

图中文字 从北到南，各集水区分别为：Penobscot（PEN）：佩诺布斯科特河；Kennebec（KEN）：肯纳贝克河；Androscoggin（AND）：安德罗斯科金河；Saco（SAC）：萨科河；Merrimack（MER）：梅里马克河；Charles（CHA）：查尔斯河；Blackstone（BLA）：布莱克斯通河；Connecticut（CON）：康涅狄格河；Hudson（HUD）：哈德逊河；Mohawk（MOH）：莫霍克河；Delaware（DEL）：特拉华河；Schuylkill（SCH）：斯库尔基尔河；Susquehanna（SUS）：萨斯奎哈纳河；Potomac（POT）：波托马克河；Rappahannock（RAP）：拉帕汉诺克河；James（JAM）：詹姆斯河；Riverine N export：河流 N 输出量；Total N inputs：总 N 输入量

8.4.2 淡水水生生态系统碳循环

淡水水生生态系统碳循环的一个显著特征是其流域输送的有机碳支撑了水生食物链并促进其养分循环（图 8.7）。这些外源输入有机碳[①]补充量在很多情形下均超过淡水藻类、苔藓和大型植物等自养合成[②]的初级生产量。

8.4.2.1 外源碳输入

陆地有机碳如不被储存或呼吸消耗，也可以水溶性有机物（通称为 DOM[③]）、侵蚀土壤矿物携带有机物或植物凋落物的形式输出。水溶性有机碳（DOC）化合物是主要输出组分，而颗粒碳输入淡水水体通常是陆地流域外源碳总输出量很少的一部分（约 10%；Schlesinger and Melack，1981）。一般来说，颗粒有机物（POM）分为粗颗粒有机物（CPOM，直径＞1 mm）和细颗粒有机物（FPOM，直径＜1 mm）（Hope et al.，1994）。颗粒有机物代表了具有高边长/体积比值（edge-to-volume）水生栖息地（如小溪、岔河和水塘）重要的季节性或脉冲性碳输入（Hotchkiss et al.，2015a；Fisher and Likens，1972；Wallace et al.，1997；Meyer et al.，1998）。

河水 DOM 由复杂多样的有机分子组成，大部分来自周边陆地流域（Hope et al.，1994；Findlay and Sinsabaugh，2003；Aufdenkamper et al.，2007；Singer et al.，2012）。通常，河流 DOM 携带量随流量（图 8.8；Schlesinger and Melack，1981；Raymond et

---

① allochthonous，指不是在发现之地合成的外源输入。

② autochthonous，指在系统内合成的。

③ DOM，即水溶性有机物。通常定量其碳含量，以水溶性有机碳（DOC）表征。同样，颗粒有机物（POM）也以颗粒有机碳（POC）表征。

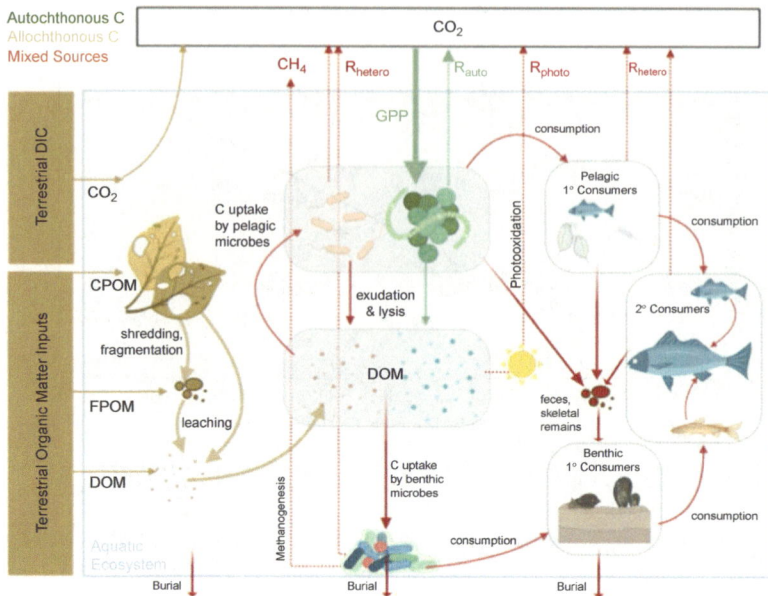

图 8.7　淡水水生生态系统碳转化过程

图中文字　Authochonous C：原位合成碳（绿色线）；Allochthonous：外源合成碳（灰色线）；Mixed sources：混合来源（红色线）；Terrestrial DIC：陆源水溶性无机碳；Terrestrial organic matter inputs：陆源有机碳输入；CPOM：粗颗粒有机物；FPOM：细颗粒有机物；DOM：水溶性有机物；Shredding, fragmentation：撕碎、粉碎；Leaching：淋失；Aquatic ecosystem：水生生态系统；Burial：埋藏；C uptake by pelagic microbes：浮游微生物 C 吸收；Methanogenesis：产甲烷途径；R_{hetero}：异养过程比值；R_{auto}：自养过程比值；Exudation & lysis：分泌和水解；C uptake by benthic microbes：底栖微生物 C 吸收；Consumption：消费/消耗；Photooxidation：光氧化过程；Pelagic $1°$ consumers：浮游一级消费者；$2°$ consumers：二级消费者；Feces, skeletal remains：粪便和食物残留；Benthic $1°$ consumers：底栖一级消费者

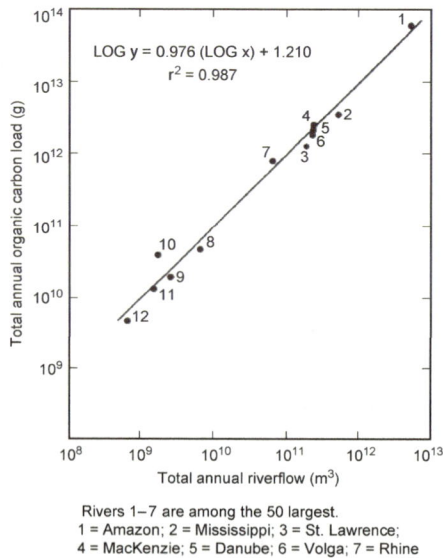

图 8.8　世界主要河流年总有机碳输入量与年径流量的对数关系

来源　Schlesinger 和 Melack（1981），圣劳伦斯河更新数据来自 Pocklington 和 Tan（1987），美国生态学会授权使用

图中文字　Total annual organic carbon load：年总有机碳输入量；Total annual riverflow：河流年径流总量；Rivers 1 - 7 are among the 50 largest.：1～7 河流为全球 50 大河流；Amazon：亚马孙河（南美洲）；Mississippi：密西西比河（美国）；St. Lawrence：圣劳伦斯河（北美洲）；Mackenzie：马更些河（加拿大）；Danube：多瑙河（欧洲）；Volga：伏尔加河（俄罗斯）；Rhine：莱茵河（欧洲）

al.，2016）和集水区土壤 C/N 值（Aitkenhead and McDowell，2000）增加而增加。DOM 虽然仅代表陆地生态系统碳和有机养分损失的很少部分（第 5 章），却是受纳水生生态系统重要的能源来源（Wetzel，1992；Hotchkiss et al.，2015a）。淡水水体 DOM 的大部分（50%～75%）来自于陆地土壤和上游湿地（Wetzel，1992；Hope et al.，1994），小部分但具有高周转率的 DOM 是原位产生的（Raymond and Bauer，2001b；Hotchkiss and Hall，2015b；Creed et al.，2018）。藻类产生的易分解（labile）碳经分泌或水解提供给微生物，可能通过"起爆效应"①（priming mechanism）增强一些水生生态系统的陆源有机质微生物分解作用（Bianchi et al.，2015；Ward et al.，2016），但这一现象在众多研究中并非一致（Bengtsson et al.，2018）。

通常认为陆地 DOC（DOM 的碳形式）因不易分解而从旱地生态系统淋失，但可被淡水水生生物快速代谢（Hotchkiss et al.，2015a；Creed et al.，2015；Kaushal and Lewis，2005；Lutz et al.，2011；Guillemette and del Giorgio，2011），仅有很少的陆源有机物最终进入海洋（Meyers-Schulte and Hedges，1986；Hedges and Keil，1997）。实际上，部分河流的净 CO_2 损失量相当于或大于输入估算量（Raymond et al.，1997，2000；Mayorga et al.，2005）。针对这一看起来自相矛盾的结论存在一些解释。首先，限制土壤有机物分解的主要原因是矿物保护（第 4 章），以及湿地系统缺少电子受体和低效发酵过程（第 7 章）。经侵蚀或淋失的旱地土壤 DOM 常吸附或黏附于矿物表面，可在淡水水体发生溶解反应。无法在厌氧沉积物中被微生物代谢的 DOM 经淋失或随径流输入高氧气含量的河流或湖泊水体，发生好氧呼吸反应。其次，淡水水生生态系统在光照可利用性上与陆地土壤和湿地沉积物不同。复杂 DOM 有机分子在紫外线辐射下被分解成一系列低稳定性的光化学产物（Wetzel，1992；Moran and Zepp，1997；Bertilsson et al.，1999；Cory et al.，2014）。天然 DOM 暴露于太阳光辐射使其抗分解能力实质性下降或导致完全光矿化成 CO_2。例如，Lindell 等（1996）发现在培养试验前经自然阳光照射的湖水 DOM，其培养体系细菌生长速率较未照射处理提高 83%～175%。Cory 等（2014）在夏季中期北极浅水河流中发现，光矿化作用和光氧化作用贡献了其有机物转化的 70%～95%。

多数水生生态系统的年陆源有机碳（外源 C）输入量超过水生藻类和植物的原位固定 C 量。在这些受"供应调控"（donor-controlled）水生生态系统中，其异养呼吸、C 输出和 C 存储的年速率都显著高于总初级生产量（GPP），这一现象在陆地生态系统极少见（Delgiorgio and Peters，1994；Battin et al.，2009；Solomon et al.，2013；Savoy et al.，2019）。除了为水生异养生物提供有机物外，陆源 DOC 进入地表水体吸收太阳光。这些"有色 DOC"可降低太阳光在地表水体的透射深度，极大地影响淡水生态系统 GPP（Carpenter et al.，1998；Karlsson et al.，2009，2015；Solomon et al.，2015）。陆源 DOC 输入增加可经上述两种机制促使水生生态系统呈现更强的异养状态。

DOC 不但是绝大多数水生生态系统的重要能量来源，也是其养分输入的主导形态。水溶性有机氮（DON）是众多未污染陆地生态系统年度氮损失的主要形态（Meybeck，1982；Perakis and Hedin，2002；Scott et al.，2007），而绝大多数水生生态系统总磷库中水溶性有机磷占 25%～50%（Wetzel，2001）。水溶性有机养分组成的生物有效性在不同

---

① "起爆效应"源于土壤有机质（SOM）降解作用定义，即"在中度土壤处理下 SOM 周转速率短期强烈的改变效应"（Kuzyakov et al.，2006）。

生态系统中差异巨大，在初级生产力受养分强烈限制的水生生态系统中，DOC/DOP 比值和 DOC/DON 比值趋于增加（Cotner and Wetzel，1992；Stepanauskas et al.，1999；Wiegner et al.，2006；Thompson and Cotner，2018）。在受污染流域，通过增加 DOM 产量或减少有机养分需求使其过量无机氮负荷与 DON 增量相关（Pellerin et al.，2006）。

8.4.2.2 淡水水生生态系统初级生产力

倒置生物量金字塔和二次生产力

绝大多数淡水水生生态系统年呼吸 CO_2 产量高于其光合作用固定量，被归为净异养生态系统（NEP<1）。淡水水生生态系统根据其初级生产力固碳量（production）和呼吸 CO_2 产量（respiration）之比（P/R 比值）来构建其异养水平分类梯度（Webster et al.，2012；Tanentzap et al.，2017）[①]。通常，随着湖泊或河流规模的增加 P/R 比值也增加（Vannote et al.，1980），因为水生生态系统太阳能辐射量是其表面积函数，并且其陆源输入相对重要性随水体边长/体积比值减小而降低（图 8.9；Solomon et al.，2013；Alin and Johnson，2007；Finlay，2011）。

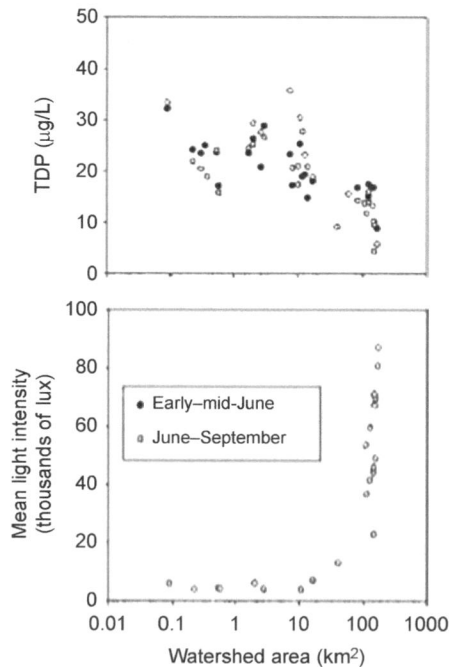

图 8.9 随着汇流流域面积的增加河流变得越来越宽、越来越深。对美国加利福尼亚北部海岸山区的河流调查发现，随着流域（或溪流）面积增加，磷有效性降低但太阳光有效性增加
来源 Finlay 等（2011），美国生态学会授权使用
图中文字 TDP：总水溶性磷；Mean light intensity：平均光照强度；Watershed area：流域面积；Early-mid June：6 月上中旬；June-September：6~9 月

与陆地生态系统食物网中食草动物体型一般小于所采食植物不同，内陆水域主导自养生物是藻类，通常被远大于其体积的浮游动物、食草昆虫和鱼类所采食。与木本植物

———

① 广泛用于表征 GPP/ER 比值的缩写。

也不同，藻类很少有大量的结构组织，其自养生物量在采食过程中被整体消耗。因此，水生生态系统自养生物量趋于快速周转，并低于其高营养级生物生物量[①]。故藻类生物量储量通常不能作为 GPP 指标。水生生态系统的碳收支估算一般采用二次生产量（secondary production）[②]，而非 NPP。

二次生产量估算通常仅考虑有限的水生异养生物（如细菌、昆虫或鱼的产量）。稳定性同位素比（如 $\delta^{13}C$，详见第 5 章）常用于估算自养藻类（相当于大气 CO_2 的 $\delta^{13}C$）与陆地植被外源输入（贫化大气 CO_2 的 $\delta^{13}C$）比较的相对贡献（Finlay，2001；Cole et al.，2002；McCutchan and Lewis，2002；Pace et al.，2004）。P/R 比值较低的河流和湖泊依赖陆地有机物质输入仍能生产大量的昆虫和鱼类（Webster and Meyer，1997）。而 P/R 值较高的水生生态系统，食草动物组织 $\delta^{13}C$ 与大气 CO_2 相似（原位来源）。然而，即使在光照充足的河流和湖泊，外源碳源仍是水生食物网重要的能量来源（Pace et al.，2004；Wilkinson et al.，2013；Tanentzap et al.，2017）。

8.5　湖　泊

湖泊是陆地环绕的永久性水体。湖泊大小不一，从小而浅的池塘到西伯利亚南部贝加尔湖，即世界最古老（2500 万年）、最深（1700 m）、最大的湖泊。最近基于卫星影像的全球湖泊清单估计，地球约有 1.17 亿个面积<0.002 km^2 的湖泊，占非冰川地球陆地面积 5 × 10^6 km^2，约 3.7%（Verpoorter et al.，2014）。绝大多数天然湖泊都位于北温带前冰川区域（Lehner and Doll，2004；Verpoorter et al.，2014）。地球内陆水面的动态变化惊人，新建人工湖泊和水库水面大量增加，因而流域水资源利用增加，导致湖泊纳水量减少（Downing et al.，2006；Pekel et al.，2016；Busker et al.，2019）。近期高分辨率卫星影像分析表明，1984～2015 年间新永久性水体约为 184 000 km^2，同期约 90 000 km^2永久性地表水面消失（Pekel et al.，2016）。湖泊总面积及其全球分布的变化与天然和人工湖泊生物地球化学循环的差异使得计算全球元素循环的湖泊影响研究复杂化（Prairie et al.，2018；Lauerwald et al.，2019）。

8.5.1　湖泊水收支与混合

降水、地表径流输入和地下水交换是湖泊重要水源，蒸发作用、地表径流流出和地下水输出为其水量损失途径。湖泊水的平均滞留时间（MRT）取决于湖泊容积和流域面积。河流和地下水输入随集水区面积增加而增加，因此，相对于流域面积比较小的湖泊（非湖泊绝对面积），其水滞留时间较短。大型河网区域的小型湖泊集水区收纳了相对于其容量的大量河流径流输入。这些"开放系统"成为大型河网的缓慢周转库，流经湖泊的元素通量可能远高于湖泊内部自身周转量。建于大江大河的大多数水库其面积小于流域面积，因此具有较短的 MRT。相反，一些末端湖泊，如美国犹他州大盐湖或西伯利亚咸海（Aral Sea），其水收支几乎呈封闭状，河流径流和降水输入与蒸发损失得以平衡。在这些封闭体系中，无气相的元素随时间累积，使得绝大多数末端湖泊是咸水湖。

[①] 参见倒置生物量金字塔（Elton，1972）。
[②] 某一生态系统异养生物量产量比例（Benke and Huryn，2006）。

在足够深的水体存在着密度分层现象，低密度的暖水层漂浮在底部冷水层之上。在湖泊中，温暖（低密度）的表层水（湖上层，epilimnion）漂浮在高密度较冷的深水层（湖下层，hypolimnion）上，两水层间水温快速变化的水层被称为温跃层（thermocline）（图 8.10）。基于密度的水层分层持续性取决于洪水和风力的混合强度、水下地貌[①]和外部气候变化。许多湖泊呈季节性分层，浅水湖分层时间长短取决于暴风雨混合作用。湖下层（深水层）深度取决于气温、湖面面积（决定吸热能力）和风混合程度（混合表层和深层水，减少密度梯度）（Gorham and Boyce，1989）。

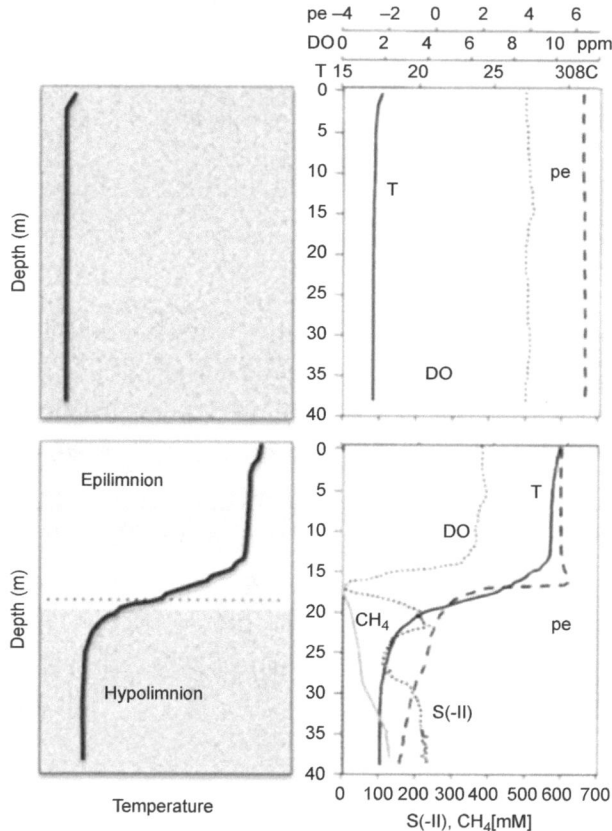

图 8.10　上部两图为假设（左）和实际（右，1 月数据）的冬季湖泊温度剖面。下部两图为假设（左）和实际（右，7 月数据）的夏季分层期的温度剖面。下部左侧假设图中的虚线表示温跃层。右侧上下两图为非洲–叙利亚大裂谷（Afro-Syrian Rift）加里利湖（Lake Kinneret）的温度（T）、溶解氧（DO）、氧化还原电位（pe）、总硫化物（S^{2-}）和甲烷（CH_4）水体剖面变化，测定于 1999 年
来源　Eckert 和 Conrad（2007），Springer 授权使用
图中文字　Depth：深度；Temperature：温度；Epilimnion：湖上层/表水层；Hypolimnion：湖下层/深水层

热带深水湖泊有可能会永久分层。喀麦隆尼奥斯湖（Lake Nyos）是永久分层的火山口湖泊，其深层地热渗出输入大量 CO_2；1986 年其深层湖水 CO_2 浓度异常高（每升深水层湖水含高达 5L 的 CO_2），使整个湖水像碳酸苏打水一样爆炸性地释放 CO_2（Kling et al.，1994，2005），几乎是纯 CO_2 气团上升至湖面逸出，深水层和表水层湖水被混合。

----

① 详见第 240 页脚注①。

由于 CO_2 密度大于空气，逸出气团顺着古火山山坡流下，导致 1700 人和无数牲畜窒息死亡（Kling et al.，1994，2005）。

8.5.2　湖泊营养状态

湖泊通常以生态系统生产力或养分负荷表征的"营养状态"分类（表 8.2）。寡营养（oligotrophic）状态或低生产力湖泊通常总初级生产力（GPP）<300 mg $C·m^{-2}·d^{-1}$（Likens 1975）。寡营养湖泊与其相对近期地质起源有关（如末冰期后），具有深而冷的深水层水团。小流域内的大型湖泊通常呈寡营养状态，其养分输入以降水主导，同时因其湖泊面积和流域面积之比高，使得水滞留时间较长（Dingman and Johnson，1971）。反之，富营养化湖泊从其周边流域输入大量养分。典型富营养化湖泊由于地表径流磷的高输入使其具有较低 N/P 比值水体，最富营养化湖泊水体 TN/TP 比值<10。富营养化湖泊通常水体浅，水域温暖且生产力高。

表 8.2　湖泊营养状态分级

营养类型	平均初级生产力（mg $C·m^{-2}·d^{-1}$）	浮游植物生物量（mg $Cell·m^{-3}$）	叶绿素 a（mg·m^{-3}）	吸光系数（h·m^{-1}）	总有机碳（mg·L^{-1}）	总磷（μg·L^{-1}）	总氮（μg·L^{-1}）
极度寡营养	<50	<50	0.01~0.05	0.03~0.08		<1~5	<1~250
寡营养	50~300	20~100	0.3~3	0.05~1	<1~3		
寡中营养						5~10	250~600
中营养	250~1 000	100~300	2~15	0.1~2.0	<1~5		
中富营养						10~30	500~1 100
富营养	>1 000	>300	10~500	0.5~4.0	5~30		
超富营养						30~>5 000	500~>15 000
营养不良	<50~500	<50~200	0.1~10	1.0~4.0	3~30	<1~10	<1~500

来源：修改自 Wetzel（2001）（表 15.13）。

深色湖泊有时被单独列为营养不良湖泊，由于 DOC 浓度增加降低了阳光穿透性（Thienemann，1921），其藻类生长可能受光照限制而不是养分限制（Karlsson et al.，2009，2015）。近期研究发现，湖泊水体 DOC 浓度增加可能与全球温度升高相关，增强了其上下水团热分层的持续时间和强度（Solomon et al.，2015；Heiskanen et al.，2015）。

8.5.3　湖泊碳循环

湖泊碳循环的最早期认知是碳质量平衡，定量年度碳输入（input）和碳输出（output）（Richey et al.，1978）。湖泊有机碳的理想收支可表达为

$$储存碳量 = [输入碳量] - [输出碳量] \tag{8.4}$$

$$\Delta S = [P_W + P_B + A_I] - [R_W + R_B + B + H_O] \tag{8.5}$$

式中，ΔS 为湖泊碳储存变化量，P_W 为水体生物光合作用，P_B 为底栖生物光合作用，A_I 为外源有机碳输入，R_W 为水体生物呼吸作用，R_B 为底栖生物呼吸作用，B 为沉积物永久埋藏，H_O 为径流输出的有机碳损失。

研究湖泊有机碳生产和去向有助于认知湖泊的整体生物地球化学。Rich 和 Wetzel

（1978）在美国密歇根州劳伦斯湖（小浅水湖）研究发现大型挺水植物（macrophytes）每年贡献约 51.3% 的系统内生初级生产量，浮游植物（多为自由漂浮藻类）仅贡献 25.4%（表 8.3）。相反，Jordan 和 Likens（1975）在美国新罕布什尔州镜湖（Lake Mirror，深水寡营养湖泊）发现浮游植物贡献约 90% 年 NPP。生长有丰富大型挺水植物的劳伦斯湖 NPP 超过生态系统总呼吸碳量（R），而镜湖的 NPP 和 R 相当。相比于镜湖，高生产力的浅水湖泊具有更高的沉积物碳埋藏率和更多的 DOC 水文输出量。

8.5.3.1　湖泊初级生产量

太阳光入射水体后快速衰减，在光合作用与呼吸作用强度相当的水深被称为补偿深度（compensation depth）。在湖泊水体分层期间，浮游植物仅存在于温暖的表水层。如果温跃层高于补偿深度，浮游植物有足够的光照进行光合作用来满足其呼吸需求，其生产力可能受光照外的其他因素限制。相反，当气温较低或风混合水体时（图 8.10 左上小图），浮游植物可被从表水层（或透光层）向下携带至补偿深度以下。

表 8.3　美国密歇根州劳伦斯湖和新罕布什尔州镜湖的有机物收支

输入源	密歇根州劳伦斯湖		新罕布什尔州镜湖	
	g C·m^{-2}·yr^{-1}	输入（%）	g C·m^{-2}·yr^{-1}	输入（%）
净初级生产量（NPP）	191.4	88	87.5	83
POC（颗粒有机碳）				
浮游植物	43.3	20	78.5	74
附生藻类	37.9	18	2.2	2
底栖藻类	2	1	—	—
大型水生植物	87.9	41	2.8	3
细菌 CO$_2$ 固定量	—	—	4	4
大型挺水植物释放 DOC				
湖滨湖区	5.5	3	—	—
远岸湖区	14.7	7	—	—
输入	25.1	12	17.93	17
POC	4.1	2	6.63	6
DOC	21	10	11.3	11
有效有机碳输入总量	216.5		105.43	
输出和埋藏方式	g C·m^{-2}·yr^{-1}	输出（%）	g C·m^{-2}·yr^{-1}	输出（%）
呼吸作用	159.7	74	87.53	83
底栖	117.5	55	43.13	41
水体	42.2	20	44.4	42
碳储存	16.8	8	7.6	7
沉降作用	16.8	8	7.6	7
输出	38.6	18	10.2	10
POC	2.8	1	1.05	1
DOC	35.8	17	9.15	9
碳输出总量	215.1		105.33	

来源：Rich 和 Wetzel（1987）及 Jordan 和 Likens（1975）。

养分通常是湖泊表层水体生产力的限制因素。养分被生物量同化后随其凋亡生物体或排泄物下沉离开光照充足的表层。在长时间水体分层期间，湖泊表层水体养分被不断移除。来自表水层下沉的有机物在底层深水层被异养生物降解，使得底层水体富含无机养分，但其氧气被消耗，降低了沉积物氧化还原电位（图 8.10）。深水层异养生物依赖于湖泊表层水体光合固定的碳供应。水体混合期使得深水层养分重回有光照的表层水体，促进浮游植物生长。许多温带湖泊具有春季藻华特征，在浮游植物被限制在光照良好透光层的温暖夏季之前，养分已在整个湖泊水体混合均匀。

1）初级生产力测定

浅水湖泊或深水湖滨挺水植物和浮游水生植物贡献了湖泊生产力（表 8.3），但其重要性随湖泊规模和水深增加而减少。深水湖主要初级生产者是浮游植物。传统瓶检法估算湖泊 NPP 时，不包括底栖生产力。两种瓶检法仍广泛应用于估测湖泊 NPP（Wetzel and Likens，2000）。第一种方法将湖水分别放进透明和不透明的气密性玻璃瓶中。通常经湖泊原位培养，监测透明和不透明瓶子内 O_2 浓度的时间变化。透明瓶中同时发生光合作用和呼吸作用，培养期间透明瓶 O_2 浓度增量相当于 NPP，即浮游生物光合作用超过呼吸作用。同期，不透明瓶内 O_2 浓度消耗量表征了浮游生物呼吸作用。不透明瓶 O_2 消耗量与透明瓶 O_2 增量相加即为总初级生产量（GPP）[①]。

$$NPP = ([O_2]_{t2} - [O_2]_{t1})_{透明瓶} \tag{8.6}$$

$$GPP = ([O_2]_{t2} - [O_2]_{t1})_{透明瓶} - ([O_2]_{t2} - [O_2]_{t1})_{不透明瓶} \tag{8.7}$$

虽然广泛使用且价格经济，瓶检法存在一系列实验缺陷 [详见 Peterson（1980）的综述]。绝大多数 O_2 浓度检测方法灵敏度低，需要足够长的培养时间来保证 O_2 浓度变化得以检出。将很小体积湖水置于瓶中长期密闭培养可能加剧养分或 CO_2 抑制作用，这在一个大型湖泊混合良好的表层水体不可能发生。此外，这一方法简单假设不透明瓶 O_2 消耗量仅由浮游植物消耗，忽略了浮游细菌和浮游动物的贡献。

改良瓶检法将 ^{14}C 标记水溶性无机碳（DIC）加入到透明瓶中，经短期培养后测定生物量同化的 ^{14}C 量（Wetzel and Likens，2000）。^{14}C 可被精确快速测定，有效避免了过往的实验缺陷。绝大多数表层水 pH 在 $4.3 \sim 8.3$，因此，通常添加放射性同位素标记的碳酸氢盐，常用的是 $NaH^{14}CO_3$。经短暂培养，过滤后水样用闪烁计数器测定滤膜上固态物的 ^{14}C 累积量，即所谓的 NPP。

^{14}C 瓶检法的主要缺点是藻细胞固定的 DIC 经分泌物或浮游动物捕食时，藻细胞裂解释放内容物，其 DOC 形态无法被滤膜捕获，故未能计入碳固定量。滤膜也可能无法捕获非常微小的浮游生物，可能是一些地表水体生产力的重要组成。比较两种方法发现，传统测氧瓶检法通常比 ^{14}C 瓶检法给出更高的 NPP 估值。^{14}C 瓶检法不能估测呼吸作用，因此不能用于总初级生产力的估算。两种瓶检法都可即时估测湖泊 NPP，但需多次重复测定来确定湖泊年生产量或比较湖泊间生产力。

随着原位溶解氧传感器的发展，研究者利用溶解氧昼夜变化来计算湖泊净生态系统生产量（NEP；Staehr et al.，2010b；Solomon et al.，2013；Winslow et al.，2016）。理论

---

① 水生生态系统自养生物固定碳的低储量和快速周转特征使得研究人员侧重于碳固定（GPP）测定，而非自养生物量（NPP）累积，尽管 NPP 是陆地生态系统更常见的生产力衡量指标（第 5 章）。

上，这一方法与陆地生态系统应用涡动协方差通量塔测定 NEP（第 5 章）一致。通常在湖中心安装溶解氧传感器浮标来估算湖泊 NEP。通常间隔 5～30 min 两次测定的溶解氧浓度差用于计算即时氧气产量（光合作用）或消耗量（呼吸作用）（图 8.11）。溶解氧浓度需进行水面大气氧交换物理过程的校正，通常同时测定惰性示踪气体（如 SF6）来校正。白天产氧总量被视为 NEP。

$$\text{NEP}_{\Delta t} = \Delta O_2 - D / Z_{\text{mix}} \tag{8.8}$$

式中，ΔO_2（mmol $O_2 \cdot m^{-3} \cdot$ 时间间隔 $^{-1}$）为两次测定溶解氧浓度变化；D 为两次测定时间间隔内水面与大气的氧物理交换量；Z_{mix} 为测定时间间隔内湖水混合深度。

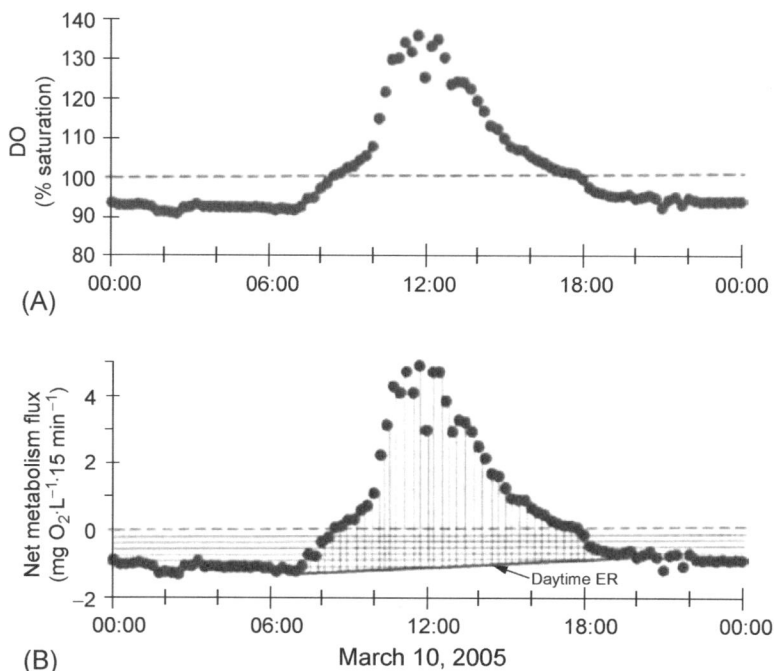

图 8.11 GPP 和 ER 通常估算自一昼夜的 O_2 浓度变化，如图示美国田纳西州沃克溪支流。溶解氧（DO）饱和度（A）和净代谢通量（B）的昼夜变化表征了总初级生产量（GPP，垂直线区域）和生态系统呼吸量（ER，平行线区域）。（A）图虚线为 100%氧饱和度，（B）图虚线为零净代谢通量，（B）图实线表示白天 ER 插值。数据测定于 2005 年 3 月田纳西州沃克溪
来源 Roberts 等（2007），Springer 授权使用
图中文字 Saturation：饱和度；Net metabolism flux：净代谢通量；March：3 月

这一方法在夜晚（从日落后 1 h 至日出前 1 h）测得的耗氧量可用于估算湖泊生态系统呼吸量（ER）：

$$\text{ER} = 夜晚平均小时呼吸量（R）\times 24h \tag{8.9}$$

将 ER 计算值（均为负数）加入到白天 O_2 产量估值，以计算 GPP 日累积量：

$$\text{GPP} = \text{NEP} - \text{ER} \tag{8.10}$$

这一技术方法基于一个简单化的假设，即生态系统白天呼吸量与夜晚呼吸量一致，因此，可能提供了一个保守的 GPP 估算（Staehr et al., 2010b）。基于传感器的湖泊 NPP 估算最大的限制在于难以定量溶解氧测定的水体体积，也无法进行合理的外推插值。将

代谢作用测算困难归咎于湖泊体积的合理估算，类似于将涡动通量监测的挑战归因于陆地植被面积的合理估算（第 5 章）。

2）湖泊 NPP 的养分限制

如同陆地生态系统一样，生长季节长短是湖泊 NPP 重要的决定因素。北极湖泊生产力峰值可与温带和热带湖泊相当，但北极湖泊生长季十分短暂。Wetzel（2001）与 Alin 和 Johnson（2007）汇总大型贫营养湖泊年 NPP 估值时发现，北极、南极和高山湖泊年 NPP 最低，热带湖泊年 NPP 最高（图 8.12）。湖泊规模（面积大小）也是其初级生产力重要的决定因素，湖泊面积与受风面积和水混合深度呈正相关，与单位体积水体养分输入量呈负相关（Brylinski and Mann，1973；Duarte and Kalff，1989；Fee et al.，1994）。湖泊集水比（即集水面积与湖泊面积的比值）与养分和 CO_2 外源输入量呈正相关（Gergel et al.，1999），也与湖泊初级生产力提高呈正相关（Alin and Johnson，2007）。简而言之，湖泊周长/体积比值越大，陆地植被和土壤对湖泊生物地球化学的影响越大，陆源养分输入越多。具有较长滞留时间且周长/体积比值小的湖泊越大，其生产力维持越依赖内部养分循环。

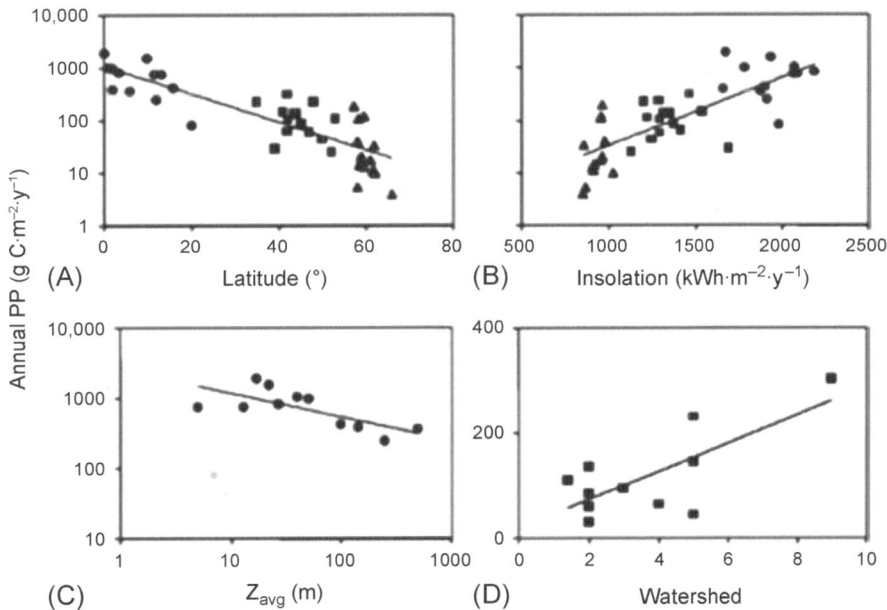

图 8.12　全球年度初级生产力（PP）和环境变量的相互关系：（A）纬度；（B）太阳辐射入射量；（C）深度、（D）流域/湖泊面积比值
来源　Alin 和 Johnson（2007），美国地球物理联合会的授权使用
图中文字　Annual PP：年初级生产量；Latitude：纬度；Insolation：照度；Zavg：平均湖深；Watershed：流域

水生藻类质量 N/P 比值平均约为 7.2（变幅在 3~20；Klausmeier et al.，2004）[①]，但径流来源质量 N/P 比值可能更大。来自未施肥森林和农田的地表径流质量 N/P 比值为 20~200，而众多污染源（未处理污水、城市雨污和养殖场污水等）富含 N 和 P，

[①] N/P 质量比值转换为 N/P 摩尔比值需乘以 2.21。N/P 质量比值为 7.2 相当于其摩尔比值为 16。Klausmeier 等（2004）报道浮游植物的 N/P 摩尔比值为 6.6~44.2。

其质量 N/P 比值为 1～10（Downing and McCauley，1992）。N、P 绝对含量及其比值是驱动淡水水体生物地球化学的重要驱动因素。

N 和 P 输入量较高的湖泊（来自城市或农业污染）要比低养分输入的湖泊具有更高的浮游植物 NPP（Wetzel，2001）。20 世纪 70 年代系列有影响的研究发现，北温带湖泊的 NPP 或藻类生物量变化与其 P 浓度或年 P 输入量密切相关（图 8.13；Schindler，1974；Vollenweider，1976；Smith，1983；Correll，1998）。湖泊表水层磷浓度与水体总叶绿素含量直接相关，而总叶绿素含量又直接与湖泊 NPP 相关（Schindler，1978）。1974 年，David Schindler 发表了其在加拿大试验湖泊区的一个沙漏形小湖泊（#226）全湖试验结果（Schindler，1974）。该湖被塑料膜分隔成两个试验区，两侧均施用蔗糖和氮，但仅其中一侧添加磷酸盐。施用 C、N、P 的湖区暴发了大规模水华，而仅施用 C 和 N 的湖区仍保持清澈和低水平藻类生物量（Schindler，1974）。该试验湖泊的航拍照片（图 1.5）无疑是有史以来最具影响力的环境科学照片之一。这一验证结果说服政府机构将磷酸盐从洗涤剂中去除，大幅减少了北美地表水的城市源磷负荷。

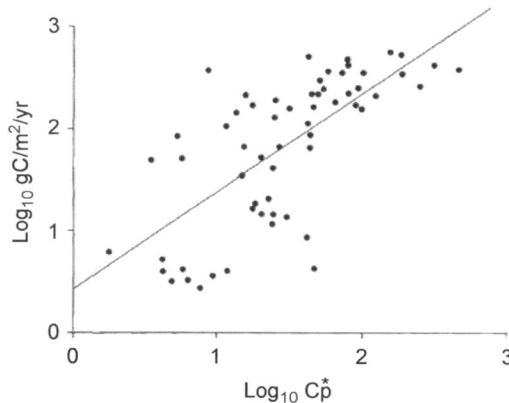

图 8.13　全球湖泊 NPP 与 P 浓度的关系，其拟合线性方程为：log[P] = 0.83 log NPP + 0.56（$r = 0.69$）。线性方程拟合时，Schindle 去除了输入 N/P 比值<5 的湖泊
来源　经 Schindle（1978）许可修改
图中文字　Log_{10} g C·m^{-2}·yr^{-1}：log NPP，即 NPP 对数值；Log_{10} C*p：log[P]，即磷浓度对数值

尽管地表水 P 供应有限，如同陆地植被一样，我们可预测反硝化作用等过程限制了湖泊 N 供应量。过去 20 年间系列研究高频报道了湖泊浮游植物的 N 限制和 N+P 共限制现象（根据 Elser et al.，2007；Conley et al.，2009b；Paerl et al.，2016 综述）。其中几项研究认为，20 世纪 70 年代大多数研究表明湖泊生产力呈磷限制型，这可能是由于美国北部和加拿大研究区经历了数十年的过量大气 N 沉降（第 6 章），湖泊养分输入 N/P 比值随时间呈增加趋势（Elser et al.，2009）。其他研究者认为进入湖泊生活污水和化肥一般富含 P，降低湖泊 N/P 比值，提高湖泊 P 内部储存，从而增加了湖泊 N 限制的可能性（Downing and McCauley，1992）。

虽然湖泊浮游植物生产力可能受 N、P 或 N+P 协同限制，但基于相关基础理论，P 负荷增加在人为富营养化过程中发挥着非比例作用（Schindler，1977；Schindler et al.，2008）。当浮游植物生长受 N 供应限制时，固 N 藻类（主要是蓝细菌）生物量通常普遍增加，固 N 作用增加 N 供应以提高 N/P 比值（详见图 6.8）。Howarth 等（1988）通过文献归纳分析发现，仅当湖泊 N/P 比值小于 16 时其浮游植物固氮作用才显著增加。Smith（1990）进一步分析指出，总 P 负荷是预测全球湖泊固 N 量最好的指标，而不是 N/P 比值。当 P 以污染物形式输入低 N/P 比值的湖泊时，藻类群落演替以蓝绿藻为优势种并且初级生产力增加，来自于固氮作用的 N 输入维持着 P 对浮游植物生长及其光合作用的限制（Smith，1982）。

Håkanson 等（2007）认为，当湖水 N/P 比值低于 15 时，N/P 比值是蓝细菌生物量很好的预测指标，但当湖水 N/P 比值＞15 时蓝细菌生物量则可由总 P 浓度或负荷单独预测（图 8.14）。在高 P 负荷下固 N 作用可为浮游植物群落提供高达 82% 的需 N 量（Howarth et al.，1988）。因此，湖泊浮游植物具有获取额外 N 供应的机制，但没有等效生物地球化学过程来补充缺 P 湖泊的 P 供应（Schindler，1977）。

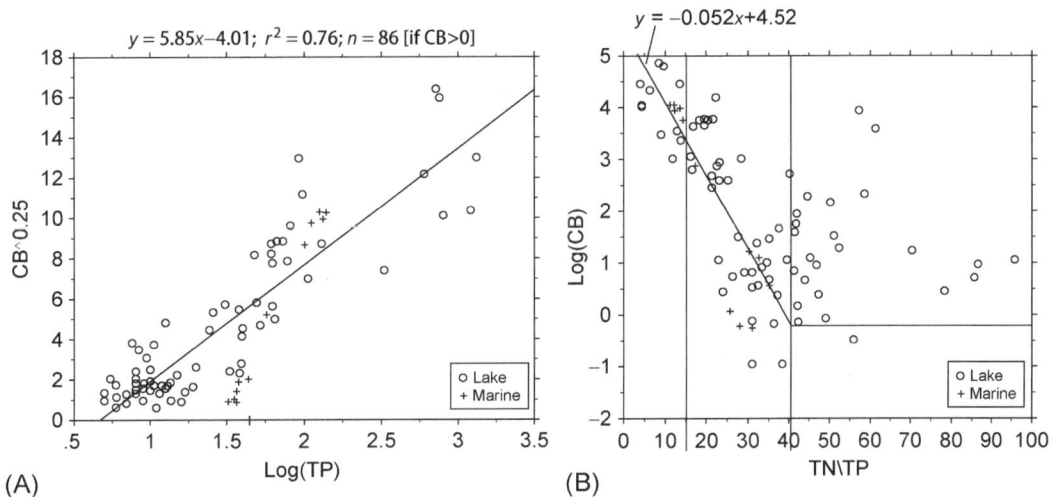

图 8.14　（A）86 个湖泊和海湾蓝细菌生物量（CB＞0）和总磷浓度的关系；（B）log CB 与 TN/TP 摩尔比值的关系。回归方程仅适用于 TN/TP 比值＜15 的湖泊
来源　Håkanson 等（2007）
图中文字　Lake：湖泊；Marine：海洋；CB：蓝细菌生物量

当 P 输入停止时，湖泊蓝绿藻优势度一般会下降，藻类生产力也随之降低（Edmondson and Lehman，1981；Schindler et al.，2008）。美国华盛顿湖是通过降低 P 输入来修复富营养化湖泊可能性的一个重要案例（Edmondson and Lehman，1981）。美国西雅图市 1967 年起污水改道排海，停止了向华盛顿湖直排，随之湖中有毒藻类水华显著消退，为 P 限制湖泊生产力提供了有力证据。富营养化水体修复所需时间取决于湖泊沉积物历史沉积 P 的矿化和释放程度（Genkai-Kato and Carpenter，2005；Mehner et al.，2008；Zhao et al.，2020）。而历史 N 输入问题通过反硝化作用去除大量 N 可以快速改善（McCrackin and Elser，2012）。鉴于湖泊 N 和 P 污染持续时间的差异，Schindler 等（2008）认为通过减少 N 输入修复人为富营养化湖泊不如减少 P 输入更为有效。相反，预防未污染湖泊富营养化则需同时减少 N 和 P 负荷（Conley et al.，2009b；Finlay et al.，2013；Paerl et al.，2016）。同时，减少 N 和 P 负荷的另一个观点是除了影响藻类生产力外，N 污染会增加

N_2O 的排放（McCrackin and Elser，2010；Kortelainen et al.，2019），并有证据表明高 N/P 比值促进有毒藻类生长导致有害水华和藻毒素产生（Orihel et al.，2012；Paerl et al.，2018，2016）。

3）微量养分限制

湖泊浮游植物对 N 和 P 负荷增加的响应可能受微量养分有效性的潜在限制。在贫营养湖泊添加 P 促进硅藻（具有硅酸盐细胞壁单细胞藻类）生长而降低水体 Si 浓度，导致硅藻生长受限制而被非硅绿藻或蓝细菌竞争取代（Schelske and Stoermer，1971；Tilman et al.，1986）。同样，P 负荷增加可引起清澈寡营养湖泊的 Fe 限制（Sterner et al.，2004）。所有浮游植物光合作用都需要 Fe（详见第 2 章），因此，Fe 缺乏可降低整个生态系统 NPP。由于蓝细菌需 Fe 量通常高于真核藻类（Morton and Lee，1974；Brand，1991），同时固氮酶需要 Fe 和 Mo（Murphy et al.，1976；Glass et al.，2009），因此，Fe 或 Mo 的竞争利用也可能导致蓝细菌生物量或固氮速率下降（Goldman，1960；Glass et al.，2012）。微量养分负荷或养分组成比例的变化会引起藻类群落结构的微妙变化。Titman（1976）发现 Si/P 比值的微小改变引发两个优势硅藻属（星杆藻属 *Asterionella* 和小环藻属 *Cyclotella*）种群间的竞争。其他研究表明微量养分添加也可抑藻类的固氮速率，如 B（Rao，1981）、Fe（Vrede and Tranvik，2006）或 Cu（Horne and Goldman，1974）。

4）NPP 光照限制

许多湖泊养分限制的研究是在 DOC 浓度不高的清澈湖泊中开展的。光照是富含 DOC 湖泊生产力的主要限制因素。瑞典北部一系列湖泊 DOC 浓度为 $10\sim100$ mg $C\cdot L^{-1}$，Ask 等（2012）发现高浓度 DOC 与 GPP 呈负相关，但与生态系统呼吸量（ER）呈正相关（图 8.15）。在这些湖泊中，光照有效性也是次级生产力很好的预测指标（Karlsson et al.，2009）。营养不良湖泊（详见表 8.3）的养分输入并不能刺激藻华发生，但可促进次级生产量并增强 DOC 分解和 CO_2 释放速率（Pace et al.，2007；Sadro et al.，2014；Kelly et al.，2014；Tanentzap et al.，2017）。

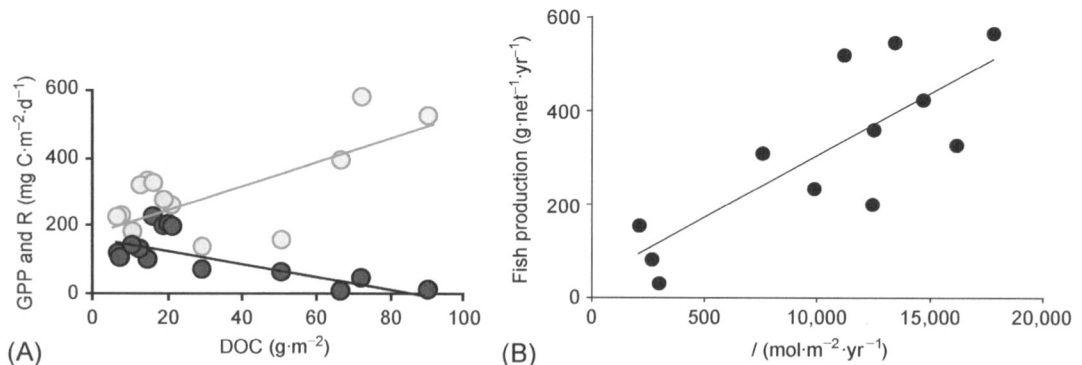

图 8.15 瑞典湖泊初级和次级生产力的光照限制。（A）瑞典北部 15 个湖泊全湖总初级生产量（GPP，深灰色圆点）和呼吸量（R，浅灰色圆点）的关系，（B）瑞典北部 12 个湖泊鱼类产量与年光照气候 [I，无冰期整个湖泊水体平均光合有效辐射（PAR）] 的线性关系（$r=0.63$，$P=0.002$）
来源 （A）Ask 等（2012），美国地球物理联合会授权使用；（B）Karlsson 等（2009），*Nature* 出版集团授权使用
图中文字 Fish production（$g\cdot net^{-1}\cdot yr^{-1}$）：鱼类生产量（年每网克重）

5）NPP 的植食生物调控

湖泊大部分藻类生物量被浮游动物摄食，因此，食物网变化会影响整个生态系统 GPP。初级生产力越高的湖泊，通常单位水体体积的鱼类生物量越高（Melack，1976；Karlsson et al.，2009）。这样的湖泊营养级联动不是单向的。养分和光照有效性可增加高营养级生产力（"自下而上"调控），而丰富的捕食者也影响植食性生物的摄食强度并改变 GPP（"自上而下"控制；Carpenter et al.，1985）。例如，Carpenter 等（2001）在一系列全湖试验中选择一个湖泊人为投放梭子鱼（*Esox lucius*，掠食性鱼类），使其 GPP 较邻近无掠食性鱼类湖泊的 1/3。食鱼动物捕食通常以浮游动物为食的鱼类，导致丰富的浮游动物大量地消耗浮游植物生物量。这种效应被定义为"营养级联动效应"。Brett 和 Goldman（1996）综合分析了在湖泊和池塘中开展的 54 项顶端捕食者试验，发现几乎所有食鱼鱼类试验均增加了浮游植物生物量。然而，并非所有对顶级捕食者控制的湖泊都会引起 NPP 变化（Elser et al.，1998；Mafkay and Elser，1998）。食物链交互作用不大可能影响以下两类湖泊的 GPP，即藻类生长严重受养分限制的寡营养湖泊，或以不适口藻类为主快速生长的富营养湖泊（Kitchell and Carpenter，1993）。高度富营养化湖泊的藻华会导致底部水体缺氧，藻毒素累积进一步限制植食动物的生长（Mallin et al.，2006；Heisler et al.，2008，；Brooks et al.，2016）。

6）湖泊有机碳的归趋

集水区输入的有机碳或湖泊自身光合作用固定的有机碳可被同化为水生生物生物量、被呼吸作用消耗、被湖泊沉积物封存或向下游输送（Cole and Caraco，2001）。由于湖底沉积物常处于厌氧状态，有机物下沉到湖床后分解缓慢（第 7 章），湖泊沉积物 C 通常随时间累积。Einsele 等（2001）估计整个全新世全球湖泊沉积物碳储量约为 820×10^{15} g C，其中小型湖泊（<500 km^2）约占 70%。Kastowski 和 Hinderer（2011）测定了 228 个欧洲湖泊沉积物有机碳累积量，其范围为 $0.1 \sim 57.8$ g C·m^{-2}·yr^{-1}，平均值为 5.6 g C·m^{-2}·yr^{-1}。全球前 250 个大型湖泊每年沉积物累积 C 量约为 7.5×10^{12} g·C[①]（Alin and Johnson，2007）。

整个地质年代全球湖盆充满了沉积物和有机物。因河流输入大量沉积物和有机物，人工水库也很快被填满（Downing et al.，2006）。Cole 等（2007）综合文献分析，全球湖泊年 C 储量估计为 $0.03 \times 10^{15} \sim 0.07 \times 10^{15}$ g C·yr^{-1}（表 8.4）。这一全球 C 储量远小于陆地植被和土壤的年 C 储量（约为 2.7×10^{15} g C·yr^{-1}），但大致相当于海洋沉积物的年有机碳储量（约为 0.12×10^{15} g C·yr^{-1}；Sarmiento and Sundquist，1992），然而湖泊总面积仅为海洋面积的 2%。湖泊 C 储量经面积校正后，其长期 C 埋藏速率为 $4.5 \sim 14$ g C·m^2·yr^{-1}（Dean and Gorham，1998；Stallard，1998），高于陆地土壤的长期 C 累积速率（Schlesinger 1990；图 5.19）。据估计，目前石油和天然气生产量的 20% 来自于远古大湖盆地（Bohacs et al.，2000）。

湖泊沉积物碳埋藏量预计随富营养化而增加，这可能是湖泊较高的内生生产力和沉积物中 O$_2$ 持续严重耗竭共同所致（Hutchinson，1938；Alin and Johnson，2007；Downing et al.，2008）。Huchinson（1938）调查了一些湖泊后认为，在季节性分层期深水层 O$_2$ 消耗速率与上覆水层生产力相关。高生产力表水层贡献大量的有机碳供深水层呼吸消

---

① 这部分占其湖泊系统总有机物产量的 3%，而世界海洋碳埋藏量则 < 1% 全球 NPP（详见第 9 章）。

耗，但深水层存在季节性的 O_2 隔离。深水层单位面积缺氧量（areal hypolimnetic oxygen deficit，AHOD）是一有用的概念，但尝试以养分负荷来预测 AHOD 尚有问题。Cornett 和 Rigler（1979）指出"表水层生物量和深水层 AHOD 间似乎不存在简单的比例关系"。相反，他们认为最大的 O_2 消耗量发生在水温较高和深水层深厚的深水湖泊中（Cornett and Rigler，1979，1980）。这一推断是合乎逻辑的，水温高有利于深水层细菌呼吸速率加快。然而，AHOD 和深水层厚度之间的关系尚无法预测，因为深水湖泊底层水体的缺氧量最大。虽然学界有不同的看法（Chang and Moll，1980），但他们的发现表明深水层水体 O_2 消耗大部分用于水体呼吸作用，有持续缓慢下沉有机碎屑的深水湖泊，其深水层 O_2 消耗量最大（Cole and Pace，1995）。

关于养分、水温或湖泊深度是否引起湖泊深水层缺氧和 C 埋藏增加存在一些争论，因为研究者们试图寻找适合不同养分状况湖泊的单一关系。Downing 等（2008）综合不同 C 埋藏速率时发现，大型贫营养湖泊 C 埋藏速率极低，但通常水深较浅的中型富营养化水库则具有非常高的 C 埋藏速率（表 8.4）。

表 8.4　湖泊和水库碳埋藏速率

环境	有机碳埋藏速率平均值或中值（$g \cdot m^{-2} \cdot yr^{-1}$）	变化范围
富营养化水库	2 122	148～17 392
水库（亚洲）	980	20～3 300
水库（中欧）	465	14～1 700
水库（美国）	350	52～2 000
水库（非洲）	260	
小型中–富营养化湖泊	94	11～198
小型寡营养湖泊	27	3～128
大型中–富营养化湖泊	18	10～30
大型寡营养湖泊	6	2～9

来源：Downing 等（2008）及 Mulholland 和 Elwood（1982）。

毫无疑问，大量修建的水库导致全球湖泊沉积物 C 储量迅速增加。水库 C 埋藏速率很高（估计约为 400 g $C \cdot m^{-2} \cdot yr^{-1}$；Mulholland and Elwood，1982；Dean and Gorham，1998；Downing et al.，2008），由于水库的快速扩张，水库有机碳年埋藏量比超过所有天然湖盆总 C 储量还要多。根据表 8.4 数据，全球水库年 C 埋藏速率在 0.16×10^{12}～0.2×10^{12} g $C \cdot yr^{-1}$。这些根据早期水库面积的估算可能相对保守。根据水库单位面积碳埋藏速率，全球 150 万 km^2（St Louis et al.，2000）的水库 C 埋藏量可能超过 0.6×10^{15} g $C \cdot yr^{-1}$（Cole et al.，2007）。

7）湖泊碳输出

湖泊 C 以 CO_2 或 CH_4 气态损失，或向下游输出颗粒态和水溶性有机物。大多数寡营养湖泊呼吸量超过 GPP（Sand-Jensen Staehr，2009；Staehr et al.，2010b；Ask et al.，2012；Jansson et al.，2012；Solmon et al.，2013）。多数湖泊的净异养化程度与 CO_2 过饱和度和湖水 DOC 浓度呈正相关（Roehm et al.，2009；Ask et al.，2012）。综合全球湖泊和水库的 CO_2 排放量约为 0.64×10^{15} g $C \cdot yr^{-1}$（表 8.1；Cole et al.，2007；Aufdenkampe et al.，2011）。随着越来越多的湖泊 CO_2 排放得以原位持续观测和湖泊面积越来越精确的

测定，全球湖泊 CO_2 排放量估算值不断被更新（Verpoorter et al.，2014）。近期的湖泊和水库 CO_2 排放通量全球估算接近 $0.3 \times 10^{15} \sim 0.5 \times 10^{15}$ g C·yr^{-1}（Raymond et al.，2013；DelSontro et al.，2018）。

在硫酸盐浓度低的寡营养湖泊，产 CH_4 途径通常是其厌氧代谢的主要过程，但产 CH_4 速率却具有高度的空间和时间异质性（Eudd and Hamilton，1978；Kuivila et al.，1989；Zimov et al.，1997）。当湖泊深水层水体呈氧化状态，大部分深水层沉积物产生的 CH_4 在向上扩散过程中被甲烷营养细菌氧化，然而浅水沉积物产 CH_4 途径产生的大部分 CH_4 逸入大气。由于 CH_4 从湖泊逸出主要以沸腾形式为主，即 CH_4 气泡从沉积物表面间隙性地释放到水面（Bastviken et al.，2004；第 7 章），使得湖泊 CH_4 逸出通量的精确估算尤为困难。Walter 等（2006）估算了西伯利亚解冻湖泊，其沸腾逸出途径贡献了 95% 的湖泊 CH_4 排放量。Bastviken 等（2011）估算全球自然湖泊总 CH_4 排放量约为 54×10^{12} g CH_4·yr^{-1}，Deemer 等（2016）补充了全球水库 CH_4 总排放量约为 13.3×10^{12} g CH_4·yr^{-1}。虽然 CH_4 排放量在多数湖泊碳收支中仅占相对较小的通量，但 CH_4 升温潜力是 CO_2 的 $25 \sim 35$ 倍，因此，湖泊 CH_4 排放量代表了其与气候变化的关联（Bastviken et al.，2011；Deemer et al.，2016；DelSontro et al.，2018）。由于低氧、高叶绿素 a 含量和高温均与湖泊 CH_4 排放量呈正相关，故可预测湖泊和水库 CH_4 排放量随时间增加（Tranvik et al.，2009；Prairie et al.，2018）。

越来越多的证据表明，水库建设增加了类湖泊面积，为产 CH_4 过程提供了理想条件，从而增加了湖泊 CH_4 通量。水库蓄水过程将植被和有机土壤淹没，在水库蓄水初期为产 CH_4 过程提供了大量的有机物（Kelly et al.，1997；St Louis et al.，2000；Sobek et al.，2012；Teodoru et al.，2012；Prairie et al.，2018）。一些热带发电水库富含 CH_4 的深层水流通过涡轮机释放大量 CH_4。因为有些水库温室气体排放量高于燃料发电厂，这些水库大坝被建议拆除（Fearnside，1995；Abril et al.，2005）。全球天然湖泊和水库的 CH_4 排放量估计为 54×10^{12} g CH_4·yr^{-1}，占全球自然生态系统 CH_4 排放总量的很大一部分（详见表 11.2）。

8.5.4　湖泊养分循环

湖泊养分收支包括降水、径流和固 N 等养分输入，以及沉积、径流输出和还原气体释放等养分输出。多数情况下人类活动主导了湖泊养分输入（Edmondson and Lehman，1981）。湖泊沉积物中非气态元素（如 Fe、Si、P）的浓度分布特征可用于重建其历史输入和滞留模式（Dillon and Evans，1993；Rippey and Andersn，1996）。湖泊沉积物记录了汇流陆地流域的元素输出，可用于解译流域土地利用或气候变化对区域和内部养分循环的影响（Davis et al.，1985）。

虽然水平均滞留时间短的湖泊在高流量期间 N 和 P 的净滞留量相对较小（Windolf et al.，1996），但大多数湖泊 N、P 和 Si 呈净滞留（表 7.4；Cross and Rigler，1983；Muller et al.，2005；Harrison et al.，2008）。陆地径流输入的 Fe 也可被滞留在湖泊沉积物中（Dillon and Evan，2001）。湖泊沉积物累积的软体动物贝壳（Brown et al.，1992）和一些高生产力碱性湖泊（pH 约为 9）的方解石（$CaCO_3$）直接沉淀形成泥灰岩（Rosen et al.，1995；Hamilton et al.，2009）使 Ca 呈净滞留：

$$Ca^{2+} + 2HCO_3^- \rightarrow CaCO_3 \downarrow + H_2O + CO_2 \tag{8.11}$$

Ca 净滞留湖泊的水体 Ca 平均滞留时间相对较短（Canfield et al.，1984）。在高浓度外源 DOC 输入的湖泊，方解石沉淀过程受抑制（Reynolds，1978；Hoch et al.，2000；Lin et al.，2005），但其沉淀可被消耗 CO_2 的高强度光合作用得以促进（Hartley et al.，1995；Couradeau et al.，2012）。Hamilton 等（2009）在美国密歇根湖的 P 加富试验发现，P 添加可增强方解石沉淀，形成的生物源 $CaCO_3$-P 沉淀成为重要的磷汇。基于该机制，通过方解石沉淀可缓解因养分负荷过量引发的富营养化（Koschel et al.，1983；Robertson et al.，2007）。

一般来说，湖泊养分滞留量随养分输入和湖水滞留时间的增加而增加（Seitzinger et al.，2006），但随水深增加而降低。深水湖泊表水层产生的有机物经水体下沉需要更长时间到达沉积物。下沉有机物或碳酸盐在穿过深水层水体时可能被分解或矿化，减少其进入沉积物的绝对量。只有到达沉积层，元素才可能被永久掩埋或 N 在缺氧沉积物反硝化损失（Carignan and Lean，1991；Dillon and Molot，2005；Maavara et al.，2015；Mendonca et al.，2017）。

8.5.4.1 湖泊氮循环

湖泊固氮速率为 $0.1 \sim >90$ kg N·hm^{-2}·yr^{-1}（Howarth et al.，1988），与陆地生态系统固氮速率范围基本一致（第 6 章）。高固氮速率的湖泊有大量的表观 N 积累（Horne and Galat，1985）。在 N 浓度较低时固氮作用具有一定的竞争优势，因此，各湖泊固氮速率一般与其 N 有效性变化相关。许多季节性分层湖泊在分层期可观测到随其表水层 N 浓度降低，真核藻类向固 N 蓝藻演替的现象（Sterner，1989）；而当 N 供应较高时，固氮速率会降低（Doyle and Fisher，1994）。

估算湖泊反硝化途径和其他过程的 N 气态损失研究相对较少。反硝化作用可应用乙炔还原法和 ^{15}N 同位素标记示踪技术进行研究（第 6 章；Seitzinger et al.，1993）。根据 Pina-Ochoa 和 Alvarez-Cobelas（2006）综合相关文献的数据表明，单个湖泊反硝化速率为 $1.8 \sim 383$ kg N·hm^{-2}·yr^{-1}。同时测定湖泊反硝化速率和固氮速率的研究几乎都发现反硝化 N 损失量超过固氮量（Seitzinger，1988）。Harrison 等（2008）综合分析 100 多项研究结果表明，有些湖泊去除了近 100% 的 N 输入量；具有高 N 负荷、流域/湖泊面积比值大以及高 N 沉积通量特征的湖泊或水库通常具有高的 N 去除率。针对该数据集的统计分析发现，全球湖泊和水库经反硝化途径向大气返回的年 N 量估计约为 19.7×10^{12} g N·yr^{-1}，其中小型湖泊（面积 <50 km^2）贡献了近 50% 的全球 N 去除量（Harrison et al.，2008）。反硝化作用通常受沉积物 NO_3^- 生成量及其有效性限制（Rysgaard et al.，1994），其 N 去除率随湖水滞留时间增加而增加（图 8.16；Yoh et al.，1983，1988；Mengis et al.，1997；Seitzinger et al.，2006）。由于大气 N_2O 含量极低，大部分湖泊 N_2O 可能呈过饱和状态（Whitfield et al.，2011）。然而，湖泊 N_2 损失远高于 N_2O 损失（Seitzinger，1988；Beaulieu et al.，2011）。随着湖泊 NO_3^- 负荷增加（大气沉降或受污染地表径流输入），N_2O 排放量应会增加（McCrackin and Elser，2011），但目前模型预测 N_2O 年排放通量为 0.05×10^{12} g N·yr^{-1}，不到 N 气态

损失的 0.5%（Lauerwald et al.，2019）。

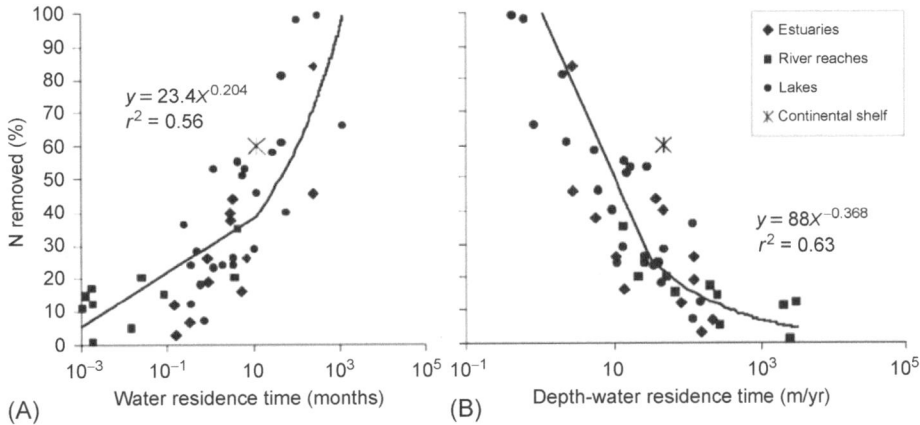

图 8.16　湖泊、河流水面、河口和大陆架氮去除百分率（通过沉积物埋藏或反硝化途径）与水滞留时间（A）或水深/水滞留时间比值（B）的关系
来源　Seitzingeret al.，等（2006），美国生态学会授权使用
图中文字　N removed：氮去除；Water residence time（months）：水滞留时间（月）；Depth-water residence time：深度与水滞留时间比值；Estuaries：河口；River reaches：河流水面；Lakes：湖泊；Continental shelf：大陆架

8.5.4.2　湖泊磷循环

由于岩石风化释放 P 缓慢并且 P 与土壤高效结合或被陆地植被同化，绝大多数自然条件下湖泊径流 P 输入量相对较小（Ahl，1988；Reynolds and Davies，2001；第 4 章）。进入湖泊的 P 大部分随土壤矿物输入，并快速沉淀于沉积物（Froelich，1988；Dillon and Evans，1993）。进入湖泊的少量无机磷能与 Fe、Ca 或 Mn 等矿物快速反应形成不溶于氧化水体的沉积物，但其形态取决于水体 pH（图 4.10；Mortimer，1941，1942；Blomqvist et al.，2004；Hamilton et al.，2009）。

分析湖水可发现大部分 P 通常被浮游生物同化进入其生物量，只有很少部分呈有效态（Lean，1973；Schindler，1977；Lewis and Wurtsbaugh，2008）。浮游植物 P 吸收是一个活跃的过程，与 P 浓度增加呈曲线相关（Jansson，1993）。浮游植物的持续净初级生产量取决于湖泊表水层水溶态 P（即 HPO_4^{3-}）和有机态 P 之间的快速循环（Fee et al.，1994）。

湖泊表水层 P 周转由有机物的细菌分解过程主导。浮游植物和细菌分泌胞外磷酸酶促进 P 矿化（Stewart and Wetzel，1982；Wetzel，1992），当浮游细菌分解的有机物 C/P 比值高时可固定 P（Vadstein et al.，1993）。全球淡水浮游植物 N/P 摩尔比值为 6～44（Klausmeier et al.，2004），当 N/P 摩尔比值<16 时呈 P 净矿化状态（Tezuka，1990）。浮游植物的 C/N 比值（8～20）与细菌生物量的比值相似，因此，湖泊 N 生物固定（immobilization，不是 fixation）现象并不常见（Tezuka，1990；Downing and McCauley，1992；Elser et al.，2000b）。湖泊的养分周转可被浮游动物（Porter，1976；Lehman，1980；Elser and Hassett，1994）和鱼类（Vanni，2002；Vanni et al.，2013）的摄食活动所促进。植食浮游动物具有较大幅度的 N/P 比值范围，低至枝角类水蚤（cladoceran *Daphnia*）约

14，最高的为桡脚类动物的 30～50（Sterner et al.，1992）。因此，优势植食动物种群的变化可改变湖泊 N/P 比值及 N 和 P 周转速率（Elser et al.，2000a）。

湖泊分层时浮游植物和其他生物凋亡后下沉到深水层，导致表水层 P 库被逐渐消耗（Levine et al.，1986；Rippey and McSorley，2009）。Baines 和 Pace（1994）发现美国东部 12 个湖泊 10%～50% 的 NPP 被输送到深水层，生产力较低的湖泊输送比例越大（图 8.17）。深水层细菌高呼吸速率与颗粒高沉降量相关（Cole and Pace，1995）。当粪粒和凋亡生物体通过温跃层下沉时，在底层水体和沉积物中其所含 P 不断被矿化（Gachter et al.，1988；Lehman，1988；Carignan and Lean，1991）。缺氧的深水层通常具有高浓度磷，其在湖水季节性混合时返回到表层水体。

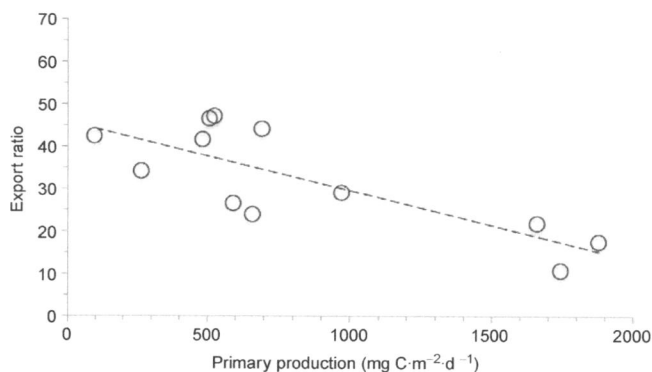

图 8.17　沉入湖泊深水层的浮游生物生产量百分比与其 NPP 的线性关系
来源　修改自 Baines 和 Pace（1994），美国 NRC 出版社授权使用
图中文字　Export ratio：输出比例；Primary production：初级生产量

只要 O_2 能到达湖泊深水层，沉积物-水界面的氧化铁矿物层会捕获 P，主要来自于沉积物内细菌分解有机物或沉积物深层低氧化还原电位下 Fe-P 矿物还原释放向上扩散的 P。然而，当湖泊深水层水体缺氧时，这一"磷铁捕获器"随氧化铁矿物还原而减少直至消失，并释放 P 回到上层水体（Mortimer，1941；Caraco et al.，1990；Golterman，2001；Blomqvist et al.，2004）。元素间相互作用决定了沉积物的 P 释放量。大多数淡水水体 SO_4^{2-} 浓度一般很低，P 被沉积物含铁矿物强烈吸附。由于酸雨或酸性尾矿水输入增加了湖泊 SO_4^{2-} 浓度，经阴离子交换反应 [式（4.12）] 释放 P 进入水体（Caraco et al.，1989；Wang and Chapman，1999）。

大多数情况下含 Fe 矿物溶解度有限，P 难从沉积物再生（Davison et al.，1982；Levine et al.，1986；Caraco et al.，1990；Davison，1993；Golterman，1995）。未分解有机物和含铁矿物的 P 沉积，使 P 从生态系统永久损失（Cross and Rigler，1983）。

8.5.4.3　湖泊硫循环

湖泊沉积物和低氧的底层水体与湿地水饱和沉积物一样，S 对 C 循环和 N 循环具有重要作用。湖泊水体 SO_4^{2-} 浓度通常很低，深水层水体氧含量也很低，硫酸盐还原过程是湖泊 C 循环的重要途径之一，尤其在富营养化湖泊（Holmer and Storkholm，2001；图 8.18）。

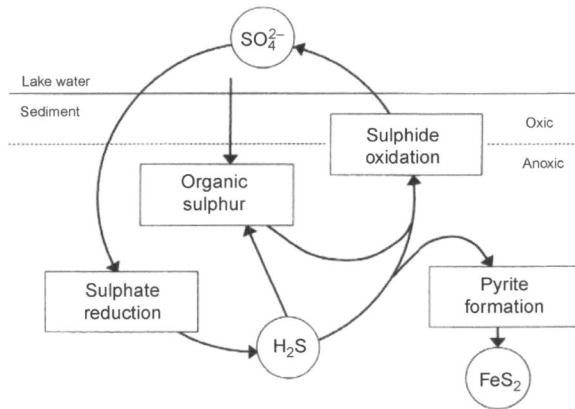

图 8.18　湖泊沉积物硫循环简单示意图
来源　Holmer 和 Storkholm（2001）
图中文字　Lake water：湖泊水；Sediment：沉积物；Oxic：好氧；Anoxic：厌氧/缺氧；Organic sulphur：有机硫；Sulphide oxidation：硫化物氧化作用；Sulphate reduction：硫化盐还原作用；Pyrite formation：黄铁矿成矿作用

　　Holmer 和 Storkholm（2001）综和多篇文献后认为，硫酸盐还原途径贡献了 12%～18% 的湖泊沉积物厌氧 C 矿化量。富营养化湖泊因输送更多有机碳进入沉积物，其浅水沉积物极可能呈缺氧状态，故硫酸盐还原途径得以加强。当还原态 S 通过再氧化途径循环时，即使湖水 SO_4^{2-} 浓度很低，湖泊沉积物 SO_4^{2-} 还原速率也可能很高（Holmer and Storkholm，2001）。Urban 等（1994）发现美国威斯康星州一寡营养湖泊表层沉积物的硫化物氧化速率几乎与深层硫酸盐还原速率一样快速，这表明无论湖泊沉积物 S 库含量多小，仍存在快速的 S 转化通量。
　　研究表明，硝酸盐异化还原或反硝化过程中厌氧硫化物氧化途径可能是湖泊沉积物一个重要的 NO_3^- 汇，硫细菌 [脱氮硫杆菌（*Thiobacillus denitrificans*）或辫硫细菌属（*Thioploca*）；图 1.6] 通过将还原态硫化物氧化为 SO_4^{2-} 同时还原 NO_3^- 为 N_2 或 NH_4^+ 来获得能量（第 7 章；Burgin and Hamilton，2008；Laverman et al.，2012）。虽然 S 存在挥发损失途径（Brinkman and Santos，1974），但绝大部分 H_2S 向上扩散经过沉积物（Dornblaser et al.，1994）或水体（Mazumder and Dickman，1989）时被再氧化，因此，非常少的 H_2S 能逸出到大气（Nriagu et al.，1987；图 8.10）。

8.6　溪流和河流

　　与湖泊情形不同，河流的持续水流使养分供应连续，水流湍动不断地将颗粒物混入水体，频繁冲刷限制了沉积物埋藏元素的持久能力（图 8.19）。此外，河流的横向和纵向边界呈动态变化，高径流量期间河流扩张漫过河漫滩和短暂回溯水源地，而干旱期则收缩到仅有的河道部分。
　　正如湖泊一样，河流生物群落可改变向下游水体输送的化学物质的数量、时机和形态（Meyer et al.，1988）。尽管有人认为溪流是"流过陆地废墟的排水沟"（Leopold et al.，1964），但溪流河道具有物理和生物学复杂性，包括捕获、转化、延滞，以及削弱来自陡坡和上游的水流、化合物和沉积物的脉冲式输送等行为（Bencala and Walters，1983）。

支撑溪流生物群落的很大一部分能量来自陆源物质，其对陆源有机物的综合分解和消耗显著地改变化合物输出量和输出时机（Wallace and Webster，1996；Wallace et al.，1997）。

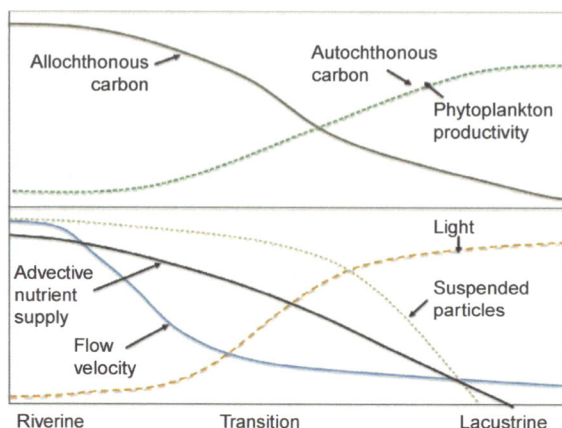

图 8.19　河流和湖泊转换过程中常见的流量、光照、养分和有机物来源变化
图中文字　Allochthonous carbon：外源碳；Autochthonous carbon：内源碳；Phytoplankton productivity：浮游植物生产力；Advective nutrient supply：平流养分供应；Flow velocity：流速；Light：光线；Suspended particles：悬浮颗粒物；Riverine：河流；Lacustrine：湖泊；Transition：转换

　　当河水漫过河漫滩时物质在河漫滩累积（Wohl et al.，2012），但河道本身不是非侵蚀体系，其对化合物和溶质的滞留能力弱于湿地或湖泊（Wagener et al.，1998；Essington and Carpenter，2000；Grimm et al.，2003）。河道内水流流速相对较高（即有限滞留时间），化合物和溶质快速向下游输送，不易产生地下径流。一旦进入溪流，无气相形态元素的去向就是向下游输送直至海洋。这一输送过程可能是数天到千年，具体取决于元素在河漫滩、湖泊、水库或滨海等沉积物的埋藏时间，或同化进入水生生物组织的滞留时间。一小部分元素可能发生逆重力输送，被水生或半水生生物摄入携带，这些生物或分散进入不同陆地生态系统或被陆地捕食者捕获（Helfield and Naiman，2001；Sabo and Power，2002；Baxter et al.，2005；Richmond et al.，2018）。

　　在环境条件下具有气相形态的元素进入河流，可能发生多种转化，最后逸出到大气。特别是反硝化作用可将 16%～50%输入河流的硝酸盐（NO_3^-）转化为 N_2（Seitzinger et al.，1988；Galloway et al.，2004；Mulholland et al.，2008），而呼吸代谢将＞50%输入河流的 C 转换成 CO_2（Battin et al.，2009；Raymond et al.，2013）。

　　河床为各种代谢过程提供了理想条件。由于含氧水流与缺氧沉积物交错，河流的养分转化和分解速率远高于周边土壤（Lohse et al.，2009；Stelzer et al.，2011）。溪流和河滨区域的缺氧生境是反硝化和产甲烷过程的主要场所（Vidon and Hill，2004；Burgin and Groffman，2012；Bernhardt et al.，2017a）。

8.6.1　河流水收支与混合

　　进入河流某一河段的水除了来自上游，还包括河段表面接收的降水，或通过地表径流、浅层地下水流径或与深层地下水交换等途径汇流输入的周边集水区降水。水源地小型溪流的水平衡由集水区汇流输入主导，随着溪流规模逐渐发育，上游河段的径流输入迅速成为其主要水源。河水以向下游输出水流、蒸发作用或净补给区域地下水（即转换损失）等方式从目标河段河道损失。有些干旱生态系统大型河流水流可全部进入地下水损失（地表河流断流）。即使没有地下水补给净损失，河道和地下水流径间交换水量也是相当大的（Covino and McGlynn，2007；Poole et al.，2008），汛期河水漫流出河岸流失于其冲积平原，被滞留或蒸散发。然而，多数情况下，各河段都以向下游径流输出为主。

溪流长期定位观测研究表明，水流受地形、植被和土壤性质及降雨模式和强度影响（Ward，1967；Bosch and Hewlett，1982；McGuire et al.，2005）。植被被清除后暴雨径流趋于增加，这是因为植被蒸腾水损失减少并且裸露土壤更易产生地表径流（Bosch and Hewlett，1982；Schlesinger et al.，2000b；Likens，2013）。溪流的水流时间模式（或水文模式）刻画降水或融雪雪水如何快速地向河道输送，以及河道淹没频率（图 8.20）和不同流径的相对水量贡献（图 8.2；Bonell，1993；Sidle et al.，2000）。

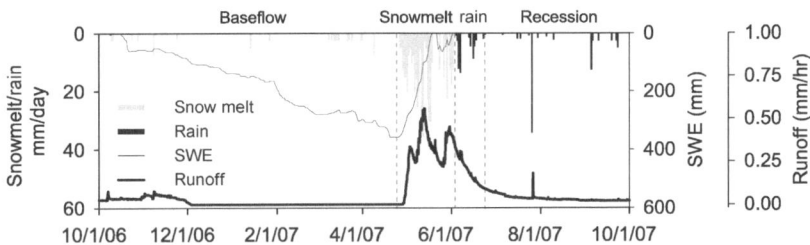

图 8.20　美国蒙大拿州以融雪雪水为主要补给的河流年水位曲线（黑色线条）。春末融雪期河流流量达到峰值，夏季暴雨时出现洪水。积雪量用积雪水当量（SWE）以灰色线条表示。降雨量为黑色柱子，雪融水量为灰色柱子

来源　Jensco 等（2009），美国地球物理联合会授权使用
图中文字　Snowmelt：融雪；Rain：降雨；Baseflow：基流；Recession：融雪季后续时期；Runoff：径流

短流径（相当于快速流径 = 地表流径 + 浅表土壤流径）与基流（地下水流径和永久水饱和土壤流径）的相对重要性显著受气候及流域土壤深度与地形变化影响（McGuire et al.，2005；Lutz et al.，2012b）。以地下水补给为主的溪流具有持续基流，一般具有不同水源的稳定河道。相反，以降水补给为主的溪流（如旱区或城市流域）具有动态不持续的水流（Stanley et al.，1997；Doyle and Bernhardt，2011），其溪流源水区域和河网范围随时间剧烈变化（图 8.21）。

8.6.2　河流碳循环

8.6.2.1　外源碳输入

河流部分有机碳由系统内生产力生产，陆源 POC 和 DOC 是所有河流 C 的重要收入（Fisher and Likens，1973；Meyer，1981；Webster and Meyer，1997；Mayorga et al.，2005）。植被凋落的叶片、针叶、细枝、树杈和树干进入溪流向下游输送时，在其破碎和分解过程构建了多样的水生食物网（Webster et al.，1999）。POM 主宰了众多溪流的碳收支，但沿着河流，随其规模不断变大且获得颗粒态物质的陆地"边长"不断变短，颗粒态与水溶性外源有机碳比例通常逐渐减小。粗颗粒态有机物（CPOM）在向下游输送至河口过程中不断被分解（Vannote et al.，1980；Webster and Meyer，1997；Webster et al.，1999）。

因此，DOC 是大型河流不断增加的外源碳重要组成。DOC 包括植物枯枝落叶和细根分解产生的水溶性碳水化合物和氨基酸（Suberkropp et al.，1976），以及来自土壤淋失的有机酸（McDowell and Likens，1988；Qualls and Haines，1992；第 5 章）。

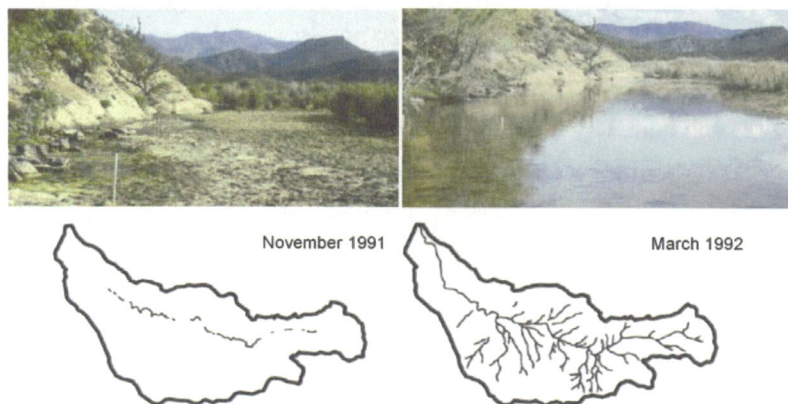

图 8.21 美国亚利桑那州沙漠溪流（Sycamore Creek）纵向和横向地表水面变化
来源 地图来自 Stanley 等（1997），美国加州大学出版社授权使用，照片由 Emily Stanley 提供
图中文字 November：11 月；March：3 月

Raymond 和 Bauer（2001b）应用 ^{14}C 定年技术发现，美国萨斯奎汉纳（Susquehanna）河、拉帕汉诺克（Rappahannock）河和哈迪孙（Hudson）河河水 DOC 的年龄分别距今 688 年、736 年和 1384 年[①]。虽然年龄和组分表明这些陆源 DOC 难以利用，但在河流输送过程中水生微生物同化和呼吸消耗了绝大多数 DOC（Wallace et al.，1999；Richey et al.，2002；Mayorga et al.，2005；Battin et al.，2009；Hotchkiss et al.，2015a），极少陆源 DOC 被输送到大洋（Hedges and Keil，1997；Bianchi，2001；Bauser et al.，2013）。河滨有机质库中少量难分解古老的组分决定了河滨 DOC 的 ^{14}C 年龄，这可能是对上述自相矛盾现象的可靠解释。亚马孙河大部分 DOC 是新生碳源（Mayorga et al.，2005），但土壤或缺氧沉积物中难分解的 DOC 在光照良好且高氧化水平的河段变得不稳定而淋失。

8.6.2.2 系统内生输入——河流初级生产力

溪流和河流 NPP 通常可通过密闭气罩呼吸法或原位溶解氧浓度差异法估算（Bott，2006）。密闭气罩呼吸法与湖泊 NPP 瓶检法类似，即将河流沉积物和水放入一密闭气罩中，在不同培养时间测定上覆水体的溶解氧浓度。虽然密闭气罩呼吸法在比较研究和控制实验时非常有用，但其估算的 NPP 很难外推至生态系统尺度。首先，将河流沉积物放入密闭容器，显著改变了自然河流的水流、养分供应和气体交换（Bott，2006）。其次，河流沉积物通常具有很大的空间异质性，外推至整个生态系统需要采集不同类型的底栖栖息地（Hondzo et al.，2013）。另外，密闭气罩呼吸法一般不包含深层沉积物，忽略潜流区[②]，可能低估了生态系统呼吸速率（Fellows et al.，2001）。

---

① ^{14}C 定年技术能提供溪流和河流水体 DOC 全库的单一年龄，包括来自距样品采集前不同时间（秒、小时、季节、年、千年）光合作用固定的 DOC 分子。

② 潜流区是地下水和地表水交换活跃的亚表层沉积物区域。潜流区大小在不同溪流变化很大，如果河道下有基岩，则不存在潜流区，但在粗冲积河道潜流区可能达数十米到数百米。

相反，开放河段法通过测定溪水 O_2 浓度的日变化（或较少测定 CO_2 浓度），将其与初级生产力、呼吸强度，以及河段与地下水或大气交换等过程联系起来（Odum，1956；图 8.11）。基于任一时间步长：

$$\Delta O_2 = GPP - R \pm E \tag{8.12}$$

式中，E 为根据气体示踪剂估算的大气交换量（Wanninkhof et al.，1990；Hall and Ulseth，2020）；R 为呼吸消耗 O_2 量。数据分析可参照湖泊部分。主要区别是水流波动对河流气体扩散的驱动比风力更重要，因此，应用示踪气体估算气体扩散量（系数）时必须和测定 O_2 浓度变化的水流条件一致。一般来说，密闭气罩呼吸法表征光照良好的溪流 NPP 通常超过呼吸消耗量（Minshall et al.，1983；Bott et al.，1985），而开放河段法则极有可能发现净异养状态（Hall and Tank，2003；Bernot et al.，2010；Finlay，2011；Hoellein et al.，2013）。根据已有报道的整个生态系统流动水体 NPP 和生态系统呼吸量的观测，绝大多数小型溪流和大型河流都是净异养状态（表 8.5；Battin et al.，2009），更小的溪流往往比大型河流具有更高的生态系统呼吸量。

表 8.5　溪流、河流和河口海湾全生态系统代谢 GPP、R 和 NEP 估算值的文献综合

生态系统	GPP （g C·m⁻²·d⁻¹）	R （g C·m⁻²·d⁻¹）	NEP （g C·m⁻²·d⁻¹）	全球 R （×10¹⁵ g C·m⁻²·d⁻¹）	全球净异养 （×10¹⁵ g C·m⁻²·d⁻¹）
溪流 （$n=62$）	0.73 ± 0.14 $0.02-5.62$	1.93 ± 0.19 $0.29-8.16$	-1.20 ± 0.15 $-5.86-2.51$	0.19	0.12
河流 （$n=37$）	0.91 ± 0.10 $0.06-2.28$	1.53 ± 0.15 $0.20-3.54$	-0.66 ± 0.11 $-2.06-1.60$	0.16	0.07
河口海湾 （$n=31$）	3.14 ± 0.41 $0.72-10.4$	3.51 ± 0.32 $0.83-7.58$	-0.39 ± 0.21 $-2.98-2.86$	1.20	0.13

注：给出的是平均值±标准差，最小值和最大值列在第二行。
来源：Battin 等（2009）。

1）流动水体的内生生产力影响因素

光照通常是森林溪流 GPP 的关键限制因子（Hill，1996；Hill and Tank，2003；Robert et al.，2007）。Roberts 等（2007）在美国田纳西州沃克溪持续监测 2 年的 GPP 变化，发现其日变化和季节性变化受季节性森林冠层闭合度的影响（图 8.22）。在这一溪流可能大多数为落叶林覆盖，生长季溪流代谢最高速率可在森林外部观测到（Roberts et al.，2007；Savoy et al.，2019）。

溪流底栖藻类养分限制状态通常应用养分基质扩散法（NDS）进行估算，即把混有养分的琼脂装入用多孔膜包被的容器中，使养分通过多孔膜缓慢释放到河水，比较含有单一或多种养分和没有养分琼脂基质的藻类生物量进行估算（Pringle，1987）。Francoeur（2001）比较了 237 个 NDS 试验结果，发现 43% 的 N 或 P 单一 NDS 没有藻类响应，但 N 和 P 协同藻类限制（23% NDS）较单一 N（17% NDS）或 P（18% NDS）更为常见。藻类响应结果可能因光照有效性呈现季节性变化。例如，Bernhardt 和 Likens（2004）在春季树冠形成前监测了美国新英格兰地区 10 条森林溪流的底栖藻类，发现其显著的养分限制，并且夏季或秋季没有富营养化现象。

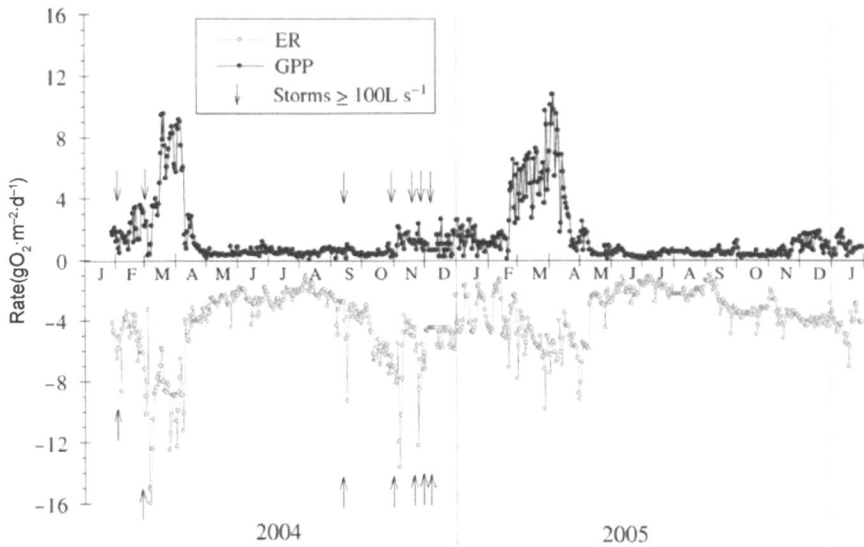

图 8.22 美国田纳西州沃克溪 GPP 和生态系统呼吸速率（ER）的日估值，数据为基于开放河段研究法 2 年监测的溶解氧浓度。箭头表示暴雨事件
来源 Roberts 等（2007），Springer 授权使用
图中文字 Rate：速率；Storm：暴雨

溪流和河流藻类生物量与水体养分含量的关系，很少呈现如湖泊生态系统常见的显著正相关性（Biggs，1996；Francoeur，2001）。除养分供给之外，其他因素也会抑制光照充足溪流自养生物对养分负荷的响应。多数河流会发生洪水，其河床或被冲刷或被洪水携带沉积物掩埋。因此，许多河流的藻类和挺水植物常处于从最近一次洪水后的恢复状态（Grimm and Fisher，1989；Death and Winterbourn，1995）。地球上有部分河流生态系统具有很高 NPP，通常为泉水（地下水）补给河流，从未发生洪水，且被茂盛的挺水植物所覆盖（Odum，1957；Heffernan and Cohen，2010）。

生物量估算或叶绿素测定通常是河流生产力评估的误导指标，因为水流扰动和光照变化导致 NPP 随时间显著变化（Grimm and Fisher，1989；Hill，1996；Bernhardt et al.，2018），并且无脊椎动物采食大部分 NPP（Wallance and Webster，1996；Taylor et al.，2006）。藻类和挺水植物组织比陆源有机物具有更丰富的养分和更好的适口性，自养生产量对河流食物网二次生产量的贡献常不成比例，即使在 NPP 很低的溪流或河流系统（McCutchan and Lewis，2002；Hotchkiss and Hall，2015），无脊椎动物和鱼类的采食限制了其对养分富集的响应（图 8.23；Rosemond and Elwood，1993；Taylor et al.，2006）。

2）河流碳收支

河流系统碳收支评估常用于分析内源和外源碳输入的相对重要性。Fisher 和 Likens（1972）在美国新罕布什尔州哈伯德溪实验森林水源地贝尔溪发现苔藓是其唯一的自养生物，但仅贡献不到 0.2% 的全年碳输入量（表 8.6）。根据为期一年水面和周边碳输入及输出监测，估计约 3260 kg C 以树叶和树枝形式进入溪流、约 2930 kg C 被溪流微生物呼吸消耗，贝尔溪能量收支几乎完全由外源碳输入主导，其 P/R 比值＜0.01（Fisher and Likens，1973）。

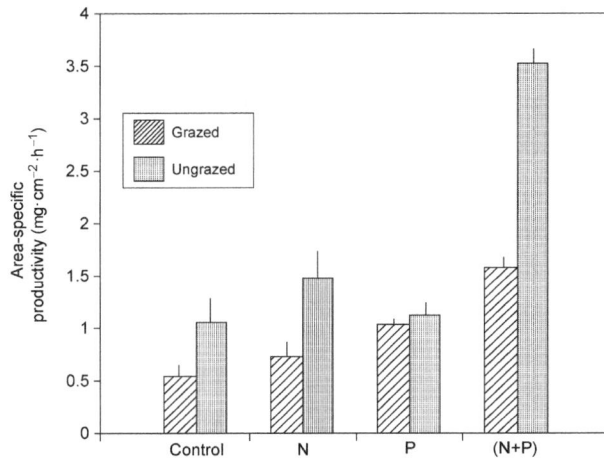

图 8.23 在美国田纳西州沃克溪应用 ^{14}C 示踪技术监测河侧多条溪流藻类生产力对养分加富处理和蜗牛采食响应

来源 Rosemond 等（1993），美国生态学会授权使用

图中文字 Area–specific production：单位面积生产量；Grazed：蜗牛采食；Ungrazed：无蜗牛采食；Control：对照；N：氮加富处理；P：磷加富处理；N+P：氮磷加富处理

表 8.6 美国新罕什布尔州贝尔溪的年度碳收支

项目	kg（整条河流 [a]）	kcal·m^2	%
输入			
凋落物			
落叶	1 990	1 370	22.7
树枝	740	520	8.6
其他	530	370	6.1
风搬运作用			
秋季	422	290	4.8
春季	125	90	1.5
透冠降水	43	31	0.5
河流冲积搬运作用			
粗颗粒有机物（CPOM）	640	430	7.1
细颗粒有机物（FPOM）	155	128	2.1
水溶性有机物，表层（DOM）	1 580	1 300	21.5
水溶性有机物，深层（DOM）	1 800	1 500	24.8
苔藓生产量	13	10	0.2
输入总量	8 051	6 039	99.9
输出			
河流冲积搬运作用			
粗颗粒有机物（CPOM）	1 370	930	15.0
细颗粒有机物（FPOM）	330	274	5.0
水溶性有机物（DOM）	3 380	2 800	46.0
呼吸作用			
大型消费者	13	9	0.2
微型消费者	2 930	2 026	34.0
输出总量	8 020	6 039	100.2

a. 由于收支各组成的热当量不同，收支未达到平衡（以 kg 为单位）。

来源：Fisher 和 Likens（1973）。

Webster 和 Meyer（1997）综合 35 条溪流有机物收支数据后发现，P/R 比值范围为 0
（如贝尔溪）～1.7。P/R 比值一般随溪流规模增加，然而，沙漠溪流生产力远大于其规模
预测值，单独黑水河（译者按：指因含有大量 DOC 导致河水透明度低的溪流和河流）的
生产力则远小于其规模预测值（图 8.24；Webster and Meyer，1997）。沙漠溪流汇聚来自
低矮植被集水区，不受光照限制（Jones et al.，1997），而黑水的奥吉奇河（Ogeechee）与
营养不良湖泊一样，河水高浓度外源 DOC 衰减了光照有效性（Meyer et al.，1997）。

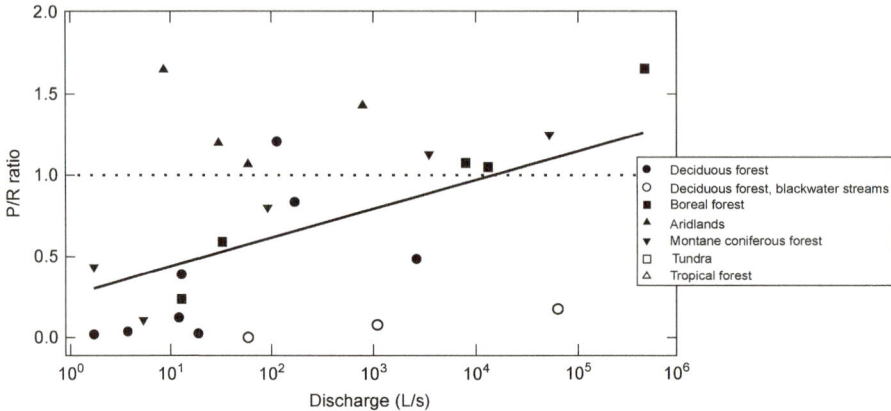

图 8.24　文献报道的 26 个溪流有机物收支估算 P/R 比值
来源　Webster 河，Meyer（1997），北美底栖生物学会授权使用
图中文字　Deciduous forest：落叶林；Blackwater streams：黑水溪；Boreal forest：寒带针叶林；Arid lands：旱区土地；Montane coniferous forest：山地针叶林；Tundra：苔原；Tropical forest：热带森林；Discharge：溪水流量

陆地植被输入河流的大部分粗颗粒有机物被微生物呼吸消耗（Fisher and Likens，
1973；Battin et al.，2009；Hotchkiss et al.，2015a），并作为水生食物网初级资源，陆源
碳因此实质性地贡献于水生昆虫二次生产量。Wallace 等（1997）在美国北卡罗来纳州
一山区溪流进行了为期 4 年的陆源凋落物去除试验，观测到水生昆虫生物量大幅度下降
（图 8.25）。

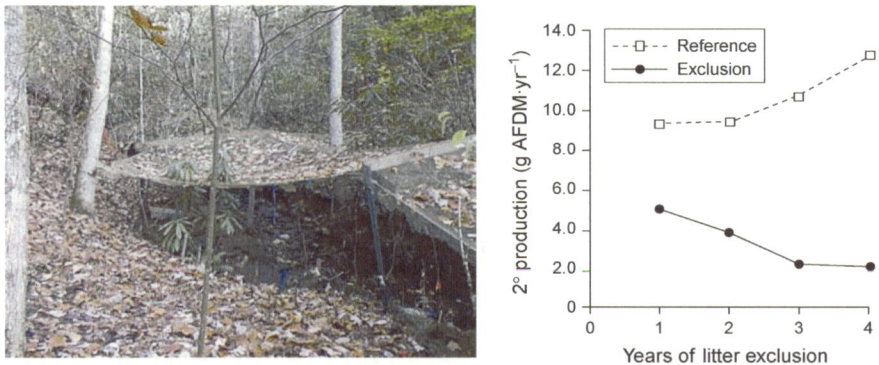

图 8.25　美国北卡罗来纳州考维塔（Coweeta）一山地森林溪流凋落物去除多年试验的二次生产量（溪流大型无脊椎动物总生物量）
来源　Wallace 等（1997），美国科学促进协会授权使用
图中文字　2° production：二次生产量；Years of litter exclusion：凋落物去除时间/yr；Reference：对照；Exclusion：凋落物去除处理

外源输入是森林狭窄溪流能源的主要来源，其 R（呼吸碳量）远大于 NPP。底栖藻类（附生植物）和水生挺水植物（维管束水生植物）的内生初级生产量在更宽河道（Vannote et al.，1980）和有限或季节性冠层郁闭的溪流（Savoy et al.，2019；Koenig et al.，2019）变得越来越重要。Vannote 等（1980）应用这一常见模式预测溪流和河流的初级生产力随其规模增加，且下游溪水 POC/DOC 比值下降。他们认为超大型河流的外源输入和异养化将主导其碳收支，因为大型河流通常水太深，无法支撑底栖自养生物，并且水流过急或浑浊，无法支撑显著的浮游植物生产力。

8.6.3　河流养分螺旋机制

河流生态系统养分循环的重要理论是养分螺旋概念，诠释养分不断地向下游输送（图 8.26；Webster and Patten，1979；Newbold et al.，1981；Newbold，1992；Webster and Ehrman，1996）。向下游输送过程中水溶性离子被细菌和其他水生生物同化为有机态，当生物死亡被分解时再以无机态重返水体，仅当被水生生物再次吸收又进入再次有机态分解。在养分原子被输送到下游直至海洋的过程中，养分在无机态和有机态间进行了多次循环。

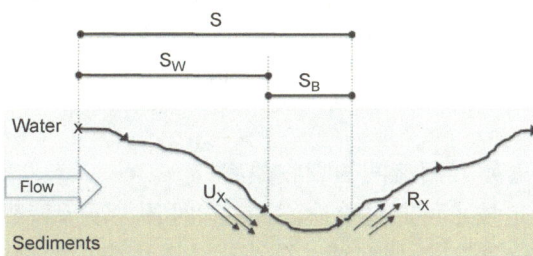

图 8.26　养分螺旋即由对流驱动的河流养分循环方式。示意图黑线表示养分向下游输送的途径，被沉积物吸附前养分分子质量（U_x）和继续向下游输送被再次矿化前养分分子质量（R_x），然后被矿化释放进入水体。养分螺旋距离（S）分为养分吸收距离（S_W，即被从水体移除前的养分传输距离）和再矿化距离（S_B，即随底栖沉积物或生物群落向下游输送养分的距离）

来源　Newbold（1992）
图中文字　Water：水；Flow：水流；Sediment：沉积物

生物地球化学家常通过比较养分和保守溶质①向下游输送的过程来认知生物群落在河流元素去向和输送过程中的作用。溪流生态系统通常消纳养分脉动比单一稀释作用更为迅速（Alexander et al.，2000；Seitzinger et al.，2002；Bernhardt et al.，2003；Green et al.，2004）。将保守离子（如 Cl 或 Br）注入河流，由于稀释作用（Stream Solute Workshop，1990）或入渗地下水导致永久损失（Covino and McGlynn，2007；Poole et al.，2008），其浓度随距离注入点下游方向的距离增加而逐渐降低。如果和保守离子同时注入养分离子，其浓度在下游方向的下降速度高于保守离子，表明稀释作用和质量损失外存在生物或化学吸收。溶质浓度（A_x）通过养分浓度（N_x）除以同一地点测得的示踪保守离子浓度（Tr_x）得以校正：

$$A_x = \frac{[N_x]}{[Tr_x]} \tag{8.13}$$

溶质吸收距离（S_w）代表了其成为颗粒态前向下游输送水溶态养分分子的平均距离：

---

① 保守溶质是指相关离子（如 Cl 和 Br）通常不被河流沉积物吸附，也不被生物群落显著累积。

$$S_{w} = \frac{1}{k_{A}} \tag{8.14}$$

式中，k_A 为溶质 A 每米距离吸收速率。养分螺旋（水溶态和颗粒态间转化）相当于溶质养分循环（有机态和无机态间转化），溶质不能被矿物颗粒强烈吸附但其离子可同时被物理吸附和生物同化，如 NH_4^+ 或 PO_4^{3-}（第 4 章）。生物需求量较大的元素螺旋距离较短。螺旋距离可用于估算整个生态系统的养分吸收率（U）：

$$U = \frac{\left[Q \times C_{bkgrnd}\right]}{\left[S_w \times w\right]} \tag{8.15}$$

式中，Q 为溪流径流速率（$m^3 \cdot min^{-1}$）；C_{bkgrnd} 为测定前目标溶质水体背景浓度；w 为研究河段平均宽度（m）。螺旋距离可通过养分加富或加入不改变养分浓度的示踪同位素（^{15}N 和 ^{32}P）结合保守溶质进行估测。

养分吸收率随径流流速增加而急剧降低，但随沉积物-水接触时间增加而增加，表明水文条件最终限制着养分的生物同化作用（Peterson et al.，2001；Hall et al.，2002；Webster et al.，2003；Wollheim et al.，2006）。生物地球化学家有时用养分吸收速率或质量转移系数（V_f）来比较不同流速河流的养分吸附效率：

$$V_f = \frac{\left[Q/w\right]}{S_w} \tag{8.16}$$

由此可比较流速显著差异河流间的吸收效率。

螺旋距离的改进测定技术可通过单次添加，同时计算溪流背景吸收率和最大潜在吸收率（Covino et al.，2010）。同时添加多种养分可比较不同养分的相对限制程度（Bernhardt and McDowell，2008；Lutz et al.，2012a）。

8.6.3.1 氮循环

生态系统养分需求也可应用质量平衡方法估算，年度养分质量平衡研究非常耗时，也鲜有文献报道（表 8.7；Meyer et al.，1981；Triska et al.，1984）。Triska 等（1984）详

表 8.7 美国新罕什布尔州 Bear 溪有机碳、氮和磷年通量

	有机碳（$g \cdot m^{-2}$）	氮（$g \cdot m^{-2}$）	磷（$g \cdot m^{-2}$）	原子比（C/N/P）
输入				
总水溶态	200	56	0.39	1700/320/1
总细颗粒态	12	0.27	0.55	54/1/1
总粗颗粒态	340	8.2	0.7	1300/26/1
气态总量	1	<0.1	0	
总输入量	553	64	1.6	990/89/1
输出				
总溶解量	260	57	0.29	2300/440/1
总细颗粒物	25	0.43	1.1	59/0.9/1
总粗颗粒物	100	1.8	0.38	720/10/1
气态总量	230	?	0	
总输出量	615	59	1.8	890/72/1

来源：Meyer 等（1981），德国 VG Wort 授权使用。

细分析了美国俄勒冈州温带雨林—溪流的年度氮收支，发现 DON 是最大量的输入和输出氮形态。假设在稳定状态下，在其 100 m 的研究河段中损失近 1/3 年输入有机氮量，转化为氮气或用于二次生产量，并转化了近 2/3 的陆源粗颗粒有机物（树叶、针叶、木本组织）输入量为 CO_2 或细颗粒有机物（Triska et al.，1984）。

　　应用养分螺旋距离计算和模拟河流氮循环结果表明，溪流生态系统内生物吸收作用显著地减少了无机氮向下游输送通量（Alexander et al.，2000；Peterson et al.，2001；Mulholland et al.，2008；Wollheim et al.，2008）。不同研究河段氮吸收距离差异可由溪流流量和深度来解释（Peterson et al.，2001）。流速较快溪流的水与沉积物接触时间短，其养分迁移距离较远。

　　Peterson 等（2001）针对北美溪流跨生物群落 $^{15}NH_4^+$ 吸收的调查发现，一般在 10～100 m 内水体 NH_4^+ 会被去除，而 NO_3^- 在同一溪流的迁移距离更远。溪流沉积物对水溶态 NH_4^+ 快速吸收是因为游离植物和细菌对 NH_4^+ 的优先吸收（第 6 章）和沉积物阳离子交换作用（第 4 章）（Peterson et al.，2001）。进入溪流的大部分 NH_4^+ 被硝化，提高溪流 NO_3^- 浓度（Peterson et al.，2001；Bernhardt et al.，2002）。硝化作用促进 N 向下游输出，NO_3^- 负荷可能加剧下游 N 污染（Koenig et al.，2017；Bernhardt et al.，2002）。NO_3^- 螺旋距离几乎完全为生物过程主导，因为沉积物不会强烈吸附 NO_3^-。通常，NO_3^- 吸收量随其负荷增加而增加，但其吸收容量在高 NO_3^- 负荷下很快被饱和（Mulholland et al.，2008）。

　　溪流系统内和不同溪流间的 C 供给及其代谢过程均与 N 吸收量具有很好的相关性（Baker et al.，1999；Bernhardt and Likens，2002；Roberts and Mulholland，2007）。由于生物体的化学计量和热力学限制，C 和养分过程密切相关。向溪流沉积物样品实验性添加易分解碳化合物可降低其硝化速率（Strauss and Lamberti，2000，2002；Strauss et al.，2002），并促进 N 同化和反硝化速率（Hedin et al.，1998；Baker et al.，1999；Crenshaw et al.，2002；Sobczak et al.，2003）。Bernhardt 和 Likens（2002）在美国哈伯德溪实验森林的一溪流连续 2 个月添加 DOC 发现，微生物 N 需求量受 DOC 加富刺激增加，使整个集水区无机氮输出浓度低于检出限。

　　由于河流不是加积系统（aggrading system），河流生态系统大部分净 N 损失量通过反硝化途径完成。Mulholland 等（2008）在北美 72 条溪流开展 $^{15}NO_3^-$ 加富系列试验，发现 NO_3^- 吸收速率差异极大（0.01～1000 mg N·m^{-2}·h^{-1}）；最高 100% 添加的 $^{15}NO_3^-$ 在 24 h 内转化为 $^{15}N_2$（Mulholland et al.，2008，2009），尽管中位值为 16%。另外，该系列加富试验的 N_2O 产量很低，仅占 0.04%～5.6% 的气态 ^{15}N 总损失量（Beaulieu et al.，2011）。虽然 N_2O 产量在高反硝化速率有所增加，Beaulieu 等（2011）并未观测到 N_2O 产量贡献率随 N 负荷增加而增加。该系列加富试验的观测结果表明，溪流为完全反硝化途径提供了理想条件，有效地去除了无机氮，但对全球 N_2O 收支不产生显著贡献。

　　光照对溪流养分循环具有重大影响。Roberts 等（2007）比较研究了美国田纳西州一溪流上下游 N 通量，发现 GPP 变化可解释近 80% 的瞬时 NO_3^- 通量（图 8.22）。由于该溪流 GPP 与光照密切相关，也证明了太阳辐射直接且快速地驱动 N 吸收容量。Heffernan 和 Cohen（2010）报道了更为极端的研究案例，即有效光照、溪流 GPP 与 NO_3^- 吸收速率间紧密联系；他们应用 O_2 和 NO_3^- 电极连续监测美国佛罗里达州南部以挺水植物为主覆盖的泉水溪，其 GPP 和 NO_3^- 吸收率可被有效光照近乎完美地预测（图 8.27）。

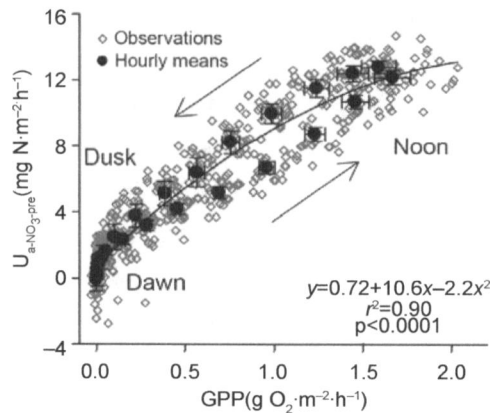

图 8.27　美国佛罗里达州以挺水植物为主覆盖的伊切图克尼（Ichetucknee）河一昼夜硝酸根吸收速率（U_{NO_3}）与 GPP 的函数关系。小圆圈代表单个数据观察值，大圆圈代表每小时平均值。箭头表示从第 1 天黎明前至第 2 天黎明前的滞后关系

来源　Bernhardt 等（2018），美国海洋湖沼学会授权使用，保留所有权利

图中文字　Observations：观测值；Hourly means：小时平均值；Dawn：黎明；Noon：中午；Dusk：黄昏

水文条件限制 N 的同化和反硝化作用。底栖藻类和微生物从高流速水体吸收 N 的能力较差。河流生态系统对增量 N 的滞留与输送量不仅取决于生物容量（受光照或外源碳有效性决定），还取决于 N 输送时机。随暴雨径流输入河流的 N，比基流时期入渗 N 分子的向下游输送距离更远（Shields et al.，2008）。平均滞留时间长的河段，NO_3^- 去除率较高（Seitzinger，1988；McCrackin et al.，2014）。

8.6.3.2　磷循环

全球河流向海洋年输送量约为 21×10^{12} g P·yr^{-1}，几乎全部为颗粒态 P（Meybeck 1982，1993；Ittekkot and Zhang，1989）。仅 10%的颗粒态 P 具有生物有效性，其余颗粒态 P 与土壤矿物强烈结合（Meyer and Likens，1979；Ramirez and Rose，1992）。没有大量污水或肥料输入的河流水体无机磷浓度非常低。有机质矿化释放的无机磷可被快速吸附或同化吸收，从而从水体去除（Meyer，1979，1980；Meyer and Likens，1979）。

由于大量无机磷可能通过物理吸附而非生物同化吸收，所以 P 螺旋过程要比 N 螺旋过程更难诠释（Demars，2008；Stutter et al.，2010）。因为河流沉积物 P 仍可供大多数河流生物群落利用，故 P 不可能限制河流生产力和呼吸速率。溪流河道物理屏障丰度（碎屑坝和缓流涡旋）可解释美国新罕布什尔州哈伯德河谷众溪流超 90%的 P 吸收率变化（Warren et al.，2007），与早期观测到的溪流 P 吸收量以沉积物吸附和截留为主的结果一致（Meyer and Likens，1979）。生物 P 需求变化可影响 P 吸收率。植食无脊椎动物通过抑制藻类生产力而降低实验溪流的 P 吸收率（Mulholland et al.，1983），而美国田纳西州沃克溪的秋季凋落物增加了粗颗粒态有机物附生微生物的 P 固定（Mulholland et al.，1985）。

8.7　河口海湾：陆海交错

河口海湾生态系统由感潮河道（潮汐上溯最远上游河道范围）和毗邻滨海海域（受

淡水影响最大向海海域）组成。河口海湾还包括沿海岸线发育的所有盐沼湿地。河口海湾是混合区域，存在从陆地到海域的强盐度梯度。河口海湾是研究生物地球化学最具挑战性的地球环境，除了盐度梯度，淡水和海水在此湍流混合使温度、盐度、pH、氧化还原电位和元素浓度等发生剧烈变化，所有变化均影响生物地球化学循环。

当大型河流水流到达入海口，流速减慢，其沉积物携带能力大幅降低。滨海河流携带的悬浮颗粒物在河道和大陆架沉积。携带大量沉积物的河流（如美国密西西比河）可形成明显的沉积物三角洲，可能形成适宜盐沼植被生长的广阔、平坦滩涂（图 8.28）。

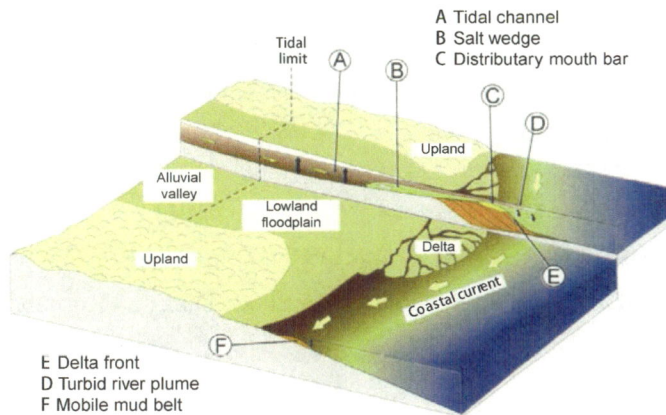

图 8.28 河口海湾示意图。河口海湾边界被定义为潮汐上溯最远河道到河流淡水影响海区
来源 Bianchi 和 Allison（2009），美国科学院授权使用
图中文字 Tidal channel：感潮河道；Salt wedge：盐水楔；Distributary mouth bar：分流口沙坝；Delta front：三角洲前缘；Turbid river plume：浑浊河流流羽；Mobile mud belt：移动泥带；Tidal limit：潮感限；Upland：旱地；Alluvial valley：冲积河谷；Lowland floodplain：洼地冲积平原；Delta：三角洲；Coastal current：沿岸流

8.7.1 河口海湾水收支与混合

河流淡水与海洋咸水在河口海湾中央河道混合。如果河口海湾混合充分，淡水向海水过渡是渐进的，就像河水向下游流淌。多数情况下入海淡水可能漂浮在高密度海水"楔"之上，大部分河口海湾区域存在强烈的垂向盐度梯度（图 8.29）。无论哪种情况，河口海湾过渡区都是生物地球化学快速转化和高生产力的区域（Burton，1988；Dagg et al.，2004）。

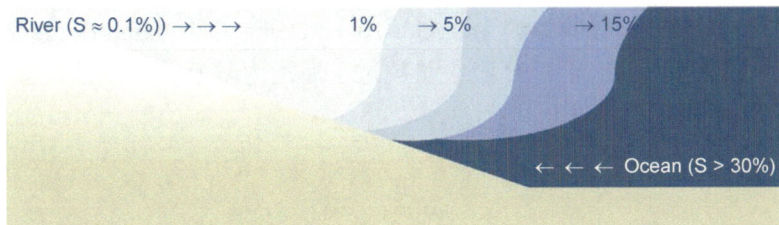

图 8.29 滨海河口海湾典型盐度梯度示意图。河水与海水相互作用形成淡水至全海水的盐度梯度。高密度海水常形成盐楔沉于低盐度表层水羽之下
图中文字 River：河流；Ocean：海洋

相对于淡水，海水具有较高的 pH（约 8.3）、氧化还原电位（＞+200 mV）和离子强度（图 4.19，表 9.1）。淡水和海水的混合作用使河水输送的水溶态腐殖质化合物发生快速沉淀。海水输入的阳离子与水溶态腐殖质交换位点的 H^+ 交换（第 4 章），发生絮凝[①]导致腐殖质沉积于河口海湾沉积物中（Sholkovitz，1976；Boyle et al.，1977）。尽管有机酸仅占河流 DOC 总量的一小部分，但这一絮凝反应是碳氢化合物和有机金属络合物"盐析"（salting out）的原因，使其在河口或距离河口不远处沉积（Boyle et al.，1974；Sholkovitz，1976；Jickells，1998；Turner and Millward，2002；Blair and Aller，2012）。可溶性有机化合物絮凝和较大植物碎屑沉积是河口沉积物有机碳的重要组成（Hedges and Keil，1997；Blair and Aller，2012），但尚未有证据表明陆源有机物对远离大陆架海洋沉积物的贡献（Hedges and Parker，1976；Prahl et al.，1994；Hedges and Keil，1997）。由于陆源有机物质絮凝沉积，河口海湾水体大部分有机碳来源于河口及其盐沼湿地的 NPP（Fox，1983；Nixon et al.，1996）。

盐度梯度增强河口海湾水体热分层效应，低盐度、光照充足的表层水与高盐度、黑暗的底层水分层。如同湖泊密度梯度一样，氧气充足、初级生产力高的表水层覆于深水层之上，深水层氧消耗速率大于扩散速率。与增加的养分负荷一起，河口海湾水体密度分层导致滨海缺氧得以广泛发生（Rabalais et al.，2002；Diaz and Rosenberg，2008；Conley et al.，2009a）。

8.7.2　河口海湾碳循环

海湾上缘河口区域接收了汇流河流输送的大量有机物。尽管河口海湾沿岸分布有高生产力的植被（红树林和盐沼湿地），但这些区域仍属净异养型，因为其大部分代谢由来自河流、地下水输入的外源 C 所维持，在海湾区域还有来自城市污水输入的外源 C（Odum and Hoskin，1958；Kemp et al.，1997；Wang and Cai，2004），因此导致大多数河口海湾水体呈 CO_2 过饱和状态。综合分析全球 32 个河口海湾大气-水 CO_2 通量估值后，Chen 和 Borges（2009）发现仅有一个河口是净 CO_2 汇，其大气-水 CO_2 通量（FCO_2[②]）为 3.9 mol $C·m^{-2}·yr^{-1}$（Kone and Borges，2008），而其他河口海湾的 FCO_2 范围从–3.6（芬兰波的尼亚湾；Algesten et al.，2004）到–76 mol $C·m^{-2}·yr^{-1}$（葡萄牙杜罗湾；Frankignoulle et al.，1998）。Chen 和 Borges（2009）估计全球河口海湾向大气排放的 CO_2 量约为 0.50×10^{15} g $C·yr^{-1}$（图 8.30）。

基于质量平衡计算和 pCO_2 测定表明，大陆架是大气 CO_2 汇（Borges，2005；Chen and Borges，2009）。大陆架 FCO_2 估计年均约为 1.1 mol $CO_2·m^{-2}·yr^{-1}$，按全球大陆架面积为 26×10^6 km^2 计，其 CO_2 年吸收量约为 0.35×10^{15} g $C·yr^{-1}$（Chen and Borges，2009）。滨海大陆架巨大的空间面积使其 CO_2 吸收量超过了海湾内陆及其边缘盐沼湿地和红树林湿地向大气排放的 CO_2 量（表 8.8）。

8.7.2.1　河口海湾初级生产量

多数河口海湾的最高净初级生产力出现在其中盐度区，即淡水和咸水混合区具有最

---

① 详见第 4 章第 100 页脚注①。
② 通常认为，FCO_2 为正值表明该生态系统是大气 CO_2 的汇，FCO_2 为负值则表明该生态系统是大气 CO_2 的源。

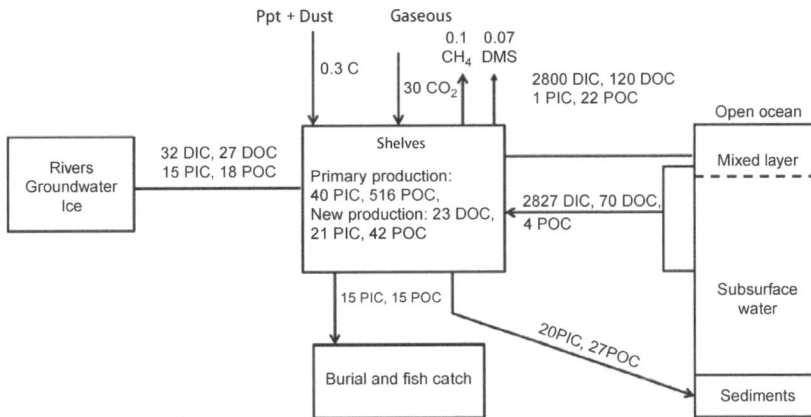

图 8.30　大陆架碳质量平衡（通量单位为 10^{12} mol C·yr^{-1}）

来源　Chen 和 Borges（2009）

图中文字　Ppt（Precipitation）：大气沉降；Dust：灰尘；Gaseous：气态；Shelves：大陆架；Primary production：初级生产量；New production：新生产量；Rivers：河流；Groundwater：地下水；Ice：冰川；Open ocean：大洋；Mixed layer：混合层；Subsurface water：次表层水；Sediments：沉积物；Burial and fish catch：埋藏和捕鱼量；DIC：水溶态无机碳；DOC：水溶态有机碳；PIC：颗粒态无机碳；POC：颗粒态有机碳；DMS：二甲基硫

表 8.8　大洋海域和主要滨海生态系统（包括河口海湾和盐沼湿地）大气–水的 CO$_2$ 通量

	表面面积（10^6km^2）	大气–水 CO$_2$ 通量（mol C·m^{-2}·yr^{-1}）	大气–水 CO$_2$ 通量（$\times 10^{15}$ g C·m^{-2}·yr^{-1}）
60°～90°			
大洋海域海水	30.77	−0.75	−0.28
河口	0.4	46	0.22
大陆架	6.79	−1.88	−0.15
小计	37.96	−0.46	−0.21
30°～60°			
大洋海域海水	122.44	−1.4	−2.05
河口	0.29	46	0.16
非河口盐沼湿地	0.14	23.45	0.04
滨海上升流系统	0.24	1.09	0.003
大陆架	14.47	−1.74	−0.3
小计	137.58	−1.3	−2.15
30°N～30°S			
大洋海域海水	182.77	0.35	0.77
河口	0.25	16.83	0.05
滨海上升流系统	1.25	1.09	0.02
珊瑚礁	0.62	1.52	0.01
红树林	0.2	18.66	0.04
大陆架	1.35	1.74	0.03
小计	186.44	0.41	0.92
滨海海域	26	0.381	0.12
大洋海域	336	−0.388	−1.56
全球海洋	362	−0.331	−1.44

来源：Broges（2005），Springer 授权使用。

高的养分有效性和浮游植物丰度（Anderson，1986；Lohrenz et al.，1999；Dagg et al.，2004）。另外，河口海湾水体的混合作用隐藏了 NPP 与保守性理化性质（如盐度）间显而易见的相关性（Powell et al.，1989）。

来自浮游植物生产力及周围盐沼湿地输入的有机碳支撑了河口海湾水体鱼类和贝类的高生长力。多年来海湾大部分鱼类和贝类产量依赖于从盐沼湿地输入到海洋开放水体的丰富有机碳。事实上，盐沼湿地有机碳损失量一般 >100 g C·m^{-2}·yr^{-1}，而旱地有机碳损失量仅为 1~5 g C·m^{-2}·yr^{-1}（Nixon，1980；Schlesinger and Melack，1981）。然而，Haines(1977)认为该结果值得商榷，因为河口海湾动物的 C 同位素比值与米草（*Spartina*）这一优势盐沼草本植物的比值不匹配。应用 S 和 C 稳定同位素自然丰度，Peterson 等（1985，1986）发现美国马萨诸塞州大西珀威塞特（Great Sippewissett）湿地初级产物消费者有机碳含量几乎均衡地来自于米草和开放水体浮游植物（图 8.31）。湿地食物网底层的贝类、蟹类、鱼类、虾类的 C 和 S 同位素比值介于这些食物源。美国佐治亚州萨佩洛（Sapelo）岛湿地也存在相似结果（Peterson and Howarth，1987）。相反，来自于旱地陆生植被和盐沼土壤硫氧化细菌固定的 C 对丰富的河口海湾海洋生物贡献甚微。

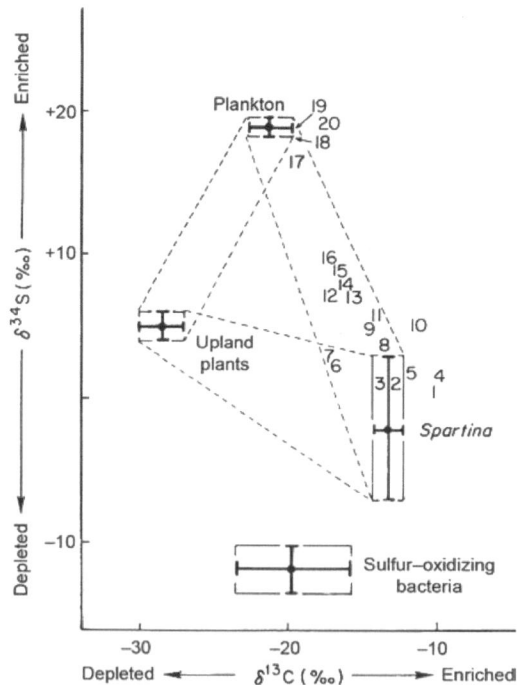

图 8.31 美国马萨诸塞州科德角的大西珀威塞特（Great Sippewissett）盐沼湿地消费者 C 和 S 的同位素比值与旱地植物、浮游生物、盐沼米草和硫氧化菌的 C 及 S 同位素比值的关系图。硫氧化菌同位素比值完全不同于消费者，表明硫氧化菌固定的 C 不是河口高营养级生物的主要 C 源。同样，陆生植物 C 同位素比值比消费者的更加贫化，表明在该盐沼湿地外源 C 重要性不及内源 C。消费者包括贝类、腹足类、虾类、蟹类和鱼类。每种消费者的数据来自 10~200 个个体的混合样品，比目鱼（9 号）和箭鱼（19 号）除外

来源 Peterson 等（1986），美国生态学会授权使用

图中文字 Depleted：贫化；Enriched：富集；Plankton：浮游生物；Upland plants：旱地植被；Spartina：米草；Sulfur–oxidizing bacteria：硫氧化菌

8.7.3　河口海湾养分循环

8.7.3.1　氮

已有大量研究致力于认知河口海湾 N 收支。N 被认为是导致河口海湾水体富营养化的养分元素,如美国切萨皮克湾(Cooper and Brush,1991;Bronk et al.,1998;Boesch et al.,2001)、墨西哥湾(Turner and Rabalais,1994;Rabalais et al.,2002)、美国纳拉甘西特湾(Nixon et al.,1995;Howarth and Marino,2006)、波罗的海(Conley et al.,2007;Conley et al.,2009a)和发展中国家的众多河口(图 8.32)。

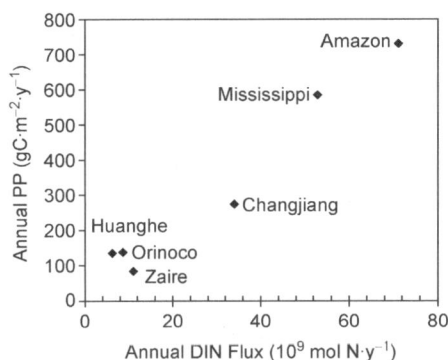

图 8.32　受主要河流影响的滨海大陆架水体初级生产量与河水 DIN(水溶态无机氮)通量关系
来源　Dagg 等(2004)
图中文字　Annual PP:年初级生产量;Annual DIN flux:水溶态无机氮年通量;Amazon:亚马孙河;Mississippi:密西西比河;Changjiang:长江;Huanghe:黄河;Orinoco:奥里诺科河;Zaire:扎伊尔河

河口海湾系统氮固定作用通常受限,这是因为固氮酶的关键辅因子 Mo 有效性低,并且 Mo 吸收受硫酸盐干扰(Howarth and Cole,1985;Cole et al.,1993;Marino et al.,2003)。同时,河口海湾水体较高强度的湍流(Howarth et al.,1995b;Paerl,1996)和高丰度的植食性浮游动物(Marino et al.,2006)也会抑制丝状光合细菌(常见固氮菌)的生长。

大多数河水有效态氮(NO_3^- 和 NH_4^+)浓度并不高,当河水流经滨海盐沼湿地时,这些有效态 N 被去除。实际上,陆生和盐沼植被的过滤作用非常高效,使得降雨直接输入的 N 是未污染河口海湾中心水体 N 收支的重要贡献者(Correll and Ford,1982)。然而,就像陆生态系统一样(第 6 章),支撑河口海湾生产力的大部分 N 并非来自于新输入的 N,而是来源于河口海湾水体和沉积物有机氮的矿化及循环利用(Stanley and Hobbie,1981)。

在海水 pH 和氧化还原电位下,河口海湾水体(Billen,1975;Capone et al.,1990)和沉积物上层(Admiraal and Botermans,1989)的硝化过程非常迅速。虽然水体 NO_3^- 也可扩散进入沉积物被还原(Simon,1988;Law et al.,1991),沉积物下部还原层反硝化作用主要由自上层沉积物向下扩散而来的 NO_3^- 维持(Seitzinger,1988;Kemp et al.,1990)。Seitzinger 等(1980,1984)发现美国罗德岛州纳拉甘西特(Narragansett)湾约 50%反硝化去除的 NO_3^- 来自河流径流输入,约 35%来自于河口海湾内部矿化产出的 NO_3^-,其主要产物是 N_2。

在美国切萨皮克湾，反硝化过程使海湾水体底层 $NO_3^- \text{-} \delta^{15}N$ 富集（Horrigan et al., 1990）。当沉积物硝化速率较低时，NO_3^- 的有效性可能会抑制反硝化速率，更多的 NH_4^+ 残留促进了河口海湾浮游植物的生长（Kemp et al., 1990）。暴雨和潮汐水流搅动河口海湾沉积物，使其释放大量 NH_4^+ 进入其水体（Simon, 1989）。寡营养河口海湾沉积物 C 储量很少，反硝化作用可能并不重要。Fulweiler 等（2007）发现在低生产力（和有机物沉积量较少）时期，纳拉甘西特湾沉积物是其上覆水体的 N 源（固氮作用）而非 N 汇（反硝化作用）。

8.7.3.2　磷

大多数河水为水溶态 CO_2 过饱和，来自于向下游流淌过程中有机物降解释放的 CO_2。高浓度水溶态 CO_2 和有机酸使河水呈弱酸性。在这样的条件下，大多数磷与铁氢氧化物结合，随悬浮沉积物一起运移（图 4.4；表 4.8，Eyre 1994）。当与高 pH 海水混合后，磷从这些矿物中解吸，提升河口海湾水体的水溶态磷（Lebo, 1991；Conley et al., 1995；Lin et al., 2012）。Seitzinger（1991）发现 Potomac 河口海湾水体 pH 升高使磷从沉积物释放，刺激固氮蓝绿藻暴发，这类似于磷污染湖泊的藻类优势种群演替。越来越多的滨海海湾呈常见的厌氧状态，铁结合态磷得以高速率释放（Ghaisas et al., 2019），经释放残留态磷形成了滨海富营养化的正反馈效应。

海水丰富的 SO_4^{2-} 离子可限制海湾沉积物 Fe-P 结合，导致有机磷一旦矿化只能滞留在水相中（图 8.33，Caraco et al., 1990；Blomqvist et al., 2004；Jordan et al., 2008）。在淡水沉积物中高效扣留 PO_4^{3-} 的"铁陷阱"在海湾则无效，因为 Fe 被迅速结合为 FeS_2（图 8.33，Blomqvist et al., 2004）。另外，De Jonge 和 Villerius（1989）指出，来自大洋

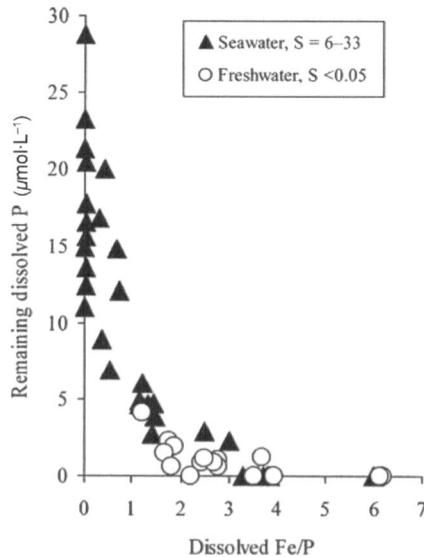

图 8.33　波罗的海西北部半咸水区和邻近瑞典 Malaren 淡水湖缺氧水样的氧化实验。氧化过程中水样磷浓度受水溶态 Fe/P 摩尔比值决定，与盐度无关。当 Fe/P>2 时，溶液 P 浓度很小；而 Fe/P<2 时，水溶性 P 的去除与水样 Fe（II）比例相关

来源　Blomqvist 等（2004），美国海洋湖沼学会使用，保留所有权利

图中文字　Remaining dissolved P：剩余溶解态磷浓度；Dissolved Fe/P：溶解态铁与磷摩尔比值；Seawater：海水；Freshwater：淡水

的碳酸盐颗粒结合态磷在海水和河水混合时被释放，碳酸盐在海湾上游河口酸性水体中溶解。基于上述两个原因，河口海湾水体通常磷有效性高于淡水或海水。因此，减轻滨海厌氧状态需要限制的营养元素是 N，而不是 P（Paerl et al.，2016；Conley et al.，2009b）。

8.7.3.3　河口海湾沉积物的厌氧代谢

河口海湾沉积物具有高硫酸盐还原速率（第 7 章），这是因为沉积物富含有机质，并不断被高浓度 SO_4^{2-} 海水冲刷，使其常处于厌氧状态。虽然硫酸盐还原的确切速率存在一些争议（Howes et al.，1984），但许多学者认为盐沼湿地和滨海沉积物有机物降解释放的 CO_2 有超过一半与硫酸盐还原过程有关（Jorgensen，1982；Howarth，1984；Henrichs and Reeburgh，1987；Skyring，1987；King，1988；第 7 章）。硫化物很少逸入大气，多数硫化物通常在沉积物表层或水体中被再氧化。硫酸盐还原作用的重要性取决于河口海湾沉积物 Fe 浓度及其氧化速率。当 Fe^{3+} 含量丰富或在氧化根际或动物孔穴中 Fe^{3+} 补给持续不断时，Fe 还原是最为普遍的厌氧代谢形式（Gribsholt et al.，2003；Hyun et al.，2009；Attri et al.，2011；Kostka et al.，2012）。

Bartlett 等（1987）在美国切萨皮克湾的约克（York）河河口的研究发现，随盐度梯度升高产甲烷速率呈梯度下降，因为海水 SO_4^{2-} 逐渐抑制产甲烷过程（图 8.34；Kelley et al.，1990）。Howes 等（1984a，b）在美国马萨诸塞州西珀威塞特盐沼湿地发现仅有 0.3% 的沉积物总 C 输入量是经产甲烷过程损失。美国佐治亚州萨佩洛岛河口海湾沉积物 C 的 CH_4 损失量略高（King and Wiebe，1978），但全球盐沼湿地对大气 CH_4 通量的贡献很小（第 11 章）。一些盐沼湿地土壤也可能贡献了少量的大气羧基硫（Aneja et al.，1979）、甲基氯（第 3 章）或磷化氢（PH_3）（Hou et al.，2011）。

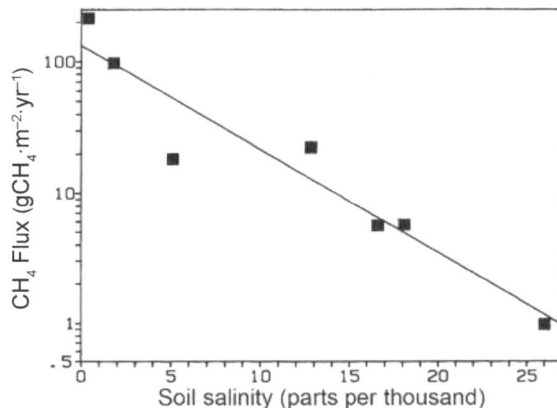

图 8.34　美国东南部三个盐沼湿地土壤平均盐度与 CH_4 年通量的关系
来源　Bartlett 等（1987），Springer 授权使用
图中文字　CH_4 flux：甲烷通量；Soil salinity（parts per thousand）：土壤盐度（ppt）

8.8　陆地水体的人类活动影响

通过水利设施建设（如防洪堤和水坝）和陆地表面改造（如湿地排水、暴雨排水管网、人行道），人类已经从根本上改变了陆地和水生生态系统间的水文连接通径及时长。

8.8.1 水利设施

无论是农业生产还是居住用地，人类高强度地改变了土地利用方式，极大地减少了旱地土壤水滞留时间，同时构筑水库延长了水滞留时间（Changnon and Demissie，1996；Walsh et al.，2005）。总的来说，水利设施使世界河流的水平均滞留时间延长了 3 倍（Vörösmarty et al.，1997）。在改造水文流径的同时，人类活动大幅度地增加了河流的营养物和沉积物负荷，极大地减少了沉积物向滨海的输出量。世界上已没有一条大河不受人类基础设施和废弃物的直接影响。

人类目前利用了 20%的全球河流径流量（Jaramillo and Destouni，2015）。在众多干旱区这一比例更高，如美国西南部人们利用了 76%的年径流量（Sabo et al.，2010）。当年取水量超过年径流量时，地下水会枯竭，小溪干涸频率增加、河流流量下降，湖泊也会干涸（第 10 章）。人类取水已导致曾经的大型标志性水体枯竭（图 8.35）。中亚咸海（Aral Sea）和北非乍得湖（Lake Chad）就是由于灌溉取水导致水面萎缩至原有湖面面积 20%的两个例子。淡水补给缺失导致湖泊水体因蒸发浓缩而盐化。随着水资源开采量增加、集水区蒸散发、河流和湖泊输入水量减少，同样的过程在全球干旱区正在发生。卫星遥感监测到美国西南部米德（Mead）湖、鲍威尔（Powell）湖和大盐湖平均水量在 1984～2000 年和 2000～2015 年两个时期间分别减少了 11 km^3、6 km^3 和 16 km^3（Busker et al.，2019）。

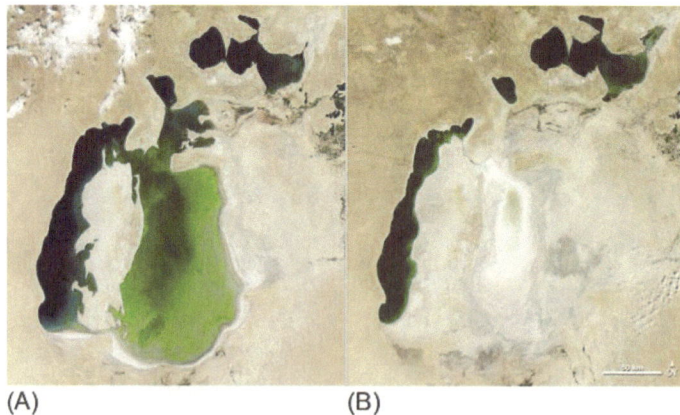

图 8.35 咸海（Aral Sea）2000 年（A）和 2009 年（B）的 NASA 卫星影像边界。由于集水区灌溉取水使河流入湖年径流输入量小于年蒸发损失量，咸海不断萎缩盐化，曾经的世界第四大湖泊成为此类终结湖泊的代表

数千年来，人类构筑水坝用于灌溉、生产水作作物和保障长期供水。1950 年以来水坝数量和规模都显著增加，全球在运行的大型水坝（高度>15 m）超过 55 000 个（Berga et al.，2006；Lehner et al.，2011；Pekel et al.，2016）。这些水坝将部分河段改造为水库，估计可储存 7000～8300 km^3 水量（Vörösmarty et al.，2003；Chao et al.，2008），相当于地球所有天然淡水湖泊储水量的 10%（Gleick，2000）。现今人工湖泊拦蓄地表水面积估计为 $0.3×10^6$～$1.5×10^6$ km^2（表 8.9；St. Louis et al.，2000；Lehner and Doll，2004；Downing et al.，2006；Barros et al.，2011）。

表 8.9　大型和小型水库全球总面积估算

面积范围（km^2）		水库数量	水库平均面积（km^2）	水库总面积（km^2）	d_L（每 10^6km^2 水库数）
最小	最大				
0.01	0.1	444 800	0.027	12 040	2 965
0.1	1	60 740	0.271	16 430	405
1	10	8 295	2.71	22 440	55.3
10	100	1 133	27.1	30 640	7.55
100	1 000	157	271	41 850	1.05
1 000	10 000	21	2 706	57 140	0.14
10 000	100 000	3	27 060	78 030	0.02
所有水库		515 149	0.502	258 570	

来源：Downing 等（2008），美国地球物理协会授权使用。

　　水库水储量和扩张对全球 C 循环的净效应尚不确定，但可定性的是，水库是大气 CO_2 和 CH_4 的重要来源。由于水库通常替换了可能为 C 汇的陆地生态系统，从而显著地改变了当地 C 收支（Prairie et al.，2018）。新建水库淹没陆地植被，随着大量被淹有机物分解，可释放出大量 CO_2 和 CH_4（St. Louis et al.，2000；Downing et al.，2008）。尽管新建水电站大坝常被宣传为可再生能源的绿色来源，但有些新建水库和水电站大坝排放大量 CO_2 和 CH_4，极大地抵消了其相对于传统化石燃料的可再生能源供给（Prairie et al.，2018）。相反，水库建设似乎在减轻 N 污染方面具有显著优势，由于水库为反硝化过程提供了有利条件，即厌氧富 C 沉积物收纳高浓度 N 地表径流，使其具有很高的 N 去除速率（Harrison et al.，2005）。水库还会滞留大量颗粒态 P 于沉积物中。近期相关模型模拟表明水库可滞留 12% 的河流 P 负荷（Maavara et al.，2015）。

　　水库拦截超过 40% 的全球河流径流量（Vörösmarty et al.，2003），50% 以上的大型河流系统受水坝影响（Nilsson et al.，2005；Lehner et al.，2011）。水坝极大地改变了河流径流的时间和流量变动等水文特征。多数情况下水坝减少了全年径流量（图 8.36），从而导致河流与其洪泛区的水文交换频率和范围减少。水电水坝在夏季最炎热的日子里每天多次开闸泄洪，即所谓的"水文峰"操作，高频冲刷水流会减少下游生物活动。

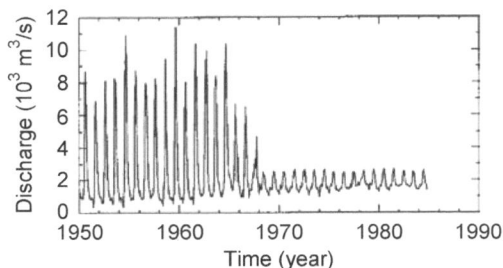

图 8.36　尼罗河阿斯旺大坝建设前后的河流径流量。径流记录点在大坝下；径流量趋于稳定，可判断出大坝建筑时间和纳赛尔（Lake Nasser）水库蓄水时间。尼罗河建坝后整体流量降低，洪峰流量被大幅削弱，低流量增加，自然水位线呈多月波动

来源　Vörösmarty 等（2004），美国地球物理联合会授权使用

图中文字　Discharge：流量；Time（year）：时间（年）

　　河流流量调节使许多河流三角洲的沉积物输入量急剧减少（Syvitski et al.，2005；Day et al.，2007；Syvitski and Saito，2007）。地球上许多主要河流三角洲正以数倍于全球海平面上升的速度在下沉（Syvitski et al.，2009）。三角洲下沉和海平面上升是一个糟糕的组合，因为风暴潮会淹没面积不断扩增的低洼三角洲。河口海湾边缘盐沼植被动态平衡了沉积物堆积速率和海岸沉降或海平面变化速率（Kirwan and Murray，2007；Langley et al.，2009；Kirwan and Blum，2011）。随着沉积物累积，侵蚀速率和有机物氧化速率增强，减缓了沉积物的进一步累积。相反，随着海平面上升，沉积物会频繁被淹没，使沉积物沉积速率和泥炭累积速率加快。美国墨西哥湾沿岸沉积物沉积速率弱于海岸沉降速率，大量盐沼湿地已消失（DeLaune et al.，1983；Baumann et al.，1984）。这一海岸防护湿地的消失被认为是 2005 年 Katrina 飓风引发大规模洪涝的关键原因（Tornqvist et al.，2008）。目前模型预测 2080 年 5%~20% 的滨海湿地将因海岸下沉和海平面上升而消失（Nicholls，2004；Schuerch et al.，2018）。

　　由于拦截和滞留了大部分河流沉积物，水库有效地滞留了矿物元素。水坝显著地降低了 Fe、P 和 Si 的河流输出。当埃及尼罗河阿斯旺大坝建成时，尼罗河口 N 和 P 输入量急剧减少（表 8.10）、鱼虾丰度降低 80%（Nixon，2003）。随着开罗和亚历山大城市发展，大量污水 N 和 P 进入尼罗河，约 15 年后河口区渔业才得以恢复（表 8.10；Oczkowski et al.，2009）。

表 8.10　开罗和亚历山大城市人口和埃及城市总人口的潜在 P、N 排放量与尼罗河养分通量估值比较

	×10³t·yr⁻¹	
	P	N
尼罗河		
阿斯旺大坝建造前		
水溶态	3.2	6.7
沉积物	4~8	?
合计	7~11	6.7
阿斯旺大坝建成后		
水溶态	0.03	0.2
沉积物	0	0
合计	0.03	0.2
人类废弃物排放量		
开罗和亚历山大的污水排放量		
1965	4.4	21
1985	8.9	55
1995	12.6	87
开罗和亚历山大污水中的 N、P 潜在排放量 [a]		
1965	1.1	5
1985	3.6	22
1995	9.5	65
埃及城市总人口的 N、P 潜在排放量 [b]		
1965	2.4	12
1985	6.7	41
1995	15.8	108

a. 假设在 1965 年、1985 年和 1995 年纳入公共排污系统的人口比例分别为 25%、40% 和 70%。1965 年估值不确定。
b. 根据开罗和亚历山大推算，假设 1965 年、1985 年和 1995 年城市人口分别占总人口的 45%、54% 和 65%。
来源　Nixon（2003），Springer 授权使用。

水库生产力扣留和滞留了大量二氧化硅于沉积物中，减少了向滨海水域的 Si 输出量（Teodoru and Wehrli，2005；Humborg et al.，2006）。尼罗河水坝建成后水体硅藻优势弱化，可能是由于城市污水无法取代河流输送的 Si。许多滨海水体伴随着滨海城市营养物输入，Si 输入量减少导致 N/Si 或 P/Si 比值增加，有利于有害藻类的生长超越硅藻（Howarth et al.，2011）。

8.8.2 富营养化

人类活动通过增加生物圈 N 和 P 含量，导致众多内陆和滨海水体快速"人为富营养化"（Vitousek et al.，1997；Galloway et al.，2008；Childers et al.，2011；Schipanski and Bennett；2012）。污水处理水平的提高和含 P 清洁剂的禁用已经减少了许多淡水水体的 P 负荷，但尚不清楚当污染得以控制后人为富营养化是否可完全逆转。部分湖泊在养分输入减少后藻类生产力迅速下降（Edmondson and Lehman，1981；Jeppesen et al.，2005；Kronvang et al.，2005），而其他生态系统则响应有限（Jeppesen et al.，2005；Kemp et al.，2009）。

许多人为富营养化湖泊沉积物埋藏了大量的"残留态 P"，可通过矿化释放 P 进入湖泊表水层（湖上层，epilimnion），似乎是富营养化逆转的主要制约因素（Martin et al.，2011；Goyette et al.，2018 ）。此外，经酸雨或海水入侵输入的 SO_4^{2-} 可置换沉积物矿物吸附的 PO_4^{3-}，使其解吸释放而抵消 P 输入的减少（Caraco et al.，1989；Smolders et al.，2006）。还原条件下大部分 Fe 以硫化物矿物态存在，仅有少量氧化铁与湖泊沉积物 P 结合，故"铁陷阱"对 P 的作用也弱化了（Blomqvist et al.，2004）。

由于溪流和河流初级生产力不太可能受养分限制（Dodds et al.，2002），因此，河流富营养化研究要少于湖泊或滨海生态系统（Hilton et al.，2006）。在光照充足、水流扰动有限的河流，人类活动源养分输入可能引发藻类水华（Peterson，1985；Hilton et al.，2006；比如湖库化的河流——译者注）。在遮荫溪流，养分输入反而可能加速陆源有机物分解（Benstead et al.，2009；Woodward et al.，2012；Rosemond et al.，2015），同时增加无脊椎动物的 C 消费量（Cross et al.，2007）。在外源 DOC 浓度非常高的河段，养分输入有可能直接促进异养过程，加剧和扩展河流缺氧问题（Mallin et al.，2006；Blaszczak et al.，2019）。

污染河口海湾管理存在众多争议。河流养分负荷增加（Green et al.，2004；Boyer et al.，2006；Alexander et al.，2008；Howarth et al.，2012）通常与滨海富营养化问题相关。一些研究者认为河口海湾问题的改善直接与汇流径流养分减少措施实施有关（Boesch，2002；Howarth and Marino，2006；Smith and Schindler，2009）。其他研究者则认为河口海湾系统历史输入和再循环利用的 N 滞留量将会阻碍水质的即时改善效果（Kunishi，1988；Van Cappellen and Ingall，1994）。一些研究者认为河口海湾长期受人类活动影响的 N 限制，仅仅是由于历史的 P 负荷。

关于哪种元素限制性最强以及应采用何种养分控制措施的争议，类似于湖泊 N、P 输入调控相对重要性的持续争论（Schindler et al.，2008；Conley et al.，2009b；Lewis et al.，2011）。事实上，两种元素都会加剧水体富营养化，延长其缺氧持续时间和程度（Paerl et al.，2016）。缺氧条件可提高沉积物 P 的再利用率，对水体富营养化产生正反馈（Van

Cappellen and Ingall，1994；Vahtera et al.，2007）。由于残留态 P 不能通过类似反硝化过程去除，因此，其影响比 N 负荷更持久；然而，增加 N 负荷对浮游植物生长作用更为直接（Conley et al.，2009b），可导致淡水生态系统的 N_2O 排放（Seitzinger et al.，1980；Beaulieu et al.，2007，2011）。无论以哪种营养元素为目标，减少淡水和滨海水体养分负荷的措施将会被数十年高强度农业生产活动在区域地下水和深层土壤中累积的肥料残留所阻碍。这些养分残留问题可能延宕肥料减量措施对内陆水体和滨海海湾人为富营养化问题的削减效果（Van Meter et al.，2018）。

8.8.3 全球气候变化

人类活动对陆域水体广泛的直接影响使得气候变化对淡水水体的影响难以检测和预测（Vörösmarty et al.，2000；Barnett et al.，2008；Milly et al.，2008；Arrigoni et al.，2010；Wang and Hejazi，2011）。在极少数 CO_2 浓度低、养分丰富的淡水水体，大气 CO_2 浓度的升高可增加水体水溶性无机碳（DIC）浓度并刺激提高生产力（Schippers et al.，2004）。然而，大多数湖泊、河流和河口海湾水体已呈 CO_2 过饱和，大气 CO_2 浓度升高不大可能根本性地改变这些生态系统的水生生物地球化学。相比之下，大气 CO_2 浓度升高引起的温度上升可能对淡水水体水量和养分收支的影响更大。

全球大部分地区降雨量因气候变暖而增加，可推测全球水文循环加速。同时，蒸散量增加将降低土壤水分含量和地表径流量（Rodell et al.，2018；第 10 章），使得气候变化对内陆水域的陆地径流量影响难以预测（Lehner et al.，2019）。气候模型预测 21 世纪中叶气候变暖将增加 10%～40% 的地表径流（Milly et al.，2005），多数地区这一增量大部分发生在季节性极端降水事件时期（Milly et al.，2002；Palmer and Ralsanen，2002）。因此，气候模型自相矛盾地预测干旱和洪水频率均呈上升趋势，虽然迄今尚少有证据表明这一全球趋势（Greve et al.，2014）。相反，气候变化对径流的影响呈区域性差异，高强度径流调控和抽水利用地区的气候变化影响往往难以监测（Vorosmarty et al.，2000；Arheimer et al.，2017；Liu et al.，2019a）。Greve 等（2014）基于数据的全球模型模拟估计，仅有 10.8% 的全球陆地面积呈显著的"干旱更干，湿润更湿"格局，而 9.5% 的陆地区域呈相反趋势，即干旱区正变得潮湿，而湿润地区变干（图 8.37）。

根据美国东部数据，其整个 20 世纪降水量增加，至少 1940 年后径流量呈增加趋势（Karl and Knight，1998；Lins and Slack，1999；McCabe and Wolock，2002；Groisman et al.，2004；Krakauer and Fung，2008），但太平洋西北沿岸地区则呈下降趋势或没有变化（Luce and Holden，2009）。这些变化不能仅仅归因于气候变化，许多地区灌溉、筑坝和城市化对径流模式的影响远大于气候变化（Arrigoni et al.，2010；Schilling et al.，2010）。通常，流域径流量与其人口密度和城镇或农业用地量百分比成正比，而与水库容量和灌溉土地面积成反比（Wang and Hejazi，2011）。尽管不同流域水资源管理策略不同，近期分析发现未调控和流量调控的流域之间河流流量存在一致的区域性变化（图 8.38；Ficklin et al.，2018），美国北部大平原（Great Plains）、阿巴拉契亚（Appalachia）山脉和新英格兰地区河流流量呈增加趋势，而其他大多数流域呈下降趋势。

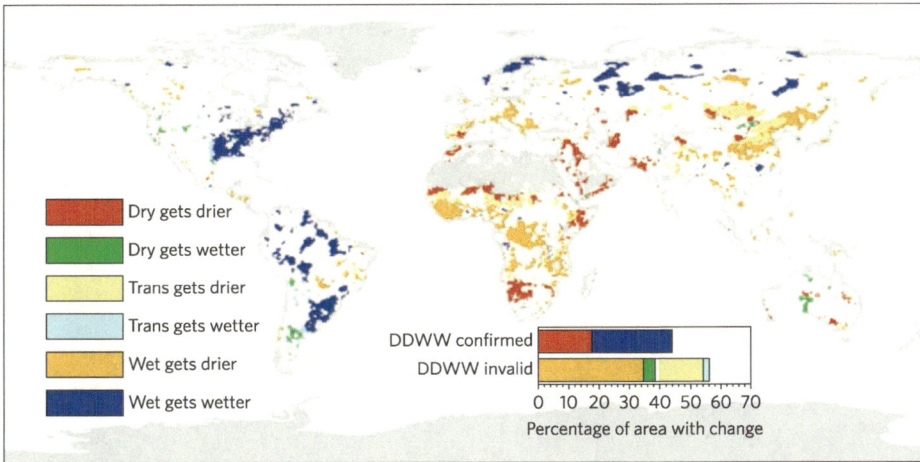

图 8.37　1948～2005 年间区域性干旱 [ΔE（蒸发）$>\Delta P$（降水）] 或湿润（$\Delta E<\Delta P$）显著变化的全球地图。深红色表示变得更加干燥的干旱区，深蓝色表征变得更为湿润的湿润区，变得干燥的湿润区（橙色）广泛分布

来源　Greve 等（2014）
图中文字　Dry gets drier: 干旱区变得更干; Dry gets wetter: 干旱区变得湿润; Trans gets drier: 向干旱转变; Trans gets wetter: 向湿润转变; Wet gets drier: 湿润区变干; Wet gets wetter: 湿润区变得更湿; DDWW confirmed: 干旱区变得更干和湿润区变得更湿确定百分比; DDWW invalid: 干旱区变得更干和湿润区变得更湿不确定百分比; Percentage of area with change: 变化区域面积百分比

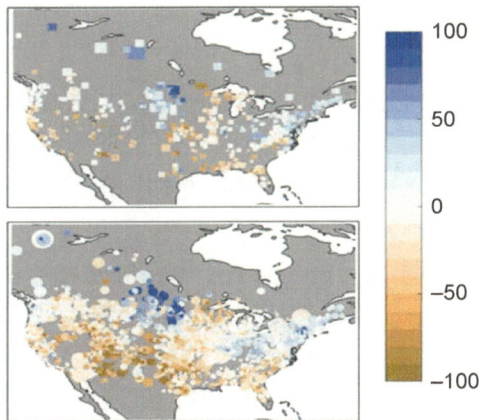

图 8.38　北美美国和加拿大境内 3119 个流量计在 1981～2015 年流量中值变化百分数。上图显示了 570 个流域的流量变化，反映了在区域气象条件和土地利用变化基本不变下的自然流量；下图则为水文管理和土地利用变化显著的其他流域。相似的区域性变化趋势存在于两个数据集

来源　Ficklin 等（2018）

　　频繁暴雨事件可能在洪峰期间向河流输入更多的污染物，而此时河流生物群落对过量养分的同化能力有限（Kaushal et al.，2008）。持续增加的养分暴雨脉冲输入可能加剧淡水水体和滨海水体的富营养化程度（Paerl et al.，2001），叠加高温将扩张和延长淡水水体及海湾水体已普遍存在的缺氧问题。

　　大气不断升温导致冰封湖泊和河流的结冰日期延迟及解冻日期提前，融雪洪峰时间提前，增加了冰川与永久性冻土融水对河流的贡献（Magnuson et al.，1997；Peterson et al.，2002；Barnett et al.，2005）。过去 50 年间北温带许多湖泊冰封期缩短（图 8.39；Magnuson et al.，2000；Benson et al.，2012）。无冰期延长和大气温度上升会延长北温带湖泊水体的热分层时间，预计将提高湖泊生产力（Carpenter et al.，1992）。对于依赖融雪的许多旱区河流，不断提前且变小的融雪量可大幅减少其河流网络的年流量和水面空间范围。

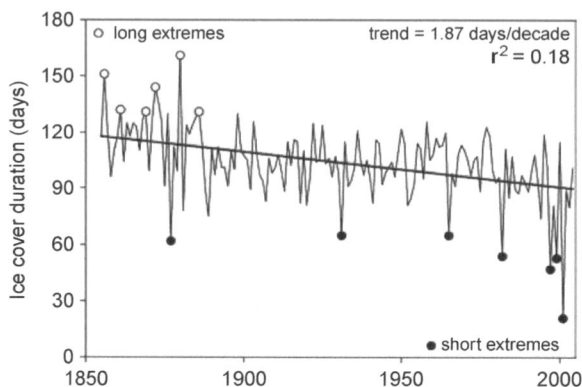

图 8.39　美国威斯康星州 Mendota 湖 1855～1856 年至 2004～2005 年冬季冰封期时长和极端值。150 年间记录了 6 个极短（实心圆）和极长（空心圆）的冬天冰封期（平均 25 年一遇）
来源　Bensont 等（2012），Springer 授权使用
图中文字　Ice cover duration：冰封期；Long extremes：极长年份；Short extremes：极短年份；Trend：趋势；Decade：十年

　　DOC 输入量变化可能也会影响淡水水体对气候变化或其他人类活动干扰的响应（Freeman et al.，2004）。例如，北美东部地区和欧洲西部地区河流 DOC 浓度不断增加可潜在地抑制初级生产力对生长期延长的响应，并加剧热污染（Evans et al.，2005；Stanley et al.，2012；Creed et al.，2018）。

　　从全球尺度来看，由于海平面上升、灌溉和道路撒盐融冰使得淡水生态系统不再那么"淡"了。随着海平面上升、滨海沉积物淤积减少和干旱引发的海水入侵，海洋盐分正逐步入侵滨海河流和湖泊（第 7 章）。另外，内陆地区灌溉水盐分蒸发浓缩也增加了旱期径流盐度。最后，广泛使用的道路融冰用盐正逐渐盐化许多内陆水体。"淡水水体盐化综合征"已经对淡水生物群落产生了严重的影响，许多淡水生物无法应对高盐水的渗透压胁迫（Kaushal et al.，2018）。

8.9　小　　结

　　淡水生态系统生物地球化学循环镶嵌于其周边的陆地生态系统生物地球化学中。水量输送率和淡水化学性质主要取决于汇流流域的土壤性质、植被和水文。多数陆地水体是异养型的，其超 NPP 的呼吸量由陆地生态系统有机物补给支撑。在淡水流淌过程中，水中养分被移除，以有机和无机形态滞留在沉积物或如 C 和 N 以气态产物损失。

　　大多数陆地水体起源于最小的源头溪流，形成河流和湖泊，最后汇入海湾或终端湖泊，因此，其全球重要性需综合评估。虽然陆地水体仅占陆地表面积的很小比例和地球液态水总体积的很小部分，然而，淡水生态系统内较高的 C 和养分迁移转化速率使其对全球养分循环的重要性超越了其表面积占比的重要性。陆地水域生物群落呼吸消耗了约 40%，储存了约 20%其来自陆地生态系统的外源 C 年输入量（2.7×10^{15} g C），并反硝化或储存了约 73%其所受纳的陆地生态系统的外源 N 年输入量（118×10^{15} g N）（图 8.40）。构筑水库可能同时增强了 C、N、P 的储存和去除（St. Louis et al., 2000; Downing et al., 2008; Harrison et al., 2008; Heathcote and Downing, 2012; Maavara et al., 2015; Maranger et al., 2018）。

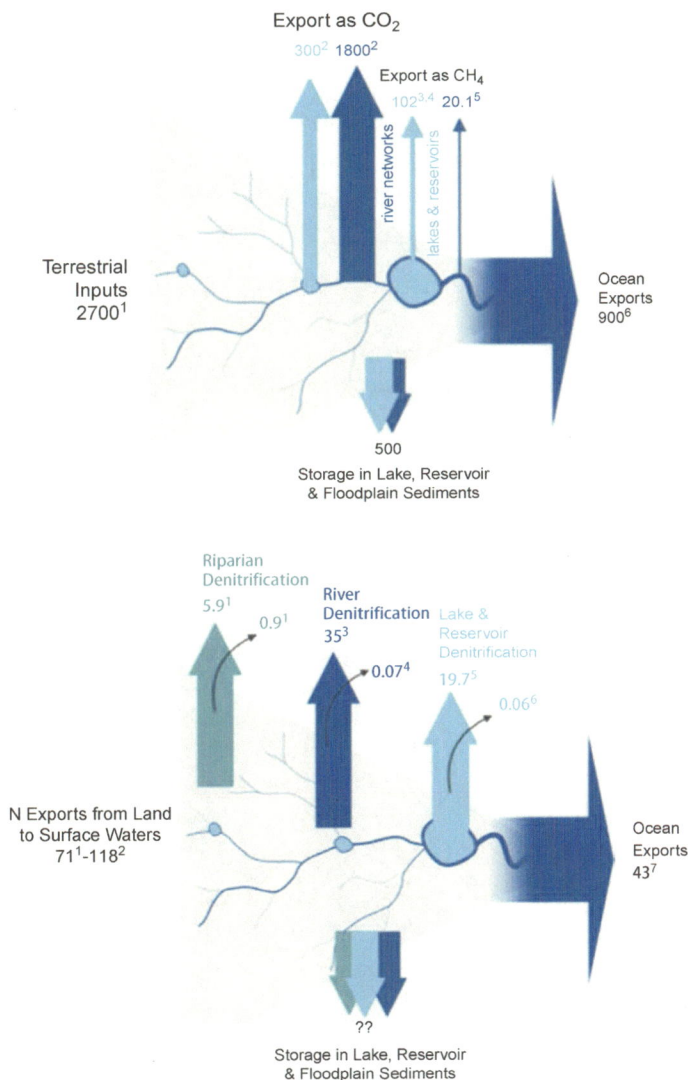

图 8.40 陆地水体对全球碳和氮循环的累积效应（单位为$\times 10^{12}$ g·yr^{-1}）。请注意，河流和湖泊向大气的碳和氮输送量高于其向海洋的输送量，表明淡水水体针对这些元素的生物过程与其物理传输是同等重要的

图中文字 Export as CO₂：以 CO₂ 输出；Export as CH₄：以 CH₄ 输出；River networks：河流网络；Lakes & reservoirs：湖泊和水库；Terrestrial inputs：陆地输入；Ocean exports：海洋输出；Storage in lake, reservoir & floodplain sediment：储存于湖泊、水库和河漫滩沉积物；Riparian denitrificaiton：河畔反硝化过程；River denitrification：河流反硝化过程；Lake & reservoir denitrification：湖泊和水库反硝化过程；N exports from land to surface waters：陆地向地表水体的氮输送

人类极大地影响全球陆地水体，调控其流量，改变水溶态及悬浮态物质负荷。在世界主要河流河口，淡水和海水在其海湾混合。伴随着 pH、氧化还原电位和盐度的变化，河水为河口海湾提供了丰富的有效态 N 和 P 及高 NPP，支撑了高产的滨海生态系统。尽管盐沼湿地和河口海湾沉积物暂时滞留养分，河水始终是河流河口海湾和滨海海域的一个净养分源。我们应该明白，河流是海洋生物地球化学元素全球收支的一个重要养分来源。

CHAPTER 9

第9章 海 洋

9.1 引 言

　　地球绝大部分水在海洋中。本章我们将论述海水生物地球化学和海洋对全球地球化学循环的贡献。我们将从概述海洋环流和海水盐度组成元素的物质平衡开始，进一步论述表层海洋必需元素的生物地球化学循环以及导致海洋和大气间气体交换的过程。由光合作用驱动的生物过程强烈影响着海水许多元素的化学过程。海洋净初级生产力（NPP）与必需营养元素有效性相关，尤其是 N 和 P。最后，我们将聚焦真光层以下的巨大海洋水体，探讨表层和深层海洋间溶质和颗粒物的交换，以及沉入海洋沉积物的物质归趋。

　　海洋覆盖了 71% 的地球表面，约 361×10^6 km^2。随着高分辨率海底水深图的获得，海洋体积估算在不断完善。由于海山和洋脊测量不足，早期估算往往高估了平均海洋深度（Charette and Smith，2010）。最新的全球海洋水深地图显示其平均深度为 3897 m（Weatherall et al.，2015）。基于这一平均深度，海洋拥有约 1.4×10^9 km^3 的地球水量。在大部分开阔海域，蒸发和降水是唯一的水通量。然而蒸发和降水通量并不平衡，其估算值存在显著的不确定性（Durack，2015）。整个海洋表面年蒸发量估算值为 129 ± 10 cm（约 4.1×10^5 $km^3 \cdot yr^{-1}$ 水量），而年降水估算值只有 118 ± 10 cm（约 3.7×10^5 $km^3 \cdot yr^{-1}$ 水量）回归海洋表面（Trenberth et al.，2007；Durack，2015；Yu et al.，2017）[①]。海洋向陆地输送水汽引起的陆地表面降水量可被年输入沿海海域的河流和地下水水量所平衡（约 0.4×10^5 $km^3 \cdot yr^{-1}$ 水量；第 8 章）。

　　降水、河流径流和滨海地下水进入海洋表层。海洋表层水受太阳辐射加热，被风混合，与体积庞大的深层海水因密度分层。这一温暖、低密度的薄层海洋表层水通常厚度达 75～200 m，平均水温为 18℃。温暖表层海水漂浮在低温、高密度、占 95% 海洋体积的深层海水之上，平均水温稳定在 3℃。最强烈密度分层和最高水温出现在热带海域，其表层最高水温可达 30℃（图 9.1）。

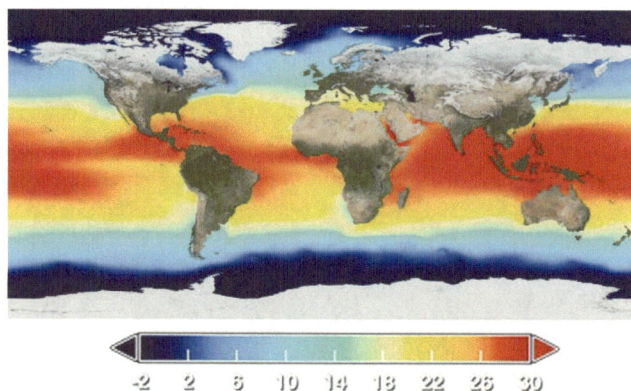

图 9.1　全球海洋表层平均水温图
来源 https://svs.gsfc.nasa.gov/3652

9.2　海　洋　环　流

9.2.1　表层海洋环流

　　表层海水在风的作用下混合相对较好（Thorpe，1985；Archer，1995）。海洋表面盛行风的摩擦拖行力（第 3 章）形成表层洋流（图 9.2）[②]。海洋表层洋流已被用于监测海平面相对高度细微变化的 TOPEX/Poseidon 卫星绘制成高分辨海图（Ducet et al.，2000）[③]。

---

① 海水巨大通量通常表达为 Svedrups，缩写为 Sv，相当于 10^6 $m^3 \cdot s^{-1}$ 或者 3.2×10^{13} $m^3 \cdot yr^{-1}$。
② 请访问 https://www.nasa.gov/topics/earth/features/perpetual-ocean.html 查看"NASA's Estimating the Circulation and Climate of the Ocean（ECCO）"项目制作的地球洋流动画。
③ 欲了解更多基于卫星遥感的海平面估算值，请访问 https://climatedataguide.ucar.edu/climatedata/global-mean-sea-level-topex-jason-altimetry。

全球风分布格局在所有海盆内驱动着大型环流，即圆形旋转洋流。海洋环流受地球自转影响，以反气旋方式（北半球顺时针方向）围绕低压中心（其表层水呈现分流）。在北半球，洋流因科里奥利力（Coriolis force）向右偏转，在旋转框中的运动流体会呈现该现象（图3.3）。因此，墨西哥湾流穿越北大西洋，将温暖海水输送到北欧。在南半球，洋流则以逆时针方向运动，且向左偏转。海洋表层风可驱使表层海水在某些海域汇聚，而在另外海域分散。这些汇聚和分散海域间形成的水平压力梯度驱动着海洋表层风驱洋流下层的海水运动。

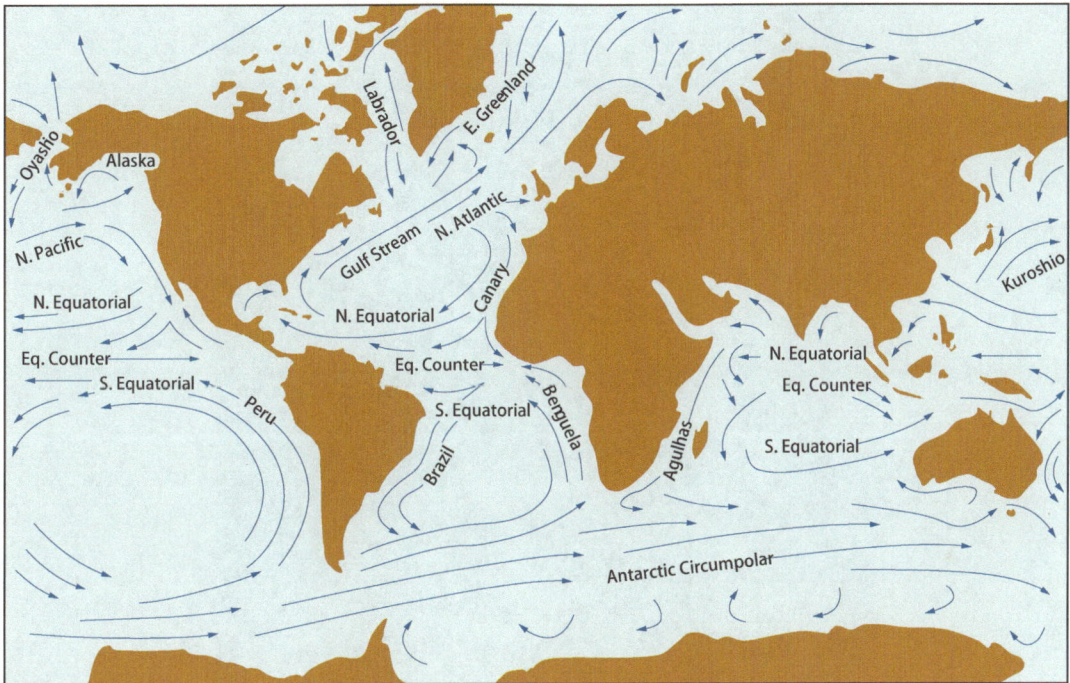

图 9.2　全球海洋表层的主要洋流
来源　Knanss（1978），John Knauss 博士授权使用
图中文字　Oyashio：寒潮；Alaska：阿拉斯加；N. Pacific：北太平洋；N. Equatorial：赤道北；Eq. Counter：赤道逆向流；S. Equatorial：赤道南；Peru：秘鲁；Labrador：拉布拉多；E. Greenland：格陵兰；Gulf Stream：墨西哥湾；N. Atlantic：大西洋北部；Canary：加纳利；Brazil：巴西；Benguela：本格拉；Agulhas：阿古拉斯；Antarctic Circumpolar：南极圈；Kuroshio：黑潮

　　全球海洋环流将热能从热带输送到地球两极（Oort et al.，1994）。热带接收太阳能净余量的 10%～20% 通过海洋环流输送到两极，剩余部分通过大气传输（Trenberth and Caron，2001）。在极地纬度洋流热能流失，表层海水冷却，直至密度大于下层海水。由此引起的对流混合使得表层海水和深层海水发生交换。相比之下，由风驱动的海水垂直深层对流混合十分罕见（Gascard et al.，2002；Wadhams et al.，2002）。

　　随着跟踪特定深度洋流传感器的部署，我们对海洋环流的认知已有提升。数千个浮标组成 ARGO 监测网络，其数据经卫星中继传输到地面站①。其中，RAFOS 浮标是次

---

① ARGO 来源于古希腊传说中的一位海洋探索者名字。RAFOS 是 SOFAR 的反向拼写，意思是这些浮标接收来自海底固定设备的信号来确定位置。SOFAR（声源固定和测距）装置发射信号，被海底固定设备接受。

表层浮标，在一定海水水深记录位置、温度和压力，完成任务后（通常在部署 2 年后）浮出水面将数据传输到卫星（图 9.3）。这些浮标记录了大西洋内部（中深度）环流，其将极地海水返回低纬度海域（Bower et al.，2009；Lozier 2013，2017）。

图 9.3 在北大西洋安装 RAFOS 浮标
来源 照片由美国杜克大学 Susan Lozier 友情分享

9.2.2 深海/大洋

在海洋表层海水和深层海水间密度迅速增加的水层被称为"跃层"（pycnocline）。虽然生物体、有机物、溶质和气体可穿越、沉降或扩散通过跃层，但海洋表层和深层水团直接交换仅发生在无密度梯度的海域。表层海水与深海海水交换的最重要海域在两极附近，即"深层水生成"（deep-water formation）海域，主要是因为表层海水被冷却至近冰点，其密度大于深层海水。在极地纬度，表层海水失去浮力下沉驱动了全球海洋环流的反转（Broecker and Others，1991；图 9.4）。深层海水生成海域范围呈季节性变化。冬季，淡水从海水中"冻结"出来成为漂浮海冰的一部分，导致极地海域表层海水盐度升高，密度增加而沉入深海[①]。相反，夏季因冰盖融化成低盐度水，使得极地表层海水盐度降低（Peterson et al.，2006）。由于寒冷极地表层海水下沉受温度和盐度的双重调节，故被

[①] 海冰盐含量一般小于 20%的海水盐度（Cox and Weeks，1974）。

称为温盐环流（thermohaline circulation）。大西洋的深层海水生成过程被称为"大西洋经向翻转环流"（Atlantic meridional overturning circulation，AMOC）。

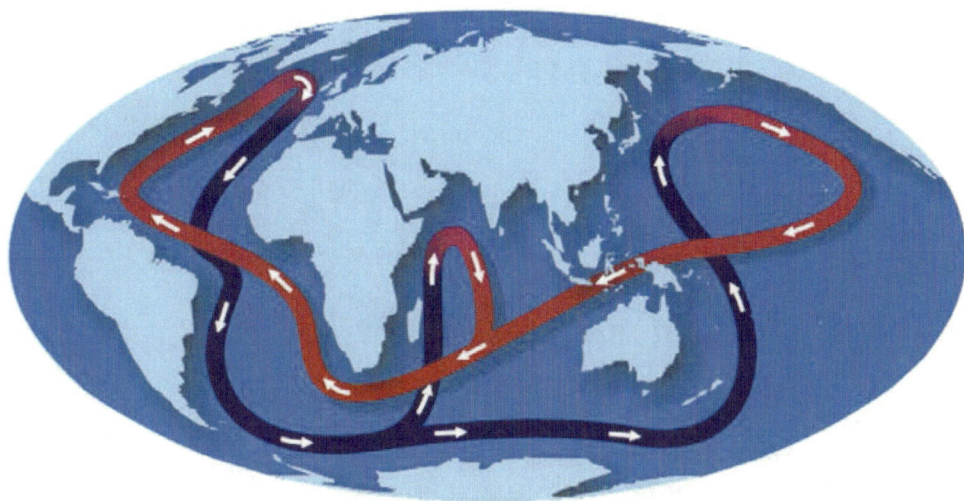

图 9.4　主要海洋环流模式显示了近极地"深层海水生成"和表层-深层海水交换海域以及南部海洋主要上升流海域。颜色表征水温，最冷的海水呈蓝色而最热的海水为橙色
来源　IPCC AR3 报告中图 4.2，https://www.ipcc.ch/report/ar3/syr/question-1-9/fig4-2-5/

　　地球两极表层冷海水穿透入深海，即"下沉流（downwelling）"，通过南极环极地洋流（Antarctic Circumpolar Current，ACC）在主要海盆间闭环了一条洋流"传输带"，其实时流量超过 4.1×10^6 km^3（Cunningham et al.，2003；Barker and Thomas，2004；Firing et al.，2011）。驱动 ACC 的风也隔离了南极洲大陆上空冷空气团[①]。ACC 可能是在新生代（Cenozoic era）发育的，被认为是南极洲冰川形成的原因（Barker and Thomas，2004）。这一深海环流可实现完全的海洋混合或翻转。例如，在格陵兰岛附近形成的"北大西洋深层海水"（North Atlantic deep water，NADW）输送高密度盐水从大西洋深层到南大洋，然后由 ACC 将其输送绕过非洲最南端进入印度洋和太平洋（Dickson and Brown，1994；Lozier，2012；图 9.4）。

　　由原子弹试验释放的 ^{3}H$_2$O 和 ^{14}CO$_2$（图 9.5）以及近期人为活动源化合物（Krysell and Wallace，1988；Tanhua et al.，2009）在大西洋向下混合，其可用于示踪表层海水进入深海及深层海水向赤道输送的过程。北大西洋海水向下传输速率估计为 4.8×10^5 km$^3\cdot$yr^{-1}，约 10 倍于全球河流年总入海径流量（图 9.6；Dickson and Brown，1994；Ganachaud，2003；Luo and Ku，2003）。南大洋海水年下沉传输速率约为 6.7×10^5 km$^3\cdot$yr^{-1}，其中南极威德尔海（Weddell sea）每年下沉海水达 $1.3 \times 10^5 \sim 1.6 \times 10^5$ km$^3\cdot$yr^{-1}（Hogg et al.，1982；Schmitz，1995）。为维持深海水量总体物质平衡，极地海域深层海水生成必然与其他海域深层海水上升到表层海水的流量相当。上升流主要分布在南纬 65° 附近南大洋环极地海域（Kuhlbrodt et al.，2007；Marshall and Speer，2012）和太平洋东赤道海域（Toggweiler and Samuels，1993；Zhang et al.，2017b）。

[①]　回顾第 3 章，南极洲上空冷空气团和极地冰云的隔离导致其上空形成臭氧空洞。

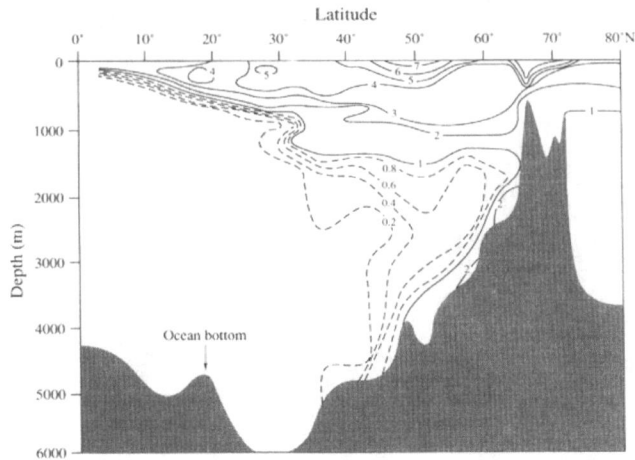

图 9.5 进入北大西洋核试源 ^3H_2O。数据来自 1972 年采集的样品，以 $^3H/H \times 10^{-18}$ 比值表示

来源 Ostlund（1983）

图中文字 Latitude：纬度；Depth：深度；Ocean bottom：海洋底部

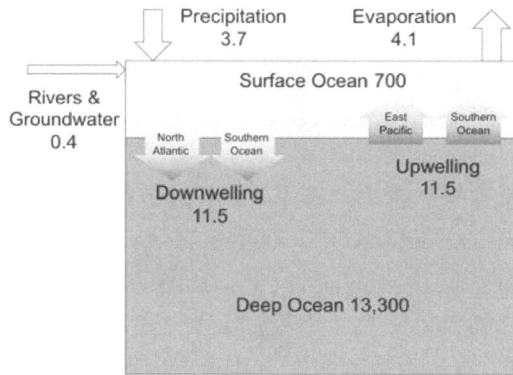

图 9.6 世界海洋水收支。为了比较海洋表层海水和深层海水体积，图中单位为 10^5 km^3，而通量单位为 10^5 km^3·yr^{-1}

图中文字 Rivers & Groundwater：河流和地下水；Precipitation：降水量；Evaporation：蒸发量；Surface ocean：海洋表层；Deep ocean：海洋深层；North Atlantic：北大西洋；Southern Ocean：南大洋；East Pacific：东太平洋；Downwelling：下行流；Upwelling：上升流

9.2.3 海水平均滞留时间

海洋环流对生物地球化学具有重要意义。相对于河流径流量，海洋海水平均滞留时间为 35 000 年（即海水总体积/河流年总径流量比值）。由于绝大多数河流径流仅与很小体积的海洋表层海水混合，因此，相对于河流径流量，海洋表层海水的平均滞留时间为 1750 年（即海洋表层海水体积/河流年总径流量）。如果加入降雨和上升流海水，表层海水的实际周转时间甚至更短。例如，北太平洋表层海水的平均滞留时间 9～15 年（Michel and Suess，1975）。

由于两极海域下沉进入深层海洋的海水体积远大于河流流入海洋的年径流量，因此，深层海水平均滞留时间应远小于 35 000 年。基于海洋底层海水水溶态 CO_2 的 ^{14}C 定年，大西洋底层海水平均年龄为 275 年，太平洋底层海水平均年龄为 510 年（Stuiver et al.，1983），海洋底层海水全部更新一般认为需要 500～1000 年。因此，深层海水保存着几个世纪前海洋表层性质的历史纪录。

9.2.4　海洋环流格局下的气候波动

洋流改变，尤其是深层海水生成可能与全球气候变化相关。在上一个冰河期末期，大气 CO_2 浓度从 200 ppm 上升到约 280 ppm（图 1.4）。南大洋深层海水上升流速率增加可能与海洋 CO_2 排放到大气有关（Burke and Robinson，2012）。部分研究者近年来发现极地深层海水生成速率减缓的现象，这或需表明全球变暖和北大西洋表层海水密度分层加剧（Cunningham and Marsh，2010）。气候变化也可能影响海洋表层洋流。在上一个冰河时期，携带 30 Sv（海洋学流量单位，即 $1Sv = 10^6\ m^3 \cdot s^{-1}$，译者注）海水的墨西哥湾流向南偏转，在欧洲南部形成了湿润气候（Keffer et al.，1988）。在 200～600 年前的小冰河时期，墨西哥湾流减弱似乎与欧洲寒冷气候有关（Lund et al.，2006）。

最为人熟知的洋流变化之一发生于中太平洋。通常情况下，信风（trade wind）将温暖的表层海水吹向西太平洋，使亚表层冷海水得以在秘鲁沿岸上升。但表层海水传输会出现周期性的中断，即所谓的"厄尔尼诺南方涛动"（El Niño-southern oscillation，ENSO）。在厄尔尼诺年份，温暖表层海水滞留秘鲁沿岸，减少了富养分海水的上升（图 9.7）[①]。相应地浮游植物生长受限，使得高产的凤尾鱼渔业崩溃（Glynn，1988）。东太平洋间歇性的温暖表层海水与区域气候变化相关，如北美洲西部异常暖冬和降水量增加（Molles and Dahm，1990；Swetnam and Betancourt，1990；Redmond and Koch，1991）。同时，西太平洋由于缺少温暖表层海水，降低了东南亚和印度的季风降水强度。

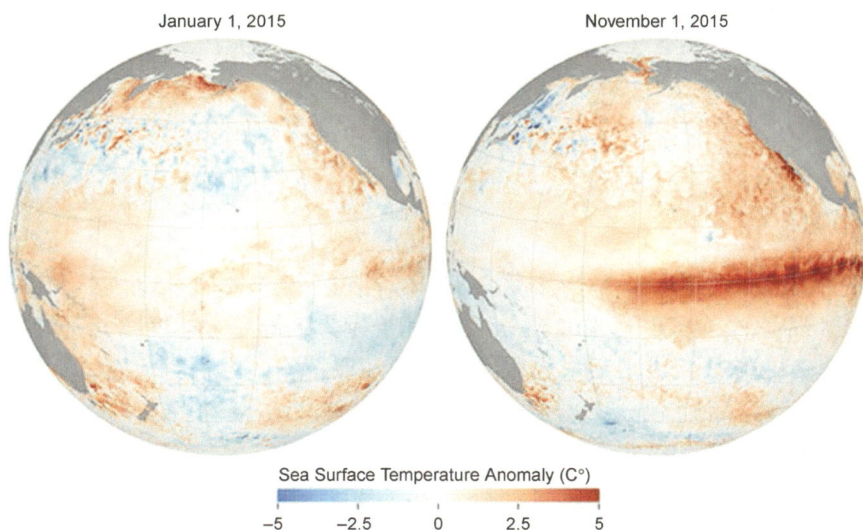

图 9.7　厄尔尼诺现象与赤道海洋超平均值的表面温度有关。厄尔尼诺现象的标志性温度在 2015 年 11 月的地图上清晰可见

来源　Joshua Stevens 绘制的 NASA 地球观测地图，数据来自"珊瑚礁观测项目（Coral Reef Watch）"，https://earthobservatory.nasa.gov/features/ElNino

图中文字　Sea surface temperature anomaly：海洋表面温度模拟；January：一月；November：十一月

① 有关厄尔尼诺现象的详细描述和可视化数据可在 earthobservatory.nasa.gov/features/ElNino 获得。

通过与大气科学家合作，海洋学家现已认识到厄尔尼诺现象与非厄尔尼诺年份出现的同样极端但相反的"拉尼娜现象"（La Niña）构成一个循环（Phhilander，1989）。尽管对厄尔尼诺现象与拉尼娜现象间的转换知之甚少，距今 5000 年沉积记录证明厄尔尼诺现象发生平均周期为 3～5 年，但可能每个相变的一开始就强化了其发展进程（Rodbell et al.，1999）。

大西洋也存在类似但强度较弱的海洋环流周期模式（van Loon and Rogers，1978；Hurrell，1995）。北大西洋涛动（NAO）计划描述了通常位于冰岛上空的永久低气压区与 Azores 群岛附近高气压区间的大气压力逐年变化。这一压力差影响着北大西洋上空盛行风（即向东吹过海洋的西风或反信风）的强度和方向变化。当压力差超过平均值（正 NAO）时，西风加强，更多的热量和降水穿过北大西洋输送向北欧地区。在负 NAO 年份，有限的大气气压差将热量和降水输向南欧地区。NAO 方向和振幅变化显著地影响着欧洲气候、径流和高山冰川（Osborn，2006）[①]。

气候重建研究表明，北大西洋海洋表面温度在过去 8000 年呈现显著的振荡，暖期和冷期间转换周期为 55～77 年（Schlesinger and Ramankutty，1994）。这一模式被称为"大西洋经向涛动"（Atlantic meridional oscillation，AMO），影响着区域和全球气候。AMO暖期似乎与北美和南美北部的干旱期相关（Knudsen et al.，2011）。

海洋环流涛动对海洋吸收大气热量具有重要影响。在厄尔尼诺现象年，太平洋吸收热量较少，导致长期全球变暖趋势呈正异常。因此，厄尔尼诺-拉尼娜循环增加了全球气温记录的变化幅度，使得温室效应引起的大气变暖变得难以察觉。同样，当 AMO 在20 世纪 90 年代进入暖期，加剧了这一时期的全球变暖模式。正如下文将讨论的，水团在海洋表层和深层间交换速率的不同，导致这些重要的气候涛动可能弱化或加强海洋 CO_2 的吸收（Landschützer et al.，2016；DeVries et al.，2017）。

9.3 海水的组成

9.3.1 主要离子

全球海水成分相对均一，平均盐度为 35‰，即每千克海水含 35 g 盐（Millero et al.，2008），因此，海水平均密度为 1.025 g·mL^{-1}。尽管世界各地海水盐度略有不同（图 9.8），但主要离子相对保守，在大多数海水中主要离子间保持相同的相对浓度。例如，格陵兰冰川融化使北大西洋海水变淡，导致其盐度发生变化（Boyer et al.，2005；Curry and Mauritzen，2005），但并未改变各种离子和 Cl$^-$ 间的浓度关系，因为它们同比例被稀释。因此，海水总盐度可从单一离子浓度计算得到。通常使用氯离子，其浓度关系为

$$盐度 =（1.81）\times Cl^- \tag{9.1}$$

两者数值通常以千分之一（‰）为单位。

表 9.1 列出了平均盐度海水（35‰）中 Cl$^-$ 与其他主要离子的平均比值。除了含有高得多的离子浓度外，海水不同元素浓度都与其来源的河水存在很大差异（第 4 章）。这些差异不但反映了海水元素的蒸发浓度，也包括不同的损失机制。正如大气中气体组成

---

① 有研究表明西班牙卡瓦（cava）酒的最佳年份是 NAO 为负的年份（Real and Báez，2013）。

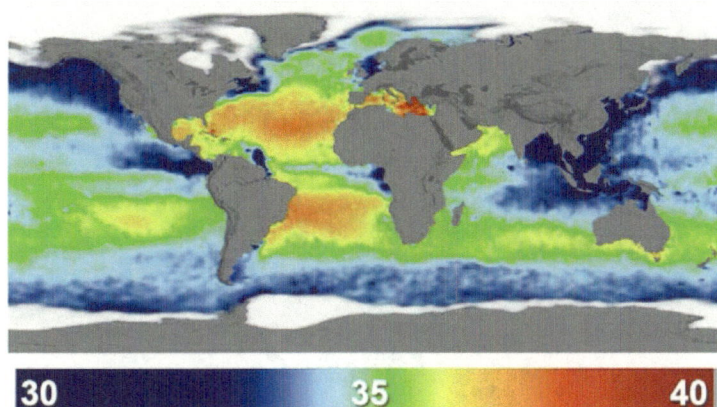

图 9.8　根据水瓶座航天器 2011 年 9 月至 2014 年 9 月测定的平均海面盐度预测的全球海水盐度地图。
盐度以千分之一（‰）或 g·kg⁻¹ 为单位

来源 https://svs.gsfc.nasa.gov/4233

（第 3 章），海水中反应活性最低的组分会累积到最高的浓度，并具有最长的平均滞留时间。Whitefield 和 Turner（1979）认为，元素在海水中的平均滞留时间与其以一种或多种方式的沉积趋势间存在间接关系（图 9.9）。钠和氯是海盐混合物的主要组分，不是因为它们有最高的输送量，而是因为其去除途径很少。具有较高反应活性的元素一般平均滞留时间较短，可被生物利用，或被矿物或有机颗粒吸附。例如，Ca^{2+} 是河水主要阳离子（表 9.1），但在海水元素浓度排序中处于 Na^+ 和 Mg^{2+} 之后。这一差异的原因是钙被许多海洋生物同化到其碳酸盐骨架中，其生物需求要远大于 Na^+ 或 Mg^{2+}。虽然海水离子的生物利用率不同，但所有主要离子的平均滞留时间都比海水本身长得多，从而有足够的时间通过混合使所有海域的主要离子与 Cl^- 维持可预测的关系。

表 9.1　海水主要离子组成和各离子与总氯化物关系相对于河水输入的平均滞留时间

组成	海水浓度 [a] （g·kg⁻¹）	氯度比值 [a, b] （g·kg⁻¹）	河水浓度 [c] （mg·kg⁻¹）	平均滞留时间 [c, d] （× 10⁶ yr）
水	964.834 96	49.855 29		0.034
氯	19.352 71	1.000 00	5.75	120
钠	10.781 45	0.557 10	5.15	75
硫	2.712 35	0.140 15	8.25	12
镁	1.283 72	0.066 33	3.35	14
钙	0.412 08	0.021 29	13.4	1.1
钾	0.399 10	0.020 62	1.3	11
碳酸氢盐	0.104 81	0.005 42	52	0.1
溴	0.067 28	0.003 48	0.02	100
硼	0.004 67	0.000 27	0.01	1.5
锶	0.007 95	0.000 41	0.03	12
氟	0.001 30	0.000 07	0.1	0.5

a. Millera 等（2008）。

b. 硼：Lee 等（2010）。

c. Meybeck（1979）和 Holland（1978）。

d. 硼：Schlesinger 和 Vengosh（2016）；氟：Schlesinger 等（未发表）。

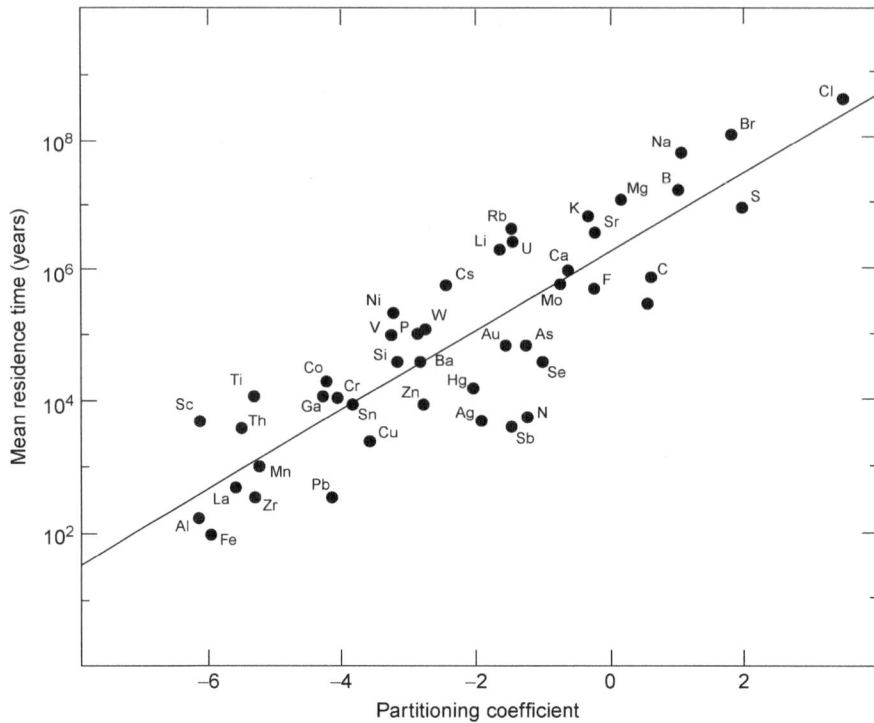

图 9.9 海水各元素的平均滞留时间由各元素海水浓度除以其地壳平均浓度的比值（分配系数）表征，指数值越高，表明元素水溶性越高

来源 Whitfield 和 Turner（1979），*Nature* 授权使用，版权属于 1979 Macmillan 杂志有限公司

图中文字 Mean residence time：平均滞留时间；Partitioning coefficient：分配系数

全球海洋海水盐度的变化（图 9.8）源于淡水输入和蒸发损失间的不平衡。海洋表层海水盐度的局部变化由垂直平流、河流输入（Gordon，2016）和海底地下水输入（Moore，2010）引起。大西洋蒸发量超过河流输入和降水量之和，使其海水盐度高于太平洋，通过从太平洋净流入低盐海水而实现水平衡。气候变化和水文循环的加剧导致全球海洋海水盐度差异变得更为极端（第 10 章）。最终结果是海水盐度较低的海域（如热带和高纬度降水主导地区）越来越淡，而高盐度海域（如蒸发主导的亚热带环流）越来越咸（Durack and Wijffels，2010），导致大西洋和太平洋海水盐度差异加大，对海洋环流具有重要的影响（Gordon，2016）。

虽然每个主要离子在全球海洋中均得以混合，但表 9.1 列出的河流向海洋输送各元素通量的所需时间（即平均滞留时间）从 Cl 的 1.2 亿年到 Ca 的 110 万年不等。即便是氯的平均滞留时间也比海洋形成的地质年龄短得多，因此，从整个地球历史时期来看，氯在海水中并非是简单累积。

在整个地质年代，海水组成变化受单一组分输入和输出量不平衡影响。例如，在过去 2800 年间海水 Ca 含量在不断下降，不单单是岩石风化输入的相对贡献发生变化，也是不断增加的碳酸盐沉积损失所致（De La Rocha and DePaolo，2000；Griffith et al.，2008）。地球历史上海水盐度变化很大，当大量的盐和盐水被陆地滞留时海水盐度下降，而当盐分经河流输送到海洋时海水盐度上升（Knauth，1998；Knauth and Knauth，2011）。

冰期和间冰期海水盐度也发生变化，间冰期开始时来自陆地风化的主要离子输出达到峰值，大量风化物质因冰川消退暴露而进入水文循环（Vance et al.，2009；Frings et al.，2016）。

长期以来，来自于陆地风化输入的离子平衡了海洋各种过程损失的离子。其中一些离子的损失过程是非分馏过程，如海浪气溶胶传输到陆地表面（第 3 章）或蒸发岩形成（第 4 章）。其他损失过程取决于离子电荷，如沉积物颗粒的吸附。离子同化的生物过程则具有很高的选择性，如 SiO_2 在硅藻壳累积，或锶（strontium）在放线虫骨骼积累。

在前序章节，我们探讨了风吹过海洋表面产生含有海水元素的海浪泡沫和海洋气溶胶（第 3 章）。因此，经河流输送的陆源 Cl 中一部分直接来源于海洋（图 3.17）。这些"循环盐分"的大气传输从海洋中带走的离子量大致与其海水浓度成比例（表 4.9）。

地球历史的某些时期浅水闭合盆地海水蒸发形成大量矿物质沉积物（即蒸发岩）。现今的波斯湾地区大片盐滩或盐沼就是例证。美国俄亥俄州克利夫兰附近伊利湖下方埋藏着 4 亿年前沉积的超大盐矿床。虽然此类蒸发岩分布有限，但蒸发岩的形成是地质历史上海洋 Na^+、Cl^- 和 SO_4^{2-} 损失的重要机制（Holland，1974；Hardie，1991）。蒸发岩矿物风化是河水离子的重要来源，近代对岩盐和钾盐矿的开采加剧了离子的输出，极大地增加了古海洋盐分在陆地表面和内陆水体的负荷（Kaushal et al.，2018）。

海洋沉积物还存在其他离子损失的物理和地球化学机制。沉积物具有多孔性，孔隙中注满了海水。海洋沉积物及其孔隙水埋藏是海水最为丰富的 Na^+ 和 Cl^- 损失的重要途径。河流输送的悬浮沉积物黏粒通过离子交换将海水离子去除。河流悬浮沉积物黏粒的大部分阳离子交换位点被 Ca^{2+} 占据（第 4 章），输送到海洋后，Ca^{2+} 被其他阳离子（尤其是 Na^+）交换取代（Sayles and Mangelsdorf，1977；James and Palmer，2000）。因此，大多数深海黏土中 Na^+、K^+ 和 Mg^{2+} 的含量远高于其在河流悬浮沉积物中的含量（Martin and Meybeck，1979；Viers et al.，2009）。黏粒最终沉积于海底，导致海水中这些离子的净损失。

生物过程也参与了沉积物的元素埋藏过程。正如后续章节将要详细讨论的生物体 $CaCO_3$ 沉积过程是海水 Ca^{2+} 去除的主要过程。硫酸盐还原过程使得 SO_4^{2-} 被沉积物大量吸附，经还原后与还原性铁结合形成黄铁矿沉积（第 7 章和第 8 章）。海洋底部还原态海水和沉积物的硫酸盐还原途径贡献了 50% 的沉积有机质呼吸降解量（Kasten and Jørgensen，2000；Jørgensen and Kasten，2006）。

至此，上述讨论的海水元素损失过程无法解释河流输入海洋 Mg^{2+} 和 K^+ 年通量的损失。海洋地质学家提出了几种"逆风化"途径假设，即海洋沉积物的硅酸盐矿物再生（自生成矿），从而去除海水中的 Mg^{2+} 和其他阳离子（Mackenzie and Kump，1995；Michalopoulos and Aller，1995；Misra and Froelich，2012）。在此成岩过程下，黏土矿物由生物蛋白石、金属氢氧化物和水溶性阳离子反应形成：

$$SiO_2 + Al(OH)_4^- + \left(K^+, Mg^{2+}, Li^+ 等\right) + HCO_3 \rightarrow 黏土矿物 + H_2O + CO_2 \quad (9.2)$$

逆风化过程是海水锂（Li）的重要汇（Misra and Froelich，2012），但黏土矿物自生成矿仅仅是海水 Mg 和 K 的一个小汇（Kastner，1974；Berner，2004）。Michalopoulos 和 Aller（1995）在实验室培养亚马孙河海湾海洋沉积物，得到铝硅酸盐矿物再生，这一成矿过程可封存达 10%的河流输入海洋 K 年通量（Hover et al.，2002）。

9.3.2 热液口和海底火山输入

陆源径流并非是海洋元素的唯一来源。约 80%的地球火山活动发生在深海海底，主要沿着扩张板块的洋脊分布。热液喷发是从地幔向海洋输出热量和化学物质通量的重要途径。在 20 世纪 70 年代后期，Corliss 等（1979）测定了海洋热液口（火山口）的排放物。最为著名的热液口系统之一位于东太平洋加拉帕戈斯群岛（Galapagos Islands）附近 2500 m 海底。与海水相比，热液口喷出的热流体 Mg 和 SO_4^{2-}含量极低，富含 Ca、Li、Rb、Si 和其他元素（图 9.10；Elderfield and Schultz，1996；de Villiers and Nelson，1999）。热液口富 Mg 硅酸盐岩成岩过程是全球 Mg 汇，其年通量超过河流向海洋输出的 Mg 通量。河流向海洋输送的 Ca 年通量为 480×10^{12} g·yr^{-1}，而热液口输入海水的 Ca 年通量高达 170×10^{12} g·yr^{-1}（Edmond et al.，1979）。海水 Mg/Ca 比值在整个地质年代的变化是表征热液口活动相对重要性的一个很好指标（Horita et al.，2002；Coggon et al.，2010）。除了持续喷发外，深海热液喷发可能是全球海洋重要的热量和化学物质偶发来源（Baker et al.，2019）。

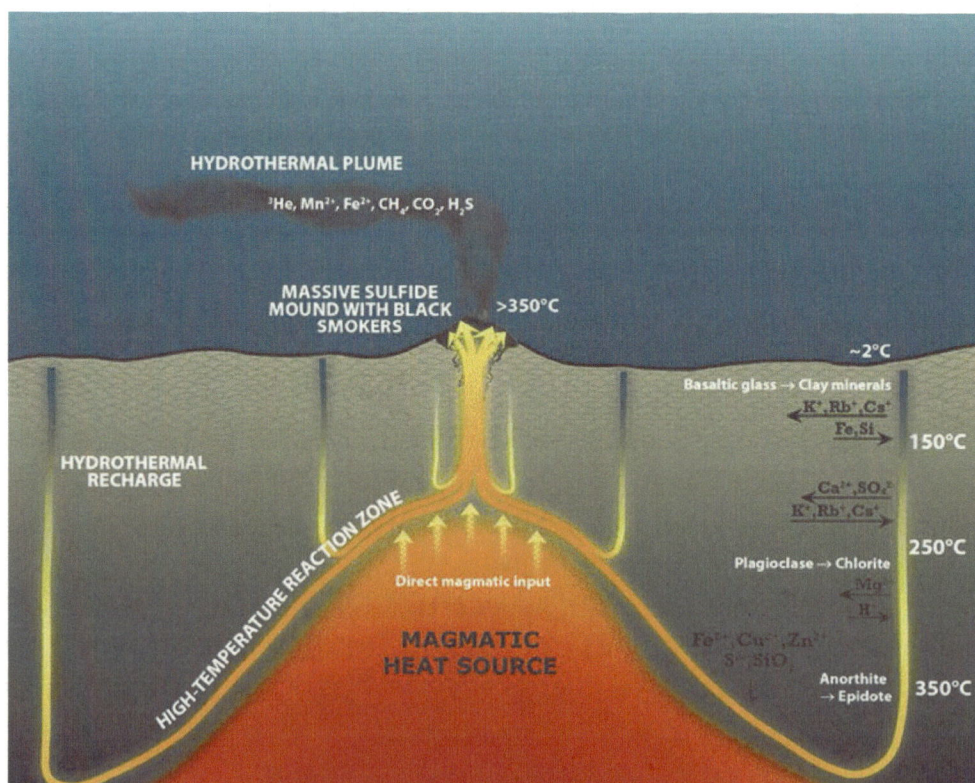

图 9.10 快速扩张的中洋脊热液系统岩浆温度梯度和岩浆–岩石间化学交换示意图
来源 Jamieson 等（2016）
图中文字 Hydrothermal plume：热液羽流；Massive sulfide mound with black smokers：巨型硫化物山丘的黑烟囱；Hydrothermal recharge：热液补充；High–temperature reaction zone：高温反应带；Magmatic heat souce：岩浆热源；Direct magmatic input：直接岩浆输入；Basaltic glass：玄武岩玻璃；Clay minerals：黏土矿物；Plagioclase：斜长石；Chlorite：绿泥石；Anorthite：钙长石；Epidote：绿帘石

总之，绝大部分海水 Na 和 Cl 离子主要通过沉积物孔隙水埋藏、海浪飞沫和蒸发等途径损失。海水 Mg 损失主要通过热液交换途径，而 Ca 和硫酸盐损失则主要通过生源沉积物沉积途径。海水 K 的质量平衡尚不清楚，但 K^+ 可能通过与黏土矿物交换形成伊利石、与玄武岩沉积物反应等途径从海水中损失（Gieskes and Lawrence，1981）。经过漫长的地质时期，海洋沉积物俯冲进入地幔，转化为原生硅酸盐矿物，挥发性化合物则通过火山气体排出（H_2O、CO_2、Cl_2、SO_2 等；图 1.3）。整个海洋地壳通过这一途径循环一次需约 3 亿年（Muller et al.，2008），将沉积矿物输入地幔（Plank and Langmuir，1998）。

9.3.3 养分

与主要离子不同，海水常量养分元素（N、P）和微量养分元素（Fe、Mo、Cu、Zn）浓度在空间和时间上都是变化的。正如第 8 章讨论的，沿海养分供应量非常高，过去一个世纪养分负荷的增加与众多滨海河口海湾富营化密切相关（Diaz and Rosenberg，2008）。在开放海域（大洋）大多数养分供应量极低，依赖于大气输入或者如 N 通过生物固定。除了极低投入外，养分还会随有机物向下沉降从光合层（photic zone）流失（如第 8 章湖泊的相关讨论）。虽然下沉有机物的大部分养分在向下沉降到沉积物过程中被矿化，但水体垂直分层阻止养分返回光合层（上升流海域除外）。因此，全球海洋水体垂直养分剖面基本相似，光合层养分被耗尽，光合层之下水层养分浓度随深度增加而增加（图 9.11）。当深层海水包随全球传送带（conveyor belt）移动，不断累积并携带上覆表层海水下沉有机物矿化的养分，在上升流海域将养分返还到表层海水（图 9.12）。

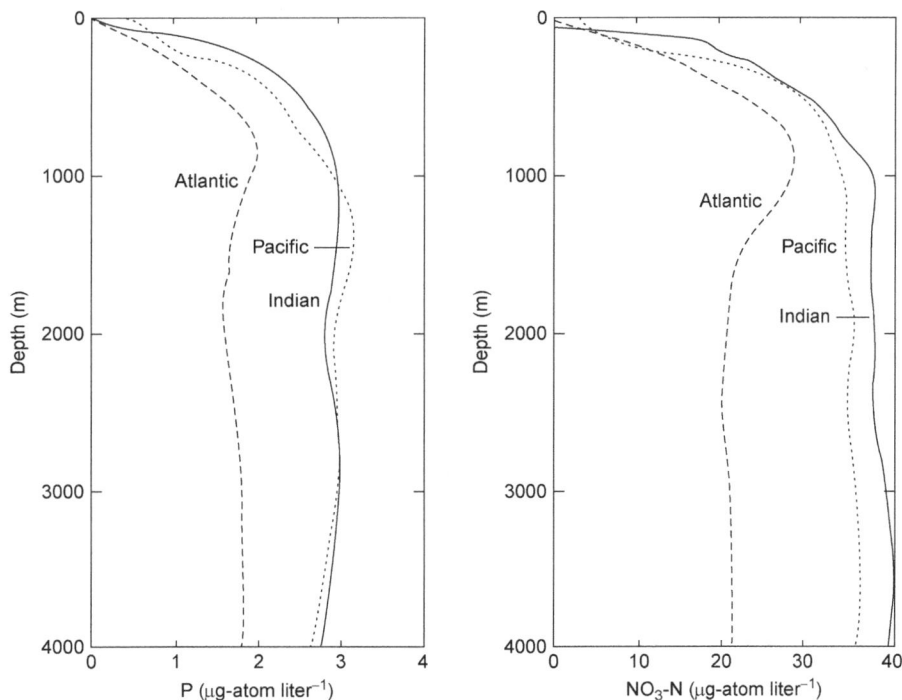

图 9.11 全球海洋海水磷酸盐和硝酸盐的垂直分布
来源 Svedrup 等（1942）
图中文字 Depth：深度；Atlantic：大西洋；Pacific：太平洋；Indian：印度洋

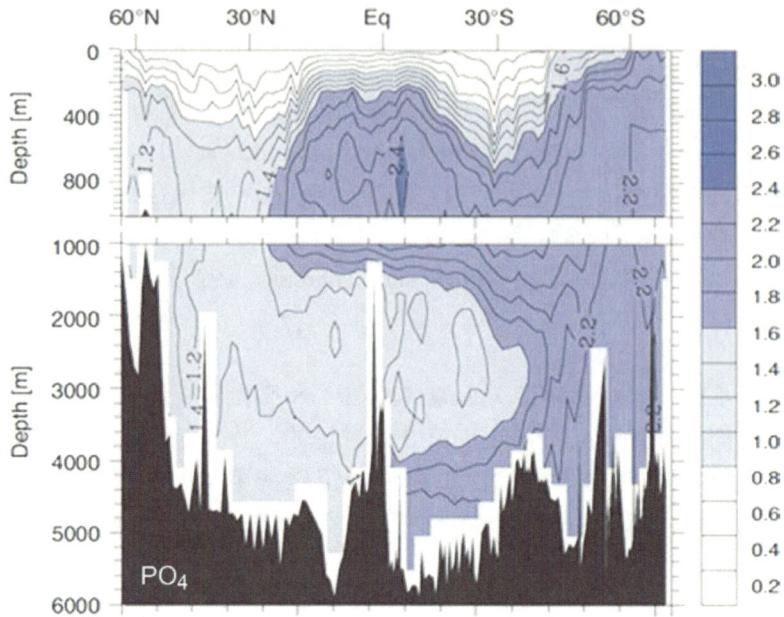

图 9.12 大西洋海水磷酸盐（PO_4^{3-}）浓度垂直分布，深层海水磷酸盐浓度随洋流"传送带"从北向南流动而增加。请注意，深层海水从北大西洋下沉海域向南极洲周边环极洋流流动而逐渐老化
来源 Sarmiento 和 Gruber（2006）。普林斯顿大学出版社授权使用
图中文字 Depth：深度

来自深海的垂直混合过程包括上升流、上行对流和扩散等。上升流约占全球海洋上升通量的一半，集中分布在沿海海域，为其提供丰富的养分促进高强度生产力。除了上升流海域，扩散和对流是其他海域主导的上升通量（表 9.2），但扩散速率较低（Ledwell et al.，1993），所以大部分开阔海域（大洋）呈养分限制状态（Lewis et al.，1986；Martin and Gordon，1988）。与较小面积的上升流海域相比，巨大的大洋面积使得扩散过程具有重要的全球意义。

表 9.2 北太平洋表层海水 Fe、PO_4^{3-} 和 NO_3^- 来源

来源	Fe	PO_4^{3-}	NO_3^-
150 m 水深海水浓度（mmol·m⁻³）	0.075	330	4300
上升流海域（mmol·m⁻²·d⁻¹）	0.000 90	4.0	52
净向上扩散（mmol·m⁻²·d⁻¹）	0.003 4	30	400
大气通量（mmol·m⁻²·d⁻¹）	0.16	0.102	26
总通量（mmol·m⁻²·d⁻¹）	0.164	34	480
上升流输入百分比（%）	0.5	12	11
向上扩散百分比（%）	2	88	83
大气输入百分比（%）	98	0	5

来源：Martin 和 Gordon（1988）。

9.3.4 水溶态气体

地球大气层存在的所有气体都在海水中存在水溶态。气体的海水溶解度随温度和盐度升高而下降，但随深度（水压）增加而增加[①]。由于大气层气体在溶解度、反应活性和生物重要性等性质上差异很大，海水气体组成与大气层气体组成呈显著不同，即使在海气界面。

大气和海洋表面间的气体交换速率（F）[②]可用以下公式计算：

$$F_{GAS} = k_w \times S_{GAS} \times (1 - f_{ice}) \times \left(pGAS^{海水} - pGAS^{大气} \right) \tag{9.3}$$

式中，k_w 为气体交换速率，是风速和海洋表层湍流的函数；每种气体的水溶解度（S）不同，但其随水温升高而下降；海冰覆盖使大气和海面气体交换非常弱，故乘以 $(1 - f_{ice})$ 获得全球海洋无冰区；海洋表面和大气之间每种气体分压差 $\left(pGAS^{海水} - pGAS^{大气} \right)$ 驱动了交换发生。惰性气体的海洋表面和大气间气体分压差接近平衡，仅有的差异来自于不同时期水团混合时释放的气体所致。

气体的生物利用和产生决定了其在表层海水的浓度，从而改变了大气和海洋间的分压差。这与大气层是一致的（第 3 章），海水主要气体包括 N_2、O_2、Ar 和 CO_2，由于水溶解度的不同使得各气体的海水浓度差异很大，但 N_2 和 Ar 在全球海洋表层海水浓度相对恒定。由于大气 N_2 浓度高，且海洋生物对其产生和消耗速率较低，故全球海洋海水 N_2 浓度变化不大（8.4～14.5 mL $N_2 \cdot L^{-1}$）。相反，表层海水的 O_2 浓度范围则从污染滨海海域基本为零（厌氧）到两极海域寒冷海水超过 8.5 mL $O_2 \cdot L^{-1}$。大部分海洋表层海水 O_2 呈超饱和状态（$pO_2^{海水} > pO_2^{大气}$）（Locarnini et al.，2013），向大气层释放 O_2。海洋表面 O_2 释放通量被有限海域的 O_2 消耗通量所平衡，其通量非常高。全球海洋海水溶解氧浓度在近数十年因海水温度升高和滨海海域富营养化呈现下降趋势（Keeling et al.，2010；Breitburg et al.，2018）。

仅占大气层质量 3% 的 CO_2 是海洋表层海水的主要气体（有时浓度超过 50 mL $CO_2 \cdot L^{-1}$；图 9.13）。全球海洋海水 CO_2 分压（pCO_2）为 100～1000 µatm（1 atm = 1.013 × 10^5 Pa）[③]，大部分海洋表层海水 CO_2 浓度相对于大气 CO_2 浓度呈不饱和状态（Takahashi et al.，2006），使得大气层 CO_2 净扩散到海洋。CO_2 在海水中的溶解度取决于海水温度，在 20℃ 时 CO_2 海水溶解度约是其 0℃ 时的 2 倍（Broecker，1974）。海洋表面最上层 1 mm 的海水温度（即"皮肤"温度）非常关键，决定了大气-海洋间的气体交换通量。随着大气层 CO_2 浓度的升高，全球海洋平均 pCO_2 也呈增加趋势（Peng et al.，1998；Sabine et al.，2004；Takahashi et al.，2006）。回顾一下第 7 章，CO_2 溶解于水产生碳酸（H_2CO_3），然后失去 H^+ 进一步解离，形成碳酸氢盐（HCO_3^-）和碳酸根离子（CO_3^{2-}）的化学平衡：

$$CO_{2(大气)} \leftrightarrow CO_{2(水)} + H_2O \leftrightarrow H_2CO_3 \leftrightarrow H^+ + HCO_3^- \leftrightarrow 2H^+ + CO_3^{2-} \tag{9.4}$$

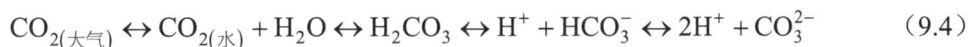

全球表层海水（pH 8.1）化学平衡状态下，3 种无机碳形态占比分别为 90% 的 HCO_3^-、9% 的 CO_3^{2-}、只有 1% 的 CO_2。因此，碳酸盐缓冲系统使得海洋能吸收比根据其溶解度估算量多得多的大气 CO_2。

[①] 回顾一下第 7 章尼奥斯（Nyos）湖底部高 CO_2 含量。
[②] 自然水体和大气间气体交换要比亨利定律（Henry's Law）[式（2.6）]的简单预测复杂得多。
[③] 在撰写本章之际（2019 年 8 月），美国夏威夷莫纳罗亚天文台（Mauna Loa Observatory）测得大气 pCO_2 为 411 µatm。

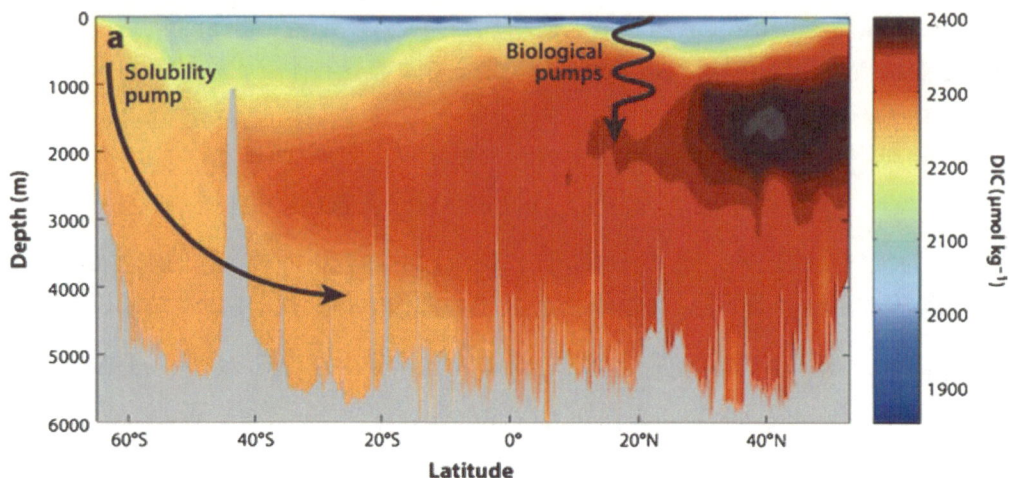

图 9.13　太平洋从南到北横截面水溶性无机碳（DIC）的分布。水溶态 CO_2 在南极冰盖周边进入下沉水，随着深层海水向北运移并"老化"，深层海水不断累积下沉的有机颗粒溶解和矿化所释放的 DIC，即"生物泵"。灰色阴影显示沿南北横截面的水深变化

来源　Hamme 等（2019）

图中文字　Depth：深度；Latitude：纬度；DIC：水溶性无机碳；Solubility pump：溶解度泵；Biological pumps：生物泵

　　碳酸盐缓冲体系对海洋碳循环的重要性包括以下方面：首先，绝大多数海洋表层海水吸收的 CO_2 转化为 DIC，不参与海水与大气层的气体交换，因此，碳酸盐缓冲体系极大地增加了 CO_2 在海水中的滞留时间[①]；其次，全球海洋海水 CO_2 浓度的增加提高了其 H^+ 浓度，使 CO_3^{2-} 转化为 HCO_3^-，降低了海洋海水的酸缓冲能力（Doney et al.，2009）。北太平洋大气层和海水 CO_2 浓度的长期记录表明，随着大气层和海水 CO_2 浓度增加，海水 pH 下降，即酸化（图 9.14）。

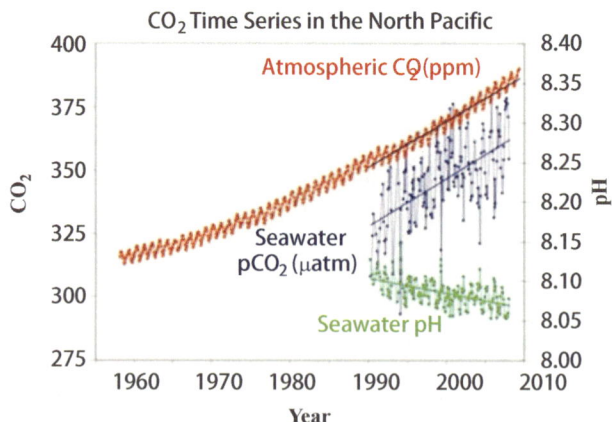

图 9.14　美国夏威夷莫纳罗亚天文台大气 CO_2 浓度不断增加的长期记录与附近 Aloha 水文站海水 CO_2 和 pH 长期变化趋势的鲜明对比

来源　修改自 Dore 等（2009）

图中文字　Time series in the North Pacific：北太平洋时间序列；Atmospheric CO_2：大气 CO_2 浓度；Seawater pCO_2：海水 CO_2 分压；Seawater pH：海水 pH 值；Year：年

[①] 大西洋表层海水 CO_2 平均滞留时间约为 6 年（Stuiver，1980）。

海洋表层海水与大气层存在气体交换平衡，但深海交换仅局限于下沉海域，该海域表层和深层海水之间的浮力差异消失（图 9.4）。深层海水寒冷且水压高，其溶解气体浓度比表层海水高得多，同时深海水滞留时间可长达数个世纪。当深层寒冷海水与当今大气层 CO_2 浓度达成平衡时，其水溶态 CO_2 浓度将高于此前大气层 CO_2 浓度为 280 ppm 时的平衡浓度（约 300～500 年前）。Brewer 等（1989）报道了 20 世纪在大气层 CO_2 浓度上升影响下，北大西洋深层海水每年向南输送净 C 通量达到 0.26×10^{15} g C·yr^{-1}。大气层 CO_2 向深层海水输送的过程被称为"溶解度泵"（soluability pump）（Volk and Hoffert，1985）。

南极洲附近的南大洋是大气和深海海水交换的关键海域之一。Rae 等（2018）利用深海珊瑚 4 万年的硼（B）同位素记录重构了南大洋深海 CO_2 累积和释放历史，其结果验证了将海冰作为"盖子"的假设，即在冰期深海海水 CO_2 累积而间冰期 CO_2 吸收减少（Skinner et al.，2017）。这一机制解释了中冰期大气层 CO_2 浓度波动现象，也引发了对全球变暖和海冰体积减少可能改变全球 C 循环的关注。

深海海水交换程度在短时间尺度上也存在变化。在拉尼娜期间，深海寒冷海水上升流导致大气气温降低，而厄尔尼诺期间上升流寒冷海水 CO_2 释放减少（Bacastow，1976，1981；Inoue and Sugimura，1992）。在 1991～1992 年拉尼娜期间海洋向大气释放了 0.3×10^{15} g CO_2，而正常排放量为 1.0×10^{15} g C（Murray et al.，1994，1995；Feely et al.，1999；Chavez et al.，1999），期间几年大气 CO_2 浓度增加速率有所减缓（Keeling et al.，1995）。

9.3.5 生物源碳酸盐（生源碳酸盐）

众多海洋生物可通过以下反应将碳酸盐沉积于其骨骼和保护组织中：

$$Ca^{2+} + 2HCO_3^- \rightarrow CaCO_3 \downarrow + H_2O + CO_2 \tag{9.5}$$

每产生 1 mol $CaCO_3$，碱度降低 2 mol，总 DIC 减少 1 mol，从而导致碳酸盐缓冲体系向更高的 CO_2 浓度转变（Buitenhuis et al.，2001；Koeve，2002）。当这些骨骼残骸保存在浅海钙质沉积物中或沉入深海，每摩尔 $CaCO_3$ 带走了 1 mol CO_2 的同时在海洋表层海水留下 1 mol CO_2[①]。

此外，由于光合作用，在许多海域表层海水 CO_2 浓度呈不同程度的不饱和状态。下沉有机物带走表层海水的 C，新溶解的大气 CO_2 予以补充。Taylor 等（1992）报道在 46 天内东北大西洋净下沉 C 来自于活细胞（2 g C·m^{-2}）和死细胞（17 g C·m^{-2}），以及活细胞因湍流向下混合（3 g C·m^{-2}）。因此，生物过程在海洋表层海水将无机碳（CO_2）转化为有机碳，然后输送到深层海水中。

因此，大气 CO_2 的海洋汇由溶解度泵和三个生物过程组成，将 CO_2 从大气层扣留。碳通过碳酸盐骨骼残骸（硬组织泵）沉入深海，表层海水有机物固定的 C 通过死组织（软组织泵）下沉深海，最后有机碳经水解、排泄、分泌或淋失过程以 DOC 在下沉流海域进入深海（图 9.15）。寒冷的下沉流巨大的 CO_2 溶解下沉背景掩盖了这些生物地球化学过程。CO_2 生物泵受生物圈活动影响，而溶解 CO_2 净下沉流量仅受大气层 CO_2 浓度和深海海水循环影响。

---

① 请注意，浮游植物沉积的碳酸盐提供了光合作用所需部分 CO_2，从而减少了其对大气 CO_2 的净吸收（Robertson et al.，1994）。

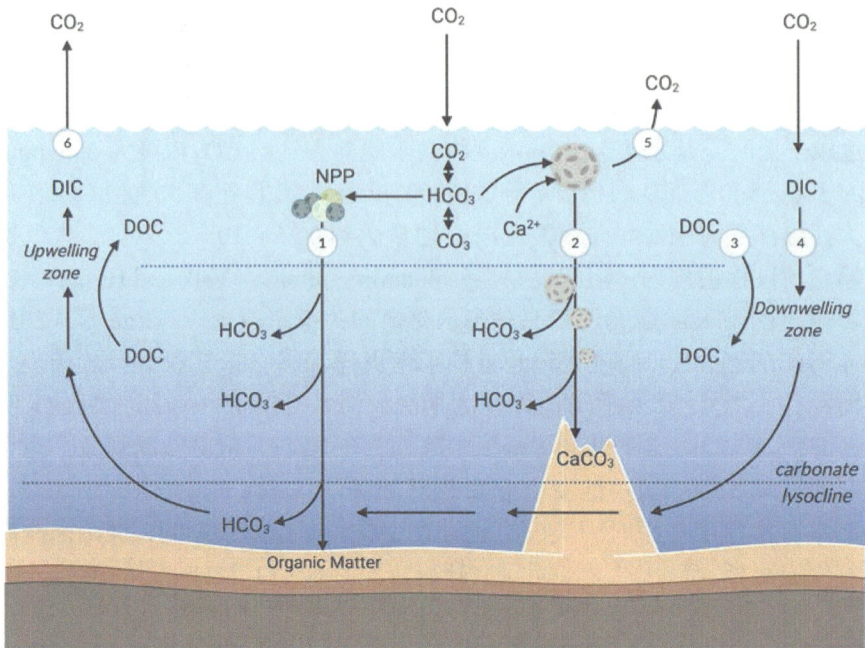

图 9.15　大气 CO_2 向深海的输送方式包括：①软组织泵：有机物（POC）形成和下沉；②硬组织泵：碳酸盐骨骼下沉；③DOC 下沉；④溶解度泵：DIC 向深海转移。这些海洋表层吸收的 C 被以下方式抵消：⑤碳酸钙反泵：碳酸盐骨架形成过程释放 CO_2；⑥富含 DIC 的上升流海水 CO_2 脱气
来源　ESB 绘制
图中文字　Upwelling zone：上升流海域；Downwelling zone：下沉流海域；Organic matter：有机物质；Carbonate lysocline：碳酸盐溶蚀层；DIC：水溶态无机碳；DOC：水溶态有机碳；NPP：净初级生产量

随着大气 CO_2 浓度增加，根据亨利定律海洋海水 CO_2 溶解量预期增加。然而，仅表层海洋能吸收有限的 CO_2 体积，巨大体积的深层海洋并不与大气层接触。在 NPP 没有大变化的情况下，极地海域深层海水形成速率限制了海洋对 CO_2 的吸收量。南大洋上升流和 CO_2 释放的减少可能导致在上一次冰期大气 CO_2 浓度较低（Kumar et al.，1995；Francois et al.，1997；Kohfeld et al.，2005；Sigman et al.，2010）。相反，更强的上升流可能引起上一冰期末期 CO_2 浓度上升、气温升高（Burke and Robinson，2012）。

9.4　海洋表层生物地球化学

探讨了全球海洋环流、分层和组成之后，进一步探索海洋生物地球化学循环细节。本节将依次讨论海洋表层、深海和海洋沉积物的生物地球化学，以及认知层间重要的物质交换。海洋大部分体积无法接收太阳辐射。在光照充足的海洋表层和浅层滨海，沉积物可发生光合作用。在其他海洋区域，生物依赖光合层[①]下沉输入的有机物供给，或依靠热液口和火山脊还原性化合物（H_2、HS）供给（Jannasch，1989；Petersen et al.，2011；Worman et al.，2016）。因此，在海洋光合表层、无光深层和海底存在显著的基础能量与养分限制差异。

---

① 下沉的有机颗粒大小不一，从单个硅藻壳到鲸鱼尸体不等，其中大部分为小颗粒，聚集形成"海洋雪"。

9.4.1 净初级生产量

与陆地生态系统生物量占主导地位的植被相比，海洋自养生物以单细胞藻类为主，其寿命较短，细胞结构组织产量有限。大部分海洋自养生物生物量被快速分解，因此，其 NPP 远大于全球海洋浮游植物的活生物量。

最早的海洋生产力估算采用改进的 O_2 瓶法和 ^{14}C 标记法测定，与第 8 章湖水 NPP 测定一样。除了 O_2 瓶法通常存在不确定性外，早期海洋生产力测定还受到微量元素污染[①]及许多海洋藻类过小粒径和高渗出率的干扰。在东太平洋热带海域，Li 等（1983）发现进行光合作用的 25%～90%生物量可通过 1 μm 滤膜，导致经典 ^{14}C 标记法无法将其捕获为固定的 C。这些超微浮游植物（picoplankton）是温暖寡营养海域浮游植物的重要组成部分，除近极地海域外（Agawin et al.，2000），全球海洋普遍存在。Stockner 和 Antia（1986）认为超微浮游植物通常可贡献高达 50%的海洋生产量。海洋浮游植物还以渗出液释放大量的可溶性有机碳进入海水（Baines and Pace，1991），这些化合物（实际上也是 NPP 的一部分）在 ^{14}C 标记法的过滤步骤中通过滤膜损失。另外，经典 GPP 估算的复杂化还体现在混合营养细菌可代谢积存的有机碳；但当有机碳不可用时，其通过不产氧光合作用合成有机碳，在一些海域可贡献 2%～5%总初级生产量。这部分生产力无法通过 O_2 瓶法测得（Kolber et al.，2000）。

现代开放海域 NPP 估算通过测定上层水体净 O_2 增量（Craig and Hayward，1987；Najjar and Keeling，1997；Emerson and Stump，2010）或 HCO_3^- 净减少量（Lee，2001）计算光合作用速率，仅以物理过程预测气体或碳酸氢盐浓度的差异。超饱和 O_2 或 HCO_3^- 消耗可用于估测水体 NPP [采用与陆地生态系统协涡流通量测定（第 5 章）或淡水水体昼夜 O_2 时间序列（第 7 章）相似概念的数学模型计算]。与 O_2 瓶法一样，超饱和 O_2 或 HCO_3^-消耗是海洋水体净群落生产量（net community production，NCP）的最佳指标[②]。通过同时测定海水溶解态 O_2 和海水 $\delta^{18}O$ 可提高该方法测定精度（Luz and Barkan，2009）。O_2 浓度同时受光合作用和呼吸作用影响，而海水 $\delta^{18}O$ 仅受光合作用影响。O_2 和海水 $\delta^{18}O$ 的差异性变化可用于估算海水 NPP（Juranek and Quay，2010）。并行比较发现这种 $\delta^{18}O$ 方法估测的海洋生产量超 2 倍于传统 ^{14}C 法估值（Quay et al.，2010）。

将 O_2 瓶法测定值或开放水体估算值反演到区域或全球尺度的估算是非常困难的。幸运的是，遥感测量的全球海洋叶绿素含量可与上述方法测定的 NPP 和叶绿素含量关系联系起来。当海水浮游植物很少时，叶绿素对入射辐射吸收有限，反射蓝色光；在叶绿素和其他色素丰富的海域，反射光谱包括大比例的绿光波长（Prézelin and Boczar，1986）。反射光谱可指示透光层（euphotic zone）20%～30%上层海水的藻类生物量，大多数 NPP 生产于此（Balch et al.，1992）。反射光谱数据可用于计算水体叶绿素或有机碳浓度，进一步估算生产量（图 9.16；Platt and Sathyendranath，1988；Falkowski，2005）。随着 MODIS 卫星部署（第 5 章），海洋多光谱影像可用于估算全球海洋 NPP。

[①] 多年以来，船舶铁壳和抽取海水铜管可人为地提高水样中铁和铜等微量元素含量，延滞了对海洋初级生产量微量元素潜在限制的认知。

[②] NCP 类似于陆地生态系统净生产量（NEP，第 5 章），但 NCP 不包括受表层海水光合作用支撑的深海和沉积物呼吸作用。

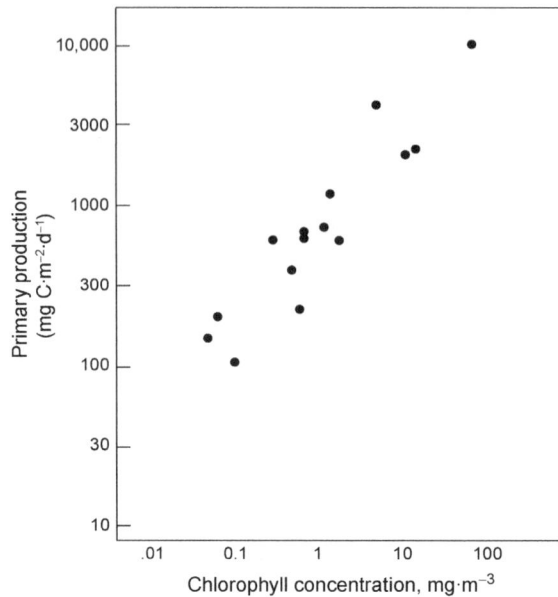

图 9.16　美国加利福尼亚州沿岸海水 NPP 与表层海水叶绿素浓度的关系
来源　Eppley 等（1985），牛津大学出版社授权使用
图中文字　Primary production：初级生产量；Chlorophyll concentration：叶绿素浓度

9.4.2　全球海洋生产力估算

　　早期基于 O_2 瓶法估测的海洋 NPP 为 $23 \times 10^{15} \sim 27 \times 10^{15}$ g C·yr^{-1}（Berger，1989）。得益于 NPP 经验估测精度不断提升和卫星影像拍摄频率及分辨率不断提高，现代海洋 NPP 估值约 2 倍于 O_2 瓶法估值，与陆地 NPP 相当（表 9.3；Field et al.，1998）。Behrenfeld 和 Falkowski（1997）利用卫星遥测表层海水色素浓度估算的海洋 NPP 为 43.5×10^{15} g C·yr^{-1}。Friend 等（2009）估算的海洋 NPP 为 52.5×10^{15} g C·yr^{-1}（图 9.17），其空间分布格局与海水 O_2 分压分布相似（Falkowski et al.，2011）。海洋表层海水净群落生产量，即可下沉到海底的有机物量，约为 $10\% \sim 20\%$ 的海洋 NPP（Laws et al.，2000；Lee，2001；Falkwski，2005；Quay et al.，2010），其在细菌呼吸作用较低的寒冷极地海域更高。

表 9.3　海洋总初级生产量估值和新生产量比率

区域	海洋面积百分比（%）	面积（×10^{12} m^2）	平均生产量（g C·m^{-2}·yr^{-1}）	全球总生产量（10^{15}g C·yr）	新生产量 [a]（g C·m^{-2}·yr^{-1}）	全球新生产量（10^{15} g C·yr^{-1}）
开放海域	90	326	130	42	18	5.9
滨海海域	9.9	36	250	9.0	42	1.5
上升流区	0.1	0.36	420	0.15	85	0.03
总计		362		51		7.4

a. 新生产力是指表层 100 m 水深碳通量。
来源：Knauer（1993），Springer-Verlag 授权使用。

　　海洋 NPP 高值区位于养分丰富的河口海湾河水和海水混合区、富营养深层海水上升混入透光层的上升流海域。相比之下，开放海域（大洋）高值区其 NPP 也不到 300 g C·m^{-2}·yr^{-1}，相当于旱区林地（表 9.3）。大多数大洋海域的 NPP 更接近沙漠。但是，由于大洋海域面积巨大，贡献了海洋 NPP 总量的 80%，而大陆架海域仅贡献剩余部分（表 9.3）。美国缅因州南部科布斯库克（Cobscook）湾潮间带岩藻（*Ascophyllum nodosum*）床的 NPP 接近 $900g\ C \cdot m^{-2} \cdot yr^{-1}$，与温带森林相当（表 5.3；Vadas et al.，2004）。即使有些滨海海域分布有大量海带床，如美国加利福尼亚南部的巨藻属（*Macrocystis*）海带，但海藻只贡献了约 0.1%海洋总 NPP（Smith，1981；Walsh，1984）。

9.4.3　海洋 NPP 养分限制

海洋 NPP 受养分缺乏限制。养分可给性高的区域如大陆架海域和上升流海域（图 9.17）的 NPP 最高，而在 N、P、Fe 和 Si 可给性通常很低的大洋海域则 NPP 较低。从图 9.17 可以看出，沿各大洲海岸线（尤其是主要河流河口海湾）滨海海域 NPP 最高。此外，横贯赤道太平洋的叶绿素高值带表明是深层海水上升流的重要海域。大洋海域自养生物的挑战是光合作用必需元素的有限供给，以及养分以颗粒态高通量地沉入深海。养分持续地以凋亡的生物残体和粪便颗粒从表层海水向下沉降损失。Shanks 和 Trent（1979）发现美国加利福利亚州滨海表层海水每天有 4%～22%的 N 以颗粒态（PON）损失。表层海水中 N、P、Si 的平均滞留时间要比其海水平均滞留时间要短得多，在表层和深层海水之间这些元素浓度差异非常大（图 9.11）。海水 N、P、Si 为非保守元素，其行为受生物过程强烈控制。

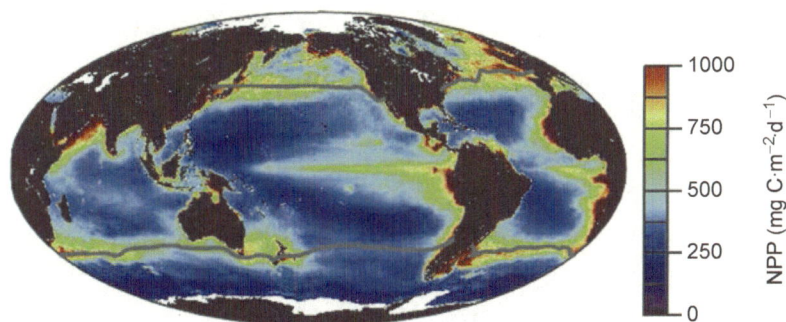

图 9.17　全球海洋 NPP 分布地图
来源　Behrenfeld 等（2006）

远离滨海的大洋海域初级生产量严重依赖于局域矿化作用和富营养深海水团的供给通量。由于表层海水生物养分需求高于供给，导致海洋水体剖面最重要的生物必需元素在透光层（光合层）严重消耗，在深层海水中则浓度较高（图 9.11）。浮游植物化学计量的养分比例可用于推测研究区受哪些养分限制。

9.4.3.1　NPP 大量养分限制

1958 年，Albert Redfield 注意到无论从哪里采集的海洋浮游植物的 N 和 P 含量都与其 C 含量存在相对恒定的摩尔比，即 106C/16N/1P[①]（Redfield，1963），是其光合作用和生长过程所吸收的养分元素：

---

① 这一摩尔比值等同于质量比值 40C/7N/1P。因此，海洋浮游植物的 N/P 质量比值小于陆地植物的比值 15（第 6 章）。

$$106CO_2 + 16NO_3^- + HPO_4^{2-} + 122H_2O + 18H^+ \rightarrow (CH_2O)_{106}(NH_3)_{16}(H_3PO_4) + 138O_2 \quad (9.6)$$

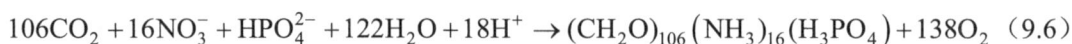

N/P 摩尔比值 16 可能是所有植物共同的蛋白质和 RNA 合成所需 N、P 的基本比例 (Loladze and Elser, 2011)。尽管各大洋海水养分浓度存在差异,上升流海水含有可利用 C、N 和 P(即 HCO_3^-、NO_3^- 和 HPO_4^{2-})的比例约为 800C/16N/1P。因此,即便在上升流海域高生产力下,当 N 和 P 被利用殆尽时也只有约 10%的 HCO_3^- 被光合作用所消耗。值得注意的是,Redfield(1958)指出生物群主导了深海海水 N 和 P 的相对浓度,生物所需 N 和 P 的比值与上升流海水的有效 N 和 P 比值高度匹配(Holland, 1978)。

需要牢记的是,Redfield 比值是一个平均值。单一浮游植物物种的养分浓度比值可能随季节和环境条件偏离 Redfield 比值(Klausmeier et al., 2004;Weber and Deutsch, 2010)。因此,Redfield 比值可用于比较河水、上升流和内循环对表层海洋年 NPP 贡献的重要性。维持全球海洋 NPP 达到 50×10^{15} g C·yr^{-1}(表 9.3),浮游植物每年需吸收约 8.8×10^{15} g N·yr^{-1} 和 1.2×10^{15} g P·yr^{-1}(表 9.4)。入海河流供给了约 0.05×10^{15} g N·yr^{-1} 和 0.002×10^{15} g P·yr^{-1} 进入海洋(第 8 章和第 12 章)。然而,来自河流和大气输入以及垂直传输(上升流+扩散+涡流对流)仅提供了表层海洋所需养分量的一小部分(约 11%N 和 9%P),因此,大部分必需依赖表层海水的养分循环过程。养分的快速周转与表层海洋 80%~90%有机碳的高速周转率相一致。

表 9.4　维持全球海洋表层 50×10^{15} g C·yr^{-1} NPP 所需养分来源计算

通量	C($\times 10^{12}$ g)	N($\times 10^{12}$ g)	P($\times 10^{12}$ g)
新初级生产量 [a]	50 000	8 800	1 200
供给量来源			
河流 [b]		50	2
大气沉降 [c]		67	1
固氮作用 [d]		150	—
上升流		700	100
循环(浓度差)		7 800	1 100

a. 基于 Redfield 比值为 106∶16∶1。

b. 氮数据来自 Galloway 等(2004),磷来自 Meybeck(1982)。

c. Duce 等(2008)。

d. Deutsch 等(2007)。

9.4.3.2　氮限制

与陆地生态系统一样,N 限制了大部分海洋表层的海洋初级生产者(Elser et al., 2007)。绝大多数海域表层海水硝酸盐浓度是无法测到的,向海水添加纳摩尔(nmol)水平的 N,浮游植物就会迅速生长(Glover et al., 1988)。固氮作用在大多数淡水生态系统中可缓解其 N 限制,而海洋固氮作用常受到微量元素供应的严重限制,尤其是固氮酶所必需 Fe 和 Mo 的供应。同时,高 N 负荷的滨海海域异化过程将 N 返回大气的量通常相当于或超过固氮量(Paerl, 2018)。

由于生长养分限制及高效养分吸收能力,浮游植物使表层海水水体保持非常低的 N 浓度(图 9.11)。McCarthy 和 Goldman(1979)发现表层海水养分循环可发生于很小空间，甚至于垂死浮游植物细胞周围 1 nL（10^{-9} L）的海水中。附近生长的浮游植物能迅速同化垂死细胞释放的 N。通常在这么小的空间研究养分循环是非常困难的，因此，许多研究者应用同位素（如 $^{15}NH_4^+$ 和 $^{15}NO_3^-$）示踪测定浮游植物和细菌对养分的吸收（Glibert et al.，1982；Goldman and Glibert，1982；Dickson and Wheeler，1995）。浮游植物细胞渗漏的水溶性有机氮（DON）供表层海水细菌吸收和周转（Kirchman et al.，1994；Bronk et al.，1994；Kroer et al.，1994）。在表层海水有机颗粒物分解过程中，N 矿化速率快于 C，残存颗粒的 C/N 比值一般高于 Redfield 比值（Sambrotto et al.，1993），并随深度增加而增加（Honjo et al.，1982；Takahashi et al.，1985；Anderson and Sarmiento，1994；Alldredge，1998；Schneider et al.，2003）。

浮游植物对养分需求非常大，通常认为其主导了矿化过程释放 NH_4^+（循环氮）的吸收，以至于很少有 NH_4^+ 滞留于表层海水进行硝化过程（Dugdale and Goering，1967；Harrison et al.，1992，1996；Yool et al.，2007）。相反，深海矿化的大部分 N 被氧化为 NO_3^-，包括一部分被硝化古菌氧化[①]（Könneke et al.，2005；Francis et al.，2005）。硝酸盐也是河流输送的重要 N 形态，因此，海洋学家以 NPP 利用的 NH_4^+/NO_3^- 比值来估算表层海水维持 NPP 所需的养分循环。例如，Jenkins（1988）估计百慕大海域深海 NO_3^- 上升流通量支撑了约 36 g $C·m^{-2}·yr^{-1}$ 的 NPP 或 38%的总 NPP 观测值（Michaels et al.，1994），剩余的 NPP 必然依赖于表层海水 N 循环供应的 NH_4^+。

由大气输入（包括氮固定）、河流输送和上升流输运养分支撑的海洋 NPP 部分被称为新生成量（表 9.3）。河流输入是众多滨海水体重要的 N 源，但大洋表层海水养分内循环和上升流养分供应的相对重要性取决于海域位置。除温盐上升流主要海域外（图 9.4），涡流对流（McGillicuddy et al.，1998；Oschlies and Garcon，1998；Siegel et al.，1999；Johnson et al.，2010）和其他大规模混合（Uz et al.，2001）及平流（Palter et al.，2005）过程也将养分输送到表层海水。已知硅藻的垂直迁移将硝酸盐运输到表层海水（Villareal et al.，1999），而大型海洋动物的垂直游动也可将极深层的养分运输到表层海水。例如，一些鲸鱼深海觅食后在海洋表层水体排泄（Roman and McCarthy，2010）。

全球海洋新生产量占 10%～20%的总 NPP，其最大组分（f_n）位于寒冷上升流海域（Sathyendranath et al.，1991）。表层海水养分浓度低且稳定，其 Redfield N/P 比值接近 16，表明维持全球新生产量的养分基本与每年有机碎屑经温跃层（thermocline）下沉至深层海水引起的养分损失量相当，即输出生产量（f_e）（Eppley and Peterson，1979）。然而，基于单一吸收 N 形态（NO_3^- 和 NH_4^+）的新生产量和再循环生产量的传统区分正变得复杂化，因为海洋环境存在巨大固氮量、表层海水硝化细菌和古菌产生 NO_3^- 过程（Yool et al.，2007；Martens-Habbena et al.，2009）以及大气 NO_3^- 和 NH_4^+ 沉降（Duce et al.，2008；Kim et al.，2014b）。

与陆地相比，全球海洋的人类活动源 N 沉降通量通常非常低，但在夏季某些月份，北大西洋部分地区收获的 NO_3^- 沉降量可与陆地生态系统测得的最高沉降量相当（St-Laurent et al.，2017）。这些高 N 沉降事件可引起海洋表层生产力的大幅提升，可增加 8%的年新生产量（St-Laurent et al.，2017）。同时，西太平洋地区人为源 N 沉降通量

[①] 深海硝化过程是一种化学自养过程[式（2.17）和式（2.18）]，在黑暗中固碳。化学自养硝化过程和硫化物氧化过程估计每年支撑了海洋 0.77 × 10^{15} g $C·yr^{-1}$ 或 1.5%的海洋 NPP（Middelburg，2011）。

增加也表明其向大洋输出的 N 通量大幅高于背景 N 通量（Kim et al.，2014b）。遥远的西太平洋环礁珊瑚 ^{15}N 同位素指纹变化也表明人类活动引起的 N 沉降不断增加，已达到其年 N 输入总量的 15%～25%（Ren et al.，2017a）。相反，处于北美人类活动源 N 输出下风向的百慕大海域珊瑚，在整个 20 世纪记录中鲜有 N 负荷方向性变化的证据（Wang et al.，2018b）。

海洋 N 负荷增加可增加其 NPP，但与这一直觉相悖的是，这些人类活动源 N 输入似乎并没有减轻全球海洋 N 限制的普遍性。Paerl（2018）指出河口海湾和滨海海域正变得长期处于"N 饥饿"状态，因为这些海域接收了越来越多的人类活动源 N（其中很大部分为硝酸盐）和促进脱氮过程的有机物（反硝化过程和厌氧氨氧化过程）。

9.4.3.3　磷限制

鉴于全球 P 稀缺性及其对淡水生态系统 NPP 限制的重要作用，令人好奇的是，P 很少成为海洋的主要限制性养分（Howarth and Marino，2006）。海洋表层海水 P 循环的一个关键区别在于海水高浓度的硫酸盐。在淡水生态系统，磷酸盐离子与 Fe（III）氢氧化物发生共沉淀（Masion et al.，1997a，1997b）是重要的非生物 P 汇。这一"铁陷阱"在许多淡水水体有效地限制了 P 的生物有效性（Blomqvist et al.，2004）。输入海洋的河流源 P 是以 FeOOH 结合态 P 形式输送的（Caraco et al.，1990）。到这些氧化态矿物沉降进入厌氧沉积物时，Fe 被还原释放出 Fe（II）和 PO_4^{3-}。海洋沉积物中硫酸盐还原率很高并生成硫化物，还原态铁的主要去向是生成硫化铁（FeS_2），从而降低了铁的有效性和减少了 Fe-P 共沉淀。随着河口海湾盐度增加，铁还原与硫形成 FeS_2 降低了可溶性 Fe 浓度，也降低了水溶性 N/P 比值（图 9.18；Jordan et al.，2008）。淡水水体的 P "铁陷阱"被高效的 Fe "硫陷阱"所替代，减少了 P 的非生物沉淀，维持了海水 P 的高有效性（Blomqvist et al.，2004；Jordan et al.，2008）。

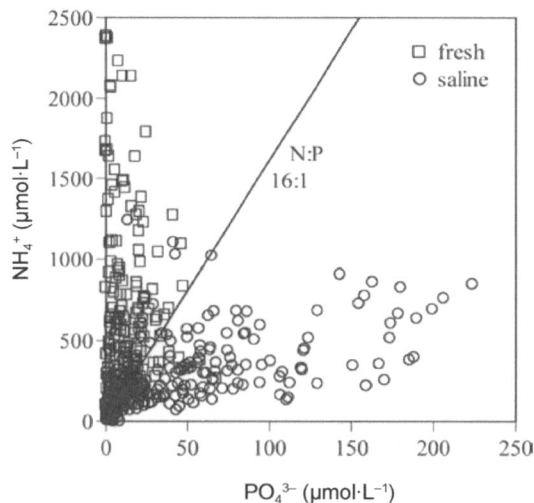

图 9.18　美国切萨皮克湾帕图森特（Patuxent）支流河口海湾沿岸淡水和盐碱地孔隙水 NH_4^+ 和 PO_4^{3-} 浓度。其中直线为 N/P 比值为 16
来源　Jordan 等（2008）
图中文字　Fresh：淡水；Saline：咸水

虽然"铁陷阱"有效性的变化解释了滨海海域为什么 P 很少限制 NPP，但在大洋海域无机磷（DIP）有效性非常低，仍然很少见到 P 限制的现象应有不同的解释机制。在大部分大洋海域，水溶性有机磷（DOP）是主要的 P 库，通常比 DIP 浓度高一个数量级（Wu et al.，2000；Browning et al.，2017）。DOP 是复杂有机分子混合物，包括从非常不稳定的磷脂到难降解的来自细胞破裂、排泄和细胞破裂的有机酸。不稳定组分可快速地被生物群落同化利用，因此，难降解的 DOP 主导了海水 P 库。藻类和微生物可分泌碱性磷酸酶来溶解难降解 DOP 分子释放 PO_4^{3-}（Browning et al.，2017）。海洋微生物源碱性磷酸酶主要有两种，即 Phox 和 PhoZ（Sebastian and Ammerman，2009），都以 Fe 作为辅因子（Rodriguez et al.，2014；Yong et al.，2014）。因此，大洋海域 P 限制可能由极低的 Fe 供应量所致。大部分海域 P 供应有限，但其供需比值通常高于 N 或 Fe（Browning et al.，2017，2017a）。正因为如此，P 添加很少引起海洋生态系统 NPP 的响应，除非同时添加 N（图 9.19）。

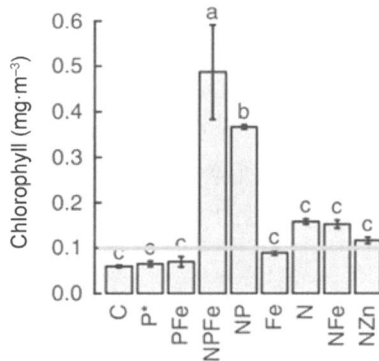

图 9.19　亚热带大西洋海域叶绿素对养分添加的响应。图中显示的是平均估值和标准误差。灰色水平线是平均初始浓度值。C 为未添加养分的对照处理，其他处理包括单独添加或组合添加 N、P、Fe 和 Zn。北非大西洋海岸这一强有力证据表明了 N、P 和 Fe 的协同作用，而单独添加养分元素都不会引起藻类的生长响应
来源　Browning 等（2017）
图中文字　Chlorophyll：叶绿素

9.4.3.4　硅藻的硅限制

水溶性硅（DSi）的有效性调控着硅藻初级生产量，被硅酸盐壳包被的藻类生物量贡献高达 40% 的海洋 NPP。硅藻生产力受 Si 供应限制，而硅藻壳作为压舱物加速 C 等其他元素的下沉速率（Smetacek，1998；Jin et al.，2006；Treguer et al.，2017）。河流输送的 Si 对滨海海域硅藻生产量尤为重要。有证据表明滨海海域由于人类活动源 N 和 P 输入减轻了大量养分元素的限制，而 Si 正成为限制性养分元素（Officer and Ryther，1980；Conley and Malone，1992；Rabalais et al.，1996；Bristow et al.，2017）。

9.4.3.5　铁限制

Fe 是光合过程传递电子的铁氧化还原蛋白的必需元素（Arnon，1965）。Fe 也是固氮酶系两个蛋白质（Carpenter and Capone，2008）和碱性磷酸酶（Browning et al.，2017）

的必需元素。虽然 Fe 是必需元素，但在缺 Fe 海域，海洋自养生物 C/Fe 摩尔比值高达 100 000（Anderson and Morel，1982；Morel et al.，1991），根据 Redfiled 摩尔比值（C/N/P = 106/16/1），其绝对需 Fe 量远低于 N 和 P。由于地壳和土壤中含有大量的 Fe，绝大多数陆地和淡水生态系统均能满足如此低的需 Fe 量。海洋生态系统发生生物化学过程的 Fe 限制现象是有限 Fe 供应、透光层 Fe 高去除率和沉积物 Fe 封存等的综合效应。为了应对低 Fe 浓度，一些浮游细菌能释放出有机化合物，如已知的 Fe 载体（siderophores）螯合水溶性 Fe 以增强海水 Fe 的同化效率（Wilhelm et al.，1996；Butler，1998；Mendez et al.，2010）。

直到 20 世纪 80 年代中期，分析技术的发展使得生物海洋学家可测定全球大部分海洋的低浓度 Fe，发现多数 Fe 限制情形下 N/P/Fe 的相对供应比例一致。在太平洋中部，Martin 和 Gordon（1988）发现 Fe 内循环只能维持很小比例的 NPP 观测值。他们推论该海域高达 98%的新生成量是由大气降尘 Fe 所支撑的（表 9.2）。该海域大部分大气沉降灰尘可能来自中国中部沙漠（Duce and Tindale，1991；Uematsu et al.，2003）。当浮游植物生长受 Fe 限制时，即使在生产高峰期表层海水仍会有少量 NO_3^- 和 NH_4^+ 滞留，被称为高营养低叶绿素（HNLC）海域。

结合上述观测结果和早期 Fe 限制培养实验证据，Martin（1990a）提出了"铁假设"，认为 Fe 不仅是海洋 NPP 的关键限制性元素，而且 Fe 输入变化引起的 NPP 响应较好地解释了冰期-间冰期周期大气层 CO_2 浓度的变化（图 9.20）。

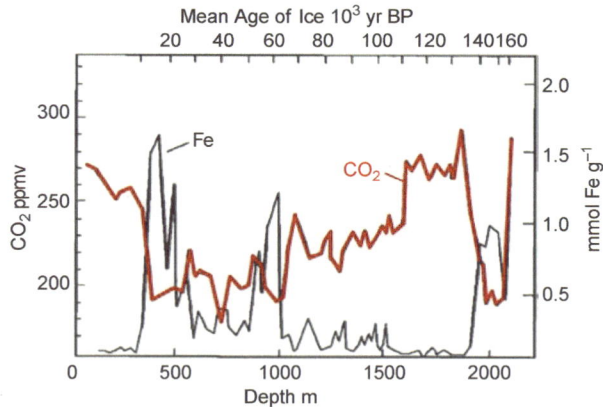

图 9.20　南极东方站（Vostok）冰芯 16 万年间 CO_2 和 Fe 浓度的变化
来源　"铁假说"原文图（Martin，1990a）
图中文字　Depth：深度；Mean age of ice：冰芯平均年龄；BP（before past）：过去年限

在末次冰期，干旱大面积发生，由于海平面降低导致大陆架区域露出海面。因此，很可能存在严重的风蚀引起 Fe 的大气输送（Jickells et al.，2005；Wolff et al.，2006；Pollard et al.，2009）。额外的 Fe 沉降增强了海洋 NPP（Kumar et al.，1995；Martínez-Garcia et al.，2011），并向深海输出 C。南极冰层气泡表明，1.8 万年前大气层 CO_2 浓度较低（图 9.20）。北太平洋（Bishop et al.，2002）和南大洋（Thöle et al.，2019）的输出初级生产量与大气降尘的自然变化相关，而其他海域 NPP 受上升流富 Fe 海水调控（Coale et al.，1996a；Blain et al.，2007；Tagliabue et al.，2017）。

太平洋（即 IronEX 试验）和南大洋（SOFeX 试验）海域均开展了约为期 10 年的系列 Fe 施加试验来检验"铁假说"（Boyd et al.，2007）。所有的试验均发现海域表层海水添加 Fe 显著地提高了 NPP，有时达 10 倍之多（Martin et al.，1994；Coale et al.，1996b，2004；Boyd et al.，2000），从而降低了表层海水溶解 CO_2 浓度（Cooper et al.，1996；Watson et al.，2000）。海域表层海水输出生产量可拓展 Redfield 比值概念，根据颗粒态有机碳（POC）的 C/Fe 比值计算获得。南大洋的 Fe 富集试验的 C/Fe 比值为 3000，但向深海输出 POC 量增加幅度却很小（Buesseler，2004）。

沙漠降尘的 Fe 通常为 Fe^{3+}，其海水溶解度要远小于主导生物有效态 Fe 库的有机复合物（Rue and Bruland，1997）。海洋中大多数 Fe 存在于颗粒物中（Johnson et al.，1997），可快速下沉（Croot et al.，2004）。在海洋试验中，表层海水添加的 Fe 迅速消失于上层水体，因此，浮游植物大量繁殖期是短暂的（Boyd et al.，2007）。在较长期的试验中，活跃的浮游动物群落增殖可通过捕食活动再生表层海水的 Fe 元素（Reinfelder and Fisher，1991；Hutchins et al.，1993）。异养细菌可富集 Fe（Tortell et al.，1996），有时以浮游植物为食（Maranger et al.，1998）。

因此，海洋施 Fe 被建议作为缓解气候变化的"地球工程"策略（Buesseler and Boyd，2003；Lampitt et al.，2008），但许多学者认为施 Fe 并不能解决人类活动引起的大气 CO_2 浓度增加问题（Zeebe and Archer，2005；Aumont and Bopp，2006）。部分施 Fe 试验海域表层海水 N_2O 排放通量显著增加，可抵消施 Fe 增加的 CO_2 扣留量（Zeebe and Archer，2005；Aumont and Bopp，2006）。海洋生物学家警告施 Fe 对海洋生物圈造成毁灭性影响（Chisholm et al.，2001），导致其他养分元素缺乏。施铁效应可能是短暂的，使用化石燃料去开采和提炼 Fe 并施用到海洋可能会释放更多的 CO_2，高于施 Fe 增加的海水 CO_2 吸收量。

9.4.3.6 微量元素限制

输入量少、生物需求高、颗粒沉降损失高等因素叠加，为海洋大部分海域的微量元素限制创造了条件。在一些海域表层海水 N 和 P 浓度很高，但微量元素限制 NPP，形成 HNLC 海域。众多大规模富集试验表明，太平洋赤道 HNLC 海域 NPP 受 Fe 限制（Kolber et al.，1994；Martin et al.，1994；Behrenfeld et al.，1996）。同样，Middag 等（2019）给出了有力的证据，锌（Zn）是北欧和南极原始海域 NPP 主要的限制性养分元素。Zn 是光合过程将 HCO_3^- 转化为 CO_2 的碳酸酐酶必需微量金属元素。Zn 也是一些降解有机磷的磷酸酶所需元素（Morel et al.，1994；Shaked et al.，2006）。最近，Kellogg 等（2020）指出在一些生物化学过程中钴（Co）可以替代 Zn。

因此，多种养分元素共限制现象在全球海洋十分普遍，通常可观测到三种共限制类型（Arrigo，2005；Saito et al.，2008）。许多海域当两种养分元素一起添加可提高初级生产力（图 9.19），即共限制类型 I，通常为 N 和 P 同时添加，其他组合也有发现。在南大西洋环流，只有同时添加 N 和 Fe 浮游植物生产量才显著提高（Browning et al.，2017a）。生物化学替代共限制（类型 II）有时发现 2 种或多种元素在相同酶系中互相替代（如 Zn 和 Cd 在碳酸酐酶中相互替代）。最后，海洋浮游植物可能受大量养分元素（N 或 P）或获取 N 和 P 所需酶系的微量元素限制（类型 III）。添加 Fe 可刺激固氮酶生成量（Mills et al.，2004；Moore et al.，2009），而添加 Zn 或 Fe 可增加磷酸酶产量（Shaked et al.，2006；Browning et al.，2017）。由此可见，通过添加合成获取大量养分元素酶的必需微量元素或提高大量养分元素生物有效性的微量元素可提高浮游植物生产力。

9.4.4　海洋 NPP 归趋

海洋 NPP 有三个主要归趋（图 9.21）。藻类生物量可被植食生物消耗，进入海洋次级生产量（定义见第 8 章）。藻类也可通过渗出或细胞裂解释放有机物，供应海洋表层微生物食物网。藻类细胞或细胞残骸也可能下沉进入温跃层（thermocline），被异养生物消耗。海洋表面固定的有机物质矿化释放养分供 NPP 生产，而藻类也可以被长寿命的生物所摄食或沉入温跃层导致表层海水养分损失。

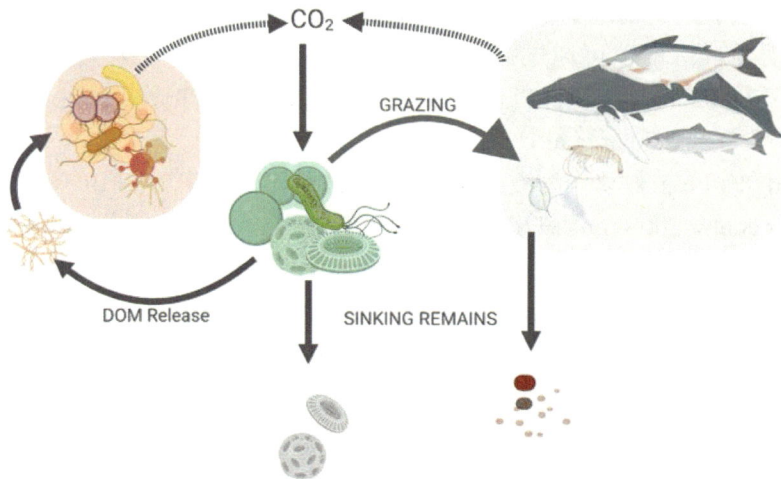

图 9.21　海洋表层藻类生产力归趋
来源　ESB 制图
图中文字　DOM release：水溶性有机物释放；Grazing：摄食；Sinking remains：残骸下沉

9.4.4.1　消耗

大部分海洋 NPP 可被浮游动物或浮游细菌消耗。浮游细菌通过呼吸利用 DOC，通过胞外酶降解来自浮游植物的 POC 和胶体（Druffel et al.，1992）。Cho 和 Azam（1988）认为在北太平洋海域细菌对 POC 的消耗比浮游动物更为重要。Cole 等（1988）综述了大量的海洋和淡水生态系统研究案例，指出细菌净生长量（产量）大约是浮游动物生物量的 2 倍，消耗了水体 30% 的 NPP（Ducklow and Carlson，1992；del Giorgio and Cole，1998）。一些海域细菌总消耗量可达 70% 的 NPP，尤其是 NPP 较小且水温较高的海域（Biddanda et al.，1994）。细菌将初级生产力固定的 C 转化为呼吸 C 的过程被称为"微生物循环"（Azam et al.，1983；Fenchel，2008）。

浮游动物是以鱼类等大型动物为最终级的海洋营养链第一级，而细菌则可被大量的食菌动物所消耗，矿化释放养分和 CO_2 进入表层海水（Fuhrman and McManus，1984）。因此，当细菌群落丰富时，海洋 NPP 固定的一大部分 C 无法传递到营养链更高的营养级（Ducklow et al.，1986）。在细菌生长受限的海域，如寒冷海域，更多的 NPP 可在营养链传递到更高营养级，包括商业性渔业（Pomeroy and Deibel，1986；Laws et al.，2000；Rivkin and Legendre，2001）。世界众多最丰产的渔场都位于寒冷的极地海域。

渔业产量与海洋初级生产量直接相关（Iverson，1990；Ware and Thomson，2005）。人类已经从海洋捕捞了大量的鱼贝，相当于消费了海洋食物网底层 NPP 的 8%（Pauly and Christensen，1995）。20 世纪许多重要的海洋商业鱼类种群数量显著下降，表明没有有效监管和保护的大规模捕捞对人类后代是不可持续的（Worm et al.，2009；Galbraith et al.，2017）。随着气候变化表层海水水温升高，更多的海洋 NPP 将被微生物消耗，导致更少的 NPP 来支撑商业鱼类的捕捞，同时极地海域可能变得更高产（Sumaila et al.，2011；Barange et al.，2014）。

9.4.4.2　DOC 渗出、溶解和淋失

大量的水溶态有机物（DOM）存在于海水中（Martin and Fitzwater，1992）。基于 ^{14}C 定年和分子性质，只有一小部分 DOM 来自河流输入海洋的腐殖质（Opsahl and Benner，1997；Raymond and Bauer，2001b；Hansell et al.，2004）。绝大部分海洋 DOC 是其光合作用产物。已知浮游植物和细菌细胞都会渗出有机化合物，全球约 17% 的净群落生产量为浮游植物细胞以 DOC 形式渗出（Hansell and Carlson，1998）。浮游植物细胞凋亡和溶解后亦能释放 DOC（Agusti et al.，1998）。大部分这一类 DOC 是不稳定的，在表层海洋可快速降解，为浮游细菌（自由漂浮细菌）提供养分（Kirchman et al.，1991；Druffel et al.，1992）。然而，一部分 DOC 相对难以降解，是一类由细菌再合成的含 N 化合物（Barber，1968；McCarthy et al.，1998；Ogawa et al.，2001；Aluwihare et al.，2005；Jiao et al.，2010）。这些难降解 DOC 被下沉流携带进入深海（Carlson et al.，1994；Aluwihare et al.，1997；Loh et al.，2004）。海洋 DOC 的平均滞留时间可长达 6000 年，比深层海水更新时间还要长，意味着部分 DOC 经历了不止一个深海循环（Williams and Druffel，1987；Bauer et al.，1992；Shen and Benner，2018）。

9.4.5　生物源碳酸盐生成和溶解

如前序章节所述，许多海洋生物（如双壳类、珊瑚、腕足类、颗石藻）会生成碳酸钙骨架[式（9.5）]，导致全球超过 1.6×10^{15} g C 被固定为生物源碳酸盐（Berelson et al.，2007；Hopkins and Balch，2018）。这些生物利用酶在海水中形成碳酸钙矿物，经蛋白质粘合后形成贝壳、壳和壳板。虽然珊瑚、牡蛎和贻贝是最为熟知且富有魅力的生物源碳酸盐生成海洋生物，但颗石藻（coccolithophores）是一种生成方解石外壳的浮游生物，贡献了最大的地质 C 汇（Monteiro et al.，2016）。海洋生物生成的碳酸盐骨骼可能是两种碳酸钙多晶型的一种，即霰石（aragonite）或方解石（Falini et al.，1996；Berner，2004）。霰石为针状晶体结构，不太稳定，而方解石具有立体三角结构并可形成晶体块。翼足类（pteropods）是南大洋大部分海域的主要浮游动物，珊瑚是滨海海域重要的基础物种，它们都能生成霰石骨架，而颗石藻则生成方解石板。众多双壳类会生成两种晶体，在坚硬的方解石外壳内衬一层霰石[1]。霰石比方解石不耐矿化，并对海洋酸化更为敏感，这些骨骼组成差异对预测海洋生物物种的海洋酸化反应至关重要（Orr et al.，2005；

---

[1] 牡蛎和贻贝内珍珠母以及珍珠都由霰石构成。

Bednaršek et al.，2012)。

生物源碳酸盐生成速率[式（9.5）]及其下式溶解速率：

$$CaCO_3 + H_2CO_3 \rightarrow Ca^{2+} + 2HCO_3^- \tag{9.7}$$

均受海洋酸度的影响,故海洋酸化可降低沉积物生物源碳酸盐生成和保存（Hofmann and Schellnhuber，2010；Sulpis et al.，2018），并可导致以霰石或方解石为骨骼的生物难以与更耐酸化的生物竞争有限资源。已有大尺度的观测表明太平洋表层海水溶解 CO_2 分压增加和 pH 下降，过去 15 年间累积下降了 0.06 个 pH 单位（图 9.17；Takahashi et al.，2006；Dore et al.，2009；Byrne et al.，2010）。珊瑚消失可能是最直接的海洋酸化结果（Kleypas，1999；Hoegh-Guldberg et al.，2007；Kleypas and Yates，2009），但海水酸度升高可能会影响多种浮游生物生成碳酸盐骨骼的能力（Riebesell et al.，2000；Orr et al.，2005）。不同物种具有不同的海水酸化响应（Iglesias-Rodriguez et al.，2008），海水酸化干扰海洋生态系统现有食物网。当然，海水 pH 下降可被碳酸盐溶解所缓冲[式（9.7）]，但不受控制的 CO_2 排放可能在未来几个世纪导致海水 pH 下降 0.7 个单位，超过过去 3 亿年所有观测到的变化（Zeebe et al.，2008；Hönisch et al.，2012）。

9.5 深海生物地球化学

从海洋表层沉降的有机碳和骨骼残骸是深海生物重要的食物。本节将讨论下沉颗粒归趋及其分解产物累积主导的深海生物地球化学。海洋平均深度约 3.9 km，位于西太平洋马里亚纳海沟南端的挑战者深渊（Challenger Deep），深度可达 11 km。"暮光层"（twilight zone）位于海面 200 m 以下，极少有光线进入，而 1000 m 以下水层则完全没有光线。除了没有光线，上覆海水水体巨大质量可产生 40～110 倍大气压的水压。在如此巨大压力差下，适应进化的生物体则无法在深层和表层海水间穿梭。

9.5.1 沉降有机物、软组织泵和海洋雪

海洋学家普遍认为80%～90%的海洋 NPP 在表层海水中被降解为无机化合物（CO_2、NO_3^-、PO_4^{3-}等），剩余的部分下沉进入深海。这些沉降物质由 POC 组成，包括死亡的浮游植物、粪粒和有机聚合物（即海洋雪；Alldredge and Gotschalk，1990）。从海洋表层下沉的 NPP 部分被称为输出生产量，常描述为 f_e 或 f 比率。在稳态下，沉降 NPP 量应相当于来源于大气输入（包括 N 固定）、河流和上升流供给养分支持的 NPP 部分，即新生产量（fn），占全球海洋总 NPP 的 10%～20%（表 9.3）。新生成量部分在全球海洋存在空间变化，观测到的 fn 峰值在寒冷的上升流海域（Sathyendranath et al.，1991）。海洋表层海水稳定的低浓度养分表明维持全球海洋新生产量的养分来源约相当于穿过温跃层沉降进入深海的有机碎屑所携带的养分损失，即输出产量（f_e）（Eppley and Peterson，1979；Liand Cassar，2017）。高的有机颗粒物沉降通量（f_e）表明从海洋表层水体带走大量养分，使得海洋 NPP 被限制，远低于现有的估计值范围（Broecker，1974；Eppley and Peterson，1979）。如果现有较高的海洋 NPP 估值准确的话，至少有 7.4×10^{15} g C·yr^{-1}（即全球 $f_e = 0.15$）沉降进入海洋深层（Knauer，1993；Falkowski，2005）。这一输出生产量包括 POC（5×10^{15} g C·yr^{-1}；Henson et al.，2011）和 DOC（Hopkinson and Vallino，2005）。

大部分下沉的颗粒态有机物在到达海底途中被矿化。有机物下沉通量呈季节性变化，取决于表层海水的生产力（Deuser et al.，1981；Asper et al.，1992；Sayles et al.，1994；Legendre，1998）。颗粒物平均下沉速率约为 350 m·d^{-1}，约需 10d 抵达海底（Honjo et al.，1982）。细菌呼吸作用消耗深层海水 O_2，产生 CO_2。下沉颗粒态组分决定了其分解效率和有机碳能否最终输送到沉积物（Briggs et al.，2020）。Seiter 等（2005）认为全球海洋仅有 0.5×10^{15} g C·yr^{-1} 向下穿越 1000 m 水层。Berner（1982）汇总了遍布海洋的沉积柱芯数据，估计沉积物有机碳的年增通量为 0.157×10^{15} g C·yr^{-1}。这些数据表明约 98%的沉降有机物在下沉深海过程中被降解（Martin et al.，1991）。

沉降有机物携带的养分在深层海水得以再生，其浓度远高于表层海水。前面章节提及太平洋深层海水年龄比大西洋大，其深层海水有更长时间接收沉降碎屑并矿化释放养分，故太平洋深层海水养分浓度更高（图 9.11）。同样，北大西洋深层海水在向南流动过程中逐渐"老化"，其养分浓度也逐渐增加（图 9.12）。DOC 在向下混入深层海水过程中也被矿化释放出养分（Hopkinson and Vallino，2005）。深层海水养分通过全球温盐环流经上升流重返表层海水（图 9.4；Sarmiento et al.，2004）。

Broecker（1974）认识到向下沉降的生物源颗粒物携带有机碳同时也有 $CaCO_3$，因此重新计算了包括 $CaCO_3$ 的 Redfield 比值，其修正的沉降颗粒物 Redfield 比值为 120C/15N/1P/40Ca，而上升流的 Redfield 比值为 800C/15N/1P/3200Ca。由此可见，海洋表层海水净生产量在同化全部 N 和 P 的同时，只同化了上升流海水 1.25%的 Ca 量。虽然生物源 $CaCO_3$ 是海洋主要的 Ca 汇，但相对于水溶态 Ca 总量，生物源碳酸盐仅代表很小的表层海水 Ca 汇。因此，Ca 在海水中是混合均匀且保守的元素（表 9.1）。

9.5.2　深海碳酸盐溶解

全球海洋生物源碳酸盐从光合层输出通量估计为 $0.6 \times 10^{15} \sim 1.8 \times 10^{15}$ g C·yr^{-1}（Berelson et al.，2007；Hopkins and Balch，2018）。生物源碳酸盐到达海洋沉积物取决于其颗粒大小和所需沉降的水体深度。相对于大气层，深层海水长期与海面隔绝，逐渐累积呼吸产生的 CO_2，使其呈 CO_2 过饱和状。同时，在低温和高压海水中 CO_2 溶解度更高[1]。CO_2 富集形成碳酸[式（9.4）]，同时使深层海水呈 $CaCO_3$ 欠饱和状态。生物源碳酸盐骨骼残骸沉入深海会被溶解，并产生 HCO_3^- 提高深层海水碱度。细颗粒在沉降到海洋底部的过程中被完全溶解，而大颗粒在下沉过程中得以残留，部分溶解参与沉积物成岩过程。

$CaCO_3$ 在海洋水柱（水体剖面）开始溶解的深度被称为碳酸盐温跃层（carbonate lysocline），是碳酸盐饱和深度（carbonate saturation depth，CSD）的指标，即在该深度海水 $CaCO_3$ 不再饱和。这一深度在南太平洋约为 3000 m，在大西洋约为 4500 m（Berger et al.，1976；Biscaye et al.，1976），但随着海水 CO_2 浓度增加而上升（图 9.22；Sulpis et al.，2018）。稍深一点的碳酸盐补偿深度（carbonate compensation depth，CCD）是碳酸盐向下通量和溶解速率相平衡的深度，即不再有碳酸盐沉积物（Kennett，1982）。太平洋 CSD 和 CCD 趋于变浅的原因是由于太平洋深层海水年龄较大，积累了大量的呼吸生

---

[1] 观察温度和压力对气体溶解度重要性可以通过打开一瓶加热的苏打水来观察气压降低导致 CO_2 冒泡逸出。

成的 CO_2（图 9.23；Li et al.，1969）。向下沉降的 $CaCO_3$ 被溶解意味着钙质沉积物仅能存在于浅海盆地中，而深度超过 4500 m 的大洋大部分海域都找不到碳酸盐沉积物。海洋表层海水估计生产了 10×10^{15} $g \cdot yr^{-1}$ 的生物源 $CaCO_3$，仅有约 0.8×10^{15} $g \cdot yr^{-1}$ $CaCO_3$ 保存在深海沉积物中（Feely et al.，2004；Berelson et al.，2007）。加上浅水海盆沉积物保存的碳酸盐估算量（2.2×10^{15} $g \cdot yr^{-1}$ $CaCO_3$；Milliman，1993），海洋碳酸盐沉积总量估值超过了向海输送的 Ca 通量，表明海洋 Ca 收支目前尚处于不稳定状态。现今，海洋沉积物中有机碳和碳酸盐碳保存的质量比例约为 0.30，接近地球沉积物清单的比例（表 2.3）。

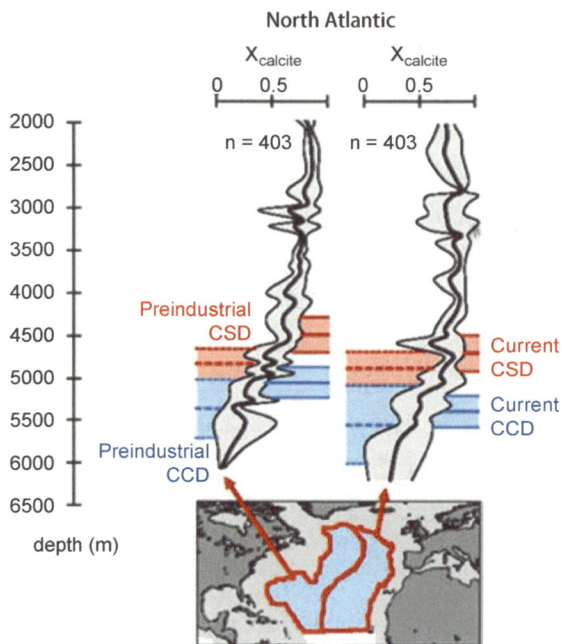

图 9.22　北大西洋方解石饱和深度（CSD）和方解石补偿深度（CCD）在工业化前和现代的变化。根据方解石沉积剖面和大西洋沉积物方解石标志层深度估算。n 为两个估算盆地的样本数
来源　修改自 Sulpis 等（2018）
图中文字　North Atlantic：北大西洋；Calcite：方解石；Preindustrial：工业革命前；Current：现代；Depth：深度

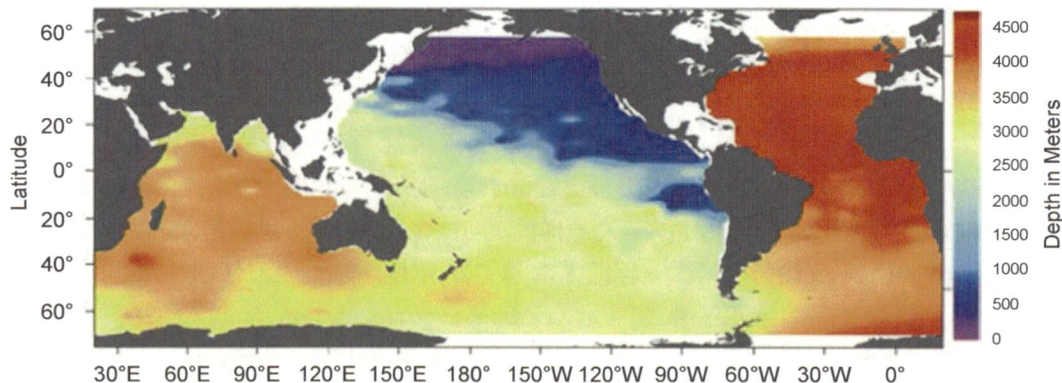

图 9.23　全球海洋方解石饱和深度（CSD）
来源　Feely 等（2004），经美国科学促进汇许可使用
图中文字　Latitude：纬度；Depth in meters：深度（m）

许多碳酸盐溶解的研究采用在不同深度锚定沉积物收集器捕集海洋下沉颗粒。多数海域的生物源颗粒物是沉积物收集器捕获的大部分物质，且绝大部分 $CaCO_3$ 以方解石形式存在。沉积物收集器布设一般用于长期研究，而霰石较方解石容易溶解，在长期研究期间霰石因溶解导致其下沉运移被忽视。霰石的碳酸盐温跃层通常在海洋深度 500～1000 m（Milliman et al.，1999；Feely et al.，2004）。可能多达 12% 的生物源碳酸盐下沉进入深层海水是以霰石形式沉降的（Berner and Honjo，1981；Betzer et al.，1984）。

9.6　海洋沉积物生物地球化学

海洋表层生产的有机碳和生物源碳酸盐由于降解和溶解，极少沉积于海底。在海洋沉积物中有机碳降解过程持续，最终海洋埋藏的有机碳通量约为 0.12×10^{15} g C yr^{-1}（Berner，1982；Seiter et al.，2005），少于 1% 海洋 NPP。持续向下沉降到深海残留的一小部分有机物是难降解的，但可能被海底异养微生物降解。尽管输入量很低，海洋沉积物仍支撑着迷人的生物群落。生长缓慢的深海珊瑚拥有高密度的生物群（图 9.24）。大型动物尸体沉入海底可形成短暂的富碳栖息地，吸引大量的食腐动物。沉积物表面沉积的许多物质被矿化或释放进入上覆水体，其余部分则逐渐参与沉积岩成岩过程，在整个地质年代累积了大量的 C 和养分（第 2 章和第 4 章）。本节将探讨沉积到海底 C 和养分的归趋。

图 9.24　（A）35 t 灰鲸尸体残骸于 1998 年沉入 1674 m 海底，NOAA 拍摄于 2004 年；（B）东太平洋水下 2500 m 的热液口巨型管虫（*Riftia pachyptila*），奥地利维也纳大学 Monika Bright 提供；（C）墨西哥湾水下 1000 m 的深海珊瑚（*Paramuricea* sp.），美国路易斯安那大学海洋联合体（LUMCON）Craig McClain 提供

9.6.1 海底有机物归趋

在海洋沉积物表面存在显著的分解过程（Emerson et al.，1985；Cole et al.，1987；Bender et al.，1989；Smith，1992），其分解速率取决于有机物暴露于氧气的时长（图 9.25；Gelinas et al.，2001；Arnarson and Keil，2007）。穴居生物搅动或生物扰动沉积物使 O_2 可渗入到沉积物内一定深度（Ziebis et al.，1996；Lohrer et al.，2004），促进埋藏的有机物降解（Hulthe et al.，1998；Middelburg 2017，2019）。只有极少部分沉积于海底的底栖碳不被矿化降解。这部分碳被计算为埋藏效率（burial efficiency，BE）：

$$BE = \frac{F_B}{F_C} = \frac{F_B}{(F_B + R)} \tag{9.8}$$

式中，F_C 为碳输入通量；F_B 为碳埋藏率；R 为总矿化速率。海洋沉积物碳埋藏速率从深海沉积物的百分之几到快速累积滨海沉积物的百分几十之间（Canfield，1994；Aller，2014）。在大多数沉积物中 R 远大于 F_B，所以呼吸速率（R）通常作为估算有机碳输送到海洋沉积物速率（F_C）的可靠指标。

有机物在海洋水体下沉过程中被持续地异养降解（滞留时间从数周到数月），因此，与从光合层损失沉降的有机物相比，到达海底沉积物表面的有机物在质和量上均呈下降趋势。有机物在海洋沉积物表面的长滞留时间（一个世纪或更长）可弥补其质的下降，但即便是最难降解的有机物，也被分解了大部分。通过沉积有机物暴露于 O_2 的时间（即在沉积物表层滞留时间）可预测其埋藏效率的众多变化（图 9.25）。

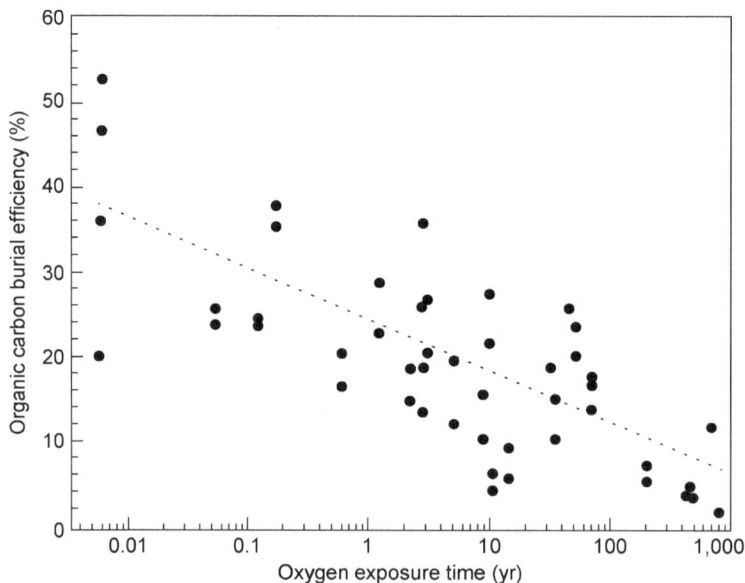

图 9.25 北太平洋东部沉积物有机碳埋藏效率与其氧气暴露时长的关系
来源 Hartnett 等（1998）
图中文字 Organic carbon burial efficiency：有机碳埋藏效率；Oxygen exposure time：氧气暴露时间

微生物是广袤海底的优势生物群落。在 500 m 深处大洋沉积物存在细菌（Parkes et al.，1994；D'Hondt et al.，2004；Schippers et al.，2005）。加拿大纽芬兰岛

（Newfoundland）附近海域海底 1626 m 处采集到活菌，其环境水温达到 60～100℃，为已知地壳生物圈最大边界（Roussel et al.，2008）。由于一些海域深海沉积物年龄古老（如 1.11 亿年，Roussel et al.，2008），其有机物仅残留了最难降解的组分。收集到的微生物 DNA 以及 C 和 S 同位素指纹表明 350 万年的海底玄武岩存在参与 CH_4 和 S 循环的微生物（Lever et al.，2013）。在这些深海沉积物中，地质源 CH_4 和 H_2 可促进化能自养活动以及古老有机物降解。"深海生物圈"的基因组分析表明存在三种主要生命体，即活的细菌、真菌和古菌，表明硫酸盐还原过程、产甲烷过程和厌氧甲烷氧化过程是深海生物圈的主要代谢途径（Orsi et al.，2013）。虽然它们的活性很低（D'Hondt et al.，2002），但超巨量的深海沉积物使其拥有 2.9×10^{29} 个微生物细胞，估计含有 4.1×10^{15} g C，即 0.6% 的地球总的活生物量，与土壤微生物生物量估值相当（Kallmeyer et al.，2012）。需注意的是，这些活生物量仅占海洋沉积物总有机碳的一小部分（表 2.3；Hartgers et al.，1994）。

　　由于 O_2 在沉积物非常浅的表层即被消耗殆尽，一旦有机物被埋入海底，其降解速率降低。在海底沉积物表层几厘米范围内，NO_3^- 和 NH_4^+ 也因有机物的厌氧氧化而被消耗殆尽。上覆水体通过扩散向沉积物补充 NO_3^-，一些运动微生物也可将 NO_3^- 带入沉积物通过反硝化过程去除（Prokopenko et al.，2011）。硫发菌属（*Thioploca*）的产垫细菌通过其细胞间特殊联结可从上覆水捕获 NO_3^- 经细胞内传输到沉积物内，在深海氧化经硫酸盐还原途径产生的硫化物（Fossing et al.，1995）。近期有研究发现微生物通过构建导电的菌毛或纳米管线，或促进胞外金属基质沉积，在深海沉积物局部氧化还原梯度下进行胞外电子传递（Meysman et al.，2015；Shi et al.，2016a）。

　　硫酸盐是海洋海水中最为丰富的末端电子受体（termianl electron acceptor，TEA），是 Mn 还原和 Fe 还原沉积层以下主要的 TEA（图 9.26）。据估计，硫酸盐还原途径氧化了 12%～20% 的海底有机碳通量（Bowles et al.，2014）。假设 12% 到达海底 0.2×10^{15} g C 有机物[①]被硫酸盐还原途径再矿化，可转化 24×10^{12} g SO_4^{2-} 为硫化物（Bowles et al.，2014）。深海沉积物 $\delta S^{18}O_4^{2-}$ 相对于 $\delta^{34}SO_4^{2-}$ 的同位素高度富集，表明微生物细胞内硫酸盐还原生成的亚硫酸盐 99% 被再氧化为硫酸盐，维持了新末端电子受体供应受限海域的微生物活动（Antler et al.，2013；Findlay et al.，2020）。在深海海域由于还原性有机物供应量极低，硫酸盐得以渗入深层沉积物中。相反，在有机物供应较高的海洋沉积物中，硫酸盐被迅速消耗。

　　所有的海洋沉积物在其硫酸盐还原层和产甲烷层之间存在一个关键的过渡区，称为硫酸盐-甲烷过渡区（sulfate-methane transition zone，SMTZ）。目前估计表明，SMTZ（定义为硫酸盐含量 < 0.1 mmol·L^{-1}）层以下可能有多达 10^8 km³ 的海洋沉积物，其微生物群落完全依赖酵解途径和产甲烷途径支撑。在地球最深的沉积物中大部分 CH_4 来自于 CO_2 还原途径，因为沉积物中 SO_4^{2-} 完全消耗之前乙酸盐也消耗殆尽（Sansone and Martens，1981；Crill and Martens，1986；Whiticar et al.，1986）。然而，乙酸盐也可通过还原 CO_2 的自养产乙酸途径来生成（Heuer et al.，2009）。

---

① 这一估值来自于 Friedlingstein 等（2019）。

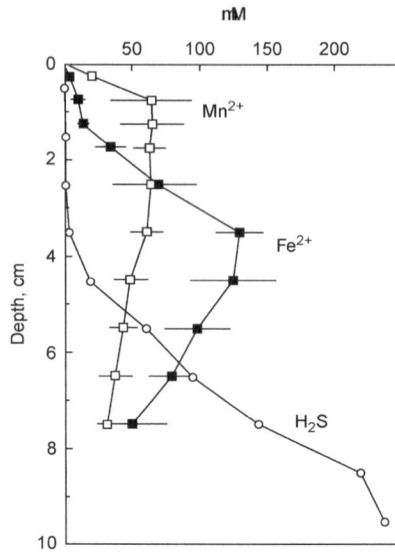

图 9.26 丹麦沿岸沉积物孔隙水 Mn^{2+}、Fe^{2+} 和 H_2S 的垂向分布，给出了 Mn 还原层、Fe 还原层和 SO_4 还原层的大致深度

来源 Thamdrup 等（1994）

图中文字 Depth：深度

全球范围内 9%～14%的海洋沉积有机碳可能通过厌氧呼吸途径氧化，尤其是硫酸盐还原途径（Lein，1984；Henrichs and Reeburgh，1987）。硫酸盐还原途径的重要性对富有机物的近岸沉积物要比远洋沉积物更高（Skyring，1987；Canfield，1989a）。近岸环境通常具有高 NPP 和大量有机颗粒物输入沉积物表面等特征。硫酸盐还原活性通常随总沉积率增加而增加，尤其在近岸海域最大（Canfield，1989a，b，1993）。当有机物埋藏入沉积物，其厌氧条件迅速发育。Martens 和 Val Klump（1984）发现美国北卡罗来纳州滨海海盆每年沉积 149 mol C·m^{-2}，其中每年呼吸消耗 35.6 mol C·m^{-2}。呼吸途径贡献包括 27%的好氧呼吸途径、57%的硫酸盐还原产 CO_2 途径和 16%的产甲烷途径。近岸环境还会促进沉积有机碳氢化,通常通过硫酸盐还原途径产生 H_2S(Hebting et al.，2006)。难降解的还原性有机残留物可能是化石石油形成的前体（Gelinas et al.，2001）。

相反，大洋海域 NPP 较低，故有机颗粒向下输出通量较低，沉积速率总体也较低。太平洋的大洋海域沉积物净 C 埋藏通量为 0.005 mol C·m^{-2}·yr^{-1}（D'Hondt et al.，2004）。这些海域沉积物通常是好氧的（Murray and Grundmanis，1980；Murray and Kuivila，1990），其好氧呼吸途径强度远大于硫酸盐还原途径（Canfield 1989a，b）。这些深海沉积物很少有有机物能残留到硫酸盐还原反应发生（Berner，1984）。

在寒冷和高压条件下,在一些海域沉积物中 CH_4 与水结晶形成 CH_4 水合物或包合物（clathrates），CH_4 水合物不稳定，在海洋表面可挥发为 CH_4（图 9.27；Zhang et al.，2011a，b）。除了 CH_4 水合物（包合物）可作为商用天然气来源外，气候变暖引起包合物灾难性地释放巨量 CH_4 进入大气，可进一步加剧气候变暖，受到广泛关注（Archer et al.，2009）。然而，末次冰期晚期气候变暖引起的 CH_4 大量排放证据尚有争议（Kennett et al.，2000；Sowers，2006；Petrenko et al.，2009）。

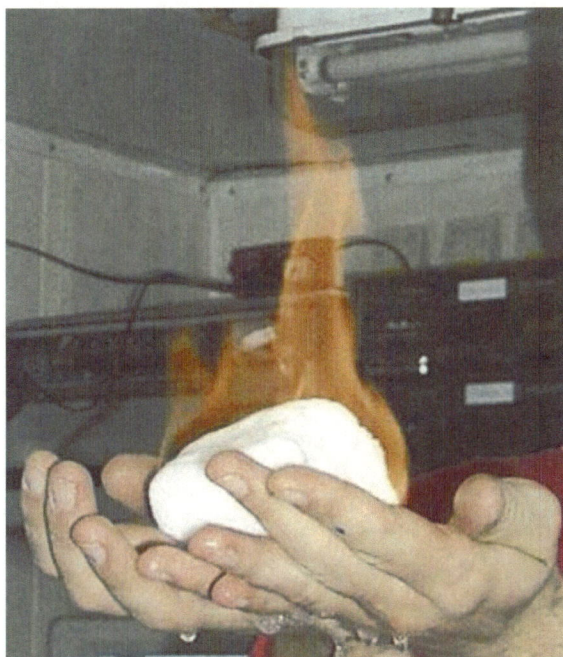

图 9.27　冷冻的 CH_4 水合物（包合物）挥发的甲烷可在地表燃烧
来源　Gary Klinkhammer 拍摄，美国国家航空航天局授权使用

当深层生成 CH_4 在沉积物内向上扩散时，缺氧条件下以 SO_4^{2-}、Mn^{4+} 和 Fe^{3+} 作为电子受体，甲烷营养菌（AOM）能厌氧氧化 CH_4（Reeburgh，2007；Beal et al.，2009）。一些厌氧甲烷营养菌是古菌，与硫酸盐还原菌共存（Hinrichs et al.，1999；Boetius et al.，2000；Michaelis et al.，2002）。当沉积物有机质含量较低时，硫酸盐还原速率受向上扩散的有机底物 CH_4 通量单独调控（Hensen et al.，2003；Sivan et al.，2007）。甲烷营养古菌已知通过固氮来维持其在硝酸盐已被反硝化殆尽的深海沉积物中繁衍（Dekas et al.，2009）。

释放自海洋沉积物、自然渗出、热液口等的 CH_4 在到达海面之前可被微生物快速氧化（Iversen，1996）。墨西哥海湾深海层油井井喷事件中喷出的大量天然气在到达水面之前已被氧化（Kessler et al.，2011）。

9.6.2　沉积物成岩过程

有机碳的沉积物埋藏速率很大程度上取决于沉降速率（图 9.28；Muller and Suess，1979；Betts and Holland，1991）。滨海近岸海域有机物得到较好的保存可能是该海域的高 NPP（Bertrand and Lallier–Vergès，1993）、快速埋藏（Henrichs and Reeburgh，1987；Canfield，1991）和厌氧环境的弱降解效率（Canfield，1994；Kristensen et al.，1995）共同作用的结果。如土壤（第 5 章）一样，海洋沉积物中的有机物也可以通过与矿物表面结合以增强其持久性。黏粒和铁矿物吸附有机物可延缓其降解而得以保存（Keil et al.，1994；Mayer，1994；Kennedy et al.，2002a，2002b；Lalonde et al.，2012；Blattmann et al.，2019）。

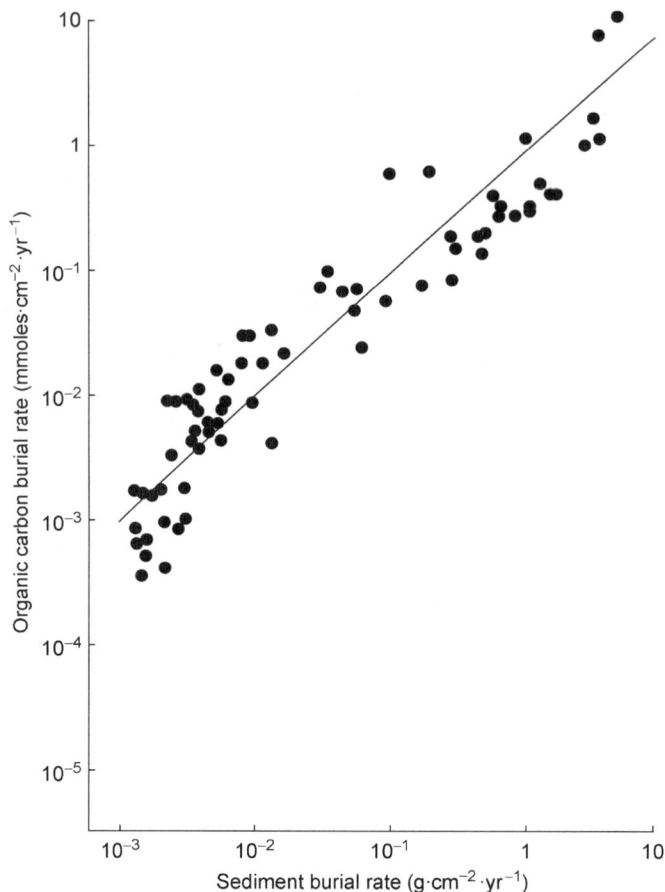

图 9.28　海洋沉积物有机碳掩埋速率与总沉积速率的关系
来源　Berner 和 Canfield（1989），美国 *Science* 杂志授权使用
图中文字　Organic carbon burial rate：有机碳掩埋速率；Sediment burial rate：沉积物掩埋速率

　　沉积物沉积后发生的化学组成变化被称为成岩过程。微生物活动参与了沉积物成岩过程的多个途径，其按氧化还原反应梯度进行（第 7 章；Thomson et al.，1993；D'Hondt et al.，2004）。锰（Mn^{3+}）在亚氧化层以锰氧化物积累，随着氧化还原电位上行或下行，可作为电子供体或受体（Anschutz et al.，2005；Trouwborst et al.，2006）。硫酸盐还原途径发生时期是海洋沉积有机物成岩过程的实质性阶段（Froelich et al.，1979；Berner，1984）。硫酸盐还原途径生成还原性硫化物（如 H_2S），导致黄铁矿（pyrite）在海洋沉积物中沉积[式（7.19）和式（7.20）]。黄铁矿生成速率通常受有效铁量限制（Boudreau and Westrich，1984；Morse et al.，1992），因此，只有一小部分硫化物以黄铁矿沉积，其余硫化物从沉积物表层逸出被氧化（Jorgensen，1977；Thamdrup et al.，1994）。与硫发菌属（*Thioploca*）相关，贝氏硫细菌属（*Beggiatoa*）细菌可氧化海洋沉积物表面逸出的 H_2S。

　　无论在滨海近岸和大洋海域，沉积物有机碳含量和黄铁矿硫含量间呈显著的正相关（图 9.29），但黄铁矿沉积是以有机碳消耗为代价[式（9.9）]：

$$8FeO + 16CH_2O + 16SO_4^{2-} \rightarrow 16O_2 + 8FeS_2 \downarrow + 16HCO_3^- + 8H_2O \qquad (9.9)$$

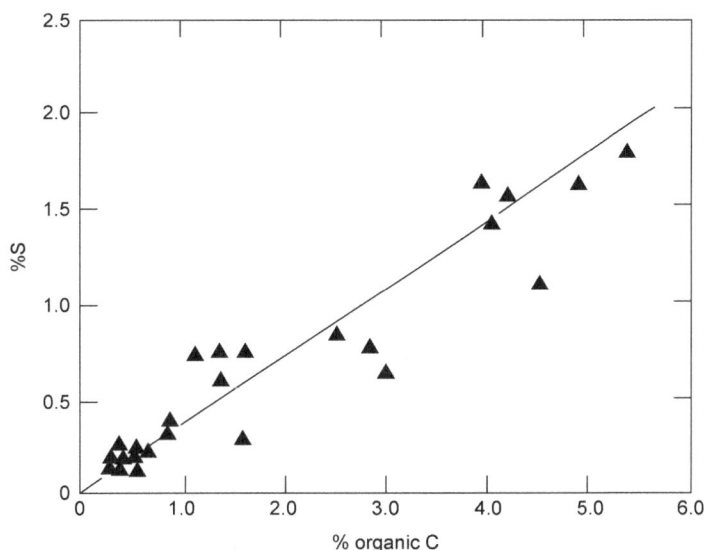

图 9.29　海洋沉积物黄铁矿含硫量与沉积物有机碳含量的线性关系
来源　Berner（1984）
图中文字　Organic C：有机碳

　　因此，海洋净生态系统生产量可由沉积有机碳量和沉积黄铁矿含量总和来表示，后者受消耗有机碳、生成还原性硫的硫酸盐还原途径驱动（表 7.7）。

　　还原性化合物（有机碳和黄铁矿）的长期埋藏是地球大气层 O_2 得以积累的原因（第 3 章）。埋藏有机碳与 O_2 的摩尔比值为 1.0，而埋藏 1 mol 还原性硫可累积近 2 mol 的 O_2（Raiswell and Berner，1986；Berner and Canfield，1989）。大部分海洋页岩的 C/S 质量比值约为 2.8，相当于与 7.5 mol O_2 积累（Raiswell and Berner，1986）。因此，在地质时期黄铁矿中还原性硫的沉积可能贡献了约 20%的大气层 O_2。在大陆快速抬升、侵蚀和沉积时期，大量有机物和黄铁矿被埋藏，大气层 O_2 浓度提高（Des Marais et al.，1992）。大气层 O_2 浓度提升会促进海洋沉积物有氧降解，消耗 O_2 从而限制大气层 O_2 浓度的不断增加（Walker，1980）。

　　在沉积物成岩过程中，有机磷和铁结合态磷被转化为磷灰石（phosphorites，自生磷灰石途径），最终决定了沉积物磷储量（Ruttenberg，1993；Filippelli and Delaney，1996；Rasmussen，1996）。有机磷矿化释放 PO_4^{3-}，与 Ca 和氟（F）反应生成氟磷灰石（francolite；Ruttenberg and Berner，1993；Krajewski et al.，1994；Anderson et al.，2001）。海洋沉积物有机磷降解消失的同时，氟磷灰石生成（Filippelli and Delaney，1996；Delaney，1998）。Kim 等（1999）在美国加利福利亚州滨海沉积物中发现氟磷灰石扣留了 30%由有机磷矿化释放或吸附于铁氧化物的 P。F 则来源于海水向沉积物内的扩散（Froelich et al.，1983；Schuffert et al.，1994）。一些海域海底堆积的磷酸根结核直径可达数厘米。这些磷酸根结核还是一个谜，虽然其生长速率小于沉积物沉积速率，但仍堆积在沉积物表面未被埋藏（Burnett et al.，1982）。

　　地球化学家困惑已久的是现代海洋似乎未发现有大量白云石[dolomite，（Ca，Mg）CO_3]沉积，海水 Mg 浓度很高并且有大量白云石沉积的地质记录。少数生物碳酸盐骨骼由镁方解石沉淀,但根据热力学原理海洋沉积物中方解石应转化为白云石(Malone et al.,1994)。Baker 和 Kastner(1981)发现 SO_4^{2-} 会抑制白云石形成,但白云石能在有机质丰富的海洋沉积物中生成,因为这些沉积物 HCO_3^- 丰富且 SO_4^{2-} 被硫酸盐还原反应消耗殆尽[式(9.9);Baker and Burns,1985]。在实验室培养基中硫酸盐还原细菌脱硫弧菌有白云石沉淀生成(Vascencelos et al.,1995)。因此,白云石沉淀与海洋沉积物生物地球化学过程直接相关。虽然地质年代白云石是海洋 Mg 的汇,但对现代海水 Mg 的去除贡献很小。

据全球收支估计,每年有 9.55×10^{12} mol 水溶态 Si 进入海洋,其中,64%由河流河水输送,25%通过风成沉积物和河流沉积物溶解释放(Frings et al.,2016)。陆地风化贡献了绝大部分 Si 供应,被硅藻吸收后生成生物源蛋白石,其中大部分在水体中循环利用(Treguer and De LaRocha,2013)。当硅藻和其他硅质生物体沉入海底,生物源蛋白石是初始矿物。被沉积物埋藏后,生物源蛋白石可发生溶解,分解成金属氧化物,或经逆风化过程形成一系列替代性成岩蚀变,包括硅酸盐黏土(Aller,2014)。对于河流输入高负荷 Si 促进硅藻生长的滨海海域,生物源蛋白石和自生硅酸盐黏土的生成尤为重要。全球每年有 $4.5 \times 10^{12} \sim 4.9 \times 10^{12}$ g Si·yr^{-1} 沉积在滨海硅质沉积物中(Rahman et al.,2017)。

9.6.3 热液口生物群落

1977 年第一个热液口生物群落在太平洋东部海域 2500 m 深处发现。热液口形成于海洋地壳裂缝,海水可渗入地壳亚表层。寒冷海水与火热岩石相接触发生反应,形成富含化学物质的高还原态热流体羽流。热海水密度低于深海寒冷海水,从海底上浮与寒冷海水混合(图 9.10)。热液羽流形成了强氧化还原界面,来自地幔的还原物质暴露于富氧海水,热液口排出的 H_2、硫化物、CH_4 和还原态 Fe 等支撑了依赖氧化这些还原性物质获取能量、同化有机物的化学自养微生物群落(Dick,2019)。这些微生物接着又为由管状蠕虫、软体动物和系列特殊微生物等组成的复杂食物网提供能量,许多分离到的微生物是当时的新物种[图 9.24(B);Corliss et al.,1979;Grassle,1985;Levesque et al.,2005]。虽然热液口的化学同化过程可能在原始生命之初就开始了(第 2 章),但氧化态海洋产生的能量远高于原始海洋。现代海洋热液口硫细菌能通过氧化 H_2S 获得能量,通过反应生成碳水化合物(Jannasch and Wirsen,1979;Jannasch and Mottl,1985):

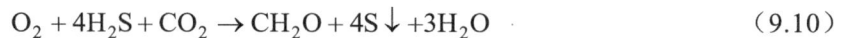

$$O_2 + 4H_2S + CO_2 \rightarrow CH_2O + 4S\downarrow + 3H_2O \qquad (9.10)$$

需注意该反应最终取决于 O_2 供应,将深海化学同化过程与海洋表面光合过程联系起来。热液口其他细菌利用热液口喷出的 H_2、CH_4 及 H_2S 进行化学同化反应(Jannasch and Mottl,1985;Petersen et al.,2011;Dick,2019)。

化能自养微生物和动物之间显著的互利共生关系是现代海洋热液口物理结构的主要特征。巨型管栖蠕虫(*Riftia pachyptila*)的共生细菌生成元素 S 沉淀,使其管柱快速生长,可长达 1.5 m(Cavanaugh et al.,1981;Lutz et al.,1994)。热液口附近直径可达 30 cm 的滤食性贝类高密度生长形成"贝垫"。这些生物群落是动态的,一个特定热液口可能仅活跃 10 年左右。由于热液口深度超过碳酸盐补偿深度,在热液口活动停止后贝壳溶解减缓(Grassle,1985)。这些生物的后代必须不断扩散定居到新的热液口系统。

各种金属元素和 Si 可在强还原高温的热液口海水中溶解，与海水混合生成金属硫化物沉淀，其可从海水移除多达 100×10^{12} g S·yr^{-1}（Edmond et al.，1979；Jannasch，1989）。全球 S 循环（图 9.29）中使用的数据较低（27×10^{12} g S·yr^{-1}）（Elderfield and Schultz，1996）。Mn 和 Fe 也以难溶氧化物（MnO_2 和 FeO）和结核等形式沉积在海床，但后续研究表明，热液口排出的 Fe 大部分与同时排放的配位离子结合，以水溶态 Fe 输入海洋（Tagliabue et al.，2010）。Fe 和 Mn 氧化物可清除海水中钒（V）和其他元素，每年可除去河流径流 V 年输入量的 25%（Trefry and Metz，1989；Schlesinger et al.，2017）。

9.6.4　生物地球化学的沉积记录

海洋沉积物记录了整个地质时期海洋状况（Kastner，1999）。海洋沉积物和沉积岩富 $CaCO_3$（钙质软泥）表明该海域曾是高生产力浅海，有丰富的有孔虫（foraminifera）和颗石孔虫（coccolithopores）分布。深海沉积物主要是硅酸盐黏土矿物，具有高浓度铁锰（红黏土）。蛋白石沉积表明过去有硅藻生长，而富含有机碳的沉积物则表明为近岸滨海海域，有机物沉积埋藏速度很快。沉积物保存的生物物种组成变化也被用于推断地质时期海洋气候、环流和生产力模式（Weyl，1978；Corliss et al.，1986）。例如，硅藻沉积物锗（Ge）/硅（Si）比值可推断陆地风化速率的历史变化（Froelich et al.，1992）。

钙质沉积物记录了地质时期气候变化。当陆地冰盖在冰期增长时，相对于海水，冰盖水 $H_2^{18}O$ 丰度贫化，因为海水 $H_2^{16}O$ 更容易被蒸发，贡献于陆地的降雨和降雪。当大量的水从海洋蒸发输出储存于冰川，海水 $H_2^{18}O$ 丰度要高于现代。海水平衡反应中碳酸盐沉淀[式（9.4）和式（9.5）]，因此，分析沉积碳酸盐 ^{18}O 丰度变化可指示海洋体积和水温的历史变化（图 9.30）。

海水锶（Sr）含量的历史变化也是地球化学家特别感兴趣的，因为其同位素比随陆地岩石风化速率变化（Dia et al.，1992）。海水大部分 Sr 与 $CaCO_3$ 发生共沉淀最终从海水消失（Kinsman，1969；Pingitore and Eastman，1986）。在强烈风化时期，陆地岩石 ^{87}Sr 含量高导致其海水含量相应增加。因此，海洋碳酸盐岩 ^{87}Sr 含量变化可指示长期的岩石风化相对速率（Richter et al.，1992）。岩石风化速率相对于碳酸盐沉积速率的变化也反映在碳酸盐沉积物的 $\delta^{44}Ca$ 丰度（De La Rocha and DePaolo，2000；Griffith et al.，2008）。中新世陆地风化速率较强，其大气 CO_2 浓度高于现代。

碳酸盐也是海洋硼（B）的一个小汇（20%；Park and Schlesinger，2002），海洋碳酸盐的硼同位素比随海水 pH 变化。中新世（2100 万年前）沉积有孔虫硼同位素比表明当时海水 pH（7.4）低于现代海水（8.2），这与当时大气 CO_2 浓度高的推测相一致（Spivack et al.，1993；Pearson and Palmer，2000）。相似地，沉积碳酸盐硼同位素比表明末冰期海水 pH 高，其时大气 CO_2 浓度也低（Sanyal et al.，1995）。与所有的沉积物研究一样，海水元素平均滞留时间限制了估算方法的时间精度，硼同位素比变化的时间精度大于 100 万年（即海水硼的平均滞留时间大于 100 万年；Park and Schlesinger，2002）。

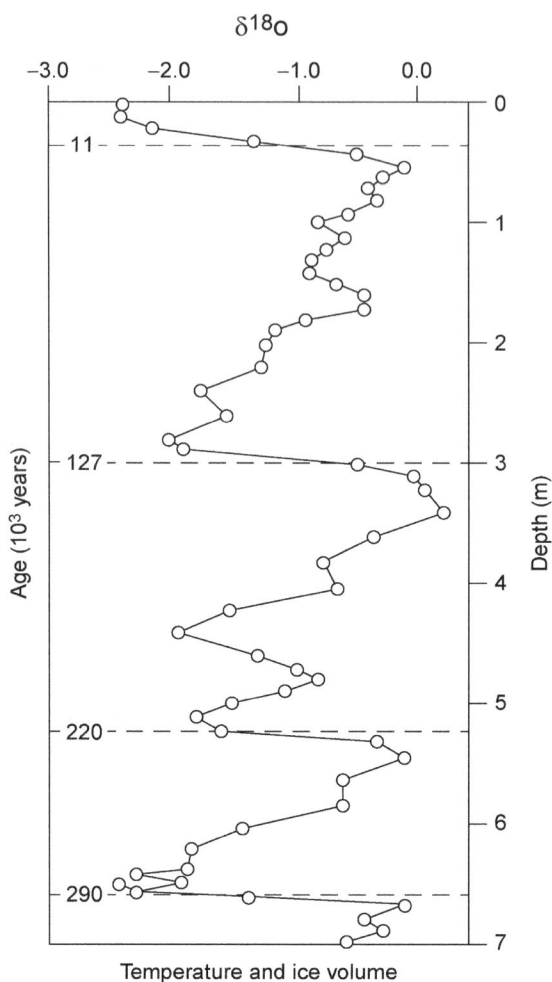

图 9.30 加勒比海海域 30 万年沉积碳酸盐 $\delta^{18}O$ 丰度变化。末冰期（2 万年前）海水 $\delta^{18}O$ 富集与海平面下降和海水 $H_2^{18}O$ 比增加相关

来源 Broecker（1973）

图中文字 Age（yers）：年龄（年）；Temperature and ice volume：温度和冰体积；Depth：深度

    沉积有机物和 $CaCO_3$ 的 ^{13}C 丰度记录了地球生物生产量。回忆一下，光合过程区别同化 $^{13}CO_2$ 和 $^{12}CO_2$，植物组织 ^{12}C 丰度较大气略有增加（第 5 章）。当大量有机物储存于陆地和海洋沉积物时，$^{13}CO_2$ 累积于大气层和海洋中（即 $H^{13}CO_3^-$）。Authur 等（1988）认为白垩纪晚期海洋碳酸盐相对较高的 ^{13}C 丰度反映了光合产物有机碳大量储存。煤生成时期（二叠纪）腕足动物 ^{13}C 丰度也存在相似的变化（Brand，1989）。正如二叠纪假设，有机碳储量较大时，大气层 O_2 浓度呈增加趋势（Berner and Canfield，1989）。

9.7 海洋元素循环

9.7.1 海洋碳循环

    地球表面最大的碳库是海洋深层海水的水溶性无机碳（DIC）。这一碳库通过"深层海水生成"海域的 DIC 输送、海洋表面下沉的 DOC 和颗粒态有机质矿化等过程不断补给（图 9.31）。深层海水在上升流海域将 CO_2 归还到海洋表层。过去 10 年间海洋溶解泵估计每年去除了（2.5 ± 0.5）$\times 10^{15}$ g C·yr^{-1} 的大气 CO_2（Friedlingstein et al.，2019），较 20 世纪 60 年代估计的（1.0 ± 0.5）$\times 10^{15}$ g C·yr^{-1} 年通量（Le Quere et al.，2018）显著增加。大气层和海洋间 CO_2 净通量存在较大的年际变化，在厄尔尼诺现象期间（如 1997～1998 年）海洋 CO_2 同化量最高（Rödenbeck et al.，2018）。

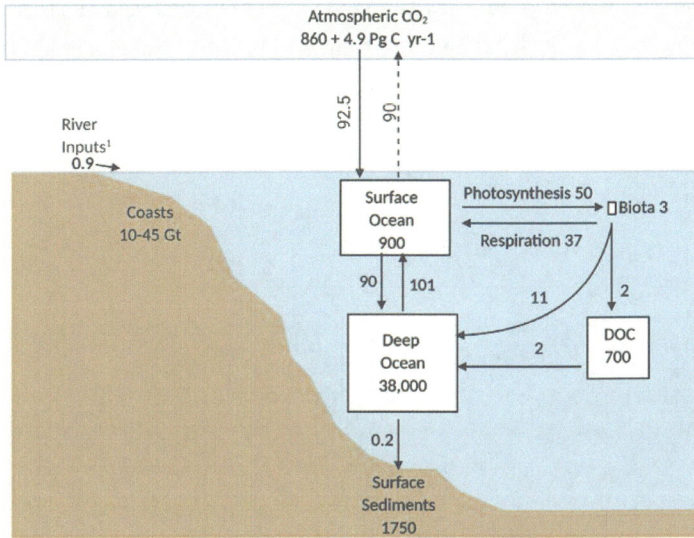

图 9.31 海洋碳循环。碳库单位为 $\times 10^{15}$ g C（Pg）、通量单位为 $\times 10^{15}$ g C·yr^{-1}

来源 2013 年 IPCC 报告（Ciais et al.，2013），根据 2019 年全球碳收支更新相关估值（Friedlingstein et al.，2019）

图中文字 Atmospheric CO_2：大气 CO_2；River inputs：河流输入；Coasts：滨海输入；Surface ocean：海洋表层；Photosynthesis：光合作用；Respiration：呼吸作用；Biota：生物群；Deep ocean：海洋深层；DOC：水溶性有机碳；Surface sediments：表层沉积物

普遍认为现代海洋储存了人为排放 CO_2 总量为（155 ± 30）$\times 10^{15}$ g C（Khatiwala et al.，2012），约占自工业化以来人类活动产生的 CO_2 总量的 1/4（Ciais et al.，2013）。海洋 NPP 是最大的 CO_2 通量，全球海洋每年达 50×10^{15} g C·yr^{-1}，但没有证据表明海洋 NPP 通量会随大气层 CO_2 浓度增加而发生变化。目前大多数全球模型未考虑人类活动对养分供应的影响。在工业化时期，全球海洋的人类活动源氮沉降可能促进了海洋软组织碳固定量每年增加 0.15×10^{15}～0.30×10^{15} g C·yr^{-1}（Duce et al.，2008；Jickells et al.，2017）。

河口海湾、滨海海域和大陆架海域碳固定率和碳储量是全球海洋最高的（第 8 章）。这些海域仅占全球海洋表面面积的 8% 左右，但贡献了约 18% 的全球生产力（表 9.3）和 83% 的沉积物埋藏碳量。全球平均模型（图 9.31）未能揭示这些海域对全球海洋生物地球化学循环的相对重要性。例如，大量有机碳可能从大陆架海域输送到深海（Walsh，1991；Wollast，1993）。

9.7.2 海洋氮循环

9.7.2.1 输入

生物固氮是海洋氮输入的主要途径。目前估计固氮过程向海洋输入约 164×10^{12} g N·yr^{-1}，比几十年前的估算值高约 10 倍（图 9.32），虽然该估值仍存在较大的不确定性（Großkopf et al.，2012；Jickells et al.，2017；Tang et al.，2019）。和陆地植物一样，海洋浮游植物固氮与浮游生物生物量和沉积物有机碎屑中 $\delta^{15}N$ 约为 0‰丰度相关（Karl et al.，2002）。这一同位素特征可用于估算海洋水体的固氮量（Mahaffey et al.，2003）。在众多海域，海洋初级生产力受 N 有效性限制，但固氮量很大程度上取决于合成固氮酶所需的 Fe 有效性及固氮酶活性（Falkowski，1997；Wu et al.，2000；Moore and Doney，2007；Moore et al.，2009）。在冰期-间冰期周期，海洋固氮量可能与沙漠尘埃输送有关，末次冰期海洋高 NPP 可能与沙漠尘埃 Fe 大量沉降有关（Martin，1990b；Jickells et al.，2005）。沙漠尘埃的海洋沉降将海洋 NPP 与遥远的陆地生态系统土壤生物地球化学过程联系了起来。

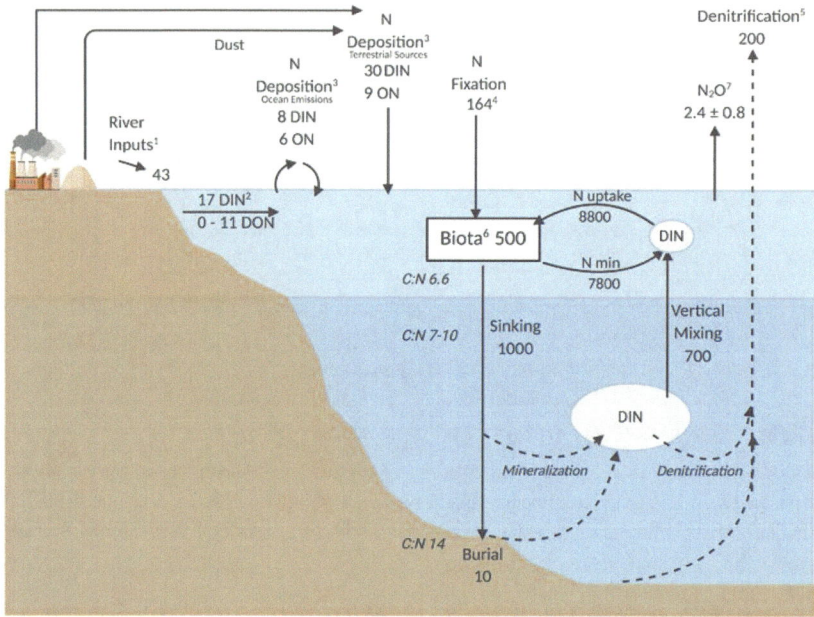

图 9.32 全球海洋氮收支。通量单位为× 10^{12} g N·yr^{-1}

来源 （1）河流输入水溶性无机氮（DIN）和水溶性有机氮（DON），Seitzinger 等（2005，2010）。（2）DIN 从大陆架海域向大洋运输，Sharples 等（2017）。（3）TM4–ECPL 模型预测大气沉降通量，Tsigaridis 等（2014），Daskalakis 等（2015）。（4、5）PlankTOM 模型预测生物固氮和反硝化速率，Jickells 等（2017）。生物固氮通量与测定值 177 × 10^{12} g N yr^{-1} 一致，Großkopf 和 Laroche（2012）。（6）海洋生物群落氮库，Galloway 等（2004）。（7）氧化亚氮通量，Buitenhuis 等（2018）和 Ji 等（2018）

图中文字 River Inputs：河流输入；Dust：尘埃；Deposition：沉降；Ocean emissions：海洋排放；Terrestrial sources：陆地源；N fixation：固氮过程；Biota：生物群；Sinking：沉降；N uptalke：N 吸收；N min：N 矿化；Mineralizaton：矿化过程；Vertical mixing：垂向混合；Denitrification：反硝化过程

工业化时期河流活性氮输入量一直在增加，从背景值 27 × 10^{12} g N·yr^{-1} 增加到现今的 43 × 10^{12} g N·yr^{-1}（图 9.32；Galloway et al.，2004；Seitzinger et al.，2010）。在工业化前，水溶性有机氮可能是河流活性氮输入通量的主要形式，但现今无机氮占了河流输入海洋通量的 75%（Seitzinger et al.，2010；Tian et al.，2020）。相关模型预测约 25%的河流 N 输入量在大陆架海域被消耗，主要在浮游植物沉积形成的富有机物滨海沉积物中通过反硝化途径损失（Seitzinger，1988；Seitzinger et al.，2005；Duce et al.，2008），剩余的 75%河流 N 通量进入大洋（Sharples et al.，2017）。如上所述，人类活动促进了活性氮（大部分以大气污染物形式）从陆地向海洋输送（Duce et al., 2008; Jickells et al., 2017）。在一些处于污染源下风向的滨海海域，大气污染增加的活性氮沉降可导致海洋 NPP 升高（Fanning, 1989; Paerl, 1995; Kim et al., 2011）。增加的河流和大气组合 N 输入导致大面积海域海水 N 浓度和 N/P 比值升高（图 9.33; Deutsch and Weber, 2012）。

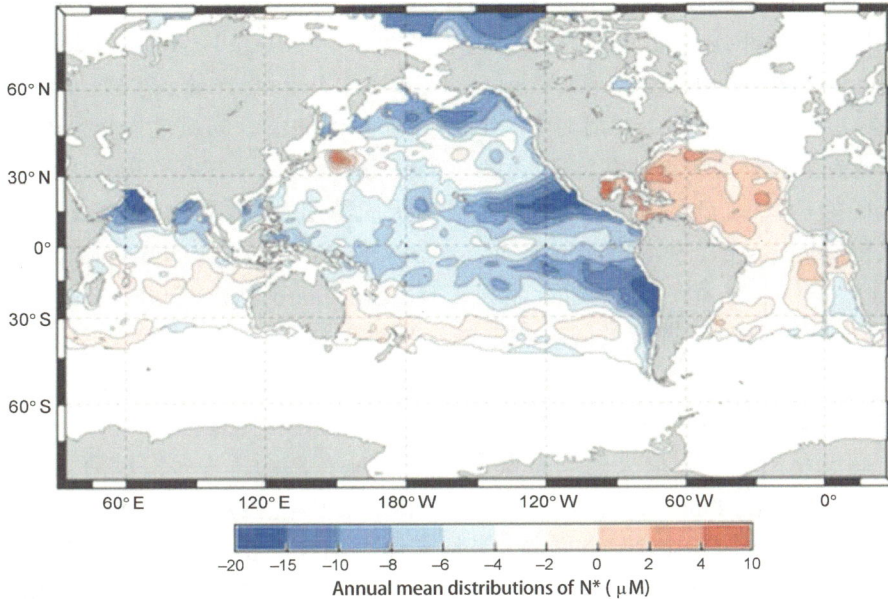

图 9.33　全球海洋海水硝酸盐与磷酸盐含量差值（N*）插值地图
来源　Deutsch 和 Weber（2012）
图中文字　Annual mean distributions：年平均分布

9.7.2.2　海洋氮气态损失

反硝化过程是氮的一个重要损失途径，可在低 O_2 浓度区域发生。太平洋东岸直接测定的结果表明，反硝化过程每年导致海洋水体损失 $50\times 10^{12} \sim 60 \times 10^{12}$ g $N \cdot yr^{-1}$（Codispoti and Christensen, 1985; Deutsch et al., 2001）。海洋水体缺氧区域为反硝化过程提供了条件。这些海域多为 NPP 高产海域，随着下沉有机碎片矿化将中层水体 O_2 耗尽。虽然海水氧化还原电位较高，海洋水体中有机物絮凝产生的缺氧微区可发生可观的反硝化 N 损失量（Alldredge and Cohen, 1987）。海洋水体反硝化 N 损失量可能随 N 负荷增加而增加，因为海洋生产力的提高导致低氧区扩张从而促进反硝化过程，成为维持海洋表层海水 N 低有效性的一种负反馈机制（Landolfi et al., 2015; Somes et al., 2016; Yang et al., 2017）。

正如陆地生态系统一样（第 6 章），反硝化过程优先利用 $^{14}NO_3^-$ 还原为 N_2，而非 $^{15}NO_3^-$，这导致海水残留硝酸盐 ^{15}N 丰度较高（Liu and Kaplan, 1989; Sigman et al., 2000; Voss et al., 2001）。海洋反硝化速率可通过测定残留硝酸盐 N 库的 $\delta^{15}N$ 丰度和海水溶解态过量 N_2 的浓度来估算（Chang et al., 2010）。海洋残留硝酸盐 N 库可供浮游植物吸收，从而使有机沉积物 ^{15}N 富集。在识别地球地质历史反硝化过程起源时也应用了这一同位素富集特征（第 2 章）。

海洋沉积物反硝化过程由细菌和一些特殊的底栖真核生物参与（Brandes and Devol，2002；Piña-Ochoa and lvarez-Cobelas，2006；Wang et al.，2019b）。Christensen 等（1987）估算滨海海域沉积物反硝化过程 N 损失量超过 50×10^{12} g N·yr^{-1}。Devol（1991）发现沉积物内硝化过程为美国西部大陆架海域反硝化过程提供了大部分的硝酸盐底物。沉积物反硝化过程导致其孔隙水的 $^{15}NO_3^-$ 富集（Lehmann et al.，2007）。海洋（包括沉积物）的反硝化总通量估计为 $150 \times 10^{12} \sim 300 \times 10^{12}$ g N·yr^{-1}（Codispoti et al.，2001；Brandes and Devol，2002；DeVries et al.，2012；Jickells et al.，2017；Paerl，2018；Wang et al.，2018b），略高于目前对海洋 N 输入通量的估值。固氮过程和反硝化过程的动态平衡调控了整个地质年代海洋 N 含量（Ganeshram et al.，1995；Ren et al.，2009）。

以亚硝酸盐代替 O_2 为电子受体氧化氨的厌氧氨氧化过程（annamox）可产生额外的 N_2（Mulder et al.，1995；Strous et al.，1999；Schmidt et al.，2002；Kuypers et al.，2003）。虽然在高生产力海域 N_2 通量显著较高（Dalsgaard et al.，2003；Kuypers et al.，2005），但在阿拉伯海低氧海域同时测定的结果表明厌氧氨氧化过程 N_2 通量小于反硝化过程（Ward et al.，2009；Bulow et al.，2010）。Engström 等（2005）发现美国东部和瑞典滨海沉积物 N_2 通量中 7%～79%来自厌氧氨氧化过程。

海洋通过反硝化过程损失的气态氮大部分为 N_2，然而，许多海域海水呈 N_2O 过饱和（Walter et al.，2004b），海洋每年向大气排放 30%的自然源 N_2O（表 12.5；Voss et al.，2013）。海洋 N_2O 来自两个来源，一是水体古菌和其他硝化生物氧化氨的过程，二是海洋低 O_2 海域反硝化细菌对氨的氧化过程（Koeve and Kâhler，2010；Santoro et al.，2011；Bianchi et al.，2012；Zamora and Oschlies，2014）。

最后，少量氨从海面挥发损失，海水呈弱碱性，NH_4^+ 去质子化生成气态 NH_3[式（6.5）；Quinn et al.，1988；Jickells et al.，2003]。这一氨源贡献了全球大气 NH_3 通量的 5%左右（第 12 章）。

全球海洋氮循环模型（图 9.32）为海洋生物地球化学过程提供了一个看似规整（a deceptive level）的理解框架，但需明确的是，其中许多通量（如固氮作用、反硝化过程和沉积埋藏等过程）的估算误差可能是 1 倍或者 2 倍。尽管如此，该模型显示大部分海洋 NPP 由表层海水养分循环支撑，只有少数养分损失进入深层海洋。假设海洋生物群落总氮库约为 500×10^{12} g N（Galloway et al.，2004），有效态氮（无机和有机）在海洋表层海水的平均滞留时间约为 125 天，而有机氮的平均滞留时间约为 20 天。因此，每个 N 原子在海洋生物群落中循环多次。在没有上升流海域，生物泵在不到一年的时间内将表层海水养分全部移除。经沉降深海和矿化后，海洋 N 库平均滞留时间约为 500 年，主要受深层海水循环调控。氮循环是动态的，海洋 N 平均滞留时间约为 2000 年，因此，氮循环可响应相对短期的全球变化（Brands and Devol，2002）。

9.7.3　海洋磷循环

绝大多数海域表层海水磷浓度近乎检测限。上升流海水输送的 N 和 P 质量比值接近 Redfield 比值（16），因此它们被浮游植物同时吸收。如第 8 章探讨的，河流总磷输出量只有一小部分以水溶态（21×10^{12} g P·yr^{-1}）输送，其余以吸附于 Fe 和 Al 氧化物矿物的悬浮颗粒态输送。部分吸附态 P 在淡水和海水混合时释放（Chase and Sayles，1980；Caraco et al.，1990），但多数可能与陆源沉积物一起在大陆架海域沉积埋藏（Filippelli，1997）。全球流入海洋的"生物有效态"P 总通量约为 2.0×10^{12} g P·yr^{-1}（Ramirez and Rose，1992；Delaney，1998），全球河流径流 N 和生物有效态 P 原子比值为 55（图 9.34）。

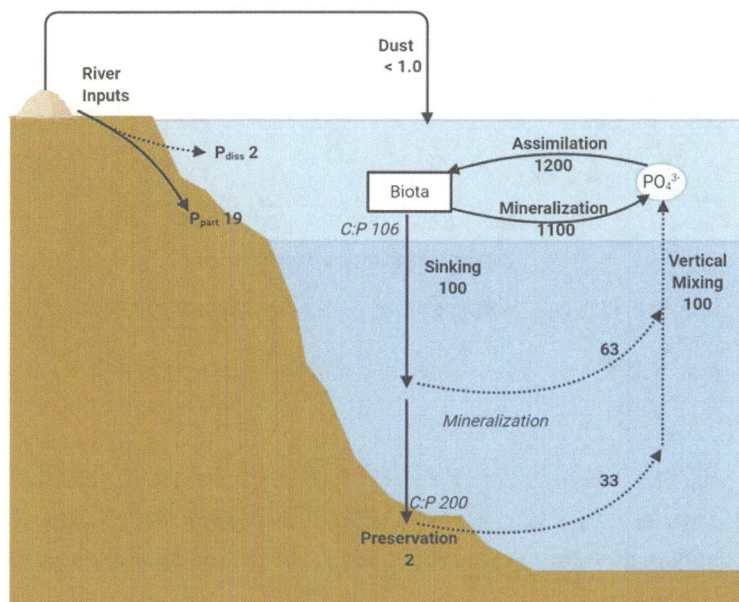

图 9.34　全球海洋磷收支。通量以 10^{12} g P·yr^{-1} 为单位

来源　原始概念图（Wollast，1981）增加了尘埃沉降输入（Graham and Duce，1979）、河流径流输入（Meybeck，1982）、沉积埋藏（Wallmann，2010）和表层海水养分再循环等通量数据（表 9.4），全球数据取整数

图中文字　River inputs：河流径流输入；P_{diss}：水溶态磷；P_{part}：颗粒态磷；Dust：降尘；Biota：生物群落；Assimilation：吸收同化；Mineralization：矿化；Sinking：下沉；Vertical mixing：垂直混合；Mineralization：矿化；Preservation：埋藏保存

　　海洋表面沙漠降尘 P 输入可能在远离河口和上升流的海域刺激新生产量发挥特殊作用（Wu et al.，2000；Mills et al.，2004）。然而，与 N 一样，表层海水 P 循环贡献了浮游植物 P 吸收量的绝大部分（图 9.34）。浮游生物 P 库大部分在数天内被再次矿化释放（Benitez-Nelson and Buesseler，1999）。DOC 的膦酸盐（phosphonate）组分被选择性地矿化释放磷（Clark et al.，1999）。每年有少量 C/P 比值略大于 Redfield 比值的有机碎屑穿越温跃层下沉进入深层海水（Honjo et al.，1982），平均 500 年之后，矿化的 P（HPO_4^{2-}）通过上升流回到表层海水。

　　海洋沉积物埋藏的有机物 C/P 比值约为 200（Mach et al.，1987；Ingall and Van Cappellen，1990；Ramirez and Rose，1992），表明有机物在海洋水体下沉和沉积成岩过程中 P 矿化速率快于 C（Froelich et al.，1979；Honjo et al.，1982；Loh and Bauer，2000）。厌氧沉积物 P 释放量和 C/P 比值最大（图 9.35；Ingall et al.，1993；Ingall and Jahnke，1997）。厌氧环境下可吸附有机物矿化释放 P 的 Fe 氧化物浓度很低（Krom and Berner，1981；Sundby et al.，1992；Berner and Rao，1994；Blomqvist et al.，2004）。水溶态 P 和无机磷均可被氧化铁矿物吸附，尤其是结晶度较低的无定形铁氧化物（图 9.35；Ruttenberg and Sulak，2011；第 4 章）。

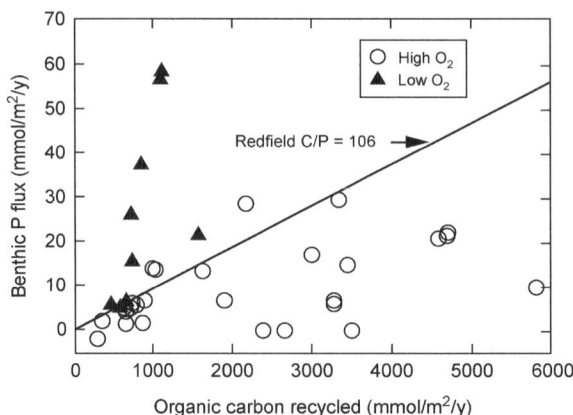

图 9.35　上覆水体高 O_2 分压和低 O_2 分压海域的海洋沉积物向水体释放 P 的通量与有机碳分解率的关系
来源　Ingall 和 Jahnke（1997）
图中文字　Benthic P flux：底栖 P 通量；Organic carbon recycled：有机碳循环通量；High O_2：高氧分压；Low O_2：低氧分压

相对于 N，海洋没有显著的气态 P 损失。在稳定状态下，河流径流输入海洋的 P 必然被海洋沉积物埋藏的 P 所平衡。悬浮颗粒物携带的大部分 P 可能沉积在滨海海域，其 P 埋藏速率和总沉积速率一致（Filippelli，1997）。大洋沉积物埋藏的生源磷化合物年通量估计约为 2.0×10^{12} g P·yr^{-1}，与河流径流生物有效态 P 输入通量相当（Howarth et al.，1995a；Delaney，1998；Wallmann，2010）。P 的沉积物埋藏随有机物或 $CaCO_3$ 沉积（Froelich et al.，1982），至少一部分埋藏 P 来自生源多磷酸盐（Diaz et al.，2008）。

相对于河流径流输入或沉积物埋藏，海洋生物有效态 P 的平均滞留时间超过 25 000 年（Ruttenberg，1993；Filippelli and Delaney，1996；Delaney，1998）。因此，每个进入海洋的生物有效态 P 原子可能在被沉积物埋藏前，在海洋表层海水和深层海水间进行了 50 次循环。主要的 P 汇包括自生磷矿（francolite）形成和热液口吸收（Elderfield and Schultz，1996；Wheat et al.，2003）。在地层抬升地质过程中沉积岩露出海平面开始风化时，沉积物埋藏的所有形态 P 完成了其全球生物地球化学循环。因此，与 N 相比，P 的全球循环速率非常缓慢（第 12 章）。

9.7.4　海洋硫循环

硫是全球海洋第二丰富的阴离子元素，以 SO_4^{2-} 为主（表 9.1）。绝大部分 SO_4^{2-} 大气沉降来源于海盐气溶胶，是由海洋表层海水产生释放的海盐气溶胶迅速再沉降回海洋表层，即循环盐。河流径流和陆源大气沉降是海洋 SO_4^{2-} 的主要新增量（图 9.36）。热液口金属硫化物沉淀和沉积物生源黄铁矿是海洋硫的主要汇。虽然海洋浮游植物和细菌从海水吸收 SO_4^{2-} 还原同化合成含硫蛋白质（Giordano et al.，2005），但海洋 SO_4^{2-} 浓度远高于生物需求。因此，海水 SO_4^{2-} 具有高保守性，相对于河流径流输入，其平均滞留时间大约为 1000 万年。

海洋浮游植物产生的二甲基硫醚 [$(CH_3)_2S$，DMS] 气溶胶虽然仅占海洋 S 循环的一小部分通量，但可能在调节地球气候方面发挥着重要作用（将在第 13 章探讨）。这一微量气体使滨海地区具有"海洋气味"（Ishida，1968）。DMS 作为海洋主要含硫气体输出最早被 Lovelock 等（1972）报道，但直到 1977 年研究者才能检测美国东海岸大气 DMS

含量（Maroulis and Bandy，1977）。DMS 作为海水和海洋大气的痕量组分现已被广泛认知（图 9.37；Lana et al.，2011）。全球 DMS 排放通量估计为 19.6×10^{12} g S·yr^{-1}（Land et al.，2014），是自然排放最大量的含硫气体（Kjellstrom et al.，1999）。

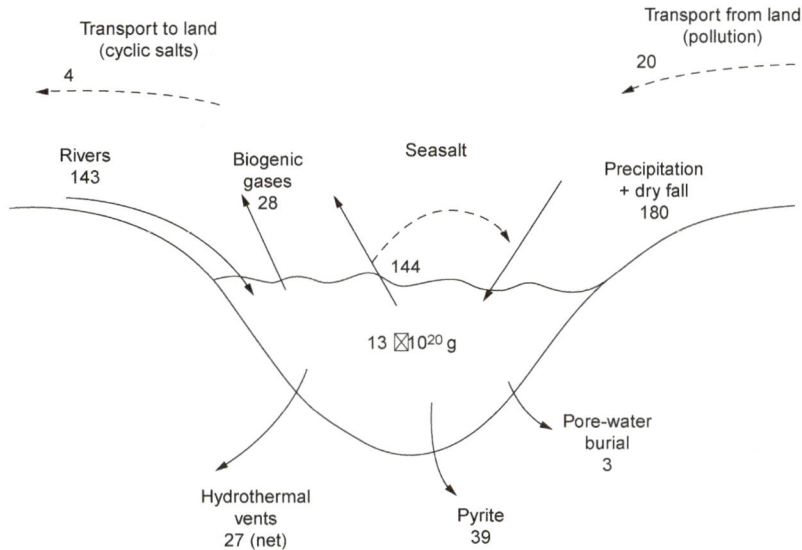

图 9.36 全球海洋硫收支。主要通量单位为 10^{12} g S·yr^{-1}（参考图 13.1）
来源 河流径流输入（Meybeck，1979）、气态输出（Lana et al.，2011）、热液口通量（Elderfield and Schultz，1996）和黄铁矿沉积（Berner，1982）
图中文字 Transport to land（cyclic salts）：输送到陆地（循环盐）；Transport from land（pollution）：陆源输出（污染）；River：河流；Biogenic gases：生物源气体；Seasalt：海盐；Precipitation+dry fall：降水和干沉降；Hydrothermal vents：热液口；Pyrite：黄铁矿；Pore–water burial：孔隙水埋藏

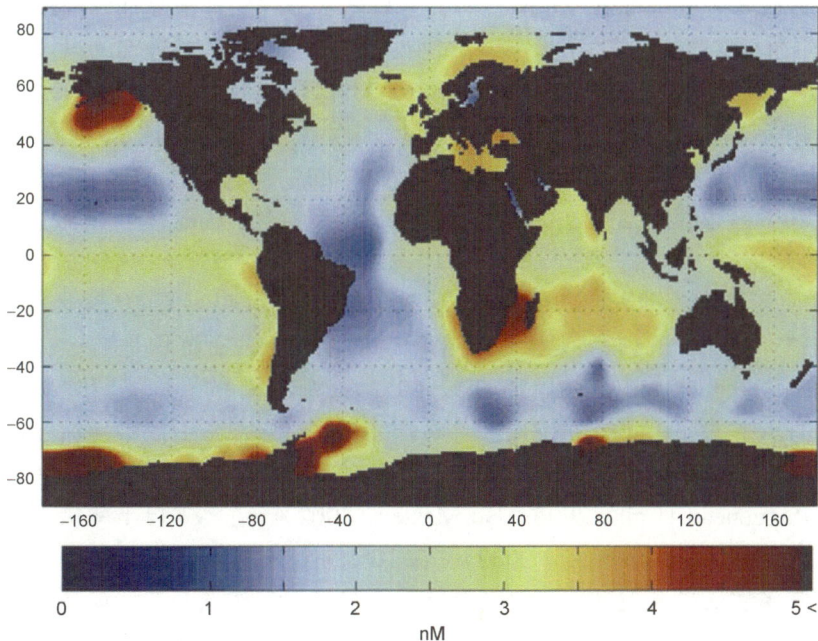

图 9.37 海洋表层海水二甲硫醚年平均浓度（nmol·L^{-1}）。高浓度出现在高纬度海域
来源 根据 Lana 等（2011）重绘，国地球物理联合会授权使用，保留所有权利

DMS 是浮游植物死亡细胞内二甲基磺酰基丙酸酯（DMSP）分解产生的（Kiene，1990），该分解反应由 DMSP 裂解酶催化，而浮游动物摄食对 DMS 释放进入海水起着重要的作用（Dacey and Wakeham，1986；Wolfe et al.，1997）。进入大气层的 DMS 被羟基自由基迅速氧化生成 SO_2，转化为硫酸盐气溶胶随降水沉降（第 3 章；Shon et al.，2001；Faloona et al.，2009）。在北太平洋海域大气层近 80%的非海盐硫酸盐来源于 DMS，土壤尘埃和污染贡献了其余部分（Savoie and Prospero，1989）。海洋 DMS 估计贡献高达10%的工业化时期欧洲大气硫含量（Tarrasón et al.，1995）。

由于大气 DMS 氧化产物是高效的云凝结核，所以海洋 DMS 被认为提供了一种重要的气候调节反馈机制（Charlson et al.，1987；Bates and Quinn，1997；Liss and Lovelock，2008）。根据这一假设，海洋藻类 DMS 生产可增加云层覆盖度而导致降温（第 3 章）。迄今为止，该假设的强烈气候反馈证据不足（Bates and Quinn，1997；Liss and Lovelock，2008），但气候模型则表明 DMS 产量的大幅下降可加剧全球变暖趋势（Land et al.，2014）。

9.7.5　海洋微量元素循环

9.7.5.1　海洋硅循环

硅藻是海洋浮游植物群落的重要组成，吸收硅（Si）并以蛋白石沉积于细胞壁成为其重要结构组成（如前述）。由于生物吸收，海洋表层海水水溶态 Si 浓度非常低，通常小于 2 $\mu mol \cdot L^{-1}$，其最高浓度分布于南太平洋和北太平洋海域（Ragueneau et al.，2000）。全球硅藻年吸收 Si 量约为 6000×10^{12} g $Si \cdot yr^{-1}$（Nelson et al.，1995；Treguer and De La Rocha，2013）。浮游细菌参与凋亡硅藻的分解过程，大部分蛋白石溶解释放 Si 进入海洋表层水体再循环（Bidle and Azam，1999）。海洋水体硅酸盐浓度通常随深度增加而增加，但由于蛋白石溶解受温度控制，因此，深层海水的蛋白石溶解速率相对较慢（Honjo et al.，1982；Bidle et al.，2002；Van Cappellen et al.，2002）。深层海水平均 Si 浓度约为 70 $\mu mol \cdot L^{-1}$。下沉颗粒物和海洋沉积物的 Si/C 比值随深度增加而增加，表明 C 比 Si 更易矿化（Nelson et al.，2002）。全球蛋白石硅沉积物埋藏率约为 3%的生产量，显著高于有机碳（<1%；DeMaster，2002）。水溶态 Si 与 Al 在沉积物中形成复合物，从而减少了 Si 损失量（Dixit et al.，2001）。

海洋 Si 质量平衡模型表明，河流径流（156×10^{12} g $Si \cdot yr^{-1}$）、降尘（14×10^{12} g $Si \cdot yr^{-1}$）和热液口（17×10^{12} g $Si \cdot yr^{-1}$）是其主要来源，而生源蛋白石沉积是唯一的重要汇（De Master，2002；Treguer and De La Rocha，2013）。海洋 Si 的平均滞留时间约为 15 000 年，与其在海水中的非保守行为一致。海洋 Si 大部分来源于热带河流径流输入，这与热带气候区岩石风化率高相关（第 4 章）。相比之下，南极寒冷海域 Si 沉积占全球 Si 汇的 70%（Ragueneau et al.，2000；De Master，2002），主要来自于南极洲附近南大洋的季节性硅藻水华（Nelson et al.，2002）。约 10%的全球 Si 汇分布于滨海海域，该富营养化海域的硅藻生长受 Si 限制（Justic et al.，1995）。海洋表面的沙漠降尘增加，潜在地刺激硅藻生产力，并输出比 $CaCO_3$ 含碳量更高的有机碳初级生产量，或诠释了地球大气层 CO_2 浓度较低的时期（Harrison，2000）。

9.7.5.2　海洋铁循环

根据一系列海域施铁（Fe）试验测定的下沉有机物 Fe/C 比值，可假设浮游植物固定每摩尔 C 需要 1.3×10^{-4} mol Fe（Buesseler and Boyd，2003）。因此，海洋浮游植物每年固定 50×10^{15} g C·yr^{-1} 需要约 30×10^{12} g Fe·yr^{-1}[①]。每年输入全球海洋的 Fe 总量估计为 700×10^{12}～1200×10^{12} g Fe·yr^{-1}（图 9.38），大大超过全球浮游植物固碳需求；然而，约 40%的全球海域 NPP、固氮和碳输出受海洋表层海水 Fe 有效性限制（Tagliabue et al.，2017）。这看似矛盾的现象可能是因为输入海洋的大部分 Fe 以非生物有效态存在，或因非生物反应迅速随下沉颗粒物沉降离开表层海水。每年海洋表层海水生物可利用的水溶态 Fe（dFe）总量不到 10×10^{12} g Fe·yr^{-1}（图 9.38）。

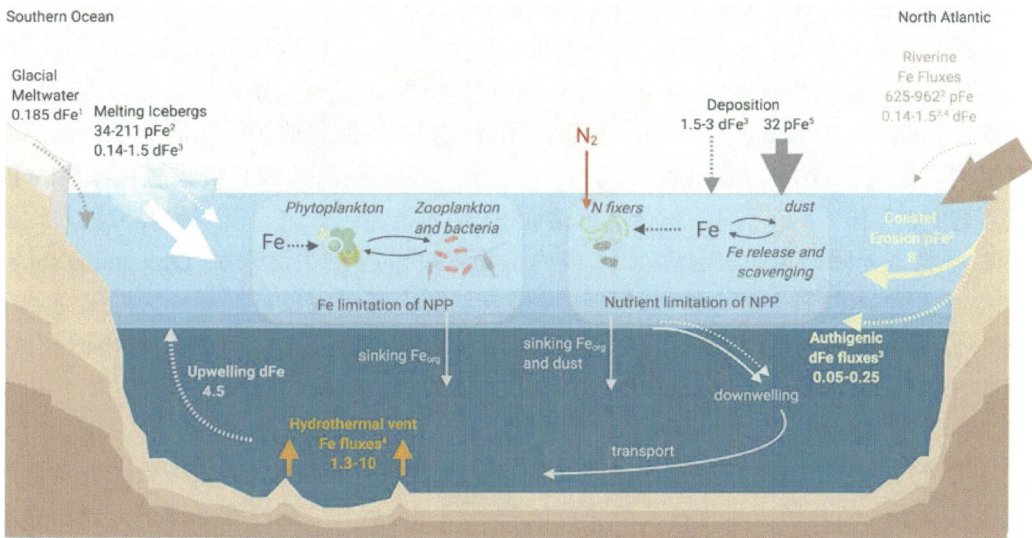

图 9.38　海洋 Fe 循环概念模型（修改自 Tagliabue et al.，2017）。通量单位为 10^{12} g Fe·yr^{-1}。请注意：铁输入以颗粒态 Fe（pFe）为主，而生物可利用的水溶态 Fe（dFe）输入量较少。物理传输用灰色箭头，生物转化用黑色箭头。南大洋大部分海域 Fe 输入量很低直接限制了 NPP，而北大西洋有较高的降尘和河流径流 Fe 输入，更可能通过限制固氮速率而对 NPP 和 N 循环产生间接限制

来源　（1）冰川融水 dFe 输入，Li 等（2019d）；（2）海冰融水和河流径流 pFe 输入，Poulton 和 Raiswell（2002）；（3）海冰融水、大气沉降和河流径流 dFe 输入，Raiswell 和 Canfield（2012）；（4）河流径流 dFe 输入，Elderfield 和 Schultz（1996）；（5）大气沉降 pFe 输入，Duce 和 Tindale（1991）

图中文字　Southern Ocean：南大洋；North Atlantic：北大西洋；Glacial meltwater：冰川融水；Melting icevergs：海冰融水；Deposition：大气沉降；Riverine Fe fluxes：河流径流 Fe 输入通量；Phytoplankton：浮游植物；Zooplankton and bacteria：浮游动物和细菌；Limitation：限制；Sinking：下沉；Upwelling：上升流；Hydrothermal vent Fe fluxes：热液口 Fe 输入通量；N fixers：固氮生物；Dust：降尘；Fe release and scaverging：铁释放和消除；Nutrient limitation：养分限制；Downwelling：下沉；Transport：运输；Coastal erosion：滨海侵蚀；Authigenic dFe fluxes：自生 dFe 通量

　　表层海域 Fe 的主要来源是通过河流地表径流输入的，但多数为颗粒态 Fe，被埋藏在河口海湾和滨海沉积物中。极少一部分输入海洋的 Fe 是水溶态的，估计约 2%的气溶胶沉降输入是水溶态的，为 1.5×10^{12}～3×10^{12} g Fe·yr^{-1}（Fung et al.，2000；Raiswell and

---

[①] 全球浮游植物每年固定 4×10^{15} mol C·yr^{-1}。根据细胞比每摩尔 C 需要 1.3×10^{-4} mol Fe，即全球浮游植物每年需要 5.4×10^{11} mol Fe（或约 3×10^{12} g Fe）。

Canfield，2012），相当于深层海水上升流输送水溶态 Fe 通量的 30%～70%（Archer and Johnson，2000；Fung et al.，2000；Moore et al.，2001）。表层海水呈高度氧化的海域，其难溶的氧化态 Fe（III）浓度是水溶性还原态 Fe（II）浓度的约 10^{10} 倍（Waite，2001），且多数海水 Fe（III）以 $Fe(OH)_2^+$ 和 $Fe(OH)_4^-$ 或有机物结合态存在（Johnson et al.，1997；Boyd and Ellwood，2010）。生物对 Fe 的高需求加上 Fe 在矿物表面的强结合能力，导致海洋水体中任何可利用 Fe 都会被去除，最终进入其沉积物。

关于海洋 Fe 循环还有很多未知，现有认知受采样和分析方法等不一致性限制。随着 GEOTRACES 计划[①]的协调努力和详细海域测量，研究人员已认知多种关键海洋 Fe 来源。虽然早期研究关注降尘 Fe 输入的重要性（Martin，1990a；Jickells et al.，2005；Duce et al.，2008），但更全面的海域采样调查表明，滨海沉积物和热液口释放的 Fe 调控着相应海域的 Fe 循环（图 9.38；Tagliabue et al.，2017）。

生物和物理"清除"机制将河流径流输送的大部分 Fe 埋藏在河口海湾和滨海沉积物中。有机物高输入为这些富 Fe 沉积物还原释放 Fe 提供了有利条件，从而成为近岸海域水溶性 Fe 的源（Elrod et al.，2004）。由于沉积物 Fe 还原释放到上覆海水水体的速率与有机物氧化过程有关，Elrod 等（2004）估计每年大陆架海域因有机物氧化释放的 Fe 通量可达 5.0×10^{12} g Fe·yr^{-1}，与全球气溶胶 Fe 输入量相当。来自沉积物释放的海水次表层 Fe 混合入光照充足的表层海水中，成为生物有效态 Fe 的关键来源（Lam and Bishop，2008）。太平洋南部低生产力的岛屿周边海域自然发生藻华现象可解释为大陆架海域沉积物 Fe 还原释放并垂直混入光照充足的表层海水所致（Blain et al.，2007；Pollard et al.，2009）。藻华又导致高的碳下沉输出，增强了大陆架海域沉积物有机物氧化速率，从而维持了生物有效态 Fe 的高供应率。

尽管已知热液口喷发大量富含金属元素的热液进入深层海水，但大多数研究者认为这些金属元素大部分形成硫化物或氧化物矿物沉积回海底，几乎没有逃逸进入表层海水供初级生产力利用。对热液口喷发羽流的生物地球化学再评估结果表明，热液活动输入的 Fe 大部分与有机配位体结合保持其水溶性（Bennett et al.，2008；Toner et al.，2009；Sander and Koschinsky，2011）。根据有限数据构建的模型模拟表明，南大洋现代海水 Fe 浓度格局和热液源 Fe 通量一致（Tagliabue et al.，2010）。

9.7.5.3　海洋其他微量元素循环

与硅藻吸收 Si 相似，海洋原生生物棘骨虫（acantharian）吸收锶（Sr）。这些生物沉淀硫酸锶（$SrSO_4$，天青石）作为骨骼组成。由于表层海水 Sr 的吸收和棘骨虫下沉到深层海水，海水 Sr/Cl 比值从表层海水的约 392 μg·g^{-1} 到深层海水大于 405 μg·g^{-1}，具有相对保守性（Bernstein et al.，1987）。生物需求仅给海洋巨大的 Sr 库烙下了很轻微的印迹，全球海洋 Sr 平均滞留时间为 1200 万年（表 9.1）。

许多必需元素（如 Si、Fe、Zn、Cu、Co 和 Ni 等）在表层海水均十分贫乏，但随深度增加，其浓度逐渐增加（Bruland et al.，1991；Donat and Bruland，1995；Shelley et al.，2012）。一些非必需元素（如 Ti 和 Ba）被下沉颗粒物吸附沉降，在海洋水体也呈非保守

---

① GEOTRACES 计划数据库 http://www.geotraces.org/.

性。Cherry 等（1978）发现 14 种微量元素的海水平均滞留时间与它们在下沉粪粒中的浓度呈负相关（图 9.39）。其中一些元素被浮游动物摄食（Reinfelder and Fisher，1991）或随 POC 在深海被细菌降解再矿化，而许多微量元素随有机颗粒向下沉降被埋藏于深海沉积物中（Turekian，1977；Lal，1977；Li，1981）。生物非必需元素或远超生物需求的元素则成为海水的主要成分（表 9.1）。

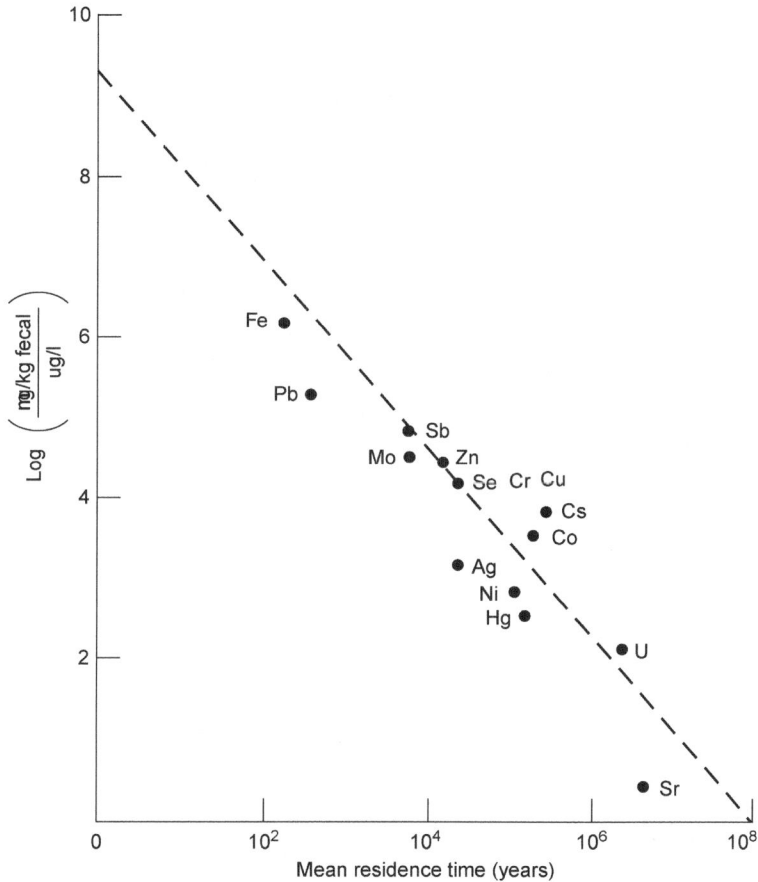

图 9.39　海洋下沉粪粒元素含量（$\mu g \cdot kg^{-1}$）与其海水浓度（$\mu g \cdot L^{-1}$）比值和该元素的海洋平均滞留时间的关系
来源　Cherry 等（1978），*Nature* 授权使用，版权属 Macmillan Magazines Ltd.（1978）所有
图中文字　Mean residence time：平均滞留时间；Fe：铁；Pb：铅；Sb：锑；Mo：钼；Zn：锌；Se：硒；Cr：铬；Cu：铜；Cs：铯；Co：钴；Ag：银；Ni：镍；Hg：汞；U：铀；Sr：锶

　　如前文所述，锌（Zn）是浮游植物将海水 HCO_3^- 转化为 CO_2 用于光合过程的碳酸酐酶必需组分（Morel et al.，1994），因此，表层海水低浓度 Zn 限制浮游植物生长（Brand et al.，1983；Sunda and Huntsman，1992）。Zn 也是浮游植物在低磷水体分解水溶性有机磷（DOP）获得无机磷的碱性磷酸酶必需辅因子（Shaked et al.，2006）。与 Fe 一样，海水 Zn 浓度随深度增加而增加（Bruland 1989）。在海洋表层和深层海水样品中，Fe 和 Zn 浓度常与 N、P 和 Si 浓度有很好的相关性，表明生物过程调控着这些元素在海水中的分布。例如，太平洋东北部海域海水 Zn 浓度与 Si 相关（Bruland et al.，1978）。

一些非必需的有毒微量金属元素也会被生物吸收，如镉（Cd）在海洋浮游植物体内累积。Cd 可替代生化分子中的 Zn，使硅藻在缺 Zn 的海水中能维持生长（Price and Morel，1990；Lane et al.，2005；Park et al.，2008；Xu et al.，2008a，b）。太平洋水体中 Cd 与有效态 P 有很好的相关性（图 9.40；Boyle et al.，1976；Abe，2002），海洋沉积物 Cd 浓度有时被用于表征地质历史时期海水 P 的有效性（Hester and Boyle，1982；Elderfield and Rickaby，2000）。海洋磷酸盐岩被用作肥料时，Cd 通常是被诟病的伴随微量污染物（Smil，2000；Longanathan et al.，2003）。

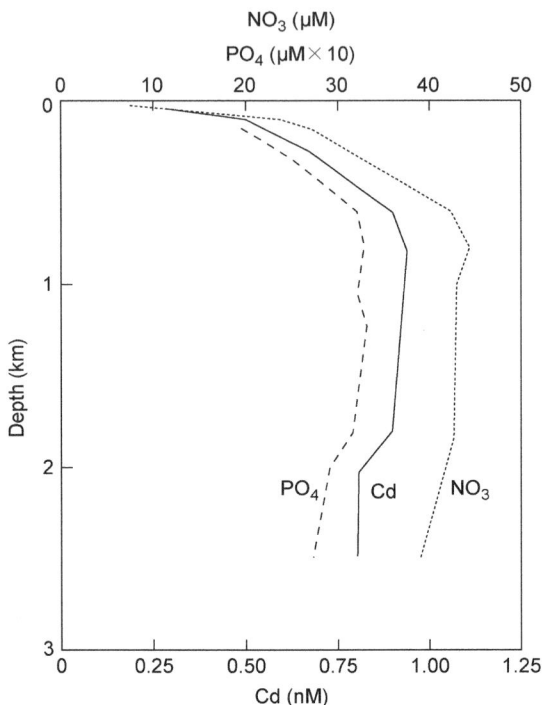

图 9.40　美国加利福尼亚州滨海海域海水 N、P 和 Cd 的垂直分布
来源　Bruland 等（1978b）
图中文字　Depth：深度

当非必需元素（Al、Ti、Ba 和 Cd）和必需元素（Si 和 P）浓度随海水深度呈相似变化时，这似乎表明两者都受生物过程调控，但这一相关性并未表明是主动的还是被动的。生物通过酶促主动吸收过程累积必需微量养分，而其他元素则可能是被动累积的，包括通过共沉淀或共同吸附于死亡下沉生物碎屑颗粒等过程。例如，钛（Ti）是生物化学过程非必需元素，但在海水中呈非保守性，其浓度范围从表层海水的 10 $\mu mol \cdot L^{-1}$ 到深层海水大于 200 $\mu mol \cdot L^{-1}$（Orians et al.，1990）。海水 Ti、Ga（gallium，镓）和 Al（aluminum，铝）的平均滞留时间为 70～150 年（Orians et al.，1990）。大量观测数据表明海水钡（Ba）呈非保守性似乎也并非由生物直接吸收所致（Sternberg et al.，2005）。$BaSO_4$ 沉淀于死亡下沉的浮游生物残骸，尤其是硅藻和棘骨虫，这是由于浮游生物残体分解时周围存在高浓度的 SO_4^{2-}（Bishop，1988；Bernstein and Byrne，2004）。重晶石（$BaSO_4$）沉积也是历史海洋生产力的表征指标之一（Paytan et al.，1996）。

地中海海域水深 60 m 处 Al 浓度达到最小值，而 Si 和 NO_3^- 已消耗殆尽，MacKenzie 等（1978）认为这一垂直分布是生物活动的结果，实验室研究已证实存在生物主动吸收 Al（Moran and Moore，1988）。其他研究者也发现有机颗粒携带 Al 至深层海水，但两者关系是被动的（Hydes，1979；Deuser et al.，1983）。表层海水高浓度 Al 来自于大气降尘输入（Orians and Bruland，1986；Measures and Vink，2000；Kramer et al.，2004），海水 Al 浓度随着深度增加而降低是由于被海洋有机颗粒携带清除、与矿物颗粒共沉降所致。

锰（Mn）是光合过程的必需元素（第 5 章），其表层海水的浓度为 0.1 μg $Mn·L^{-1}$，高于深层海水 的 0.02 μg $Mn·L^{-1}$。Bender 等（1977）计算了海洋 Mn 收支，并将表层海水高 Mn 浓度归因于海洋表面的大气降尘输入（Guieu et al.，1994；Shiller，1997；Mendez et al.，2010）。表层海水浮游植物生长受 Mn 的限制要比 Fe 和 Zn 要小些（Brand et al.，1983）。与 Al 相似，表层海水的大气降尘 Mn 含量一定也超过生物吸收、向下传输和在深层海水再矿化的总需 Mn 量。

海洋 Mn 收支长期困扰着海洋学家，他们知道海洋沉积物 Mn 含量大大超过陆地岩石的 Mn 平均浓度（Broecker，1974；Martin and Meybeck，1979a，b）。Mn 的其他来源包括河流径流输入和深海热液口喷发（Edmond et al.，1979）。各种深海细菌将海水 Mn^{2+} 氧化成 Mn^{4+} 并沉淀在沉积物中富集（Krumbein，1971；Ehrlich，1975，1982）。最令人印象深刻的沉积富集是锰结核，直径为 1～15 cm，覆盖了大部分海床（Broecker，1974；McKelvey，1980）。锰结核生长速率约为每百万年 1～300 mm（Odada，1992），低于沉积物的平均沉积速率（每百万年 1000 mm；Sadler，1981），但锰结核一直保留在海床表面。多种假设以生物群落搅动沉积物来解释这一现象，但均未被证实。锰结核除了含有高浓度的 Mn 外，还含有高浓度的 Fe、Ni、Cu 和 Co，是一种潜在的经济矿物资源。

9.8　海洋与全球变化

自 1971 年以来，海洋吸收了全球变暖产生的 93% 热量增量（Rhein et al.，2013），以及工业化以来人类活动 CO_2 排放量的 20%～30%，其 C 含量几乎是大气层、陆地生物圈和土壤总碳量的 12 倍（Ciais et al.，2013）。全球海洋吸收热量增量和 CO_2 的巨大容量取决于深层海洋与大气层的交换。海洋变暖不仅减少 CO_2 吸收，而且引起水体分层加剧，可减少深层海水的混合范围（Riebesell et al.，2009）。全球变暖可能会增强海洋表层和深层之间的密度梯度，从而减少北大西洋"深层海水"的形成（Cunningham and Marsh，2010；Smeed et al.，2014）。南极洲上空平流层臭氧变化似乎正改变着南半球西风（Waugh et al.，2013），潜在地削弱南大洋下沉流的 CO_2 汇强度（Le Quere et al.，2007；DeVries，2014；Gruber et al.，2019b）。南大洋下沉流强度的任何弱化都会降低海洋持续作为吸收全球 CO_2 和热量增量关键汇的容量。

随着海洋变暖，海冰融化正改变着极地海域气候、盐度和大气层气体交换速率。当白色海冰融化成蓝色海洋时，极地反照率下降，增强了辐射强度。据观测，1971～2011 年北极海冰损失导致北极的行星反照率从 0.52 下降到 0.48，而 32 年间辐射强度增加了

6.4 ± 0.9 W·m^{-2}（Pistone et al.，2014）[①]。通过冻结水来浓缩海盐的海冰形成是促进两极等密度混合的重要机制。海冰形成范围缩小可能与陆地冰川融化一起淡化了北大西洋表层海水（盐度降低；Dickson et al.，2002；Curry and Mauritzen，2005；Morison et al.，2012）。北极海洋变暖和海水淡化共同作用可加剧海水分层，减缓了"深层海水"（即高密度冷海水）生成速率（Broecker et al.，1985，1997；Alley，2007）。大西洋经向翻转环流（AMOC）速率降低预计将减少海洋 C 汇，对 CO_2 浓度上升产生正反馈。最后，南大洋海冰消失可能通过增加上升流海域与大气层的气体直接交换强度，从而增加深海 CO_2 排放进入大气层的速率（Waugh et al.，2013）。

暖水密度小于冷水，因此海洋吸收过量热量后体积增大。这种热膨胀和陆地冰川融化共同作用，导致海平面上升。自 1900 年以来，全球平均海平面上升 15～21 cm，预计到 2011 年将继续上升 30～130 cm[②]（Sweet et al.，2017b）。这些机制虽适用于整个海洋，但沿大陆边缘海平面上升的实际速率变幅很大，受局域地貌和大陆板块隆升与下沉速度不同影响。除了海水逐渐侵蚀陆地外，海平面上升还与滨海洪水频率增加以及潮汐和盐度导致的海湾上游流域向滨海生态系统转化有关（Sweet et al.，2017b；Tully et al.，2019）。

除了海洋环流、大气层交换和从冰冻固态水向液体水转换等物理变化外，最近许多海洋生物化学变化也令人担忧。其中最主要的变化是全球海洋海水 CO_2 浓度上升导致海水酸化，对众多以碳酸盐和霰石为骨骼的大洋生物和底栖生物及其在浅海沉积物通过硬组织泵固定封存 C 的综合效率产生了深远的影响（Doney et al.，2009；Riebesell et al.，2009）。问题不仅是海底新碳酸盐输入量的减少，而且沉积物碳酸盐溶解速率也大幅加快。Sulpis 等（2018）发现了北大西洋深海沉积物 $CaCO_3$ 溶解速率加快的证据，其与富含人类活动源 CO_2 日益酸化海水海域增加一致。地质记录保留了自然酸化导致深海 $CaCO_3$ 溶解的证据，如 5400 万年前古新世-始新世极热事件（Paleocene-Eocene Thermal Maximum Event；Zachos et al.，2005；Cui et al.，2011）。海床碳酸盐溶解增加可缓冲深海酸化，但给众多以碳酸盐和霰石为骨骼的底栖生物生存带来巨大代价。

施肥和污水富营养化河流径流输出导致滨海海域养分污染以及大洋海面 N 沉降增加都会引发高生产力海域，并常导致低氧海域（Doney，2010；Howarth et al.，2012）。滨海海域缺氧现象越来越普遍，范围不断扩张（Diaz，2016）。这些富营养化和低氧滨海海域能高效地捕获并封存大量有机物进入沉积物（Bauer et al.，2013），更有效地反硝化去除过量氮（Fulweiler et al.，2007）。然而，这一能力提升伴随着滨海生态系统渔业、生物多样性、美誉度及娱乐服务价值的大幅下降。

9.9 小 结

海洋生物地球化学与陆地生物地球化学截然不同。陆地环境具有空间异质性，即使在很短的距离内土壤性质差异也很大，包括氧化还原电位和养分周转。相对而言，海洋则高度混匀。大个体、长生命周期的植物主宰着陆地初级生产量，而海洋初级生产量则由小个体、短生命周期的浮游植物主宰。海洋有一小部分难降解的有机物埋藏在沉积物

[①] 随着未来海冰融化，云量增加可能会抵消部分地表反照率的下降，增加了预测复杂性。
[②] 该数值范围表征了至少 30 cm 的确定增幅和一些预测模型不确定的估值上限。

中，而陆地土壤只有非常少的永久性有机物储存。陆地植物植根于土壤，土壤承载的细菌和真菌参与了几乎所有的养分再循环过程。土壤有时干燥，限制了许多地区的 NPP；相反，海洋浮游植物生长从不受水分限制。

通过缓冲大气组分和温度，海洋对地球气候起着巨大的调节作用。71%地球表面覆盖着 pH 8.1 和氧化还原电位 200 mV 的海水，为生物地球化学设定了环境条件。海洋大多数主要离子的平均滞留时间很长，在过去至少 100 万年或更长时间内其浓度相对恒定。所有的这些赋予人类一个传统但不幸的观念，即海洋是一个对现代社会污水具有无限稀释潜力的水体。当在大洋海域发现鱼类和鸟类体内含有高浓度的汞及其他毒素时，我们认识到这一观念不再正确（Monteiro and Furness，1997；Vo et al.，2011）。

审视沉积记录，海洋体积、养分和生产力等曾因全球气候变化发生了巨大变化。我们已有足够的理由怀疑滨海海域生产力受人类活动输入 N 和 P 的影响（Beman et al.，2005）。大洋中央海盆温度和生产力变化可能已表明全球变化正影响着整个海洋（Behrenfeld et al.，2006；Polovina et al.，2008）。多项研究表明全球海洋海水含氧量下降（Whitney et al.，2007；Helm et al.，2011）。随着气候变暖，海洋翻转环流将减弱，导致表层海水 NPP 下降（Schmittner，2005；Lozier et al.，2011）。未来海洋比现在将更暖、更酸、生产力更低，而日益增长的人口期待更高的海洋生产力。

第2篇 全 球 循 环

第 10 章　全球水循环

10.1　引　言

年度水循环是一种化学物质在地球表面最大的运动。通过蒸腾与降水将地球接收的大部分热能从热带向两极传输，其过程就像蒸汽供暖系统把热量从火炉传送到家的各个房间一样。大气层水汽运动决定了全球的降雨分布，而陆地每年有效水量是决定植物生长最重要的单一因素（Jung et al.，2017；Humphrey et al.，2018）。当陆地降水量超过蒸散发量时形成地表径流。地表径流把物理和化学风化的产物输送到海洋（第 4 章）。

本章将概述全球水循环，然后简要介绍水循环和全球水平衡历史变化的一些特征。最后，预测一下未来全球气候变化和其他人类活动影响下的水循环变化。这些变化将对全球植物生长模式、海平面高度以及生物地球化学循环的物质运动产生直接影响。

人们常会忽视足量的淡水是人类生存的最基本资源。水循环变化对未来农业生产力、人类社会和经济福祉有着重大影响（Vörösmarty et al.，2000）。大规模的干旱可能与公元前 2200 年左右中东早期美索不达米亚文明的崩溃（Weiss et al.，1993）以及公元900 年左右墨西哥玛雅文明消失（Peterson and Haug，2005；Medina-Elizalde and Rohlijing，2012；Evans et al.，2018）有关。考古学家在其他地区发现了为满足人类用水需求而建造的复杂基础设施（如渡槽）历史遗迹（Bono and Boni，1996；Sandor et al.，2007）。尽管水如此重要，但常常被浪费。美国每人日均饮用水消费量约为 560 L（Chini and Stillwell，2018），而中国每人日均仅约 178 L。如果把用于食物和日用品制造的耗水量也计算在内，美国人日均用水量提高到约 17 000 L（Chini et al.，2017）。上餐桌的一块一磅重（约 494 g）牛排约需要 7200 L 水来养殖和制作。

10.2　全球水循环

参与全球水循环的水量非常之大，需用立方千米（km³）为单位来描述其汇聚和转移的水量（图 10.1）。每立方千米水相当于 10^{12} L 体积和 10^{15} g 重量。水循环通量还可用平均深度来表示。例如，将陆地降雨均匀分布于其表面，则每个气象台站记录的深度约为 700 mm·yr^{-1}。深度单位还被用于表示径流量和蒸发量（图 4.17）。例如，海洋年蒸发量相当于每年从海洋表面移走 1000 mm 的水量。

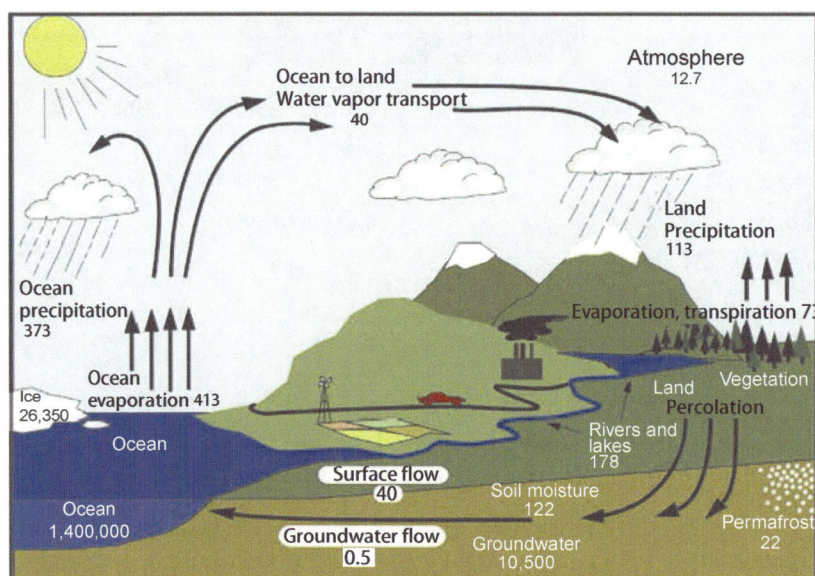

图 10.1　全球水循环，水量单位为 10^3 km³，水通量单位为 10^3 km³·yr^{-1}
来源　修改自 Trenberth（2007），美国气象协会授权使用
图中文字　Atmosphere：大气层；Ocean precipitation：海洋降水；Ice：海冰；Ocean to land：海洋到陆地；Water vapor transport：水汽传输；Ocean evaporation：海洋蒸发；Surface flow：地表径流；Groundwater flow：地下径流；Soil moisture：土壤含水量；Groundwater：地下水；Land precipitation：陆地降水；Evaporation transpiration：蒸发蒸腾；Vegetation：植被；Percolation：渗滤；Rivers and lakes：河流与湖泊；Permafrost：永冻层

海洋无疑是全球水循环最主要的水库（图 10.1）。海水占地球表面总水量的 97% 以上，约为 1.4×10^9 km³（Bodnar et al.，2013）。海洋平均深度是 3900 m（第 9 章）。极地冰盖和大陆冰川是地球的第二大水库。地球淡水仅有 42×10^6 km³，约为地球总水量的 3%，且其中约 70% 冻结在南极洲（Parkison，2006）。地球总水量不到 0.01% 是分布于河流和湖泊可利用的淡水，其占地球陆地表面面积不到 3%（图 7.1）。湖泊和河流总水量约为 200 000 km³，其平均滞留时间为 1.7 年（Bodnar et al.，2013）。根据 GRACE 卫星遥测，许多区域可利用地表水量近年来已下降（Rodell et al.，2018）[①]。

[①] GRACE 是测量其视野下水质量变化引起的地球引力变化的卫星。引力变化被用于估算地表水库、地下水和冰层等含水量（Syed et al.，2008）。请参阅 Famiglietti 和 Rodell（2013）和 https:///www.nasa.gov/mission_pages/Grace/index.html。

　　全球土壤含有 121 800 km³ 水，其中约 58 100 km³ 位于植物根区（Webb et al.，1993）。GRACE 遥测到美国东部土壤含水量波动是其景观总水量波动的主要贡献者（Cao et al.，2019）。非饱和带或包气带下方的大量淡水被称为地下水，支撑着河流基流（第 8 章）。全球地下水量估计非常粗放，为 4 200 000～23 400 000 km³。除了为数不多的深根植物（Dawson and Ehleringer，1991）和具有创造力的人类外，生物圈对地下水的利用非常少。植物根系可利用不到 20% 的地表浅层地下水（Fan et al.，2013）。地下水总量估值中值为 10 500 000 km³（Bodnar et al.，2013），其中仅有一小部分可在数十年内得到补给（Gleeson et al.，2016；Evaristo et al.，2015；Jasechko，2019）。

　　大气层水量非常小，长期保有相当于约 25 mm 降水量。尽管如此，每年有大量的水通过大气层传输。每年通过降水输送约 500 000 km³ 水量到地球表面，水分子在大气层平均滞留时间约 9 天或更短 [式（3.4）]。

　　蒸发作用每年从全球海洋带走约 413 000 km³·yr⁻¹ 的水通量（Syed et al.，2010）。因此，相对于其大气损失，水在海洋的平均滞留时间约为 3100 年。其中，只有约 373 000 km³·yr⁻¹ 的海洋蒸发水量以降雨返回海洋，剩余的蒸发水量贡献于陆地降水，其水通量约为 113 000 km³·yr⁻¹。全球植物蒸腾和地表蒸发每年将 73 000 km³·yr⁻¹ 水通量从土壤返回大气层。植物蒸腾作用平均将 39% 的陆地降水量返回到大气层，但蒸腾作用的相对重要性因地区而异（表 10.1）。全球生态系统的蒸腾水量（T）和陆地总蒸散发量（ET）之比与降水量无关（Schlesinger and Jasechko，2014；Fatichi and Pappas，2017），但 T/ET 比值随叶面积增加而增加（Wang et al.，2014；Wei et al.，2017）。蒸腾作用与光合作用（Scott and Biederman，2017）以及植物对羰基硫化物的吸收直接相关，羰基硫化物用于定量光合强度（第 5 章；Wehr et al.，2017）。全球植物贡献了约 60% 的陆地总蒸散发量（ET）进入大气（Schlesinger and Jasechko，2014；Good et al.，2015；Wei et al.，2017）。热带森林具有最高的 ET，而干旱区 ET 最小（表 10.1）。相对于降水输入量或蒸散发损失水量，土壤水分的平均滞留时间约为 1 年。

表 10.1　全球生态系统蒸腾作用（T）和蒸发作用（E）比较（Schlesinger and Jasechko，2014）

生态区域	T/ET 百分数（平均值±SD）	陆地面积（%）	降水量（mm·yr⁻¹）	陆地降水（%）	ETª（mm·yr⁻¹）	陆地 ET（%）
热带雨林	70±14（n=8）	16	1830	35	1076（927）	33.1（28.5）
热带草原	62±19（n=5）	12	950	14	583（726）	13.9（17.3）
温带落叶林	67±14（n=9）	9	850	10	549（506）	10.1（9.3）
寒带森林	65±18（n=5）	14	500	8	356（315）	9.5（8.4）
温带草原	57±19（n=8）	8	470	5	332（406）	5.4（6.6）
沙漠	54±18（n=14）	18	180	4	209（186）	7.3（6.5）
温带针叶林	55±15（n=13）	4	880	4	458（404）	3.4（3.0）
高原	48±12（n=3）	4	440	2	467（343）	3.4（2.5）
地中海灌木林	47±10（n=4）	2	480	1	302（393）	1（1.3）

a. 蒸散发量（ET）数据来自 MODIS（Mu et al.，2011）和 FAO（括号内数据，www.fao.org/geonnetrwork/）。

　　当降水量低于平均值时，干旱相对快速发展，影响各生态系统过程，尤其影响植物生长。即使在潮湿气候区域，在降雨事件 3 天后仅有 21% 的雨水残留在土壤中（Kim and Lakshmi，2019）。2005 年旱灾导致亚马孙流域雨林损失超过 1.2×10^{15} g C 进入大气层（Tian et al.，1998；Philips et al.，2009；Potter et al.，2011）。陆地降水量超过蒸散发量，每年约有 40 000 $km^3 \cdot yr^{-1}$ 水量形成径流，包括地表径流和地下径流。滨海地区河流地表径流受流向海洋的地下水补充，这一补水量可能很大，但难以估算（Moore，2010；Sawyer et al.，2016）。有研究估计该补充水量为 489 $km^3 \cdot yr^{-1}$，占河流径流量的 1.3%（Zhou et al.，2019）；另有估值 120 000 $km^3 \cdot yr^{-1}$（Kwon et al.，2014），该估值可能过大。

这些全球平均值掩盖了水循环的巨大区域差异。海洋表面蒸发量并不均匀，从热带 4 $mm \cdot d^{-1}$ 到两极 < 1 $mm \cdot d^{-1}$（Mitchell，1983）。尽管热带地区降水量大，但热带海洋海面蒸发量超过降水量，向区域大气层输出净水汽通量。净水汽通量是热带海洋盐度高的原因（图 9.8），大气层水汽运动将潜热（latent heat）输送到极地地区（Trenberth and Caron，2001）。

陆地蒸发量与降水量的相对平衡具有巨大的地域差异。热带雨林地区降水量可能大大地超过其蒸散发量。Shuttleworth（1988）计算得出亚马孙雨林地区 50% 的降雨量形成地表径流（表 10.1）。沙漠地区降水量和蒸散发量基本持平，故没有地表径流，只有有限的地下水补给（Scanlon et al.，2006）。全球平均水平表明河流将约 1/3 降水量从陆地输送到海洋（Alton et al.，2009）。约 11% 降水量补给地下水（12 666 $km^3 \cdot yr^{-1}$；Doll and Fiedler，2008；Zektser and Loaiciga，1993）。降水是地下水补给的主要决定来源（Kim and Jackson，2012）。地下水平均滞留时间约为 690 年（Bodnar et al.，2013）到 1000 年（Slutsky and Yen，1997），但含水层间存在显著的区域性差异（Befus et al.，2017）。小型含水层地下水周转快速；全球大部分含水层的地下水年龄超过 12 000 年（Jasechko，2019）。

水文学家提出了潜在蒸散发量（potential evapotranspiration，PET）的概念，用于表征在土壤湿润和植物覆盖率 100% 的假设下特定地区气候条件下可能发生的最大蒸散发量。由于植物从深层土壤吸收水分，并且许多植物群落叶面积指数 > 1.0，因此，PET 高于露天水面蒸发量（第 5 章）。热带雨林 PET 和实际蒸散发量（AET）大致相当（Vörösmarty et al.，1989），而沙漠土壤由于长期干燥，其 PET 远高于 AET。美国新墨西哥州南部年均降水量约为 210 $mm \cdot yr^{-1}$，但所接收太阳辐射能可潜在地导致土壤年蒸发量超过 2000 $mm \cdot yr^{-1}$（Phillips et al.，1988）。

温暖潮湿地区 AET（图 10.2）较高，常用于预测初级生产量（图 5.8）、分解（图 5.16）和微生物活动（图 4.3）。影响降水量和 AET 的气候变化对生物圈影响显著。低 AET 地区的 AET 年变化最大，导致与年降水量相关的沙漠 NPP 年际变化很大（Frank and Inouye，1994；Prince et al.，1998；Ahlström et al.，2015）。苔原和寒带森林生态系统 AET 较稳定，湿润土壤为植物生长提供充足水分。陆地植物 NPP（60×10^{15} g $C \cdot yr^{-1}$）和蒸腾土壤水量（约 60% 的土壤总含水量，73×10^{18} g yr^{-1}）表明，全球植被平均水分利用效率约为消耗每摩尔水分固定约 2.0 mol CO_2 [式（5.3）]，略高于植物生理学家测定的单片叶的数值范围（第 5 章）。有证据表明，由于大气层 CO_2 浓度上升和蒸腾作用下降，全球植物水分利用效率有所提高（Keenan et al.，2013；Keeling et al.，2017）。如果植被以增加叶面积指数来响应，就不可能转化为更多的径流量（Tor-ngern et al.，2015）。

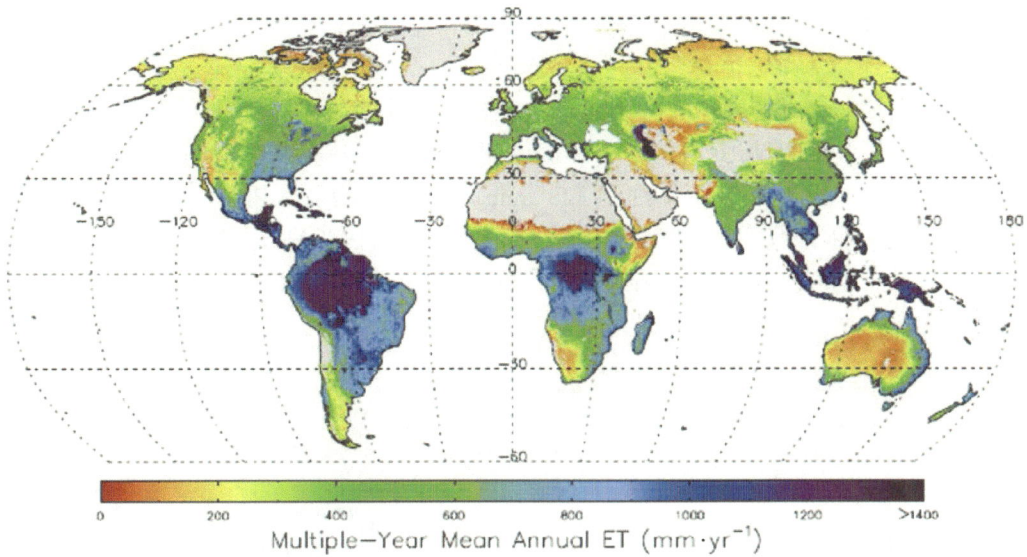

图 10.2　全球陆地蒸散发水分损失
来源　Zhang 等（2010），美国地球物理学会授权使用
图中文字　Multiple-year mean annual ET：多年平均年蒸散发水量

　　地球不同区域降水来源也大不相同。海洋降水几乎全部来自海洋。陆地海洋性气候区和季风气候区的大部分降水也自海洋蒸发量。来自陆地蒸散发量的降水贡献百分率未得以精确估算，且存在显著的区域性变异，全球估值范围为 10%～60%（Trenberth，1998；van der Ent，2010）[①]。在寒带，森林局地蒸发量是决定局域降水的重要因素（Wei and Dirmeyer，2019）。亚马孙流域 25%～50% 的降水量可能来自流域内的蒸散发量，其余来自于经大气层长距离输送的其他地区蒸散发量（Salati and Vose，1984；Eltahir and Bras，1944）。亚马孙森林蒸散发量因深根植物而达到最大化（Nepstad et al.，1994），其蒸散发量对区域植被的重要性有力地说明了森林毁坏对区域的长期影响（Spracklen et al.，2012）。Lean 和 Warrilow（1989）应用地球气候通用环流模型指出，如果亚马孙雨林被替换为稀树草地将减少区域蒸发量和降水量，并升高地表温度［与 Shukla 等（1990）结果相比较］。这样的生态系统转换可能是一种阈值效应，超过该阈值生态系统将无法恢复到之前的状态（Scheffer et al.，2009）。

　　众所周知，植物蒸腾作用具有区域降温效应，比较城市和乡村即可知（Juang et al.，2007）。城市区域存在"热岛效应"，即由于蒸腾作用减少，使得城市地区比周边乡村更温暖。半干旱地区因植被退化可导致降水减少和土壤温度升高（Balling，1989；Kurc and Small，2004；He et al.，2010）、沙漠化加剧（Chahine，1995；Koster et al.，2004）。因此，陆地植物蒸腾作用是决定水循环和全球气候中水分输送的重要因素。

　　全球河流年径流量估计为 33 500～47 000 $km^3 \cdot yr^{-1}$（Lvovitch，1973；Speidel and Agnew，1982），基于卫星观测的全球估值，1994～2006 年注入海洋的河流年径流量为 36 055 $km^3 \cdot yr^{-1}$（Syed et al.，2010）。许多研究者在全球模型中假设河流年径流量为 40 000

---

① 注意该统计具有尺度依赖性。在局地尺度下降水量可能全部来自于局地以外，而在大区域尺度下区域内部贡献率将增加（Trenberth，1998）。

$km^3 \cdot yr^{-1}$（图 10.1）。全球河流间年径流量分布非常不均衡。全球最大的 50 条河流贡献了约 43%的全球河流年径流量，仅亚马孙河就贡献了约 20%的年径流量。因此，根据大河数据即可估算有机碳、无机养分和悬浮沉积物从陆地向海洋的全球输送量。但由于各大洲地理位置及其地表地形不同，使得流入海洋的地表径流存在很大的区域性差异（图 10.3）。北美洲河流平均年径流量约为 320 $mm \cdot yr^{-1}$，而具有更大内陆集水面积和沙漠的澳大利亚河流平均年径流量仅 40 $mm \cdot yr^{-1}$（Tamrazyan，1989）。因此，经径流输入海洋的水溶性溶质和悬浮沉积物在不同大洲河流间差异巨大（表 4.8）。

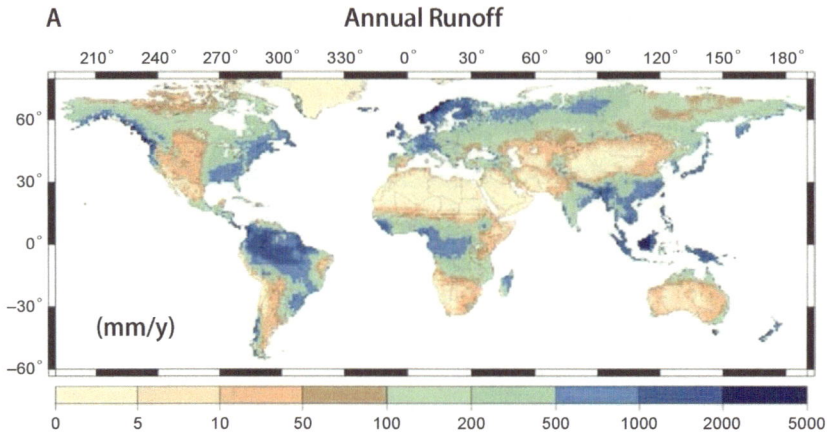

图 10.3　流入海洋的年径流量
来源　Oki 和 Kanae（2006），美国科学促进会授权使用
图中文字　Annual runoff：年径流量

全球流径超过 1000 km 的河流只有 37%仍有自由流量到达海洋（Grill et al.，2019）。北半球 77%的河流径流量受水坝和其他人工设施调控（Dynesius and Nilsson，1994；Nilsson et al.，2005），严重影响沉积物向海洋的输出。蓄水设施和水库使得河流输送其水量到海洋的时间平均增加了 60 天（Vörösmarty and Sahagian，2000）。Jaramillo 和 Destouni（2015）估算人类目前使用了 20%的全球河流径流量（约 10 688 km^3），其中大部分用于农业灌溉而蒸发（Rost et al.，2008；Jaramillo and Destouni，2015）。一些地区，如美国西南部人类对地表径流利用率高达 76%（Sabo et al.，2010）。全球农田灌溉用水量估计为每年 874 km^3（Chen et al.，2013）。美国还汲取多达 10%的河流径流量用于发电厂冷却塔冷却蒸发（Dieter et al.，2018）。

全球地下水年净消耗量达 113～283 $km^3 \cdot yr^{-1}$（Wada et al.，2010；Konikow，2011；Döll et al.，2014），不到地下水补给量的 2%，大部分地下水用于农业灌溉（Siebert et al.，2010；Wada et al.，2012），但主要在干旱和半干旱地区集中开采，对这些地区的地下水量消耗过大（Rodell et al.，2009）。美国加利福尼亚中央山谷 2003～2010 年地下水年开采量约 3 $km^3 \cdot yr^{-1}$，导致地下水位下降约 20.3 $mm \cdot yr^{-1}$（图 10.4）。GRACE 卫星遥测数据表明美国得克萨斯州高原地区也存在类似的地下水消耗量（Breña-Naranjo et al.，2014）。地下水枯竭可导致河流径流量减少（de Graaf et al.，2019）。

基于河流径流估算，海洋海水平均滞留时间约为 34 000 年。不同海盆的海水平均滞留时间不同，太平洋海水平均滞留时间为 57 500 年，远长于大西洋（18 000 年；Spedel and

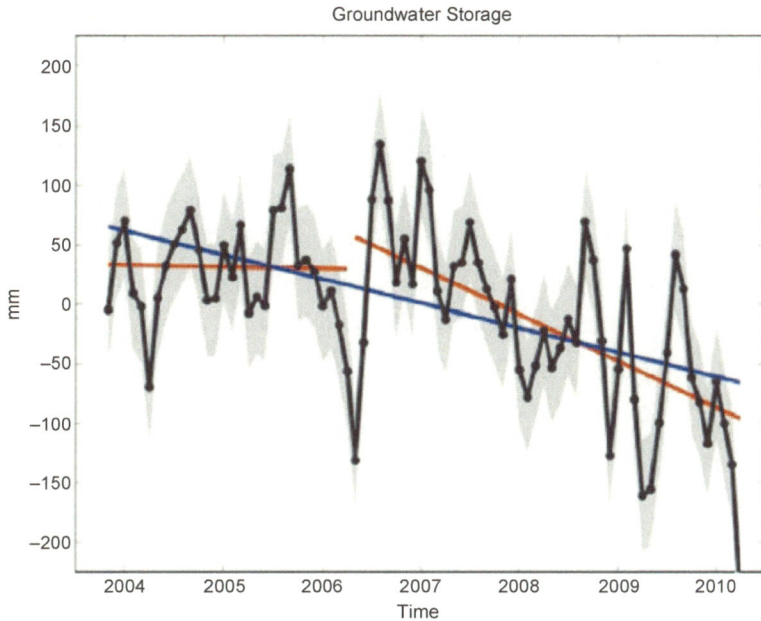

图 10.4　美国加利福尼亚中央山谷地下水位，以 2004 年为基线的变化深度（mm）
来源　Famiglietti 等（2011），美国地球物理协会授权使用
图中文字　Groundwater Storage：地下水储量；Time：时间

Agnew，1982），与太平洋深层海水大量养分累积及其碳酸盐补偿深度较浅等特征相一致
（第 9 章）。尽管亚马孙河年径流量巨大，但汇入大西洋的陆地径流量仍小于其蒸发量，因
此，大西洋净水量呈赤字，导致其盐度升高（图 9.8）。相反，太平洋每年获得更多的淡水
径流量，洋流携带太平洋和印度洋海水进入大西洋以保持盐度和水量平衡（详见图 9.3）。

10.3　水循环模型

　　已开发多种模型用于预测从区域尺度到全球尺度水循环过程的水量传输。流域模型
跟踪降水去向，扣除蒸发量和植物吸收水量获得河流径流量（Waring et al.，1981；
Moorhead et al.，1989；Ostendorf and Reynolds，1993）。在这些模型中土壤被看成是年
水分输入和输出相等的黑箱，超过土壤持水量的水分通过亚表层地下径流流入更深的土
壤层或下一个下坡向土壤单元（第 8 章）。土壤水分运动模型与土壤化学模型耦合可预
测地表径流中元素的流失（Knight et al.，1985；Nielsen et al.，1986；Furrer et al.，1990）。
　　构建水循环模型的主要挑战是模拟植物的吸收水量及其蒸腾损失水量。通常应用基
本扩散定律的公式来计算这一通量，其中蒸腾水分损失量取决于植物叶面和大气间的水
势梯度或蒸汽压差。植物蒸腾水分损失量由水汽阻力因子介导，包括叶气孔导度和风速
（第 5 章）。Running 等（1989）在其森林水文模型中假设当气温降到零下或土壤水势低
至–1.6 MPa 时，冠层气孔导度为零，精确预测了美国蒙大拿州西部多个森林类型区域尺
度的蒸散发量和初级生产力。
　　类似假设用于构建更大区域的水文模型。当将城市包含时，水文模型必须考虑流域

间的供水设施（如管道和渡槽）。例如，Good 等（2014）利用同位素组成分析表明美国西部 614 个城市中 31%的饮用水由外部输入。

陆地对全球水循环贡献的洲级尺度模型已有研发。例如，Vörösmarty 等（1989）以 0.5° × 0.5°（经纬度）方格把南美洲划分成 5700 个斑块；每个国家大尺度地图被用于表征每个方格植被和土壤性质，而地方气象站数据被用于描述其气候特征，应用模型（图 10.5）计算每个方格的水平衡。雨季土壤水分含量可增加至受土壤质地决定的田间最大持水量，旱季土壤水分因蒸散发损失，土壤干燥导致 PET 逐渐下降。

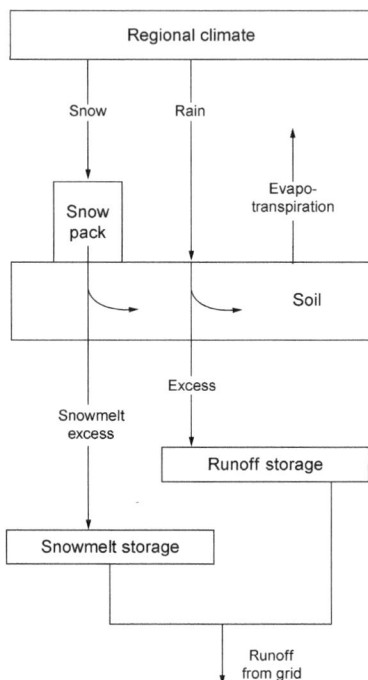

图 10.5　南美洲水循环模型组成
来源　Vörösmarty 等（1989），美国地球物理协会授权使用
图中文字　Regional climate：地区气候；Snow：雪；Snow pack：积雪量；Snowmelt excess：融雪多余水分；Snowmelt storage：融雪储水量；Rain：雨水；Excess：过量；Runoff storage：径流储水量；Evapotranspiration：蒸散量；Soil：土壤；Runoff from grid：地块地表径流

该类模型可与其他模型（如地球气候一般环流模型；第 3 章）相结合来预测全球生物地球化学过程。例如，利用南美洲大陆土壤含水量的月预测值以及土壤含水量和反硝化速率的已知关系（图 6.20），耦合预测土壤向大气排放 N_2O 量和总气态氮损失量（Potter et al.，1996）。水分平衡模型假设过量水流汇入溪流来预测陆地主要河流的径流量（Russell and Miller，1990；Milly et al.，2005）。土地利用和植被破坏等变化可以很容易地加入到这些模型中来预测洲级尺度的水文和生物地球化学的未来变化。

10.4　水循环历史

原始地球吸积时期的水来自小行星、流星和彗星等（第 2 章）。行星吸积过程在约

45 亿年前基本完成，随后水通过火山喷发从地幔释放出来（即脱气过程），至今火山喷发仍向大气层输送约 2.5 km³·yr⁻¹ 水汽（Wallman，2001）。当地球温度高于水沸点时，水汽被保持在大气层，当地球冷却后几乎所有的水凝结形成海洋。即使如此，仍有少量水汽和 CO_2 滞留在地球大气层，以温室效应维持地球温度在冰点以上（第 3 章）。如今，水汽和云贡献了 75% 的地球温室效应（Lacis et al.，2010；Schmidt et al.，2010a）。如果没有温室效应，地球表面可能会覆盖一层厚厚的冰，生物地球化学将失色很多。

有证据表明地球液态海洋形成于 38 亿年前，从那时起水循环水量并没有太大变化。地球表面挥发性物质总目录（表 2.3）表明，约 155×10^{22} g 水来自于地壳脱气过程。该水量与表 10.1 的水总储量间的差值水分大多储存在沉积岩中。陆地岩石受水风化的证据表明现代水循环可能始于约 25 亿年前（Bindeman et al.，2018）。

每年有 0.1～0.2 km³ 水量随沉积物俯冲进入地幔中（van Keken et al.，2011；Kendrick et al.，2017），比火山喷发返回大气层的水汽量要少，因为海洋沉积物携带俯冲进入深层地幔前大量的水已被脱气（Dixon et al.，2002；Green et al.，2010；van Keken et al.，2011）。尽管如此，地球地幔仍然保有大量水分，或许与目前海洋体积相当（Marty，2012；Bodnar et al.，2013；Nakagawa and Spiegelman，2017）。

由于平流层水汽含量少，地球因此仅损失被光解的少量水，可能少于整个地球历史脱气总水量的 35%（Yung et al.，1989；Yung and DeMore，1999；Pope et al.，2012）。金星似乎已损失更多的水量，所有的水以水汽存在并暴露在紫外线下（第 2 章）。金星水损失与现存水氢同位素 D/H 比值高相一致，因为重同位素损失较慢（第 2 章）。地球大气层和地壳氧化矿物的 O_2 累积表明约 2% 的地球水分在整个地质年代已被净光合作用所消耗（表 2.3）。

大量证据表明地球可能在前寒武纪经历了多个冰期，甚至可能更迟一些，冰雪覆盖了绝大部分地球表面，成为一个"雪球"（Hoffman et al.，1998；Kirschvink et al.，2000）。全球如此大幅度的温度变化导致海平面变化。地质记录显示约 200 万年前开始的更新世的 16 次大陆冰期期间，海洋体积发生巨大变化（Bintanja et al.，2005；Dutton and Lambeck，2012）。在末次冰期（22 000 年前达到顶峰），高达 $52\,500 \times 10^3$ km³ 海水被冰封在极地和其他冰川中（Yoloyama et al.，2000；Lambeck et al.，2002）。该冻结水量约占 4% 的海洋体积，使海平面比现在下降 120～130 m（Fairbanks，1989；Siddall et al.，2003）。更新世的冰川期被海洋碳酸盐沉积物所记录（第 9 章）。冰川期海洋 $H_2^{18}O$ 因比 $H_2^{16}O$ 蒸发慢而相对富集，同时期沉积的海洋 $CaCO_3$ 也具有较高的 $\delta^{18}O$ 丰度，被作为古温度指标（图 9.32）。

尽管有诸多解释，但大多数气候学家现在认为冰川期与地球绕日轨道的微小变化有关（Hays et al.，1976；Harrington，1987）。轨道微小变化导致地球接收太阳能发生区域性差异，特别在极地地区，导致地球水循环发生巨大变化。一旦极地冰川开始积累，由于雪对太阳辐射的高强度反射或高反照率，加速了地球降温。末次冰期大气层 CO_2 浓度较低（图 1.4），但硫酸盐气溶胶（Legrand et al.，1991）和大气尘埃（Lambert et al.，2008）浓度较高，可能是全球变冷的结果而不是原因。然而，大气层的这些变化可能加强了地球降温趋势的幅度和结果（Harvey，1988；Shakun et al.，2012）。在末次冰期的末期，全球气温和大气层 CO_2 浓度同步上升（Parrenin et al.，2013），并且在过去 2000 万年间高 CO_2 浓度与高海平面相关（Tripati et al.，2009）。

地球每次进入冰期相对缓慢（50 000 年），而变暖至间冰期则在较短时期内发生（<

1000 年，图 1.4）。一些气候变化时期则非常快，古气候记录表明格陵兰岛年均气温在几十年内就上升 9℃（Taylor，1999；Severinghaus and Brook，1999）。当今地球已呈不寻常的温暖，正处于间冰期中期，预期将于公元 12 000 年结束。

陆地冰期是对地球水循环最大的干扰，即稳态被打破。全球变冷导致蒸发率下降，减少了大气层水分循环，也减少了降水量。某全球气候模型模拟表明，在末次冰期总降水量比现代要少 14%（Gates，1976）。全球大部分地区沙漠面积不断扩大，陆地植物 NPP 和植物生物量大幅下降（第 5 章）。不断增强的沙漠土壤风蚀导致海洋沉积物、极地冰盖和黄土沉积区中降尘增加（Yung et al.，1996；Lambert et al.，2008），并为海洋提供了额外的养分输入源（Jickells et al.，2005）。美国西南部沙漠可能是一例外，其大部分地区 18 000 年前的气候比现今更为湿润（Van Devender and Spaulding，1979；Wells，1983；Marion et al.，1985）。

Worsley 和 Davies（1979）发现在整个地质年代深海沉积速率在海平面相对较低时最大，此时的陆地面积较大。在末次冰期，全球河流流量变化改变了溶质和悬浮物的向海洋输送。Broecker（1982）认为冰期海平面低落露出海面的大陆架沉积物发生侵蚀，可能提高了冰期海水养分含量从而提高了海洋 NPP。这些观察结果与现代海洋 N 循环不平衡相一致，即末次冰期大量的 N 输入可能对现代海洋仍有遗留效应（McElroy，1983；图 9.34）。

10.5　水循环与气候变化

随着重力反演与气候试验（Gravity Recovery and Climate Experiment，GRACE）卫星系统的部署，观测全球水循环的持续能力得到显著提高（Syed et al.，2008）。例如，GRACE 遥测数据表明暴雨季亚马孙流域水储量不断增加（图 10.6），而且 GRACE 还以降水引起的土壤水分变化来计算蒸散发量。GRACE 卫星遥测了美国加利福尼亚州和印度因灌溉导致的地下水枯竭情况（图 10.4；Rodell et al.，2009）。另外，TOPEX/Poseidon 卫星系统能精确观测海平面和洋流的变化（第 9 章）。

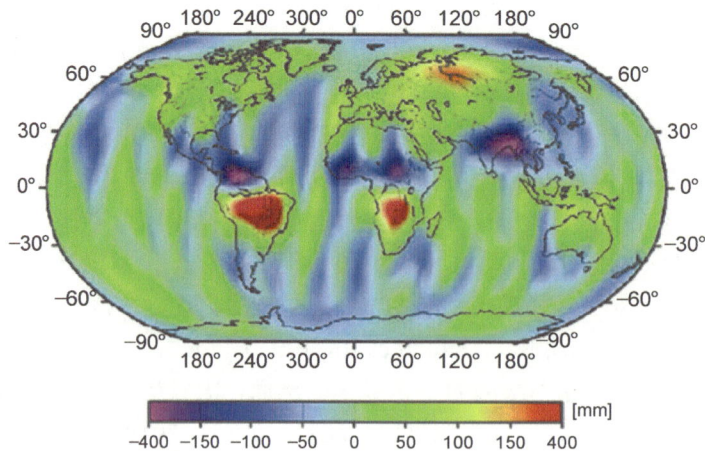

图 10.6　2003 年 4～8 月 GRACE 卫星遥测地球陆地表面水量变化。注意亚马孙流域雨季储水量显著增加

来源　Schmidt 等（2006）

10.5.1　海平面上升

根据各种方法推算，过去 100 年间海平面平均上升速率为 1～2 mm·yr^{-1}（图 10.7；Merrifield et al.，2009；Church and White，2011；Kemp et al.，2011），但最近的上升速率为 3 mm·yr^{-1}，且呈加速趋势（Jevrejeva et al.，2014；Hay et al.，2015；Dieng et al.，2017；Nerem et al.，2018）。TOPEX/Poseidon 卫星最新遥测结果表明，1993～2009 年相对海平面以 3.3 mm·yr^{-1} 上升（Cazenave and Llovel，2010），与同一时期潮汐观测结果一致（Merrifield et al.，2009；Church and White，2011）。

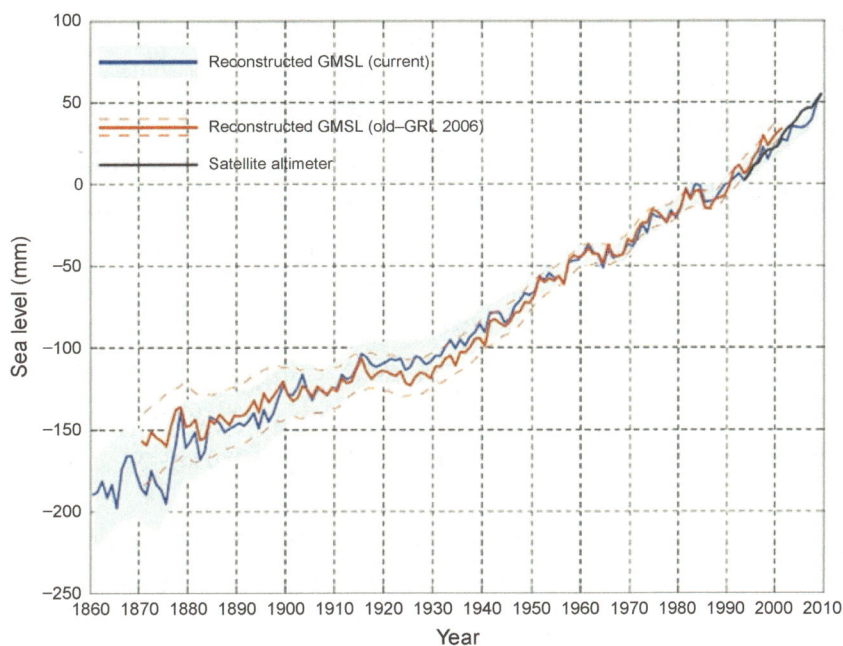

图 10.7　1860～2009 年间全球平均海平面水平

来源　Church 和 White（2011），Springer 出版社授权使用

图中文字　Reconstructed GMSL（current）：经 GMSL 重建数据（当前）；Reconstructed GMSL（old-GRL 2006）：GMSL 重建数据（2006 年数据）；Satellite altimeter：卫星高度计数据；Sea level：海平面水平

纵观地质历史，海平面的相对变化与地球构造活动期相伴，期间海底山脉体积增加或减少。近期海平面快速变化主要源于沿海陆地高程变化、海水温度变化以及陆地冰川体积变化。普遍认为全球变暖将导致格陵兰岛和南极洲冰盖融化，22 世纪海平面上升加速，并导致滨海地区被淹没。

由于末次冰期的大陆冰川融化导致陆地海拔不断均衡调整（isotatic adjustment）[①]，使得对海平面上升观测变得复杂（Sella et al.，2007）。沉降区域海平面上升速率更快，如美国东海岸海平面上升速率在 2～7 mm·yr^{-1} 不等（Piecuch et al.，2018）。此外，全球海洋大部分海面温度在过去 100 年也有所上升（Levitus et al.，2001，2005；Barnett et al.，2005），因此，海平面上升的部分贡献（可能 0.6 mm·yr^{-1}）来自于海水升温的热膨胀（Miller

---

[①] 均衡调整是由于冰川重量导致地壳下沉，而冰川融化后地壳会有所反弹。因此美国东北部大部分海岸在 18 000 年前曾被冰川覆盖下压，其高程现正上升。相反，美国东海岸位于冰川边缘（冰碛）以南，受北部冰川重量挤压，其高程现正下降，加剧了相对海平面上升（Piecuch et al.，2018）。

and Douglas，2004；Antonov et al.，2005；Chen et al.，2013）。

海平面上升也可能源于人类活动，包括开采地下水、使用后经河流输入海洋（Sahagian et al.，1994；Konikow，2011；Pokhrel et al.，2012）。另外，水库和灌溉被认为减少了全球河流径流量约2%（930 km³·yr⁻¹；Haddeland et al.，2006；Biemans et al.，2011），使海平面上升速率降低0.55～0.71 mm·yr⁻¹（Chao et al.，2008；Reager et al.，2016）。目前，全球水库蓄水量达到8070 km³，亚洲和南美洲许多地区已规划了或正在建设大型新水坝（Lehner et al.，2011）。近年来，陆地净储水量可能增加了3200 km³（Reager et al.，2016），但该估值有较大不确定性（Kim et al.，2019）。

海平面上升部分可能是由于全球山地冰川融化所致，是全球变暖趋势的标志（Gardner et al.，2013；Parkes and Marzeion，2018）。全球山地冰川融化损失总体积可能超过335 km³·yr⁻¹（Zemp et al.，2019），贡献了已观测到海平面上升总高度的25%～30%。格陵兰岛和南极洲冰盖融化被认为贡献了剩余的海平面上升高度。格陵兰岛和南极洲冰盖融化与以往冰期周期海平面急剧上升相似（Raymo and Mitrovica，2012；Deschamps et al.，2012），预计2050年海平面将上升50 cm（Golledge et al.，2019）。

GRACE卫星遥测显示格陵兰岛冰盖呈持续减少趋势（van den Broeke et al.，2009；Shepherd et al.，2012），格陵兰岛冰盖融化与北大西洋海域盐度降低的观测结果相一致（Curry and Mauritzer，2005；Dickson et al.，2002）。格陵兰岛冰盖边缘消融最为显著，而其北部和内陆区域可能正在集聚一些冰（Pritchard et al.，2009；Kjær et al.，2012）。格陵兰岛冰盖近期净损失估计为222（IMBIE，2020）～286 km³·yr⁻¹（Mouginot et al.，2019）。

总之，尽管南极洲巨大冰盖变化比格陵兰岛冰盖变化要小，但其体积似乎也在减小中（Shepherd et al.，2012），尤其环绕南极洲边缘冰架的融化（Rignot et al.，2013）。南极半岛冰盖的快速融化可能被其东部的少量积雪所平衡（Rignot et al.，2008；Martín-Español et al.，2016；IMBIE，2018；Shepherd et al.，2019）。虽然观测记录时间不长，GRACE卫星已显示南极洲冰量正在加速损失，目前接近252 km³·yr⁻¹（Rignot et al.，2008）。罗斯海（Rose Sea，南极大陆近海）海水盐度下降与南极洲冰量持续减少趋势相一致（Jacobs et al.，2002）。南极洲冰盖融化对过去十年海平面上升的贡献估计为0.36 mm·yr⁻¹（Rignot et al.，2008）。

格陵兰岛和南极洲冰盖以及全球各类山地冰川已测得的损失冰量导致全球海平面升高1.5～1.8 mm·yr⁻¹（Meier et al.，2007；Jacob et al.，2012；Golledge et al.，2019），约为观测值的一半。到2100年这些冰盖融化可导致海平面总上升高度超过1 m（DeConto and Pollard，2016），导致沿海地区和世界大多数主要城市被大面积淹没。整个格陵兰岛冰盖融水量相当于海平面升高7 m，而南极洲冰盖融水量则可使海平面升高约65 m。因此，21世纪预计的融水量仅占冰盖水量的一小部分。

10.5.2 海冰

正如一杯有冰块的水不会因为冰块融化改变其体积一样，海洋浮冰（即海冰）的体积或面积也不会影响海平面水平。然而，海冰变化趋势是表征地球气候变化的一个有用指标。

北极海域海冰急剧减少，可能几十年内出现无冰夏季[①]（图 10.8；Serreze et al.，2007；Comiso et al.，2008；Parkinson and Cavalieri，2008）。海冰减少程度在有记录的 1450 年内前所未有（Kinnard et al.，2011）。在过去几十年海冰减少与人类活动排放 CO_2 量高度相关，即每年每燃烧 1 t 化石燃料排放的 CO_2 会导致当年 9 月海冰最少时期的面积减少 3 m^2（Notz and Stroeve，2016）。即使残留的海冰其厚度也在减少（Kwok and Rothrock，2009；Laxon et al.，2013）。据估算，北极积雪和海冰的自然反射率或反照率减少对 1979～2008 年全球变暖贡献了 0.1～0.45 $W·m^{-2}$，加剧了因大气温室气体累积引起的持续气候变化[②]（Hudson，2011；Flanner et al.，2011）。

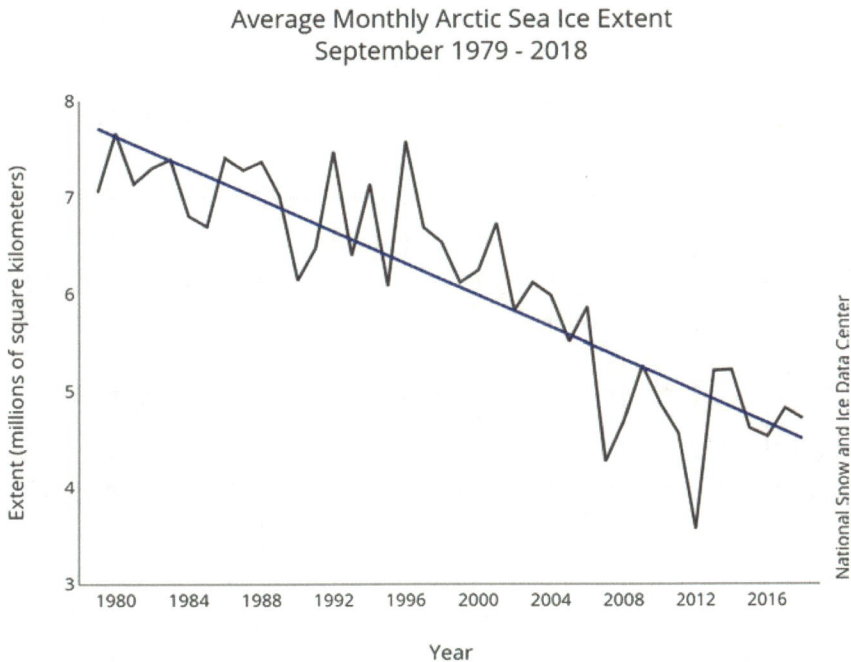

图 10.8　1979～2010 年北极海域海冰面积
来源　美国国家积雪和海冰数据中心
图中文字　Average monthly Arctic sea ice extent：北极海域海冰月平均面积；Extent (millions of square kilometers)：面积（百万平方公里）；National Snow and Ice Data Center：国家积雪和海冰数据中心；Year：年；September：九月

南极洲附近捕鲸历史记录表明，高纬度海域捕鲸频率不断增加与南大洋海冰面积长期下降相一致（de la Mare，1997；Cotte and Guinet，2007）。卫星遥测表明，南大洋南极洲周边的海冰面积变化相对较小（Zwally et al.，2002；Cavalieri and Parkinson，2008），但 2014 年开始急剧下降（Parkinson，2019）。因为南大洋企鹅和其他物种依赖于生长在冰盖底部的藻类，未来南大洋海冰减少可引发生物地球化学担忧（McClintock et al.，2008；Kohlbach et al.，2018）。

---

① 北极海域海冰情况请参考 https:///climate.nasa.gov/climate_resources/155/video-annual-arctic-sea-ice-minimum-1979-2018-with-area-graph/。
② 参照人类活动温室气体累积效应估算值 2.3 $W·m^{-2}$（第 3 章）。

10.5.3 陆地水平衡

绝大多数气候模型都预测未来全球变暖会导致一个更加湿润的世界，全球水文循环的降水、蒸发和地表径流等均将增强（Loaiciga et al.，1996；Huntington，2006）。增加的云量可能减缓暖化程度，形成高于当今温度的地球温度新稳态（第 3 章）。并非所有的陆地区域均匀受影响，预测的温度变化区域大部分局限于高纬度地区。冻土正在融化，北极河流径流量较 20 世纪 60 年代初显著增加（Peterson et al.，2006；McClelland et al.，2006）。

全球大部分地区降水历史记录较少。从 1850 年至今，全球年降水量变化没有明显趋势（van Wijngaarden and Syed，2015），但一些短周期记录表明降水量增加了（Bradley et al.，1987；Wentz et al.，2007）。由于降水量较大区域部分弥补了降水量较少的地区，使得全球年降水量变化较小（Milly et al.，2005；Smith et al.，2006）。与一些通用环流模型预测的未来气候一致的是，许多地区降水量变得多变，洪水和干旱更加频繁（Min et al.，2011）。

全球降水估算将随着卫星遥感技术的不断应用而得到大幅提升（Petty，1995），尤其在 2013 年全球降水测量卫星（GPM）的发射部署后[①]。由于水汽能吸收微波能量，大气微波辐射的相对传输与水汽含量和降雨有关，因此，卫星遥测地球微波辐射可观测大面积的降雨量和土壤湿度（Weng et al.，1994）。雷达应用也有望为全球降水量估算带来希望（Tang et al.，2017）。

降水量增加可导致陆地地表径流量增加（Miller and Russell，1992）。Probst 和 Tardy（1987）发现在其研究的 65 年间世界主要河流径流量增加了 3%（另参考 Labat et al.，2004；McCabe and Wolock，2002；Syed et al.，2010）。河流径流量增加可能是全球气候变化的一个结果（或迹象），但也可能与人类破坏植被导致径流量增加有关（DeWalle et al.，2000；Brown et al.，2005；Rost et al.，2008；Peel et al.，2010）。也可推测因在大气层高浓度 CO_2 下植被生长具有更高的水分利用效率，使得河流径流量得以增加（第 5 章；Gedney et al.，2006；Betts et al.，2007）。寒温带地区气候变暖后，其冬季积雪变少而春季径流提前（Barnett et al.，2005；Burns et al.，2007）。

各大洲和全球径流历史模式呈周期性特征（Probst and Tardy，1987）。因各大洲径流变化周期不同步，因此，相对于各个洲径流周期，全球径流记录的趋势是"去周期性"的。未来气候模型通常预测径流增加（Milly et al.，2005；Arnell and Gosling，2013），但世界主要区域间径流变化存在差异，有些地区径流增加，有些地区径流则大幅减少（图 10.9）。水库蓄水量可能会减少水资源供应的区域影响。到 2050 年作为河流基流来源的地下水枯竭可能导致全球河流径流量减少（de Graaf et al.，2019）。

一般认为地表温度升高将增加蒸发量，而大气温度升高可能使大气层具有更高的水汽含量。陆地流域尺度水平衡研究表明，过去 50 年内蒸散发量增加（Walter et al.，2004a）伴随着干旱发生率的增加（Dai et al.，2004），尤其在美国西南部（Andreadis and Lettenmaier，2006；Seager et al.，2007）。长期记录分析表明，20 世纪末陆地蒸发量增

① http:///pmm.nasa.gov/GPM/（译者注：于 2014 年 2 月 27 日在日本东京航天中心成功发射）。

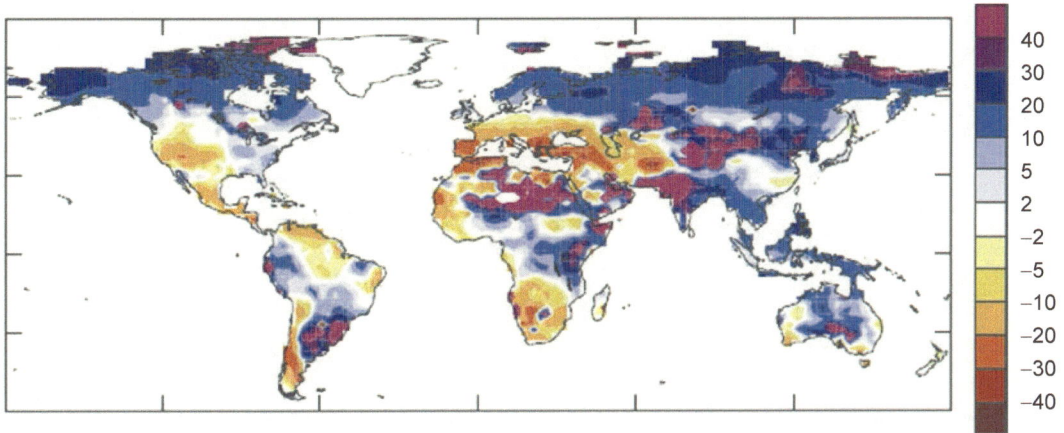

图 10.9　2041～2060 年地球陆地表面径流量预测值相对于 1900～1970 年年平均值的变化百分率
来源　Milly 等（2005），美国前沿科学协会（AAAS）授权使用

加（Szilagyi et al.，2001；Golubev et al.，2001；Brutcaert，2006）。除厄尔尼诺效应引发的干旱期外，全球蒸散发量在 20 世纪末到 21 世纪初的 25 年内大部分时间均增加（Jung et al.，2010）。还有迹象表明大气湿度有所增加（Willett et al.，2007），特别是在灌溉农业大幅增加的地区（Sorooshian et al.，2011）。

在未来气候影响下，美国中部和亚洲将有大片地区土壤含水量减少，干旱加剧。水具有较强的热缓冲能力，因此，海洋可能比陆地升温要慢一些。由于大部分降水来自海洋，陆地在全球变暖的转折期即将出现严重干旱（Rind et al.，1990；Dirmeyer and Shulka，1996）。降水和温度的如此变化将引起植被分布及全球 NPP 的大范围变化（Emanuel et al.，1985；Neilson and Marks，1994；Smith et al.，1992b）。

总之，近年来降水量、蒸发量和河流径流量的增加与全球变暖引发的水循环变化预测相一致，但这些观测结果必须放在地质年代以来长期气候变化的背景下进行评估。

10.6　小　　结

水文循环通过蒸发和降水将水和热量输送到整个地球系统。从降水获得的水分是控制陆地 NPP 的主要因子之一。地质时代水文循环的变化与全球温度变化相关。所有证据表明，水文循环中水分流动在冰期较慢，而在间冰期较快，预计随着全球变暖而加速。地球表面水的运移影响着岩石风化速率和其他生物地球化学现象。

维持不断增长世界人口的水资源管理将变得至关重要。数据分析表明，水资源管理还有很大的优化空间。不同国家的人用水方式非常不同，从中国人均年用水量 700 m³·yr⁻¹ 到美国人均年用水量 3480 m³·yr⁻¹（Hoekstra and Chapagain，2007）。在未来数十年，随着气候和人口变化，人均可利用水资源量可能会减少，导致世界大片地区水资源匮乏加剧（图 10.10；Vörösmarty et al.，2000）。

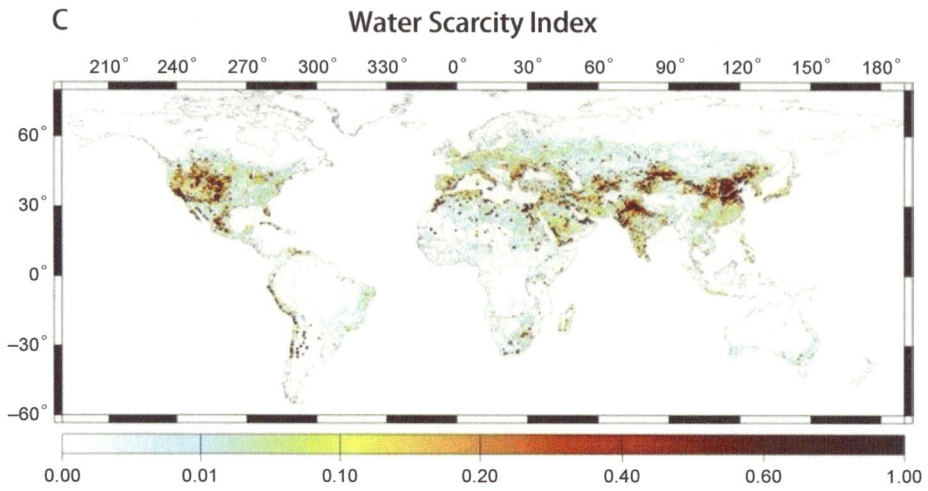

图 10.10　地球陆地表面的水资源稀缺指数（water scarcity index）。水资源稀缺定义为地表可用水量除以循环利用水量，已根据地区性海水淡化水供应量校正

来源　Oki 和 Kanae（2006）

第 11 章　全球碳和氧循环

11.1　引　言

碳循环是生物地球化学的核心内容。生命主要由碳元素构成，评估全球有机碳的生产量和分解量可作为生物圈过去和现在健康状况的一个综合指标。光合生物将捕获的太阳能储存于有机物，驱动生物圈，并向大气层释放 O_2。因此，地球碳循环和氧循环紧密相连，大气层 O_2 的存在决定了大多数生境有机代谢的氧化还原电位。通过氧化反应和还原反应，生物体利用有机碳和氧主导的反应转化生命所必需的其他元素（如 N、P、S）。了解了碳循环，就能对全球循环中其他元素的迁移做出准确的初步估算，认知有机物质中化学元素的可预测化学计量。最后，已有证据充分表明燃烧化石燃料和其他人类活动已改变了全球碳循环，导致大气层 CO_2 浓度上升到地球现有物种（包括人类）进化史上从未有过的水平（Beerling and Royer，2011）。

本章将探讨一个简单的全球碳循环模型，并评估碳循环的人类影响；然后回顾碳循环的历史波动幅度，以认知现代的人类影响；同时简单探讨大气层 CH_4 的收支平衡。由于 CO_2 和 CH_4 浓度升高引起的温室效应与全球变暖相关（图3.2），因此，全球碳循环与全球气候变化的认知以及应对全球变暖的国际努力直接相关；最后，将探讨地球碳、氧循环关系，在全球尺度"交叉检验"其收支估值。

11.1.1　现代碳循环

地球约含有 32×10^{23} g C（Marty，2012），绝大部分 C 储存于下地幔和地核中（Fischer et al.，2020），上地幔约含有 7×10^{22} g C（Zhang and Zindler，1993），地球表面大气层、

海洋、陆地植物和沉积岩也含有相似的 C 量（表 2.3）。沉积岩碳包括了有机化合物（1.56 × 10^{22} g C；Des Marais et al.，1992）和碳酸盐（5.4 × 10^{22}～6.5 × 10^{22} g C；Li，1972；Lecuyer et al.，2000）。传统化石燃料仅含 4 × 10^{18} g C（Sundquist and Visser，2005）。活的生物量含有相对较小的 C 库，约 713 × 10^{15} g C，主要分布在陆地和海洋之间（Kallmeyer et al.，2012；Bar-On et al.，2018）。

地球表面活性 C 库总量约为 40 × 10^{18} g C（图 11.1）。海洋水溶性无机碳是最大的近地表 C 库，根据亨利定律其具有缓冲大气变化的巨大容量 [式（2.7）]。动态平衡时海洋 C 含量约是大气层含 C 量的 50 倍（Raven and Falkowski，1999）。陆地最大 C 库是土壤（表 5.4），其次是植被（表 5.3）。令人惊讶的是，大气层 C 含量（829 × 10^{15} g C）比地球所有活着的植被 C 含量（615 × 10^{15} g C）还要多。

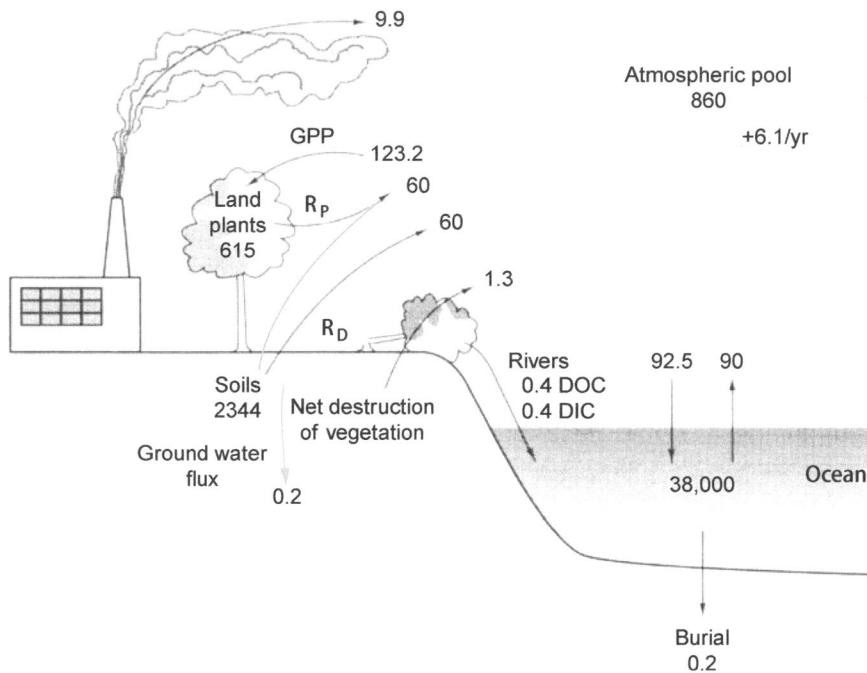

图 11.1　2016 年全球碳循环。碳库单位为 10^{15} g C，年通量单位为 10^{15} g C·yr^{-1}
图中文字　GPP：总初级产量；Land plants：陆地植物；Soils：土壤；Groundwater flux：地下水通量；Net destruction of vegetation：植被净损失；Rivers：河流；Burial：埋藏；Ocean：海洋；Atmospheric pool：大气层库

全球碳循环最大通量是大气层 CO_2 与陆地植被和海洋间的交换通量（图 11.1）。全球陆地 NPP 估计为 60 × 10^{15} g C·yr^{-1}（第 5 章），与 MODIS 卫星遥测估计的总初级生产量（GPP）一致，即 NPP 约为 GPP 的一半（Beer et al.，2010；Ryu et al.，2011；Jung et al.，2011）。一半的 GPP 被呼吸消耗（R_p），并且一半的植物呼吸消耗量是在地下进行的，这部分贡献了土壤呼吸量（80 × 10^{15}～100 × 10^{15} g C·yr^{-1}；Raich et al.，2002；Konings et al.，2018；Warner et al.，2019）。Konings 等（2018）认为土壤异养生物周转了 43.6 × 10^{15} g C·yr^{-1}，而生物质燃烧可能消耗了 2 × 10^{15}～4 × 10^{15} g C·yr^{-1}（Randerson et al.，2012；Andreae，2019）。碳在陆地植被和土壤有机质的平均滞留时间约为 23 年，随纬度变动范围为 15～255 年，与温度呈负相关，而半干旱地区 C 周转速率则快的惊人（Carvalhais et al.，2014；Wang et al.，2018a）。

　　仅考虑陆地植被，大气层每个 CO_2 分子可能在 6 年内会被 GPP 捕获。大气层与海洋的 CO_2 年交换量略大，因此，总体来说大气层 CO_2 平均滞留时间约为 3 年[①]。由于这一平均滞留时间和大气混合时间相似，因此，全球大气层 CO_2 浓度存在很小的区域和季节差异叠加（图 3.6）。

　　大气层 CO_2 浓度波动是南北半球植物光合作用吸收 CO_2 的季节性变化以及化石燃料使用和大气-海洋 CO_2 交换的季节性差异引起的。光合作用引起的大气层 CO_2 浓度微小波动可与大气层 O_2 浓度的微小波动相印证，大气层 O_2 体积非常大并具有相当长的平均滞留时间（图 1.2）。地球上约有 2/3 陆地植被分布于具有季节性生长期的区域，其余在湿润的热带地区全年生长（Box，1988）。光合作用对大气层 CO_2 浓度变化的季节性效应在北半球更为明显（图 3.6；Hammerling et al.，2012），因为绝大多数地球陆地分布于北半球。北半球高纬度地区植被贡献了约一半的大气层 CO_2 浓度季节性波动（D'Arrigo et al.，1987）。南半球大气层 CO_2 浓度季节性波动小于北半球，但季节相反，且以大气-海洋水面交换过程主导（Keeling et al.，1984）。厄尔尼诺事件也会影响陆地植被对 CO_2 的吸收（Zhang et al.，2019）。

　　位于北纬 19°美国夏威夷冒纳罗亚（Mauna Loa）山大气层 CO_2 浓度波动约为 6 $ppm \cdot yr^{-1}$（图 1.2），相当于每年向大气输送 13×10^{15} g C·yr^{-1}。这一数值小于陆地植物的年 NPP（表 5.3），这是由于全球陆地光合作用与呼吸作用不同步，以及大气-海洋 CO_2 交换对大气层 CO_2 浓度波动的缓冲作用所致。

　　目前化石燃料排放 CO_2 量接近 10×10^{15} g C·yr^{-1}，这是全球碳循环最为确切的数值之一[②]。如果这些 CO_2 全部滞留在大气层，则 CO_2 浓度年增量将超过 1.0 %。事实上，大气层 CO_2 浓度年增量约为 0.4%（相当于 2 ppm），因为只有约 45%的化石燃料源 CO_2 滞留在大气层（Sabine et al.，2004；Raupach et al.，2014）。这就是所谓的"大气分馏"（airborne fraction），近年来这一数值略有下降（Ballantyne et al.，2015；Keenan et al.，2016）。其余 CO_2 去了哪里？

　　海洋学家认为每年约有 32%（约 2.8×10^{15} g C·yr^{-1}）的化石燃料源 CO_2 进入海洋（Khatiwala et al.，2013；Kouketsu and Murata，2014；Gruber et al.，2019a），但年际间变化很大（Landschützer et al.，2014；Goto et al.，2017；DeVries et al.，2019）。这一估值来自于对海水水溶性 CO_2 的反复测量（Takahashi et al.，2006；Carter et al.，2019）以及对海水吸收的人类活动源痕量污染物（如氯氟烃）测定（McNeil et al.，2003；Sweeney et al.，2007；Quay et al.，2003）。因此，图 11.1 中海洋 CO_2 年吸收量（92×10^{15} g C yr^{-1}）略高于海洋向大气层释放的 CO_2 量（90×10^{15} g C·yr^{-1}）。根据亨利定律 [式（2.7）]，过量 CO_2 溶解于海水中，引起海洋酸化和海洋碳酸盐溶解 [式（9.4）和式（9.5）]。海洋吸收 CO_2 大多发生在北大西洋和南大洋的大面积下沉流海域（图 11.2）及全球大陆架海

[①] 该数值是基于传统定义的稳定态碳库平均滞留时间（即质量/输入量比值），参见第 3 章第 47 页脚注①。政府间气候变化专门委员会（Intergovernmental Panel on Climate Change，IPCC）报告指出大气层 CO_2 的平均滞留时间为 50～200 年（Houghton et al.，1995，表 3）。如果停止使用化石燃料，这一时间是人类活动贡献的大气层 CO_2 进入地球表面其他碳库（如海洋）所需的时间。因此，地球碳循环需要几个世纪才能恢复稳定状态。

[②] 水泥生产过程排放 CO_2（$CaCO_3$ 经焙烧生成 CaO）通常包含在化石燃料排放量中。随着时间推移水泥中的 $Ca(OH)_2$ 会吸收大气 CO_2，部分平衡了其制造过程的 CO_2 排放量（Xi et al.，2016）。

域（Thomas et al.，2004b；Gruber et al.，2019b）。可以预期，随着大气层 CO_2 浓度上升，海洋对 CO_2 的吸收量将会增加（Gruber et al.，2019a）。由于海水养分水平低，海洋 NPP 变化被认为对当前海洋的人类活动源 CO_2 吸收量影响不大，这很大程度上取决于表层海水的 CO_2 溶解度（Shaffer，1993）。

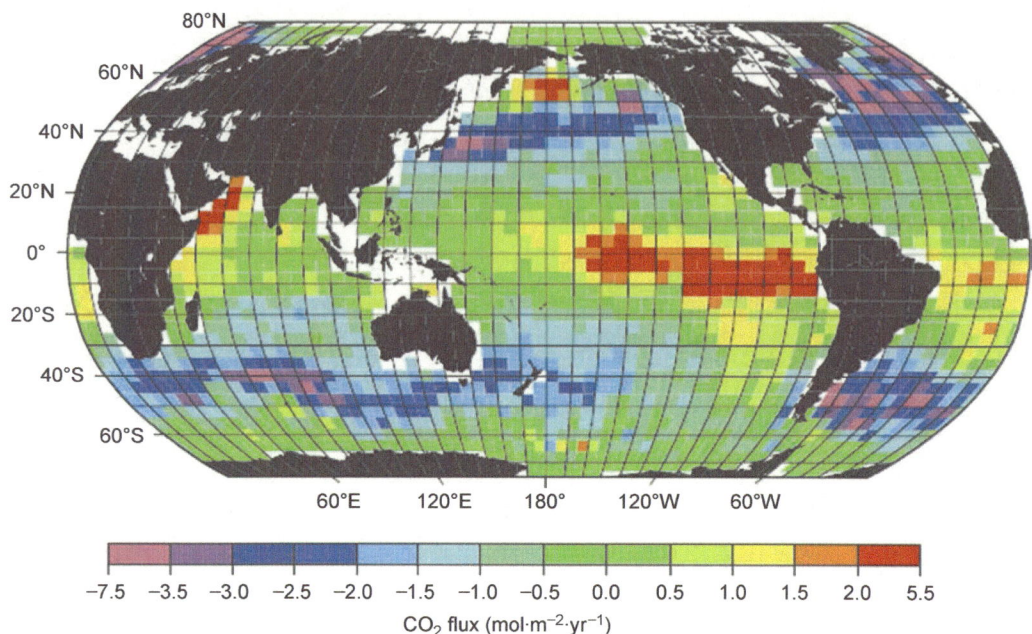

图 11.2　1995 年大气-海洋表面的 CO_2 通量估值
来源　Denman 等（2007），剑桥大学出版社授权使用
图中文字　CO_2 flux：CO_2 通量

需记住，大气-海洋 CO_2 交换仅发生在表层海水（第 9 章），因此，将表层海水碳库（921×10^{15} g C）除以输入通量（92.6×10^{15} g C·yr^{-1}）可计算表层海水 CO_2 平均滞留时间（约为 10 年）。相似地，海水混合时间可由表层海水 ^{14}C 分布计算得到（第 9 章）。整个海洋的碳周转速率很慢，约需 350 年，与深层海水年龄一致。因此，海洋 CO_2 吸收量受限于表层和深层海水间的混合作用，而不是表层海水的 CO_2 溶解速率（第 9 章）。所以，化石燃料 CO_2 排放速率和 CO_2 混入深层海洋速率之比可表征当前大气层 CO_2 浓度的升高程度。如果削减化石燃料 CO_2 排放量，最终几乎所有的大气层累积 CO_2 都会被溶解于海洋，全球碳循环将在数百年间重回稳定状态（Laurmann，1979）。

大气层 CO_2 增量和海洋 CO_2 吸收量占化石燃料年 CO_2 排放量的 80%～90%（Sabine et al.，2004）。考虑全球估值的误差，对全球碳循环认知已相对清晰。然而，许多陆地生态学家认为因农业开垦进行的森林砍伐（尤其热带地区）导致陆地植被和土壤释放了大量 CO_2（第 5 章）。如果估算正确，大气层碳收支则不平衡，有大量 CO_2 从大气层"失踪"（表 11.1）。

全球植被 CO_2 净排放量估算非常困难（第 5 章）。任一时间点都有一些植被被砍伐，同时一些耕地被撂荒使植被得以再生。例如，亚马孙流域似乎是大气层 CO_2 的净来源，森林砍伐释放 CO_2（0.86×10^{15} g C·yr^{-1}；Baccini et al.，2017），但植被再生的 CO_2 吸收

表 11.1　地球大气层人类活动源 CO$_2$ 的全球收支　（单位：10^{15} g C·yr^{-1}）

	化石燃料燃烧和水泥生产	生物量破坏	=	大气层增量	海洋吸收量	陆地吸收（推测）	参考文献
20 世纪 90 年代	6.4+	1.6	=	3.2+	2.2+	2.6	IPCC，2007
21 世纪 00 年代	7.8	1.1		4.0	1.6	3.3	IPCC，2013
2016 年	9.9	1.3		6.1	2.6	2.7	Le Quéré et al.，2018

抵消 0.44 × 10^{15} g C·yr^{-1}。亚马孙流域热带雨林的 C 通量估值因年际间显著变化而变得复杂，在早期其为 CO$_2$ 净来源（Tian et al.，1998；Gatti et al.，2014）。刚果雨林也有类似的观测结果（Zhou et al.，2014）。

大气层 CO$_2$ 的 ^{13}C 和 ^{14}C 同位素比值的历史变化可清晰地表明 19 世纪末森林砍伐和土地清理导致生物圈 CO$_2$ 净排放（Wilson，1978）[①]。大气层 ^{13}C 和 ^{14}C 丰度均可被化石燃料燃烧排放的 CO$_2$ 贫化，但植被燃烧仅贫化 ^{13}C 丰度。直到 1960 年前后，土地开垦（森林砍伐）的 CO$_2$ 排放量可能已超过化石燃料燃烧的 CO$_2$ 排放量（Houghton et al.，1983）。自人类文明以来，人类活动导致植被和土壤排放 CO$_2$ 的累积量可能超过 400 × 10^{15} g C·yr^{-1}（Kaplan et al.，2011；Erb et al.，2018），其中约一半来自生物质（Li et al.，2017），另一半来自土壤（Sanderman et al.，2017）。

近几十年来全球热带地区森林砍伐导致 CO$_2$ 净排放量估计为 0.9 × 10^{15}～1.5 × 10^{15} g C·yr^{-1}（Pan et al.，2011；Harris et al.，2012；Houghton and Nassikas，2017），即使较低的估值也达到 0.81 × 10^{15} g C·yr^{-1}（Harris et al.，2012；Achard et al.，2014）。由于森林砍伐率和干旱发生无规律性，使得对其 CO$_2$ 排放量估值具有很大不确定性。卫星遥感技术应用改善了全球植被和土壤碳含量变化估值的不确定性，卫星遥测可识别选择性砍伐产生的显著 C 通量，传统森林砍伐估值未考虑这一部分（Asner et al.，2010；Federici et al.，2015）。热带原始森林是大气层 CO$_2$ 的净储存汇（Luyssaert et al.，2008；Lewis et al.，2009；Davidson et al.，2012）。陆地任何碳净排放都增加了大气层 CO$_2$ 收支平衡估值的复杂性（表 11.1）。

热带森林砍伐的碳排放量被温带和寒带再生林的扣留碳量部分抵消，估计为 0.65 × 10^{15}～2.1 × 10^{15} g C·yr^{-1}（Myneni et al.，2001；Goodale et al.，2002；Pan et al.，2011；Houghton et al.，2018）。美国林地（大多数分布于新英格兰地区）现在呈碳累积趋势（0.1 × 10^{15}～0.2 × 10^{15} g C·yr^{-1}；Birdsey et al.，1993；Turner et al.，1995；Woodbury et al.，2007；Zhang et al.，2012a）。相似的再生林地碳累积也发生在欧洲（0.165 × 10^{15} g C·yr^{-1}；Peters et al.，2010）、中国（< 0.26 × 10^{15} g C·yr^{-1}；Piao et al.，2009）和俄罗斯（< 0.13 × 10^{15} g C·yr^{-1}；Beer et al.，2006）。全球干旱和半干旱区优势灌木植被可能解释了大部分陆地生物圈 C 吸收的年际变化（Ahlström et al.，2015；Biederman et al.，2017）。总体而言，全球植被净碳汇约为 1.1 × 10^{15} g C·yr^{-1}（Pan et al.，2011），为排放量 4.2 × 10^{15} g C·yr^{-1} 和吸收量 3.1 × 10^{15} g C·yr^{-1} 的差值（Houghton et al.，2018）。北半球 C 净吸收量为 0.6 × 10^{15} g C·yr^{-1}，贡献了一半以上全球植被 C 净吸收量（Ciais et al.，2019）。

轨道碳观测卫星（OCO-2）于 2014 年 7 月成功发射，为特定地区和国家的 CO$_2$ 排

[①] 大气层 ^{14}CO$_2$ 变化始于 20 世纪 60 年代核武器试验排放的大量放射性碳。

放量估算提供了遥测手段，是缓解气候变化国际协议碳减排承诺履行的验证手段[①]（Hakkarainen et al.，2016）。该卫星可遥测地球表面 $1.3 \times 2.25 \ km^2$ "足迹"的大气层 CO_2 分子的太阳辐射反射量。例如，该卫星遥测太平洋火山岛屿 Mt. Yasur 每天 CO_2 排放量为 $42 \times 10^9 \ g \ CO_2 \cdot d^{-1}$（即 $11 \times 10^9 \ g \ C \cdot d^{-1}$），甚至能遥测单一燃煤电厂的 CO_2 排放量（Nassar et al.，2017）。轨道碳观测卫星还能遥测叶绿素荧光，即光合植物发射的红光，与光合作用密切相关（Frankenberg and Berry，2018），为全球植被 GPP 估算提供了新方法（Sun et al.，2017；Li et al.，2018b），其最近的 GPP 估值为 $167 \times 10^{15} \ g \ C \cdot yr^{-1}$（Norton et al.，2019）。应用植被近红外反射的 GPP 估值为 $131 \times 10^{15} \sim 163 \times 10^{15} \ g \ C \cdot yr^{-1}$（Badgley et al.，2019）。

11.2　什么能促进净初级生产量？

如果有证据表明大气 CO_2 浓度升高可刺激植物生长，增加陆地植被和土壤碳库，那么需要重新估算大气层 CO_2 收支（第 5 章）。尽管森林遭到大面积破坏，但未受干扰地区的植被 CO_2 吸收增量可充当大气层 CO_2 的吸收汇，增加陆地 C 库。人类活动刺激陆地光合作用在全球碳循环模型中被非正式地称为 "β" 因子。β 被定义为当大气层 CO_2 浓度增加一倍时 NPP 变量。树苗控制试验表明，CO_2 施肥的倍增效应 β 值为 32%～41%（Poorter，1993；Curtis and Wang，1998；Wang et al.，2012）。开放式 CO_2 增肥（free-air CO_2 enrichment，FACE）试验表明，1.5 倍当前大气 CO_2 浓度下森林 NPP 平均增加 18%（Norby et al.，2005）。植被对大气层 CO_2 浓度增加的响应还表现在水分利用率提高，提高了植物木质部 $\delta^{13}C$ 丰度（负值变小）但降低大气层 CO_2 的 $\delta^{13}C$ 丰度（第 5 章；Keeling et al.，2017）。

高浓度 CO_2 下生长的森林 C 净吸收量大部分储存于木质生物量中（McCarthy et al.，2010），土壤 C 含量变化较不明显（Lichter et al.，2008）。一些乔木将光合作用产物重新分配到根系，以应对高浓度 CO_2 刺激植株快速生长引起的养分缺乏（Drake et al.，2011）。但美国田纳西州橡树岭（Oak Ridge）的 FACE 试验结果表明，土壤 N 限制了植物生长对高浓度 CO_2 的长期响应（Norby et al.，2010；Gaten Jr et al.，2011），养分缺乏可能限制了全球植被 C 储存的增加（van Groenigen et al.，2006；Wieder et al.，2015）。

大气层 CO_2 历史记录为估测全球 NPP 变化和显著 β 正值可能性提供了多种方法。例如，北半球大气层 CO_2 浓度记录表明，大气层 CO_2 浓度季节性下降主要是由于夏季光合作用，而季节性上升则源于秋季分解作用。除去化石燃料和厄尔尼诺事件影响，大气层 CO_2 浓度波动幅度增加意味着热带以外地区的陆地生物圈活动更加活跃，全年进行着生长和分解作用。美国夏威夷冒纳罗亚山大气层 CO_2 浓度的历史记录明显存在这一趋势（图 11.3），其大气层 CO_2 浓度波动幅度从 1958 年到 20 世纪 90 年代中期平均每年增加 0.54%（Bacastow et al.，1985；Keeling，1993）。自 1960 年以来，北半球高纬度地区大气层 CO_2 浓度波动幅度增加约 50%，可能是其大气层 CO_2 浓度升高和气候变暖同期发生的结果（Graven et al.，2013；Forkel et al.，2016；Piao et al.，2018）。虽然大气层 CO_2

---

① OCO-3 于 2019 年 5 月 10 日发射并部署在国际空间站。

浓度年度波动幅度增加是生物圈过程受刺激所致，但并不能假设陆地系统 C 储存量必然增加。增强的分解速率可简单地抵消增加的光合速率（Houghton，1987；Keeling et al.，1996；Piao et al.，2008）。

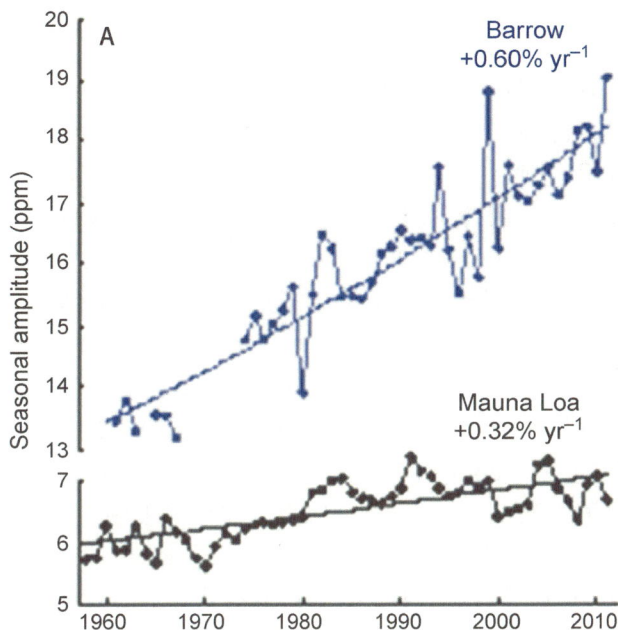

图 11.3　美国阿拉斯加州巴罗角（Point Barrow）和夏威夷冒纳罗亚（Mauna Loa）地区大气层 CO_2 浓度季节性波动幅度不断增大
来源　Graven 等（2013）
图中文字　Seasonal amplitude：季节性波动幅度

基于大气层羰基硫（COS）浓度的单独分析表明，近几十年来全球植被 CO_2 吸收量（即 GPP）有所增加。植被是大气 COS 的主要汇（表 3.8），其通过叶片气孔进入，在叶细胞经生化反应被降解（Spielmann et al.，2019）。植物对大气 COS 的吸收量应与植被 GPP 相关，GPP 与大气层 COS/CO_2 比值呈函数关系（Asaf et al.，2013；Whelan et al.，2018）。大气层 COS 浓度近期下降表明，植被 GPP 可能已增加达 31%（Campbell et al.，2017）。大气层 COS 浓度作为全球 GPP 预测的独立指标尚有待进一步研究，但上述各种证据表明，近年来植被净吸收正在减少大气层 CO_2 的残留组分（Ballantyne et al.，2015；Keenan et al.，2016）。

尽管理论推导和间接证据均认为陆地植物生长是目前大气层 CO_2 最大的汇，但是相关的直接证据（如树干年轮厚度变化）尚不明确（第 5 章）。关于陆地生物圈如何综合响应未来 CO_2 浓度上升状况的认知仅限于少数关于 CO_2 浓度和温度变化的实验性小区研究。虽然植物 CO_2 吸收量可能随生长季延长而增加，但土壤变暖可能导致更多的 C 损失（Lu et al.，2013；Crowther et al.，2016）。例如，苔原生态系统在目前气候变暖和 CO_2 浓度升高的背景下却是大气层 CO_2 的净释放源（Belshe et al.，2013，；Oechel et al.，2014）。然而，Sistla 等（2013）开展的为期 20 年的土壤增温试验发现北极苔原的 C 储量没有发生显著变化。这可能是因为土壤升温加速了矿化过程，从而改善了植物生长所需养分的供给（Van Cleve et al.，1990）。由于土壤有机质 C/N 比值（12～15）低于植物组织 C/N 比值（约 160；表 6.5），因此，小幅增加的土壤 N 矿化可极大地提高植物 NPP 和固碳量（McGuire et al.，1992；Rastetter et al.，1992）。Melillo 等（2011）在美国马萨诸塞州哈佛林地开展的土壤增温试验发现，土壤有机质矿化释放的 N 促进了树木的 C 吸收，因此该生态系统的净 C 储量变化相对较小。

世界许多地区都存在来自于人类活动排放 NO_x 和 NH_3 的过量大气 N 沉降（第 3 章和第 12 章）。一些地区因大气 N 沉降过大导致森林出现退化症状（第 6 章），而其他地区大气 N 沉降如同施用氮肥，促进植物生长（Townsend et al.，1996）。假设全球人工固 N 量（100×10^{12} g·yr^{-1}；第 12 章）都被木本植物吸收，按 C/N 比值 160 推算（表 6.5），陆地生态系统将有 16×10^{15} g C·yr^{-1} 储存。由于大气沉降 N 量并非全被森林吸收，且部分大气沉降 N 经径流和反硝化过程从陆地生态系统中移出，因此，产出如此大的 C 储量是不可能的（Schlesinger，2009）。一些地区过量大气 N 沉降去向不明，有些可能累积在土壤有机质中，从而提高了 C 储量（Hyvonen et al.，2008；Nave et al.，2009；Templer et al.，2015）。森林系统每千克 N 沉降生成 C 储量约为 40 ± 20 kg（Hogberg，2012），约一半转换为木质生物量（Goodale，2017，Schulte-Uebbing and de Vries，2018）。Thomas 等（2010）使用稍高的大气 N 沉降生成 C 储量值的估算表明，大气 N 沉降施肥可能每年增加全球森林 C 量 0.31×10^{15} g C·yr^{-1}。

从更长时间尺度来看，全球气候变化引起植被分布的变化可能会影响大气层 CO_2 浓度（第 5 章）。耦合气候变化模型的大多数全球 C 循环模型模拟结果表明，当植被适应未来更温暖和更湿润的环境时，植被和土壤的 C 含量均会增加（Smith et al.，1992b）。如果植被适应气候变化需超过 100 年，这些模型认为陆地生物圈的净 C 吸收量可达到 1.8×10^{15} g C·yr^{-1}，大部分储存于植被中。但其他模型则认为，在气候变化的过程中植被和土壤含 C 量可能出现相反趋势。Smith 和 Shugart（1993）预计在 21 世纪全球变暖过程中出现的短暂干旱期将导致植被 C 大量损失。

总之，生态系统的整体响应受人类活动改变的诸多因素影响，如 CO_2 浓度、养分有效性、全球温度和降水模式等。地球大气层 CO_2 浓度增加可能对土壤水分变化特别敏感（Humphrey et al.，2018；Green et al.，2019）。尽管陆地植被生长加强似乎不可能完全消耗化石燃料增加的 CO_2（Idso and Kimball，1993），但陆地生物圈的响应可能会剧烈地影响未来大气组成。

对于全球 C 循环，认知 C 年通量要比识别不同 C 库储量更为重要。沙漠土壤碳酸盐含 C 量（930×10^{15} g C）超过陆地植被，但沙漠土壤和大气的 C 交换量非常小（0.023×10^{15} g C·yr^{-1}），使得沙漠土壤 C 库的周转时间长达 85 000 年（Schlesinger，1985）。如果全球 C 循环的某一通量近期未发生变化，无论该通量是大还是小，都不会影响大气层 CO_2 浓度（Houghton et al.，1983）。例如，林火 CO_2 排放一般不会改变大气层 CO_2 浓度，除非其爆发频率或过火面积近期发生大幅度变化（Auclair and Carter，1993；Kasischke et al.，1995；Walker et al.，2019）。河流输入和翼足类动物下沉的 C 通量不能作为人类活动源 CO_2 的海洋净汇，但当这些途径通量因人类活动而增加时可作为海洋净 C 汇。同样，泥炭土壤含 C 量也不是化石燃料源 CO_2 的汇，除非在工业革命时期该区域 C 储量显著增加。整个全新世时期泥炭土壤一直在累积 C，而当时大气层 CO_2 浓度相对稳定

（Harden et al.，1992；Treat et al.，2019）[①]。另一方面，垃圾填埋场（0.12×10^{15} g C·yr^{-1}；Barlaz，1998）、木质结构（Churkina et al.，2010）和其他木制品（0.10×10^{15} g C·yr^{-1}；Johnston and Radeloff，2019）则是 20 世纪化石燃料燃烧排放 CO_2 的汇。构建 CO_2 新汇的迫切愿望激发了世界各国的植树造林热情（Griscom et al.，2017）。

大型 C 库相对较小的变化会对大气层 CO_2 浓度产生显著影响，尤其当它不能被 C 循环的其他组分同期变化所平衡时。按全球变暖增加 1% 的陆地生态系统矿化率计算，到 21 世纪中叶，每年将向大气层排放 $30 \times 10^{15} \sim 203 \times 10^{15}$ g C·yr^{-1}（Crowther et al.，2016）。英国英格兰地区土壤的近期 C 损失被归咎于气候变暖（Bellamy et al.，2005）。永冻土土壤有机质库的 C 损失可能向大气层排放大量 CO_2（Dorrepaal et al.，2009；Schuur et al.，2009，2015；Schaefer et al.，2011），可能高达 0.47×10^{15} g C·yr^{-1}（Zhuang et al.，2006）。Bond-Lamberty 等（2018）认为，全球变暖导致近几十年全球土壤异养呼吸作用有所增强。

类似地，NPP 增加导致陆地生物量 C 每年增加 1%，可平衡大气层 CO_2 收支，从而遏制大气层 CO_2 浓度升高（表 11.1）。可以预期这一增量首先在比土壤 C 周转更快的植被系统中发生，进入土壤的很小一部分残存 NPP 转变为长周转期的土壤有机质组分（第 5 章；Schlesinger，1990；He et al.，2016）。

地球表面全球最大的有机碳库是沉积岩，包括化石燃料（表 2.3）。这些有机物来自于海洋 NPP 以及河流径流输送到海洋的颗粒态有机碳（POC；0.2×10^{15} g C·yr^{-1}）和木炭（0.026×10^{15} g C·yr^{-1}）（Jaffe et al.，2013；Galy et al.，2015）。沉积矿床储存的有机碳代表了整个地质年代大气层 O_2 的累积量（第 2 章）。没有人类活动干扰的全球 C 循环模型中化石 C 库和大气 C 库间的交换可忽略不计。只有一小部分埋藏的沉积有机物受地层抬升、侵蚀和氧化影响，释放 $0.043 \times 10^{15} \sim 0.097 \times 10^{15}$ g C·yr^{-1}（Di-Giovanni et al.，2002；Copard et al.，2007）。当人类从地壳开采化石燃料并使用时，产生了史无前例的巨大生物地球化学 C 通量（10×10^{15} g C·yr^{-1}），影响全球系统。大气层 CO_2 浓度的升高与人口（Hofmann et al.，2009）、经济活动（Gozgor et al.，2019）和"高碳强度"的现代经济（Canadell et al.，2007）密切相关。化石燃料排放的巨量 CO_2 远超全球人类呼吸排放的 CO_2 量（0.6×10^{15} g C·yr^{-1}；Prairie and Duarte，2006；West et al.，2009）。

11.3 碳循环的时间视角

碳的生物地球化学研究需从 C 作为元素的起源和诠释太阳系行星间 C 丰度不同的理论开始（第 2 章）。原始地球早期 C 循环处于不稳定状态，即 C 含量随吸积行星物质和陨石（尤其碳质球粒陨石）不断增加，而火山活动将地幔内 CO_2 释放进入大气层增加其 C 含量。最古老的地质沉积物表明原始地球大气层 CO_2 浓度可能高达 3%，在太阳低辐射期间为地球形成温室效应（Walker，1985；Rye et al.，1995）。现代大气层少量水蒸

---

① 很多否认人类对气候影响的人常辩解认为化石燃料燃烧 CO_2 排放通量远小于自然源 CO_2 产生通量，因此，不足以影响大气层 CO_2 浓度。这一辩解很容易被驳斥，因为在工业革命之前大气层 CO_2 浓度相对稳定，陆地和海洋与大气层间 CO_2 通量保持平衡。化石燃料源 CO_2 通量是全球碳循环的新来源，尚未被其他大型的人类碳汇所平衡。

气和 CO_2 维持着地球表面温度高于冰点，这是生物圈得以持续存在的必需条件（Ramanathan，1988；Lacis et al.，2010；Schmidt et al.，2010a）。

第 4 章介绍了大气层 CO_2 和地壳相互作用导致岩石化学风化 [式（4.3）]。大气层 CO_2 参与化学风化反应形成碳酸盐，随河流输送到海洋，最终以碳酸盐岩沉积海底，返回地壳（图 1.3）。未分解的陆地和海洋光合产物也随碳酸盐一起沉积于海洋沉积物。早在 1918 年，Arrhenius（1918）推测岩石风化消耗 CO_2 可能最终导致地球失去自然的"温室效应"而变冷：

"随着地壳变厚，CO_2 供应量减少，并且进一步被岩石风化过程消耗殆尽。虽然上述过程随不同时期火山活动波动，结果是地球温度缓慢降低。由于岩石风化和大气层 CO_2 浓度变化同时发生，CO_2 的供应和消耗是平衡。"

在岩石风化增强的地质时期，其大气层 CO_2 浓度相应较低（Misra and Froelich，2012；Macdonald et al.，2019）。幸运的是，由于构造运动，CO_2 得以回归大气层。完整的 C 地球化学循环（图 1.3）包括海洋地壳俯冲将沉积海底的 C 带入地球内部，CO_2 和其他挥发性元素通过深海热液和火山喷发重返大气层。Plank 和 Manning（2019）估计全球每年有 0.082×10^{15} g C·yr^{-1} 随海洋地壳俯冲进入地幔。部分俯冲海洋地壳可能混合进入地幔 1000 km 深处（Walter et al.，2011；Drewitt et al.，2019），其中 C 通过洋中脊和火山岛的火山喷发重返大气层。可推测，其余 C 可通过较浅层的弧火山（洋壳俯冲带火山群）喷发返回大气层。

目前地幔每年释放约 0.079×10^{15} g C·yr^{-1} 返回大气（Kerrick，2001；Dasgupta and Hirshmann，2010；Plank and Manning，2019）。火山喷发的挥发性 C 总量（包括地幔脱气和再循环沉积物）为 $0.05 \times 10^{15} \sim 0.10 \times 10^{15}$ g C·yr^{-1}（Morner and Etiope，2002；Fischer and Aiuppa，2020）[①]，与海洋沉积物 C 年累积量估值接近。火山喷发物的同位素组成（$\delta^{13}C$）与沉积岩（尤其石灰岩）具有同源性（Mason et al.，2017）。根据现有的洋壳俯冲速率和火山喷发速率估算，上地幔总 C 量为 7×10^{22} g C，可在 10 亿年内得以循环（Dasgupta and Hirschmann，2010），因此，地幔大部分 C 可能在地质年代有一段在生物圈的旅程。如果 C 循环不闭合，岩石风化过程可在 50 万年内将大气层和海洋的 CO_2 消耗殆尽，所有的 C 将储存于沉积岩中（Moon et al.，2014；Colbourn et al.，2015）。

碳地球化学循环使得地球大气层 CO_2 浓度在过去 1 亿年维持在 1%（10 000 ppm）以下（Berner and Lasaga，1989）。火星 C 循环缓慢或已停止，其大气层 CO_2 浓度很小，且行星表面非常寒冷（第 2 章）。金星表面温度则过高，CO_2 无法与行星壳矿物发生反应，使得大气层 CO_2 浓度很高，加剧其温室效应（Walker，1977；Nozette and Lewis，1982）。火山活动频繁期地球大气层 CO_2 浓度可能高于现代，导致气候变暖（Owen and Rea，1985；Gutjahr et al.，2017）[②]；然而，液态海洋的连续地质记录证据表明，地球大气层 CO_2 和其他温室气体浓度一直维持着相对适宜的地表温度。各种生物活动将 C 沉积在海洋沉积物中，这是生命体通过促进地球气候长期稳定而利于生命繁衍的一个

---

① 那些否认人类活动引起气候变化现实的人常将火山喷发作为地球大气层 CO_2 浓度升高的主要来源。这一论点很容易被驳斥，火山喷发 CO_2 的 $\delta^{13}C$ 丰度（Fischer and Lopez，2016）、相对于化石燃料的火山喷发 CO_2 总通量，以及大气层 CO_2 浓度对近期大型火山喷发都没有任何响应。

② 有趣的是，古新世-始新世时期碳排放量仅每年约 0.9×10^{15} g C，却导致全球气温上升 5～8℃（Bowen et al.，2015）；而现今化石燃料碳排放量达 10 倍之多。

例子。

　　尽管 C 地球化学循环在缓冲大气层 CO_2 浓度上具有长期意义，但其年转移 C 通量相对较小。目前，巨量 CO_2 被固定在地壳碳酸盐矿物中，这是地球漫长历史时期缓慢累积的结果。现今河流每年携带约 500×10^{12} g $Ca^{2+} \cdot yr^{-1}$（Milliman，1993）和 0.40×10^{15} g $C \cdot yr^{-1}$（以 HCO_3^- 形式）（Sarmiento and Sundquist，1992）注入海洋，其中 65%的 HCO_3^- 来自大气层，其余来自碳酸盐矿物（Gaillardet et al.，1999；Suchet et al.，2003；Hartmann et al.，2009）。海水为了保持相对恒定的 Ca 浓度，等量的 Ca 必然以 $CaCO_3$ 沉积于海洋沉积物中，即每年将 0.15×10^{15} g $C \cdot yr^{-1}$ 携带进入海洋地壳。将海洋碳酸盐岩总量除以其年生成速率，即可知海洋碳酸盐每个 C 原子的滞留时间达 4 亿多年。

　　随着生命的出现，碳地球化学循环叠加了生物地球化学循环。现代 C 生物地球化学循环模型关注光合作用驱动的大量CO_2被植物从大气层同化和矿化作用驱动的大量CO_2返回大气层的过程（图 11.1）。现今生物地球化学循环 C 通量（大多以 $10^{15} \sim 10^{17}$ g $C \cdot yr^{-1}$ 为单位）远超过其地球化学循环 C 通量（以 $10^{13} \sim 10^{14}$ g $C \cdot yr^{-1}$ 为单位）。

　　地球历史上当有机碳光合产量超过其矿化量时，有机碳就在地质沉积物中积累。最早的有机碳存在于距今 38 亿年前的岩石中，约 5.4 亿年前地球有机碳库增加到了 1.56×10^{22} g C（Des Marais et al.，1992）。在此期间，约 20%的海洋沉积物埋藏 C 量是有机碳，与现代海洋沉积物的有机碳比例相似（Li，1972；Holser et al.，1988；Dobrovolsky，1994）。在距今 3 亿年的石炭纪大量有机碳也沉积于淡水水体中，形成了现代经济性煤矿[①]。在第三纪（现为古近纪+新近纪，译者注）现代石油前体进入了海洋沉积物。

　　在过去 3 亿年间，沉积物有机碳年净储量通量达到 $0.04 \times 10^{15} \sim 0.07 \times 10^{15}$ g $C \cdot yr^{-1}$（图 11.4；Berner and Raiswell，1983）。现今海洋沉积物有机碳年净储量通量可能更高，因为人类活动加剧了土壤侵蚀（Regnier et al.，2013）。由于喜马拉雅山脉沉积物的快速埋藏，导致全球 10%～20%的有机碳沉积物埋藏量分布于孟加拉沉积扇（Bengal Fan）（France-Lanord and Derry，1997；Galy et al.，2007）。

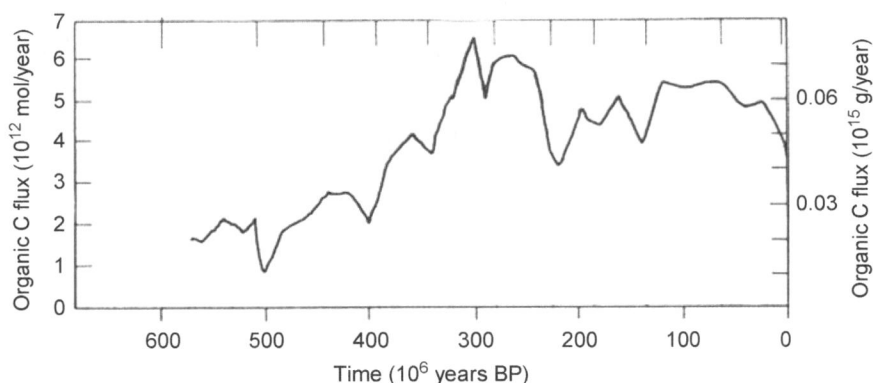

图 11.4　距今 6 亿年以来地球有机碳埋藏量
来源　Olson 等（1985）
图中文字　Organic C flux：有机碳通量；Time：时间；10^6 years BP：距今百万年

[①] 石炭纪末期具有分解木质素能力的"白腐"真菌可能开始了进化（Floudas et al.，2012）。

生命也刺激了 C 地球化学循环的一些反应。各种海洋生物促进了钙质沉积物沉积，目前覆盖了一半以上的海底（Kennett，1982）。陆地植物通过维持土壤孔隙高 CO_2 浓度，提高碳酸风化速率，加速了 CO_2 和地壳的反应（第 4 章；Moulton et al.，2000）。陆地植物和土壤微生物也会分泌一系列有机化合物（即光合副产物），促进岩石风化。岩石风化每年产生约 0.2×10^{15} g C·yr^{-1} 以 HCO_3 向地下水迁移（Kessler and Harvey，2001）。耶鲁大学 Robert Berner 构建和集成一系列模型后认为，在植物主导陆地地表的 3.5 亿年中大气层 CO_2 浓度急剧下降（Berner，1992；Berner and Kothavala，2001；Royer et al.，2001；Rothman，2002）。地球大气层 CO_2 记录表明在过去 500 万年内 CO_2 浓度保持在 $150\sim500$ ppm（Stap et al.，2016），而在过去 5000 万年以来一直低于 1500 ppm CO_2（Pagani et al.，2005；Zachos et al.，2008；Beerling and Royer，2011；Franks et al.，2014）。在 1300 万年前中新世，海水 Ca 水平较高，大气层 CO_2 浓度较低，地球气候寒冷（Griffith et al.，2008）。事实上，大气层 CO_2 浓度和全球温度显著相关，尤其在近 2000 万年以来（Came et al.，2007；Tripati et al.，2009）。

南极冰芯冰封气体提供了过去 80 万年大气层 CO_2 浓度的历史记录（图 1.4）。地球大气层 CO_2 浓度以 10 万年为周期波动，表明 C 循环处于不稳定状态。冰封气体 CO_2 浓度为 $180\sim280$ ppm，最低值出现在冰期冰层[①]。大气层 CO_2 浓度和全球温度在过去 16 万年内高度相关（Cuffey and Vimeux，2001）。大气层最低 CO_2 浓度可能对陆地植物产生显著的生理影响，光合效率降低（Gerhart and Ward，2010）。尽管确切数量级尚有争议，由于大陆冰盖扩展和陆地荒漠化扩张导致末次冰期植物和土壤的 C 储量最低（Adams et al.，1990；Bird et al.，1994；Servant，1994；Beerling，1999）。因此，冰期环境一定促进了海洋吸收大量 CO_2。生物泵（biotic pump）增强向深海的 C 沉降（第 9 章），从而降低了大气层 CO_2 浓度（Rae et al.，2018；Anderson et al.，2019）。在冰期末期 CO_2 重回大气层（Yu et al.，2010；Burke and Robinson，2012；Schmitt et al.，2012）。

当以碳酸盐方式储存的 C 量下降时，海洋 CO_2 饱和度可能上升，如式（9.4）和式（9.5）所示。大部分海洋沉积 $CaCO_3$ 溶解是受有机物矿化过程释放 CO_2 所驱动的（Berelson et al.，1990），因此，Archer 和 Maier-Reimer（1994）认为下沉颗粒物的有机碳和碳酸盐比例增加会导致海洋沉积物碳酸盐溶解。不止一篇论文建议向海洋添加碳酸盐，以通过碳酸盐溶解增加 CO_2 吸收量（Renforth and Henderson，2017）。

无论冰期海洋 C 储量增加机制如何，在 17 000 年前末次冰期末期，大气层 CO_2 浓度上升到约 280 ppm，在工业革命前该浓度呈小幅度波动（图 11.5；Inder Muhle et al.，1999；Alm et al.，2006；Meure et al.，2006）。末次冰期末期大气层 CO_2 浓度先于气温升高，这可能是冰期后气候迅速变暖的原因（Shakun et al.，2012；Parrenin et al.，2013；Gadens-Marcon et al.，2014）。不到 200 年间，大气层 CO_2 浓度从 280 ppm 上升到现今的 400 ppm 以上，增加了 50%！尽管当前大气层 CO_2 浓度在地质年代记录中并非史无前例，但需要担心的是人类历史上或当前生态系统演化过程从未经历过的地球基本性质快速变化的速度。由于全球温度和大气层 CO_2 浓度相关，可以确定不久将面临严重的全球

[①] 在冰期-间冰期期间，大气层 CO_2 浓度始终在 $200\sim280$ ppm（图 1.4），令人诧异。Holland（1965）认为最低值可能与海洋沉积物的石膏沉淀有关，促进了海水 pH 升高导致方解石沉淀（Lindsay，1979）。Galbraith 和 Eggleston（2017）认为大气层 CO_2 浓度低于 190 ppm 时，光合效率显著降低，可限制沉积物有机碳的进一步储存。

变暖（图 1.4；Shakun et al.，2012）。

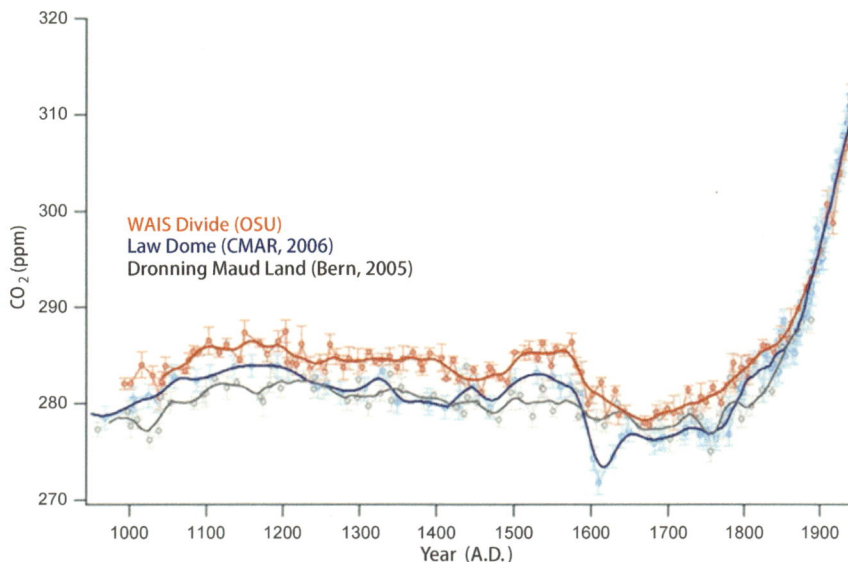

图 11.5　南极洲三根冰芯气泡 CO_2 浓度估算的大气层 CO_2 浓度历史变化
来源　Ahn 等（2012）
图中文字　WAIS Divide：南极西部冰盖分水岭；Law Dome：劳冰穹（南极东部独立冰穹）；Dronning Maud Land：毛德皇后地（南极东南极冰盖）

　　全球 C 循环研究的视角涵盖了从 10 亿年到年度过程的多时间尺度。全球 C 循环由大规模高速周转的生物地球化学循环与小规模慢周转的地质循环叠加构成。地质年代大气层 CO_2 浓度波动受慢周转的小幅 C 库净变化缓冲。因此，化石燃料使用引起的 CO_2 快速释放量（10×10^{15} g C yr^{-1}）不可能被由高 CO_2 浓度和气候暖化增强的自然岩石风化速率（0.25×10^{15} g C yr^{-1}；第 4 章）有效缓冲，增强陆地风化速率也不可能成为气候变化问题的有效"地球工程"解决方案（Schlesinger and Amundson，2019）。相反，目前大气层和生物圈的 CO_2 净交换量约为 150×10^{15} g C·yr^{-1}，因此，生物圈更有可能缓冲人类活动引起的大气层 CO_2 浓度上升。当前大气层 CO_2 浓度的增加是由于人类活动显著地改变了受生物地球化学反应长期缓冲的大气层 CO_2 通量。

11.4　大气层甲烷

　　甲烷（CH_4）年通量仅占全球 C 循环的很小一部分。大气层所有来源的 CH_4 通量为 $10^{12} \sim 10^{14}$ g C·yr^{-1}，比大气层 CO_2 通量（图 11.1）要小几个数量级。全球大气层 CH_4 浓度约为 1.83 ppm，而 CO_2 浓度为 400 ppm（表 3.1）。然而，21 世纪进入大气层的每个 CH_4 分子将潜在地贡献人类活动产生的温室效应，是 CO_2 分子的 25～35 倍甚至更高（Lashof and Ahuja，1990；Shindell et al.，2009；Etminan et al.，2017）。缓解全球变暖的实质性进程应包括削减 CH_4 排放（Montzka et al.，2011a；Shindell et al.，2012）。

　　冰芯 CH_4 记录表明，其累积始于 80 万年前并呈周期性变化，在冰期呈低浓度而间冰期则呈高浓度（图 11.6）。在这些冰芯记录中，末冰期（2 万年前）大气层 CH_4 浓度约为 0.4 ppm，当冰川融化后工业革命前急剧增长为 0.7 ppm（Chappellaz et al.，1990；
Loulergue et al.，2008）。在融冰期许多北方湿地还被冰覆盖时大气层 CH₄ 浓度即发生增
加，表明热带湿地贡献了初始的 CH₄ 增加，增强了融冰期的全球变暖（Chapellaz et al.，
1993；Petrenko et al.，2017）。随着融冰期持续，高纬度北方湿地也贡献了大气层 CH₄
的累积（Zimov et al.，1997；Smith et al.，2004；Walter et al.，2007），虽然其通量不高
（Dyonisius et al.，2020）。

全新世大气层 CH₄ 浓度变化非常小（±15%；Blunier et al.，1995；Sapart et al.，2012；
Mitchell et al.，2013），但从 200 年前大气层 CH₄ 浓度开始迅速升高，平均增长率达每年
1%（图 11.7），远快于同时期 CO₂ 浓度的增长率（图 11.5）。自从工业革命以来，地球
大气层 CH₄ 浓度已升高 1 倍多。

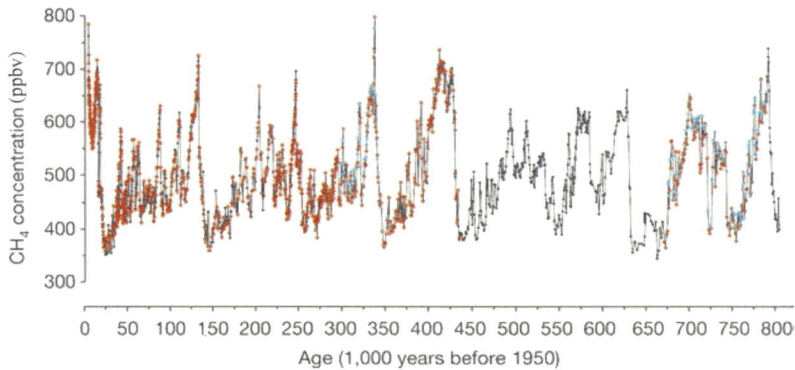

图 11.6　距今 80 万年以来南极洲冰芯气泡 CH₄ 浓度
来源　Loulergue 等（2008），可与本书图 1.4 比较
图中文字　CH₄ concentration：CH₄ 浓度；Age：年龄；1000 years before 1950：1950 年前 1000 年

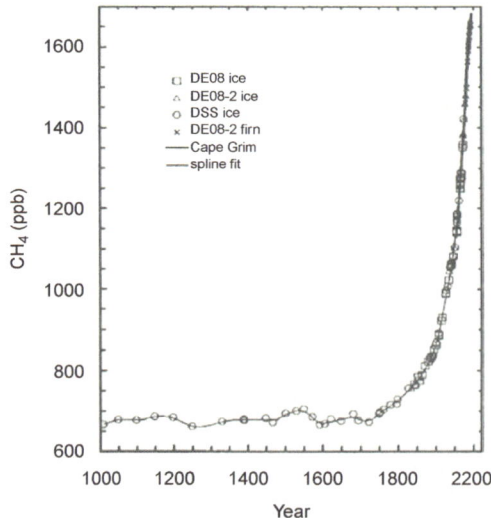

图 11.7　南极冰芯气泡 CH₄ 浓度
来源　Etheridge 等（1998），美国地球物理联盟授权使用
图中文字　Year：年；DE08 ice：南极洲东部冰穹 C 冰芯；DE08-2 ice：南极洲东部冰穹 C 第二冰芯；DSS ice：南极洲劳
冰穹顶部冰芯；DE08-2 firn：南极洲冰穹 DE08-2 的粒雪芯；Cape Grim：澳大利亚塔斯马尼亚州西北端的格里姆角；Spline
fit：条样拟合

令人不解的是，20 世纪 90 年代中期大气层 CH_4 浓度增长速率放缓，直到 2007 年再续其上升趋势（Dlugokencky et al.，2011；Terao et al.，2011）。生物地球化学家热烈地讨论这一变化，认为是否是由于 CH_4 排放源或其羟基自由基汇发生了变化（第 3 章；Rigby et al.，2017），但实质证据则是热带湿地的 CH_4 排放量增加（Nisbet et al.，2016；Schaefer et al.，2016）。

地球大气层 CH_4 浓度增加的原因尚不清楚，但一系列排放源贡献的 CH_4 年总产量约为 680×10^{12} $g \cdot yr^{-1}$（表 11.2）。人类活动源排放总通量约为自然源总通量的 2 倍，因此，应该惊讶的是大气层 CH_4 浓度年增量并非那么大。CH_4 总通量的估算具有较高的可靠性，因为根据该总通量估值计算得到的大气层 CH_4 平均滞留时间约为 9 年，与其消耗的独立计算值（Khalil and Rasmussen，1990；Prinn et al.，1995；Dentener et al.，2003）和大气层 CH_4 浓度空间分布变化（图 3.5）相一致。北半球大气层 CH_4 浓度略高，是 CH_4 排放的主要来源地（图 3.4）。

与 CO_2 一样，大气层 CH_4 浓度也存在波动性，北半球最小浓度出现在仲夏（Steele et al.，1987；Khalil et al.，1993a；Dlugokencky et al.，1994）。高温季节湿地 CH_4 排放量最多，但夏季也是大气层 CH_4 被羟基自由基降解速率最快的时期（Khalil et al.，1993b）。

表 11.2　2010 年大气 CH_4 源和汇的估算

	IPCC 估算通量（10^{12} g $CH_4 \cdot yr^{-1}$）	新估值或其他估值（10^{12} g $CH_4 \cdot yr^{-1}$）	参考文献
自然源			
湿地	217	164～245	IPCC，2013；Bridgham et al.，2013；Zhu et al.，2015
热带		46	Bloom et al.，2010
北方高纬地区		20	Christensen et al.，1996
湖泊和河流	40		IPCC，2013
河流和溪流		27	Stanley et al.，2016
自然湖泊		54.3	Bastviken et al.，2011
旱地植被		10（估值）	Megonigal and Guenther，2008；Kirschbaum et al.，2006
自然林火	3		IPCC，2013
野生动物	15	11	IPCC，2013；Smith et al.，2016
白蚁	11	19	IPCC，2013；Sanderson，1996
地质渗流（包括水合物）	61		IPCC，2013
海洋沉积物		10	Reeburgh，2007
陆地地质渗流		33	Etiope et al.，2008
自然源总量	347		
人类活动源			
化石燃料相关	96		IPCC，2013
煤炭开采		30	Prather et al.，1995
煤炭燃烧		15	Prather et al.，1995
石油和天然气		72	Neef et al.，2010
废弃物和废弃物管理	75		IPCC，2013
垃圾填埋场		18	Bogner and Matthews，2003
养殖场废弃物		25	Prather et al.，1995

续表

	IPCC 估算通量（10^{12} g CH$_4$·yr^{-1}）	新估值或其他估值（10^{12} g CH$_4$·yr^{-1}）	参考文献
污水处理厂		25	Prather et al.，1995
反刍动物	89	97	IPCC，2013；Dangal et al.，2017
		119	Wolf et al.，2017，包括上述养殖场废弃物排放
水库 a		13	Deemer et al.，2016
生物质燃烧	35	50	IPCC，2013；Andreae，2019
稻田	36		IPCC，2013
人类活动源总量	331		
所有源总计	678		
汇			
羟基自由基反应	528		IPCC，2013
氯反应	25		IPCC，2013
平流层去除	51		IPCC，2013
土壤去除	28		IPCC，2013
汇总计	632		
大气净增量（2007）	23		Dlugokencky et al.，2009

a. 该数据非 IPCC 估算。所有的通量平均值来源于 Kirschke 等（2013），包括了其他学者的估算。

湿地生境产 CH$_4$ 途径是众所周知的大气层 CH$_4$ 自然来源（第 7 章），如果湿地土壤细菌的 CH$_4$ 氧化速率不那么高，湿地 CH$_4$ 排放通量无疑会更高（Megonigal and Schlesinger，2002）。Matthews 和 Fung（1987）估计全球自然湿地厌氧降解过程排放约 110×10^{12} g CH$_4$·yr^{-1}，但近期的估算值更高，约 2 倍之多（表 11.2；Zhu et al.，2015；Zhang et al.，2017a）。热带湿地 CH$_4$ 排放量要高于寒带湿地（Schutz et al.，1991；Bartlett and Harriss，1993；Cao et al.，1996），表明许多湿地生态系统存在温度、净生态系统生产量、产 CH$_4$ 速率间存在正相关关系（第 7 章）。由于热带湿地面积为全球最大，主导了全球湿地 CH$_4$ 排放通量（Aselmann and Crutzen，1989；Fung et al.，1991；Bartlett and Harriss，1993）。涡动协方差（第 5 章）已被用于监测亚马孙流域季节性淹水热带森林（Pantanal；Dalmagro et al.，2019）和美国阿拉斯加州永冻土融化苔原生态系统（Taylor et al.，2018）的 CH$_4$ 排放。

大气层 CH$_4$ 一大部分当代增量可能来自于世界范围的水稻种植（Sass and Fisher，1997）。大量稻田分布于温暖气候带，因此通常 CH$_4$ 排放通量大，与其可通过水稻空心茎排放相关（第 7 章）。Matthews 等（1991）绘制了全球水稻田 CH$_4$ 排放分布图，20 世纪中叶后数十年间稻田 CH$_4$ 排放通量年增量达到 1%（Anastasi et al.，1992）。但稻田管理的改良措施对近期 CH$_4$ 排放通量减少做出了贡献（Kai et al.，2011；Zhang et al.，2016a）。

许多食草动物和白蚁消化道生活着丰富的厌氧微生物群落，在低氧化还原电位下进行厌氧发酵。这些动物消化道的产 CH$_4$ 能力相当于移动的湿地土壤！反刍动物多达 5% 的摄食量转化为 CH$_4$ 排出（Charmley et al.，2016）。因此，食草动物的打嗝[①]对全球 CH$_4$

[①] 尽管很多研究人员认为放屁是牛排放 CH$_4$ 的主要途径，但约 90% 的瘤胃 CH$_4$ 通过打嗝释放（Kebreabe et al.，2006）。Wikinson 等（2012）认为恐龙具有类似的 CH$_4$ 排放，导致中生代全球变暖。

排放具有重要贡献（表 11.2）。20 世纪 80 年代初家畜和野生动物约排放 78 × 10^{12} g $CH_4 \cdot yr^{-1}$，而人类肠胃胀气贡献 1 × 10^{12} g $CH_4 \cdot yr^{-1}$（Crutzen et al.，1986；Lerner et al.，1988；Polag and Keppler，2019）。近期估算表明全球食草动物 CH_4 排放通量为 119 × 10^{12} g $CH_4 \cdot yr^{-1}$（Wolf et al.，2017），已远超被人类灭绝的野生食草动物 CH_4 排放总通量估值（Smith et al.，2016）。不断增长的肉类产品需求可能导致全球动物 CH_4 排放量增加（Anastasi and Simpson，1993；Dangal et al.，2017）。一些白蚁和其他昆虫肠道后部厌氧分解过程的 CH_4 排放量对全球大气层贡献虽小但非常重要（Khalil et al.，1990；Brauman et al.，1992；Hackstein and Stumm，1994）。然而，白蚁 CH_4 排放通量在过去几年不太可能大幅增加。

一些旱地树木可产生少量 CH_4（Zeikus and Ward，1974；Wang et al.，2016），包括心材部分（Wang et al.，2016）和空心树的潮湿组织（Covey et al.，2012）。这些局域 CH_4 常被旱地土壤 CH_4 氧化过程所掩盖（Pitz and Megonigal，2017；Covey and Megonigal，2019）。然而，do Carmo 等（2006）检测到巴西热带雨林冠层上空 CH_4 浓度异常偏高，卫星在热带雨林上方对大气层 CH_4 浓度观测时也发现这一现象（Frankenberg et al.，2005；Beck et al.，2012）。Keppler 等（2006）认为全球一大部分 CH_4 通量（62 × 10^{12}～236 × 10^{12} g·yr^{-1}）来自旱地植被，但其好氧生物化学途径未知。虽然有几种生物化学机制用于解释好氧产 CH_4 途径（Fraser et al.，2015；Lenhart et al.，2015；Liu et al.，2015），但由于实验室验证失败使得该通量在全球估算中重要性弱化且被谨慎应用（Kirschbaum et al.，2006；Dueck et al.，2007；Megonigal and Guenther，2008；Nisbet et al.，2009）。旱地植被 CH_4 排放通量未进入现有大气层 CH_4 的收支清单（表 11.2），否则其平均滞留时间与大气层测定结果不符，并与盛夏大气层 CH_4 浓度最低的观察结果相冲突。观测到的热带雨林高 CH_4 通量可能是由于大面积淹水土壤所致（Pangala et al.，2017）。湿地树木可能成为土壤产甲烷过程生成 CH_4 进入大气层的通道。全球气候变化贡献评估中，热带森林的甲烷排放量大致与其 CO_2 固定相平衡（Dalmagro et al.，2019）。

林火不完全燃烧也会产生 CH_4。虽然对工业革命前全球森林年过火面积不了解（Marlon et al.，2013），但现代森林火灾的 CH_4 排放量可能较高，因为热带森林年焚烧生物量很高（Andreae，1991）。Kaufman 等（1990）应用林火遥感影像估算的 1987 年巴西林火排放量为 7 × 10^{12} g $CH_4 \cdot yr^{-1}$，而 Delmas 等（1991）估计的非洲稀树草地火灾 CH_4 通量为 9.2 × 10^{12} g $CH_4 \cdot yr^{-1}$。CH_4 通常占森林火灾总 C 损失量的 1%（Levine et al.，1993），由此估算林火 CH_4 年通量为 50 × 10^{12} g $CH_4 \cdot yr^{-1}$（表 11.2），与一系列全球林火 C 年损失总通量估值（2.5 × 10^{15} g C·yr^{-1}；第 5 章）相符。

化石燃料的生产和使用及垃圾填埋是人类活动直接排放 CH_4 的主要途径。垃圾填埋 CH_4 排放通量随着填埋垃圾量呈线性增加，其来自垃圾厌氧分解过程（Thorneloe et al.，1993）。全球垃圾填埋年产 CH_4 通量为 16 × 10^{12}～20 × 10^{12} g $CH_4 \cdot yr^{-1}$（Bogner and Mattews，2003）。

根据大气层 CH_4 的 ^{14}C 年龄估算，地球自然渗漏、煤矿和天然气开采及使用时不经意释放的化石源 CH_4 占全球大气层 CH_4 年总通量的 20%～30%（Ehhalt，1974；Wahlen et al.，1989；Quay et al.，1991，1999；Etiope et al.，2008）。在过去 10 年间大气层 CH_4 浓度不断升高，石油和天然气行业的 CH_4 排放日益受到关注，天然气产量约 2%的 CH_4

经逃逸排放（Schwietzke et al.，2014；Marchese et al.，2015；Alvarez et al.，2018；Ren et al.，2019）。这一 CH_4 来源已被热烈讨论：一方认为近几年这一排放源相对稳定或已减少，以天然气生成过程中伴随乙烷浓度下降为佐证（Aydin et al.，2011；Simpson et al.，2012）；另一方认为石油和天然气生产过程，尤其是水力压裂增加的产量，是大气层 CH_4 和乙烷浓度近期上升的原因（Rice et al.，2016；Helmig et al.，2016）。大气层 CH_4 的同位素组成则给出了不同的解释。直到 2006 年大气层 CH_4 的 $\delta^{13}C$ 丰度从–50‰增加到–47‰，这与化石燃料排放一致（Craig et al.，1988；Quay，1988），但是近几年大气层 CH_4 的 $\delta^{13}C$ 丰度又从–47.2‰下降到–47.4‰，与湿地和农业源通量增加一致（Schaefer et al.，2016；Nisbet et al.，2019）。诠释大气层 CH_4 近年来的来源变化有待更详细的数据支撑（Turner et al.，2019）。

随着卫星遥测 CH_4 技术的不断发展，对大气层 CH_4 来源的认知将得以加深（Frankenberg et al.，2005；Jacob et al.，2016）。例如，卫星遥测美国年 CH_4 排放通量为 30×10^{12} g $CH_4 \cdot yr^{-1}$，而独立地面清单排放通量为 $25 \times 10^{12} \sim 28 \times 10^{12}$ g $CH_4 \cdot yr^{-1}$。美国最大 CH_4 排放源位于四州交界（Four Corners）地区，达到 0.59×10^{12} g $CH_4 \cdot yr^{-1}$（Kort et al.，2014）。许多城市地区 CH_4 排放主要来源于天然气输送系统的泄漏（Plant et al.，2019；He et al.，2019）。美国加利福利亚州 CH_4 排放则主要来自垃圾填埋场（Duren et al.，2019）。

大气层 CH_4 的主要汇是与羟基自由基反应（第 3 章）。每年约有 520×10^{12} g CH_4 在对流层经羟基自由基氧化而去除（Neef et al.，2010）。大气层 CH_4 浓度上升与极地冰芯中甲醛［CH_4 氧化产物，式（3.21）］浓度增加一致（Staffelbach et al.，1991）。一些研究者认为工业革命期间大气层 CH_4 浓度上升是由于大气层羟基自由基与不断增加的 CO（Khalil and Rasmussen，1985）发生快速反应被消耗，导致其对 CH_4 的氧化强度降低。大气层羟基自由基浓度的增加可能减缓了 1999～2006 年大气层 CH_4 浓度的增长（McNorton et al.，2016；Rigby et al.，2017）。近年来大气层 CH_4 消耗反应弱化与其羟基自由基浓度未下降、甚至有增加趋势的观测不一致（第 3 章；Dentener et al.，2003；Prinn et al.，2005）。大气层 CH_4 平均生命周期为 9 年，约 50×10^{12} g CH_4 yr^{-1} 的对流层 CH_4 向上混入平流层，与羟基自由基反应生成 CO_2 和水汽（Thomas et al.，1989；Oltmans and Hofmann，1995）。

少量 CH_4 从大气层扩散到旱地土壤，被土壤 CH_4 氧化菌氧化（King，1992；Covey and Megonigal，2019）。在美国莫哈维（Mojave）沙漠，由于可降解有机物供应限制，土壤细菌的 CH_4 消耗速率平均为 0.66 mg $CH_4 \cdot m^{-2} \cdot d^{-1}$，最大消耗速率出现在暴雨后（Striegl et al.，1992）。温带和热带森林土壤 CH_4 消耗量常为 1.0～5.0 mg $CH_4 \cdot m^{-2} \cdot d^{-1}$（Crill，1991；Adamsen and King，1993；Ishizuka et al.，2000；Smith et al.，2000；Price et al.，2004），由于暴雨阻碍了 O_2 和 CH_4 在黏性土壤的扩散导致 CH_4 消耗通量低值出现在暴雨后（Koschorreck and Conrad，1993；Castro et al.，1994，1995；Ni and Groffman，2018）。CH_4 氧化菌在极低 CH_4 浓度下仍具活性（Conrad，1994）。因此，土壤 CH_4 代谢的全球重要性似乎仅受限于 CH_4 在土壤中的扩散速率（Bron et al.，1990；King and Adamsen，1992）。

土壤部分 CH_4 代谢活性来自硝化细菌，硝化细菌可将 CH_4 替代 NH_4^+ 作为底物（Jones and Morita，1983；Hyman and Wood，1983；Bedard and Knowles，1989）。Steudler 等（1989）

认为当前森林土壤接受了大量的大气层 NH_4^+ 沉降，使得土壤 NH_4^+/CH_4 比值显著提高，导致硝化细菌对 CH_4 的氧化速率可能很低。因此，N 沉降对 CH_4 消耗的影响取决于沉降 N 量，其阈值约为 60 kg $N\cdot hm^{-1}\cdot yr^{-1}$（Du et al.，2019）。一系列森林和草原土壤施 N 试验表明，导致 CH_4 消耗量减少的 N 阈值约为 100 kg $N\cdot hm^2\cdot yr^{-1}$（Aronson and Helliker，2010；Kim et al.，2012）。植被净伐促进硝化过程也会导致 CH_4 氧化消耗量下降（Hütsch et al.，1994；Keeler and Reiners，1994）。无论是施肥还是净伐，氨氧化过程都生成少量亚硝酸盐（NO_2^-），可能持续抑制土壤 CH_4 氧化菌活性（King and Schnell，1994；Schnell and King，1994）。大气层硝酸盐沉降也会减少森林土壤 CH_4 消耗量（Steudler et al.，1984；Mochiguki et al.，2012）。

在广大区域旱地土壤仅消耗邻近湿地土壤 CH_4 排放量的一小部分（Whalen et al.，1991；Delmas et al.，1992；Yavitt and Fahey，1993；Ullah and Moore，2011；Yu et al.，2019a）。大气层 CH_4 的全球土壤汇为 20×10^{12}～30×10^{12} g $CH_4\cdot yr^{-1}$（Curry，2007；Dutaur and Verchot，2007）。由于这一土壤 CH_4 库相对较小，人类活动对这一过程的改变不太可能解释当前全球大气层 CH_4 浓度的升高（Willison et al.，1995）。

大气层 CO_2 浓度和全球温度上升导致全球 CH_4 收支的未来变化变得很难预测。升温可能改变湿地好氧和厌氧分解过程的平衡，提高生态系统排放 CO_2 和 CH_4 的比例（Whalen and Reeburgh，1990；Moore and Dalva，1993；Funk et al.，1994）。另外，产 CH_4 菌对温度正响应比 CH_4 氧化菌更高，故随着全球暖化，湿地土壤 CH_4 排放通量可能增加（King and Adamsen，1992；Dunfield et al.，1993；Megonigal and Schlesinger，2002；Gill et al.，2017）。气候变化引起的土壤微生物群落结构变化可能介导 CO_2 和 CH_4 生产量变化（McCalley et al.，2014）。因此，CH_4 通量增加也会伴随 CO_2 诱导的湿地植物刺激效应，促进根系分泌更多碳水化合物，为湿地土壤产 CH_4 菌提供能量（Dacey et al.，1994；Hutchin et al.，1995；Megonigal and Schlesinger，1997；van Groenigen et al.，2011）。相反，高浓度 CO_2 下生长的植被旱地土壤 CH_4 消耗量可能会下降（Phillps et al.，2001a；McLain et al.，2002；Dijkstra et al.，2013）。

海洋沉积物 CH_4（以 CH_4 水合物形式存在，clathrate；第 9 章）的灾难性排放也会导致大气层 CH_4 浓度大幅增加，可加剧温室效应（MacDonald，1990）。全球 CH_4 水合物估计含有 500×10^{15} g CH_4-C（Burwicz et al.，2011；Piñero et al.，2013），超过目前 CH_4 年排放通量的 1000 倍（表 11.2）。虽然末次冰期末期 CH_4 排放证据尚不确定（Kennett et al.，2000；Sowers，2006；Petrenko et al.，2009），但地质记录中存在 CH_4 水合物的 CH_4 排放证据（Katz et al.，1999；Jahren et al.，2001）。CH_4 具有温室气体的潜力，并有证据表明 1 万年前大气层 CH_4 浓度的增加曾引起全球变暖。因此，如果生物地球化学家试图制定有效应对全球变暖的国际政策，更好地认知全球 CH_4 收支至关重要的（Nisbet and Ingham，1995）。

11.5　一氧化碳

大气层一氧化碳（CO）浓度较低（45～250 ppb），且生命周期很短（2 个月）（表 3.5）。CO 在广袤区域的季节性变化与其在大气层的短生命周期相一致（图 3.5）；北半球大气层 CO 浓度通常约为南半球的 3 倍（Dianovklokov et al.，1989；Novelli et al.，2003）。大气层 CO 收支受人为活动主导（表 11.3），尤其是集中于北半球的化石燃料和生物质燃烧。林火年际变化很大程度上决定了其下风向地区大气层 CO 浓度的波动（Wotawa et al.，2001；Novelli et al.，2003；Vasileva et al.，2011）。南极洲冰盖记录的大气层 CO 浓度及其同位素组成（$\delta^{13}C$）的变化被用于追踪南半球过去 650 年间发生的生物质燃烧（Wang et al.，2010b）。

表 11.3　大气层 CO 主要源汇收支

	过程	通量 （10^{12} g CO·yr^{-1}）	文献
源	化石燃料燃烧	400	Duncan 等（2007）
	生物燃料燃烧	160	Duncan 等（2007）
	生物质燃烧	460	Duncan 等（2007），另有 Kaiser 等（2012）（估值 351）、Jain（2007）（372）和 Mieville 等（2010）（500）
	CH$_4$ 氧化	820	Duncan 等（2007）
	其他挥发性碳化合物氧化	521	Duncan 等（2007）
	总计	**2361**	
汇	被土壤氧化	115～230	Sanhueza 等（1998）
	被羟基自由基氧化	1400～2600	Prather 等（1995）
	平流层氧化	100	Duncan 等（2007）
	总计	**1615～2930**	

20 世纪 80 年代大气层 CO 浓度年增加率大于 1%（Khalil and Rasmussen，1988；Dianov-Klokov et al.，1989），可能来自于化石燃料燃烧和 CH$_4$ 氧化过程产生的 CO 贡献（第 3 章）。20 世纪 90 年代初大气层 CO 浓度出现小幅下降（Khalil and Rasmussen，1994；Novelli et al.，1994；Zheng et al.，2019），可能是美国和欧洲对大气污染控制努力的结果（Novelli et al.，1994；Hudman et al.，2008）。大气层 CO 浓度下降也可能与大气层 CH$_4$ 浓度增长率放缓有关，CH$_4$ 氧化生成 CO 量占全球对流层 CO 通量的 28%～35%（表 11.3；Granier et al.，2000）。

只有少量 CO 可被植被和土壤吸收，但 CO 的主要汇是大气层羟基自由基氧化过程 [式（3.30）～式（3.35）]。由于 CO 被快速氧化成 CO$_2$，因此，大多数全球 C 循环模型通常将 CO 作为 CO$_2$ 通量组分来估算（图 11.1）。实际上，CO 直接排放量约占化石燃料燃烧 C 排放量的 5%，可能占生物质燃烧 C 排放量的 15% 左右（Andreae，1991）。

CO 对红外辐射吸收有限，对地球温室效应贡献是间接的，如与 CH$_4$ 竞争羟基自由基导致大气层 CH$_4$ 氧化损失减缓（Lashof and Ahuja，1990）。更重要的是，CO 通过调控对流层 O$_3$ 浓度（第 3 章）来影响大气化学组成。南美洲和非洲热带地区大气层高浓度 O$_3$ 可能与林火生成的 CO 量有关（图 3.9），CO 与羟基自由基反应产生 O$_3$。约 2% 的陆地 NPP 以 CO 或以在大气层可氧化成 CO 的挥发性碳水化合物形式损失（第 5 章）。

11.6　碳循环和氧循环的耦合

即使在地球没有生命的时期，大气层通过水汽光解产生少量 O$_2$，这正如目前的火星等行星上发生的一样（第 2 章）。在地球历史早期，地幔脱气排放水分的 35%被光解损失（第 10 章）。目前，这一过程受低温和平流层 O_3 抑制，臭氧层可阻断紫外线以减少暴露于紫外线的水汽量。地球地质年代大气层大量的 O_2 出现于约 24 亿年前，远远滞后于自养光合作用的出现（Canfield，2014；Lyons et al.，2014）。当 O_2 年产量超过其与地壳还原矿物的反应量时，大气层 O_2 才开始积累并逐渐达到目前的水平。早期地球大气层低 O_2 浓度可能延缓了多细胞动物的出现（Planavsky et al.，2014b；Reinhard et al.，2016）。

当前大气层 O_2 库只是整个地质年代 O_2 总产量的一小部分，大多数 O_2 被 Fe 和 S 氧化过程所消耗（图 2.8）。地球地质年代 O_2 总净产量与地壳还原态有机碳（1.56×10^{22} g C）和沉积黄铁矿（4.97×10^{21} g S；表 13.1）达到化学计量平衡。当代地球大气层 O_2 浓度取决于沉积物有机碳埋藏量和抬升成陆古沉积岩风化率的平衡（Petsch et al.，2001）。有机沉积物大量埋藏时期的大气层 O_2 累积速率最快（Des Marais et al.，1992；France-Lanord and Derry，1997）。约 5 亿年前陆地植被的定植增加了黏土矿物丰度，黏土矿物与有机碳共沉积加强了海洋沉积物有机碳的埋藏（Kennedy et al.，2006）。

目前地质抬升沉积岩的风化每年氧化有机碳达 $0.1 \times 10^{15} \sim 0.2 \times 10^{15}$ g C·yr^{-1}（图 11.8；Di-Giovanni et al.，2002）。露头沉积岩中的大部分有机物是易分解的（Galy et al.，2008；Schillawski and Petsch，2008；Hemingway et al.，2018）。例如，美国肯塔基州的 3.65 亿年古页岩暴露风化时，参与有机物降解的微生物生物量几乎全部来源于页岩（Petsch et al.，2001）。

大气层 O_2 浓度变化的历史证据较少，但地球化学模型模拟表明，过去 5 亿年间大气层 O_2 浓度可能在 15%～35%（Berner and Canfield，1989；Berner，2001）。大气层 O_2 浓度峰值预计出现在石炭纪和二叠纪，当时大量有机物被沉积物埋藏（Berner et al.，2000；图 11.4）。

高浓度 O_2 会对大多数生物的生理、形态和进化产生重大影响（Graham et al.，1995）。已知巨型昆虫在高 O_2 浓度时期常见（Harrison et al.，2010）。幸运的是，大气层 O_2 浓度增加扩大了海洋沉积物好氧呼吸的面积和深度，导致 O_2 消耗量增加而有机碳储量下降（第 7 章和第 9 章），使得整个地质年代大气层 O_2 库得到极大的缓冲。大气层高浓度 O_2 还会增强光呼吸量而降低光合效率（第 5 章；Tolbert et al.，1995）。沉积木炭的地质记录表明，大气层高浓度 O_2 可能增加森林火灾频率（Scott and Glasspool，2006），并抑制岩石风化时 P 的释放（Lenton，2001）。最后，大气层高浓度 O_2 经海气交换提高海水溶解 O_2，可促进海洋沉积物含 Fe 矿物对 P 的吸附，进而降低海洋养分可利用性和 NPP（Van Cappellen and Ingall，1996）。C、O、P 循环的交互作用缓冲了地球大气层 O_2 浓度。与地质抬升和岩石风化不同，这些过程直接影响地球大气层的 O_2 浓度。

与 C 循环一样，现代 O 循环是一系列快速且高年通量的过程组成，远超慢且低年通量的地质循环（Walker，1980）。目前大气层 O_2 库处于光合产 O_2 和呼吸（包括火灾）消耗 O_2 的动态平衡（图 11.8）。陆地生物圈同化 CO_2 量和产 O_2 量比值约为 1.04（Worrall et al.，2013）[①]。自末次冰期以来，地球大气层 O_2 浓度仅略有下降，可能是全新世的侵蚀速率和 C 埋藏速率较低所致（Stolper et al.，2016）。相对于目前大气层平均 O_2 浓度背

---

① 详见第 5 章第 133 页脚注②。

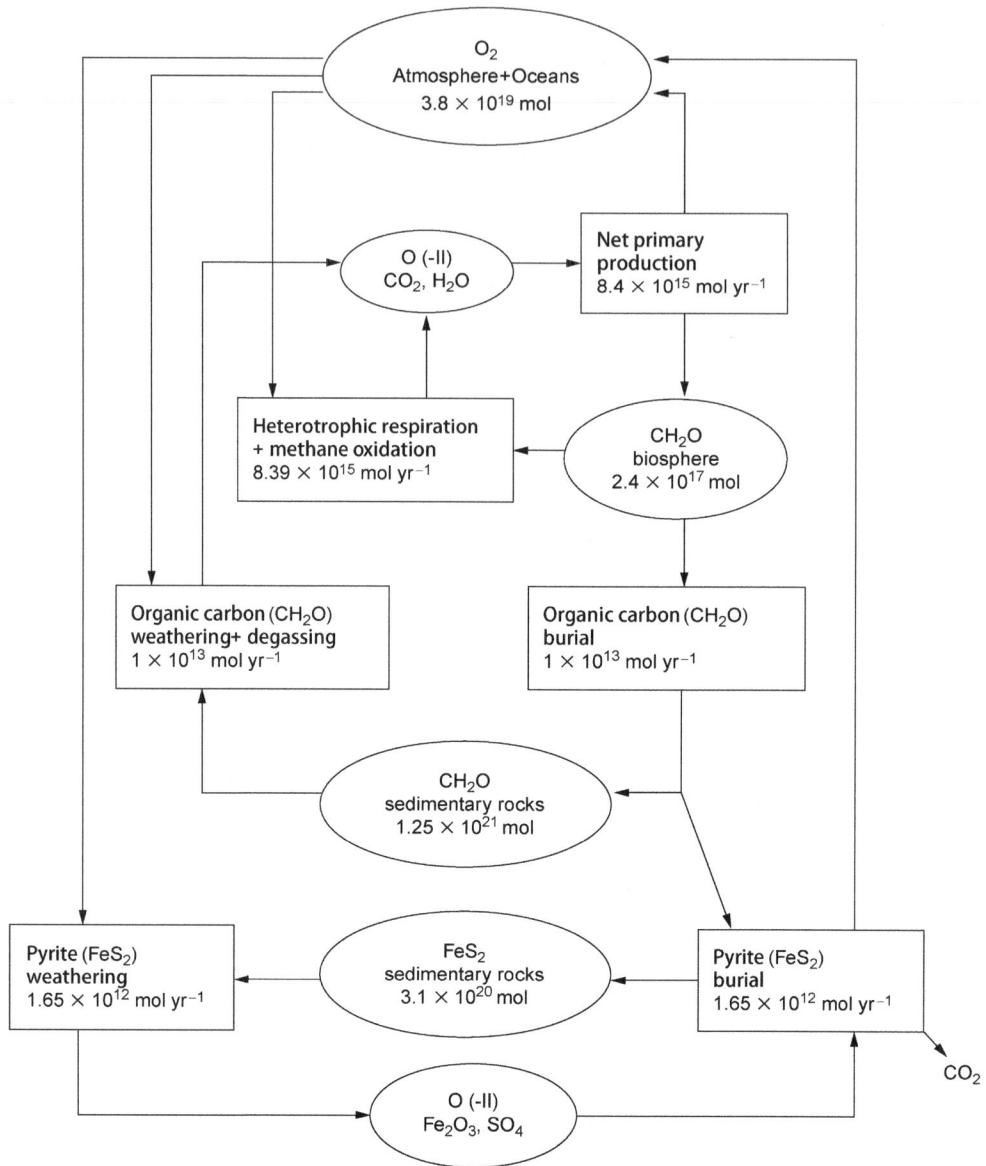

图 11.8　全球 C 循环和 O 循环耦合。椭圆代表 O_2 库估值或可被 O_2 氧化的还原分子当量，方框表示 O_2 或还原分子的通量（$mol \cdot yr^{-1}$）

来源　修改自 Lenton（2001）

图中文字　Atmosphere + Oceans：大气层 + 海洋；Net primary production：NPP；Heterotrophic respiration + methane oxidation：异养呼吸作用 + 甲烷氧化作用；Biosphere：生物圈；Organic carbon weathering + degassing：有机碳风化 + 脱气；Organic carbon burial：有机碳埋藏；Sedimentary rocks：沉积岩；Pyrite weathering：黄铁矿风化；Pyrite burial：黄铁矿埋藏

景值（20.946%），光合作用和呼吸作用引起的大气层 O_2 浓度波动约为 $\pm0.0020\%$（Keeling and Shertz，1992）。大气层 O_2 平均滞留时间约为 4000 年，远小于仅根据 O_2 和地壳反应预测的约 1 亿年（图 11.8）。

　　大气层 O_2 浓度变化监测可验证当前陆地和海洋生物圈同化 CO_2 量的估值（Bender et al.，1998）。陆地光合产生 O_2 和同化 CO_2 为等摩尔比，生物质或化石燃料燃烧时两者也呈等摩尔比。海洋同化 CO_2 主要受亨利定律驱动，不会伴随 O_2 高通量进入大气层；海洋光合产生的 O_2 仍溶解于海水，并为海洋有机物降解所消耗。因此，化石燃料燃烧导致大气层 CO_2 摩尔浓度的升高速率慢于其 O_2 摩尔浓度下降速率，其差值为海洋 CO_2 溶解量。

Keeling 和 Shertz（1992）提出了这一方法，通过精确测定大气层 O_2 浓度变化，证实全球海洋 C 汇约为 1.7×10^{15} g C，因此，20 世纪 90 年代陆地生物圈净 C 汇约为 1.0×10^{15} g C（表 11.1；Bender et al.，2005）。植被净 C 库为近现代的，应用同样的方法表明 20 世纪 80 年代陆地的 C 累积量相对较小（Langenfelds et al.，1999；Battle et al.，2000；Bopp et al.，2002）。可引起海洋酸化的海洋 CO_2 汇预计超过去 3 亿年的沉积记录观测值（Honisch et al.，2012）。

大气层 O_2 同位素（$\delta^{18}O$）组成也在一定程度上可估算大气层 CO_2 收支。光合作用不区别水的氧同位素，故其产生的 O_2 同位素组成可区分植物生长的海水或土壤水分。但呼吸作用对氧同位素具有分馏效应，优先消耗 $^{16}O_2$ 导致大气层 $^{18}O_2$ 富集，即 Dole 效应（Luz and Barkan，2011）。大气层 O_2 的 $\delta^{18}O$ 丰度（+23.5‰）表明，陆地总初级生产量必然大于 170×10^{15} g C·yr^{-1}，而海洋则约为 140×10^{15} g C·yr^{-1}（Bender et al.，1994）[①]。假设 NPP 是总初级生产量的一半，基于上述两个估值的 NPP 略高于全球陆地（表 5.3；Beer et al.，2010）和海洋（表 9.2）栖息地的各自 NPP 估值。然而，这些估值提供了 NPP 上限，有助于匡定全球 C 循环的估算（图 11.1）。

氧循环和其他生物地球化学循环直接相连。例如，假设 NO_3^- 为陆地植物吸收 N 量的一半（约 1200×10^{12} g N）和约 10% 的海洋 N 循环（8000×10^{12} g；图 9.21），那么每年大约 2% 的光合作用生成的 O_2 量用于氧化 NH_4^+，即硝化过程（比较 Ciais et al.，2007 的结果）。

沉积黄铁矿的形成（硫酸盐还原）和氧化过程也影响大气层 O_2 浓度。每氧化黄铁矿中的 1 mol S，需消耗约 2 mol O_2 [式（4.6）]。目前，海洋沉积物每年的黄铁矿埋藏量约占 20% 的大气层 O_2 量（第 9 章）。

淡水沉积物产 CH_4 过程向大气层输送 CH_4，并在大气层被氧化（Henrichs and Reeburgh，1987）。大气层 CH_4 氧化量约占 1% 的大气层 O_2 年总消耗量。如无产 CH_4 过程，淡水沉积物有机碳埋藏量可能更大，同时大气层 O_2 含量也会略高。因此，产 CH_4 过程对大气层 O_2 浓度的调节为负反馈效应（Watson et al.，1978；Kump and Garrels，1986）。据此推测，是地球碳循环驱动了氧循环，还是氧循环驱动了碳循环，是一个有趣的议题。纵观整个地质年代，答案显而易见：邻近行星提供了足够的证据表明，O_2 来自于生命。然而，目前地球的 C 和 O 循环密不可分，真核生物（包括人类）的新陈代谢依赖于还原态有机分子与 O_2 之间传递的电子流。

11.7 小　结

人类收获约 20% 的全球陆地有机碳产量（即 NPP；Imhoff et al.，2004b；Haberl et al.，

[①] 这一计算是基于具有土壤或海水 O_2 同位素特征（即 $\delta^{18}O = 0$）的 GPP 总量，是在呼吸过程偏好轻质量同位素条件下，大气层 $\delta^{18}O$ 丰度保持稳定的重要因素。

2007)。人类破坏了许多区域的陆地植被，而在其他地区种植高产作物和造林，可能是通过提高大气层 CO_2 浓度和 N 沉降来刺激 NPP。目前来看，人类已经在陆地生物圈创造了一个净 C 汇，一定程度上缓解了化石燃料燃烧导致的大气层 CO_2 浓度升高预期（表 11.1）。人类使用化石燃料获得能源以驱动整个现代社会，包括大规模地驱动人类赖以生存的农业系统。Duke（2003）估计每年燃烧的有机质量相当于地质年代 400 年的初级生产埋藏量。化石燃料的加速使用注定引起地球环境的巨大改变，但其在历时 8000 年的人类社会历史中相对稳定。

第 12 章　全球氮、磷和钾循环

12.1　引　言

　　氮（N）和磷（P）调控着生态系统功能和地球生物地球化学循环的许多方面。N 通常限制陆地和海洋的 NPP（第 6 章和第 9 章）。生物活组织中 N 是酶的组成成分，酶介导 C 还原（如光合过程）或氧化（如呼吸过程）的生化反应。生物量中几乎所有的 N 同化过程均通过胺基（—NH_2）与五碳糖（酮戊二酸）结合，在细胞生物化学水平将 C 和 N 循环联结起来（Williams，1996）。P 是脱氧核糖核酸（DNA）、腺苷三磷酸（ATP）及细胞膜磷脂脂肪酸分子的必需元素。浮游植物组织 N/P 比值约为 16，与细胞原生质中蛋白质和核糖核酸（RNA）比值基本一致（Loladze and Elser，2011）。钾（K）作为限制性养分元素受到广泛关注，尤其在热带土壤中，但曾被忽视。N、P 和 K 的生物有效性及其相对丰度的变化可能在整个地质年代调控着生物圈的规模和活力。

　　由于 N 价态从 –3（NH_3）到 +5（NO_3^-）的大范围，使其可进行大量的生物化学转化。一系列微生物能利用 N 价态转化的电位差，通过氧化还原电位变化释放能量来维持其生命过程（Rosswall，1982）。总的来说，这些微生物反应驱动了 N 循环（图 12.1）。相反，P 基本上都以其氧结合态（如 PO_4^{3-}）存在于土壤或生物化学过程中。大多数新陈代谢反应都伴随着磷酸根和各种有机分子间高能键的合成或分解，但在几乎所有情况下这些反应中 P 原子均呈 +5 价。K 几乎都以离子形态（K^+）存在，参与生物化学过程的渗透平衡和电化学反应。

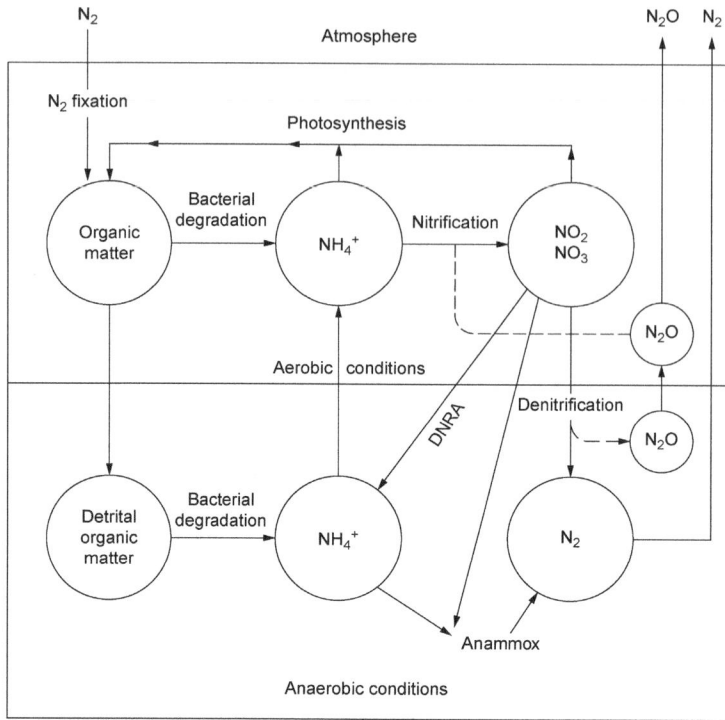

图 12.1 N 循环的一些微生物转化过程

来源 修改自 Wollast（1981）

图中文字 Atmosphere：大气层；N₂ fixation：固氮过程；Photosynthesis：光合过程；Organic matter：有机物；Bacterial degradation：细菌降解过程；Nitrification：硝化过程；Aerobic conditions：好氧条件；Detrital organic matter：有机碎屑；Denitrification：反硝化过程；Anammox：厌氧氨氧化过程；Anaerobic condition：厌氧条件

地球表面最丰富的 N 形态为 N_2，是活性最低的 N 形态。固氮过程将大气层 N_2 转化为生物可利用的某一形态活性 N（"固定的"或"零散的"；第 3 章）。缺 N 生境固氮生物最为丰富，其生物过程增加生物圈 N 的可利用性［式（2.9）］。与此同时，反硝化细菌将活性 N 以 N_2 返回大气层［式（2.19）］，降低地球生物可利用 N 汇总量。

陆地地壳岩石存储了大量的 P 和 K，通过岩石风化过程释放 P 和 K 供生物圈利用。在缺 P 生境中陆地植物生长促进岩石风化速率（第 4 章），但几乎所有情形下岩石含 P量相对较低。水溶性 P 与其他矿物的二次反应可降低土壤溶液或海水中 P 的生物有效性（图 4.10）。因此，大多数生境（陆地和海洋）中 P 的可利用性受有机磷降解过程调控（图 6.22）。这一生物地球化学循环可短暂保留和循环利用从岩石风化向海洋沉积物持续不断输送 P 流中的一小部分 P。全球 P 循环只有当沉积岩抬升出海平面且风化再次开始时才得以闭合。

由于 N、P、K 供应量通常决定了土壤肥力，为提高作物产量人类向土壤施加大量的这些元素。如今肥料产量已超过了陆地表面 N 和 P 供应量的 2 倍以上，改变了 N 和 P的生物地球化学循环，并导致施肥农田下风向或下游的生态系统呈 N 和 P 富集现象。

本章将探讨已知的全球 N、P、K 循环，将尝试平衡全球陆地和海洋的 N、P 收支。纵观整个地质年代固 N 过程和反硝化过程平衡决定了生物圈 N 有效性和全球 N 循环。氧化亚氮（N_2O）是硝化作用和反硝化作用的副产物，同时是温室气体和平流层臭氧破坏者（第 3 章）。根据 N_2O 来源的现有认知提出大气层 N_2O 收支平衡。

12.2　全球氮循环

12.2.1　陆地

图 12.2 诠释了大气层、陆地和海洋间的全球氮循环[①]。大气层的氮库最大（3.9×10^{21} g N，表 3.1）。陆地生物量（3.8×10^{15} g N[②]）和土壤有机质（$95 \times 10^{15} \sim 140 \times 10^{15}$ g N，1 m 土壤剖面；Post et al.，1985；Batjes et al.，1996）含 N 量相对较少。土壤 N 量的 3%～4% 为微生物生物量 N（Xu et al.，2013）。陆地生物量和土壤有机质的平均 C/N 比值分别为 160 和 12。土壤无机氮（NH_4^+ 和 NO_3^-）库在任何时间都非常小。虽然土壤 N 库有

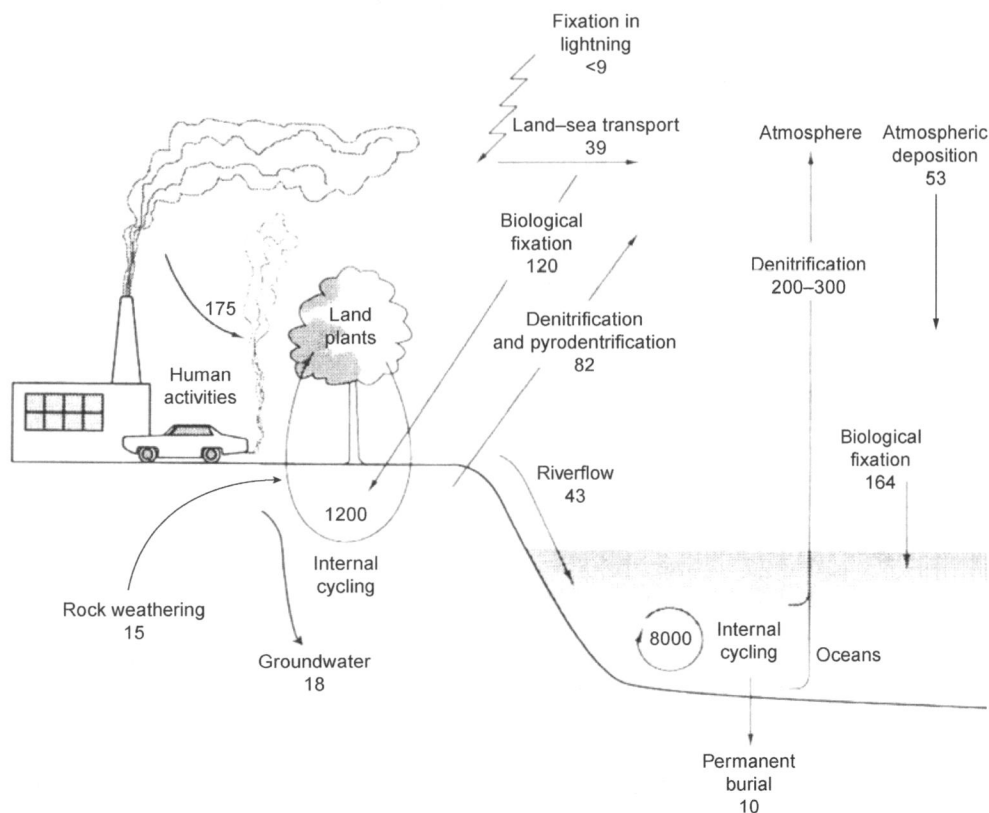

图 12.2　全球氮循环（通量单位：10^{12} g N·yr^{-1}，数据与文中一致）

图中文字　Fixation in lightning：闪电固氮过程；Land-sea transport：海陆运输；Atmosphere：大气层；Atmospheric deposition：大气沉降；Biological fixation：生物固氮过程；Denitrification：反硝化过程；Pyrodentrification：火烧反硝化过程；Human activities：人类活动；Land plants：陆地植物；River flow：河流流量；Internal cycling：内循环；Rock weathering：岩石风化；Groundwater：地下水；Oceans：海洋；Permanent burial：永久埋藏

[①] 根据生物地球化学研究需要，地球地幔所含大量 N（可能相当于 7 倍于大气层 N 库）未被包含于地球 N 循环（Johnson and Goldblatt，2015），综合温度、压力和 pH 或以 N_2 或 NH_4^+ 形态存在（Li and Keppler，2014；Mikhail et al.，2017）。地幔和地表间存在一些 N 交换，但生物地球化学 N 循环主要发生于地球表面。

[②] 这一数值根据陆地生物 C 含量估值（约 600×10^{15} g C，表 5.3）和森林生物量 C/N 比值 160（表 6.4）计算得到。基于生物量 C 库估值收敛趋同，植被 N 库的高估值需对应生物量 C/N 比值的低估值，但这似乎不可能。

很大的年通量，但生物快速吸收无机氮使土壤仅有少量 N 以无机态存在（第 6 章）。由于土壤 N 多以有机态存在，多数情况下土壤有机质含量是土壤总 N 量的预测指标（Glendining et al.，2011）[①]。

大气层 N_2 分子对大多数生物来说是无法利用的，因为 N_2 分子三键能很高，使其呈惰性[②]。生物圈可利用 N 均源于固氮过程，包括闪电固氮途径和一些特殊微生物能将 N_2 转化成为活性 N 的生物固氮途径（第 6 章）。闪电产生的瞬时高温、高压条件使 N_2 和 O_2 生成 NO_x，但闪电固氮途径固 N 量相对较小。最近估算全球闪电年固 N 量为 9×10^{12} g N·yr^{-1}（Nault et al.，2017），而工业革命前全球大气层氮氧化物（NO_y）年沉降量估计不超过 12×10^{12} g N·yr^{-1}（Galloway et al.，2004）。假设闪电均匀分布于陆地和海洋，则闪电固氮生成的活性 N 在陆地沉降量估值约为 3×10^{12} g N·yr^{-1}。土壤、生物质燃烧和人类活动也排放 NO_x，目前陆地氮氧化物沉降量估值约为 25×10^{12} g N·yr^{-1}（表 12.1）。

表 12.1　全球大气层氮氧化物（NO_x）收支　　（单位：以 NO 计，$\times 10^{12}$gN·yr^{-1}）

	年通量	参考来源
源		
化石燃料燃烧	25	Galloway 等（2004）
土壤净释放	12	Ganzeveld 等（2002）（总通量约为 21×10^{12} g N·yr^{-1}；Davidson and Kingerlee，1997）
生物质燃烧	9	Andreae（2019），Kaiser 等（2012）（9.8×10^{12} g N·yr^{-1}；Mieville et al.，2010）
闪电固氮	9	Nault 等（2017）
氨氧化过程	1	见表 12.2，Warneck（2000）
航空器	0.4	Prather 等（1995）
平流层输送	0.6	总 NO_y，Prather 等（1995）
总计	**57.0**	卫星测定值为 37×10^{12} g N·yr^{-1}，Martin 等（2003）（46×10^{12} g N·yr^{-1}，Galloway et al.，2004；48.4×10^{12} g N·yr^{-1}，IPCC，2013）
库		
陆地沉降	24.8	Galloway 等（2004）
海洋表面沉降	23.0	Duce 等（2008）；Dentener 等（2006）
总计	**47.8**	

注：作者们认同由于 NO、NH_3、SO_2 等活性气体排放和沉积呈区域性，全球收支估算存在与实际不符之处。尽管如此，全球汇总估值允许进行不同排放源量级比较。

生物固氮是由几种微生物参与进行的，包括在湖泊、土壤和沉积物中自由生活的游离固氮微生物和与植物根系形成共生体的固氮微生物（第 6 章）。在大规模人类活动之前陆地生物固氮年通量可能为 $60 \times 10^{12} \sim 195 \times 10^{12}$ g N·yr^{-1}（Cleveland et al.，1999，Vitousek et al.，2013；Davies-Barnard and Friedlingstein，2020）。目前自然生态系统和农业生态系统的生物固氮年通量为 $120 \times 10^{12} \sim 180 \times 10^{12}$ g N·yr^{-1}（Burns and Hardy，1975；Wang and Houlton，2009）。当自然土地农用后，农业生态系统生物固氮过程取代（甚至

[①] 典型沙漠土壤 C/N 比值非常低（Post et al.，1985）。沙漠土壤生物活动有限，大量硝态氮可能在植物根区下方土壤剖面中累积，全球累积量可以达到 $3 \times 10^{15} \sim 15 \times 10^{15}$ g N（Walvoord et al.，2003；Nettleton and Peterson，2011）。

[②] N_2 平均键能为 226 kcal·mol^{-1}，而 N—H 键为 93 kcal·mol^{-1}、N—C 键为 70 kcal·mol^{-1}、N—O 键为 48 kcal·mol^{-1}（Davies，1972）。

超过）自然土地生物固氮通量（Galloway et al.，2004）。农业生态系统固氮年通量估计高达 50×10^{12}～70×10^{12} g N·yr^{-1}，或接近于陆地固 N 总通量的一半（Herridge et al.，2008）。

上述估值相当于每公顷地球陆地表面固 N 量约为 10 kg N·hm^{-2}·yr^{-1}。众多研究表明土壤游离固氮细菌的固氮年通量约为 1～5 kg N·hm^{-2}·yr^{-1}（第 6 章）。若以 3 kg N·hm^{-2}·yr^{-1} 年固氮通量计，非共生固氮途径贡献了约 1/3 全球生物固氮量。剩余生物固氮量则来自于与高等植物共生的细菌固氮过程。自然生态系统固氮通量并非均匀分布，最高固氮量发生在热带森林和受干扰或持续演替的植被区域（Vitousek and Howarth，1991）。在任何生境，生物固氮过程都掩盖了闪电非生物固氮过程作为固氮来源的贡献。地球上生命进化和固氮过程极大地推动了 N 的生物地球化学循环。如果所有固氮途径作为唯一 N 源，那么陆地生物圈 N 的平均滞留时间约为 700 年（即库量/输入量比值）。即使包括沉积岩和变质岩埋藏的少量固定 N 量，这一平均滞留时间也不会显著改变，沉积岩和变质岩固定的 N 经化学风化释放的年通量为 11×10^{12}～18×10^{12} g N·yr^{-1}（Holloway and Dahlgren，2002；Houlton，2018）。

假设陆地 NPP 估值为 60×10^{15} g C·yr^{-1} 是大致正确的，且 NPP 平均 C/N 比值约为 50，则陆地植物生长每年约需 N 量 1200×10^{12} g N·yr^{-1}（第 6 章）[1]。因此，固氮过程仅贡献了陆地植物需 N 量的 9%～15%（Shi et al.，2016b）。所缺 N 量必须由植物内循环和凋落物土壤分解等过程补偿（第 6 章）。基于不同植物凋落物的土壤周转速率，土壤有机质中 N 的平均滞留时间大于 100 年。因此，土壤有机氮的平均滞留时间超过陆地植被（10 年）和土壤（40 年）C 的平均滞留时间（第 5 章）。

人类活动对全球 N 循环具有剧烈影响。除种植固氮作物外，还通过哈伯法（Haber process）制造氮肥，即

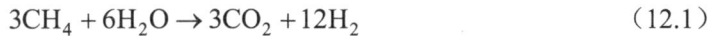

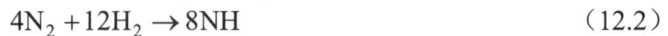

$$3CH_4 + 6H_2O \rightarrow 3CO_2 + 12H_2 \qquad (12.1)$$

$$4N_2 + 12H_2 \rightarrow 8NH \qquad (12.2)$$

式中，天然气燃烧生成 H_2，高温高压下 H_2 与 N_2 结合生成氨（Smil，2001）。工业化合成活性 N 每年为农业和化学用途提供 140×10^{12} g N[2]，大致与陆地自然年固氮量相当。

农田每年氮肥施用量的近一半被释放到大气层或随径流进入水体而损失（Erisman et al.，2007）。部分 NH_3 直接从农田土壤挥发进入大气层（图 6.17），另一部分通过饲料作物喂养家畜以其粪便 NH_3 挥发而间接损失（表 12.2）。农业土壤 NH_3 挥发损失进入大气层将其固氮过程获得的 N 经大气层转移而沉降到相邻自然生态系统，进入生物地球化学循环（Draaijers et al.，1989；Hesterberg et al.，1996）。大气沉降还原态 N（即 NH_4^+）近年来显著增加（Li et al.，2016a；Ackerman et al.，2019），可能来源于农业活动。农田施肥增强土壤硝化过程，也是 NO_x 排放源之一（第 6 章）。

---

[1] 初级生产量大部分为短寿命组织，其 C/N 比值远低于占陆地生物量大部分的木本组织 C/N 比值（160）。土壤年 N 矿化率约为 1000×10^{12} g N·yr^{-1}，与实验观测值一致，表明土壤 N 年周转率约为 1%～3%（第 6 章）。Raven 等 （1993）给出陆地植物吸收 N 量的另一估值为 2338×10^{12} g N·yr^{-1}。近期全球 N 循环模型假设 C/N 比值为 10，以及陆地 NPP 吸收 N 量为 6207×10^{12} g N·yr^{-1}，似乎不可能（Lin et al.，2000）。

[2] http:///minerals.usgs.gov/minerals/pubs/commodity/nitrogen/mcs-2017-nitro.pdf。

表 12.2　全球大气层氨收支

过程	年通量 （10^{12} g N·yr^{-1}）	参考来源
源		
家畜	18.5	Bouwman 等（2002a, b）
野生动物	0.1	Bouwman 等（1997）
海洋表面	2.5	Paulot 等（2015）
原始土壤	2.4	Bouwman 等（1997）
农作物和土壤	16.7	Xu 等（2019b）
生物质燃烧	8.0	Kaiser 等（2012）；Andreae（2019）
人类粪便	2.6	Bouwman 等（1997）
化石燃料燃烧及工业	3.5	Behera 等（2013）
燃油汽车	0.46	Behera 等（2013）
总计	**54.8**	58.2，Galloway 等（2004）；50.7，IPCC（2013）
库		
陆地沉降	38.4	Galloway 等（2004）
海洋表面沉降	24.0	Duce 等（2008）；Dentener 等（2006）
与 OH 自由基反应	1.0	Schlesinger 和 Hartley（1992）
总计	**63.4**	

化石燃料燃烧每年排放约 25×10^{12} g 其固定的 N 量（NO$_x$）（Galloway et al.，2004）。一部分 N 来源于化石燃料所含的有机氮，可看成是生物圈新固定 N 源，因为如果没有人类活动，这些有机氮将保留在地壳中。NO$_x$ 也可在化石燃料燃烧过程（如燃油汽车和燃煤电厂）中由 N$_2$ 和 O$_2$ 直接生成（Bowman，1992；Davidson et al.，1998；Kim et al.，2006）。虽然将燃煤电厂作为主要的 NO$_x$ 排放源一直存在争论，但在异常大规模停电事件期间，大气层低浓度 NO$_x$ 观测值支持了这一排放源（Marufu et al.，2004）。由于 NO$_x$ 在大气层滞留时间较短（表 3.5），化石燃料燃烧排放的大部分 NO$_x$ 通过湿沉降在陆地而进入生物地球化学循环（图 12.3）。小部分 NO$_x$ 经对流层长距离传输，成为海洋（Duce et al.，2008；Kim et al.，2011）和格陵兰岛降雪（图 12.4）的沉降 N 量。

人类活动向大气层排放的 N 大部分来自农业土壤，冰芯和湖泊沉积柱芯的 δ^{15}N 丰度下降记录表明，人类活动 N 排放可追溯到 1900 年左右（Hastings et al.，2009；Holtgrieve et al.，2011；Felix and Elliott，2013）。部分区域大气层 N 沉降可为植物生长提供养分（第 6 章），从而增加植被 C 储量（第 11 章）。然而，处于人口密集地区下风向的一些高海拔森林由于大量 N 沉降（NH$_4^+$ 和 NO$_3^-$）而引起退化（第 6 章）。研究人员试图确定 N 沉降"临界负荷"，即可导致生态系统特征发生变化的 N 沉降量，比如增强硝化活性和 N 淋失。当 N 沉降量为 1 kg N·hm^{-2}·yr^{-1} 时，众多生态系统产生显著影响（Liu et al.，2011；Pardo et al.，2011；Clark et al.，2018）。1984～2016 年全球大气层 N 沉降量增加了约 8%（Ackerman et al.，2019），但大气污染控制立法后北美大气层 N 沉降量呈下降趋势（Zbieranowski and Aherne，2011；Butler et al.，2011）。卫星遥测可能对未来全球 NH$_3$ 和 NO$_x$ 排放趋势和来源监测更为高效（Schneider and van der A，2012；Van Damme et al.，2018）。

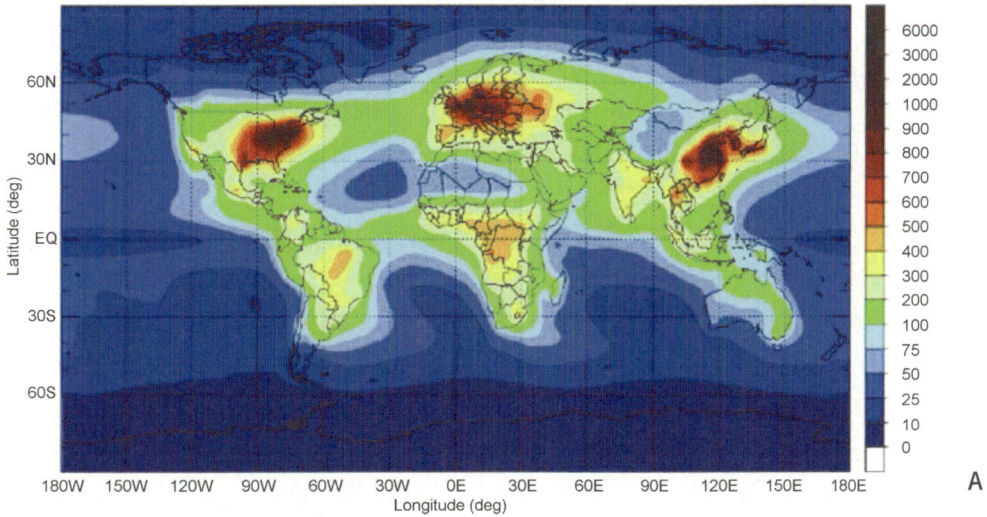

图 12.3　地球表面 NO_y 沉降量（单位：$mg\,N\cdot m^{-2}\cdot yr^{-1}$）

来源　Dentener 等（2006）

图中文字　Latitude：纬度；Longitude：经度

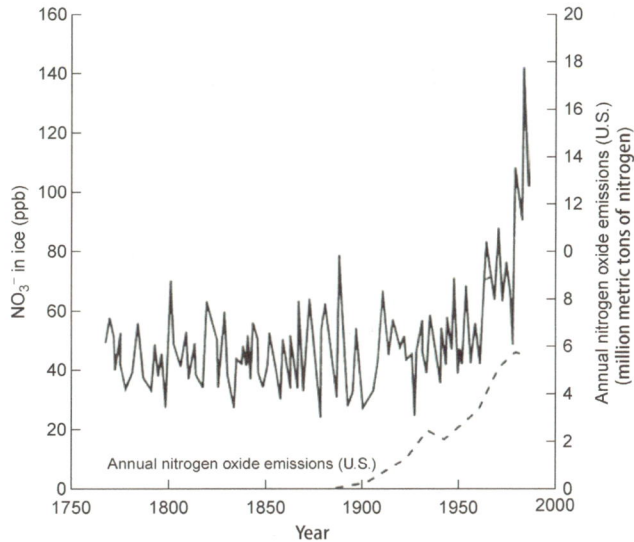

图 12.4　格陵兰岛冰芯硝酸盐浓度的 200 年变化，以及美国化石燃料燃烧源 N_2O 年排放量

来源　修改自 Mayewski 等（1990）

图中文字　Annual nitrogen oxide emissions：年 N_2O 排放量；Million metric tons of nitrogen：百万吨氮；NO_3^- in ice：冰的 NO_3^- 含量-

从大气层固定输入地球陆地表面的"新" N 年通量约为 $300 \times 10^{12}\,g\,N$，其中 28% 来自于自然源，72% 来自于人类活动源（表 12.3；Battye et al.，2017）。其中一部分 N 被封存在陆地生物圈，主要在森林和农田土壤中，约占 N 施用量的 30%~40%（Gardner and Drinkwater，2009；Schlesinger，2009；Sebilo et al.，2013）。20 世纪土壤包气带也积累了部分 N（Ascott et al.，2017）。在脱氮过程缺失期间，陆地会形成一个巨大但短暂的 N 库。约 23% 的陆地表面 N 沉降量随地表径流损失（Howarth，1998；van Breemen et al.，

2002），尤其在洪峰期更明显（第 8 章）。流入美国密执根湖的地表径流含 N 量与其流域化肥施用量和土地利用类型改变有很好相关性（Han and Allan，2011）。全球河流每年向海洋输送近 60×10^{12} g N·yr^{-1}（Boyer et al.，2006；Van Drecht et al.，2003）。尽管水库的 N 滞留量（Beusen et al.，2016）和污水处理脱 N 量（Hale et al.，2015）有所增加，但人类活动贡献了超过一半的当前河流输 N 量（Schlesinger，2009）。河流输送的 N 源在欧洲主要来自于污水污染，美国则为肥料，而中国大陆则来自两个组合来源（Liu et al.，2019b）。

陆地生物圈添加的人工合成氮也会显著提高地下水氮浓度，尤其在众多农业生产地区（Spalding and Exner，1993；Ju et al.，2006；Rupert，2008；Scanlon et al.，2010；Exner et al.，2014；Zhou et al.，2016）。例如，硝酸根淋失进入地下水是加拿大安大略省一奶牛农场施加氮肥的最大单一去向（Barry et al.，1993）。墓地排水同样富含氮及其他生物化学元素（Zychowski，2012）。根据地下水年通量估值（12 666 km^3·yr^{-1}；Doll and Fiedler，2008）和美国地下水氮浓度中位值（1.9 mg N·L^{-1}；Nolan et al.，2002；Schlesinger，2009）可估算全球向地下水输送的年氮通量接近 18×10^{12} g N·yr^{-1}。在某些情形下，水饱和土壤层可通过反硝化过程去除部分地下水硝酸盐污染（Korom，1992；Hinkle and Tesoriero，2014；Jahangir et al.，2013）。

表 12.3　地球陆地表面氮质量平衡　　　　（单位：$\times 10^{12}$ gN·yr^{-1}）

		工业革命前	人类活动源	总量
输入	生物固氮	60[a]	60[b]	120
	闪电固氮	3[c]	0	3
	岩石风化	15[d]	0	15
	工业固氮	0	150[e]	150
	化石燃料燃烧	0	25	25
	总计	**78**	**235**	**313**
去向	生物圈增量	0	9	9
	土壤累积	0	48	48
	河流径流[f]	27	16	43
	地下水	0	18	18
	反硝化过程	28[g]	17	45
	热解反硝化过程	13[h]	24	37
	海陆间大气输送[i]	10	29	39
	总计	**78**	**161**	**239**

来源：Schlesinger（2009），数据如下更新。
a. Vitousek 等（2013）。
b. Herridge 等（2008），提供人类活动净输出值。
c. Nault 等（2017），估值扩展到陆地表面。
d. Houlton 等（2018），估值范围为（11~18）$\times 10^{12}$ g N·yr^{-1}。
e. http:///minerals.usgs.gov/minerals/pubs/commodity/nitrogen/mcs-2012-nitro.pdf。
f. Seitzinger 等（2010）。
g. Houlton and Bai（2009）。
h. 与工业革命前平衡估值。
i. Jickells 等（2017）。

尽管河流和地下水均输出了大量的陆源 N，但无法解释其全部 N 损失。陆地土壤（第 6 章）、湿地（第 7 章）和森林火灾（第 6 章）的反硝化或其他气态途径可能贡献了剩余的陆源 N 损失。反硝化过程可能是众多森林生态系统 N 损失最大的途径（Houlton et al.，2006；Fang et al.，2015；Brookshire et al.，2017；Yu et al.，2019b）。Seitzinger 等（2006）综合已报道的反硝化速率发现，土壤反硝化 N 损失年通量最高可达 124×10^{12} g N·yr^{-1}，而淡水生态系统最高达 110×10^{12} g N·yr^{-1}（表 12.4）。如果工业革命前固氮量和反硝化 N 损失量相平衡，其陆地反硝化 N 损失年通量极有可能约为 36×10^{12} g N·yr^{-1}，即年固氮量减去河流径流 N 损失年通量。大部分气态 N 以 N$_2$ 形式损失，硝化和反硝化过程产生的 N$_2$O 贡献了小部分 N 气态损失量（第 6 章），是全球 N$_2$O 收支的重要贡献者。现代大气层 N$_2$O 浓度的增量可用于估算人类活动引起的全球反硝化速率增加量（Schlesinger，2009）。假设反硝化气态产物（N$_2$+N$_2$O）/N$_2$O 比值约为 4.0[①]，且目前大气层 N$_2$O 增量（约 4×10^{12} g N·yr^{-1}）全部来自反硝化过程的增量，那么全球反硝化年 N$_2$ 释放量可能增加了 17×10^{12} g N·yr^{-1}，平衡了目前陆地 N 收支（图 12.2）。反硝化过程使得全球土壤 δ^{15}N 丰度富集（Amundson et al.，2003；Houlton and Bai，2009），尤其在热带区域土壤反硝化速率和 δ^{15}N 丰度均为高值（Houlton et al.，2006）。

表 12.4　全球或人类活动增加陆地氮反硝化通量估算

	系统	反硝化通量（$\times 10^{12}$ g N·yr^{-1}）
陆地	土壤	124（65~175）
淡水	地下水	44（>0~138）
	湖泊和水库	31（19~43）
	河流	35（20~35）
	小计	110（39~216）
海洋	河口海湾海域	8（3~10）
	大陆架海域	46（>0~70）
	低氧海域	25（>0~30）
	小计	79（3~145）

来源：Seitzinger 等（2006）。

生物质 N 在燃烧过程中释放 NH$_3$、NO$_x$ 和 N$_2$ 等导致气态 N 损失，即热解反硝化过程（第 6 章）。化石燃料燃烧时其含 N 量约 30% 转化为 N$_2$，以此估算全球每年生物质燃烧以 N$_2$ 向大气层返还约 37×10^{12} g N·yr^{-1}（Kuhlbusch et al.，1991）。由于生物质燃烧量的历史记录不能确定（比较 Mouillot et al.，2006 和 Ward et al.，2018），难以估算工业革命前以来的热解反硝化变化。表 12.3 所列的全球热解反硝化年通量估值是基于近年来该途径 N 损失量增加 1 倍的假设。

在平衡陆地 N 循环时，仅聚焦于影响固 N 的净生产过程或固定 N 的损失过程（表 12.3），早期固定 N 的再循环过程未被包括。因而，生物质燃烧产生的 NH$_3$ 挥发（表 12.2）和土壤自然排放的 NO$_x$（表 12.1）可忽略不计，因为它们可随降水沉降回陆地。NH$_3$ 和 NO$_x$ 的大气层滞留时间相对较短，往往以干湿沉降方式回到近释放源的陆地

[①]（N$_2$+N$_2$O）/N$_2$O 比值变化范围为 2.0（旱地土壤）~>12（湿地）（Schlesinger 2009），因此，由于人类活动输入所引起的反硝化增量范围为 8×10^{12} ~ 68×10^{12} g N·yr^{-1}。

表面（第 3 章）。事实上，N 在地球景观中呈"跳跃式"循环，即一个区域的 N 损失可导致其他区域的 N 沉降和局部循环增强。这一循环当 N 以 N_2 重返大气层时闭合。从活性 N 新来源解析可以发现，人类活动对全球 N 循环的干扰几乎全部发生于过去 150 年内（Battye et al.，2017）。

12.2.2　海洋

全球海洋每年接收河流输送的 43×10^{12} g N·yr^{-1} 水溶态 N（第 8 章）、生物固氮[①]约 164×10^{12} g N·yr^{-1} 和大气 N 沉降约 53×10^{12} g N·yr^{-1}（Duce et al.，2008；Jickells et al.，2017）。一部分湿沉降 NH_4^+ 来自海洋自身 NH_3 挥发（Quinn et al.，2008），但约 80%海洋大气 N 沉降来自于陆地人类活动（Duce et al.，2008）。海洋大气沉降的 N 一大部分为各种有机态氮组分（Cornell et al.，2003），可达 16×10^{12} g N·yr^{-1}（Kanakidou et al.，2012）。人类活动产生的陆地和海洋间巨大 N 通量是由大气层输送的。

如同陆地生态系统一样，大部分海洋 NPP 由水体 N 循环再利用支撑（表 9.3）。大气 N 沉降对无机氮库极小的大洋海域的影响是巨大的。河流输送的 N 通量对滨海和河口海湾海域极为重要，其部分 N 可被输送到大洋海域（Sharples et al.，2017）。径流过量 N 输入在增加滨海生态系统生产力的同时导致其富营养化和缺氧（Goolsby et al.，2001；Michael Beman et al.，2005；Kim et al.，2011）。

深海海域具有巨大的无机氮库（720×10^{15} g N）[②]，主要来源于下沉有机碎屑的分解和水溶态有机物的矿化释放。沉积物永久埋藏的有机氮量非常小，因此，大部分输入海洋的 N 最终通过反硝化和厌氧氨氧化途径以 N_2 重返大气层（图 9.21 和图 12.2）。重要的反硝化海域分布在太平洋东部热带海域、本格拉（Benguela）上升流海域、阿拉伯海等厌氧深海海域（第 9 章）。Seitzinger 等（2006）估算滨海海域海水反硝化年通量达到 50×10^{12} g N·yr^{-1}。全球滨海和海洋反硝化过程每年向大气层返还 134×10^{12}~230×10^{12} g N 的 N_2（DeVries et al.，2012；Eugster and Gruber，2012），比前几年的估值要低很多（Codispoti，2007）。图 12.2 采用 200×10^{12}~300×10^{12} g N 来平衡海洋 N 循环。

尽管上述估值存在很大的不确定性，但图 12.2 模型的结果表明，海洋 N 净损失很小。由于海洋气态损失总 N 量大于河流和大气层的输入 N 量，因此，海洋 N 含量可能呈下降趋势（McElroy，1983；Codispoti，2007；Ren et al.，2017b；Wang et al.，2019f）。有研究者假设如缺失反硝化过程，海洋将有高浓度的 NO_3^-，而大气层 N_2 浓度会更低。固氮和反硝化过程的平衡可能调控着历史冰期周期海洋的 NPP（Ganeshram et al.，1995）。全球低氧水域是反硝化脱氮热区也是固氮区域，为海洋 N 循环提供了长期的自我调节（Deutsch et al.，2007）。

12.3　全球氮循环的时间波动

由于火山喷发物含 N 量高并且海水 N_2 溶解度很小（第 2 章），因此，地球原始大气

[①] 详见第 9 章，整个海洋固氮年通量存在较大的不确定性，可能在 68×10^{12}~177×10^{12} g N·yr^{-1}（Großkopf et al.，2012；Tang et al.，2019）。图 12.2 的估值为 164×10^{12} g N·yr^{-1}。

[②] 该值由深海体积（$0.95 \times 1.335 \times 10^{12}$ g；图 10.4）乘以深海 NO_3 浓度（40 μmol NO_3·kg^{-1}；图 9.18 和图 9.27）再乘以 N 原子质量（14 g·mol^{-1}）得到。

层被认为主要由 N_2 组成。原始地球地幔 N_2 脱气速率必然高于当前。目前地幔脱气的 N_2 年通量约为 78×10^9 g N·yr^{-1}（Sano et al.，2001）至 123×10^9 g N·yr^{-1}（Tajika，1998），按此通量，45 亿年的地球历史也不可能积累到目前地表观测到的大气层 N_2 浓度（表 2.3）[①]。

生命起源前，闪电和流星冲击波在大气层形成局部的高温和高压来固氮（Mancinelli and Mckay，1988），但其固氮速率非常低，约为现代固氮速率的 6%，因为在以 N_2 和 CO_2 为主的原始大气层非生物固氮速率要远低于以 N_2 和 O_2 为主的现代大气层（Kasting and Walker，1981）。非生物固氮过程最佳的估算表明，其对大气层 N 含量影响有限，但为原始地球水体提供了少量却重要的固定态 N，以 NO_3^- 为主（Kasting and Walker，1981；Mancinelli and McKay，1988）。据推测，火星也发生类似的非生物固氮过程，导致硝酸盐或氰化物（HCN）在火星表面累积（Segura and Navarro-Gonzalez，2005；Manning et al.，2008）。地球极端干旱土壤也会累积硝酸盐，但这些硝酸盐可能来自遥远的生物源（Michalski et al.，2004a）。地球原始海洋有限的非生物固定 N 供应可能促进了海洋生物群落固氮的早期进化，大约在 32 亿年前（第 2 章；Stüeken et al.，2015）。

以闪电固氮速率计算，大气层 N_2 平均滞留时间约为 5 亿年；如果包括生物固氮过程，大气层 N_2 平均滞留时间缩短为 900 万年，比地球生命历史要短得多，有力地表明反硝化过程在地质年代将 N_2 返回大气层的重要性。反硝化过程闭合了全球 N 生物地球化学循环，同时也表明生物圈 N 供给的短缺。如果缺失反硝化过程，地球大部分 N 将以 NO_3^- 存在于海水中，海洋将呈强酸性（Sillén，1966）。

反硝化过程可能晚于其他主要新陈代谢途径。反硝化细菌是兼性厌氧生物，在低氧条件下由简单异养呼吸转变为 NO_3^- 呼吸（Broda，1975；Betlach，1982）。反硝化酶系对低 O_2 具有一定耐受性，使得反硝化细菌在氧化还原电位变化的环境中生存（Bonin et al.，1989；Mckenney et al.，1994；Carter et al.，1995）。

由于 NO_3^- 水溶性极强，海水 NO_3^- 浓度可靠的地质年代记录很少，沉积物仅记录了有机氮沉积变化。Altabet 和 Curry（1989）利用海洋沉积物有孔虫的 $^{15}N/^{14}N$ 比值重建海洋 N 化学历史记录。当反硝化过程快速去除海水 NO_3^- 时，残留硝酸盐的 ^{15}N 富集，有机沉积物同位素比增加（Altabet et al.，1995；Ganeshram et al.，1995；Kast et al.，2019）。目前海水 NO_3^- 的 $\delta^{15}N$ 丰度约为+5‰。地质年代记录为反硝化过程起源提供了一些线索。沉积岩 $\delta^{15}N$ 丰度高，表明有反硝化过程发生，最早发现于 23 亿～27 亿年前的沉积岩中，远晚于产氧光合过程起源（Beaumont and Robert，1999；Godfrey and Falkowski，2009；Thomazo et al.，2011；Zerkle et al.，2017）。

硝化过程需要 O_2 作为反应底物，表明其出现于光合过程和富 O_2 大气层形成之后[式（2.16）～式（2.17）]。一些原始硝化生物可能为古菌，存在于很多土壤中（Leininger et al.，2006）。目前反硝化速率受硝化速率调控，硝化过程为反硝化过程提供反应底物 NO_3^-[式（2.19），图 6.16]。因此，地球 N 循环的主要微生物过程（图 12.1）很可能至少 20 亿年前就已存在。

假设海洋 N 循环处于稳定状态，一个被固定的 N 原子在海洋平均滞留时间 4000 年

[①] 地幔脱气释放到地球表面的一部分氮经沉积潜没过程俯冲回到地幔（760×10^9 g N·yr^{-1}；Busigny et al.，2003），目前俯冲地幔 N 净通量可达到 $330 \times 10^9 \sim 960 \times 10^9$ g N·yr^{-1}（Goldblatt et al.，2009；Busigny et al.，2011）。因此，地球表面 N 库随俯冲地幔的 N 潜没过程每年略微减少。

以上。在此滞留时间内，N 原子将穿越深海数次，每次历时 200～500 年（第 9 章）。由于 N 周转时间远长于海水混合时间，因此，深层海水 NO_3^- 分布相对均匀。然而，海洋 N 收支似乎并不稳定，目前估算的海洋反硝化速率超过已知 N 输入量（图 12.2）。McElroy（1983）认为 2 万年前大陆冰期海洋曾有大量 N 输入，至今仍处于该次输入的恢复期（Christensen et al.，1987）。这个观点与末次冰期海洋 NPP 较高的沉积证据相一致（Broecker，1982），并且冰期沉积有机物的 $^{15}N/^{14}N$ 比值较低，表明反硝化速率较低（Ganeshram et al.，1995；Altabet et al.，2002；Gruber and Galloway，2008）。

基于 McElroy 的观点，针对地球生物地球化学全球模型（图 12.2）构建时的稳态假设应加以审视。在整个地质年代，地球已经历了多次巨大的生物地球化学波动。全球 N 分布和循环的变化可能伴随着气候变化，就像末次冰期晚期大气层 CO_2 浓度上升预示全球 C 循环进入一个非稳定时期（Straub et al.，2013）。

目前人类活动无疑干扰了陆地 N 循环达成稳态的可能条件（Galloway et al.，2004；Liu et al.，2010）。第二次世界大战后全球氮肥产量和固氮豆科植物（尤其大豆）种植面积大幅度增加，使人们获得了更高的农作物产量，养活了地球不断增长的人口（图 12.5）。人类活动源 N 现占中国可使用 N 量的 80%（Cui et al.，2013）。全球范围内氮肥年施用量使陆地地表 N 输入量大约翻了一番。基于这些生产活动，谷物和食物（包括牲畜）的国际贸易导致每年约 24×10^{12} g N·yr^{-1} 在世界流动，基本相当于自然生物地球化学循环 N 通量（Lassaletta et al.，2014）。

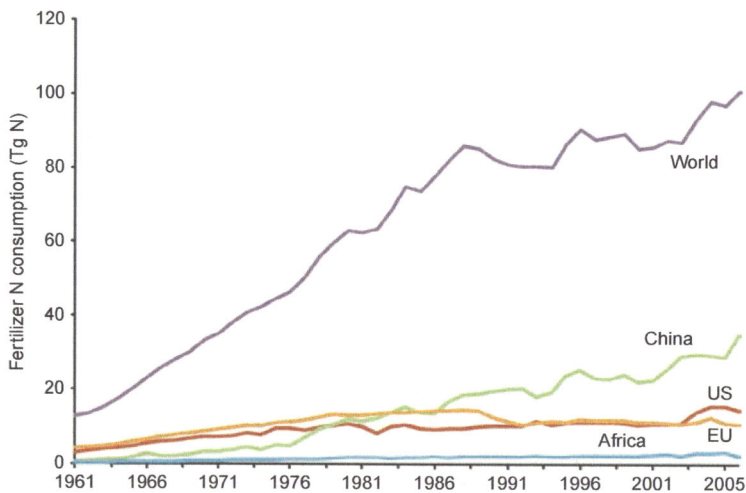

图 12.5 氮肥历史消耗量
来源 Robertson 等（2009），*Annual Review* 授权使用
图中文字 Fertilizer N consumption：氮肥消耗量；World：世界；China：中国；Africa：非洲；US：美国；EU：欧盟

最令人惊讶的是，仅有少量施用 N 量（约 10%）最终进入食物（Galloway and Cowling，2002；Esculier et al.，2019）。农业生产的 N 利用效率（即收获产品 N 含量占投入 N 量的比例）全球平均约为 42%（Liu et al.，2011；Conant et al.，2013；Zhang et al.，2015a）。其余新增输入 N 量在下风向区域沉积或向下游输送，通过径流、地下水和大气损失进入全球生物地球化学循环（Ti et al.，2018）。一系列植物组织、冰芯和湖泊沉积物等样品

均显示其 $\delta^{15}N$ 丰度正在下降，与近年来人类活动源 N 沉降增加相一致（Peňuelas and Filella，2001；Hastiongs et al.，2009；Hotlgrieve et al.，2011）。

全球 N 循环波动对人类健康（Townsend et al.，2003）、生物圈 C 储量（Townsend et al.，1996）和自然界物种多样性连续性（Bobbink et al.，2010；Stevens et al.，2010；Midolo et al.，2018）等具有重要意义。许多地区氮肥施用量超过作物收获 N 量（Vitousek et al.，2009）。氮肥施用及硝化过程导致中国土壤大规模酸化［式（2.16）；Guo et al.，2010］。美国中西部施肥提高农作物产量而增收的一半与其下风向区域因氨气产生的二次气溶胶致病的高额治疗费用相抵消（Paulot et al.，2015）。陆地生态系统 N 富集促进了硝化和反硝化过程，很可能与快速增加的大气层 N_2O 浓度有关。有效控制 N_2O 排放可能是降低全球气候变化威胁的最有效方法之一（Montzka et al.，2011a）。

12.4　氧 化 亚 氮

地球大气层氧化亚氮（N_2O）平均浓度为 320 ppb，即全球 N_2O 库为 2.5×10^{15} g N_2O 或 1.6×10^{15} g N（表 3.1）。大气层 N_2O 浓度以每年 0.3% 的速度增加（IPCC 2007）。每分子 N_2O 的温室效应效率是 CO_2 分子的 300 倍，因此，目前大气层 N_2O 浓度的增加

表 12.5　全球大气层 N_2O 年收支　　（单位：$\times 10^{12} gN_2O\text{-}N \cdot yr^{-1}$）

		年通量	参考文献
自然源	土壤	6.6	Bouwman 等（1995）[a, b, c]
	海洋表面	2.5	Buitenhuis 等（2018）
	自然源总量	9.1	
人类活动源	农业土壤	3.75	Aneja 等（2019）
	牲畜及饲养场	2.8	Davidson 等（2009）
	生物质燃烧	0.9	Kaiser 等（2012）；Andreae（2019）
	工业	0.66	Davidson（2009）[d]
	运输业	0.14	Wallington 和 Wiesen（2014）
	生活污水	0.2	Mosier 等（1998）
	人类源总量	8.45	
源总量		17.55	17.9，IPCC（2013）
汇	平流层消耗	12.3	Prather 等（1995）
	土壤消耗	0.3	Schlesinger（2013）
	大气层增量	3.6	IPCC（2013）
已知汇总量		16.2	

a. 自然土壤 N_2O 通量估值包括了湖泊通量（0.2×10^{12} g N_2O-N·yr^{-1}；Lauerwald et al.，2019）和河流通量（0.7×10^{12} g N_2O·N yr^{-1}；Beaulieu et al.，2011）。

b. 自然土壤 N_2O 通量的多个估值包括 3.4×10^{12} g N_2O·yr^{-1}（Zhuang et al.，2012）、6.1×10^{12} g N_2O-N·yr^{-1}（Potter et al.，1996）、6.3×10^{12} g N_2O-N·yr^{-1}（Tian et al.，2018）、$8.2 \times 10^{12} \sim 9.5 \times 10^{12}$ g N_2O-N·yr^{-1}（Xu-Ri et al.，2012）；自然和农业土壤的 N_2O 总通量估值为 10×10^{12} g N_2O-N·yr^{-1}（Tian et al.，2018）。

c. Davidson（2009）对工业和运输业的通量估值为 0.8×10^{12} g N_2O-N·yr^{-1}，低于单独全球运输业通量估值（Wallington and Wiesen，2014）。

d. 农田土壤和家畜养殖 N_2O 通量总和为 6.55×10^{12} g N_2O-N·yr^{-1}，与 Syakila 和 Koreze（2011）的估值（5.0 Tg N·yr^{-1}）相近。农田土壤释放的 N_2O 通量估值包括区域内受农业输入影响的下游生态系统和地下水。

可能影响 22 世纪全球气候变化（Shindell et al.，2009）。此外，随着氯氟烃排放的减少，N_2O 成为地球平流层 O_3 的主要消耗者[式（3.47）～式（3.52）；Ravishankara et al.，2009]。

大气层 N_2O 浓度的季节性变化较小，北半球高纬度大气层 N_2O 浓度变化幅度（±1.15 ppb）大于南极地区（±0.29 ppb；Jiang et al.，2007；Ishijima et al.，2009）。N_2O 在大气层的平均滞留时间约为 120 年（Prather et al.，2015），可被全球大气层 N_2O 浓度观测值（320±1 ppb）均一化结果所佐证（图 3.5；Ishijiama et al.，2009）。平流层是消耗大气层 N_2O 最大的汇[式（3.47）～式（3.49）]，每年消耗约 12.2×10^{12} g N_2O（Minschewaner et al.，1993）。一些土壤也能消耗 N_2O，但其全球消耗量可能非常小（Schlesinger，2013）。遗憾的是，N_2O 源估算不确定性高，尤其近年来 N_2O 排放源发生了很大的变化（表 12.5）。

海洋是大气层 N_2O 一个大天然源，主要是深层海水硝化过程生成（Cohen and Gordan，1979；Oudot et al.，1990）。海洋环境原位培养试验的 N_2O 同位素含量与其海水硝化古菌来源一致（Santoro et al.，2011；Ji and Ward，2017）。其中部分 N_2O 在向上穿越低 O_2 表层海水时被反硝化转化为 N_2（Cohen and Gordon，1978；Kim and Craig，1990；Frame et al.，2014）。然而，反硝化过程也会生成少量 N_2O（第 6 章），反硝化过程是太平洋东部热带海域缺氧水体 N_2O 生成的主要途径（Ji et al.，2015）。

很多海域表层海水 N_2O 浓度相对于大气层呈过饱和水平（Walter et al.，2004b）。例如，印度洋北部一个局部上升流海域向大气层释放的 N_2O 量可能占其全球通量的 20%（Law and Owens，1990）。基于全球海水 N_2O 过饱和假设，海洋是全球 N_2O 最早估值计算的主要来源（Hahn，1974；Liss and Slater，1974）。随着更为广泛的采样检测，发现 N_2O 饱和海水海域是区域性的，这些研究结果大幅地降低了海洋生态系统 N_2O 贡献估值。至今最大范围的调查监测表明，海洋向大气层排放的 N_2O 年通量约为 2×10^{12}～6×10^{12} g $N \cdot yr^{-1}$（Bianchi et al.，2012；Battaglia and Joos，2018；Buitenhuis et al.，2018）。N_2O 通量的一大部分来自于滨海海域，增加的 N_2O 通量源于陆地径流输送到滨海水体的大量 NO_3^-（Bange et al.，1996；Naqvi et al.，2000；Nevison et al.，2004；Frame et al.，2014）。

土壤硝化和反硝化过程（第 6 章）被认为是目前全球最大的 N_2O 源（表 12.5），其中热带土壤 N_2O 排放量特别大（Bouwman et al.，1993；Kort et al.，2011；van Lent et al.，2015）。当热带森林开垦为农田和牧场时，土壤 N_2O 排放量增加（Matson and Vitousek，1990；Keller and Reiners，1994），当农田和森林土壤施肥或施用有机肥也将增加 N_2O 通量（Shcherbak et al.，2014；Della Chiesa et al.，2019），酸性土壤尤为显著（Wang et al.，2018c）。通常约 1%的氮肥施用量会以 N_2O 释放到大气层（Bouwman et al.，2002a；Lesschen et al.，2011），高频长期施用氮肥地区的排放百分数可能更高（Nevison et al.，2018）。过去一个世纪，土壤 N_2O 排放量随化肥施用量增加呈指数增加（Gao et al.，2011）。可推测受干扰的施肥土壤 N_2O 排放通量增量来自增强的硝化速率，为反硝化细菌提供更多的 NO_3^- 量（第 6 章）。全球农田土壤 N_2O 排放年通量为 2.2×10^{12}～3.7×10^{12} g $N \cdot yr^{-1}$（Bouwman et al.，2002a；Davidson，2009；Tian et al.，2018），所有土壤 N_2O 排放年通量约为 10×10^{12} g N yr^{-1}（表 12.5）。绝大多数生态系统土壤 CO_2 和 N_2O 排放量是相关联的，根据目前土壤 CO_2 排放通量估算，全球土壤 N_2O 年通量可能高达 13.3×10^{12} g $N \cdot yr^{-1}$（Xu et al.，2008a）。

肥料源 NO_3^- 向下淋溶也潜在地促进了地下水反硝化过程。Ronen 等（1988）认为地

下水可能是大气层 N_2O 的重要来源，其年通量高达 1×10^{12} g N yr^{-1}，但近期的估值要低得多（Bottcher et al.，2011；Keuskamp et al.，2012）。地表径流过量 N 输入使河流和溪流也贡献了少量的 N_2O 通量（Beaulieu et al.，2011；Hu et al.，2016；Grant et al.，2018；Audet et al.，2019），生活污水处理也一样排放少量的 N_2O 通量（Kaplan et al.，1978；McElroy and Wang，2005）。

化石燃料或生物质燃烧排放相对较少的 N_2O 量（表 12.5），但尼龙和其他化学品的工业生产过程也会产生大量 N_2O 并排放到大气层（Thiemens and Trogler，1991）。人类活动源 N_2O 总量足以解释大气层 N_2O 浓度的增加速率，但自然源和人类活动源 N_2O 总量略大于包括大气层 N_2O 累积量等已知的 N_2O 汇（表 12.5）。

N_2O 的 $\delta^{15}N$ 和 $\delta^{18}O$ 丰度为全球大气层 N_2O 收支估算提供了一些线索。土壤源 N_2O 通量呈 $\delta^{15}N$ 和 $\delta^{18}O$ 贫化，这是由于土壤反硝化菌排斥重同位素 NO_3^- 所致（第 6 章）。而大气层平流层向下"回流（backflux）"的 N_2O 则具有高丰度的 $\delta^{15}N$ 和 $\delta^{18}O$，同样也是因为平流层 N_2O 光化学分解过程的重同位素排斥性（Morgan et al.，2004）。

因此，同位素组成可为对流层 N_2O 源解析提供线索，即平流层源和地表复合源 N_2O 基于其同位素丰度权重在大气层对流层混合（Kim and Craig，1993）。过去几十年间大气层 N_2O 的 $\delta^{15}N$ 和 $\delta^{18}O$ 丰度呈下降趋势，与土壤源 N_2O 排放通量增加趋势相一致[①]（Rockman and Levin，2005；Ishijima et al.，2007；Park et al.，2012）。

南极冰盖冰芯记录表明，在末冰期大气层 N_2O 含量较低（180 ppb；Leuenberger and Siegenthaler，1992；Sowers et al.，2003；Schilt et al.，2010）。在更新世晚期，大气层 N_2O 浓度增加至约 265 ppb，相对稳定地保持到工业革命前，之后浓度逐渐上升至目前约 320 ppb（图 12.6；Flückiger et al.，2002；Sowers et al.，2003；Schilt et al.，2014）。

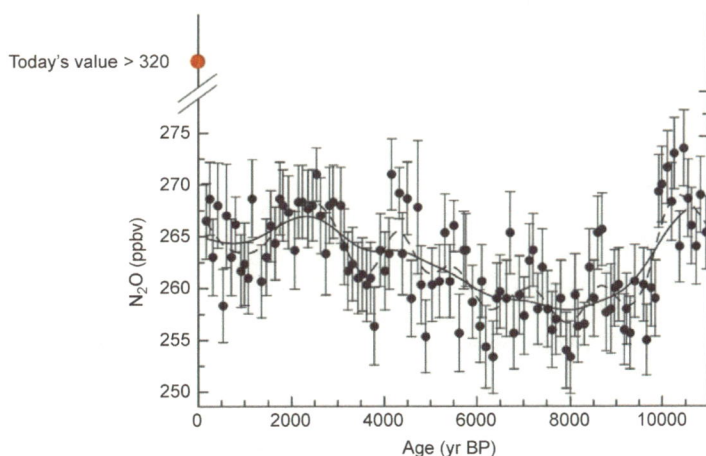

图 12.6　南极冰盖冰芯 N_2O 浓度测定
来源　Flückiger 等（2002）
图中文字　Today's value：当前浓度；Age (yr BP)：年龄（至今年数）

① N_2O 是线性分子（NNO）。分析其中心（α）和末端（β）N 原子同位素组成，可区分 N_2O 来源，包括硝化和反硝化过程对 N_2O 通量的贡献（Yoshida and Toyoda，2000；Sutka et al.，2006；Toyoda et al.，2011）。位置偏好性（site preference）可由 αN 原子同位素比值和 βN 原子同位素比值差表征。然而，对 N_2O 同位素比（$\delta^{18}O$、$\delta^{15}N$ 和 SP）的解释存在一定问题，因为现场测定的 N_2O 净通量是硝化菌和反硝化菌生成量与反硝化细菌消耗量的复合结果（Conen and Neftel，2007；Koba et al.，2009；Well et al.，2012；Lewicka-Szczebak et al.，2014）。

野外监测表明，大气层 CO_2 浓度升高、湿沉降 N 量和海水 Fe 输入量增加均可能增加地球大气层 N_2O 通量，预测将加速未来全球气候变暖（Law and Ling，2001；Kammann et al.，2008；Liu and Greaver，2009；van Groenigen et al.，2011；Kim et al.，2012）。确实，土壤 N_2O 排放的增加部分抵消了生物燃料作物施肥带来的增产与土壤碳汇效益（Adler et al.，2007；Melillo et al.，2009）。

12.5 全球磷循环

全球磷生物地球化学循环没有显著的气态组分（图 12.7）。大多数土壤氧化还原电位太高无法生成磷化氢气体（PH_3），除非在非常特殊的局部环境下（第 7 章；Bartlett，1986）。PH_3 的排放曾见于匈牙利污水处理池（Dévai，1988）、美国路易斯安那州和佛罗里达州沼泽（Dévai and Delaune，1995）以及中国一湖泊（Geng et al.，2005）。大西洋和太平洋上空大气层也检测到 PH_3，可能是含 P 土壤尘埃受闪电电击所致（Glindemann et al.，2003；Zhu et al.，2007）。总体而言，全球 PH_3 的磷通量可能小于 0.04×10^{12} g P·yr^{-1}（Gassmann and Glindemann，1993）。

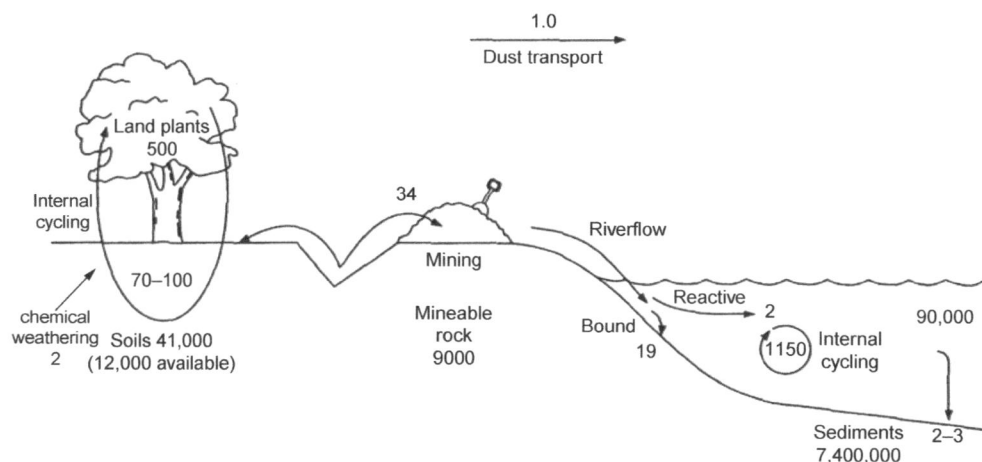

图 12.7 全球 P 循环（通量单位：10^{12} g P·yr^{-1}）
来源 P 产量与储量数据来自于美国地质调查局（USGS）；沉积物 P 估值来自于 Van Cappellen 和 Ingall（1996）；其他库和通量估算见于本文
图中文字 Land plants：陆地植物；Internal cycling：内循环；Chemical weathering：化学风化；Soils：土壤；Available：可利用的；Mining：采矿；Mineable rock：矿石；Dust transport：尘埃输送；Riverflow：河流径流；Bound：结合态；Reactive：有效态；Sediment：沉积物

大气层土壤尘埃和海浪喷沫的 P 通量（1×10^{12} g P·yr^{-1}；Graham and Duce，1979；Mahowald et al.，2008；Myriokefalitakis et al.，2016）显著小于全球 P 循环的其他途径，土壤化学风化 P 通量主导全球 P 循环。大气层还有少量 P 通量来源于植物花粉（Bigio and Angert，2018）。大气层 P 沉降对热带森林高风化土壤（Swap et al.，1992；Chadwick et al.，1999；Okin et al.，2004）和大洋（Talbot et al.，1986；Bristow et al.，2010）的生物有效态 P 供给具有举足轻重的意义。Newman（1995）认为陆地生态系统的大气层 P 沉降（$0.07\sim1.7$ kg P·hm^{-2}·yr^{-1}）与岩石风化 P 供应（$0.05\sim1.0$ kg P·hm^{-2}·yr^{-1}）相当。乍得博

德莱洼地（Bodélé depression in Chad）被认为是土壤尘埃 P 来源（0.12×10^{12} g P·yr^{-1}），随风向西吹过大西洋沉降于亚马孙流域（Bristow et al.，2010；Ben-Ami et al.，2010）。这一土壤尘埃 P 的一大部分来自鱼骨的生物磷灰石（Hudson-Edwards et al.，2014）。

　　陆地生态系统几乎所有的 P 来自磷酸钙矿物风化，尤其是磷灰石 [apatite，Ca$_5$(PO$_4$)$_3$OH，式（4.13）]。大多数岩石含 P 量不高，且多数土壤总 P 中仅一小部分可供生物群利用（第 4 章）。陆地植被含有约 0.5×10^{15} g P（Smil，2000），而 50 cm 深土壤含有 41×10^{15} g P，其中 12.2×10^{15} g P 为可利用或有机形态（Wang et al.，2010a，b；Yang et al.，2013b）。陆地植物估计吸收 $70 \times 10^{12} \sim 100 \times 10^{12}$ g P·yr^{-1}（Smil，2000），这意味着土壤 P 年周转率为 0.5%。根系分泌物和菌根可提高陆地岩石风化速率（第 4 章），但不存在如固氮一样的过程能在缺 P 生境为植物显著增加 P 可利用率。因此，陆地和海洋生物体以有机磷的充分再循环利用机制得以延续（图 6.22 和图 9.36）。

　　全球 P 循环的主要 P 通量来自河流，每年输送约 21×10^{12} g P 到海洋（Meybeck，1982；Smil，2000），约 2 倍于 300 年前（Wallmann，2010）。海洋生物群可利用的 P 仅为 10% 的入海 P 通量，其余 P 则与颗粒物紧密结合沉积于大陆架海域（第 9 章）。磷灰石溶度积（或溶解度积常数）仅约 10^{-58}（Lindsay and Vlek，1977）。在 pH 8.3 的海水中磷灰石的平衡 P 浓度为 1.3×10^{-7} mol P·L^{-1}（相当于约 0.4 µg P·L^{-1}，图 4.10；Atlas and Pytkowicz，1977）。有机态 P 和胶体结合态 P 维持着海水 P 浓度高于其与磷灰石的平衡浓度，深层海水平均 P 浓度约为 3×10^{-6} mol P·L^{-1}（相当于约 93 µg P·L^{-1}，图 9.18 和图 9.27）。表层海水 PO$_4^{3-}$ 浓度虽然较低，但深层海水体积庞大，使其成为一个巨大的 P 库（图 12.7）。活性 P 的海洋平均滞留时间约为 2.5 万年（第 9 章）。

　　海洋表层有机磷库周转期仅需几天。海洋生物吸收利用的 P 量近 90% 在表层海水被再循环利用，剩余的大部分则下沉进入深层海水被矿化（图 9.36）。然而，P 最终下沉并沉积于海洋沉积物中，成为地球近表面最大的 P 库（Van Cappellen and Ingall，1996）。大洋海域沉积物 P 年通量为 $2 \times 10^{12} \sim 3 \times 10^{12}$ g P yr^{-1}，大致与河流输送到海洋的活性 P 年通量相当（图 9.22；Wallmann，2010；Baturin，2007）。在以亿年为单位的地质年代尺度上，这些海底沉积物经地质抬升露出海面发生再次风化时，全球 P 循环才得以闭合。现今河流输送的大部分 P 来自于沉积岩风化，代表这些 P 至少经历了一次完整的全球循环旅程（Griffith et al.，1977）。

　　磷酸根（PO$_4^{3-}$）可能是生物圈可利用 P 的主要形态。地质年代岩石记录表明，约 8 亿年前海水 P 的有效性非常有限（Bjerrum and Canfield，2002；Reinhard et al.，2017）。Griffith 等（1977）计算通过火成岩风化使海水达到 PO$_4^{3-}$ 饱和的所需时间约为 30 亿年，从而有足够长时间使得生物体发育出多磷酸盐骨架（Cook and Shergold，1984）和海洋沉积物中形成自生磷灰石沉积（第 9 章）。如今，这些矿物随沉积俯冲入地幔成岩，经构造隆起抬升重回地表时闭合了全球 P 循环（Guidry et al.，2000；Buendia et al.，2010）。尽管当前海洋沉积物 P 埋藏速率与地球历史的大部分时间基本相同（Filippelli and Delaney，1992），但在大规模地质隆起抬升和岩石侵蚀时期，可能促进海洋 NPP 达到较高水平（Filippelli and Delaney，1992；Filippelli，2008）。

　　研究地球原始生命的学者推测 PO$_4^{3-}$ 通过聚合和缩合反应同化到生物化学分子中。闪电、火山喷发和其他局部高能环境可能参与了亚磷酸盐和多磷酸盐的形成（Yamagata et al.，1991；Pasek and Block，2009）。

Van Cappellen 和 Ingall（1996）提出了负反馈机制，即地球大气层 O_2 浓度变化决定了深层海水 P 的有效性，深层海水 P 净矿化量受控于好氧沉积物中 Fe 矿物的 P 吸附量。这一循环稳定了整个地质年代地球大气层 O_2 浓度。当大气层 O_2 浓度下降到较低水平时，深层沉积物氧化还原电位下降，Fe 氧化矿物还原释放所吸附的无机磷，使得上升流深层海水的水溶态 P 含量增加，促进了海洋 NPP 增加从而生成更多 O_2 从海洋释放到大气层。一个以陆地生物圈为中心的模型模拟表明，火灾频率调控着 P 有效性、初级生产力以及大气层 O_2 浓度的变化（Kump，1988；Lenton，2001）。

人类在很多地区开采磷酸盐岩生产磷肥提高 P 的有效性，产量约 34×10^{12} g P·yr^{-1}[①]。过去 10 年间中国磷酸盐产量大幅增加。绝大多数具有经济价值的磷酸盐岩矿分布于海洋沉积岩区，因此，开采活动直接促进了全球 P 循环的周转。开采磷酸盐岩对全球 P 循环的影响不亚于人类活动对全球 N 循环的影响。全球工业合成氨固 N 量与磷酸盐岩开采 P 量的摩尔比值约为 9.1，较陆地植物吸收的 N/P 比值（31.3）小得多，但与海洋浮游植物吸收的 N/P 比值（Redfield 比值 ＝16）相似。世界最大磷矿位于摩洛哥（Cooper et al.，2011），美国的磷酸盐岩矿主要分布在佛罗里达州和北卡罗来纳州。目前全球 P 储量估计约为 9×10^{15} g P。以当前 P 的利用率，全球 P 储量估计可维持约 300 年（Cooper et al.，2011；Koppelaar and Weikard，2013）。来自磷矿开采的 P 以肥料和种植的农产品在国际间贸易的年通量高达 $3.0 \times 10^{12} \sim 5.2 \times 10^{12}$ g P yr^{-1}（Nesme et al.，2018；Yang et al.，2019）。正如全球 N 循环，P 元素的跨洋运输是全球 P 循环的人类活动"新"通量。

在侵蚀、污染和肥料地表径流等影响下，很多地区河流 P 通量显著高于史前时期（Bennett et al.，2001；Yuan et al.，2011；Moree et al.，2013；Ostrofsky et al.，2018）。事实上，对磷酸盐岩这一不可再生资源的大规模开采可能导致未来农业生产 P 资源短缺，农业施肥占磷酸盐岩生产磷肥的绝大部分。热带地区 P 固定土壤种植业的拓展需要更有效的养分管理（Roy et al.，2016）。多种提高农业 P 利用效率的建议均侧重于提高 P 利用率和回用牲畜粪便（Suh and Yee，2011；Wang et al.，2011；MacDonald et al.，2012；Metson et al.，2012a）。也有建议加大生活污水处理出水灌溉农田以循环利用其 P 元素（Venkatesan et al.，2016；Zhou et al.，2017；Tonini et al.，2019）。发展中经济体的湖泊和河流 P 流失量最为严重（Fink et al.，2018），许多地区大量的河流 P 通量被水坝沉积物捕获坝后沉积（Maavara et al.，2015），因此，沉积物可作为肥料实现 P 的再利用。

12.6　钾：被忽视的限制性养分元素？

世界每年从地壳开采近 32.2×10^{12} g K·yr^{-1}，主要为蒸发矿物（evaporate minerals），尤其是钾盐（sylvinite）[②]。钾（K）是动植物必需养分，几乎所有开采的钾盐都被用于世界各地的农作物生产。K 参与了动物和植物细胞渗透压和离子平衡。植物体内 K 的运移是其叶片气孔功能的关键决定因素。K 调控了人体血液电解质平衡，细胞 Na/K 泵控

---

① http///minerals.usgs.gov/minerals/pubs/commodity/phosphate_rock/。该网站所有数据假设磷酸盐岩含有 30%的 P_2O_5 转化为元素 P 含量（Steve Jasinki，USGS，私下交流）。

② https///minerals.usgs.gov/minerals/pubs/commodity/potash/mcs-2016-potas.pdf。

制了肌肉的收缩。Sterner 和 Elser（2002）计算了人体的 C/K 比值为 484，Reiners（1986）得到的草本植物 C/K 比值为 46。虽然农学家非常重视 K 养分，但生物地球化学家对 K 的兴趣相对较低（Zörb et al.，2014；Sardans and Peñuelas，2015）。与 N、P 一起，K 对陆地植物生产力具有重要的调控作用。

K 存在于众多原生矿物中，尤其是正长石、黑云母和白云母，这些矿物风化后释放 K。部分植物通过分泌有机酸从矿物主动获取 K（Boyle and Voigt，1973）。K 通过径流从陆地生态系统流失进入海洋，在蒸发岩和次生黏土矿物中累积，如伊利石（Siever，1974；Michalopoulos and Aller，1995，Berner and Berner，2012）。河水 K 同位素丰度（$\delta^{41}K$）可表征河流所在流域的硅酸盐风化速率（Li et al.，2019b）。

绝大多数陆地生态系统的岩石风化过程是 K 的主要来源。美国新罕布什尔州哈伯德河实验森林的化学风化过程提供了植物年吸收 K 量的 11%，大气层沉降仅贡献 1%。植被内部积蓄数年的凋落物周转补充了剩余的需 K 量（表 6.1）。土壤阳离子交换位点吸附的 K 可能是植物养分 K 的主要来源（第 4 章）。

全球 K 循环是生物地球化学家的研究难题。植物水平的 K 循环损失较大，但在生态系统水平的养分收支中则是保守的。例如，K 可从植物叶片淋失，通常是森林透冠降水中浓度最高的元素（Tukey，1970；Parker，1983）。植物叶面颗粒态 K 损失进入大气层，形成气溶胶（Crozat，1979；Pohlker et al.，2012）。秋季植物叶片衰老过程中 K 被重吸收再利用，但由于其淋失过程，重吸收效率的估算变得复杂。美国新罕布什尔州哈伯德河实验森林的树叶在衰老过程中 10%～32% 的叶片 K 量被再吸收，其变动幅度受秋季降雨量影响（Likens et al.，1994）。而美国加利福尼亚州灌木植被（chaparral）约 12% 的 K 含量可再吸收（Gray，1982）。因此，植物体内 K 循环并非如 N 和 P 那样受严格调控（Vergutz et al.，2012）。

土壤表层 K 含量一般是其剖面中最高（Jobbágy and Jackson，2001）。即使在极端干旱地区，通常表层土壤 K 含量最高（Schlesinger，1985），K 被保存在土壤母质伊利石中（Singer，1989）。植被稀疏地区 K 主要富集于植被冠层下土壤，其含量可能是无植被土壤的 1.5 倍（Schlesinger，1996）。这些现象反映了植物 K 的内部循环过程（Barre et al.，2009）。Stone 和 Kszystyniak（1977）应用铷示踪 K 的重吸收再利用，经一次性铷添加（112 kg·hm^{-1}），23 年后仍有 40% 的铷残留在森林生态系统内。

K 可能是热带洼地森林（Wright et al.，2011；Santiago et al.，2012）和寒带（Ouimet and Moore，2015）植物生长的限制型养分元素。温带针叶林生长季 K 的季节性吸收利用导致该季节流量极小的径流 K 浓度最低（Likens et al.，1994；Tripler et al.，2006；Likens，2013）。全球河流径流 K 损失（约 52×10^{12} g K·yr^{-1}；Berner and Berner，2012）大约是全球陆地 NPP 植物年需 K 量的 1%。

全球农作物 NPP 估计为 5.25×10^{15} g C·yr^{-1}（Wolf et al.，2015），相当于光合固定 0.43×10^{15} mol C。假设禾本科植物 C/K 比值为 46（Reiners，1986），作物生长每年需 9.5×10^{12} mol K·yr^{-1} 或 371×10^{12} g K·yr^{-1}，约为钾矿年开采量（32.2×10^{12} g K·yr^{-1}）的 10 倍以上。这一差异可能通过农田残留的作物废弃物分解和土壤含 K 矿物风化释放的 K 来补足。

根据化学计量计算作物养分需求量（Reiner，1986）表明，固氮作物和氮肥每年可供给全球作物生长的 N 量为 200×10^{12} g N·yr^{-1}（约 14.3×10^{12} mol N·yr^{-1}），需 0.62×10^{12} mol P·yr^{-1} 和 3.11×10^{12} mol K·yr^{-1} 匹配，相当于 19×10^{12} g P·yr^{-1} 和 121×10^{12} g K·yr^{-1}。

P 估值略低于全球磷酸盐岩年开采的 P 量（34×10^{12} g P·yr^{-1}），而 K 估值则远高于钾矿年开采的 K 量（32.2×10^{12} g K·yr^{-1} 以上）。因此，岩石风化满足了农作物对 K 的大量需求，或者绝大多数作物的 K 施用量严重不足。未来全球农业向高风化程度的热带土壤拓展，而 K 调控着热带自然植被的分布和生产力（Yavitt et al.，2011；Lloyd et al.，2015）。

12.7　全球生物地球化学循环关联

重要生物地球化学元素的循环在多个层面相互关联。Stock 等（1990）诠释了 N 缺乏时 P 如何激活转录蛋白促进细菌 N 固定的过程。这一案例表明分子生物学可认知元素间的相互作用。第 5 章讲述了陆地植物光合速率与其叶片 N 和 P 含量相关，将有机碳净产量与植物细胞养分元素的有效性相关联。海洋生态系统的 NPP 通常由浮游植物生物量 C/N/P 的 Redfield 比值估算（第 9 章）。N/P 摩尔比值为 16 反映了所有植物蛋白质与RNA 合成对 N 和 P 需求间的最基本关系（Loladze and Elser，2011）。从分子水平到生态系统水平，N、P 和 C 的迁移转化在生物地球化学过程中密切关联（Reiners，1986）。

游离细菌固 N 量与土壤 N/P 比值呈负相关（图 6.8），即其固 N 速率在高 P 土壤最高（Walker and Adams，1958）。同样，淡水生态系统 N/P 比值小于 29 时会刺激促进固N 过程（第 7 章）。据此可推测，固氮生物的高 P 需求将 N 和 P 全球循环关联在一起，P 成为 N 有效性和 NPP 的终极限制元素。确实，许多土壤的有机碳积累与其有效 P 相关（第 6 章）。海洋固氮过程受土壤尘埃携带的 N 和 P 沉降调控（Falkowski et al.，1998）。尽管关于整个地质时期生物圈 P 限制理论存在争议，绝大多数陆地和海洋生态系统 NPP对 N 添加通常存在快速的直接响应（图 12.8）。反硝化过程使绝大多数生态系统维持在低 N 供给状态，常呈现 N 和 P 共同限制现象（Harpole et al.，2011）。

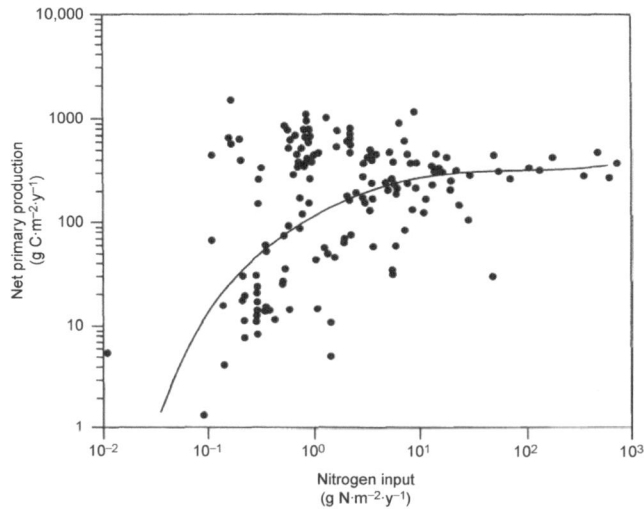

图 12.8　陆地、淡水水生和海洋生态系统 NPP 与氮输入量的相关性。NPP 直接随 N 输入量增加而增加，最高 NPP 时 N 输入量达 10 g N·m^{-2}·yr^{-1}（即 100 kg·hm^{-2}·yr^{-1}）或以上。自然生态系统罕见如此高N 输入量，但常见于污染环境和农田土壤
来源　修改自 Levin（1989）
图中文字　Net primary production：净初级生产量（NPP）；Nitrogen input：氮输入量

面临大气层 CO_2 浓度上升和活性 N 扩散的增强,生物圈各生态系统 C/P 比值和 C/N 比值均呈前所未有的增加(Peñuelas et al.,2020)。生物地球化学家迫切需提升生物圈对现有 N、P、K 有效性变化响应的精确预测,以确保植物生长量增加与大气 CO_2 升高可持续地协同。基于化学计量学理论,陆地植物将是一个有限的 CO_2 汇(Van Groenigen et al.,2006;Reay et al.,2008),但土壤养分周转和植物吸收量的变化可能促进养分供给(Finzi et al.,2007;Dieleman et al.,2010;Drake et al.,2011)。同样,受海洋环流和养分周转调控的海洋表层海水 N 和 P 供给变化决定了海洋的长期 C 汇。生物地球化学的这些变化可能影响了冰期-间冰期周期大气层 CO_2 浓度和地球气候,意味着海洋生物圈对未来气候变化的响应更为迅速(Falkowski et al.,1998;Altabet et al.,2002;Gruber and Galloway,2008)。

12.8 小 结

快速周转的 N 和 P 小规模生物地球化学循环与周转缓慢的全球大循环相关联。大气层是主要 N 库,未风化岩石和土壤为主要 P 库。

生物地球化学 N 循环始于大气层固氮过程,将少量惰性 N_2 转化为活性氮进入生物圈,同时受反硝化过程平衡,将活性 N 以 N_2 形式返还大气层。这些过程的平衡使大气层 N_2 浓度维持在稳定状态,其周转期为 10^7 年。当反硝化过程缺失时,地球大部分 N 最终将被封存于海洋和有机沉积物中。反硝化过程闭合了全球 N 循环,也使 N 循环快于 P 循环(无气相途径)。P 在沉积岩平均滞留时间约为 10^8 年,只有在地壳构造运动作用下才闭合全球 P 循环。

N 和 P 进入生物圈后其转化速率远快于其全球循环,周转期从数小时(海水水溶态 P)到数百年(生物量 N)。应对陆地和海洋生境养分限制,生物循环支撑的 NPP 要远高于由固氮过程和岩石风化过程单独支撑的 NPP(表 6.1 和表 9.3)。在普遍 N 限制情况,高效养分再利用机制可能解释了为什么仅有约 2.5%的全球 NPP 参与 N 固定(Gutschick,1981)。

全球 N 和 P 循环的人类干扰正不断地扩张且加剧。人类通过生产和施用肥料倍增了陆地生物地球化学循环的 N 输入量。目前尚不清楚反硝化过程如何快速响应增强的全球 N 有效性,但大气层 N_2O 浓度升高可能是生物持续响应的一个征兆(Vitousek,1994)。N 有效性增加已导致污染生态系统局部的物种灭绝,并使一些生态系统 NPP 从 N 限制转变为 P 限制(Mohren et al.,1986;Elser et al.,2007;Peñuelas et al.,2012)。随着进入地表水体的 N 和 P 增加,过去一个世纪地表水水溶性无机 N/P 比值从 18 增加到 27(Vilmin et al.,2018)。河流 N 和 P 输送的持续增长导致了众多河口和滨海生态系统呈 Si 缺乏状态(Justic et al.,1995)。所有的变化表明人类这一物种正改变着史前全球养分循环的稳态(Peñuelas et al.,2020)。

第 13 章　全球硫和汞循环

13.1　引　言

地球原始硫（S）库主要以黄铁矿（FeS_2）存在于火成岩中。地幔脱气过程及随后在有 O_2 大气层下的地壳风化过程将大量 S 输入海洋，即 SO_4^{2-}（表 2.3）。生物同化 SO_4^{2-}，将其还原并转化为有机硫，成为蛋白质的重要组成部分。然而，生物圈 S 含量相对较少。目前，地球表面的主要全球 S 库分布于生物源黄铁矿、海水和海水源蒸发岩（表 13.1）。

表 13.1　近地球表面的活性 S 储量

库	S 储量（$\times10^{18}$ g S）	文献
大气	0.000 002 8	Holser 等（1989）；Dobrovolsky（1994）
海水（SO_4^{2-}）	1 280	Holser 等（1989）；Dobrovolsky（1994）
水溶性有机硫	0.006 7	Ksionzek 等（2016）
沉积岩		
蒸发岩	2 470	Holser 等（1989）；Dobrovolsky（1994）
页岩	4 970	Holser 等（1989）；Dobrovolsky（1994）
陆地植被	0.008 5	Holser 等（1989）；Dobrovolsky（1994）
土壤有机质	0.015 5	Holser 等（1989）；Dobrovolsky（1994）
总计	**8 720**	Holser 等（1989）；Dobrovolsky（1994）

与 S 相似，地球大部分汞（Hg）也储存在地壳中，主要通过火山喷发、岩石风化和人类活动等途径释放至大气层和海洋。Hg 长期被认为具有生物毒性，但人类活动和微生物活动促进了 Hg 的全球生物地球化学循环。

与全球 N 循环类似，微生物在不同元素价态间的氧化还原转化驱动了 S 和 Hg 循环。S 可变价态范围从 +6（SO_4^{2-}）到 –2（硫化物）。厌氧条件下 SO_4^{2-} 作为底物经硫酸盐还原过程生成还原性气体释放入大气层，或生成生源硫铁矿沉积于沉积物（第 7 章和第 9 章）。缺氧环境也促进硫基光合过程，这可能是地球光合过程的原始形式［式（2.11）］。当 O_2 存在时，还原性含 S 化合物可被微生物氧化［式（4.6）］。在某些情形下，S 的氧化过程伴随着 CO_2 的还原过程，即硫基化学自合成途径。

Hg 也不同价态的转换，包括水溶态离子（Hg^{2+}）、元素汞（Hg^0）和剧毒的甲基汞（CH_3Hg）。Hg^0 和 CH_3Hg 呈气态，可在大气层传输。硫酸盐还原菌与沉积物 CH_3Hg 生成相关，因此，全球 S 和 Hg 循环存在代谢过程关联。

认知 S 和 Hg 的生物地球化学循环具有巨大的经济意义。大量金属元素开采自热液矿床的硫化物矿（Meyer，1985）。硫细菌参与的微生物反应可促进水体金属富集（例如，锌，Labrenz et al.，2000；铜，Sillitoe et al.，1996；金，Lengke and Southam，2006），也被用于低品位矿石的金属溶出（Lundgren and Silver，1980）。硫是煤和石油的重要组成成分。煤暴露于空气时其有机硫被氧化成硫酸，而煤和石油燃烧时排放大量 SO_2 到大气层。铜矿石冶炼过程也排放大量 SO_2（Cullis and Hirschler，1980；Oppenheimer et al.，1985）。

认知大气层天然硫化合物和人类活动源 SO_2 的相对重要性，对评估酸雨成因和酸雨对自然生态系统影响至关重要。同样，了解大气层 Hg 的自然源和人类活动源相对重要性，有助于制定合理政策以规范燃煤电厂和其他源的汞排放（表 1.1）。

本章将比较全球 S 和 Hg 循环，两者均具有微生物还原产生挥发性化合物的共同特征。综合量化两元素全球循环将进一步认知人类活动源 S 和 Hg 的排放行为。正如前序针对碳（第 11 章）、氮和磷（第 12 章）所进行的论述，本章将尝试构建陆地和大气层 S 和 Hg 的收支清单，然后与其海洋收支相结合形成全球 S 和 Hg 循环的全景图。由于新的代谢途径出现及其重要性的演变，硫生物地球化学循环在地球进化历程中也不断变化。沉积岩记录将带领我们回顾 S 循环的历史变迁。

13.2 全球硫循环

含 S 气体的寿命均不长，不是大气的主要成分。因此，针对全球 S 循环的模拟必须诠释每年进入大气层大量硫化物的去向。大气层硫化物被氧化为 SO_4^{2-}，其平均滞留时间短，约为 5 天，因此，无论排放源何种 S 形态，全球 S 收支的各通量均可用 10^{12} g S 来计量。尽管大气层硫化物浓度很低（任一时间总量约为 4×10^{12} g S；Rodhe，1999），大气层 S 年通量（约 300×10^{12} g S·yr^{-1}）与全球 N 循环的大气层年通量相当（图 13.1 和图 12.2）[①]。

---

① 全球大气层 S 通量的估算仅用于比较和收支评估，没有实际意义。正如已故 Ralph Cicersone 指出的，所有硫化物在大气层的平均滞留时间均非常短，从区域到南北半球，其排放、沉降、浓度存在显著差异，因此不可能均匀地混合进入全球环流。

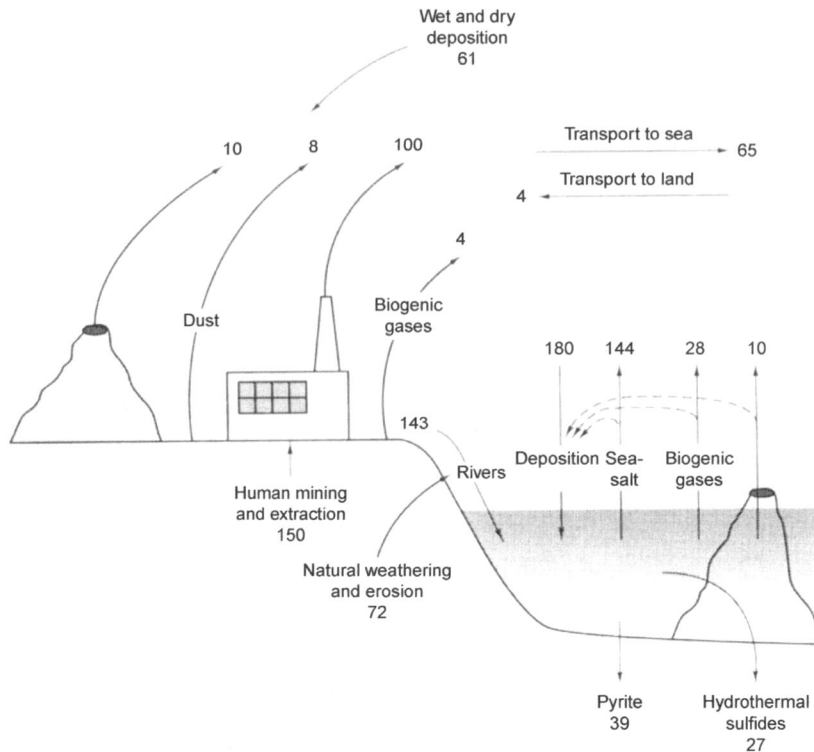

图 13.1　全球 S 循环（年通量单位为 10^{12} g S·yr^{-1}）

来源　多数数据来源已在文中交待，而海洋数据源自图 9.38

图中文字　Wet and dry deposition：干湿沉降；Dust：灰尘；Human mining and extraction：人为开采与提炼；Natural weathering and erosion：自然风化和侵蚀；Rivers：河流；Biogenic gases：生物源气体；Transport to sea：运输至海洋；Transport to land：运输至陆地；Deposition：沉降；Seasalt：海盐；Pyrite：硫铁矿；Hydrothermal sulfides：热液硫化物

13.2.1　陆地

Erikson（1960）分析了瑞典雨水 SO_4^{2-} 的潜在来源，也间接地研究了大气层 SO_4^{2-} 来源。他假设雨水 Cl^- 都来自海洋，海浪飞沫也会携带与海水 SO_4^{2-}/Cl^- 比值相近的 SO_4^{2-} 进入大气层，经计算得到陆地大气层 S 沉降大约有 4×10^{12} g S·yr^{-1} 来自海洋。几乎同时，Junge（1960）也分析了雨水 SO_4^{2-} 浓度，估计全球约有 73×10^{12} g S·yr^{-1} 沉降至陆地地表。显然大气层和雨水中还存在海洋源以外的 SO_4^{2-} 来源。Junge 的 SO_4^{2-} 分布图显示在工业区和沙漠下风向区域雨水 SO_4^{2-} 含量高［图 3.14（A）］。沙漠土壤是大气降尘石膏（$CaSO_4 \cdot 2H_2O$）的重要来源（Reheis and Kihl，1995），而工业地区化石燃料燃烧排放的大量 SO_2 污染大气（Langner et al.，1992；Spiro et al.，1992）。20 世纪 70 年代中期"酸雨"与燃煤电厂排放 SO_2 显著相关（Likens and Bormann，1974）。在此期间，大气层 S 的"新"来源被发现，全球 S 通量估值被多次修订。虽然对全球 S 循环的认识已有很大程度的提高，但图 13.1 所显示的多数估算仍存在很大的不确定性。

偶发事件（包括火山爆发和沙尘暴等）影响 S 全球生物地球化学循环。火山喷发 S 因危险很难被测定。SO_2 是火山喷发 S 的主要形态，但据报道一些火山也喷发大量 H_2S（Aiuppa et al.，2005；Clarisse et al.，2011）；两者在大气层均被氧化生成 SO_4^{2-}［式（3.27）和式（3.28）］。Legrand 和 Delmas（1987）利用南极冰盖 SO_4^{2-} 沉降量估算了过去 220 年火山爆发对全球 S 循环的贡献。1815 年印度尼西亚唐伯拉火山喷发是规模最大的一次，向大气层排放了 50×10^{12} g S。通常大型火山爆发，如皮纳图博火山（1991 年 6 月 15 日）每次排放 $5 \times 10^{12} \sim 10 \times 10^{12}$ g S（Bluth et al.，1993）。

根据多年火山喷发排放的平均值，全球 S 年通量为 $7.5 \times 10^{12} \sim 10.5 \times 10^{12}$ g S·yr^{-1}（Halmer et al.，2002）。过去 10 年间卫星遥测值平均约为 23×10^{12} g S·yr^{-1}（Carn et al.，2017）。约 70%含 S 气体来自火山的主动喷发，其余 30%来自于周期性的爆炸事件（Bluth et al.，1993；Allard et al.，1994）。白垩纪晚期（6600 万年前）大规模火山爆发可能排放了超过 1000×10^{12} g S 进入大气层（Self et al.，2008）。一次大规模火山爆发后，平流层 SO_4^{2-}气溶胶可使地球变冷数年（第 3 章；Sigl et al.，2015）。

土壤灰尘 S 传输也属偶发，对其过程知之甚少。多数大粒径颗粒在当地沉降，而小粒径颗粒可在大气层进行长距离传输（第 3 章）。Savoie 等（1987）发现中东沙漠尘埃向印度洋西北部海域输送 SO_4^{2-}。Ivanov（1983）估计平流层尘埃传输的全球 S 通量约 8×10^{12} g S·yr^{-1}，约占化石燃料排放量的 10%。

陆地生物源含 S 气体总通量可能小于 4×10^{15} g S·yr^{-1}（Watts，2000）。淡水湿地和厌氧土壤排放的含 S 气体以 H_2S 为主，二甲基硫和羰基硫（COS）排放量较小（第 7 章）。亚马孙流域是其上空大气层二甲基硫的主要来源（Jardine et al.，2015）。其他生态系统含 S 气体排放情况尚不明确，值得进一步研究（第 6 章）。森林火灾每年另外贡献 2×10^{12} g S·yr^{-1} 进入大气层（Andreae and Merlet，2001；Kaiser et al.，2012）。

与自然排放源相比较，人类工业活动的直接排放可能是大气层含 S 气体的最大来源。格陵兰岛冰芯记录显示，工业革命初期大气 SO_4^{2-}沉降量显著增加（Herron et al.，1977；Mayewski et al.，1986，1990；Fischer et al.，1998）。欧洲和美国等地区由于多年大气污染控制 SO_2 排放得以大幅度削减（Likens et al.，2005；Stern，2006；Velders et al.，2011），雨水 SO_4^{2-}含量也同时降低（图 13.2）。据估算，人类活动贡献的全球 S 通量为

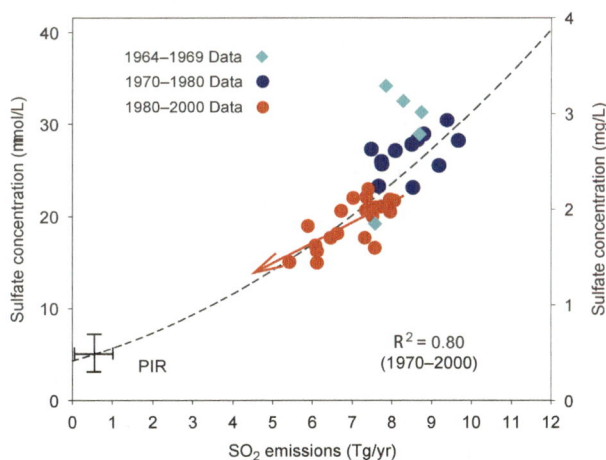

图 13.2　美国新罕布什尔州哈伯德河实验森林湿沉降硫酸盐浓度与排放源区域 24 h 估测 SO_2 排放量的关系。《清洁空气法案》（*Clean Air Act*）实施后雨水 SO_4^{2-}浓度与 SO_2 排放量均呈下降趋势

来源　Likens 等（2005）。皇家化学学会授权使用

图中文字　Sulfate concentration：湿沉降中硫酸盐的含量；SO_2 emissions：大气 SO_2 排放；PIR，pre-industrial revolution：工业革命前；Data：数据

$50 \times 10^{12} \sim 100 \times 10^{12}$ g S·yr^{-1}，其增量最多的是中国和印度，两国工业快速发展，空气污染问题广受关注（Lee et al.，2011；Klimont et al.，2013）。

由于含 S 气体在大气层的强反应活性，大部分人类活动源 SO$_2$ 以降水和干沉降形式在原地沉降。陆地 S 总沉降通量可能高达 120×10^{12} g S·yr^{-1}（Anadreae and Jaeschke，1992），但小于 100×10^{12} g S·yr^{-1} 的通量可被全球 S 循环所平衡（图 13.1）。对 SO$_2$ 干沉降和植物直接吸收 SO$_2$ 等过程了解甚少，因此，这一部分 S 的全球估值有待修订。陆地 S 总排放量的绝大部分通过大气沉降返回至陆地，其余部分经大气层长距离传输，成为陆地向海洋输送的 S 净通量（Whelpdale and Galloway，1994）。

自然河流 SO$_4^{2-}$ 负荷的一小部分来自于降水，包括经大气层传输而来的海洋循环盐（4×10^{12} g S·yr^{-1}；图 13.1）。黄铁矿（pryrite）和石膏（gypsum）风化也是河流径流 SO$_4^{2-}$ 的主要来源，估计总量约为 90×10^{12} g S·yr^{-1}（Burke et al.，2018）。除此之外，全球河流 S 通量主要来自人类活动。Brimblecombe（2003）估算至少 60% 的现代河流 SO$_4^{2-}$ 含量来自空气污染、采矿、侵蚀和其他人为活动。目前全球河流年输送 $143 \times 10^{12} \sim 225 \times 10^{12}$ g S·yr^{-1}。

13.2.2 海洋环境

全球 S 循环的海洋部分如图 9.38 所示。海洋接收来自河流输送的 SO$_4^{2-}$ 和热液口沉积的硫化物（27×10^{12} g S·yr^{-1}；Elderfield and Schultz，1996）以及沉积物生源黄铁矿（39×10^{12} g S·yr^{-1}；Berner，1982）。生源黄铁矿沉积约占海洋 S 去除量的 40%（Tostevin et al.，2014），但仅占海洋沉积物硫酸盐还原过程 S 通量的 10% 左右（Bowles et al.，2014）。海洋是含 SO$_4^{2-}$ 海盐气溶胶的主要来源，但大部分通过干湿沉降重返回海洋。

二甲基硫化物 [(CH$_3$)$_2$S，DMS] 是海洋排放主要的生源含 S 气体，全球年通量为 $19.6 \times 10^{12} \sim 28 \times 10^{12}$ g S·yr^{-1}（第 9 章；Lana et al.，2011；Land et al.，2014）。因此，海洋 DMS 是大气层含 S 气体的最大自然来源。由于 DMS 易被氧化生成 SO$_2$，其大气层平均滞留时间不到 2 天（表 3.5）。多数 SO$_2$ 在大气层进一步被氧化为 SO$_4^{2-}$，再沉降回海洋（Faloona et al.，2009）。海洋大气层的 SO$_4^{2-}$ 气溶胶或沉降到海面的 SO$_4^{2-}$ 中有部分并非源自海水，即所谓的非海盐硫酸盐（non-seasalt sulfate，nss-sulfate），DMS 和火山喷发含 S 气体是其代表性化合物（Xie et al.，2002）。国际海运排放约 6×10^{12} g S·yr^{-1}（Simth et al.，2011），而飞机飞行排放 S 量极少（Kjellstrom et al.，1999）。南极洲冰盖和裸露土壤所含的很大一部分 SO$_4^{2-}$ 来自非海盐硫酸盐，可能为 DMS（Legrand et al.，1991；Bao et al.，2000）。

除了维持海洋 S 的收支平衡外，DMS 对全球气候具有潜在的重要影响（Shaw，1983）。Charlson 等（1987）推测大气层 DMS 氧化产生 SO$_4^{2-}$ 气溶胶，增强大气层对太阳辐射的漫反射并增加对流层云凝结核丰度，从而增加云量（Bates et al.，1987）。海面低空云层反射入射太阳光，增加全球反照率，使全球变冷。大气层对流层硫酸盐气溶胶这一影响类似于羰基硫（COS）和大规模火山喷发形成的硫酸盐气溶胶到达平流层时的效果（第 3 章）。

海洋表层 DMS 的产生通常与一些海洋浮游藻类生长有关（Andreae et al.，1995；Steinke et al.，2002）。DMS 通量与太阳辐射强度直接相关（Vallina and Simó，2007；Gali et al.，2011），因此，海洋表面夏季高温使其 DMS 通量大于冬季（Prospero et al.，1991；Tarrasón et al.，1995）。北太平洋海水 DMS 浓度与其大气层浓度显著相关（Watanabe et al.，1995）。未污染海洋的云凝结核水平也与大气层 DMS 浓度显著相关（Ayers and Gras，1991；Putaud et al.，1993；Andreae et al.，1995）。

DMS 可能对全球温度提供生物调控的假设令人兴奋，可能是地质年代全球气候变化得以缓冲的原因。如果海洋 NPP 增加与其表面温度升高有关，那么 DMS 通量增加可能潜在地负反馈调控温室效应影响全球变暖。Quinn 和 Bates（2011）比较了海洋大气层其他气溶胶产量，质疑 DMS 生成 SO_4^{2-} 气溶胶对气候的影响。已有强有力的证据表明大气层 CO_2 浓度升高导致全球变暖，但 MS 潜在的负反馈效应有待科学界关注和进一步探讨。

Iizuka 等（2012）根据南极洲冰盖沉积记录，认为过去 30 万年 nss-SO_4^{2-} 与全球气候变冷密切相关。冰芯记录的末次冰期甲基磺酸盐（MSA，DMS 降解产物）浓度高于现代（Legrand et al.，1991；Castebrunet et al.，2006）。虽然末次冰期的海洋温度较低，但如果其他原因（如富铁降尘）使得末次冰期海洋 NPP 增加，导致 DMS 高通量排放进入大气层从而加剧了全球气候变冷。实际上，Turner 等（1996）的太平洋富铁试验导致大气层 DMS 通量提高了 3 倍多。如果未来天然 DMS 排放量增加，有可能缓解 22 世纪的温室效应。

Schwartz（1988）认为人类活动排放的 SO_2 具有与天然排放 DMS 相同的地球气候冷化效应，因为 SO_2 在大气层被氧化形成云凝结核。由于 SO_2 的大气滞留时间较短（第 3 章），其冷化效应呈区域性，集中于工业排放源区（Falkowski et al.，1992；Langner et al.，1992）。虽然地球反照率并没有显示全球范围大幅度变化趋势（第 3 章），但需注意的是，反照率区域变化趋势表明中国近期"变暗"了（He et al.，2018）。

Wigley（1989）应用通用环流模型预测全球气候，认为 SO_2（主要来自燃煤电厂）导致的区域气候冷化效应可在一定程度上抵消温室效应引起的气温变化，尤其在美国和欧洲实行大气污染控制之前。人类活动 S 排放量的减少可能会加剧全球变暖，因为 SO_4^{2-} 气溶胶的冷化效应将消失（Andreae et al.，2005；Samset et al.，2018）。

13.3　硫、氧循环交互作用

地球地壳和沉积物中存在两种黄铁矿。火成黄铁矿是由非生物过程形成，即花岗岩和热液矿床中的黄铁矿晶体。生源黄铁矿由硫酸盐还原菌参与形成，即硫酸盐还原菌产生 H_2S，进一步与 Fe 反应形成 FeS_2［式（7.19）和式（7.20）］。大部分生源黄铁矿分布于近岸海域富有机物的海洋沉积物中（第 9 章）。淡水湿地生源黄铁矿形成较少，故其 Fe 含量通常较低。地下水也可以通过硫酸盐还原菌利用从土壤剖面下移的水溶性有机碳生成生源黄铁矿（Drake et al.，2013）。

还原性化合物（有机碳和生源黄铁矿）的持久埋藏是地球大气层 O_2 累积的原因（第 3 章）。有机碳埋藏与 O_2 摩尔比值为 1.0，但 1 mol 还原性 S 的埋藏相当于近 2 mol 的 O_2（Raiswell and Berner，1986；Berner and Canfield，1989）。大多数海洋页岩的 C/S 质量比值约为 2.8，相当于摩尔比值 7.5（Raiswell and Berner，1986）。因此，整个地质时代黄铁矿中还原性 S 的埋藏可能支撑了目前地球大气层约 20% 的 O_2 含量。在地球大陆快速抬升、侵蚀和沉积时期，大量有机物质和黄铁矿被埋藏，导致大气层 O_2 含量增加（Des Marais et al.，1992）。

火成和生源黄铁矿暴露于 O_2 时均会被化能自养细菌氧化，这是煤矿开采区排水呈酸性的原因。值得探讨的是，地球黄铁矿好氧风化每年需消耗多少 O_2［式(2.15)和式(4.6)］。Burke 等（2018）认为全球河流 SO_4^{2-} 浓度约30%来自于黄铁矿氧化风化，约为 42×10^{12} g S·yr^{-1}，相当于 1.3×10^{12} mol S·yr^{-1}（表4.9）。因此，黄铁矿还原性 S 的氧化每年消耗约 2.6×10^{12} mol O_2·yr^{-1}（图11.9），这仅仅是地球大气层 O_2 含量的一小部分而已。地球大气层 O_2 在漫长岁月中随有机碳和黄铁矿沉积埋藏得以缓慢累积。尽管如此，S 和 O 循环的相互作用促进了大气层 O_2 的长期稳定。大气层 O_2 含量下降会增强海洋沉积物缺氧条件，促进有机碳储存和生源黄铁矿形成，使大气层 O_2 浓度得以回升（Walker，1980）。

13.4 全球硫循环的时间演变

原始地球吸积过程中含 S 气体是地幔脱气排放气体的组成，形成次生大气（第2章）。即使当前火山喷发的气体，仍含有相当浓度的 SO_2 和 H_2S（表2.2）。海洋形成后含 S 气体因高度溶于水使其在地球大气层消失［式(2.6)］。没有海洋的金星星壳脱气导致其大气层含有高浓度的 SO_2（Oyama et al.，1979）。

原始海洋海水的主要 S 形态可能是 SO_4^{2-}。同时，原始海洋中高浓度的 Fe^{2+} 形成硫化物沉淀在厌氧环境下不可溶（Walker and Brimblecombe，1985）。然而，原始海洋海水 SO_4^{2-} 浓度很低（Habicht et al.，2002；Crowe et al.，2014），但随着地球大气层 O_2 浓度升高而增加（Canfield et al.，2000）。地球表面硫化物总量（近 10^{22} g S）代表了地质年代地壳脱气排放的含 S 气体总量（表2.3）。

地球硫化物总清单的 $^{32}S/^{34}S$ 比值被认为与美国亚利桑那州陨石 CDT（Canyon Diablo Troilite）所测值 22.22 相似。该陨石的 S 同位素比值被作为国际标准，并赋值为 0.00。其他样品 S 同位素比值与该标准比值的差异以 $\delta^{34}S$ 表示，单位为千分之几（‰）；同理，C（第5章）和 N（第6章）同位素也一样。由于地壳脱气过程不发生 S 同位素分馏，故假设原始海洋 $\delta^{34}S$ 为 0.00。蒸发岩矿物在海水中沉淀时，其 S 同位素也无分馏现象，因此，地质年代形成的石膏（$CaSO_4 \cdot 2H_2O$）和重晶石（$BaSO_4$）记录了海水 S 同位素组成。最早沉积岩（约38亿年前）的 $\delta^{34}S$ 值接近 0.00（Schidlowski et al.，1983）。

异化硫酸盐还原菌与 $^{32}SO_4^-$ 的酶促反应更快，导致 S 同位素高度分馏。硫酸盐代谢本身可贫化 H_2S 和沉积硫化物的 ^{34}S 丰度，从 –18‰ 降低到 –25‰（相对于源库比值；Canfield and Teske，1996；Bradley et al.，2016）。氧化-还原的反复循环（Canfield and Teske，1996）导致沉积物中硫代硫酸盐（$S_2O_3^{2-}$）与亚硫酸盐（$S_2O_3^{2-}$）还原（Canfield and Thamdrup，1994；Habicht et al.，1998）产生更为强烈的分馏效应，还原态硫化物的 ^{34}S 丰度有时可低至 –66‰（Sim et al.，2011）。

根据首次出现 ^{34}S 贫化记录的沉积岩估计，硫酸盐还原途径的进化可追溯到 24 亿~27 亿年前[①]（图13.3；Cameron，1982；Schidlowski et al.，1983；Habicht and Canfield，

---

① 硫酸盐还原过程的零星证据发现于 34 亿年前（Ohmoto et al.，1993；Shen et al.，2001）。

1996），这也是原始海洋出现实质性 SO_4^{2-} 浓度的时刻。目前，所有地壳沉积硫化物的 $\delta^{34}S$ 平均值为–10‰～–12‰（Holser and Kaplan，1966；Migdisov et al.，1983）。

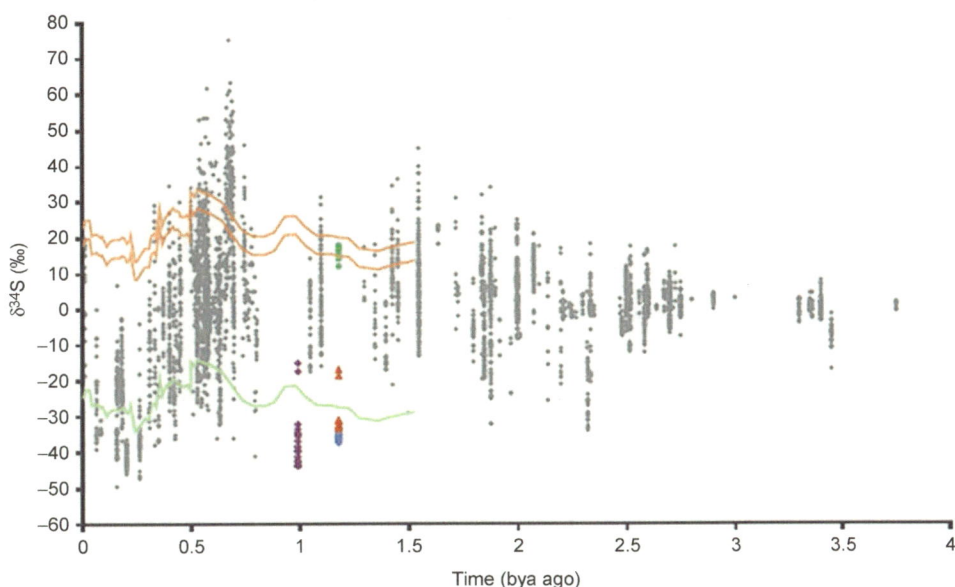

图 13.3　地质年代沉积硫铁矿 $\delta^{34}S$ 丰度。橘红色线条代表过去 15 亿年前海水 $\delta^{34}S$ 丰度，绿色线条则为硫酸盐还原细菌产物的 $\delta^{34}S$ 丰度，约 25 亿年前出现在沉积记录中
来源　修改自 Parnell 等（2010）
图中文字　Time（bya ago）：时间（10 亿年前）

　　图 13.4 为 S 循环的三箱模型，其中海洋 SO_4^{2-} 与沉积硫化物通过微生物氧化-还原反应相关联，使 S 同位素发生分馏（Garrels and Lerman，1981）。地球历史时期经硫酸盐还原过程生成大量的沉积黄铁矿，使得海水富集残留的 $^{34}SO_4^{2-}$。而蒸发岩沉淀或溶解则不影响海水硫同位素组成，但强烈地影响海水的 SO_4^{2-} 浓度，从而影响硫酸盐还原速率和黄铁矿沉积速率（Wortmann and Paytan，2012）。

　　现代地球表面 S 库约 50%以还原态存在（Li，1972；Holser et al.，1989），海水 $\delta^{34}S$ 丰度为+21‰（Kaplan，1975；Rees et al.，1978；Tostevin et al.，2014）。由于蒸发岩沉积时 S 同位素没有发生分馏，故蒸发岩的沉积记录可表征海水 $\delta^{34}S$ 在地质年代的变化。因此，海水 S 同位素组成的变化表征了沉积黄铁矿储量相对大小的变化，即硫酸盐还原过程和沉积硫化物氧化过程之间全球尺度的净平衡（约 100×10^{12} g S·yr^{-1}）。相反，海洋浮游植物的每年 S 吸收量及其分解的 S 释放量（约 1390×10^{12} g S·yr^{-1}；Dobrovolsky，1994）对全球 S 循环主要汇的同位素组成影响很小。

　　近 6 亿年来海水 SO_4^{2-} 同位素 $\delta^{34}S$ 丰度为+10‰～+30‰（图 13.5），其平均值与现代丰度相近。寒武纪（5.5 亿年前）海水硫酸盐 $\delta^{34}S$ 显著正偏离（+32‰），其时黄铁矿沉积量远大于陆地暴露硫化物矿物的氧化量。石炭纪和二叠纪海水 SO_4^{2-} 的 ^{34}S 浓度较低，其 $\delta^{34}S$ 丰度为+10‰，但当时地球 NPP 大部分来自淡水沼泽湿地，其 SO_4^{2-}、硫酸盐还原和黄铁矿沉积等过程相对不重要（Berner，1984）。假设上述时期的间隔期海水

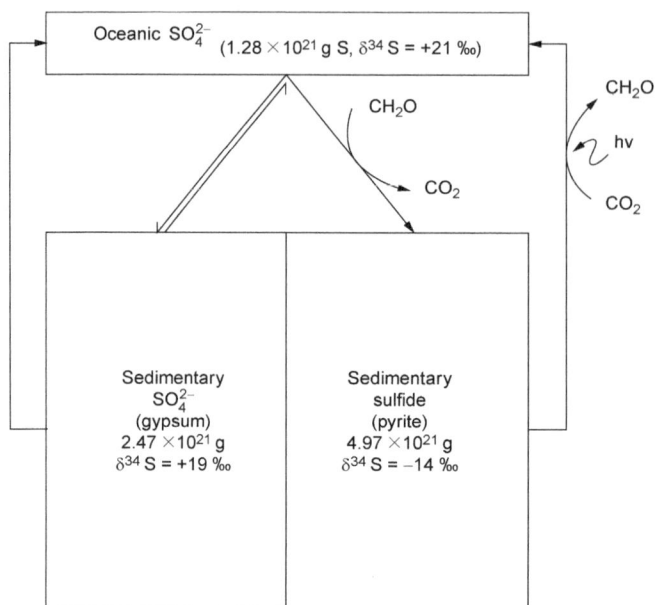

图13.4 全球 S 循环的三箱模型，显示地球表面附近氧化态 S 库和还原态 S 库间的关联与分配。S 从海水向黄铁矿迁移转换过程导致 S 同位素 ^{34}S 和 ^{32}S 发生强分馏，而海水硫酸盐与沉积物硫酸盐（多为石膏）间交换过程的 S 同位素分馏强度则较弱。全球各 S 库总量约为 10^{22} g S，代表了地幔脱气排放含 S 气体的总量（表2.3），相当于约15%现存的海洋 S 汇。沉积硫化物的 S 库估值范围很大，本图所用数值来自于 Holser 等（1989）的估值，与海洋沉积 C 储量（1.56×10^{22} g；Des Marais et al.，1992）除以其 C/S 比值平均值（2.8；Raiswell and Berner，1986）的计算值接近。海水和沉积物的硫酸盐 S 同位素比值来自于 Holser 等（1989）。根据质量平衡以沉积硫化物 S 同位素比值计算得到全球 S 清单的 δ^{34}S 为+4.2‰

图中文字 Oceanic SO_4^{2-}：海洋源 SO_4^{2-}；Sedimentary SO_4^{2-}：沉积 SO_4^{2-}；Gypsum：石膏；Sulfide：硫化物；Pyrite：黄铁矿

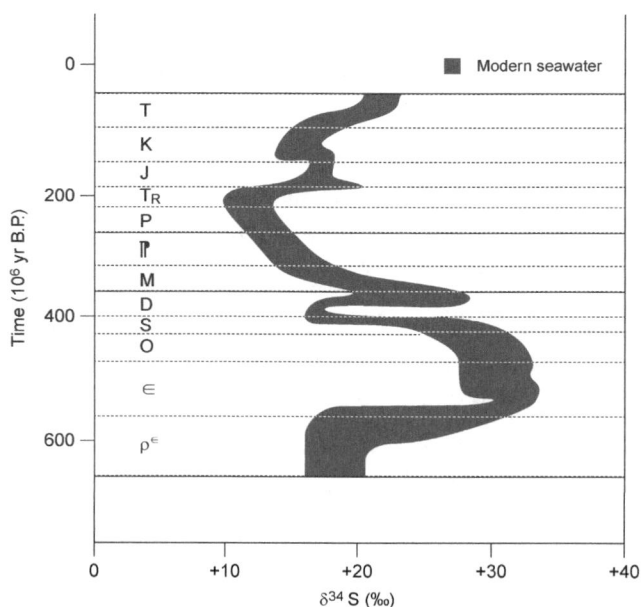

图13.5 地球地质年代海水 δ^{34}S 同位素丰度变化
来源 Kaplan（1975），伦敦皇家学会授权使用
图中文字 Modern seawater：现代海水；Time（10^6 yr B.P.）：时间（距今 10^6 百万年）

SO_4^{2-} 浓度也很高，这是因为全球黄铁矿生成受阻。过去 1.3 亿年间海洋重晶石（硫酸钡）的 $\delta^{34}S$ 记录与海洋生产力记录呈负相关（Paytan et al.，2004）。

地质年代 S 循环是其净氧化过程和净还原过程交替进行的，但目前人类活动影响是史无前例的。正如全球 C 循环一样，现代 S 循环处于一个不稳定的状态。人类活动向大气层排放了大量的含 S 气体，其中一部分经大气层输送到全球。每年 150×10^{12} g S·yr^{-1} 随人类从地壳开采的煤炭和石油暴露于地表，是百年前的 2 倍多（Brimblecombe et al.，1989）。这些过程净效应以消耗地壳还原态 S 储存为代价，增加了全球 S 循环中氧化态 S 量（SO_4^{2-}）。目前估算的海洋 S 输入量略高于其总汇量，即海洋 SO_4^{2-} 量每年增加超过 10^{13} g S·yr^{-1}。由于海洋 S 总量达 1.28×10^{21} g S 之巨，这一年增量难以被记录。如同第 9 章的计算，相对于目前河流向海洋的 S 年输入量，SO_4^{2-} 在海洋海水的平均滞留时间为 1000 万年。

许多学者尝试通过监测 $\delta^{34}S$ 来追溯降雨 SO_4^{2-} 的来源，并探索人类活动对大气层 S 输送的贡献（Grey and Jensen，1972；Nriagu et al.，1991；Mast et al.，2001；Puig et al.，2008）。遗憾的是，雨水 SO_4^{2-} 的 $\delta^{34}S$ 变化范围很大，使得潜在源的解析困难（Nielsen，1974）。例如，煤所含的 S 若来自于黄铁矿其 $\delta^{34}S$ 被贫化，或来源于成煤植物吸收同化的 S 则 $\delta^{34}S$ 富集（Hackley and Anderson，1986）。因此，煤 $\delta^{34}S$ 变异范围很大。同样，石油 $\delta^{34}S$ 范围为 $-10.0‰ \sim +25.0‰$（Krouse and McCready，1979）。沙漠降尘所含 SO_4^{2-} 的 $\delta^{34}S$ 变化范围也很大，平均为+5.8‰（Bao and Reheis，2003）。美国东部降雨的 $\delta^{34}S$ 呈季节性变化，冬季为+6.4‰，夏季为+2.9‰，可能与上述某一来源或多种来源组合相一致（Nriagu and Coker，1978）。夏季低 $\delta^{34}S$ 丰度可能与湿地硫酸盐还原产生的生源 S 有关（Nriagu et al.，1987）。

当 SO_2 作为大气污染物排放时，与大气层水分发生异相反应产生硫酸 [式（3.26）～式（3.29）]。作为全溶于水的强酸，H_2SO_4 抑制了自然源弱酸在雨水中的解离。例如，没有强酸条件下 CO_2 溶于水形成碳酸（H_2CO_3）的弱酸溶液，雨水 pH 约为 5.6：

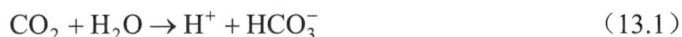

$$CO_2 + H_2O \rightarrow H^+ + HCO_3^- \qquad (13.1)$$

而强酸使雨水 pH 低于 4.3，式（13.1）向左逆向反应，碳酸对雨水游离酸度的贡献消失。众多工业区雨水的游离酸度几乎完全由强酸阴离子（SO_4^{2-} 和 NO_3^-）浓度决定（表 13.2）。工业革命前岩石风化以碳酸风化为主，但现代则受人类活动源 H^+ 的驱动（Johnson et al.，1972）。

估算全球大气酸度来源十分有意义。该估算只关注了 H^+ 净来源的反应，故土壤尘埃和海浪飞沫被忽略，因为其所含有的强酸阴离子（SO_4^{2-} 和 NO_3^-）可被同时释放的阳离子（尤其是 Ca 和 Na）所平衡。如果全球雨水 pH 为 5.6（仅为大气层 CO_2 所平衡），其总 H^+ 沉降量为 1.24×10^{12} mol·yr^{-1}。闪电固氮产生的 NO 对雨水酸度有额外贡献，因为 NO 溶于雨水形成 HNO_3。全球闪电固氮每年产生 0.64×10^{12} mol H^+，而其他自然源 NO_x（土壤和森林火灾）每年贡献 1.54×10^{12} mol H^+。大规模火山爆发后数年内其喷发的 SO_2 分散到全球并主导大气 S 沉降（Mayewski et al.，1990；Langway et al.，1995）。然而，火山喷发 SO_2 每年平均生成约 1.24×10^{12} mol H^+·yr^{-1}，生源含 S 气体氧化每年产生 2.0×10^{12} mol·H^+ yr^{-1}。因此，大气层自然源总 H^+ 产量通常约为 6.66×10^{12} mol H^+·yr^{-1}，而人

类活动排放的 NO_x 和 SO_2 产生约 8.06×10^{12} mol $H^+\cdot yr^{-1}$，高于所有自然来源总和。

表 13.2　1975 年 7 月 11 日美国纽约伊萨卡（Ithaca）酸雨酸度来源

组分	雨水浓度 $(mg\cdot L^{-1})$	贡献量（$\mu eq\cdot L^{-1}$）	
		游离酸度（pH 3.84）	总酸度（滴定至 pH 9.0）
H_2CO_3	0.62	0	20
黏粒	5	0	5
NH_4^+	0.53	0	29
水溶性 Al	0.050	0	5
水溶性 Fe	0.040	0	2
水溶性 Mn	0.005	0	0.1
总有机酸	0.43	2	5.7
HNO_3	2.80	40	40
H_2SO_4	5.60	102	103
合计		144	210

来源：Galloway 等（1976），美国科学促进会（AAAS）1976 年版权，授权使用。

大气层碱度的唯一净来源是 NH_3，与强酸（H_2SO_4 和 HNO_3）反应生成（NH_4）$_2SO_4$ 和 NH_4NO_3 气溶胶［式（3.5）］。然而，全球"自然"排放 NH_3 总量约 13×10^{12} g N·yr^{-1}（表 12.2），仅能消耗"自然"源 H^+ 约 0.91×10^{12} mol·H^+ yr^{-1}，相当于其总量的 14%（Savoie et al.，1993）。因此，人类活动导致当代大气酸度显著提高，但在地质年代地球大气一直是酸性介质。人类活动排放 NH_3 每年中和了 3.0×10^{12} mol $H^+\cdot yr^{-1}$，是人类活动排放 NO_x 和 SO_2 产生 H^+ 量的 37%。

13.5　全球汞循环

汞（Hg）是火成岩所含的一种微量金属，以称为朱砂（HgS）的一种红色矿物局地富集成经济矿床（economic deposits），通常与热液蚀变岩有关。火山喷发的挥发性元素 Hg^0 是地球大气层 Hg 的一个重要天然来源（图 13.6；Pyle and Mather，2003；Engle et al.，2006；Bagnato et al.，2011）。Hg^0 在大气层氧化为 Hg^{2+}，是地球表面干湿沉降的主要 Hg 形态（Lin and Pehkonen，1999）。大气层 Hg 的平均滞留时间从 Hg^0 的约 1 年到 Hg^{2+} 的几周不等，因此，Hg 区域沉降模式反映了自然源和燃煤电厂 Hg 排放的局部特征（Selin and Jacob，2008；Prestbo and Gary，2009；Engle et al.，2010）。Hg 有一系列稳定性同位素（即 ^{202}Hg、^{201}Hg 和 ^{198}Hg）通过物理和生物过程分馏，可用于精细刻画影响 Hg 循环的环境因子。

岩石风化释放少量 Hg^{2+} 进入径流水体（图 13.6）。人类活动通过开采汞矿和其他矿石以及燃烧煤增加地壳 Hg 输出通量（Pirrone et al.，2010；Gratz and Keeler，2011）。地球表面 Hg 循环在 Hg^0、Hg^{2+} 和颗粒态 Hg 间快速转化。Hg 经沉降进入森林，其一部分被还原为 Hg^0 再挥发回大气层（Graydon et al.，2012），而其余部分在土壤有机质中富集（Demers et al.，2007；Gabriel et al.，2012）或与水溶性有机物结合随其进入河流迁移（图 13.7；Dittman et al.，2010；Stoken et al.，2016；Lavoie et al.，2019）。在一些湖

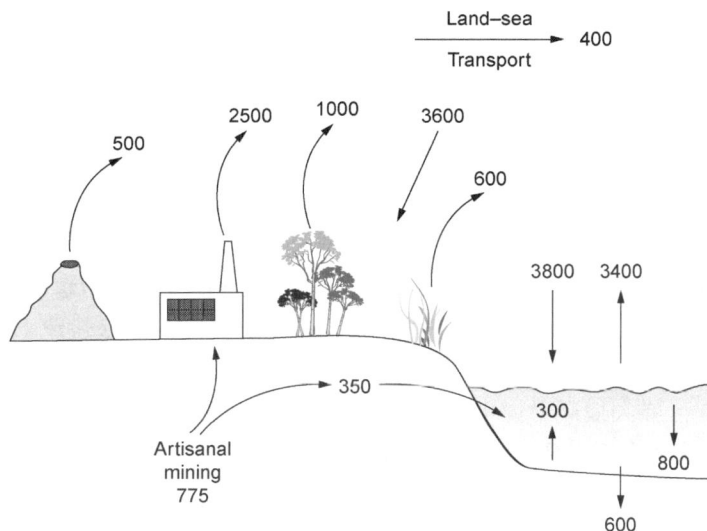

图 13.6 当代全球 Hg 循环（通量单位：10^6 g Hg·yr^{-1}）

来源 Outridge 等（2018），手工采矿数据来自 Streets 等（2019）

图中文字 Land-sea Transport：陆海传输；Artisanal mining：手工采矿

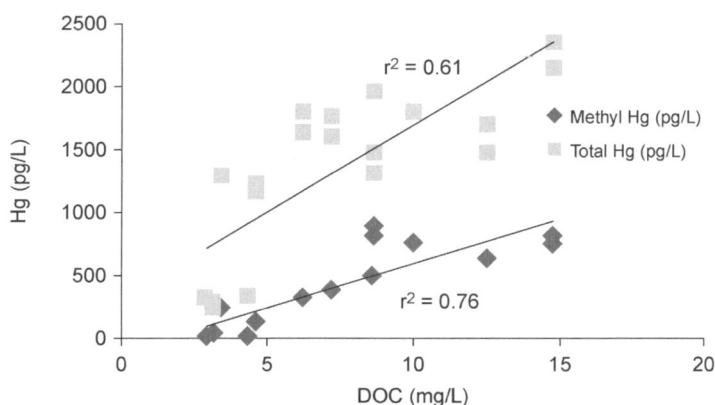

图 13.7 美国新罕布什尔州苏纳皮（Sunapee）湖流域入湖溪流溪水总 Hg 和甲基汞浓度与水溶态有机碳浓度的线性关系

来源 Kathleen Weathers 等（未发表）

图中文字 Methyl Hg：甲基汞；Total Hg：总汞；DOC：水溶性有机碳

泊水体表层水 Hg 负荷源自大气沉降，而其沉积物 Hg 含量来自流域汇流输送的颗粒态 Hg（Chen et al.，2016a，b）。

人类活动引起的环境污染导致海水 Hg 浓度增加 3～4 倍（Lamborg et al.，2014；Zhang et al.，2014）。部分沉降到海洋表面的 Hg 被颗粒物吸附（Archer and Blum，2018）和硅藻吸收（Zaferani et al.，2018）从表层海水中清除。也有部分沉降 Hg 被光解为元素 Hg^0，根据亨利定律随风从海洋表层海水挥发（Mason and Fitzgerald，1993；Andersson et al.，2008；Kuss et al.，2011）。Hg 倾向于在极地生态系统富集（Johnson et al.，2008a，b，c；Schuster et al.，2018），其中大气沉降大量 Hg^0（Obrist et al.，2017）。全球 Hg 汞循环可能是温暖地区 Hg^0 挥发进入大气层，然后在寒冷且再挥发有限的地区沉降。随着气候变暖、冻土融化，极地地区大量 Hg 可被径流和挥发等途径迁移（Olson et al.，2018；Perez-Rodríguez et al.，2019）。

　　Hg 有很长经济利用历史，因此，人类很早就开采汞矿（Pacyna et al.，2006；Selin，2009；Pirrone et al.，2010）。在 Hg 的毒性被认知前，曾广泛用作杀真菌剂，以及皮革、油画和其他易受细菌腐生产品的防腐剂[①]。Hg 还长期用于从原生矿石中提取微量的金和其他金属[②]，该用途（手工和小规模金矿开采，ASGM）是目前 Hg 污染最大的来源，约占人类活动源大气 Hg 量的 37%（联合国环境规划署 2019），占矿井排水 Hg 含量的 70%（Goix et al.，2019）。Hg 在有机沉积物和煤中富集，在其燃烧时向大气层排放 Hg（Billings and Matson，1972；Lee et al.，2006）。19 世纪末期美国西部淘金热导致 Hg 排放量上升到很高水平，而第二次世界大战后燃煤电厂激增，导致 Hg 排放量再次升高（Streets et al.，2011）。美国新英格兰地区和落基山脉湖泊沉积物表明，当今 Hg 累积水平比几个世纪前更高（Kamman and Engstrom，2002；Mast et al.，2010）。秘鲁冰芯（Beal et al.，2014）和中国中部泥炭沉积柱芯（Li et al.，2016a，b，c）则可追溯环境 Hg 污染到 1000 年前（图 13.8）。多个泥炭沼泽的沉积柱芯记录表明当代 Hg 累积速率是工业革命前的 15 倍以上（Martinez-Cortizas et al.，1999；Roos- Barraclough et al.，2002；Shotyk et al.，2003）。寒冷时期 Hg 积累量通常更高，低温可降低沉积物 Hg 的再挥发（Martinez-Cortizas et al.，1999）。

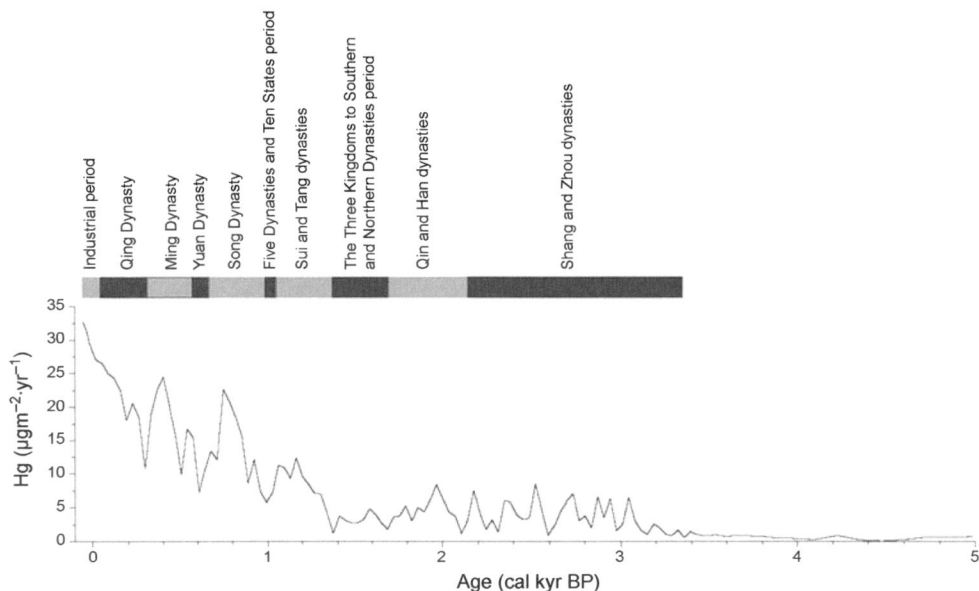

图 13.8　中国大九湖沼泽沉积剖面 Hg 含量
来源　Li 等（2016）
图中文字　Industrial period：工业革命时期；Qing Dynasty：清朝；Ming Dynasty：明朝；Yuan Dynasty：元朝；Song Dynasty：宋朝；Five Dynasties and Ten States period：五代十国；Sui and Tang dynasties：隋唐朝；The Three Kingdoms to Southern and Northern dynasties period：三国和南北朝；Qin and Han dynasties：秦汉朝；Shang and Zhou dynasties：商周朝；Age （cal kyr BP）：年龄（距今约千年）

① 参见莎士比亚《哈姆莱特》第五幕第一场，盗墓者说制帽匠尸体腐烂很慢，这可能是因为尸体含 Hg 抑制微生物活性。
② 利用液态 Hg 与金和银相溶性从原生矿石中提取金和银，然后将上清液煮沸将 Hg 蒸发留下金和银。这就是发展中国家广泛存在的手工采矿模式（Pfeiffer et al.，1991；Artaxo et al.，2000）。

甲基汞（CH_3Hg^+）[1]是毒性特别高的 Hg 形态，在缺氧沉积物（Compeau and Bartha，1985；King et al.，2001；Gilmour et al.，1992，2011）和海水（Munson et al.，2018）中由硫酸盐还原菌合成。不同细菌群落的甲基化过程具有相同的遗传途径（Parks et al.，2013；Bravo and Cosio，2019）。水溶态 Hg^{2+} 和纳米颗粒态 Hg 的甲基化过程最快（Zhang et al.，2012b）。Hg 在鱼类体内随其年龄增长而富集（Bache et al.，1971；Barber et al.，1972），也随食物链营养等级递增而积累，故大型食肉鱼类体内 Hg 含量通常最高（Cabana and Rasmussen，1994；Rumbold et al.，2018）。现代海鸟体内甲基汞的含量高于陈列在博物馆一个世纪前同种海鸟样本（Monteiro and Furness，1997；Vo et al.，2011；Bond et al.，2015）。部分鸟类种群数量下降可能与其组织甲基汞富集水平有关（Driscoll et al.，2007）。

美国几乎所有水域鱼类均发现含有甲基汞（Scudder et al.，2009）。20 世纪 70 年代很多淡水和海水鱼类均发现 Hg 含量达到致毒水平，各国执行环境法规以降低 Hg 的大气排放量，尤其针对燃煤电厂。因此，部分国家和地区 Hg 排放量有所减少（Streets et al.，2019），预期大气层 Hg 沉降量相应减少（Butler et al.，2008），也使鱼类（Harris et al.，2007）和鸟类（Braune et al.，2016）体内 Hg 含量下降。不幸的是，由于历史 Hg 污染遗留，导致环境 Hg 减少速率较慢，因为 Hg 可从土壤和水体挥发再入自然循环（Amos et al.，2013）。甲基汞在阳光下可被光降解为 Hg^0，并从湖泊和海洋表层水再挥发进入大气层（Mason and Fitzgerald，1993；Sellers et al.，1996；Black et al.，2012）。Hg^0 也可在海水中由甲基汞经微生物转化产生（Lee and Fisher，2019）。

制定大气 Hg 排放调控政策伴随着大量的争议[2]。生物地球化学家协助阐明了不同地区 Hg 沉降量的当地、区域或全球的来源贡献（Sigler and Lee，2006；Selin et al.，2008；Gratz and Keeler，2011；Weiss-Penzias et al.，2011）。同样，生物地球化学揭示了沉积物硫酸盐还原过程的甲基汞生成机制，并诠释了一些湖泊鱼类 Hg 含量较低而相邻富含有机沉积物的湖泊鱼类 Hg 含量高的原因（Chen et al.，2005；Ward et al.，2010）。硫酸盐还原菌和含 SO_4^{2-} 酸雨参与了 Hg 甲基化过程（Gilmour and Henry，1991）。河水 Hg 含量取决于水体化学反应和排放源环境类型（Burns et al.，2012），而针对海水 Hg 汞甲基化过程和海洋鱼类 Hg 污染仍知之甚少（Malcom et al.，2010）。

13.6　小　　结

全球 S 循环的主要 S 库为地壳矿物石膏和黄铁矿，海水溶解态 S 为附加部分。因此，就储量而言全球 S 循环与全球 P 循环（第 12 章）类似。相反，全球 N 循环的最大 N 库是大气层。

然而，全球 N、S 和 Hg 循环有很多相似点，这些元素主要年度输移过程都通过大气层实现，且自然条件下大部分元素迁移是通过生物活动生成还原性气体进入大气层，使它们形成了一个周转相对快速的闭合的全球循环。相反，P 最终的去向是埋藏进入海

---

① 常简写为 MeHg。
② 92 个国家已签署了《水俣条约》，承诺保护人类健康和环境免受人类活动源 Hg 排放影响。该条约以日本最早发现的工业 Hg 污染地命名。

洋沉积物，只有通过长期沉积和地质抬升才能闭合其全球循环。

生物地球化学对全球 S 循环具有重大影响。近地球表面最大 S 库是沉积黄铁矿，是硫酸盐还原过程所致。沉积记录表明硫酸盐还原过程相对活性随地质年代变化，如果没有硫酸盐还原细菌，原始海洋海水 SO_4^{2-} 浓度会高于现代海洋水平，而大气层 O_2 浓度会低于现代 [式（9.9）]。

目前人类活动对全球 S 和 Hg 循环的干扰非常强烈，使这两种元素从地壳输出的年通量约翻了 1 倍。化石燃料燃烧导致工业区下风向区域通常接收大量来自大气层的酸和 Hg 沉降。过高酸度可能改变岩石风化（第 4 章）、森林生长（第 6 章）和海洋生产力（第 9 章）。水生生态系统 Hg 沉降常导致鱼类消费者的健康问题。

第 14 章   结   语

除了接收来自太空的少量流星和地壳深处的火山喷发，地球表面是生命的舞台和一个封闭的化学系统。地球表面环境（包括大气层和海洋）是一层薄薄的表层，大概 50 km 厚包被在半径 6371 km 的地球外面。当然，地球表面特征在地质年代发生了剧烈的变化，尤其随着地球冷却和地幔强烈脱气的减弱。最为深刻的变化来自于生命本身，即约 25 亿年前开始的地球大气层 O_2 积累。

通过研究生物地球化学，人们认知到众多地球表面特征由生命决定。地球与其邻近的火星和金星截然不同，火星和金星表面以纯星球化学过程为主，而地球岩石风化和经河流输送到海洋的物质受植物根系和土壤微生物活动驱动。海水组成也取决于生物过程，生物从表层海水吸收养分，并将它们下沉埋藏在海洋沉积物中。大气层许多微量气体来自于生物圈，在大气层滞留时间很短，需要生物过程不断补充。令人惊讶的是，过去 1 万年间地球大气组成的恒定性是由产生和消耗大气层气体组分的生物过程间形成的紧密平衡。

今天，研究生物地球化学发现，人类无处不在地改变着地球化学性质。从地壳深处开采有机碳的速率是地球表面岩石有机碳自然暴露速率的 36 倍之多，一些金属矿物开采速率是其经岩石风化自然释放速率的数倍（表 14.1；Sen and Peucker-Ehrenbrink，2012）。人类消费了全球 20% 的淡水，且导致其余大部分淡水水质下降，难以维持生命所需。为满足不断增长人口追求更好生活的需求而大量消费地球资源，导致大气组分正快速变化（表 1.1；Hofmann et al.，2009）。地球地层记录了全球化学元素循环，而地球科学学者必须认识到人类世是人类主导的地球新地质时代（Williams et al.，2016）。

数十年前人类错过了实施全球计划生育的机会，该计划可将地球人口稳定在一定水平，最大限度地减少对地球化学的持久性影响。当前同样的努力仅可减少 10 亿人口左右，到 2050 年全球人口将达 93 亿（United Nationas，2010）。随着全球人口增长，必须努力在可预见的未来创造一个适合更多人居住的地球。正在变化的地球化学过程并非是可持续的。

保护自然栖息地是生物多样性保护的基础，但夜间卫星照片表明地球仅留下很少的自然栖息地未破碎化、未被穿越或未被转化为人类用地（图 14.1；Hannell et al.，1995；

表 14.1 相关元素生物地球化学循环的全球通量估算（× 10^{12} g·yr^{-1}）及人类影响

元素	幼年地球[a]（1）	化学风化（2）	自然循环[b]（3）	生物圈再利用率[c] 3/（1+2）	人类获取[d]（4）	人类富集 4/（1+2）	文献
B	0.02	0.19	6.5	31	2.3	11	Schlesinger 和 Vengosh（2016）
C	30	250	110 000	393	10 000	36	第 11 章
N	9	15[e]	9 200	383	235	9.8	第 12 章
P	~0	2	1 250	625	34	17	第 12 章
S	20	72	450	4.9	171	1.9	第 13 章
Cl	2	260	120	0.46	170	0.65	图 3.17
Ca	120	500	2 300	3.7	65	0.10	Milliman 等（1999），Caro 等（2010）
Hg	0.000 5	0.000 2	0.003	4.3	0.007 6	10.9	表 1.1，第 13 章

a. 地壳和地幔脱气：为火山喷发进入大气层通量（近地面）、海底热流口净通量（Elderfield and Schultz, 1996）和闪电固氮通量（第 12 章）的总和。
b. 没有人类影响下陆地和海洋的地球生物群吸收和输出（降解）的生物地球化学循环年通量。
c. 引自 Volk（1998）。
d. 直接或间接从地球地壳和地幔抽取和挖矿或工业固 N 年通量（来源：美国地质调查局，http:///minerals.usgs.gov/minrals/pubs/commodity）。
e. Houlton 等（2018）。

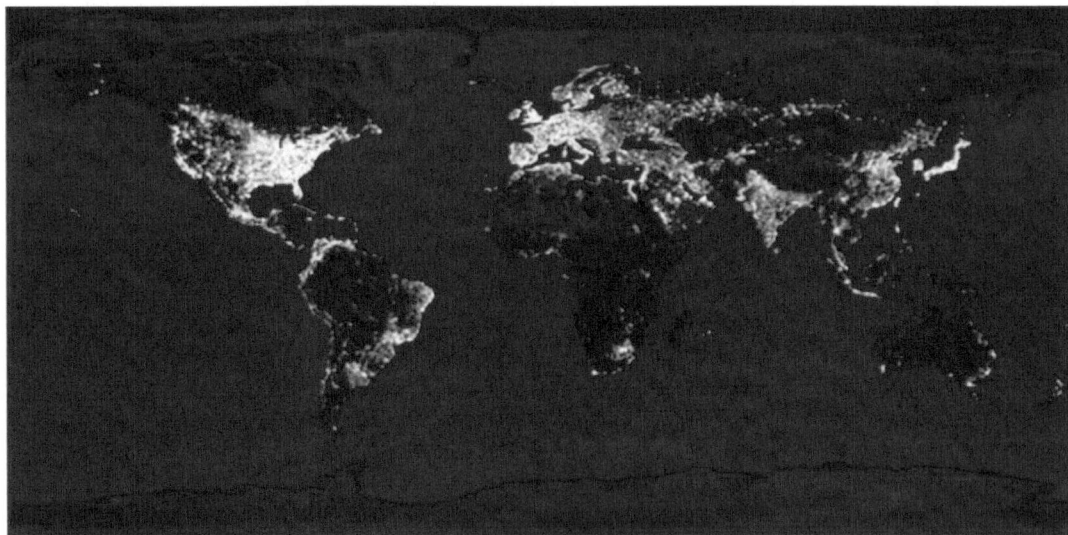

图 14.1 地球夜光卫星照片
来源 http:///eoimages.gsfc.nasa.gov/images/imagerecords/55000/55167/ earth_lights.gif，Román 等（2018）

Watts et al.，2007；Ellis et al.，2010）。当人类获得一份地球的生产力增量（NPP），就会减少一份留给其他物种能与我们一起繁衍生息的栖息地（Haberl et al.，2007；Butchart et al.，2010）。

这些物种十分重要！大量研究表明陆地和海洋生态系统的生态功能可持续性依赖于地球丰富的生物多样性（Naeem et al.，1994；Worm et al.，2006；Liang et al.，2016；Huang et al.，2018）。随着物种减少，生态系统生产力下降，干扰应对能力弱化，可恢复性丧失。表 14.2 呈现了一个相对稳定北极苔原生态系统总 NPP 的不同物种间相互补偿的年度贡献。如有物种消失，会使存留的生产力降低，导致年际间变化增加。通常，生态系统特性变异度的增加是系统崩溃的前兆，类似于经济学和医学现象（Scheffer et al.，2009；Carpenter et al.，2011）。当物种灭绝达到一定阈值时，生态系统将呈现"状态变化"，即使恢复到原始状态也不会恢复到原有生产力。地球化学稳态随生物枯竭过程变得脆弱。生物多样性是生命支撑系统稳定的基础，维持生物多样性并不仅仅是自然爱好者的消遣。

表 14.2　美国阿拉斯加—苔原生态系统优势物种的 NPP 的年变化率和地上部总 NPP 的年变化率

物种	占 NPP 5 年均值的百分比（%）					变异系数（CV%）
	1968	1969	1970	1978	1981	
羊胡子草（eriophorum）	77	58	148	101	116	35
白桦（betula）	30	52	55	248	121	88
杜春（ledum）	106	138	62	103	91	27
越橘（vaccinium）	135	172	96	28	71	56
地上部总 NPP	93	110	106	84	107	11

来源：引自 Chapin 等（1996），剑桥大学出版社授权使用。

如果生物地球化学研究可指导人类实践的话，应据此寻求实现零排放社会的途径，即从地球表面获取的物质均需使用和再利用，没有废弃物排放进入大气层和淡水系统。土壤管理至关重要，尤其是 P 等供应量有限且无可替代元素的管理。应探索无需外源投入的食物生产方法并最大限度地提高产量，尽可能保留自然土地。

从根本上来说，几乎所有的全球环境问题均直接来自于持续增长的地球人口。随着人口增长，人均物质需求对地球资源的影响将累积增加（Krausmann et al.，2009）。长期以来，支撑经济增长模式的主导经济学理论已经过时。生活水平提高常导致人类生育能力下降，但不足以抵消资源总消耗的增加（Moses and Brown，2003）。毫无疑问，人类能在生物圈繁衍，但没有有效的管理，大多数地球居民的生活将变得越来越不愉快，将生活在一个炎热、肮脏、拥挤的地球上。

迄今研究过的生物种群在指数级增长后均出现急剧的崩溃（Klein，1968）。人类历史上战争和瘟疫曾短暂地延滞了人口增长至当前高峰的必然轨迹（Turchin，2009；Zhang et al.，2011a；Bevan et al.，2017）。旱区人口增长将使水资源短缺问题难以逆转，而随着气候变暖、降雨变得难以预测，食物安全将在越来越多的地区变得严峻（Lobell et al.，2011）。即便生活在富裕国家的人们也不乐观，而对于生活在饱受食物或水资源短缺地区的人们，这样的改变是灾难性的（Miranda et al.，2011）。

现在开始做一些有意义的改变也许会带来很多不便，但还不算晚，通过技术革新能够更好地捕获、储存和使用太阳能来满足日常生活所需能源，创造一个减少浪费能源、肥料、食物和水的未来。为了实现该目标，需要培育个人和企业责任的新文化，最小化环境影响和最大化资源利用长期可持续性，代替短期的经济效益和人口增长。减缓生物圈人类影响的唯一可行方法是扭转人口增长轨迹。如果不刻意减少资源使用，未来将是干旱、饥饿、疾病和战争。

附录 1　元素周期表

1	2	3	4	5	6	7	8	9	10	11	12	13	14	15	16	17	18
1 **H** Hydrogen 1.0																	2 **He** Helium 4.0
3 **Li** Lithium 6.9	4 **Be** Beryllium 9.0											5 **B** Boron 10.8	6 **C** Carbon 12.0	7 **N** Nitrogen 14.0	8 **O** Oxygen 16.0	9 **F** Fluorine 19.0	10 **Ne** Neon 20.2
11 **Na** Sodium 23.0	12 **Mg** Magnesium											13 **Al** Aluminum 27.0	14 **Si** Silicon 28.1	15 **P** Phosphorus 31.0	16 **S** Sulfur 32.1	17 **Cl** Chlorine 35.5	18 **Ar** Argon 40.0
19 **K** Potassium 39.1	20 **Ca** Calcium 40.2	21 **Sc** Scandium 45.0	22 **Ti** Titanium 47.9	23 **V** Vanadium 50.9	24 **Cr** Chromium 52.0	25 **Mn** Manganese 54.9	26 **Fe** Iron 55.9	27 **Co** Cobalt 58.9	28 **Ni** Nickel 58.7	29 **Cu** Copper 63.5	30 **Zn** Zinc 65.4	31 **Ga** Gallium 69.7	32 **Ge** Germanium 72.6	33 **As** Arsenic 74.9	34 **Se** Selenium 79.0	35 **Br** Bromine 79.9	36 **Kr** Krypton 83.8
37 **Rb** Rubidium 85.5	38 **Sr** Strontium 87.6	39 **Y** Yttrium 88.9	40 **Zr** Zirconium 91.2	41 **Nb** Niobium 92.9	42 **Mo** Molybdenum 95.9	43 **Tc** Technetium 99	44 **Ru** Ruthenium 101.0	45 **Rh** Rhodium 102.9	46 **Pd** Palladium 106.4	47 **Ag** Silver 107.9	48 **Cd** Cadmium 112.4	49 **In** Indium 114.8	50 **Sn** Tin 118.7	51 **Sb** Antimony 121.8	52 **Te** Tellurium 127.6	53 **I** Iodine 126.9	54 **Xe** Xenon 131.3
55 **Cs** Caesium 132.9	56 **Ba** Barium 137.4	57 **La** Lanthanum 138.9	72 **Hf** Hafnium 178.5	73 **Ta** Tantalum 181.0	74 **W** Tungsten 183.9	75 **Re** Rhenium 186.2	76 **Os** Osmium 190.2	77 **Ir** Iridium 192.2	78 **Pt** Platinum 195.1	79 **Au** Gold 197.0	80 **Hg** Mercury 200.6	81 **Tl** Thallium 204.4	82 **Pb** Lead 207.2	83 **Bi** Bismuth 209.0	84 **Po** Polonium 210.0	85 **At** Astatine 210.0	86 **Rn** Radon 222.0
	88 **Ra** Radium 226.0	89 **Ac** Actinium 132.0	90 **Th** Thorium 232.0	91 **Pa** Protactinium 231.0	92 **U** Uranium 238.0												

附录 2　地质年代表

代 （Era）	系统和纪 （System & Period）		系列和世 （Series & Epoch）	主要特征	距今时间 （万年）
新生代 （Cenozoic）	第四纪 （Quaternary）		全新世 （Holocene）	现代人	1.1
			更新世 （Pleistocene）	早期人类出现 北部冰川	50～200
	新进纪 （Neogene）	第三纪 （Tertiary） 前序分类	上新世 （Pliocene）	大型食肉动物	1300～1400
			中新世 （Miocene）	食草哺乳动物大量出现	2500～2600
	古进纪 （Paleogene）		渐新世 （Oligocene）	大型奔跑型哺乳动物	3600～3800
			始新世 （Eocene）	众多现代哺乳动物	5800～6000
			古新世 （Paleocene）	有胎盘哺乳动物出现	6300～6500
中生代 （Mesozoic）	白垩纪 （Cretaceous）			开花植物出现、恐龙和菊石的鼎盛时期 （古近纪前灭绝）	13 500～14 000
	侏罗纪 （Jurassic）			鸟类和哺乳动物出现 恐龙和菊石大量出现	18 100～18 600
	三叠纪 （Triassic）			恐龙出现 苏铁和针叶植物大量出现	23 000～24 000
古生代 （Palcozoic）	二叠纪 （Permian）			大多数海洋动物灭绝，包括三叶虫 南部冰川	28 000～29 000
	石炭纪 （Carboniferous）		宾夕法尼亚系 （Pennsylvanian）	大规模成煤森林、针叶林 爬行动物出现	31 000～32 000
			密西西比系 （Mississippian）	鲨鱼和两栖动物大量出现 大型和不同高度属种和种子蕨类出现	34 500～35 500
	泥盆纪 （Devonian）			两栖动物出现 菊石 鱼类大量出现	40 500～41 500
	志留纪 （Silurian）			陆地植物和动物出现	42 500～43 500
	奥陶纪 （Ordovician）			鱼类出现 无脊椎动物主导	50 000～51 000
	寒武纪 （Cambrian）			海洋生物大量存在的首次记录 三叶虫主导	60 000～65 000
	前寒武纪 （Precambrian）			化石罕见，由原始水生植物组成 冰川记录 最早的藻类记录 最早的陨石记录	> 260 000 > 450 000